U0308352

| 博士生导师学术文库 |

A Library of Academics by
Ph.D. Supervisors

# 胡自治文集

## （上）

胡自治 主编

光明日报出版社

图书在版编目（CIP）数据

胡自治文集 / 胡自治主编 . -- 北京：光明日报出版社，2020. 4

（博士生导师学术文库）

ISBN 978 - 7 - 5194 - 5653 - 5

Ⅰ. ①胡… Ⅱ. ①胡… Ⅲ. ①草原学—文集 Ⅳ. ①S812 - 53

中国版本图书馆 CIP 数据核字（2020）第 037393 号

胡自治文集

HUZIZHI WENJI

主　　编：胡自治

责任编辑：宋　悦　　　　责任校对：刘浩平

封面设计：一站出版网　　责任印制：曹　诤

出版发行：光明日报出版社

地　　址：北京市西城区永安路 106 号，100050

电　　话：010 - 63139890（咨询），010 - 63131930（邮购）

传　　真：010 - 63131930

网　　址：http：//book. gmw. cn

E - mail：songyue@ gmw. cn

法律顾问：北京德恒律师事务所龚柳方律师

印　　刷：三河市华东印刷有限公司

装　　订：三河市华东印刷有限公司

本书如有破损、缺页、装订错误，请与本社联系调换，电话：010 - 63131930

开　　本：170mm × 240mm

字　　数：750 千字　　　　印　　张：44. 5

版　　次：2020 年 4 月第 1 版　　印　　次：2020 年 4 月第 1 次印刷

书　　号：ISBN 978 - 7 - 5194 - 5653 - 5

定　　价：185. 00 元（上、下册）

# 编委会

1980 年在甘肃农业大学天祝高山草原试验站进行高山草原生态系统研究时，胡自治（右）和徐长林用特制的 10cm 土钻取原状土柱。

1983 年在内蒙古农牧学院召开的全国“草原科学硕士学位研究生培养方案审定会”代表合影（从左到右依次为孙吉雄、任继周、章祖同、哈斯朝鲁、贾慎修、胡自治、宋恺、彭启乾）。

1985 年参加第 15 届国际草地会议时胡自治与任继周在日本大阪合影。

1985 年胡自治和贾慎修教授（左）参观日本草地研究所。

1990 年任继周（左）陪同李博院士（右）和胡自治（中）参观甘肃草原生态研究所与贵州合建的灼圃实验牧场。

1991 年在西北农业大学召开的由任继周院士主持的全国草业科学研究生培养方案会议的代表合影，左起依次为呼天明、刘德福、王培、许鹏、任继周、胡自治、蒋尤泉。

1995年胡自治与任继周院士（左）商讨甘肃农业大学草业学院教学工作。

1998年胡自治与博士生蒲小鹏（右）在甘肃农业大学天祝高山草原试验站。

2000 年在海拉尔参加国际草地会议时，在海拉尔西山公园沙地樟子松林下合照。左起胡自治、任继周、祝廷成、吕新龙、李东义。

2002 年参加第七届全国草业科学教学工作研讨会时的合照。第一排左起 3 韩烈保，5 郭思嘉，6 周寿荣，7 杨运生，8 许鹏，9 许令妊，10 刘立人，11 洪绂曾，12 任继周，13 周光宏，14 胡自治，15 刘德福，16 王槐三，17 孙吉雄，18 沈益新，19 李建农。

2002年参加第七届全国草业科学教学工作研讨会暨王栋塑像落成仪式时，胡自治在塑像边的纪念照。

2002年访问美国时在华盛顿白宫前的草坪留影。

2003年参加在甘肃农业大学召开的中美草原畜牧业研讨会时胡自治（前左）与任继周（前右）、高晓阳（后左1）、杜国祯（后左2）、张自和（后左3）、董世魁（后左4）等合影。

2008年2月《草业大辞典》统稿会合影。前排左起：杨智、郭佩玉、胡自治、洪绂曾、任继周、牟新待、陈佐忠。中排左起：邵新庆、戎郁萍、张英俊、韩建国、王彦荣、郭永立、汪玺、张自和、卢欣石。后排左起：李志强、段廷玉、李春杰、沈益新、李向林、丁至诚、赵军、何峰、林慧龙。

2019年胡自治（左四）与本书编委会主要成员蒲小鹏（左1）、于应文（左2）、龙瑞军（左3）、张自和（右3）、张德罡（右2）、董世魁（右1）合影。

2019年胡自治（前左1）与本书编委会主要成员张自和（右1）、于应文（后右1）、张德罡（后右2）、师尚礼（后右3）、董世魁（后右4）合影。

# 序

2019年春末，董世魁教授来电话，说他们几位胡自治教授的弟子已经编辑了《胡自治文集》，将在近期出版，要我作序。我听到这个大好信息，不加考虑，立即答应下来，随即陷入深沉的思考。

胡自治教授今年应该84岁了。今天我给他的文集写序，在我的眼前拉开一幕长长的画卷，记载了一个甲子的画图。中国的纪年有特殊魅力，一个甲子的记忆，似乎远远溢出60年时光的河道。它有一种运动的、历史的、流年的张力，令人流连忘返，韵味浓郁。记得我为自治的两本书写过序，一是《英汉植物群落名称词典》、一是《中国草业教育史》。我写那两篇序的时候，也是很投入的。但写《胡自治文集》的序，却又有别样的感受。我面对的是自治毕生的学术旅程，也是对我们共同度过的岁月的回顾。

我记得1959年，他放弃已经有一年教龄的助教职务，改考我指导的草原学研究生时，我很感意外。这是我教学生涯中遇到的孤例。因为当时大家都知道，品学兼优的毕业生通常会留校任助教。而研究生，当时没有学位，毕业后还要重新分配工作，就业风险大增，而且校内转职还要经过考试。自治居然选了这条吃亏找麻烦的道路。这显露了自治“有所为有所不为”的中国传统君子之风，这在浮躁之风盛行的年代，是难得一见的，我内心赞赏。

后经入学考试，他文理通顺，知识把握准确，而且写得一手端庄整洁的“工程字”。每一笔画起止明确，每一个字方方正正，与当时经常遇到的有欠规范的众多“学生体”大不一样。这给我一个直觉，内涵较高的理工科的科学素质，在农业院校是不多见的。后来的工作证明，自治的这一科学素质起了重要作用。

当时我们正在研究创立开放型的草原分类系统，这是一个全新的构想。我从南京来到甘肃工作，首先打动我的是西北纷纭繁缛的草原类型。因此我联想到世界各地不同地带、不同国度的草原，它们都有各自的分类系统，分类标准不同、名称多样，地区分散，而彼此封闭，不可互相参照，更难以比较其质的异同。这样无系统的分类，很难称为科学。而当时草原调查之风蜂起，我们认为应梳理此类资料，建立自己的草原分类系统，覆盖全世界草地。草原作为一类自然资源，它们之间应该像土壤分类、气候分类、生物分类一样，具有内在的发生学关联，属于地球生物圈的一部分，不应该为政治板块所分割。任何地方，任一新发现的草地，都应在分类系统中找到它的位置。如门捷列夫化学元素周期表，当元素周期表初建时只有60多种元素，现在发展到一百多种，仍然可在周期表内找到它们的位置。直到我们提出这个问题时，仍不存在适用于全球的开放性草地分类系统，而这正是我们追求的目标。经过几年研究，我们确定了气候—土地—植被三级分类系统，关键的第一级，气候中水热两要素与草地存在发生学关联，而且气象台站到处都有，参数易于获取，我们就把温度和降水作为第一级分类指标，据此指标建立的开放性草原分类系统可覆盖全世界。在建立以水热为指标的分类序列时，我们遇到了障碍，学术集体内部几个人经过近两年的多方探索，仍没有得到满意的方案。自治进入研究集体以后，接受了这个任务，不到一年的钻研，就制定了草地分类检索图，我们的分类系统也走出了坚实的一步。为了肯定自治的成绩，1985年在日本京都举行的第15届国际草地大会（IGC）上，我做会议发言时，系统地报告了我们的综合顺序分类法（Comprehensive Sequential Classification System，CSCS），特别介绍了“任-胡氏检索图（Ren-Hu’s chart）”。从此我们的草原分类研究长足进展，直到今天，还是唯一对全世界开放的草地分类系统。

这里还需说一个插曲。在开展上述工作之前，为了给正式开展论文写作打好基础，必须做有关文献综述，这个任务我交给了自治。他可借此熟悉、深入草原科学。自治接受了任务。这就是文集的第一篇论文——《关于草原类型划分意见的述评》。他在本书“自序”中自谦说“文中的评论部分现在看来十分幼稚”，但我给予高度评价。设身处地地想想，在那个长期封闭的年代，甘肃农业大学地处甘肃省武威县黄羊镇，一个偏远的西部小镇，缺乏检索工具，更没有现在的网络之便，只能靠个人藏书和甘肃农业大学图书馆的有限馆藏资料。就是在这样的条件下，自治写出了现在看来也堪称完备的专题综述，展示了他充分利用有限资料，探幽析微的治学素质。

等待他的第三项工作是将各类畜产品换算为统一的单位。20世纪50年代末

70年代初，我深感以家畜头数为指标评估牧区生产水平的流弊。牧区的一个旗（县）的家畜存栏头数超过百万，就可获得"牧区学大寨"的先进单位的光荣称号。于是出现"户口羊""户口牛"，老弱家畜凑头数而不出产品的怪现象。而且每届地区领导到任后的第一场重要工作就是订立生产发展指标，亦即在原有基础上净增多少家畜头数。这个"头数杠杆"无疑是耗竭草地生机的恶性毒瘤。不少地区草原已经没有任何畜产品产出，有的地方人为拼凑产量上报"成绩"，折算下来，每亩不到200克肉，只要捉两只老鼠就可完成生产任务。草原生态系统走到了绝境，说是令人触目惊心已经不够了，应该是痛心疾首！我国草原生态系统陷入历史的谷底。于是我们提出用单位面积草地的畜产品，即畜产品单位，来衡量草地生产能力，以取代我国传统使用的头数指标。我多次在演讲和文章中提出这个建议，将各类不同的畜产品换算为统一质量单位，但缺乏精确换算系统。我将这个紧急任务交给自治。他的动物营养学基础颇为扎实，很快交来一份畜产品单位（Animal Production Unit APU）的换算查对表。现在看来虽然还有改进的余地，但毕竟达到衡量草地生产力的新精度。以此为主要基础，我们发表了《关于草原生产能力及其评定的新指标——畜产品单位》，引起了国内国际的广泛重视，并被一些国际权威机构所采用。

通过这三项研究工作，我肯定了自治的科学素质，开始了我们一个甲子的合作路程。这是一段曲折多变、非同寻常的道路。"大跃进"的灾荒刚刚渡过，各行各业正在复苏之中，国家进入"调整、巩固、充实、提高"时期①。全国教学人员名额基本冻结，甘肃省是全国"大跃进"的重灾区之一，1962年甘肃省明令高等学校不得增加教师名额，而这正是自治研究生毕业的一年。几年的合作证明，像自治这样的青年，正是我们急需纳入学术集体、增加团队新生力量的人才。为了将自治留校，我疏通了省委宣传部和教育厅，有关领导都善意地理解工作需要和人才难得，但需学校出面申请。当时主管教学的副校长许绶泰教授，既是我的领导，也是我的知音好友，他在得到党委的支持以后，全力以赴，亲自从甘肃省要到一个名额，解决自治留校的难题。这是当年全省特批增加的唯一一名高等学校教师。现在看来是小事一桩，但当时在我的心中，无异一次重大磨难，记忆深刻。至今还记得当年省委宣传部部长吴坚、教育厅厅

---

① 1960年9月30日，中央转发的国家计委党组《关于一九六一年国民经济计划控制数字的报告》。

长刘海声、甘肃农大党委书记李运、副校长许绶泰给我肯定答复时的亲切面容。我感激他们，在这关键时刻，给了我们科学集体扬帆起航的一股新风。

如今自治已从一个青年变成了耄耋老者，当我写这篇序言的时候，一个甲子的情景涌现眼前。这里有大量的学术积累，也涵蕴了学术集体的精神风貌。前者具体，后者抽象。文集本身就是前者的展示，我们看得比较清楚，就不多说了。而后者是看不见的，它渗透于具象事物的内部。对于我们学人（我暂且回避“科学家”这个大字眼）来说就是学风。学风，只有过来人，经过栉风沐雨，才能有较真切的感悟。作为一个与自治几乎毕生相处的老人，我在反复批阅浏览《胡自治文集》以后，写了几句话，既是写作提纲，也像蹩脚的打油诗。就从这里谈谈受《胡自治文集》启发我对学风的感受。诗曰：

人生何为须洞彻，
沉潜笃诚而敬业。
团队护持毕生功，
精雕细刻耐寂寞。

“人生何为须洞彻”。先贤梁漱溟早年曾自问“我生何为?”以自励。自治以自己的行为交了答卷。他舍弃助教岗位的“铁饭碗”，不避风险，改做草原学科的冷门研究生，不能不说这是一步险棋，能对人生做这样重大抉择，没有对人生观较洞彻的理解是不可想象的。人生品位不外乎世界观、人生观和价值观的“三观”范畴。就其伦理位次大小而论，依次由世界观而人生观最后具象为价值观。但就伦理发生学而论，则“我生何为”的人生观居三观之中枢：由此扩而大之为世界观，认知我在客观世界中的地位和责任；凝而聚之则为价值观，判断我与世间诸事物关联的轻重与取舍。自治做出这样的抉择，选定自己的目标和航道，从中透露了“有所为有所不为”中国传统君子之风的信息。在这个人生观的引领下，他在世事多变之中，找到了人生之舟的压舱石，波澜不兴地达到了人生预期的目标。

“沉潜笃诚而敬业”。自治是个寡言少语的人。对于那些高声聒噪，千姿百态推销自我的人，他似乎视而不见。他自管潜入学术的底层，无声无息、无影无形地工作着，不求名利，远离喧嚣。我们通常把这类行为称为为社会添砖添瓦。自治似乎还有另类内涵。他在实验室里面对全球式样繁多的草原，检索它们的发生学的类型认识，在寒冷而荒凉的高寒草地研究草类的光合效率，在荒僻的沙漠中研究植物的分蘖。他在勉强温饱的生存条件下安心教书育人，培养了大量的博士、硕士和本科草业后继人才。他在自己选择的科学领域里，平心静气地向科学深度钻研，在学术长河的底部淘挖泉眼，增益其流量，使其绵长。自治的文集不能说字字珠玑，但确是句句真实。这体现了学人应有的沉潜笃诚而敬业的品格。

“团队护持毕生功”。自治作为学术集体中的一员，他的工作都是根据学术团队的需求来做的。他不把个人兴趣和发展前途作为筹码与领导谈判。面对集体需求安排经他的工作，他总是毫不迟疑地埋头去做。当他拿出每一项研究成果时，好像这项成果出自一条流水线，悄无声息地，自然而然地就收获了这些产品。尽管每一项成果都来之不易且成绩突出，但他从不邀功。尤其难能可贵的是，20 世纪 80 年代初，我聚焦于草地农业系统的探索，忙着创办草原生态研究所，虽名义上兼任甘肃农业大学副校长到 1984 年，但甘肃农业大学的草业科学那一摊子，从 1981 年就完全撂给自治了。他作为团队的学术骨干，义无反顾地带领团队，承袭学术路线，开拓前进，不断取得新成就。我在给董世魁教授等著的《青藏高原高寒人工草地生产——生态范式》写的序言中说：“本书的科技内核，基本出自一个学科基地、一个学术方向、一个专业师承。”这正是自治以坚韧不拔的团队精神，作为中流砥柱，传承与积累的成果。在“天祝高山草原试验站”这个基地上，他把握学术方向，带领了一批又一批研究生和青年教师，围绕共同的主题，先后将 5 个相关研究项目、5 篇博士论文、6 篇硕士论文、46 篇核心期刊论文和 12 篇 SCI 论文，凝聚为我国高山草原栽培草地研究的开山之作。直到晚年，他还怀着对草业科的拳拳诚心，撰写了《中国草业教育史》。现在回头看看，与那些把学术和学术集体当作敲门砖的一类人相比，自治的团队精神承先启后、坚守终生，何其难能可贵！

“精雕细刻耐寂寞”。我与自治见面不久，就察觉自治的理工科素质与现在常说的“工匠精神”似乎相仿而又有所不同。文集中可见到他既善于做精雕细刻的“细活”，又能做抽象的认知功夫。这不仅要有耐得住寂寞的出世心态，还要有把冷板凳坐热的入世情怀。例如以水热两个参数做出涵盖世界的草原类型检索图，就体现了从微观的精雕细刻入手，达到宏观抽象综合的品格。这算是“大题小作”。还有一段小故事，可作为“小题大作”的事例，值得说说。文集中有一篇文章《民勤沙地植物分蘖特性的观察研究》，这是他研究生的毕业论文。这个选题看似“貌不惊人”，但他在既缺经费，又缺设备，生活条件极其困难的条件下，下足了精雕细刻的功夫，把这个题目做活了。他提出了按照地上和地下部分存活年限划分植物寿命类型的新见解。但在那个运动多发年代，论文没有发表的机会。一直到“文化大革命”以后，《植物学报》复刊，这篇论文被当时的学报主编朱彦承教授看中，才在1978年《植物学报》刊出，这时离论文定稿已经过去16年了。精雕细刻在这里展现了特有的学术生命力。我们学人应该有能力从一般人“不屑一顾”的小事下手，积之以岁月，付出艰辛劳动，做出好成果。正如曾国藩所说“勿忘勿助看平地长得万丈高”。只要善于把寂寞化解于精雕细刻的科学情趣之中，既可领略微观世界的独特蕴含，又可神游八荒俯瞰世界。无论“小题大作”还是“大题小作”，都可走出自己的道路。

最后我还要说明，自治在本书的自序中，一再提到我对他的帮助。但这种学术团体内部的帮助是相互的。我与自治的合作，多是在我需要的时候，他向我伸出援手。何况，诚如自治所说，现在我们虽不在同一单位，但我们的学术集体活动从未分离。自治对我，对我们学术集体的贡献不可磨灭。

一个95岁的老教师为他84岁的老学生的文集作序，也算难得的机缘。在《胡自治文集》出版的时候，我愿与自治互致谢忱，并表达我对文集出版的诚挚祝贺。

任继周

任继周序于涵虚草舍，时年95岁。

# 自 序

2015年7月9日，我的几位研究生为我举办80岁生日宴会，其间他们建议出版我的文集，我说："谢谢大家的好意，但出文集不是一件容易的事，而且出了也不会有人看，还是不出为好。"可是他们异口同声地说："出了我们看，现在各方面条件好了，编辑和出版也不是难事。"我说："任继周先生（1956年我大学三年级时，他给我们班上草原学课，同学们都称他任先生即任老师，此后我就一直尊称他为任先生）也曾不止一次给我说过要考虑此事，但我想我没有作出什么贡献，还是不出为好。"他们又说："此事我们来办，您不用管。"此后，我也真的没有管，两三年过去了，也没有听说有什么动静。2018年10月20日在北京的董世魁教授告诉我，光明日报出版社有一个国庆70周年献礼工程叫"博士生导师学术文库"，对出我的"文集"很合适，经费上也很优惠，他已与张德罡教授商量了，要我填写申请表发给德罡请他转出版社。11月12日德罡告诉我，《文集》的文稿他和董世魁、蒲小鹏、姚拓、于应文几位教授基本整理好了，让我再看一遍，主要把文中的俄文字校对好。出版社也同意了出版申请，要求在2019年6月底前交稿。我听后极为感动，他们竟然花了两三年时间，在繁忙的教学、科研工作之余，通过各种手段将我的时跨半个多世纪，分散在不同刊物上的50余篇论文收集、扫描、转换为word文档，并进行了校对。对此，我无法再婉拒，只好怀着感激但惭愧的心情答应，共同完成这项工作。

我匆忙地在2019年1月结束了几项紧迫的工作任务后，开始了校稿工作。由于文稿的写作时间前后相差56年，论文的格式和体例差异很大，校稿除了改正文字的错误外，还有格式和体例的统一。此外，又补充了十余篇教学研究方面的论文，还有相关照片的收集，因此费时很多。现在文稿终于初步完成，共计64篇、44万字。其中，含草原类型、畜产品单位、草业的定位、草原生态、草原资源、草地农学和译文等主题的草业科学研究论文51篇；含研究生教学改革、草业教育史、我国高等草业教育在世界上的地位等主题的草业教学研究论文13篇。

在64篇论文中，有60篇本人为第一作者。此外，为了使主题内容完整，在科学研究论文中，还收录了任继周院士为第一作者、本人为第二作者的论文3篇；在教学研究论文中，收录了汪玺教授为第一作者、本人为第二作者的论文1篇，在这里特向他们致意。

下面对各主题论文的产生和撰写背景做简要说明。

主题为“草原类型”的10篇论文，主要是1962—1995年，在任先生的指导下，我在草原和人工草地（栽培草地）的综合顺序分类法研究领域的工作成果。第一篇论文“关于草原类型划分意见的述评”，是1962年任先生让我对世界草原分类的研究情况进行全面了解而写的述评，这也是我的第一篇有关草原类型的研究论文，文中的评论部分现在看来十分幼稚，但这是年轻时学识浅薄的表现，是我学习专业的历史记载，为警示自己，保留未改，其他论文也照此处理。

主题为“畜产品单位”的2篇论文，是1977年年初，任先生要我对他1972年提出的用畜产品单位评定草原生产能力的问题，在概念和具体的计算和评定方法方面做全面的研究，工作完成后由他和我分别写成的两文。任先生结合草原生产流程写成的“关于草原生产能力及其评定的新指标——畜产品单位”为主文，我写的“关于用畜产品衡量草原生产能力问题的探讨”为主文的附件。1977年秋，中国农学会成立60周年大会在大寨召开，我带此两文参会，并在畜牧兽医学会的畜牧分会上宣读了主文。

以“草业的定位”为主题的两篇论文，其中“草业是与农业、林业同等重要的产业”一文为1992年为回复教育部关于将草原专业改为草学专业的问题，在甘肃农业大学草业学院院务扩大会议上讨论时所做的报告，此后在其它不同会议上也做过此主题的发言，但未在报刊上正式发表，其要点以“草业——与农业、林业足鼎立的新兴产业”为题作为“草业生态系统的理论和实践”一文的第六部分，发表在甘肃农业大学编《农业科技之光——甘肃农业大学科技工作50年》一书中。

“草原生态”主题之下的16篇论文，可分为三组：第一组是参加张尚德教授主持的“滩羊生态与选育方法的研究”课题而写的2篇论文；第二组为参加任先生主持的“高山草原生态系统研究”而写的9篇论文，其中3篇英文论文参加了3个有关的国际草地学术会议并收入了相应的会议论文集；第三组为21世纪初学习国际生态学前缘——“生态系统服务”时，结合我国草原实际而写的4篇系列论文。这几篇论文任先生要我整理为一章，作为第五章纳入了他主编的《草地农业生态系统通论》一书。

“草原资源”主题之下有6篇论文，其中5篇从不同的角度和视野叙述了全球、大洲、行政区和局部草原资源概况，1篇是有关保护草原资源的论文。

“草地农业”主题之下收录了13篇论文。前3篇是20世纪70—80年代所写的有关放牧和牧草加工的综述性论文；中间的7篇是80—90年代从不角度宣讲和落实任继周院士草地农业理论的论文；后面的3篇是在主持“高寒人工草地及其集约化畜牧业”研究项目时所写的相关论文，其整体内容纳入了董世魁、蒲小鹏、胡自治等著的《青藏高原高寒人工草地生产——生态范式》一书。

在第一部分的论文中，还收录了以“译文”为主题名称的两篇翻译的文章，它们是“放牧研究中的术语及其定义”和“草地植物研究中的术语及其定义”。这两篇论文都是英国草地学会为统一草地科学术语，分别委托新西兰和英国著名草地学家J. Hodgson和H. Thomas所写，分别发表在该学会机关刊物Grass and Forage Science1979年和1980年的第1期上，译文发表在《国外畜牧学——草原》（现《草原与草坪》杂志）1981年创刊号和第2期上。J. Hodgson教授20世纪80年代多次访问我国，曾任任继周教授主持的贵州中国——新西兰草地研究合作项目顾问，不幸在今年年初逝世，任继周院士曾发文悼念。本书收录此两文除因其重要的学术价值外，也表示对J. Hodgson教授的纪念。

本书的第二部分为草业科学教学研究论文，共有13篇，分为三个主题。

第一个主题是“草业教学改革”，包括5篇论文，其中4篇是有关草业科学研究生教学改革的论文，另1篇是有关加强草业科学专业本科生草原法制教育的论文。

第二个主题是“草业教育史”，也有5篇论文。从2000年开始，我开始抽出部分时间研究中国草业教育史。我为什么要研究这个问题呢？一方面的原因是，我国从1958年建立第一个草原专业开始，历经40年至1998年才发展到7个专业，且大都分布在西部草原牧区省区；但进入21世纪，我国的高等草业教育发展迅速，到2008年就猛增到30个专业，遍布全国，这个奇迹和现象我感到需要做历史的总结。另一方面，我感到我研究这个问题有几个有利的条件：第一，我曾跟随任继周先生或独自参加了中央部门召开的有关草业科学本科和研究生专业的教学计划和教材建设规划会议，对全国草业科学教育的发展和资料有较多和较全面的了解与积累；第二，本人为中国草学会教育专业委员会（筹）主任委员，并连续12次参加和主持了全国草业科学专业教学工作研讨会，了解各校草业教育的情况和教学的特点；第三，我几乎经历或参与了中华人民共和国成立后草业教育发展和改革的全过程，是草业教育发展"四个里程碑"的见证人和践行者，感到有责任将这个世纪过程记载下来。在这5篇论文的基础上，我先写成洪绂曾教授主编的《中国草业史》（2010）中的第五章"草业教育史"；后在任继周院士关怀下，我又将这一章从9万字补充、扩大到36万字，以《中国草业教育史》为书名，在江苏凤凰科学技术出版社出版。

最后一个主题是"我国高等草业教育在世界的地位"。改革开放以来，我国的高等草业教育在专业的数量方面已发展到世界第一位，在教学的指导思想方面，在钱学森院士的草业系统工程思想和任继周院士的草地农业生态系统理论的引导下，已达世界领先水平。我想通过"我国高等草业科学教育发展的道路及其在世界的地位""美国的草原科学本科教育"和"我国已成为世界高等草业教育大国——改革开放四十年，草业教育大发展"3文，使读者感知我国已成为世界高等草业教育大国，甚或强国。顺便提及，2019年2月15日《中国绿色时报》将后面一文以"我国已成为世界高等草业教育大国"为题，以访谈的形式在头版头条发表。

通过对本书论文的收集和校阅，我对过去60年的草业科学业务工作做了全面的回顾与思考，自然也产生了一些感想和启示。其中之一就是我要感恩许多人，第一位就是任继周院士。任先生对我有知遇之恩，1959年他收我读他的研究生，1962年临近毕业时，他很郑重地对我说："碰到一个合适的人很不容易，希望你留校跟我一起工作。"但当时我母亲因脑出血瘫痪在床，亲友都希望我能分配到兰州工作，好照顾母亲。我将此事告诉父母及远在长春工作的兄长，父兄都说既然你老师要留你，那你就留校工作。我父亲还说："我有铁肩膀，家里的事我能承担。"我母亲也流着泪说："那你就去吧！"我留校后，任先生对我说，1962年学校不留人，是他请许绶泰副校长到教育厅专门要了一个名额才留下了我。

我留校后一直跟随任先生工作，他离开甘肃农业大学后，我们仍是以他为首的一个学术集体。在业务工作中，任先生指导我和他一起进行草原类型、畜产品单位、高山草原生态系统、草地农业生态系统等领域的科学研究；安排我到新疆巩乃斯草原、甘肃天祝高山草原、北京市房山县长阳农场等地进行长期实践锻炼；邀我参编他主编的13部教材、专著和工具书，合作发表了约25篇论文；此外，还共同获省部级科技进步奖3项，国家和省部级优秀教学成果奖3项。

在本书初稿的整理过程中，我深刻地体会到，没有任先生的引导与帮助，就不会有现在的这点小成就。此外，在本书付梓之前，任先生在95岁高龄之际，不辞辛劳为本书写序，为此，我衷心地向任先生鞠躬表示深切的感谢！

张德罡、董世魁、蒲小鹏、姚拓、于应文、周爱琴诸位教授花费了巨大劳动，搜集和整理文稿，编辑本书，特向他们再次表示深切的感谢；同时也向编委会主任、副主任委员张自和、卢欣石、师尚礼、龙瑞军诸位教授以及各位委员对本书的关心和支持表示衷心的感谢。

光明日报出版社的编辑对本书的立项给予了热情的帮助，在编辑工作中倾注了巨大精力，特向他们表示衷心的感谢。

胡自治

2019年5月15日于甘肃农业大学

# 前　言

《胡自治文集》即将付梓出版，作为胡自治先生的后学及编委会成员，大家觉得在开篇之首，很有必要把先生的学术人生和成书过程作一简要说明，为读者提供背景资料，使读者阅其文、高其事，壮其行。

胡自治先生是我国著名的草原学家、草业教育家，国务院政府特殊津贴享受者，甘肃省优秀专家，港柏宁顿（中国）教育基金会“孺子牛金球奖”获得者，国务院学位委员会批准的博士研究生指导教师。曾任甘肃农业大学草业学院院长、中国草学会副理事长、中国草学会草原生态专业委员会主任委员、教育专业委员会（筹）主任委员、中国生态学会理事、农业部科技委委员、农业部教学指导委员会畜牧学科组成员、国家林业局西部地区生态环境建设专家咨询委员会委员等职务。胡自治先生在60年的草业科学教学和科研工作中，发表学术论文约150篇；获省部级科技进步奖8项；获教学奖3项，其中国家优秀教学成果二等奖1项；获图书奖2项。主编出版教材、专著、工具书10部（其中4部为副主编），参编教材、专著、工具书15部。

胡自治先生1935年出生于甘肃省靖远县一个知识分子家庭，父亲是受教于竺可桢院士门下的一位气象学家，哥哥是上海交通大学毕业的一位水利学家。书养心，德润身，在父兄的影响和熏陶下，胡自治先生从小养成了严谨、刻苦的性格特点和对科学事业的献身精神。1954年他从兰州一中毕业后，考入甘肃农业大学的前身——西北畜牧兽医学院畜牧专业。1959年师从我国草业科学奠基人任继周院士攻读草原学研究生。这时正值三年国家经济最困难的时期，胡自治先生行苦志坚，木人石心，连续两年在甘肃民勤巴丹吉林沙漠进行毕业论文研究，获得了大量第一手资料，撰写了内容新颖、具有创见的毕业论文《民勤沙地植物分蘖特性的观察研究》。16年后，此文受到我国著名生态学家、云南大学朱彦承教授的高度评价，并推荐在我国植物学最高学术刊物《植物学报》

上发表。

1962 年胡自治先生研究生毕业后留校任教不久，应新疆畜牧兽医研究所邀请，他和符义坤先生作为两位助手，在任继周院士带领下考察了新疆伊犁地区的草原。1963 年根据任继周院士与新疆畜牧所达成的协议，胡自治先生在新疆巩乃斯种羊场与所方合作，开展了长达两年的草原科学定位研究工作，撰写了《巩乃斯草原夏季休眠现象》一文，同年在中国畜牧兽医年会上进行了宣读，这是我国有关草原休眠现象的最早报道。

与此同时，在任继周院士的指导下，胡自治先生投入了草原类型的研究工作。他们确立了草原湿润度 K 值计算公式，设计了以 8 个热量级和 6 个湿润度级为基础的我国草原类型第一级——类的检索图，1963 年由任继周院士执笔写成《我国草原类型第一级——类的生物气候指标》一文，并由任继周院士在 1963 年中国畜牧兽医年会上做了报告，1965 年在《甘肃农业大学学报》发表，正式提出了著名的草原气候——土地—植物综合顺序分类法。20 世纪 70 年代末，任、胡二位先生对综合顺序分类法的理论和检索图又进行了补充和修改，1980 年发表了论文，并由任继周院士介绍到国外，分类检索图在国际上被称为 Ren－Hu’s Chart（任－胡氏检索图）。

1977 年，在任继周院士指导下，胡自治先生对任继周院士数年前提出的评定草原生产力的畜产品单位指标，在概念、文献和计算方法等方面，做了全面、深入和具体化研究，使其在实践中得以推广应用。“畜产品单位”这一评定草原生产能力的新方法，被写入全国高校草原专业统编教材，并收入《中国大百科全书·农业卷》和《中国标准畜牧名词》二书，不只在国内草原生产力评定工作中被广泛使用，也被联合国粮农组织、国际环境与发展研究所、世界资源研究所编写的《世界资源：1987》引用。

1980 年，胡自治先生又开始了任继周院士主持的高山草原生态系统的研究，他带领几位年轻教师在海拔 3000 米的高山草原上安营扎寨，数年时间里研精阐微，对高山草原几个主要类型的生物量动态、能量流动、光能转化率进行了深入的研究，得出了测定全群落生产力的原理和方法，提出了草地净营养物质生产力的概念，这是我国第一批完整的关于高山草原生态系统的研究成果。这些研究成果相继在《生态学报》《植物生态学报》《草业学报》《草地学报》和 3 个国际会议论文集上发表，被国外多篇有关生态系统和碳汇研究的论文所引用。

20 世纪 90 年代初，胡自治先生和他的研究生高彩霞等人又对 60 年代提出的综合顺序分类法做了进一步的研究，提出了五项重要改进：1、根据新的全国2300个气象台站的气候资料将分类的热量级的积温值做了修正，由8级改为7级，湿润度级的精度由小数点后2位改为1位；2、论证了草甸和沼泽的半地带性特性，将其分类地位从亚类提升到类；3、提出了人工草地（栽培草地）综合顺序分类系统；4、将地带性、半地带性和人工草地以热量级为接口，把这3类草地纳入统一的分类检索图，使全世界的天然草原和人工草地的类型能够进行统一分类；5、制定了我国2300个和国外300个台站的草原类型计算机分类检索数据库，使综合顺序分类法成为全世界第一个数字化草原分类系统。这一研究得到了任继周院士的赞许和高度评价，也成为当前草原综合顺序分类法的基本框架，此项研究获农业部科技进步二等奖。

在进入21世纪的前后数年，胡自治先生带领近10位硕士和博士研究生，在甘肃省“九五”科技攻关项目的平台上，致力于高寒人工草地生产—生态范式研究。他们论证了人工草地在21世纪生产和环境建设中的重要意义，提出了我国现代化草地畜牧业的模式是优质人工草地+高产畜种+高效管理。这一研究领域由他的博士生、北京师范大学教授董世魁接替并申请到了新的国家项目，在青藏高原持续进行研究工作，他们的科研项目联合获得教育部科技进步一等奖。任继周院士在为获奖项目成果之一的董世魁、蒲小鹏、胡自治等合著的《青藏高原人工草地生产—生态范式研究》一书所写的序中指出，“该书的科技内核基本出自一个学科基地，一个学术方向，一个专业师承，其基地就是1956年我经手创建的甘肃农业大学天祝高山草原试验站，在这个基地上，胡自治教授把握稳定的学术方向，历经艰难，带领一批研究生和年轻教师，将……多个研究项目聚焦、融合为一个科学命题，历经10多年的野外观测和室内实验，共同完成了这部专著……堪称我国高山草原栽培草地研究的开山之作，其学术价值自不待言”。

1981年以来，胡自治先生作为副主编，大力协助主编任继周院士办好《国外畜牧学——草原与牧草》（现名《草原与草坪》）《草业科学》和《草业学报》3种学术刊物。1988—2010年胡自治先生任《国外畜牧学——草原与牧草》主编（后为名誉主编），为中国草业科学研究成果的传播提供了配套和良好的媒介平台。

胡自治先生是我国较早从事草业科学教育和研究的专家。抗颜为师，乐育英才，培养草业科学专门人才是胡先生毕生致力的事业。1977年全国恢复正式招生后，晋升为讲师的胡自治先生协助任继周院士培养研究生。1984 年经国务院学位委员会批准，甘肃农业大学草原科学专业设立全国第一个草原科学博士点，胡自治先生又开始协助任继周院士培养博士研究生。1989 年国务院学位委员会批准胡自治先生为博士生导师后，他开始独立培养博士研究生。胡自治先生共计培养48 名硕士生、29 名博士生，还有一大批本、专科生和各类培训人员，桃李天下，发扬踔厉。这些人才已经成为推动我国草业和相关领域发展的中坚力量。

在教学和研究过程中，胡自治先生博观约取，厚积薄发，为本、专科生和研究生编写出版了系列教材。如任继周主编、胡自治参编的《草原学》（1961）和《草原调查与规划》（1985）二书，内容全面且通俗易懂，是草原专业大学生适宜的教材，也是极好的自学参考书。任继周主编、胡自治任副主编的研究生教材《草地农业生态学》（1995）一书理论功底深厚、专业知识丰富，视野开阔前瞻，饱含人文关怀，且语言通俗简约、富有哲理，育人润物无声，是不可多得的好书。胡自治主编的研究生教材《草原分类学概论》（1997），内容全面、新颖，适合硕士生和博士生使用，也适合本科生参考。这几本教材也都是国家规划教材即统编教材。

2000 年胡自治先生开始研究中国草业教育史，发表了多篇论文。2005 年胡自治先生退休，但他退而不休，老当益壮，随即以第一副主编的身份协助任继周院士编写大型专业工具书《草业大辞典》，2008 年该书出版后，胡自治先生又应原农业部副部长、中国草学会理事长洪绂曾教授的邀请，以第一副主编的身份协助主编洪绂曾撰写大型专业史书《中国草业史》，他为全书拟定了编写提纲，主持了该书第五章“草业教育史”的编写。

2014 年 5 月初，在任继周院士给胡自治先生的一封电子邮件中，建议他在“草业教育史”一章的基础上，再补充一些历史背景资料，以《中国草业教育史》为书名单独出版，并说“对于此事寄予厚望”，出版的事宜也由他安排。90 岁高龄的老师饱含深情的嘱托，使胡自治先生深为感动，虽然他也已届耄耋之年，视力不佳，但仍振奋精神，多方收集资料，修改补充，经一年多的时间，将原来 9 万字的“草业教育”一章，充实、扩大到 6 章、36 万字的专著，2016 年作为国家出版基金资助项目由江苏凤凰科学技术出版社出版。任继周院士在为该书所作的序中说：“胡自治教授编著的《中国草业教育史》……是我国草业学科的一项基本建设，草业科学发展中的大事件……其架构之宏阔，取材之翔实，论述之平准等诸多方面，不失为一时之杰作。我相信这是一部有生命力的史学著作。”

胡自治先生还曾致力于草业科学教学管理工作。1988年胡自治先生任甘肃农业大学草原系系主任，1989年在任继周和胡自治二位先生的努力下，国家教委批准甘肃农业大学草原科学为国家级重点学科，胡自治先生为这一全国最早的草原科学国家重点学科的负责人和主要奠基人。1992年甘肃农业大学草原系和甘肃草原生态研究所联合共建我国第一个草业学院，胡自治先生任第一任院长，为甘肃农业大学及全国草业科学的学科建设作出了杰出贡献。

胡自治先生在漫漫教育生涯中的言行修为，完美诠释了“师者，所以传道授业解惑也”的师道精神。自1962年工作伊始，胡自治先生就肩负起了教师的神圣职责，磨而不磷，涅而不缁，深情坚守半个多世纪，始终保持着教师学而不厌、诲人不倦的精神，倾心于我国草业科教事业，贡献卓著：一如草业科技人才的培养方面，胡自治先生作为指导教师，先后培养的硕士和博士研究生就有77名，聆听过胡老师讲课的本科、专科生和各类培训人员更是难计其数，真可谓“桃李满天下”；二如草业学科建立与科技创新方面，胡自治先生作为草业科学领域的一名高校教师和科学工作者，也作为任继周院士最得力的学生和助手，在草业学科创立与建设、草业理论构建与科技创新、草业科学教学体系研究诸方面，都颇有建树，取得了令人仰慕的成果，具有里程碑的意义，这些成果不仅成为我国草业科学发展的历史记录、成果结晶，更是引领我国草业未来创新发展的宝贵财富或行动指南；三如师德师风和为人师表方面，胡自治先生可谓“艺高为师，德高为范”，他在草业界的“艺高”人所共知，在师德、师风方面更是堪称典范。治学之道，几十年如一日，恪尽职守、敬业奉献，学而不厌，诲人不倦；待人之道，则是海纳百川、平易近人、尊师爱生，虽然成就卓著，但却上善若水，善利万物而不争，淡泊名利，堪称“当代师表”。

胡自治先生在草业科学科研、教育领域内已奋斗了60年。在这一甲子的岁月里，先生一直在草业科学这块沃土上不停躬耕、永不宁息。虽然胡自治先生已年届耄耋，但“老骥伏枥，志在千里”，仍在忘我地工作着，准备将毕生精力全部贡献给草业科教事业。胡自治先生严谨治学的态度和奋斗不止的精神，激励了一代又一代的后学弟子。把先生的学术成就汇集成卷是我们这些后学弟子多年的心愿，但是几经和先生沟通出版文集事宜，先生一再婉拒。2017年，在甘肃农业大学张德罡教授、北京师范大学董世魁教授的筹划下，胡自治先生的几位研究生悄然整理了先生的文稿。2018 年，《胡自治文集》有幸获得光明日报出版社在新中国成立70周年之际的“博士生导师学术文库”项目资助，先生终于同意文集的编撰出版。

《胡自治文集》编撰过程中，甘肃农业大学张德罡教授负责组织及部分文字录入工作，北京师范大学董世魁教授负责出版资金筹措及部分文字录入工作，甘肃农业大学姚拓教授、蒲小鹏副教授和兰州大学于应文副教授负责部分文字录入工作，甘肃农业大学张德罡教授、蒲小鹏副教授、周爱琴编审负责全书文字校对工作，胡自治先生本人对全书论文进行了编排、校对和审定。

《胡自治文集》立项、出版过程中，得到樊仙桃女士的热情帮助，在此深表感谢！

特别感谢九十五岁高龄的任继周院士为《胡自治文集》拨冗作序，这是师道精神的传递，值得后学敬仰！

由于时间和精力所限，书中不当和纰漏之处，敬请读者指正！

# 目　录

# CONTENTS

## 第一部分　草业科学研究论文

# 第一部分 01

## 草业科学研究论文

# 草原类型

## 关于草原类型划分意见的述评*

类型学和分类是科学发展中的一个质量指标，它的出现，标志着这门科学或生产实践对它的要求，反过来，在它出现后，又将对这门科学和实践起巨大的影响和作用。动物学和植物学的以进化系统为原则的分类学对生物学及其应用科学的发展所起的积极作用是非常清楚的，这也是我们大家所共知的。

同样的，草原类型学对草原科学和实践的发展来说也是这样，它的出现标志着这门科学和实践发展到了一定的水平，对分类有了迫切的要求；同时，它出现后也将对草原科学和实践的发展起更深刻的影响。因此，对草原类型的研究，无论就科学本身或生产实践来说都是非常重要和迫切的，必须给予极大的重视。

近年来，我国的学者们在这一方面做了很多的研究工作，提出了一些分类体系，并展开了热烈的学术讨论，对于我国草原类型学说的发展起了很大的推动作用，下面兹就本人搜集到的一些有关这方面的资料加以整理，并提出一些粗浅的看法，以供大家这方面的参考。

### 一、不同的草原类型学说

到现在为止，见于文献的草原类型学说颇多。根据对草原类型划分的原则

* 作者胡自治。发表于《甘肃农业大学学报》，1963（1）19—32。本文经任继周主任指导，杨诗兴主任审阅，谨此致谢。

和方法，大致上可以将草原类型学说分为两大类：地植物学分类法和农学分类法。

（一）地植物学分类法

这一分类方法系按照组成草地植被的植物群落的特性来进行类型划分的，在地植物学中，这种分类的体系很多，现仅就和作为天然饲料地的草原类型划分有关的体系做出简述。

（1）Laurece A Stoddart 和 Arthur D Smith（1942、1956）用生态学的方法将美国西部和西南部的草地分为九个植物分布区，在某些区下又根据植被条件划分了某些植被型和植被带。他们的类型体系如下：

- 高草区
- 低草区
- 荒漠草本植物区
- 生草丛禾本科植物区
- 北部或山间灌丛区
- 南部荒漠灌丛区
- 沙巴拉（Chaparral）植物区（北美夏旱灌木群落）
    - ◆ 加里尼亚沙巴拉型
    - ◆ 橡林型
    - ◆ 山地丛林型
- 针叶矮林区
- 针叶林区
    - ◆ 落基山南部针叶林区
    - ◆ 落基山中部针叶林区
        - ◇ Ponderosa 松带
        - ◇ 洋松—白杨带
        - ◇ 云杉带
        - ◇ 高山冻原带
    - ◆ 落基山北部针叶林区
    - ◆ 西北针叶林区
    - ◆ 东南针叶林区

他们又根据放牧的评价在这些植物分布区中划分了人工草地型、草甸型、多年生的非禾本科草本植物型、北美蒿灌丛型、山地灌丛型、针叶林型、荒地（未放牧的）型、芜原型、矮松—杜松林型、阔叶林型、拉瑞阿型、牧豆树型、优若藜型、滨藜型、Wintefat 型、荒漠灌木型、半灌木型、一年生草本型等 18 个放牧地型。

（2）Arthur W Sampson（1947，1952）参考 H. L. Shantz 和 R. Zop 对美国天然植被的类型划分将美国的植被分为三大植被型，在型以下又根据生态条件共划分为 12 个群丛，他的划分体系如下：

- 草地植被型
  - 高草草原群丛
  - 平坦低草草原群丛
  - 牧豆树—禾草荒漠群丛
  - 太平洋沿岸生草丛禾本科草原群丛
  - 沼泽草地群丛
  - 高山草甸草地群丛
- 荒漠灌木型
  - 山艾灌丛
  - Gerosote Bush 群丛
- 森林型
  - 落叶林群丛
  - 混合林群丛
  - 针叶林群丛
  - 沙巴拉灌木—乔木林群丛

（3）А. П. Шенников（1938）是苏联草原类型学说地植物学派的代表，他对人们公认的四个植被型——乔木—灌木植物型、草本植物型、荒漠植物型和悬浮植物型进行了更细致的划分。例如，在草地经营中以主要形式存在的草本植物型，他认为不是型而是型组，在这个型组中 Шенников 分为六个类型：草本草原、草本芜原（由生长在寒冷干旱的冻原——高山寒土植物和山地的多年生草本植物构成）、草甸（由中生草本植物构成）、水生草本植物、喜腐殖质的草本植物（喜酸植物）、由一年生或短生植物构成的草本植被。在类群以下 Шенников 继续划分为群系纲、群系组、群系、群丛组、群丛。

在这些植被型的基础上加上生态学的成分即划分出群系纲。例如草甸可分为五个群系纲：真正或真中生植物草甸、草原化或具旱生中生草甸、芜原或高山寒土中生植物草甸、沼泽化或好气—水生草甸、草本或嫌气适酸植物草甸。其中每一个群系纲再分出两个变型——避盐和适盐的。这一再划分是根据草甸植物生态型进行的划分。

群系纲以下再划分为群系组。把优势种属于相同生态—形态型的各个群丛联结成一个群系组。例如，草甸植被有下列的群系组：大禾本科、小禾本科、大杂类草、小杂类草、大苔草、小苔草，苔藓—小杂类草等。

群系组按照群丛的优势种（建群种）再分成群系。例如，在不同的群系组中有下列的一些群系：看麦娘群系、红狐茅群系、须草群系、小杂类草群系、冰草—大杂类草群系等。

群系是由各个在结构特征上不同的群丛组所构成的。例如，在看麦娘群系中可分成纯看麦娘群丛组、禾本科看麦娘群丛组、小禾本科看麦娘群丛组、大苔草看麦娘群丛组和杂类草看麦娘群丛组等。

群丛组是由各个在种类成分和结构特征上不同的群丛所组成的。例如，在真正小杂类草红狐茅群丛组中可划分出猪鼻花红狐茅群丛、黑蕊菊红狐茅群丛、金莲花狐茅群丛等。

群丛是最小的分类单位，它是有着同样的组成、结构和在植物之间以及植物和环境之间的彼此关系相同的群落。它和其他的分类单位一样，可以具有气候的、土壤的、人为的，分布区的变型等。

（4）王栋（1955）根据草原植物生长情形将中国的草原分为六类：高草地带、低草地带、旱草地带、碱草地带、水草地带、灌木地带。

（5）祝廷成、李建东、叶居新（1958，1961）认为草原（степь）类型的理论应该以探索各草原特征的规律性联系的关系为基础，一定的草原类型代表着该草原类型上植物之间和植物与环境之间的相互影响、相互联系的一定类型，这是草原的质的特征。划分草原类型时应该依据质的特征，力求划分的单位接近于自然实际情况，而不应该依据气候、地势或土壤，因为那样容易人为地把不同的草原归纳成同一类，把相同的草原又给划分开。他们认为草原的划分应该依据下列草原特征：种属组成、成层性、季相、生活型、环境条件，在具体划分时采用型、亚型、群系、群丛四级制。

（二）农学分类法

这一大类的分类原则和方法是根据影响天然或人工草地的生态因素如气候、

土壤、地形、植被和农业技术措施的特征来划分的。在这一类的分类方法中，按照其对影响因素所侧重的特点，还可分为土壤—植物分类法、农业经营分类法和植物地形学分类法三类，兹分述如下。

1. 土壤—植物分类法

Dudley L Stamp 和 Stanley H Beaver（1933，1954）根据草地的土壤及其植被将英国的草地划分为五类：

- 中性草地（土壤既不是十分酸性的，也不是特别钙质的）
- 酸性草地（石南草地和硅质草地）
- 甘松茅（*Nardus stricta*）和 *Molina* 草沼泽
- 石灰岩或盐基性草地
- 北极—高山草地和山地植被

2. 农业经营分类法

（1）James A. S. Waston，James A More 和 Wattle J West（1924，1956）根据人类对草地经营（播种、施肥、排水、土壤改良等）的程度，将英国的草地划分为三大类（第一级），然后再根据地形、土壤划分第二级，在第二级中又根据植被情况划分第三级。他们的类型体系如下：

- 近自然草地（Semi – Natural Grassland）
  - ◆ 沙地沙丘
  - ◆ 盐土沼泽
  - ◆ 白垩沙丘
  - ◆ 砂质低地石南灌木丛
  - ◆ 山地放牧地
    - ◇石南灌丛放牧地
    - ◇剪股颖或紫沼泽草或 *Molina* 草放牧地
    - ◇*Molina* 草放牧地
    - ◇剪股颖—狐茅放牧地
    - ◇羊齿植物放牧地
  - ◆山地沼泽
  - ◆水泛地
- 改良的永久草地（Improved Permanent Grassland）
- 人工草地（Sown Grassland）

（2）Wiliam Davies（1952，1954）根据对草地培育与否将英国的草地先分为两大类——未培育的草地和培育的草地；在第一类中又按照植被和地形划分第二级，在第二类中先根据利用的方式划分第二级，再根据植被及其经济价值划分第三级。具体类型体系如下：

- 未培育的草地（Uncultivated Grassland）
- *Molina* 草酸沼（Moor）
  - ◆ 棉管酸沼
  - ◆ 藨草酸沼
  - ◆ 石南灯芯草酸沼
  - ◆ 山地沼泽
  - ◆ 席草沼泽
  - ◆ 席草及羊茅草地
  - ◆ 覆盆子酸沼
  - ◆ 羊茅放牧地
  - ◆ 羊齿植物及羊茅放牧地
  - ◆ 羊茅/剪股颖放牧地
  - ◆ 海滨羊茅放牧地
  - ◆ 英格兰东部和南部羊茅占优势的未垦荒丘
  - ◆ 英格兰东部和南部石南酸土地
  - ◆ 未垦的英格兰剑桥沼泽
- 培育的草地
  - ◆ 暂时草地（The leys）
  - ◆ 永久草地
    - ◇ 第一级黑麦草放牧地
    - ◇ 第二级黑麦草放牧地
    - ◇ 第三级黑麦草放牧地
    - ◇ 剪股颖放牧地
    - ◇ 剪股颖及灯芯草菅茅放牧地
    - ◇ 剪股颖—狐茅放牧地

3. 植物地形学分类法

（1）А. М. Дмитриев（1948）的分类方法可以代表苏联植物地形学派的方

向。他根据地形把森林带的草地分为两大类，即大陆草甸和水泛地草甸。草原带的草地分为三大类：河谷地区的草甸草原、漓漫和泛滥地的草甸和河谷水泛地草甸。每个类又根据位置、地形、湿度条件和土壤形成的特点和植被再分为组、亚组和型。例如，他将苏联森林带的草地划分为如下的类型体系：

第一类　大陆草地

第一组　干谷地草地

第一型　绝对干谷地

第二型　正常干谷地

第三型　水分暂时过多干谷地

第四型　河谷干谷地

第五型　狭雏谷—雏谷干谷地

第二组　低洼地草地（以下型略）

第一亚组　低洼地草地

第二亚组　低洼地沼泽草地

第二类　水泛地草地

第一组　河床附近水泛地草地

第二组　中央水泛地草地

第三组　阶地附近水泛地

（2）А. Л. Чугунов（1951）将苏联的天然饲料地按地形分为三大类：水泛地、水泛地以外的低地和高地，此外，还有一个特殊的类型——山地地区。

（3）全苏 В. Р. 威廉斯饲料科学研究所和 А. Г. Рамеий 在 1932—1933 年全苏饲料地登记时所使用的草地分类方法是最具代表性的植物地形分类法。按照这个分类方法，苏联的全部天然饲料地可以分为两大类：大陆草地和水泛地草地。

类可按地形条件划分为亚类。大陆草地可分为八个亚类，它们是壤土平原和缓坡草地，砂土平原和缓坡草地，低洼地、碟形地和海滨草地，坡地草地，山地草地，高山草地，冻原草地，沼泽草地。水泛地草地可分为三个亚类，它们是短期浸水的水泛地草地、中期浸水的水泛地草地和长期浸水的水泛地草地。

这些亚类可以再按照土壤条件继续划分为型。例如，壤土平原和缓坡草地又分为寒泛的、瘠薄的、肥沃的、中等的、盐土的、碱土的等型；砂土平原和缓坡草地可分为沙土的、沙壤土的等型。这样，最后确定了 50 个型。

这50个型再按照湿度条件，例如时变的荒漠湿度、急变的荒漠湿度、时变和急变的荒漠—草原湿度、时变的干草原湿度等再划分为22个地境（Местоположение）。这样全部饲料地就被划分为1100个地境。这一分类方法在后来虽有某些修正，但仍保留着基本的内容。修正后的分类方法仍然以群丛（ассоциация）作为基本分类单位，但是在一个生境型中发育的群丛往往也和另一个群丛结合在一起。例如在不大的地区进行调查时，首先区别植物生长地和同样条件的生境，它们彼此间根据地形（中地形和小地形）、土壤（类型、变型、土层厚度、机械组成等）和湿度的差异而有所不同，如果在这个地区的不同地点有相似的生境条件，那么就将它们归并到一个生境型中，在一个生境型中可以有很多植物群丛。根据这个原则，И. А. Цаценкин将苏联的全部饲料地划分为100~120个生境型，这些生境型可归纳为19个类，此外将附带利用的饲料地也进行了划分，共计20个类，其名称如下：

- 森林带灰化土上的干谷地
- 草甸草原（森林草原）
- 黑钙土和栗钙土上的中等度的和干旱的草原
- 机械组成较轻的黑钙土和栗钙土上的砂质草原
- 壤质灰钙土和淡栗钙土及其和盐碱土的复合体上的荒漠草原和荒漠
- 机械组成较轻的和砂质的淡栗钙土和灰钙土上的荒漠草原和荒漠
- 碟形地、低洼地和海滨草甸
- 漓漫草甸
- 盐土和龟裂土草地
- 短期浸水的水泛地草地
- 中、长期浸水的水泛地草地
- 山地草甸
- 山地草原
- 山地半荒漠和荒漠草原
- 高山草甸
- 高山草原和荒漠
- 山地冻原
- 冻原
- 沼泽

• 其他附带利用的饲料地

（4）И. А. Цаценкин（1954）在他的《里海西部刈草地放牧地的分类及其综合研究问题》论文中对植物地形学派的分类又提出了更明确的分类方法——四级分类法。其具体方法是把整个区域里的植物群落按其植被、土壤和地形特征的一致性分为各个小组，每组群落编制成综合的图表加以描述，这样各地区的植被和土壤得到全面的真实的反映，然后对每个表中所描述的群落小组的相似性加以审查，以便分组或合组。组确定之后就可按照组的气候、地形和土壤特征划分为类，在类中按土壤、植物划分为亚类，在亚类中按植物特征划分为型和变型，在型和变型中对有特殊表现的划分为变体。变体不仅根据型和变型的植被成分，也可以根据亚类的土壤特征来划分。

（5）1961 年全苏 В. Р. 威廉斯饲料科学研究所（И. А. Цаценкин，И. А. Антипин，В. М. Грибов 等）指出：全苏饲料地的分类原则应在地形和地带上确定饲料地的最主要的实质。根据此原则将饲料地分为平原（平地）、低洼地、水泛地、山前地、山地（或中山地）和高山等地形位置。每一种地形位置（水泛地除外）又划分为水平的地带（зона）和山地的垂直带（плояс），然后根据最主要的地形、土壤、气候、植被特征和土地特性将苏联的饲料地划分为 25 类，它们是：

• 森林带的灰化土、生草灰化土和其他土壤上的平原干谷—草甸；

• 森林草原带的淋溶、深厚和其他壤质黑钙土和碱土上的平原草甸—草原；

• 草原带的壤质普通黑钙土、南方黑钙土、栗钙土和碱土上的平原中度和干旱草原；

• 草原和森林草原带的砂质灰钙土和沙壤质黑钙土上的平原草原；

• 半荒漠的壤质和石质淡栗钙土，棕钙土和壤土上的平原荒漠—草原（半荒漠）；

• 壤质和石质灰钙土上的平原荒漠；

• 淡栗钙土和沙壤质棕钙土上的平原荒漠—草原（半荒漠）（北方型的砂质荒漠和砂质—石质荒漠也划入此类）；

• 砂质灰钙土上的半荒漠（亚洲中部的荒漠型）；

• 草甸土和草甸—沼泽土的有时为盐土的低洼地和碟形地草甸（主要在森林和森林草原带，海滨地区的也附带划入此类）；

• 暗色土，漓漫灰钙土和草甸—栗钙土的有时候盐化的低洼地，碟形地，

漓漫和海底地（ПодвЫе）

- 强盐土上的低洼地（猪毛菜属占优势）；
- 冲积草甸土上的短期浸水水泛地草甸（汛水浸淹少于15天）；
- 冲积草甸土上的长期浸水水泛地草甸（汛水浸淹多于15天）；
- 淋溶黑钙土和山地黑钙土上的山前草甸—草原（本地带的小圆丘，低山和山谷也附带划入）；
- 黑钙土和栗钙土上的山前草原（本地带的小圆丘，低山和山谷也附带划入此类）；
- 棕钙土上的山前半荒漠和荒漠（本地带的小圆丘，低山和山谷也附带划入此类）；
- 山地森林草原带的森林带的灰色土，褐色土、棕钙土上的山地草甸和山地淋溶黑钙土上的草甸—草原；
- 山地黑钙土和栗钙土上的山地草原；
- 山地棕钙土和灰钙土上的山地半荒漠和荒漠；
- 山地草甸土和草甸泥炭土上的高山草甸（高山和亚高山）；
- 山地栗钙土上的高山草原；
- 山地灰钙土上的高山半荒漠和荒漠；
- 山地石质冻原土上的山地冻原；
- 冻原石质土和冻原泥炭土上的平原冻原；
- 矿质土和泥炭沼泽土上的沼泽（不同地带和不同地点的）

类可按照地形和生态条件再分为亚类。例如在农业区的平原饲料地内可以再分为（就一般而论）两类：平原本身和细沟、斜坡，以及坡度大于15°的陡坡；在盐土和盐化土分布广泛的地区，平原类可再分为盐土（或盐化土）和非盐化土亚类；低洼地和碟形地类可再分为大气凝结水源的、内陆碟形地、流动水的深凹地底和沟底、地下水源的低地。如果不划分亚类，那么可以按照生境条件（气候、湿度特点、土壤特征、地形等）和植被划分为型组；在每一个型组中可按照植被及其土壤特征和其他生境特征划分为若干个主要的放牧地或刈草地型。列入同一个型组的各个型应具有相似的特性。型可按照经营状况（栽培技术状况）、载牧量、植被成分的变化、撂荒度（对于撂荒地上被撂荒和开垦的地段而言）、苔藓化、灌丛化和小丘化的程度再分为变体。

（6）王栋（1955）根据地势的高低将中国的草原分为八类：低湿草原、平地草原、高地草原、砂砾草原、沙窝草原、丘陵草原、峡谷草原、高山草原。

（7）贾慎修（1955）将中国的草原先按照自然地理区划分为四大区——内蒙古草原区、新疆草原区、青康藏草原区和东北草原区。在大区中再按植物分布划分了类型，例如他将内蒙古草原区划分为草地草原、干草原、半荒漠和荒漠四个类型。

（8）胡式之、姜恕、杨宝珍（1961）认为草场（草原）的分类原则是根据草场本身所具有的自然特性和经济特点上的一致性进行划分。所谓自然特性是指组成草场的植物群落复合体及其反映的地貌、土壤条件；经济特点则包括现有和可能进行利用的方式。分类系统中各级单位具有从属关系。根据上述原则，他们提出下列的草场分类系统：

纲（第一级）：根据草场所属的地带性植被基本型，结合大地貌特征的一致性进行划分。例如平原荒漠放牧场、中山带山地草甸放牧场等。

类型组（第二级）：在第一级内根据土壤条件的一致性进行划分，如平原沙地荒漠放牧场、平原戈壁荒漠放牧场等。

类型（第三级）：在类型组内根据植物群落组合的一致性进行划分，如平原沙地白梭梭荒漠放牧场、平原沙地梭梭荒漠放牧场等。

变体（第四级）：在同一类型内根据经济利用方式及利用所引起的质和量的变化的一致性进行划分。例如平原沙地白梭梭荒漠放牧场内可以有半固定沙丘白梭梭荒漠春季放牧场、固定沙丘白梭梭荒漠四季放牧场等。

（9）任继周（1956，1957，1959，1960，1961）认为草原类型就是对于草原发生与发展的诸因素加以综合的认识，这样就构成了对草原的基本而完善的概念，把这些基本而完善的概念加以抽象、类比，就形成了草原类型的理论。

草原类型的理论应该根据草原学所提出的任务揭露有关草原的自然特性和经济特性的实质，应该是辩证唯物主义认识论的具体运用。研究草原类型的目的不仅在于说明某一草原，还要改造某一草原；不仅在于说明、改造某一现实草原，还要进一步推论、认识某一假想的草原。虽然草原类型的理论基本上是由现实的草原（包括现在的或历史上的）中产生出来的，但它一旦成立，就要超越现实草原的范围，做出更为广泛地概括。因此，草原类型的概念，可以指导我们，不论在目前是草原，或不全然是草原，甚至全然不是草原的地方如果建立天然的或人工的饲料基地，做到农牧结合，它们的理论基础和具体措施归属于哪一草原类型，亦即草原类型一经确定，这一地区的饲料基地的利用和培育的理论基础和具体措施设计方案就可以大体解决。

从反面来说，如果对草原类型的概念混淆不清，草原工作无论积累了多少实践和零星理论，它将仍然难以达到自觉的、科学的、先进的水平。

因此，草原类型的理论应该不是静态的，局限于目前的；而是动态的，发展的。它不仅具有实践意义，而且具有更为广泛的、长远的理论指导意义。

根据上面的目的，任继周采取了三级分类标准。

第一级：主要依靠大区的气侯条件和与之相适应的土壤条件作为分类标准，叫作“类”，它是范围广阔而成带状分布的。

第二级：主要依靠地势起伏和与之相适应的土壤条件及植被条件，在第一级的基础之上进一步分类，叫作“亚类”。每一亚类范围较小，也比较错综复杂，有时呈较大面积的镶嵌分布，它们是构成类的单位。

第三级：主要依靠植物群落，在第一级和第二级的基础上进一步分类，叫做“型”。在型中因为微小的地形差异及其他因素的影响，在植被景观上还可能有所不同，再进一步划分叫做“亚型”。型与亚型都呈面积较小的镶嵌分布，它们是构成亚类的单位。

根据此分类标准，任继周将我国的草原分为森林草原、湿润草原、干旱草原、半荒漠草原、荒漠草原、高山—干旱草原和另一个综合类型——山地草原，共计7类，25亚类，69型。其体系名称如下：

第一类　森林草原类

第一亚类　森林草原的干燥梁坡地亚类

第一型　干燥梁坡禾本科—豆科型

第二型　水分正常的禾本科—豆科型

第三型　水分暂时过多的梁坡地莎草科—禾本科型

第四型　河谷梁坡地杂草—禾本科型

第五型　雏谷梁坡地杂草—禾本科型

第二亚类　森林草原的低洼地亚类（以下型略）

第三亚类　森林草原的冲积地亚类。

第二类　湿润草原类（以下亚类及型略）

第三类　干旱草原类

第四类　半荒漠草原类

第五类　荒漠草原类

第六类　高山—干旱草原类

第七类　山地草原类

## 二、对各种类型体系的体会

我们同意任继周（1961）所提出的划分草原类型的目的和原则，并据此提出一些对上述各种类型体系的学习体会。

Laurence A. Stoddart 和 Arthue D. Smith 对美国放牧区（Grazing regions）的类型先用生态学的方法，划出了 9 个大的植被区，然后在这 9 个植被区中再按放牧的评价划分了 18 个放牧型。在这一点上来说他们的认识是很正确的，因为他们清楚地指出过："使用生态学的方法对自然植被所做的类型划分，在实际应用上只有部分的意义，在一些情况下，无论如何，它在一般的类型划分和植被的分界上都需依靠放牧的评价。"这种思想是先进的，即植被的类型划分并不能完全代替放牧区的类型划分，放牧区的类型划分还必须考虑到畜牧业的实践要求。但是他们又认为在植被区下划分的放牧型（Grazing type）和植被型（Vegetation type）在应用上并没有明显的区别，它们都是有一定的外貌占优势的种或许多种的组合，在这一点上他们又回到了植被学的立场上。因为，就今天的观点来看，植被型和放牧型毕竟是有区别的，植被型是植被的自然划分，它在划分时并不十分注意除了植被以外的其他条件和其经济意义；而放牧型的划分除考虑到植被条件外，还要考虑许多其他的自然条件和经济意义，放牧型不仅是放牧区的自然的质量单位，而且是经济的质量单位。因此我们可以看出，他们在植被区中划分出来的 18 个放牧型尽管在应用上有一定的意义，但从本质上说来还是植被型的划分。从这个事例看来，对作为畜牧业的饲料地的类型划分，一定不能受植被类型划分的约束，否则很难完整地体现畜牧业的意义，它对实践来说也只能具有部分的意义。因此，我们认为 Stoddart 和 Smith 对美国放牧区的类型划分以植被区的划分来代替是不够完善的，虽然他们也认识到这一点而用放牧型来补充它的不足，但其目的仍然没有达到，因为他们对放牧型的划分原则并不清晰，也不够系统。例如，在植被区上针叶林是一个大区，在放牧型上针叶林又是一个型，这在实践上是不可能的；此外，把草甸、阔叶林、针叶林等都当作一个放牧型来对待，这确实是太大了，对它们很难说出一个具体的放牧评价来，这样又失去了划分放牧型的意义。

Arthur W. Sampson 对美国放牧区的类型划分是在一般公认的草地、荒漠灌木、森林三大植被型的基础上加上生态学的因素进行了再次的划分。他在草地植被型中划分了6个群丛，在荒漠灌木型中划分了2个群丛，在森林型中划分了4个群丛，共计12个群丛。他的群丛单位相当于 Stoddart 和 Smith 的植被区，在实质上，这两种划分没有什么原则的区别，并且 Sampson 也不曾考虑到所谓放牧型的问题，而是全盘地接受了 H. L. Shantz 和 R. Zon 的植被类型划分。因此，总的来说，在对美国放牧区类型的划分上，Sampson 的划分比 Stoddart 和 Smith 的划分要更原始一些。

A. П. Шенников 对草地的地植物学的分类，在研究植被时提供了很明确的概念，他详细地评述了种的组成、结构和群丛的产量等，这样可以解决草地的合理利用等问题。如果对群丛的环境有更详尽地描述，则还可以解决像天然饲料地的改良及人工饲料地的建立等基本问题。对于这一点他曾不止一次地注意过，并多次提出划分植物生态学和群丛生态学的必要性。

王栋的两种分类法均是采用一种条件作为标准来进行划分的，并适当地吸收了群众的分类名称及方法，在畜牧业的实践上有一定的意义，但在分类原则和体系上不够明确和完整。

祝廷成的草原分类也是从植物着手来认识草原全貌的，这在研究植物群落时是很明晰的，但作为畜牧业饲料基地之一的天然草原的利用、经营和培育需要从多方面来认识草原，他对这一点似乎体会得还不十分全面。因此，我们对他所指出的“划分草原类型时，应该依据质的特征，力求划分的单位接近于自然实际情况，而不应该依据气候、地势或土坡，因为那样容易人为地把不同的草原归纳成同一类，把相同的草原又划分开”的意见，有所保留。

Dudley L Stamp 和 Stanley H Beaver 对英国的草地采取了纯自然的分类方法，因为他们认为这五种草地类型相当于不同类型的林地，而且它们是存在于林地已被清除了的地方。这种纯自然的分类在其具体的解释上包含有经济意义。他们的这种分类在类的这一级看来是有意义的，不管对自然地理来说或对草地经营来说。

Tames A. S. Waston，Tames A. More 和 Wattle T. West 的分类法，根据的是英国的自然条件（我们认为英国的草地相当于任继周分类系统中的一个类——森林草原类）和草地经营的发展程度，我们认为其可以体现在英国的条件下草地的自然特性和经济特性；并且他们的近自然草地一类的三级划分和任继周的三级划分标准互有相似之处。

William Davies 的分类基本上相似于 T. A. S. Waston 等人的分类，只是更注意经济条件，对人工的永久草地做了进一步细致的划分，这种进一步的划分可能在英国的草地高度集约经营的条件下是需要的。

以 A. M. Дмитрнев 为代表的植物地形学的分类方法，主要注意了划分植物的生境类型，并对它进行了评定。这种方法对一定的生境类型首先不是从植被着手，而是从形成它的地形、土壤、母质、湿度等条件着手。这种根据生境特征的差异划分饲料地类型的原则本身，对于饲料地的进一步的经济评定和利用看似简单，因此，这类方法应当在描述生境的植物时，比在进行农业调查时所许可的程度更详尽一些，因为除了在利用生境条件这一点上草地经营和农业经营相同外，草地经营的另一特点是家畜还直接利用生境条件下的天然饲用植物群落。但是总的说来，这种方法是正确的，因为在对于饲料地的自然、经济等特点的阐明来说这种方法是最根本的、层次分明的。

A. Л. Чугунов 的植物地形分类法的特点是按地形分的第一级比较广泛一些，这种方法能在苏联广大复杂的自然地理条件下使用，但它在自然—地理带一致性较强的地区使用更为方便，例如，在白俄罗斯地区就能很好地使用。

以全苏 B. P. 威廉斯饲料研究所 И. А. Цаценкин，И. А. Антипин，B. M. Грибов 等人为代表的饲料地分类法经过多次的实践和修正，不仅对生境类型的划分得到了最终的、很完善的表达，而且也对饲料地的植物做了详尽的评述。1961 年的方案中又强调指出苏联饲料地分类原则应在地形和地带上确定饲料地的最主要的实质，进一步地在类型划分上将自然条件和经济特点有机地结合起来，除了体现自然区外，也体现了经济区，因此，在苏联这一分类法应用得最广泛，也获得了苏联学者们最广泛的赞同。由于这一分类法所依据的除了地形、植物以外，还有许多其他因素，因此，称它为植物地形学分类法是不太确切的，实际上应该称为综合分类法，但这一名称已经应用得很广泛，所以，我们在这里也就这样称呼它了。

贾慎修的草原类型划分在第一级采取了经济行政区的名称，有进行区划的意义，这是他的分类特点，我们应当重视，第二级应用了地植物学的方法，但没有提出完整的体系。

胡式之等人的分类原则和方法在很大程度上和 И. А. Цаценкин1954 年提出的方法相同，不同之处就是在分类中采用了以饲料地的利用方式来表明饲料地的经济特点。他们的这种类型划分方法可以采用，但在采用时也可能出现像饲料研究所 1961 年修正他们以前分类方法时所指出的那些缺点。

## 三、需要进一步探讨的几个问题

（一）关于“草原类型”

“自然因素、土壤因素、生物因素、社会因素，这四类因素相互发生影响，创造了草原，并且推动了草原的发展”（见甘肃农业大学编《草原学》，第 7 页）。草原类型就是这些因素的各个类型（气候类型、土壤类型、地貌类型、植被类型、野生动物种类分布区、家畜种类分布区、畜牧业和农业经营类型）和规律在一定条件下的综合体现。草原，作为社会主义农业的一种生产资料，它的类型划分不可能只用形成它的一种因素来进行完善的划分，也不可能脱离开畜牧业的实践来进行完善的划分。以前，有许多人认为畜牧学中的草原类型就是植被类型，到今天，这一认识已基本得到澄清，这对草原类型科学的发展有积极的作用，我们希望在最近的将来，在科学上看到符合社会主义畜牧业要求的草原类型新体系的出现。

（二）关于在草原类型中经济特点的反映问题

草原类型一定要反映草原的经济特点实质，这是大家所公认的，但如何反映，综合起来大致有两种意见：一种意见主张在类型命名时能够体现，例如在类型命名时注明其为放牧地或刈草地；另一种意见是通过对草原的综合认识，以便从草原的直接经济条件和通过构成经济特点的自然条件来体现，而不必在命名时表明。我们同意后一种意见，需要补充的是在确定自然条件类型的指标时，它不仅是自然的绝对数值，而且也应当是经济指标，例如，在气候区划上所采用的 -6℃ 等温线，其经济含义是春麦带与冬麦带的分界线；6℃ 等温线为一季稻与二季稻的分界线；750mm 等雨线为水稻北限；1250mm 等雨线为麦作南限等，在土壤分类和区划时注意了农作物的分布特点等。同样，在划分草原类型时，也应该对自然条件指标的经济含义加以明确，这样草原类型及其划分才会给农业区划提供有效的基础，才算真正地体现了草原类型要揭露草原的自然特点和经济特点的实质。而前一种意见，不仅表现方式不完美（经济特点是多方面的，不仅仅是放牧地或刈草地），而且也不是经济特点的实质。

（三）山地草原的分类地位问题

在任继周的草原类型体系中，山地草原作为一个特殊的类和其他类相平列，我们认为这样平列有某些困难，其理由如下：

地带性的概念包括水平的地带性、垂直的地带性和区域性三者，而在类一级中一个总的山地草原不能很好地体现垂直的地带性。

我国山地分布广泛，雄伟的山脉对所在地区的气候的影响是无可怀疑的；相反的，这些地区对山岳的气候影响也是无可怀疑的，这种情况使山地草原具有区域性的属性，也就是说我国各地山地草原在气候条件上有质的差异，这种质的差异是划分类的标准。

和苏联相比，我国山地的特点是高大而成山系，它的坡向、走向，山的长度和高度在气候和地理景观上所起的影响不是量上的而是质上的，它需要在第二级中表明。

我国山地面积广大，约占全国总面积的60%，它的气候条件除受纬度高度影响外，还受季风的影响。因此，山地草原的气候极为复杂，如果将全部山地草原划入一个类中则很难概括其自然条件和经济特征，也不能和气候区划、土壤区划等在人文和地理条件上相吻合，有碍于对草原类型的进一步区划。

根据以上理由，我们认为应该考虑将现有的山地草原类化整为零，按其条件和需要，或划分为不同的类，或分散于其他各类中，对于森林草原我们也有同样的想法和意见。

# 我国草原类型第一级分类的生物气候指标*

## 一、前言

根据草原类型学的观点，草原是由各个具有实质差异的具体单位——各个草地类组成的[1-2]。

我们提出的草原类型的多元顺序指标分类系统大致是：

第一，根据生物气候指标划分第一级——类。类具有一定的农业生物气侯学特征。根据类的特征可以指示我们进行草原区划。

第二，在类的基础上，根据地形和土壤进一步划分为亚类。根据亚类的特征可以指示我们进行草原的土地规划。

第三，在亚类的基础上，根据植被特征进一步划分为型。同一型表示其饲用价值及经营管理技术措施的一致性，可以指示我们制定利用培育工作的具体技术措施；它的面积至少应为一个轮牧分区或相当于一个轮牧分区的大小；

在同一型内可能由于种种原因，特别是人为措施，其植被表现为优势种相同而亚优势种不相同时，则可以划分为若干个亚型（或称变型），它的面积的大小也应和上述型同，是型的辅助单位。

当由于特殊的原因，草地的局部（面积可能是几十平方厘米到几百平方米）植被发生变异，但不具独立的经营单位意义时，可以将它划为微型。微型不具生产意义，但在管理、利用和科学研究中可给我们提供标本和指示草地可能发展的动向。

---

* 作者任继周、胡自治、牟新待。发表于《甘肃农业大学学报》，1965（2）48-64。本文在1963年全国畜牧兽医学会年会上宣读过。

由上述分类系统可以看出：草原的第一级分类单位——各草地类，是以地带性的生物气候条件为基础的。这种条件是生物立地条件的最本质的特性。正是在这一基础上，发生与发展着各种农业生物学现象与生境现象。事实上，这一状况在历史上已经引起了自然科学家的广泛注意，其中包括植物学家、动物学家、气候学家、自然地理学家、土壤学家以及各个有关专业的农学家等。他们都曾试图以某些气候要素为依据，来探讨地球上生境现象及农业生产现象的地带性问题。

在为数众多的这类文献中，几乎涉及了日照、降水、温度、湿度、风、云等各项气候要素，但是热量与水分在地球上的分配状况成为大家注意的焦点，大家一致认为这是生物气候学的核心问题。热量与水分状况不仅对农业生物学施加广泛而直接的影响，而且可以通过它们直接或间接地、较为全面地反映各项气候要素的特点。

以往我们在划分草原类别时，对于水热条件的描述是采用气候要素罗列法。这个方法概括性不强，较烦琐，欠明晰，而且对于类间的必要的联系也未能深刻揭露。经过几年来的实际运用，我们认为有必要将主要的气候要素以水热条件为基础，概括为少数的指数，来综合体现其质的特性与量的区别，以使多元顺序指标分类的系统能为广大群众所掌握和运用。因此，我们进行了这项研究工作。

由于此项研究所涉及的问题复杂，文献浩繁，谬误之处可能不少，敬希同志们指正。

## 二、文献回顾

各种气候要素对于生物及其立地条件发生的明显作用，为科学家所广泛注意，已如上述。但是为了具体说明生物气候地带性的实质，科学家们试图通过一种较为简单的指标，以具体数据来说明不同地带之间的区别，以下我们仅就不同指标，加以简要介绍。

（一）温度指标

在农业生产中，大家早就注意了积温对于农作物的影响，并据此区别作物分布范围。一般计算方法为全年 10℃ 以上的温度之和作为该地区的活动积温，或简称“积温”，这一数值到现在仍为多数农学家所使用。

其他，如 A. L. 德坎德勒（de Candone，1855）认为温度是限制植物分布的主要因素。C. H. 麦廉姆（Merriam，1894）认为具有相同的夏季温度的地区，其植被和动物区系往往相似。

（二）雨量指标

一切生物的生存不能离开一定的水分条件，而降水是土壤水分的直接或间接来源。降水与生物的密切关系是容易理解的。有不少学者试图以降水指标来说明地带特点。如我国不少专家曾经指出降水 750 mm 的等雨线是我国水稻与旱作的分界线；500—750 mm 等雨线的地带是无灌溉旱作可保收成的地带；250—500 mm 的地带旱作需要灌溉；250 mm 以下地区如无灌溉，耕作无望。

仅仅按照年降水量来认识地带性其缺点是十分明显的，因为它没有表明热量的配合条件。此外，降水的年变率、季节分配、蒸发与蒸腾的消耗，及降水方式等，均影响这一数值的生物学意义。

（三）饱和湿度差（水汽压力差）

在一定温度条件下，可以水汽压力来衡量大气中所含水汽数量，从水汽达到饱和程度的差额来表示空气湿度，通常以水银柱 mm 为单位。C. B. 胡发克（Hufaker，1942）曾以饱和湿度差等值线与北美洲的植被图相核对，得到大体的吻合。但是这一数值在过分干旱的地区就失去其灵敏度。这对我国大部分干旱地区的草原来说显然是无法克服的弱点。

（四）降水—蒸发比

降水—蒸发比与其他单项因素指标相比，不仅可以更确切地反映地区的水分状况，而且通过蒸发量的测定，还可间接反映热量状况，为许多学者所习惯采用。

（1）B. B. 道库恰耶夫（Докучаев，1900）首先把这一概念用于土壤地带性的研究中，后来得到全世界各国科学家的重视和发展。

（2）H. Γ. 维索茨基（Высоцкий，1905）进一步确定了苏联各自然地带的这一比值：

$r/E_0 = 1.5$：苏联欧洲部分的湿润森林

$r/E_0 = 1$：森林草原

$r/E_0 = 2/3$：轻度干旱草原

$r/E_0 = 1/3$：南部干旱草原

$r$ 表示降水量，$E_0$ 表示可能蒸发量。

（3）E. N. 川索（Transeau，1905）曾以此来划分北美气候带，与植被颇相符合。

（4）A. P. 彭克（Penek，1910）以此做气候分类，认为降水（r）与蒸发（E）相等的等值线是干燥气候和湿润气候的分界线，$r>E$ 为湿润气候，$r<E$ 为干燥气候。

（5）B. E. 李文斯顿和 F. 希来福（Livinston and Shrevs，1921）在研究美国植被与气候的关系时，广泛应用了降水—蒸发比的概念。

（6）J. E. 维维尔（Weaver，1938）根据降水—蒸发比划分气候带：0.2 以下为荒漠地带，0.2—0.6 为干旱地带，0.6—0.8 为草原地带，0.8—1.0 为森林地带。

（7）E. 斯腾兹（Stenz，1947）制定了干燥系数 D 以划分气候带，$D<6$ 为温和气候，$D=6$—20 为草原气候，$D>20$ 为荒漠气候。

$D=E_0/r$

D 为干燥系数，$E_0$为可能蒸发量，$r$ 为年降水量。

（8）H. H. 伊万诺夫（Иванов，1940）根据同一原理制定了湿润指数 K，并用此指数划分了自然地带。

$K=r/E_0$，$E_0=0.0018\ (25+\theta)\ (100-f)$

θ 为月平均温度，f 为阿夫古斯特干湿表测定的相对湿度，计算各月的 $E_0$ 值，然后 12 个月相加即为年 $E_0$值，$E_0$的计算是 1954 年提出的。

$K>1.5$ 过度湿润地带，湿润森林。

1.49—1.0　足够湿润地带，足够湿润森林。

0.99—0.60　湿润适中地带，森林草原。

0.59—0.30　湿润不足地带，草原。

0.29—0.13　水分贫乏地带，半荒漠。

0.12—0.00　水分极少地带，荒漠。

（9）陶诗言（1948）以水分可能蒸散量与降水比进行了湿润指数的计算，并据此对中国气候加以分类。可能蒸散量的计算方法系采用 C. W. 桑斯威特法。陶氏的气候分类如下：

| 湿润指数（%） | 气候种类 | 符号 |
| --- | --- | --- |
| 100 | 过湿 | A |
| 100—50 | 潮湿 | B |
| 50—0 | 湿润 | $C_1$ |
| 0—20 | 半湿润 | $C_2$ |
| -20—-40 | 半干燥 | D |
| -40—-60 | 干燥 | E |

降水—蒸发比（或其倒数蒸发—降水比），如果能精确计算，本不失为一种良好的气候指标，尤其是在水分条件方面有相当精确的指示意义。但遗憾的是，直到目前为止，还没有一种完善的方法来正确无误地测定蒸发量。因此，许多学者又多方探索，希望找到更恰当的气候指标。

（五）降水—饱和湿度差比

如前所述，饱和湿度差可以较为正确地表示空气水分含量。用这一数值来代替蒸发量较为简捷而准确，但它的缺点是对于干旱地区缺乏指示意义，这就大大限制了它的使用范围。

（1）З. М. 奥里捷科普（Ольдкопэ，1911）首先使用这一方法，并提出了湿润度的计算公式。从他的公式可清楚地看出以饱和湿度差来代替可能蒸发量的企图。

$K = r/E_0 = r/232d$

$K$ 为湿润系数，$r$ 为年降水量（mm），$E_0$为可能蒸发量，$d$ 为饱和湿度差。

（2）A. 密尔（Meyer，1926）在上述基础上提出以 N—S 系数来表示湿润状况，对于土壤和生物的影响更为适合。

$N—S = N/E - e$

N 为年降水量（mm），$E - e$ 为年平均饱和湿度差（mm）。

（3）P. З. 达维德（Давид，1934）论证了利用饱和差作为栽培植物蒸腾标志的可能性，并制定了计算植物蒸发能力的公式，后来这一公式产生了广泛的影响。

$F = E - e/2$

F 为蒸发能力，E 为日平均气温下最大水汽压力，e 为日平均空气绝对湿度。

（4）J. A. 普瑞斯考特（Prescott，1949）以年降水量与饱和差之比划分了澳洲的土壤带。

$K = P/\ (sd)^{0.7}$

K 为降水量饱和差之比，*P* 为年降水量（英寸），*sd* 为年饱和差（水银柱高，英寸）。

（5）Д. И. 莎什科（Шашко，1958）提出了干燥度 D 的公式，在最近几年得到了广泛的应用。

$D = \sum d\ /r$

$\sum d$ 为月饱和差总量（mb），*r* 为月降水量（mm）。

（六）降水—温度比

求得这一比值的主要目的仍然在于计算水分条件，因为不论蒸发量或空气湿度（如饱和湿度差），都是温度的函数。当温度条件改变时，对降水的效应就会产生明显的影响。因此，人们在这一方面开展了大量的研究工作，并且取得颇为理想的结果。

（1）W. 柯本（Koppen，1918，1931，1936）以多种因素及天气现象对气候类型进行了颇为完善的划分。但究其实质，仍以降水与温度两项气候要素为主，根据其相互关系及变异情况，分为气候型、副型与分型，并以各种符号表示之，称为气候公式（Climate formula）。这一分类方式虽与农业生物学有着颇为密切的关系，在研究全球性气候方面为多数人所乐于采用，但用来表示我国气候特点嫌其太粗，进一步用来表示草原类型尤其不够精确。

（2）R. 朗格（Long，1915，1920）根据降水—温度比提出了雨量指数 $R_{20}$，并根据 $R_{20}$ 值的大小区分了自然带。

$R_{20} = r/\theta$

$R_{20}$ 为 1920 年修正后的雨量指数，r 为年雨量（mm），θ 为月平均温度（0℃以上各月平均温度之和除以 12）。

| 雨量指数 | 植被型 |
|---|---|
| 0—20 | 荒漠 |
| 20—40 | 半荒漠 |
| 40—60 | 草原与热带稀树草原 |

续表

| 雨量指数 | 植被型 |
| --- | --- |
| 60—100 | 灌木林 |
| 100—160 | 乔木林 |
| >160 | 荒原与苔原 |

（3）E. 德马东（de Mertonne，1926）根据年平均气温与年降水量之比，制定了干燥指数I。I值与植被和土壤有一定的对应关系。当I>5时为荒漠，10—20为旱农耕作区，接近30时则出现森林。

$I = r/Q + 10$

r为年降水量（mm），Q为年平均气温（℃）。

（4）E. 来车尔（Reichel，1928）在德马东干燥指数的基础上加以修正，把降水日数作为影响因素之一，以消除降水分配情况所造成的误差。

$I = rp/（Q + 10）180$

I为干燥指数，*P*为年内降雨日（降雨至少0.1 mm）的平均日数，180为德国境内降雨的平均日数。

（5）C. W. 桑斯威特（Thornthwaite，1931）在研究了美国西部的降水—蒸发指数（P－E）的基础上，将美国西部3000个P－E指数填入图中绘制P－E等值线图，并与野外实际资料及其他文献相对照，确定了下列5个湿度区：

$$P - E = \sum_{n=1}^{12} 115 \frac{P}{(T-10)} \frac{10}{9}$$

P为月降水量（英寸），*T*为月平均温度（℉）。

| 湿度区 | 特征植物 | P－E指数 |
| --- | --- | --- |
| A. 潮湿 | 雨林 | >128 |
| B. 湿润 | 森林 | 64—127 |
| C. 半湿润 | 草甸 | 32—63 |
| D. 半干燥 | 草原 | 16—31 |
| E. 干燥 | 荒漠 | <16 |

（6）B. Б. 肖斯塔科维奇（Шостаквнч，1930）将朗格指数加以改变，所用

温度是生长期内平均温度的 1/10，并用这一指数编制了苏联的气候带图。

$K = r/1/10T$

$K$ 为肖斯塔科维奇指数，$r$ 为生长期降水量，$T$ 为生长期内平均温度。

（7）L. 恩柏格（Emberger，1932）考虑到最高、最低温度在生物学上的作用，以最高、最低温度为因数，求得雨热系数 Q。他根据这一系数将地中海气候分为湿润、中常、半干燥、干燥气候区。

$$Q = \frac{r}{2(\frac{M+m}{2} \cdot M - m)} \times 100$$

Q 为雨热系数，r 为年平均降水量（mm），$M$ 为最热月最高温度的平均值（℃），$m$ 为最冷月最低温度平均值（℃）。

（8）A. 科塔根（Coutagen，1935）以月降水量和月平均温度计算月的干燥指数（Am），然后再将年降水量以各月干燥指数和除之得到年的干燥指数 A。

$$Am = 12rm : (10 + \theta m), \quad A = r : \sum \frac{rm}{Am}$$

Am 为月干燥指数，$rm$ 为月降水量（mm），θm 为月平均温度（℃），r 为年降水量（mm）。

（9）W. 焦金斯基（Gorcznki，1943）认为纬度是影响热量和湿度的重要因素，在计算时应作为因数之一加以计算，称为干燥指数 A，并根据 A 值分为下列气候带：

$$A = \frac{1}{3} CSC\varphi(\theta x - \theta n) \frac{r_x - r_n}{r_m}$$

$\varphi$ 为纬度，“$\theta x - \theta n$”为平均年温较差（最热月与最冷月平均温度差℃），$r_x$ 为 50 年内最小年降水量，$r_n$ 为 50 年内最大年降水量，$r_m$ 为 50 年内平均年降水量，

A <20% 中常气候

A =20%—40% 草原气候

A >40% 荒漠气候

（10）B. П. 波波夫（Попов，1948）以有效年降水量及温度日较差为基数来计算干燥指数 P，其有效降水是指的暖季降水土壤表面蒸发的水分。

$$p = \frac{\sum g}{2.4(t - t')n}$$

P 为干燥指数，$\sum g$ 为有效年降水量，其计算公式为 K = 1 - 0.45（30/$Q_m$），K 为有效年降水量，$Q_m$为月降水量（mm），t - t′为月温度差（℃），n 为昼长指数，乌克兰森林草原暖半年 $n=15$，冷半年 $n=11$。

（11）C. W. 桑斯威特 1948 年又提出热指数 I，以一个复杂的公式来计算可能蒸散 E，再进一步根据水分的季节变化（有余或不足），求出湿气指数 Im，并以此划出 9 个气候型。

$$I = \sum_{n=1}^{12} (\frac{\theta}{5}) 1.514$$

$$a = 0.0000006751 I^3 - 0.0000771 I^2 + 0.017921 I + 0.49239$$

$$E = 1.6 (10\theta / I) a$$

E 为月可能蒸散量（mm），$\theta$ 为月平均温度（℃），$a$ 为因各地而不同的常数。Im =（100$g$ - 60$d$）/$n$，$g$ 为水分剩余，$d$ 为水分不足，$n$ 为水分需求，即可能蒸散量 E，如其值已经确定。$a$ 和 $d$ 可由降水确定。

| 气候型 | 湿气指数 |
|---|---|
| $A_1$过湿 | 100 以上 |
| $B_4$潮湿 | 80—100 |
| $B_3$潮湿 | 60—80 |
| $B_2$潮湿 | 40—60 |
| $B_1$潮湿 | 20—40 |
| $C_2$湿湿 | 0—20 |
| $C_1$半湿润 | -20—0 |
| $D_1$半干燥 | -40—-20 |
| E 干燥 | -60—-40 |

（12）A. 安格斯楚姆（Angstrom，1934）根据降水强度与气温变化之相关性，从理论上算出了湿度系数。

$$i = r/t = 1.07^{\theta}$$

$r$ 为降水量（mm），$t$ 为降水时间（以 100 分为单位），θ 为温度（℃），i 为降水强度或湿度系数；$t = r/I$，$\because i = C.\beta^{\theta}$，在瑞典条件下 C = 1.0，β = 1.07，$\therefore i = 1.07^{\theta}$。

（七）降水—积温比

从降水与温度之比既然可以大体计算出各个地区的年需水量或湿润程度，那么与年降水相对应的活动积温之比，当然也有可能表示各个地区的湿润程度。由于积温代表了植物活动期的全部热量状况，而且数量较大，从理论上讲，容易得到较前者更为精确的结果，所以，在这个问题上的研究取得了相当令人满意的结果。

（1）Д. И. 普里亚尼什尼科夫（Прянишников，1980）早在19世纪末，在论述植物生长期的干旱性时，就以生长期内的总降水量和积温来计算水热系数。

（2）Д. И. 科洛斯科夫（Колосков，1925）认为可以年降水量与1/100生长期平均日温总和之比来评价农业气候。

（3）Г. Т. 谢里亚尼诺夫（Селянинов，1930）认为1/10的积温值可以作为水分支出指标，并将高于10℃时期内的降水量与同时期内的积温的1/10之比作为水分平衡计算指标。K >1表示湿润，K <1表示干燥。

$$K = r/0.1\sum\theta$$

$K$为水热系数，$r$为大于10℃时期内的总降水量（mm），$\sum\theta$为同时期内的积温（℃）。

（4）Н. В. 保娃（Бова，1941）为了确知农业干旱之开始时间及受旱地区，根据春季降水、土壤水分及该时期内0℃以上积温制定了干旱指数。K =1.5时为干旱开始时间。

$$K = 10(H + Q) / \sum T$$

K为干旱指数，$H$为春季100 cm厚的土层中有效水分含量，$Q$为春季降水量，$\sum T$为0℃以上积温。

（5）张宝堃、段月薇、曹琳（1956）以大于10℃的积温与此同时期内降水量之比来计算干燥系数K，并以此做出我国气候区划，K <0.12为干燥，0.12—0.5为半干燥，0.5—1.0为半湿润，1.0为湿润，2.0为潮湿。

$$K = 0.16\sum T / R$$

$\sum T$为大于10℃的积温，R为同时期内的降水量，0.16为系数，以使秦岭、淮河一带K值为1。

（6）么枕生（1959）以1/10的大于0℃的积温与同期降水量之比作为水热系数K，使其更为适合我国一些夏雨、冬冷，气温在0℃与10℃之间的时期较长地区的气候特点。K值大于1.0以上的为湿润气候，1.0以下者为干燥气候，

0.3 大致为草原和半荒漠的分界线。

$K = r / 0.1 \sum\theta$

$r$ 为同时期内的降水量，$\sum\theta$ 为 0℃以上积温。

（八）辐射平衡

到目前为止，以辐射平衡的资料来研究气候的湿润状况和自然地带的关系被认为是最理想的方法。

（1）M. И. 布迪科（Будыко，1948，1949，1951，1954）提出的干燥辐射指数（K，Радиацционный иидекс сухотн）是地表年辐射平衡和以热量单位（即蒸发年降水量所需的卡）表示的年降水量之比。在地带界线方向和干燥辐射指数等值线之间有比上述各种指标多得多的吻合性。

$K = R_0/Lr$

$R_0$ 为辐射平衡值，$Lr$ 为降水的蒸发所消耗的热量。

干燥辐射指数与各自然带的关系如下表：

| | |
|---|---|
| <0.35 | 苔原 |
| 0.35—1.1 | 森林 |
| 1.1—2.3 | 草原 |
| 2.4—3.4 | 半荒漠 |
| >3.4 | 荒漠 |

但干燥辐射指数相同而热量不同时，还可以造成很不相同的自然景观，所以布迪科用年辐射平衡值 $R_0$ 和干燥辐射指数 K 两个参数划分了地植物带（气候类型）。1956 年他又与 A. A. 格里高里耶夫院士共同用热能基础（辐射平衡，分为三级）和湿润条件（干燥辐射指数，分为四级）制定了地理地带性表，大陆上所有自然景观带都在此表中占有固定位置。

（2）A. A. 格里高里耶夫（1954，1956，1957）指出了用以表征地表热量交换特征的热量平衡方程式：

$$Ro = LE + P + B \quad (1)$$

式中 Ro 为年辐射平衡值，$LE$ 为年内蒸发热量支出，$P$ 为下垫面和大气之间的乱流热量交换值（或者说乱流热量交换的热量支出），$B$ 为土壤中的热量交换。

由于在年平均值中 $B=0$，为了方便起见，方程式可简化为：

$$R_0=LE+P \tag{2}$$

地表和大气之间乱流热量交换的热量支出值的变化在一定程度上影响空气下层温度：在乱流热量交换的热量支出增加时，气温上升；在乱流热量交换的热量支出减少时，气温下降。即根据方程式（2），$LE$ 值和 $P$ 值的关系是：其中一个数值的变化会引起另一个数值向相反方向变化。

在湿润地带 $LE>P$；在非常干旱地带 $LE<P$，在中间性地带 $LE\approx P$。格里高里耶夫进一步指出了 $P:LE$ 的比值与自然地带的关系如下表。

| | |
|---|---|
| 1∶6—1∶7 | 北半球苔原南界 |
| 1∶3 | 中泰加林亚地带与南泰加林亚地带之间的界线附近 |
| 1∶2 | 阔叶针叶林与阔叶林亚地带之间的界线附近 |
| 2∶3 | 森林草原亚地带与草原带之间的界线附近 |
| 1∶1 | 草原带与半荒漠带之间的界线附近 |
| 1∶1—2.3∶1 | 温带半荒漠与荒漠之间的界线附近 |

上述八类数十种生物气候指标，以根据辐射平衡推导的有关指标在理论上最为完满，并且往往以此来检验其他指标之正确程度。但遗憾的是我国目前还缺少这一记录，并且在相当时期内也很难得到，所以，这一方法在目前尚无实际可行的意义。

以温度指标、雨量指标等单项指标来区别生物气候特征，显然是有困难的。首先，它不能全面反映一个地区的水分与热量的组合特征，因此，对于生物气候也就不具备实质的说明意义。尤其我国横跨几个自然带，在经度和高度的地带性方面也具有十分悬殊的特点。有时因为温度的条件（如青藏高原的若干地区温度不足，而另一些地区可能温度条件较好），有时又因水分的条件（如西北若干地区水分不足，而另一些地区水分条件较好）限制了生物的分布范围。任何生物群落及自然景观都是特定水热条件的具体反映，因此，单纯以温度或水分的某一项作为指标，在理论上是不可能概括其全部生物气候特点的。何况在现有的温度统计方法中，还没有一种真正符合生物生理要求的统计方法。譬如年平均温度或年积温，只能说明一般情况。温度指标质的变化，如最高、最低，对于各该地区生物的适应温度等，无法加以综合反映。

雨量对于湿度的指示意义同样不够完善。首先温度影响到它的有效降水数量，温度越高，蒸发量越大，有效降水也就越少。其次，地被物、土壤质地与结构、降水强度、季节分配以及地形等因素也影响到有效水分数量，单纯依靠降水数字，显然不能体现这一特点。

饱和湿度差在一定限度内可以体现地区的水热特点，因为饱和湿度差正是以水热两者为参数的，因此在若干地区它可以用来说明气候特征。在湿润地区它几乎与辐射平衡成正比关系，因而有可能求得水分需要的接近正确的结果。但是遗憾的是，在干旱地区，它失去了与辐射平衡的正比关系，因而也失去正确性。

用降水—蒸发比来表示水热状况，从理论上说是相当完满的。但困难在于目前还没有一种精确的方法来测定蒸发量。

为了克服测定蒸发量的困难，一些学者以某些平均温度（譬如年平均温度，或根据月平均温度或日平均温度来计算年平均温度）来代替蒸发量，制定了多种降水—温度比的公式。但是这样的公式多数具有共同的缺点，即一年之中在生长季节以内的温度才具有最大的生物学意义，但年平均温度显然受生长期以外最低温度的影响。其中有若干公式注意到这一缺点而设法加以校正，但计算手续颇繁，而且往往难于得到所需要的记录资料。其中所使用的若干常数，都是在一定地区取得的经验值，在不同地区应用时还可能有误差。

降水—积温比与前者相比，具有更为完善的表达意义。但我们根据我国记录资料计算的结果发现，上述公式无法概括我国青藏高原及若干大山区。

综上所述，利用现有公式来区划我国草原类型具有不可克服的困难。因此，我们有必要寻找一种新的方法来表征生物气候的地带性特征，来作为我国草原分类的第一级指标。

## 三、我国草原分类指标及草原检索图的编制

参考上述各项气候指标，考虑到它们的优点及使用中所遇到的困难，我们以0℃以上积温及全年降水量为参数，制定了湿润系数K的计算公式，然后在此基础上与我国自然地理区划、植被区划、农业区划及其他有关资料相印证，得出了不同地区的K值等值线，将具有实质差别的K值作为湿润度指标。

湿润系数 K 的计算公式是：

$K = r/0.1\sum\theta$

r 为全年降水量（mm），$\sum\theta$ 为 0℃以上积温。

这个公式的主要理论根据如下：

第一，采用全年降水量，而不是如其他某些相类似的公式，以相同于积温时期的降水量，这是考虑到下列原因：①根据辐射平衡方程式 $R_0 = LE + P$，当 $R_0$ 一定时，$LE$，即水分蒸发所需热量越多，则 $P$ 值（影响气温因素）越小，反之，则 $P$ 值越大。因此，大于 0℃期以外的降水量纵然不能为生物所直接利用，但在冰雪、积水以及土壤水分等形式保存之下，在生长季开始以后可影响大气温度，因而这一时期的降水还是有其生物学意义的。当然，也应该指出，在大于 0℃以外时期的降雪即使在固体状态，也有部分升华为大气水分，并不能留待生长季来临以后起调节温度的作用，在空气干燥而多风的干旱地区尤其如此。但这一数字毕竟较小，尤其在干旱地区，冬季甚小。但这一形式水分的消耗要影响大气温度的上升，故应计算在内；②在我国冬雪较多而春季干旱的地区，冰雪融化后的水分，往往成为春季植物所需水分的主要来源，具有生物学的重要意义。

第二，公式中采用 0℃以上积温，而没有如其他某些有关类似的公式采用 > 10℃的积温，这是考虑到：①如么枕生（1959）所指出的，我国处于季风区并多山地，气候特点是冬冷、夏雨，气温在 0—10℃的时期特别长，如用 10℃的积温，与辐射平衡相比就会发生较大的差异；②10℃以上的活动积温，对于农作物来说是适合的，但许多高山地区及青藏高原的许多地方，年平均温度在 0℃以下，全年大部分生长季都不足 10℃，仍有许多生物以其特殊的生态类型可以在低温条件下正常活动。尤其对于草原牧草来说，随着土壤的解冻，绝大多数禾本科草和杂类草在日平均温度 3—5℃时，即表现出明显的生长更新特征，而对于高山带及冻原植物，甚至在更低的温度条件下即开始活动，而其绝大部分生长期都是在日平均温度 10℃以下。因此，我们采用 0℃以上积温。至于以 0.1 乘之，是为了避免使比值过小，便于记忆和使用。

第三，采用降水与年积温之比，是因为降水在地带性范围内是水分的主要来源，甚至是唯一来源，在水分收支平衡中，可以作为收入的一方。而年积温既直接表示热量，又间接表示蒸发，蒸腾的水分需要热量，两者之比，可以表示水分平衡并间接指示热量因素。

按照上述公式的计算方法，我们根据积温划分了我国草原类型的热量级别；又根据 K 值划分了我国草原类型的自然景观级别，以湿润度来表示。

我们建议在我国草原分类中使用如下表的热量级别。

| 热量级 | $\Sigma\theta$ | 相当的热量带 |
| --- | --- | --- |
| 寒冷 | <1100 | 寒温带 |
| 寒温 | 1100—1700 | 寒温带 |
| 冷温 | 1700—2300 | 温带 |
| 微温 | 2300—3700 | 温带 |
| 暖温 | 3700—5000 | 暖温带 |
| 暖热 | 5000—7200 | 亚热带 |
| 亚热 | 7200—8000 | 亚热带 |
| 炎热 | >8000 | 热带 |

建议在我国草原分类中使用如下表的湿润度级别。

| 湿润度 | K 值 | 相当的自然景观 |
| --- | --- | --- |
| 极干 | <0. 28 | 荒漠 |
| 半干 | 0. 29—0. 85 | 半荒漠 |
| 微干 | 0. 86—1. 18 | 草原，干生阔叶林 |
| 微润 | 1. 19—1. 45 | 森林，森林草原，草甸 |
| 湿润 | 1. 46—1. 86 | 森林 |
| 潮湿 | >1. 86 | 森林 |

根据上述八个热量级和六个湿润度级，我们初步把我国草原分为 20 个草地类，并以热量级及湿润度相连缀的双名法来命名。唯恐使用时为大家所不易理解与难以记忆，在正式名称之后以括号标出特征性的土壤与植被。这 20 类的草地名称如下。

（1）微温极干（灰棕荒漠土，荒漠）草地类。

（2）暖温极干（棕色荒漠土，荒漠）草地类。

（3）寒温极干（寒漠土，高山荒漠）草地类。

（4）微温中干（灰钙土，半荒漠）草地类。

（5）暖温微干（淡栗钙土、灰钙土，草原）草地类。

（6）暖热微干（褐色土，干生阔叶林）草地类。

（7）冷温微润（山地草原土，高山草原）草地类。

（8）微温微润（淋溶黑土、黑垆土，森林草原，草原）草地类。

（9）暖温微润（褐色土，夏绿阔叶林）草地类。

（10）暖热微润（淋溶褐色土，落叶阔叶林）草地类。

（11）暖热湿润（黄棕壤、黄褐土，常绿阔叶林）草地类。

（12）亚热湿润（?）草地类。

（13）炎热湿润（?）草地类。

（14）寒冷潮湿（寒漠土、冰沼土，高山冻原）草地类。

（15）寒温潮湿（草甸土，高山草甸）草地类。

（16）冷温潮湿（棕色灰化土，针叶林）草地类。

（17）微温潮湿（灰化褐色森林土，针叶阔叶林）草地类。

（18）暖热潮湿（红壤、黄壤，常绿阔叶林）草地类。

（19）亚热潮湿（砖红壤、红壤—黄壤，季雨林、常绿阔叶林）草地类。

（20）炎热潮湿（砖红壤，季雨林）草地类。

上述各类草地，根据其各自的积温及湿润度，可以划到相对应的地理位置，并且彼此有其相对应的相互关系，草原分类检索图的编制就可以较为完满地说明这一状况。

取大幅精细的计算纸，以0℃以上的积温（$\sum\theta$℃）为纵轴，以年降水量（$r$，mm）为横轴，将本节所述的热量级逐级在图上划出，再在任一热量级的横线上点出湿润度K的位置，自原点（0）通过各K值坐标线做一直线，通过各热量级所得的交叉点，即为各该热量级的相应K值指标。于是各K值线与热量级线之间所包围的空间，即为某一特定的草原类型理论地区（图1）。

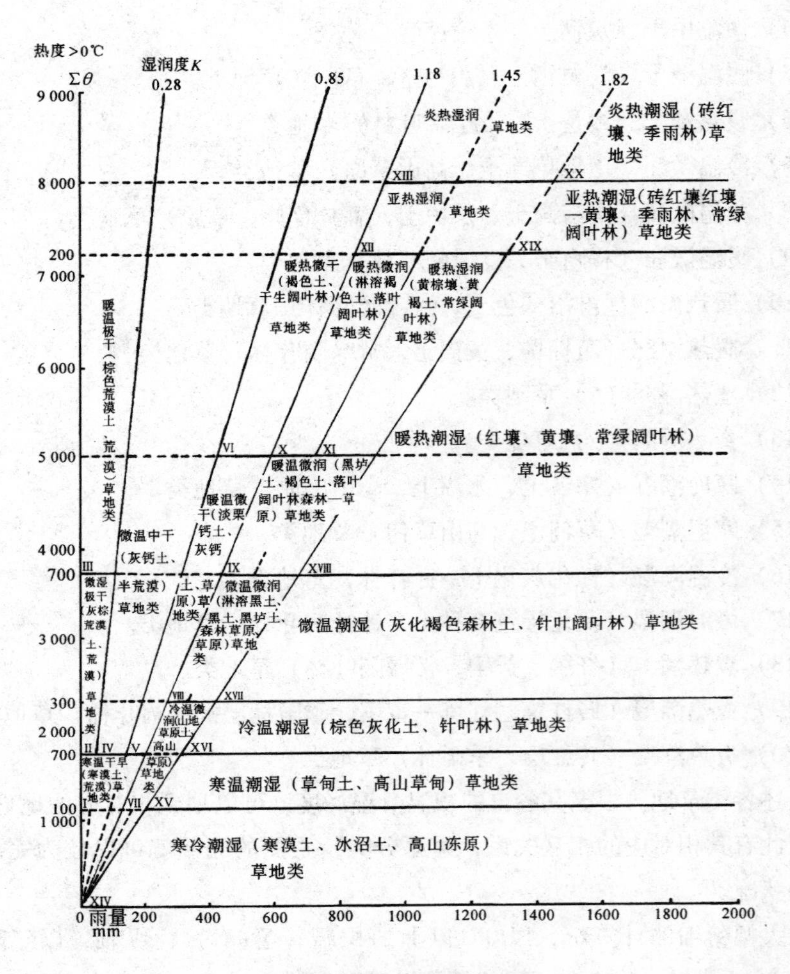


**图1　我国草原分类检索图**

当K值线与热量级线做好以后，即可根据各地年降水量及0℃以上积温，找出具体坐标位置，从而得知该草地属于哪一草地类。

这一草原分类的检索图具有下列优点。

第一，可以指示各类草地之间的对应地理位置。从干到湿，从冷到热，既可显示其纬度地带性、经度地带性，又可显示其垂直地带性。在同一热量级之内，其水平位置表示其由于离海洋远近所造成的经度地带性；在同一K值线之内，其高低位置可以显示其纬度地带性；如以K值线来表示其同一地区的类型状况，则可以表示其垂直地带性。

第二，这一检索图可以用来表示各个类之间的序列关系。我们可以从检索图上推测，各类之间的演替，朝不同方向成为不同的序列，并且由作图位置的远近可以推知其实质区别的大小。

第三，这一检索图从高到低，从左到右，均为开放式，现在尚未发现的类别，将来发现后，仍然可以找到它的坐标位置，容易与国外有关类别相联系。其世界范围内的统一性，正是任何分类区划工作所必须考虑的问题之一。

第四，一般技术人员都可以根据0℃以上年积温及年降水量，在检索图上迅速确定草地类别，使这项繁难的科学技术工作较易为人们所掌握。

## 四、讨论

本文将我国草原分为20大类，但进一步观察，发现它们似可归纳为三个类组。

第一，东南海洋季风控制区类组。本类组以暖热潮湿（红壤、黄壤，常绿阔叶林）草地类为核心，在草原类型第一级水热条件组合检索图中向上暖化而衍生炎热潮湿草地类与亚热潮湿草地类；向下受另一类组的影响冷化而成微温潮湿草地类与冷温潮湿草地类；向左是受第二类组影响而产生热量级为微温（2300℃）以上的各类冷湿草地。

第二，西北内陆季风控制区类组。本类组以暖温极干（棕色荒漠土，荒漠）草地类为核心，在草原类型第一级水热条件组合检索图中，向下冷化产生微冷极干草地类，向左湿化产生1700℃—2300℃的干旱与微干草地类，向上暖化之草地类我国未发现，根据文献资料，若干热带荒漠应当归于这一类组，这一问题，尚待进一步研究，这里仅指出这一可能。

第三，青藏高原区类组。本类组以寒冷潮湿（寒漠土、冰沼土，高山冻原）草地类为核心，向左产生寒温干旱草地类，冷温微润草地类；向上暖化产生寒温潮湿草地类，冷温潮湿草地类。

实际上我国繁杂纷纭的各类草地，是由上述三个类组的三个核心草地类交互影响，衍生变化而成。在同一热量级的条件下，越靠近第二类组的核心，其大陆度越高大；越靠近第一类组的核心，其大陆度越小。第三类组则以高山大陆性气候为其特点。这一状况给种植业和畜牧业生产带来了深刻的影响。以其特征性家畜来说，第一类组以水牛为其特点，第二类组以骆驼与蒙羊为其特点，第三类组以牦牛与藏羊为其特点。在它们之间广大的边缘地区则为黄牛分布地带，在这里西北内陆季风与东南海洋季风交替频繁，有其复杂的特色，是我国多种农作物及家畜荟集之地，也是饲料生产与畜牧业工作中众多问题的焦点所在，一切技术措施均应据其特点制定。

本文尽管对我国草原类型第一级分类的生物气候指标及其相互联系做了初步探讨，但是应该指出仍有若干不足之处，有待进一步的充实与提高，这表现在下列各点。

第一，分类是以气象台站的记录为根据的。尽管所使用的气象记录都是很普通的，为所有气象台站所必有，但由于气象台站不够普遍，尤其在多山地区，这就可能为分类造成困难，使它不够细致；也可能由于记录年代过短，所得记录误差较大。针对后者，在使用时应力求慎重。记录期限在 3 年以下者，只能参考，不能作为分类依据，并且应根据草原类型学的观点，在典型草地类别进行定位研究，并做气候观测，以取得更为可靠的气候资料。

第二，气流在相邻的类别之间，可以对水热分配造成明显的扰乱。这一因素在本方案内，虽曾做个别校正，但还没有系统的、精确的处理办法。其他对于日照的多少、强弱等因素，虽然可以通过水热关系较本质地加以体现，但是也不能不认为还有不尽令人满意之处。

第三，热量级的标准和 K 值线的确定等，都是根据现有的科学资料及生产方面的文献确定的。将来对于自然规律的研究探讨更为细致，生产上对于分类的要求更精确时，分类界线及类别总数还可能有所改变（可能加多或减少），不能认为现在所提出的 20 类是最终的类别。尤其对于检索图的上、左、下线各类，因气候台站太少，往往难以确定其边缘界线，有很少的可能在外延方向还有尚未发现的类别。

第四，类与类之间尽管从它们的坐标位置上可以看出它们彼此间的相互关系——较为疏远或较为亲近，从而判断它们相似或相异的程度。但由于缺乏深入、细致的研究，这种内在联系尚待进一步揭示。为了开发草原类型学领域所蕴藏的巨大宝库，我们必须通过大型的定位研究工作提供多方面的补充，在这里特别需要的是：①作为一种地理现象它的整个生物地理群落的矛盾统一过程；②更进一步，作为一种生产资料，上述过程在农业生产中的综合表现。对于前者，由于我们过去研究的力量不足及方法不够完善，表现出明显的弱点，尤其值得注意的是根据草原类型学的任务，植物与动物之间的这一基本矛盾的研究是十分薄弱的，甚至我们不曾真正动手作出系统的、科学的分析与概括；对后者，作为一种生产资料，它的发生与发展进程中的特性，虽然在生产中积累了不少的资料，但缺乏本质的探讨。所有这些，当然是整个草原科学在发展过程中的弱点，但尤其是草原类型学的弱点，它严重限制了对类与类之间关系的透彻了解。因此我们必须郑重指出本文仅仅是这项研究工作的开端，而不是这个问题的结束。

## 五、小结

按照草原的多元顺序指标分类法，草原的第一级分类单位——各草地类，是以地带性的生物气候条件为基础的。

本文参考前人所做的八类数十种生物气候指标，提出了以0℃以上积温及全年降水量为参数而计算湿润度 K 的公式，作为划分我国草原类型第一级的生物气候指标。根据热量级及湿润度 K 值编制了草原分类第一级类的检索图，从检索图上可以显示各类草原的纬度地带性、经度地带性和垂直地带性。从动态演替观点来看，还可表示各个类之间的序列关系及其演替动向，并预测某些新类型的出现。

根据计算与查证，中国草原可以初步划分为20类，我们初步探讨了它们的相互联系，认为在20类草地中可以分为三个类组，每一类组有其核心草地类，所有草地类都是在这三个核心草地类交互影响、衍生之下产生的，并就本项研究工作指出了有待于进一步充实提高的若干方面。

# 甘肃省的草原类型*

本文是用草原的综合顺序分类法对甘肃省的草原进行整体分类的初次尝试。在实际调查和文献整理的基础上，报告了全省27个（全国已知38个）类别的分布、自然特点和草原畜牧生产特性，并在应用草原类型理论指导草原畜牧生产实践方面做了举例性讨论，提出了1/400万的《甘肃省草原类型图》。

## 一、草原类型理论的意义

草原类型是认识草原的科学方法，是草原生产和草原科学最重要的理论和实践基础之一。草原类型的理论就是在草原发生与发展的规律指导下，根据草原的自然特征与经济特性，加以抽象类比，按其实质的区别与联系加以分类，从而更深刻、更正确、更全面地认识与反映草原这一畜牧业生产资料的科学。

研究草原类型的目的，不仅首先在于通过类型的理论，深刻地、全面地认识草原、掌握草原的客观规律；而更重要地在于通过对草原规律的掌握，我们能更主动、更有效地去利用和改造草原。也就是说，在实践基础上建立起来的草原类型理论，应能指导我们不论在目前是草原，或不全然是草原，甚至全然不是草原的地方，如果进行草原区划、规划，建立高产稳产基本草原或人工饲料基地，建立新的畜牧业生产形式，它的理论基础和具体措施应归属于哪一类型的范畴，由哪方面主动地、有效地去进行，从而避免盲目、被动和失败。

由此可见，在草原的生产或草原的科学实验中，都必须通过类型分析的观点去进行工作和交流认识，就像在研究植物时不能脱离植物分类的概念，研究

* 作者胡自治、张普金、南志标、樊学荣、郑万良、王振延、胡斌、郝祯中。发表于《甘肃农业大学学报》，1978（1）：1—27.

化学时不能不以元素周期律为指导一样。因此，不仅为了草原科学理论的发展，更重要的是为了甘肃省草原畜牧业生产的需要，研究甘肃省的草原类型是极其必要的。

## 二、甘肃省草原类型的研究历史

甘肃省草原面积约2.8亿亩，占全省土地面积的35.2%；占全国草原面积的4.7%，居全国第五位。草原广大肥美，畜牧生产发达，是我国五大牧区之一。

新中国成立以来，随着我国社会主义畜牧业的发展和生产的要求，各方面曾不断地对我省的草原进行调查研究和划分类型。

早在1950年，原西北畜牧兽医学院（甘肃农业大学前身）受原西北畜牧部的委托，对我省著名的皇城滩和大马营草原做了调查研究，最后由任继周执笔、王栋审校，出版了《皇城滩和大马营草原调查报告》一书。

从1955年开始，甘肃农业大学对天祝高山草原进行了定位研究，在此基础上曾出版了任继周著的《关于高山草原的研究》一书和编印了《高山草原的理论与实践》的科研资料。

1957年中国科学院黄河中游水土保持考察队对甘肃中部和东部的草原进行了考察，在此基础上，1959年任继周发表了《甘肃中部的草原类型》一文。

1959年，胡叔良、雷明德发表了《甘肃省抓喜秀龙高山草甸》一文。

1964年，甘肃省畜牧厅组织人力对甘南和天祝的草原进行了调查研究，并由甘肃师范大学编写了《甘肃省甘南藏族自治州草原调查报告》和《甘肃省天祝藏族自治县松山草原调查报告》。同年，在原甘肃省科委和畜牧厅主持下，甘肃省草原工作队、中国科学院植物研究所和兰州大学等单位对河西地区的草原进行了研究，并由胡式之、李佐才、刘仲斌发表了《试论甘肃省河西地区的草场类型及其利用问题》一文。

1965年为了制订甘肃省农业区划，由原甘肃省农业区划委员会主持，中国科学院地理研究所、甘肃省畜牧厅、甘肃农业大学、兰州大学、原农建十一师、酒泉地区畜牧局参加，对酒泉地区（马宗山区除外）的草原进行了调查，并编印了《酒泉专区草场区划》的专门报告，绘制了1：120万的《酒泉专区草场区划图》。

特别要指出的是，1957年以来，甘肃省畜牧厅草原工作队及所属草原工作站，在甘肃省进行了大量的草原调查工作，编写了许多报告，绘制了许多草原类型图，积累了大量有价值的科学资料。

此外，还有许多单位对甘肃省其他地区的草原做了规模大小不等的调查研究，如原西北畜牧兽医研究所对皇城滩草原做了定位研究等，取得了许多可贵的科学资料，在此不再一一列举。

上述各单位对甘肃省的草原调查工作，对我国和甘肃省的草原生产和草原科学研究作出了可贵的贡献，积累了大量的资料，这为本文的撰写提供了极大的帮助。

但是，这些工作由于对草原的认识和观点的不同，采用的调查方法和类型的划分是很不一致的，各种分类的资料不易提挈运用。从总体的角度来看，甘肃省的草原类型，从这些资料里仍然不易得出一个统一的、明晰的概念，因而也限制了草原类型理论对甘肃省草原和畜牧工作的指导意义。

当前，甘肃省农牧业战线在全国农业学大寨会议精神的推动下，革命和生产形势一片大好。全国农业学大寨会议和《全国牧区畜牧业工作座谈会纪要（草稿）》对草原牧区发出了要搞草原生产建设规划的指示。我省辽阔的草原牧区的广大干部和群众，积极地制订自己地区的草原生产和建设远景规划。随着群众性的草原生产和建设规划工作的开展，生产对草原类型理论的要求越来越迫切，越来越高，我省草原的总体类型研究工作被提到了急迫的议事日程上。生产的需要，为我们指明了理论为实践服务、教学科研为生产服务的方向。为此，我们在为期四个月的毕业实践中，分别在我省各地草原进行了实地调查，搜集了大量的研究资料，初步完成了本研究的工作。

## 三、构成甘肃省草原类型的自然条件

草原类型是构成与影响它的各项生态因素的综合体现，因此，简要阐明甘肃省各项自然条件概况，有助于理解各草原类型的生成与分布。

（一）位置

甘肃省东邻陕西，西接新疆，南连四川，西南与青海毗连，西北部和蒙古人民共和国接壤，东北部与宁夏相接，总面积53万多平方千米。

从地理坐标看，西起92°13′E（敦煌以西），东至108°46′E（宁县以东），占经度16°33′，时差达1小时以上。南起32°20′N（文县以南），北至42°50′N（中蒙边界），共跨纬度10°30′。

甘肃省具狭长的轮廓，从西北边疆的中蒙边界向东南部伸入到自然地区的华中区，长达1350 km，为全国最狭长的省区。南北最宽处在文县至靖远间，不过500 km。

从地理位置不难看出：第一，它是祖国版图的几何中心。其西南是青藏高原和秦巴山地，北邻蒙新高原，东据黄土高原，是我国各大自然区的交汇点与枢纽所在。第二，它是我国唯一的“亦东亦西”的省区。东南部位于东部湿润区，西北部位于西北干燥区，具有湿润、干燥和中间过渡的各个地带。

（二）地质构造

甘肃省境内的地质构造十分复杂。分布在南部的西秦岭山地和横跨在甘青界上的祁连山地是地壳上的活动带，它们经历多次构造运动，才形成今日的高山。特别是近期的上升运动更加剧烈，以致河流下切显著，形成许多峡谷。

祁连山以南和西秦岭以北是黄土区，外形起伏低缓，是比较稳定的区域。

过乌鞘岭向西，就进入河西走廊。沿祁连山北麓，分布戈壁滩，间有绿洲。但在北面除山丹、张掖以北的龙首山和合黎山比较高大外，其余都是低山或略有起伏的准平原，是地壳上的稳定区。

在六盘山以东的陇东高原，也是黄土区，和陇西黄土区不同的是这里黄土沉积的原始面积保存较好，是一块稳定的地区，但它和河西走廊以北的阿拉善又不同，它的覆盖层较厚，基岩露出的地方很少。陇东高原和西面已经潜伏到黄土层下的祁连山构造带相接触的地方，在中生代以来，显示了很大的活动性，造成了分隔陇东和陇西的六盘山（陇山）。

（三）地形

省境四周，群山环抱。西有祁连山、西倾山、积石山，南有岷山，东有秦岭、陇山和子午岭，北面从西向东有断续的马宗山、合黎山和龙首山。省境以内，山川重叠，岛状山地（六盘山、马衔山、兴隆山）、宽广的河谷、一望无际的河西走廊、沟壑相间的黄土高原同时并存。干旱少雨的内流区和水量丰富的外流区分居东西。乌鞘岭以西，石羊河、黑河、疏勒河三大水系蜿蜒出没于戈壁沙漠之中。乌鞘岭以东，长江、黄河两大江河支流奔腾于陇南山地、黄土高原。江河沿岸，水流切割、峡谷分列、盆地相间，更增加了地形的复杂性。就全省整体来看，60%的面积为山地，最高处为疏勒南山主峰6305 m，最低处为哈拉湖地区，仅800 m左右。一般海拔在1000 m以上。

（四）气候

甘肃省距海较远，大陆性气候较典型，纬度较高，气温年较差较大，这是甘肃省气候的共同特点。加之狭长的地域、复杂的地形、性质各异的下垫面，因而形成了冷、热、干、湿相差极大，湿冷、湿热、干冷、干热样样俱全的多种气候。根据现有气象台站资料，全省最冷地区（乌鞘岭：年均温 -0.3℃，≥0℃积温1300℃）与最热地区（文县：年均温15℃，≥0℃积温5500℃）热量相差四倍以上。最干地区（敦煌黄墩子年降水20.1 mm）与最湿地区（康县年降水813.5 mm）的降水量相差达40倍以上。

上述的气候特点，主要是受东部海洋季风的影响，雨量较多；西部则因大陆季风占优势，常年干燥。北部由于冬季首先受西伯利亚冷高压控制，降温急剧，南侧因距冷高压较远，加之中途山脉、河谷逶迤曲折，受其影响较小，降温较缓。因此，北部冬季严寒，南部比较温暖。祁连山等山地，在一定范围内气温随高度而降低，降水随高度而增加，气候具明显的垂直地带性。

以单项气候因素来表明甘肃省气候特点，则如前述的东湿、西干、南暖、北寒。如以水热条件综合而言，则东南湿热，西部干热，湿冷、干冷分居祁连山东西两侧。

（五）土壤

甘肃省气候、地形条件的多样，使土壤的形成与分布相应地复杂化。但从总体来看，仍然依照地带性规律而呈带状分布，并有一定的排列结构形式而依次递变。从东南到西北，水平地带性的土类依次为黄褐土、黑垆土、灰钙土、灰棕荒漠土和棕色荒漠土。山地土壤则因所处水平地带性的基础条件不同而有很大差异。如以祁连山地为例，其东段从下到上的土壤递变次序大致为山地灰钙土、山地栗钙土、山地褐土、高山草甸草原土、高山草甸土、高山冻原土。其西段大致为灰棕荒漠土、山地灰钙土、山地淡栗钙土、高山草原土、高山荒漠土、高山寒漠土。

（六）生物

从植被条件看，由东南到西北，水平的植被带递变顺序为常绿——落叶阔叶林带、落叶阔叶林带、森林草原带、草原带、荒漠草原带和荒漠带。在甘肃省的西北与西南，因地势高寒，又多山地型植被。在全国范围内，许多高级植被分区单位都交汇在本省。由于自然条件的特殊，甘肃省不仅与同纬度的其他地区比较，具有繁多、独特的植被类型，连地处热带、亚热带的我国植被类型最丰富的云南省，其水平植被带也不及甘肃省多。

与植被条件相适应，甘肃省的动物分布也十分丰富和多样，并具有许多特有和珍贵的动物，如大熊猫、金丝猴、野驴、野骆驼等。

从上述地理位置、地质构造、地形、气候、土壤、生物六方面的简要说明不难看出，独特的地理位置，多样、错综复杂的自然条件，同时也构成了甘肃省多样、错综复杂的草原类型基础。

## 四、划分草原类型的原则与方法

草原类型学的理论基础是草原发生与发展的矛盾运动基本规律。由于对这一规律的认识不同，就出现了不同的划分草原类型的原则与方法。根据划分原则和方法，可以将现有的草原类型学分为两大类，即地植物学类和农学类。在后一类中，又可按其对影响草原的因素所侧重的特点，分为土壤—植物学分类法、植物地形学分类法、农业经营学分类法和气候—植物学法等。

认真研究这些分类方法，我们不仅看到了它们所具有的特色和优点，同时也要指出：这些分类方法，或者不能完全体现草原的生产实质；或者脱离我国草原生产实际，不易用于指导生产；或者分类体系不够严整，方法烦琐，不易掌握；或者原则与方法有矛盾。

考虑到上述这些问题，我们采用了综合顺序法。比较起来，这一方法分类指标较明确，系统较严整，有较强的综合意义。同时，可较易为广大干部和群众掌握。它的分类方法和全部系统是：

第一，根据地带性的生物气候指标划分第一级——类，类具有一定的农业生物气候学特征，类的特征可以指示我们进行草原区划。

第二，在类的基础上，根据土地条件进一步划分为亚类。同一亚类在类的范围内具有相似的土地特征。亚类的特征可以指示我们进行草原的土地规划。

第三，在亚类的基础上，根据生物（主要是植被）特征进一步划分为型。同一型表示其饲用价值和经营管理技术的一致性。型的特征可以指示我们制定利用培育工作的具体技术措施。型的面积至少应为一个轮牧分区或相当于一个轮牧分区的大小。

在同一型内可能由于种种原因，特别是人为措施，其植被表现为优势种相同而亚优势种不相同时，则可以划分为若干个亚型（或变型）。它的面积大小也应和上述的型同。它是型的辅助单位。

当由于特殊的原因，草地的局部（面积可能是几平方米到几百平方米）植被发生变异，但不具独立的经营单位意义时，可以将其划分为微型。微型不具生产意义，但在管理、利用和科学研究中可给我们提供标本和指示草地可能发展的动向。

本文研究的对象是全省大范围的类型，因此，只对第一级——类的划分进行了研究。综合顺序法以农业生物气候学特征来划分草原的类别，其根据在于地带性的生物气候条件是生物（牧草和家畜）立地条件的最本质的表现。正是在这一基础上，发生与发展着各种农业生物现象与生境现象，制约与影响着草原的活的组成部分——土壤、植物、家畜的存在与发展，从而也决定与影响着草原与畜牧生产的基本方向与形式。

划分草原类别的农业生物气候学特征，过去采用的是气候要素罗列法。但在实践中气候要素罗列法对草原的各类的质的区别与联系不能明确与深刻地揭露，且易做出错误的判断。为此，我们采用草原热量级与草原湿润度级这两个指标，以定量数据来说明不同草原类别的生物气候条件的核心——水热条件状况和它们的区别。

草原的综合顺序分类法中类的具体划分方法是：

（1）用全年 >0℃ 积温（$\sum\theta$）确定草原的冷热状况。我国草原的冷热状况可分为 8 个级别。

我们建议在我国草原分类中使用表 1 的热量级别。

**表 1　划分草原类型第一级——类的热量级指标**

| 热量级 | $\sum\theta$℃ | 相当的热量带 |
| --- | --- | --- |
| 寒冷 | <1100 | 寒带 |
| 寒温 | 1100—1700 | 寒温带 |
| 冷温 | 1700—2300 | 冷温带 |
| 微温 | 2300—3700 | 中温带 |

续表

| 热量级 | ∑θ℃ | 相当的热量带 |
| --- | --- | --- |
| 暖温 | 3700—5000 | 暖温带 |
| 暖热 | 5000—7200 | 北亚热带 |
| 亚热 | 7200—8000 | 南亚热带 |
| 炎热 | >8000 | 热带 |

（2）以草原湿润度 K 确定草原的湿润状况。

$$K = \frac{r}{0.1\sum\theta}$$

r 表全年降水量（mm），$\sum\theta$ 表 >0℃ 积温。

我国草原湿润度分为 6 个级别（表 2）。

**表 2　划分草原类型第一级——类的湿润度级指标**

| 湿润度 | K 值 | 相当的自然景观 |
| --- | --- | --- |
| 极干 | <0. 29 | 荒漠 |
| 干旱 | 0. 29—0. 85 | 半荒漠 |
| 微干 | 0. 86—1. 18 | 草原，干生阔叶林 |
| 微润 | 1. 19—1. 45 | 森林，森林草原，草甸 |
| 湿润 | 1. 46—1. 82 | 森林 |
| 潮湿 | >1. 82 | 森林 |

（3）以全年降水量 r 为横轴，以全年 >0℃ 积温为纵轴，根据各热量级画出各热量级横线，在任一热量级线上，根据 K 值计算公式，求出上述各湿润度级的点的位置，然后分别将各点和原点用直线连起来，即成各湿润度级线，各湿

润度级线将热量级线分割，形成若干湿润度级线和热量级线所包围的空间，每一这样的空间即为一个特定的草原类别；其中以实线表示可确定的类，虚线表示尚待确定的或我国没有的类。这样就制成一个我国草原类型第一级—类的检索图（图1）。每一类的名称都以该空间的热量级和湿润级相连缀的双名法来命名。为了便于理解和记忆，在正式名称之后以括号标出特征性的土壤与植被名称。为了便于今后继续研究，虚线空间的类别，保留其类的序号。

检索图做好后，用坐标法将某地的年>0℃积温和年降水量填入图中，就可确定该地的草原类别。

我国已确定的草原类别现有38类，其名称是：

第1类：寒冷极干（寒漠土，高山寒漠）类。

第2类：寒温极干（高山荒漠土，高山荒漠）类。

第3类：冷温极干（山地灰棕荒漠土，山地荒漠）类。

第4类：微温极干（灰棕荒漠土，荒漠）类（旧称荒漠草原）。

第5类：暖温极干（棕色荒漠土，荒漠）类（旧称荒漠草原）。

第10类：寒温干旱（山地棕钙土，高山半荒漠）类。

第11类：冷温干旱（山地淡棕钙上，山地半荒漠）类。

第12类：微温干旱（灰钙土、棕钙土，半荒漠）类（旧称半荒漠草原）。

第13类：暖温干旱（淡灰钙土，半荒漠）类（旧称半荒漠草原）。

第14类：暖热干旱（灰褐土，稀树半荒漠）类。

第18类：寒温微干（高山干草原土，高山草原）类（旧称高山干旱草原）。

第19类：冷温微干（山地淡栗钙土，山地草原）类（旧称干旱草原）。

第20类：微温微干（栗钙土、淡黑垆土，草原）类（旧称干旱草原）。

第21类：暖温微干（褐色土，半干生阔叶林、草原）类。

第22类：暖热微干（褐色土，干生阔叶林）类。

第24类：炎热微干（红棕色土、红褐土，落叶稀树草原）类。

第26类：寒温微润（高山草原土，高山草原—草甸草原）类（旧称高山干旱草原）。

第27类：冷温微润（山地栗钙土，山地淡黑垆土，山地草原—草甸草原）类。

第28类：微温微润（暗栗钙上、黑土、黑垆土，草原、草甸草原）类（旧称湿润草原）。

第29类：暖温微润（黑垆土、淋溶褐色上，落叶阔叶林、森林草原）类。

第30类：暖热微润（淋溶褐色土，落叶—常绿阔叶林）类。

第31类：亚热微润（红壤—黄壤，常绿阔叶林）类。

第32类：炎热微润（砖红壤，落叶—常绿稀树草原）类。

第34类：寒温湿润（高山草甸草原土，高山草甸草原）类。

第35类：冷温湿润（山地暗栗钙土、山地黑垆土，山地草甸草原）类。

第36类：微温湿润（黑垆土、黑土，落叶阔叶林、森林草原）类（旧称湿润草原）。

第37类：暖温湿润（黄褐土、棕壤，落叶阔叶林、落叶—常绿阔叶林）类。

第38类：暖热湿润（黄褐土—黄棕壤，常绿阔叶林）类。

第39类：亚热湿润（砖红壤化红壤—黄壤，典型常绿阔叶林、亚热带松林）类。

第40类：炎热湿润（砖红壤，落叶—常绿阔叶季雨林）类。

第41类：寒冷潮湿（高山冻原土，高山冻原）类。

第42类：寒温潮湿（高山草甸土，高山草甸）类（旧称高山草原）。

第43类：冷温潮湿（生草灰化土，棕色灰化土，针叶林）类（旧称森林草原）。

第44类：微温潮湿（棕壤、灰化棕壤，针叶—落叶阔叶林）类（旧称森林草原）。

第45类：暖温潮湿（黄棕壤—黄褐土，落叶—常绿阔叶林）类。

第46类：暖热潮湿（红壤—黄壤，常绿阔叶林）类。

第47类：亚热潮湿（砖红壤化红壤—黄壤，常绿阔叶林、落叶—常绿阔叶季雨林）类。

第48类：炎热潮湿（砖红壤，常绿阔叶雨林）类。

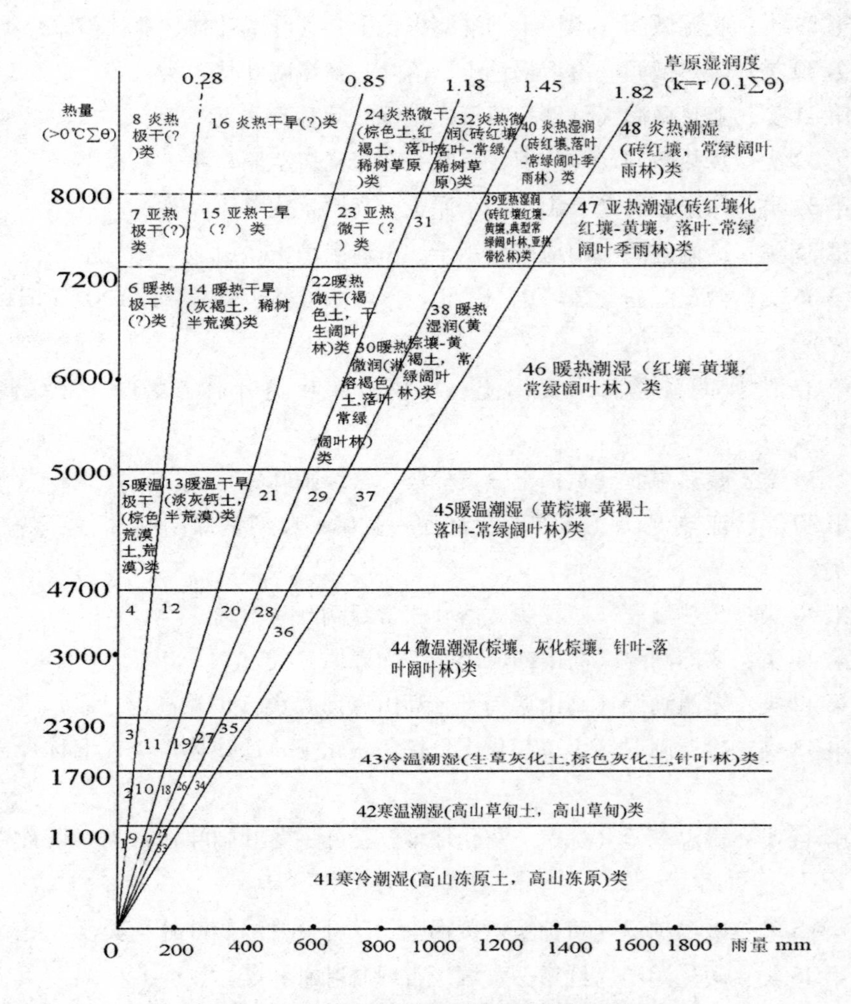


**图1 我国草原类型第一级——类的检索图**

第1类：寒冷极干（寒漠土，高山寒漠）类；第2类：寒温极干（高山荒漠土，高山荒漠）类；第3类：冷温极干（山地灰棕荒漠土，山地荒漠）类；第4类：微温极干（灰棕荒漠土，山地荒漠）类；第9类：寒冷干旱（?）类；第10类：寒温干旱（山地棕钙土，高山半荒漠）类；第11类：冷温干旱（山地淡棕钙上，山地半荒漠）类；第12类：微温干旱（灰钙土、棕钙土，半荒漠）类；第17类：寒冷微干（?）类；第18类：寒温微干（高山干草原土，高山草原）类；第19类：冷温微干（山地淡栗钙土，山地草原）类；第20类：微温微干（栗钙土、淡黑垆土，草原）类；第21类：暖温微干（褐色土，半干生阔叶林、草原）类；第25类：寒冷微润（?）类；第26类：寒温微润（高山草原土，高山草原—草甸草原）类；第 27 类：冷温微润（山地栗钙土，淡黑垆土，山地草原—草甸草原）类；第 28 类：微温微润（暗栗钙上、黑土、黑垆土，草原、草甸草原）类；第 29 类：暖温微润（黑垆土、淋溶褐色上，落叶阔叶林、森林草原）类；第 33 类：寒冷湿润（?）类；第 34 类：寒温湿润（高山草甸草原土，高山草甸草原）类；第 35 类：冷温湿润（山地暗栗钙土、山地黑垆土，山地草甸草原）类；第 36 类：微温湿润（黑垆土、黑土，落叶阔叶林、森林草原）类；第 37 类：暖温湿润（黄褐土、棕壤，落叶阔叶林、落叶—常绿阔叶林）类。

图 2　甘肃省草原类型图

第 1 类：寒冷极干（寒漠土，高山寒漠）类；第 2 类：寒温极干（高山荒漠土，高山荒漠）类；第 3 类：冷温极干（山地灰棕荒漠土，山地荒漠）类；第 4 类：微温极干（灰棕荒漠土，荒漠）类；第 5 类：暖温极干（棕色荒漠土，荒漠）类；第 10 类：寒温干旱（山地棕钙土，高山半荒漠）类；第 11 类：冷温干旱（山地淡棕钙土，山地半荒漠）类；第 12 类：微温干旱（棕钙土、灰钙土，半荒漠）类；第 13 类：暖温干旱（淡灰钙土，半荒漠）；第 14 类：暖热干旱（灰褐土，稀树半荒漠）类；第 18 类：寒温微干（高山干草原土，高山草原）类；第 19 类：冷温微干（山地淡栗钙土，山地草原）类；第 20 类：微温微干（栗钙土、淡黑垆土，草原）类；第 22 类：暖热微干（褐色土，干生阔叶林）类；第 26 类：寒温微润（高山草原土，高山草原—草甸草原）类；第 27 类：冷温微润（山地栗钙土、淡黑垆土，山地草原—草甸草原）类；第28类：微温微润（暗栗钙土、黑钙土、黑垆土，草原、草甸草原）类；第29类：暖温微润（黑垆土、淋溶褐色土，落叶阔叶林、森林草原）类；第34类：寒温湿润（高山草甸草原土，离山草甸草原）类；第35类：冷温湿润（山地暗栗钙土、黑垆土，山地草甸草原）类；第36类：微温湿润（黑垆土、黑钙土，落叶阔叶林、森林草原）类；第37类：暖温湿润（黄褐土、棕壤，落叶阔叶林、落叶—常绿阔叶林）类；第41类：寒冷潮湿（高山冻原土，高山冻原）类；第42类：寒温潮湿（高山草甸土，高山草甸）类；第43类：冷温潮湿（生草灰化土、棕色灰化土，针叶林）草地类；第44类：微温潮湿（棕壤、灰化棕壤，针叶—阔叶林）类；第45类：暖温潮湿（黄棕壤—黄褐土，落叶—常绿阔叶林）草地类。

## 五、甘肃省草原类型第一级——类的一般特征

按照前述分类原则与方法，根据现有的资料，甘肃省的草原共可划分为27类。其分布、自然特征和生产特性简要叙述如下。

（一）第1类：寒冷极干（寒漠土，高山寒漠）类

本类草地是草原湿润度0.28以下，>0℃积温1100℃以下范围所指示的草原类型。

主要分布在疏勒河上游以西的肃北、阿克塞县境内的大雪山、野马南山、党河南山、甘青交界的尔根达板山、野牛脊山和阿尔金山等山脉的3600（3800）—4000 m以上的高山地带。东西断续带状分布，主要是在山峰顶部或顶峰之间的凹地。

气候异常寒冷，且极为干燥。寒暑变化剧烈，辐射极强。年均温在0℃以下。年降水小于30 mm。无绝对无霜期，野生植物生长季估计有10 d左右。

土壤为高山寒漠土。由于气候寒冷和植被稀疏，风化过程和土壤形成过程都十分微弱。质地粗松、土层浅薄。剖面分异不明显，并有盐分聚集。全剖面有石灰反应，呈碱性或弱碱性。有机质表层含量甚少，约为0.4%—0.6%。由于少雨，甚至在坡地上也可见到易溶性盐类的堆积。在融雪水干后，地表往往发生龟裂。土表有极薄易碎的结皮，呈浅灰棕色。砾石背面有石膏聚集，在5cm以下的石块背面还有石膏晶粒出现。冬季土壤结冻后发生龟裂。局部地区还有沼泽土和山地盐土的分布。

植被主要是矮小、垫状的半灌木或灌木。主要种类有驼绒藜（*Eurotia prostrata*）、木猪毛菜（*Salsola abrotenoides*）、毛委陵菜（*Potentilla pamiroalaica*）、高

山风毛菊（*Saussurea* spp.）等。有些水热条件和土壤条件较好的地段也可见紫花针茅（*Stipa purpurea*）。

本类型的草地，牧草种类稀少，高度仅2—4 cm。盖度10%—15%，高的可达25%。青草产量500—700 kg/hm$^2$。一般可用作附带利用的夏季放牧地，放牧山羊或骆驼。

（二）第2类：寒温极干（高山荒漠土，高山荒漠）类

本类草地是草原湿润度0.28以下，>0℃积温1100—1700℃范围所指示的草原类型。

主要分布在肃北、阿克塞境内的讨赖南山、疏勒南山3400—3600 m，党河南山、大雪山3300—3500 m，阿尔金山2800—3200 m的地带。

气候寒冷干燥，年均温在0℃左右。寒暑变化剧烈。年降水量少于50 mm，主要降水在6、7、8三个月，其余时期基本无雨。年平均相对湿度30%左右。野生植物生长季约有120d。

土壤为高山荒漠土。地面多砾质，并有很大一部分为石质山坡。

植被中以藜科的合头草（*Sympegma regelli*）、短叶假木贼（*Anabasis brevifolia*）、木猪毛菜和中国盐爪爪（*Kalidium sinensis*）为主。

草地植被稀疏，盖度在15%以下。青草产量400—600 kg/hm$^2$。一般可用作冬春放牧地。适应的家畜为山羊和骆驼。

（三）第3类：冷温极干（山地灰棕荒漠土，山地荒漠）类

本类草地是草原湿润度0.28以下，>0℃积温1700—2300℃的范围所指示的草原类型。

广泛分布在肃北、阿克塞境内2200—2500 m和马宗山1800—2000 m的山地和山前地带，以及赛什腾山和阿尔金山、党河南山之间的2700—3100 m的苏干湖—花海子盆地。

气候干燥而较冷，年均温在0—-3℃，春季升温和秋季降温均十分迅速。7月可达20℃以上，1月也可达-15℃以下。年降水量约在70 mm以下。野生植物生长季可有140—160d。

土壤为山地灰棕荒漠土。它是平原地区灰棕荒漠土向山地的延续，其特性与灰棕荒漠土相似，不过地面多砂砾，山麓地带的基岩大部裸露，土壤多强烈干燥或盐化。

植被组成以藜科为主，主要有木猪毛菜、合头草、红砂（*Reaumurea soon-*

gorica)、多种盐爪爪以及木紫苑（*Asterthamnus centraliasiaticus*）、葱属（*Allium*）的一些种等。

植被盖度5%—10%，高度10—20 cm。青草产量200—600 kg/hm$^2$，草质粗硬，多含盐分，为山羊、骆驼所喜食。一般用作冬春放牧地。适应的家畜为山羊和骆驼。

（四）第4类：微温极干（灰棕荒漠土，荒漠）类

本类草地是草原湿润度0.28以下，>0℃积温2300—3700℃的范围所指示的草原类型。

主要分布在河西走廊张掖以西的1400—1800m的狭长地带，马宗山以东、弱水以西1400—1600 m的开阔地区，以及民勤北部的雅布赖山地。

极端的大陆性气侯。年均温5—8℃。夏季干热，平均气温在20℃以上。冬季长而严寒。无霜期150—170 d。年降水量在120 mm以下。蒸发量大于降水量25—85倍。整个生长季相对湿度均在45%以下。日照很长，风力强劲。

土壤以灰棕荒漠土为主，土壤中含盐量较大，土表往往具有由细小砾石形成的砾幂，表层有1—2 cm的蜂窝状多孔结皮，下部多有白色纤维状石膏结晶。部分地区盐土和草甸土也广为分布。此外，还有大面积的砾石和流沙分布。

植被以超旱生的灌木、半灌木为主。植物区系的组成特点以藜科种属最多，如珍珠（*Salsola passerina*）、木猪毛菜、红砂、细叶盐爪爪（*Kalidium gracile*）、有叶盐爪爪（*K. fo1iatum*）、盐生草（*Halogeton glomeratus*）、蛛丝盐生草（*H. arachnoidens*）、沙米（*Agriophyllum arenarium*）、绵蓬（*Corispermum lenmannianum*）、短叶假木贼、梭梭（*Haloxylon amondendron*）、盐梭梭（*Halocnemum strobilaceum*）等；其次是菊科的蒿属（*Artemisia*），如旱蒿（*A. xerophytica*）、籽蒿（*A. sphaerocephata*）、臭蒿（*A. scoparia*）、莳萝蒿（*A. anethifolia*）等；蒺藜科的西伯利亚白刺（*Nitraria sibirica*）、霸王（*Zygophyllum xanthoxylon*），蓼科的沙拐枣（*Calligonum mongolicum*）；百合科的葱属（*Allium*），柽柳科的柽柳属（*Tamarix*）等。在河湖沿岸和地下水较高或露头之处，生长有大量的禾本科植物，例如芦苇（*Phragmites communise*）、芨芨草（*Achnathrum splendens*）等。

动物种属比较贫乏，但是很专化，很多的种以及很多类群，如啮齿类（跳鼠、砂土鼠、黄鼠等）、食肉类、有蹄类、鸟类和昆虫类的很多属很少分布于其他的草地类型上。冬天或夏天进入蛰伏的动物和夜出动物所占百分比较高。爬虫类的蜥蜴和蛇是本类草地的自然景观特色之一。

本类型的草地，因土地条件的差异，牧草种类有很大的不同，但大部分缺乏禾本科和豆科的多年生草，同时毒草也很少。草层盖度一般在20%以下。可食青草产量因类型不同差异很大，但产量比较稳定，一般在500—1500 kg/hm²，沙拐枣放牧地可大大高于此数。饲用植物的干物质和灰分含量很高。一般用作冷季放牧地。

家畜分布以能适应干旱、冷热变化剧烈和善于采食多刺、有香味、含灰分多的饲料的骆驼与山羊为主，也有少量的蒙古羊和哈萨克羊。

（五）第5类：暖温极干（棕色荒漠土，荒漠）类

本类草地是草原湿润度0.28以下，>0℃积温3700—5000℃的范围所指示的草原类型。

在我省主要分布范围有两大块：一为从景泰白墩子起，沿长城西行到红崖山，至阿拉善右旗，再向西北到高台的常丰，又顺长城到嘉峪关，西北行至赤金峡，折向东北沿巴丹吉林沙漠到国界的广大地区，主要包括额济纳旗、阿拉善右旗和民勤县的大部分地区；另一块为安西以西的疏勒河下游和安西—敦煌并向西到甘新省界一线所包含的广大低地。它们的海拔均较低，在1000—1400 m之间，大部分在1200 m以下。

气候的特点是夏季十分炎热和极端干旱，冬季比较温和。年均温7—10℃，7月平均温度在23—30℃之间，1月平均温度在0℃以下。年降水量在140 mm以下，但大部分地区降水低于50 mm，甚或无雨，是我省最干热的地区。蒸发强烈，日照极长。无霜期180—230 d。

土壤以棕色荒漠土为主，多分布于排水良好的山地、丘陵、戈壁和风沙地区。表土具厚约1 cm的弱孔状结皮，其上覆灰色或灰黑色薄层砾幂（俗称黑戈壁），其下为厚8—10 cm的红棕色铁质染色土层，并与砂砾石和微量石膏相胶结。土壤有机质含量很少，一般为0.2%—0.5%。冲积平原的土壤大多为盐土，也有灰色草甸土。

植被以超旱生的灌木和半灌木为主。生境较微温极干类更为严酷，种属更少。主要的植物有合头草、伊林藜（*Iijinia regelli*）、泡果白刺（*Nitraria sphaerocarpa*）、勃氏麻黄（*Ephedra przewalskii*）、单子麻黄（*E. monosperma*）、红砂、梭梭等。河湖沿岸及地下水位较高之处还分布有柽柳、芦苇、盐爪爪、芨芨草、骆驼刺（*Alhagi pseudalhagi*），以及胡杨（*Populus diversifolia*）、灰杨（*P. pruinosa*）等。

动物分布较微温极干类更少，夏眠动物的数量更多。

本类草地因生境条件的严酷，植物组成简单，缺少一年生和多年生草本植物。植被稀疏，盖度多在5%—10%以下。产草量200—300 kg/hm$^2$。一般用作冷季放牧地。家畜分布为骆驼和山羊，并适应三北羔皮羊。

（六）第10类：寒温干旱（山地棕钙土，高山半荒漠）类

本类草地是草原湿润度0.29—0.85，>0℃积温1100—1700℃的范围所指示的草原类型。

主要分布在疏勒河上游以西的肃北、阿克塞县内的大雪山、野马南山、党河南山、甘青界的尔根达板山、野牛脊山和阿尔金山等山脉的3000（3500）—3200（3700）m的地带。

气候寒冷而干旱，寒暑变化剧烈，辐射极强。估计年均温在0℃左右，年降水量在50—140 mm。冬季有积雪。野生植物的生长季约为120 d左右。

土壤为山地棕钙土。质地粗松，多砾石及粗砂。腐殖层呈浅棕色或浅灰棕色，厚约6—10 cm，有机质含量0.5%—1.2%。钙积层不明显，呈浅棕色或棕色，较紧实。石灰反应全剖面都很强烈。碳酸盐在土体中呈斑状或条状分布。无明显石膏聚集层，有时只在钙积层下部的砾石背面有少量石膏晶粒。土壤土层含盐量较低，一般在0.3%以下。

植被以旱生禾草、蒿属和杂类草为主。常见的植物有异针茅（*Stipa aliena*）、紫花针茅、沙生针茅（*S. glareosa*）、戈壁针茅（*S. gobica*）、扁穗冰草（*Agropyron cristatum*）、溚草（*Koeleria gracilis*）、木猪毛菜、假冷蒿（*Artemisia parvula*）、驼绒藜。

草层高6—10 cm。盖度10%—25%，有的也可达40%。青草产量300—500 kg/hm$^2$。毒草很少。牧草质量较好，由于气候较冷，一般用作夏季或春秋放牧地。主要用来放牧山羊、绵羊和骆驼。

（七）第11类：冷温干旱（山地淡棕钙土，山地半荒漠）类

本类草地是草原湿润度0.29—0.85，>0℃积温1700—2300℃的范围所指示的草原类型。

主要分布在肃北、阿克塞县境内的马宗山2000 m以上的山地；大雪山、党河南山、阿尔金山的2500—3000 m的包括从红口子、大公岔、好布拉、马场、阿克塞县城、安南坝、苦水河坝，一直到甘新省界的芨芨台广大的山地和山前地带，此外，在肃南和山丹也有小面积分布。

气候稍为温和但干燥。年均温2—5℃，7月可达20℃，1月 -12℃左右。年降水量50—180 mm，冬季有短期积雪。年平均相对湿度在40%以下。日照长达3000 h。多大风。无霜期60—80 d。

土壤为山地淡棕钙土。地面为砾石、砂壤物质覆盖的山地，有沟状侵蚀。pH值8—8.5。钙积层不明显，呈浅棕色或棕色，较紧实。石灰反应全剖面均很强烈。有微弱的石膏聚集层，在砾石背面有石膏晶粒。土壤上层含盐量在0.5%以上。

植被以旱生禾草和菊科草为主，但有很大数量的杂类草。主要植物为沙生针茅、短花针茅（*Stipa brevifolia*）、戈壁针茅、隐子草（*Cleistogenes mutica*）、铁木耳草（*Timouria saposhnikowii*）、冷蒿（*Artemisia frigida*）、驴驴蒿（*A. dalailamae*）、短苞菊（*Brachantherum alaschanicum*）、小黄菊（*Tanacetum achinoides*, *T. fruticulosum*）、蒙古葱（*Allium mongolicum*）、多根葱（*A. polyrrhizum*）、紫刺猪毛菜（*Salsola beticola*）、木猪毛菜等。

本类草地优良的牧草种类较多。草层盖度10%—40%。高度可达20—30 cm，有毒有害植物较少。可用作四季放牧地。适应的家畜主要为山羊和绵羊。

（八）第12类：微温干旱（棕钙土、灰钙土，半荒漠）类

本类草地是草原湿润度0.29—0.85，>0℃积温2300—3700℃的范围所指示的草原类型。

主要分布在黄河以西皋兰、景泰、塘坊、黄羊镇、武威、永昌、山丹、张掖的1500—2000 m的走廊地带，和玉门市、昌马堡、石包城、肃北一线并延伸到甘新省界的1700—2500 m的山前地带。

干旱大陆性气候。年均温5—8℃，但寒暑变化剧烈，春风强劲。年降水量100—300 mm，多集中在7、8两月。冬季几乎没有积雪。无霜期150—190 d。生长季内相对湿度在50%以下。

土壤分布以灰钙土为主，但主要是普通灰钙土和暗灰钙土。剖面的分异性很小，黄土母质的特性表现明显。腐殖层比较厚，腐殖质含量1.5%—3%。碳酸盐淀积层很明显，全剖面呈强石灰反应和碱性反应。土壤剖面有隐残积粘化现象。除氮外，营养元素相当丰富。棕钙土在走廊西端的本类草地上有少量分布。

植被以小型多年生旱生草本植物占优势，大量的旱生半灌木在植被组成中起显著作用。主要代表种有本氏针茅（*Stipa bungeana*）、短花针茅、沙生针茅、

戈壁针茅、狼尾草（*Pennisetum flaccidum*）、隐子草、冷蒿、旱蒿、茵陈蒿（*Artemisia capillaris*）、驴驴蒿、小黄菊、干艾菊（*Tanacetum xerophyticum*）、苦蒿（*Centanrea picris*）、阿尔泰紫菀（*Aster altaicus*）、沙生复旋花（*Innula salsoloides*）、多根葱、蒙古葱、窄叶葱（*Allium tenuifolium*）、珍珠、猪毛菜（*Salsola collina*）、灰蓬（*Halogeton arachnoideus*）、披针叶黄华（*Thermopsis lanceolata*）、苦豆子（*Sophro alopecuroides*）、达乌里胡枝子（*Lespedeza dahurica*）、甘蒙锦鸡儿（*Caragana opulens*）、小花棘豆（*Oxytropis glabra*）、刺叶柄棘豆（*O. aciphy11a*）、骆驼蓬（*Peganum harmala*）、红砂、硬叶苔（*Carex rigescens*）等。

动物分布较为丰富。有蹄类、食肉类、啮齿类、爬虫类和昆虫的种属较干旱组的前五类增多，但迁移性种类比重很大。土壤动物活动强烈。啮齿类（三趾跳鼠、林姬鼠、沙鼠等）、蜥蜴、粪莽蚍和蛇的数量很多。

本类草地植物组成仍较简单，草层稀疏而不郁蔽，盖度20%—40%。草高20—40 cm。青草产量1000—2000 kg/hm$^2$。草质较好，但毒草、害草种类增多。主要用作冬季或春秋放牧地。家畜分布以蒙古系的绵羊、黄牛为主，在河西走廊西段还有哈萨克羊，但山羊和骆驼的数量相对减少。

（九）第13类：暖温干旱（淡灰钙土，半荒漠）

本类草地是草原湿润度0.29—0.85，>0℃积温3700—5000℃的范围所指示的草原类型。

在甘肃省仅集中分布在河口以下、海拔1000—1500 m的黄河谷地和阳坡地。阿拉善右旗上井子局部地区也有分布。

气候温暖而干燥。年均温8—10℃，7月可达22—24℃，但1月仍可降至-7—-9℃。年降水量120—400 mm。年平均相对湿度40%—60%。无霜期160—200 d。

土壤主要为淡灰钙土。其特点是石膏盐分累积较明显，地表常有盐结皮，表层松散，无结构，色淡，有机质含量少，一般在1.5%以下。中部为块状淀积层，碳酸盐反应强，但含量较低。碱性反应。此外，灰钙土型草甸土也有分布。

植被以旱生多年生草本植物占优势，但旱生半灌木在组成中也占有很大比重。植物种属较微温干旱类复杂，植株也较高大。主要的种类有短花针茅、本氏针茅、大针茅（*Stipa grandis*）、异针茅、克氏针茅（*S. krylovii*）、羊茅（*Festuca ovina*）、溚草、狼尾草、蒙古冰草（*Agropyron mongolicum*）、扁穗冰草、甘蒙锦鸡儿、鬼箭锦鸡儿（*Caragana jubata*）、达乌里胡枝子、茵陈蒿、篦叶蒿（*Artemisia pectinata*）、臭蒿、大卫小黄菊（*Tanacetum davidii*）、小黄菊（*Chrysanthemum neofruticulosom*）、阿尔泰紫苑、木紫苑、阿盖蒿（*Ajania fluticolosa*）、亚氏旋花（*Convalvus ammanii*）、驼绒藜（*Eurotia ceratobes*）、灌木状优若藜（*E. arborescens*）、刺蓬、落叶松状猪毛菜（*Salsola laricifolia*）、合头草、骆驼蓬、黄矶松（*Statice uarea*）等。本类草地适应的家畜为蒙古牛和蒙古羊。在兰州有育成的特殊品种兰州大尾羊。

（十）第14类：暖热干旱（灰褐土，稀树半荒漠）类

本类草地是草原湿润度0.29—0.85，>0℃积温5000—7200℃的范围所指示的草原类型。

在我省仅分布在白龙江下游和白水江下游的以文县为中心的河谷低地及阳坡地，面积甚小。

气候的特点是暖热干燥。年均温15℃以上，7月在25℃左右，冬季暖和，在4—5℃，土壤不冻结。

年降水量可达200—600 mm，4至10月降水比较均匀。年平均相对湿度在60%以下，冬春比较干燥。日照较少，1700 h，年百分数仅40%。霜期甚短，且轻微，野生植物可以全年生长。

土壤为灰褐土。剖面中有明显的粘化现象。整个剖面都具有碳酸盐，并且分层明显。有机质含量1.5%—4.5%，但腐殖质剖面（A+B）可延伸至80 cm以下。腐殖层的颜色带褐色。

植被为高大的禾草及杂类草，也见有蒿属植物。此外，还混生有多种旱生阔叶树种。

（十一）第18类：寒温微干（高山干草原土，高山草原）类

本类草地是草原湿润度0.86—1.18，>0℃积温1100—1700℃的范围所指示的草原类型。

主要分布在大水河（盐池湾以上的党河上游）和疏勒河上游（甘沟以上）的疏勒南山的3000—3700 m的山地，阿尔金山3500—3800 m的地带。

气候寒冷，但干旱程度较轻。年均温0—1℃，7月约15℃，1月约−15℃。年降水量100—200 mm。野生植物生长季约120 d。

土壤为高山干草原土。土层薄，质地粗。土壤腐殖质为淡棕褐色。钙积层很浅。

植被组成中针茅和羊茅占优势。主要植物种有紫花针茅、疏花针茅（*Stipa laxiflora*）、异针茅、克氏针茅、红狐茅（*Festuca rubra*）、扁穗冰草、多种早熟禾（*Poa* spp.）、垂穗披碱草（*Clinelymus nutans*）、藏异燕麦（*Helictotrichon tibetcum*）、甘肃棘豆（*Oxytropis kasuensis*）、黑萼棘豆（*O. malanocalyx*）、高山唐松草（*Thalictrum alpinum*）、达乌里龙胆（*Gentiana dahurica*）、麻花艽（*G. straminta*）。阴湿之处，也可见到扁麻（*Potentilla fruticosa*）等灌木。

野生动物除大型的食肉类和有蹄类外，还有野兔、旱獭、鼢鼠等啮齿类。

本类草地植物矮小但较稠密，高度10—40 mm。盖度30%—40%。青草产量1000—3000 kg/hm$^2$，其中禾草的比重在40%以上，但毒草和不可食草也占很大比例。多用作夏季放牧地。适应的家畜为牦牛和藏羊，但犏牛和蒙藏混血羊也广为分布。

（十二）第19类：冷温微干（山地淡栗钙土，山地草原）类

本类草地是草原湿润度0.86—1.18，>0℃积温1700—2300℃的范围所指示的草原类型。

主要分布在肃南谷地、阿克塞东部、肃北北部境内的阿尔金山、大雪山、野马山之2700—3300 m的地带。

气候冷温但仍相当干燥。年均温2—4℃，7月不超过18℃，1月也不超过-12℃。年降水量150—250 mm。11月至次年3月有断续的积雪，年平均相对湿度在50%以下。风多而强劲。无霜期约130 d。野生植物生长期约160 d。

土壤为山地淡栗钙土。有机质1.5%—2.5%。母质多为黄土，但质地较粗、疏松。

植被以冷温矮旱生禾草占优势，但蒿属植物亦多。主要种类有克氏针茅、短花针茅、本氏针茅、扁穗冰草、冷蒿、茵陈蒿、铁杆蒿（*Artemisia sacrorum*）、驴驴蒿、蒙古辛巴（*Cymbaria mongolica*）、披针叶黄华、多种委陵菜（*Potentilla* spp.）、多种龙胆（*Gentiana* spp.）、狼毒（*Stellera chamaejasme*）等。

动物种属较寒温微干类增多。主要有啮齿类的黄鼠、沙鼠、鼢鼠（阴坡山麓）和旱獭，以及黄羊、狼、狐、黄鼬等。

本类草地植被较稠密但低矮。盖度30%—50%。高度一般不超过15 cm。青草产量5000—1000 kg/hm$^2$。一般用作冷季放牧地。家畜分布以藏系和蒙藏混血种为主，如牦牛、犏牛，藏羊、蒙藏混血羊等。

（十三）第20类：微温微干（栗钙土、淡黑垆土，草原）类

本类草地是草原湿润度0.86—1.18，>0℃积温2300—3700℃的范围所指示的草原类型。

主要分布在陇东环县安山川—合道川一线的东北地区；兰州以下的黄河谷地右岸与屈武山之间的“人”字形低地；兰州以上的永靖段黄河和大夏河下游的谷地；河西走廊的祁连山山地从永登、正路，经北面绕过老虎山到古浪、古城、杂木寺、永昌、民乐的三堡、六坝，一直到张掖的1600（1800）—2100（2300）m的狭长山前地带。

气候较温和，但干燥。年均温4—9℃，寒暑变化剧烈，7月可达22℃，1月为-10℃。年降水200—400 mm，分布极不均匀，集中于7—9月，并多暴雨。冬季有断续积雪。年平均相对湿度在55%以下，春季酷旱，夏季多干热风。年日照长达2600—2800 h。无霜期160—180 d。

土壤主要为栗钙土。腐殖质含量2%—4%。结构较差，水土流失较严重。陇东地区的本类型尚有淡黑垆土的分布。

植被以微温旱生丛状禾草占优势，并混生有一定数量的旱生杂类草或灌丛。丛状禾草中主要有大针茅、本氏针茅、异针茅、短花针茅、隐子草、蒙古冰草、紫花芨芨草（*Achnatherum purpurascens*）、硬质早熟禾（*Poa sphondylodes*）、狼尾草、羊茅、落草，此外，冷蒿、阿尔泰紫苑、草木樨状黄芪（*Astragalus melilotoides*）、乳白花黄芪（*A. galactites*）、单叶黄芪（*A. efoliolatus*）、达乌里胡枝子、甘草（*Glycyrrhiza uralensis*）、蒙古马康草（*Malcolmia mongolica*）等豆草和杂草也多。在平地或阴坡尚有百里香（*Thymus mongolicus*）、柠条锦鸡儿（*Caragana korshinskii*）、三裂绣线菊（*Spiraea trilobota*）、枸杞（*Lycium halimifoliom*）等灌木分布。

微温微干类草地的动物区系较为丰富，食肉类、啮齿类、昆虫等也相当多。季节性迁移和冬季食物贮藏的种类所占百分比较高。动物活动具有十分明显的昼夜相，特别是在夏天。此外，本类草地动物还具有对开阔地区的适应性，群集、善跑、挖掘动物多。群集的蝗虫和善于挖掘的黄鼠为本类草地的主要有害动物。

本类草地一般牧草种类繁多、丰盛、分布均匀。气候和农牧结合的条件也好，是甘肃主要的畜牧业基地之一。牧草一般高30—50cm。盖度30%—50%。青草产量1000—1500 kg/hm$^2$。饲料贮量的月动态以8月为最高（阴坡还要迟一

些），5 月只及 8 月的 10% 左右，6 月也尚在 50% 以下。每年放牧 2—3 次不影响下年产量。一般用作冷季放牧地或四季放牧地。培育得当也可用作天然割草地。适应的家畜为蒙古牛、蒙古羊和蒙古马。著名的甘肃裘皮用滩羊和沙毛山羊就分布在本类型草地的范围内。

（十四）第 22 类：暖热微干（褐色土，干生阔叶林）类

本类草地是草原湿润度 0. 86—1. 18，>0℃积温 5000—7200℃的范围所指示的草原类型。

在我省仅分布在武都地区海拔 900—1200 m 的干燥河谷地（武都）。

气候特点是夏热多雨，冬春温暖而干旱，处于向亚热带过渡的季风区。年均温约 15℃，夏季相当炎热，7 月平均温度可达 25℃，1 月在 3℃左右。但由于河流多为南北向流，寒流可以南下，因此，12 月和 1 月霜冻仍很频繁。年降水 400—800 mm，一半以上集中于夏季，且多暴雨。年平均相对湿度在 60% 以下。无霜期 250 d 左右。

土壤为褐色土，主要是碳酸盐褐色土。腐殖质很不明显，有机质含量 2%—4%。淋溶作用较弱，碳酸盐可在土壤上层聚集，有假菌丝体存在。微碱性或弱碱性反应。

植被为以落叶阔叶树种为主的稀疏森林和矮生灌丛，其特点是具有明显的干生特性。主要树种有栎属（*Quercus*）、杨属（*Populus*）、椿属（*Cedrela*）和榆属（*Ulmus*）的多种植物，以及槐（*Sophora japonica*）、柿（*Diospyros*）、泡桐（*Paulownia fortunei*）等。灌丛常见的有酸刺（*Zizyphus spinosus*）、荆条（*Vitex chinensis*）、山楂（*Crataegus pinnatifida*）。小灌木和草本最常见的有三裂绣线菊、达乌里胡枝子、山红草（*Themeda triandra*）、白草（*Andropogon ischaemum*）、草木樨状黄芪。此外，铁杆蒿、黄蒿和针茅属（*Stipa*）的植物也可见到。

动物区系中掺杂有林栖动物的种属。但由于开垦缘故，田间小型啮齿类动物分布特别广泛。

本类草地由于温暖干燥的适宜气候条件、丰富的饲料、劳动人民辛勤培育成的家畜优良育成品种很多，如阳坝牛、阳坝猪、武都太平大骨鸡等。此外，关中牛、关中驴、南阳牛也能适应这种气候。

（十五）第 26 类：寒温微润（高山草原土，高山草原—草甸草原）类

本类草地是草原湿润度 1. 19—1. 45，>0℃积温 1100—1700℃的范围所指示的草原类型。

主要分布在疏勒河以东的讨赖南山的3200—3700 m，疏勒南山的3600—3800 m地带。

气候寒冷而相对较湿润。年均温0℃左右。年降水量120—250 mm。野生植物生长期约100 d。

土壤为高山草原土。质地较粗，表层有薄而明显的生草层，有机质颜色较浅，全剖面有较强的石灰反应。

植被主要为草原丛状禾草，如异针茅、紫花针茅、扁穗冰草、藏早熟禾（*Poa tibetica*）等。但高山草甸植物像头花蓼（*Polygonum sphaerostchyum*）、珠芽蓼（*P. viviparum*）、嵩草（*Kobresia* spp.）、垂穗披碱草、垂穗鹅冠草（*Roegneria nutans*）等分布也广。

动物分布以旱獭、鼢鼠及其他啮齿类为主。

本类草地草层较密，产量也高，是良好的夏季放牧地。适应的家畜为牦牛、藏羊和山羊。

（十六）第27类：冷温微润（山地栗钙土、淡黑垆土，山地草原—草甸草原）类

本类草地是草原湿润度1.19—1.45，>0℃积温1700—2300℃的范围所指示的草原类型。

主要分布在肃南马营河以西，直到昌马甘沟段的疏勒河之间的祁连山中段2300（2500）—2500（3000）m、鱼儿红地区2700—3300 m的地带，天祝松山滩2700 m以下的平缓滩地。此外，迭部、舟曲境内3900—4200 m的山地也有岛状分布。

气候较冷（尤其是冬季）但不很干燥。年均温0.5—3℃，7月可达14℃，但1月可下降到-17℃。年降水200—300 mm。春季多风。无霜期约100d，但野生植物生长季可达150 d。

土壤主要为山地栗钙土。土壤含盐量较高，局部地区有明显的盐渍化现象。有机质含量一般3%以上，或甚达7%—8%。腐殖层厚，土壤结构较好。全剖面都有碳酸盐反应且强烈。土壤pH值7.0—8.5。

植被主要为冷温中旱生丛状禾草，但蒿属亦为主要成分。主要的植物有紫花针茅、异针茅、克氏针茅、短花针茅、扁穗冰草、矮嵩草（*Koberesia humilis*）、毛叶状嵩草（*K. capilliformis*）、冷蒿、苏苜蓿（*Trigonella ruthenica*）、优若藜、驼绒藜、多种委陵菜（*Potentilla* spp.）、多种龙胆及狼毒等。

动物分布以草食有蹄类（黄羊、鹿、狍）、食肉类（狐、狼、鼬）及啮齿类（尤其是旱獭和鼢鼠）为普遍。

草丛密度较大，盖度60%—70%，高度10—20cm。青草产量500—1000 kg/hm²，有价值的禾草和嵩草的总重量可达60%—90%。产量的年变幅很大，增加或减少可达2.5倍以上。产量的最高峰在7—8月，此时放牧或刈割后，几乎无再生草的生长。休闲和施肥培育，效果极好，可用于割草。一般用作四季或春秋放牧地。

家畜分布以蒙藏混血种的羊和犏牛为主，此外，牦牛和藏羊也多。著名的岔口驿马在天祝境内的本类型草地有分布。

（十七）第28类：微温微润（暗栗钙土、黑钙土、黑垆土，草原、草甸草原）类

本类草地是草原湿润度1.19—1.45，>0℃积温2300—3700℃的范围所指示的草原类型。

本类草地在我省分布颇广。有陇东黄土高原的安山川—合道川一线与华池、庆阳的桐川沟门、彭原，镇原的屯子、中原、新城一线所包括的地区，庄浪、静宁分界的葫芦河上游谷地，中部的榆中、定西、陇西、会宁、静宁、靖远及渭源、临洮的全部或大部，从兰州市的红古起，经永登富强堡，从东北绕过老虎山，过古浪黄羊川、武威张义堡、永昌新城子，山丹花寨子、民乐，直到张掖龙首堡的1800—2400 m狭长山地或山前地带。

气候温润。年均温4—8℃，7月一般为20℃，冬季较冷，约在-10℃。年降水300—550 mm，集中于夏季，多暴雨。年平均相对湿度60%—65%。春季多风，干旱。无霜期140—170 d。

本类草地的土壤在陇东和中部地区的东部为普通黑垆土，腐殖层厚70—90 cm，有机质含量1%—4%。土质疏松，呈中性到微碱性反应。心土中的菌丝状钙积层很明显，有的还有石灰结核。有粘化现象，但在形态上不明显。中部地区的西部和河西走廊的上述部分，土壤为暗栗钙土或栗钙土。

植被以中旱生的草本植物占优势，并有相当数量的中生草本，在局部地形及其土壤条件下，可以出现森林。草本植物主要有本氏针茅、大针茅、短花针茅、隐子草、赖草（*Aneurolepidium dasystachy*）、冷蒿、茵陈蒿、铁杆蒿、茭蒿（*Artemisia giraldii*）、阿盖蒿及柠条锦鸡儿、达乌里胡枝子、百里香、丁香（*Syringa oblata*）、三裂绣线菊、水栒子（*Cotoneaster multiflorus*）等灌木。乔木可出

现蒙古栎（*Quercus mongolicus*）、辽东栎（*Q. liaotungensis*）、蒙古樟子松（*Pinus sylvestris var. mongolica*）、侧柏（*Thuja orientalis*）、榆（*Ulmus pumila*）、臭椿（*Ailanthus altissima*）、杨等。

动物分布除具有微温微干类的基本特点外，尚具有少量的林栖动物，鸟类和啮齿类则更丰富。

本类草地的牧草为所有各类草原中最丰富和产量最高者。草高可达60 cm，盖度60%—80%。青草产量5000—6000 kg/hm$^2$。豆科成分较多。产量最高峰在8月和9月上旬。为良好的四季放牧地和割草地。家畜分布以蒙古系的马、牛、羊为主。地方育成品种有陇东大尾羊、庆阳驴和少量质劣的滩羊。

（十八）第29类：暖温微润（黑垆土、淋溶褐色土，落叶阔叶林、森林草原）类

本类草地是草原湿润度1.19—1.45，>0℃积温3700—5000℃的范围所指示的草原类型。

主要分布在陇中黄土高原的渭河和西汉水流域，包括甘谷、秦安、天水、武山、通渭、西和、礼县、清水的全部或大部。此外，还有文县的高栖山地区及陇东宁县的马莲河谷地区。

气候具夏热多雨、冬寒晴燥的特点。年均温8—11℃，7月在22—24℃，1月为-3—5℃。年降水量450—650 mm，集中于7、8、9三个月。年平均相对湿度约70%。因春季雨少，而温度上升迅速，故易发生春旱。冬季无积雪。无霜期180—210 d。

土壤为粘化黑垆土和褐色土。粘化黑垆土是普通黑垆土与褐色土的过渡类型，具有发育比较明显的棕色粘化层，粘化程度比较强。腐殖层比较厚，有机质含量较多。褐色土主要是山地褐色土。腐殖层很不明显，有机质含量3%—5%。碳酸盐受到相当的淋溶，一般聚集在1—1.5 m的深处，剖面呈碱性或微碱性反应。此外，河谷低地有浅色草甸土和草甸黑垆土的分布。

植被为以辽东栎、蒙古栎为主的多种栎树落叶阔叶林，并杂有其他落叶阔叶树种或赤松（*Pinus densiflora*）。但由于各种原因，目前森林只有片断分布，而广泛分布的为次生的灌木草原。灌木主要有二色胡枝子（*Lspedeza bicolor*）、荆条、酸刺等。草本植物主要有白草、山红草、大油芒（*Spodiopogon sibiricus*）等。

动物的种类丰富，适应性广。数量的季节性变化比较明显，其中多作较远

的迁徙。由于森林减少，林栖动物，尤其是大、中型的动物大大减少，而田间小型啮齿类的分布特别广泛。家畜分布为华北类型的黄牛、蒙古羊和山羊。

（十九）第34类：寒温湿润（高山草甸草原土，高山草甸草原）类

本类草地是草原湿润度1.46—1.82，>0℃积温1100—1700℃的范围所指示的草原类型。

主要分布在阿尔金山北坡3500 m以上、疏勒河上游右岸的讨赖南山东坡的3300—3600 m的地带。

气候寒冷而较湿润。年均温在0℃以下。年降水量150—300 mm。无绝对无霜期。

土壤为高山草甸草原土。土层较厚，质地多为中壤。生草层厚约10—15 cm。腐殖层延伸较深，黑褐色。从表层起就有钙菌丝体存在。石灰反应始见于表层，但较弱，越往下越强烈。

植物除草本的异针茅、紫花针茅、落草、藏早熟禾、垂穗披碱草、珠芽蓼、头花蓼、矮嵩草、毛状叶嵩草、藏嵩草（*Kobresia tibetica*）、冷蒿等外，尚可稀疏见到高山绣线菊（*Spiraea alpina*）、扁麻等灌木。

本类草地一般用作夏季放牧地。可以放牧牦牛、藏羊和山羊。

（二十）第35类：冷温湿润（山地暗栗钙土、黑垆土，山地草甸草原）类

本类草地是草原湿润度1.46—1.82，>0℃积温1700—2300℃的范围所指示的草原类型。

主要分布在甘南甘甲滩和晒金滩海拔2800—3100 m的盆地及其周围丘陵；天祝松山滩2700—2900 m的阳坡和2500—2700 m的阴坡，以及从松山滩开始到张掖间的2600—2800 m的狭长山地地带。

气候较冷而不十分干燥。年平均温度1—3℃，7月可达14℃，但冬季甚冷，1月平均温度在-12℃以下。年降水量250—400 mm。冬春风多而强劲。无霜期约100 d。

土壤主要为山地暗栗钙土。颜色较暗，多为褐色。有机质含量表层可达7%—9%，腐殖层可延伸至80 cm。剖面为中性或微碱性反应。石灰反应上层较弱，下层较强。土壤表层结构较好，多为团粒或微团粒。本类型的甘南部分局部有黑垆土分布。

植被以冷旱中生禾草为主，如克氏针茅、短花针茅、紫花针茅，老芒麦（*Clienlymus sibiricus*）、垂穗披碱草、细叶苔（*Carex stenophylla*）、苏苜蓿、冷蒿，

以及数种萎陵菜等。

动物分布以啮齿类和蝗虫最多。啮齿类最常见的是黄鼠与鼠兔，而在坡地则以旱獭（阳坡）和鼢鼠（阴坡）最多。

本类草地盖度45%—60%，草高可达40 cm，青草产量1000—1800 kg/hm$^2$。一般用作冷季放牧地。家畜分布为牦牛、藏羊、犏牛、蒙藏混血羊。优良的育成品种有甘加羊和岔口驿马。

（二十一）第36类：微温湿润（黑垆土、黑钙土，落叶阔叶林、森林草原）类

本类草地是草原湿润度1.46—1.82，>0℃积温2300—3700℃的范围所指示的草原类型。

本类在我省分布广泛。主要有陇东高原子午岭以西、六盘山以东、桐川沟门—屯子—新城线以南及黑河以北的地区；六盘山西侧的庄浪、清水狭长地区，通渭华家岭2000 m以下的地带；岷山西侧的岷江流域及凤凰山西侧的宕昌、岷县地区，太子山、莲花山以北，马衔山以南的临夏、和政、广河、康乐、临洮、渭源及漳县地区，以及连城以上的大通河地区。

气候温和而较湿润。年均温6—10℃，夏季不太热，7月一般不超过22℃；冬季也不太冷，1月一般不低于-7℃。年降水量400—700 mm，夏季较多。年平均相对湿度65%—70%。无霜期150—180 d。

土壤主要为黑垆土，其中有粘化黑垆土（陇东地区）、暗黑垆土和山地黑垆土。山地黑垆土腐殖层达1 m以上，有机质含量高，土色深暗。一般没有粘化现象。全剖面呈强石灰反应。钙积层明显而其幅度很宽，一般向母质层过渡，其间无明显的分界。

本类草地的植被是森林草原向森林过渡的植被。梁峁阴坡或半阴坡分布的是森林，主要树种有蒙古栎、辽东栎、槲栎（*Quercus aliena*）、白桦（*Betula platyphylla*）、山杨（*Populus tremula*）和蒙古樟子松、油松（*Pinus tabulaeformis*）、侧柏。但目前由于采伐和其他原因，保存下来的森林很少，而灌丛和草本植被分布得却较广泛。主要的灌木有虎棒子（*Ostryopsis davidiana*）、柔毛绣线菊（*Spiraea pubescens*）、酸刺、黄蔷薇（*Rosa hugonis*）等。草本植物有铁杆蒿、茭蒿、本氏针茅、白草、山红草、大油芒、硬芒苔草（*Carex pedifomis*）、斜叶黄芪（*Astragalus adsurgons*）等。

动物的分布以林栖动物较多，鸟类和啮齿类也很丰富。

家畜的分布为蒙古羊南限，藏羊北限。具有很多优良的育成品种，如早胜牛、庆阳驴、间井猪、陇东大尾羊等。

（二十二）第37类：暖温湿润（黄褐土、棕壤，落叶阔叶林、落叶—常绿阔叶林）类

本类草地是草原湿润度1.46—1.82，>0℃积温3700—5000℃的范围所指示的草原类型。

主要分布在徽成盆地和我省最南端的白水江以南的地区，泾川和庆阳的局部也有分布。

气候温暖而湿润。年均温9—21℃，7月可达24℃，1月不低于-2℃。年降水量600—900 mm。年平均相对湿度75%。无霜期210—230 d。

代表性的土壤为黄褐土。腐殖层薄。心土为黄棕—褐色。土壤质地黏重，坚硬密实。一般多呈核状结构，其中有小型铁锰结核和斑点，在2 m以下或更深处有石灰结核。上部呈微酸性到中性反应，下部为中性到弱碱性反应。

植被为落叶阔叶林和落叶—常绿阔叶林的交错地带。但由于位置较北和寒潮的侵袭，仍以落叶阔叶林占优势。乔木树种丰富。主要的树种有棕榈（*Trachycarpus excelsa*）、油桐（*Aleurites fordii*）、杉木（*Cunninghamia lanceolata*）、乌桕（*Sapium sebifurum*）、枇杷（*Eriobotrya japanica*）、辽东栎、麻栎（*Quercus acutissima*）、槲（*Q. dentata*）、槲栎、榉树（*Zelkova schneideriana*）、椴树（*Tilia tuan*）、油松等。灌木层也很丰富。草本植物主要有白草、山红草、荩草（*Arthraxon ciliaris*）、雀稗（*Paspalum thunbergii*）、臭草（*Melica sabrosa*）、芒（*Miscanthus sinensis*）、鸭跖草（*Commelina communist*）等。

本类草地由于植物繁茂，植物性食物丰富，隐蔽条件也好，所以动物种群较丰富，适应性较广。数量的季节变化很明显，其中有些动物能作较远的迁徙。昏睡和冬眠很普遍，昼夜相很明显。一些北方的物种，如熊、鹿、麝、野猪、苏门羚、鼬，和南方的物种，如猴、大鲵等，在这里都有广泛的分布。

家畜分布有华北类型的黄牛和山羊，也有少量的半舍饲蒙古羊和水牛。秦川牛和关中驴在这里也表现适应。

（二十三）第41类：寒冷潮湿（高山冻原土，高山冻原）类

本类草地是草原湿润度>1.82，>0℃积温1100℃以下的范围所指示的草原类型。

主要分布在祁连山脉的3700（东段）—4000 m（西段），甘南积石山脉和

西倾山 4000 m 以上的高山地带。

气候严寒而潮湿。年均温 -3—-5℃，最热月不过 10℃。年降水量 150—300 mm。由于气温低，蒸发小，相对湿度很大。冬季严寒、漫长。没有无霜期，野生植物的生长季 60—90 d。

土壤以高山冻原土为主。坡度大，多风化砾石。发生层薄而不明显，多呈泥炭化或潜育化。有机质含量高。夏季冰雪消融后，地面多呈泥泞小丘。阴坡 30 cm 以下即为永冻层。

植被组成以耐寒、矮小、浅根、匍匐植物为主，并多灌木、苔藓和地衣。主要的植物有紫花针茅、盘花垂头菊（*Cremanthodium discoideum*）、小垂头菊（*C. humile*）、多种风毛菊（*Saussurea* spp.）、多种葶苈（*Draba* spp.）、多种嵩草（*Kobresia* spp.）、金莲花（*Trollius rannuculifous*）、唐古特报春（*Primula tangotica*）、点地梅（*Androsace ovezinnikovii*）、多种马先蒿（*Pedicularis* spp.）等。灌木有多种杜鹃（*Rhododendron* spp.）、高山柳（*Salix eupularis*）、扁麻、高山绣线菊、鬼箭锦鸡儿等。

动物分布以有蹄类为主，如盘羊、岩羊、野牦牛、羚羊等，它们能适应高山岩石、陡坡、峭壁，并常有巨角。此外还有雪豹等食肉类动物。

寒冷潮湿类草地灌丛高 60—100 cm，草本植被高 10—20 cm。盖度变化颇大，无灌丛覆盖之处仅 10%—20%，灌丛可达 70%。绿色物质产量可达 2000—2500 $kg/hm^2$，但可食率很低，一般在 30% 以下。本类草地一般用作附带利用的夏季放牧地。可用来放牧牦牛，藏羊和山羊。

（二十四）第 42 类：寒温潮湿（高山草甸土，高山草甸）类

本类草地是草原湿润度 >1.82，>0℃积温 1100—1700℃的范围所指示的草原类型。

主要分布在祁连山东段 3000—3700 m 和西段（疏勒南山、讨赖南山、走廊南山）3700—4000 m，甘南高原夏河、碌曲、玛曲境内 3200—4000 m，以及中部地区的岛状山——马衔山的 3000 m 以上的高山地带。

气候寒冷而潮湿。温度变化剧烈，年均温 0℃左右，7 月可达 10℃以上，但为期甚短，即使在最热月份也可有霜，因此没有绝对无霜期。每天均有 10℃以下低温出现，可以说无日不冬。年降水量 350—650 mm，多地形雨，降水频繁而短暂。冬季晴朗少雪，3—5 月降雪频繁。日照强烈，风大。年平均相对湿度 55%—65%。春季常有春旱发生。野生植物的生长期约 120 d。

土壤分布以高山草甸土为主。高山草甸土具有明显的生草层，极富弹性。有机质丰富，可达8%—15%。一般呈酸性到中性反应。冬季土壤结冻后可发生龟裂。此外，在局部地形条件下还可见到沼泽土和山地暗栗钙土的分布。

植被以冷中生植物为主，耐寒性强，并有较多的适冰雪植物。本类型的代表植物有垂穗披碱草、垂穗鹅冠草、紫花针茅、异针茅、草地早禾熟（*Poa pratense*）、红狐茅、矮嵩草、毛状叶嵩草、藏嵩草、细叶苔、披针苔、珠芽蓼、头花蓼、苏苜蓿、乳白香清（*Anaphalis lactea*）、火绒草（*Leontopodium cullocephallum*）、冷蒿以及多种龙胆、多种棘豆、多种毛茛（*Ranunculus* spp.）等毒草。主要的灌丛有扁麻、高山绣线菊、鲜卑木（*Sibiraea laevigata*）及数种杜鹃等。

动物种属较贫乏，除有蹄类、食肉类的一些常见动物外，啮齿类的鼢鼠，旱獭和昆虫类的虻是这里的最主要的景观动物。草原毛虫的分布范围很少超过本类草地。

寒温潮湿类草地是我省当前面积最大和最主要的畜牧业生产基地之一。它的植物生产特点是植物种属多，种的饱和度大，一般为20—30种/$m^2$。有莎草、杂类草、禾草和灌丛分别占优势的四个基本型。植被矮小而稠密，形成坚韧的草皮。植株平均高度10—20 cm，生境较好之处也可达40—50 cm。盖度较大，一般在70%—80%，高的可达95%以上。牧草的营养价值，适口性和产量均高。据分析，主要的牧草营养成分含量接近或超过紫苜蓿或禾本科—豆科混合牧草。青草产量平均1800 kg/$hm^2$，但高者可达此数之4—5倍。青草产量在一年中有两个高峰，一在7月底，主要由莎草科牧草形成，另一在9月初，由禾草和杂类草形成。豆科牧草贫乏和毒草特多也是本类草地生产的特点之一。此类草地一般可用作四季放牧地或暖季放牧地，经过适当培育后，也可建成为培育的刈草地。

寒温潮湿类草地适应的家畜为藏系的牦牛、藏羊，犏牛和马也能适应。分布于本类草地的优良育成品种也较多，主要有河曲马、岔口驿马、天祝白牦牛、欧拉羊、蕨麻猪等。

（二十五）第43类：冷温潮湿（生草灰化土、棕色灰化土，针叶林）草地类

本类草地是草原湿润度1.82以上，>0℃积温1700—2300℃的范围所指示的草原类型。

本类草地在我省分布广泛。主要分布在六盘山西坡2500 m以上的地带；甘

南夏河—迭部线东北的洮河、大夏河和白龙江上游及碌曲郎木寺地区的3000—3500—3800 m（白龙江流域）的阴坡和半阴坡；河西祁连山脉东自老虎山，西至肃南2700—3400 m的断续狭长阴坡及半阴坡地带。此外还有中部地区的马衔山、哈思山、屈武山、华家岭2500—3600 m的山地地带也属本类。

气候寒冷而潮湿。年均温1—3℃或低于0℃。夏季短暂，7月平均温度在15℃以下；冬季严寒，1月气温可在-20℃以下。年降水量在300 mm以上。冬季可能有积雪。无霜期90—110 d，植物生长季较此略长。

土壤主要为生草灰化土和棕色灰化土。生草灰化土的灰化层薄而贫瘠，土壤酸度较大，pH可达4.5—5.5。腐殖层薄而含量少，土壤结构不良，养分缺乏，肥力较低。棕色灰化土的灰化程度较浅，全剖面基本上是中性或微酸性反应，是本类草地中较干燥地区的土壤。

植被主要为阴暗针叶林。主要树种为冷杉属（*Abies*）、云杉属（*Picea*）、松属（*Pinus*）的高大乔木。也有杨属、桦属等阔叶树的生长。在阳坡则分布有藏柏（*Juniperus tibetica*）和方香柏（*J. saltuaria*）疏林。灌丛种属丰富，主要有萎陵菜、锦鸡儿、绣线菊、栒子（*Cotoneaster*）、忍冬（*Lonicera*）、小檗（*Berberis*）等属的植物。草本植物主要有酢酱草（*Oxalis*）、虎耳草、苔、拂子茅、草地早熟禾、雀麦、天蓝（*Medicago lupuliua*）、地榆（*Sanguisorba officinalis*）、马先蒿、珠芽蓼等。蕨类和苔藓植物丰富。

动物种属贫乏，尤其缺少昆虫类，其中占优势的是广适应的种类，主要是喜冷性种类。有很多动物在冬季进入蛰伏、冬眠或贮藏食物（熊、花鼠等）。有较大数量的哺乳类（獐、麝、鹿、苏门羚等）、鸟类（高山旋木雀、蓝马鸡、松鸡等）和啮齿类（松鼠、田鼠、北鼠兔等）。动物有季节性迁移，有的迁徙很远。森林中冬季活动的动物不到夏季的十分之一。

冷温潮湿类草地的牧草，由于林下阴湿，光照等条件的不同，牧草的产量和质量颇不一致。一般干物质和蛋白质的含量低，适口性差。但疏林、林缘及小片采伐迹地的牧草质量良好。这类草地一般用作刈草或夏季放牧地。适应的家畜为马、犏牛、山羊及藏羊等。

（二十六）第44类：微温潮湿（棕壤、灰化棕壤，针叶—阔叶林）类

本类草地是草原湿润度1.82以上，>0℃积温2300—3700℃的范围所指示的草原类型。

主要分布在陇东子午岭，并向下延伸到灵台达溪河流域；六盘山西侧

2000—2500 m的地带，北秦岭的天水小陇山和徽县东南角的太阳山；武山、礼县的卧龙山（滩歌—桃坪地区）；渭源鸟鼠山地2400—2800 m的地带，岷县和舟曲的拱坝河流域，临夏、和政的局部。

气候潮湿而温和。年均温5—9℃，7月不超过20℃，1月不低于－8℃。年降水量400 mm以上。年平均相对湿度70%—75%。冬季有较稳定的积雪。无霜期130—170d。

土壤为棕壤和灰化棕壤。土壤剖面以棕色或黄棕色为主，多少有灰化现象。有机质含量高，常达8%—13%，整个剖面分层不明显而呈微酸性反应。

植被为针叶—阔叶混交林。植被组成较复杂，除有落叶松属（*Larix*）、冷杉属、云杉属、松属和紫杉（*Taxus*）的高大针叶树种外，还有许多落叶阔叶树，如桦属、槭属（*Acer*）、椴属（*Tilia*）、栎属、杨属等。林下灌木也较繁多，主要有箭竹（*Sinarundinarianitida*）、峨眉蔷薇（*Rosa omeiensis*）、罗氏绣线菊（*Spiraea rosthornii*）、灰栒子（*Cotoneaster acutifolia*）、黄脉八仙花（*Hydrangea xanthoneueura*）、醋李（*Ribes moupinense*）、满洲棒子（*Corylus sieboldiana*）、冠果忍冬（*Lonicera stephanocarpa*）、红脉忍冬（*L. nervosa*）、金银花（*L. chrysantha*）、北五味子（*Schisandra chineusis*）等。草本植物有拂子茅（*Calamagrostis langsdorffii*）、白剪股颖（*Agrostis albus*）、草地早熟禾、橐吾（*Ligularia jamesii*）、冷龙胆（*Gentiana alpina*）、珠芽蓼、天蓝等。

动物由于饲料丰富和气候比较温和，种属远较冷温潮湿类为多，昆虫也大为增加。冬眠和食物贮藏普遍。昼夜相明显。季节性运动和个别种的数量具有很大的易变性，因此，动物群落在不同年份有较大变化。有蹄类出现青羊、野猪。啮齿类除松鼠、花鼠外，还有田鼠和仓鼠。由于动物性食物丰富，食肉类动物如金钱豹、石貂、豹猫、狼等大为增加。

在家畜分布上为蒙古羊、藏羊、黄牛和牦牛的混合分布地区，多混血种，尤其是黄犏牛。也有一定数量的山羊。优良的地方品种有岷县黑紫羔羊，闾井放牧猪。

（二十七）第45类：暖温潮湿（黄棕壤—黄褐土，落叶—常绿阔叶林）草地类

本类草地是草原湿润度0.82以上，>0℃积温3700—5000℃的范围所指示的草原类型。

主要分布在康县境内的南秦岭山地（康县）。气候暖和而潮湿。年均温

10—12℃。7 月不高于 22℃，1 月不低于 -1℃。年降水 70 mm 以上，分布较均匀。年平均相对湿度 75%，并且上下变幅很小。土壤基本不冻结。无霜期 220 d 左右。

土壤主要为黄棕壤。腐殖层为暗棕灰色，以下为淡棕色。淋溶作用强。全剖面呈中性至微酸性反应。有机质含量 3%—7%。B 层特别粘重，有潜育现象发生。

植被为以落叶阔叶树为主的落叶—常绿阔叶混交林。但含常绿成分较暖温湿润类为多，也有少数针叶树。主要的乔木树种有多种栎、鹅耳枥（*Carpinus turczaninowii*）、黄檀（*Dalbergia hupeana*）、黄连木（*Pistacia chinensis*）、三角枫（*Acer buergerianum*），较高之处分布有多种桦。常绿树种主要有棕榈（*Trachycarpus excelsa*）、女贞（*Ligustrum lucidum*）、刺柞（*Xylosma conjesta*）、苦储（*Castanopsis sclerophylla*）、枇杷、石楠（*Photinia serrulata*）、青岗（*Quercus glauca*）等。针叶树有马尾松（*Pinus massoniana*）、华山松（*P. armandii*）、杉木、柏木（*Cupressus funebris*）等。草本植物有白草、金钱蓼（*Polygonum filiforme*）、牛藤（*Achyranthes hidentata*）、蕺菜（*Houttuynia cordata*）等。

动物分布与暖温湿润类相似。家畜分布主要为蒙古黄牛。

## 六、甘肃省草原类型的特点和意义

（一）自然条件复杂，草原类型繁多。草原是由自然（气候、土地和生物）因素和劳动生产因素共同构成的复杂的矛盾统一体。草原类型的分布是由自然因素在纬度的地带性、经度的地带性和垂直的地带性交互影响下所决定的。甘肃省独特的地理位置，巨大的山系和复杂的山川形势，更加增加了这一影响的错综复杂性，因而也就出现与分布着纷纭繁多的草原类型。本文描述了甘肃省 27 个草原类别的一般特征，占全国 38 个草原类别的 70%，它包含了我国当前具有重要畜牧业基地意义的全部天然草原类别。由此可以说，甘肃是全国的天然草原展览馆。因此，科学地划分甘肃省的草原类型，不仅对甘肃，而且对全国的草原畜牧业生产和科学研究都具有重要的意义。

（二）四个基本的草原类型，是甘肃省草原发展演替的核心。甘肃省的草原类别，从检索图上来看均匀分布于 5000℃ 积温线以下的各个类型的空间，具有明显的多样性。但是，以辩证唯物主义为指导，以动态演替的观点来分析这种现象，即可发现甘肃省的草原类型是由四个基本类别构成和控制的。它们是位于西北部的第5类——暖温极干（棕色荒漠土，荒漠）类；位于祁连山西段的第2类——寒冷极干（寒漠土，高山寒漠）类；位于祁连山东段和甘南高原的第42类——寒温潮湿（高山草甸土，高山草甸）类；和位于省界东南的第44类——微温潮湿（棕壤、灰化棕壤，针叶—落叶阔叶林）类。这四类分别在重要位置具有干热、干冷、湿冷、湿热的特点。它们互相扩散影响，衍生而成其他过渡类别，同时也构成了它们之间的内在联系和演替的规律，这种情况在草原类型检索图上能更清晰地表明。在这里我们想强调，在草原分类的研究工作中，区别各类草原的质的差异，与揭示其内在的联系，应当是一个问题不可缺少的两个方面。

（三）多样的草原类型，丰富的畜牧业资源，为开展多种类型的草原畜牧生产提供了有利条件。甘肃省的草原类型，从常年碧绿、植物繁茂的亚热带森林草地，到无日不冬、绿草如茵、牦牛游食的高山湿润草地；从浩瀚无际、草木稀疏、骆驼轻舟的荒漠草地，到“天苍苍，野茫茫，风吹草低见牛羊”的平原湿润草地，无不应有尽有。在一些著名的草原上，还培育出了我省特有的草原优良家畜品种，如河曲马、岔口驿马、早胜牛、天祝白牦牛、甘加羊、欧拉羊、陇东大尾羊、岷县黑紫羔、滩羊、沙毛山羊、岷县闾井猪、甘南蕨麻猪等。这种有利的生产条件，为我们全面规划，因地制宜，发展多种方向和多种用途的草原畜牧业提供了良好的物质基础。例如，在暖温极干类草地上发展珍贵的羔皮三北羊、骆驼，在微温微干类草地上发展二毛滩羊，在寒温潮湿类草地上发展乳肉役兼用牦牛、细毛羊、乘挽兼用马，在微温潮湿和寒温潮湿类草地上发展肉味鲜美的草原放牧猪等。

（四）运用草原类型规律，正确培育草原，合理配置家畜，不断提高草原生产力。草原生产力就是单位草原面积上的牧草被家畜转化成畜产品的数量。利用草原类型检索图分析我省当前主要牧区草原自然—经济特性，研究其生产潜力是非常有意义的工作。

甘肃省的河西主要牧区，基本的草原类型是位于图的左方的微温极干和暖温极干类草地。它们的共向特点是水分极端缺乏，牧草主要为灌木、半灌木的荒漠植被，稀疏、多刺，多盐分，与之相适应的家畜为产品率较低的山羊、骆驼和为数不多的蒙古粗毛羊，草原生产能力低微。但是从图上可以看出，它们（尤其是暖温极干类）具有甘肃东南部的热量资源，生产潜力极大，一旦水的问题得以解决，结合其他培育措施，就会出现其右方的森林草原的景象（一些高产稳产基本草地—草园子已初步具此形象），如再配置以适当的高产家畜品种，则不难成为我省草原生产力最高的地方。

甘肃另一主要牧区的草原类型的代表，甘南高原和祁连山地的寒温潮湿类，它的特点是高寒、潮湿，相应的家畜为牦牛和藏羊。本类型热量不足，生长季短，枯草期长，虽然我们现时还难以用改善其热量的办法来提高牧草生产，但实践证明，这类草地生长季内气候凉爽、湿润，因而牧草在生长期内具有营养阶段延长，营养枝高大繁茂，叶片增宽、增厚、增长的特点，播种的一年生牧草的绿色物质积累可达 2500—3500 kg/hm$^2$，培育的天然草原也可达 600—750 kg/hm$^2$，如果充分利用这种有利条件，也可使其成为高产畜牧业的基地。

总之，实践使我们认识到，通过草原类型的研究，正确、全面地了解各类草地的生境现象与生物现象的最本质的物质基础——水，热条件的实质，与其对草地活的组成部分——土壤、牧草、家畜的矛盾与统一，进而促使这种矛盾向有利于生产的方向发展，对我省草原生产力的提高作用必将是无限的。

# 草原的综合顺序分类法及其草原发生学意义*

## 一、草原分类的历史回顾

草原分类是认识草原的科学方法，是草原生产和草原科学最重要的理论和实践基础之一。草原类型的理论，就是在草原发生与发展规律指导下，根据草原的自然特征与经济特性，加以抽象类比，按其实质区别与联系，探讨草原这一生产资料所包含的各类草地的发生学关系，确定其发生的系列，从而更深刻、更正确、更全面和动态地认识与反映草原这一生产资料的科学，也是合理开发利用和改造利用草原的理论基础。

世界各地的草原工作者、科学家和农牧民，都从各自的角度，以各自的草原学知识和所接触的草原现象为依据，自觉或不自觉地为草原分类作出了贡献。如欧亚大陆人民把平坦、广大、以中旱生丛生禾草为主的地区称为斯太普（Steppe），非洲人民把干旱而灌丛较多的草原称为维尔德（Veld），拉丁美洲群众把稀树高草草地称为潘帕斯（Pampas）、北美洲大草原通常称为普列里（Prairie），热带稀树草原则称为萨旺纳（Savanna）等等。这些概念的确立，实质上就是最初的草原分类。

随着草原生产的发展和草原科学的进步，提出了对草原系统分类的要求，这就是现代意义的草原类型学。通过对草原的系统分类，可以明确广大草原各类草地在发生学上所处的地位和它们之间的关系，从而加深对草原现象的理解。

草原类型的理论是从现实的草原（包括现在和历史上的）中产生出来的，

---

* 作者任继周、胡自治（执笔）、牟新待、张普金执笔。发表于《中国草原》，1980（1）：12—24.

但它的科学理论一旦成立以后，就要超越现实草原的范围对草原科学和草原生产做出更为广泛的概括。不论现在是草原，或不全然是草原，甚至全然不是草原的地区，只要把它的类型弄清楚，就会了解其草原学实质；当在这里建立各种类型的天然或人工饲料基地、设计利用和改良方案、引入新的牧草和家畜品种时，就可以提出这些措施应当属哪一草原类型。因此，草原类型的理论不仅在于说明草原，它还为改造草原指明方向，提供理论依据。

由于各自所处的自然条件、生产力发展水平及科学技术条件的限制，世界各地的草原工作者提出了许多不同的分类系统。这些系统大致可以分为地植物学分类法、土壤—地植物学分类法、植物地形学分类法、农业经营分类法、气候—植物学分类法和气候—土地—植被综合顺序分类法。

（一）地植物学分类法

这是一类根据草原植物群落特征来划分草原类型的方法。

L. A. Stoddart 和 A. D. Smith（1942，1956）根据林区放牧管理的要求，将美国西部和西南部草地分为九个区，即高草区、低草区、荒漠草本植被区、丛生禾本科草植被区、北部或山间灌丛区、南部荒漠灌丛区、沙巴拉区（北美夏旱灌丛群落，包括加利福尼亚沙巴拉型、橡林型、山地丛林型）、针叶矮林区、针叶林区（以下的第二和第三级略）。在某些区下又分为某些植被型和植被带。根据放牧地的评价，在这些区中又划分了 18 个放牧地型：人工草地型、草甸型、多年生非禾本科草本植被型、北美蒿属灌丛型、山地灌丛型、针叶林型、荒地型（未放牧）、荒原型、矮松—杜松林型、阔叶林型、拉瑞阿型、牧豆树型、驼绒藜型、荒漠灌丛型、半灌木型、一年生草本型、肉叶刺茎藜型、滨藜型。

A. W. Sampson（1947，1952）将美国草地划分为草本植被型、荒漠灌丛型和森林型三大型，在型以下又据根植被组成及生态条件分为 12 个植物群丛。

A. П. 谢尼科夫（1938）的分类系统可以作为苏联地植物学分类法的代表。他对四个基本植被型——乔木—灌木型、草本植物型、荒漠植物型和悬浮植物型进行了细微划分，他认为草原生产中的主要植被型——草本植物型，不是型而是型组。他把这一型组分为六大类群：草本草原、草本芜原（由高山寒土植物和山地多年生草本植物构成）、草甸（由中生草本植物构成）、水生草本植物、喜腐殖质的草本植物（喜酸植物）、一年生或短命植物构成的草本植被。在类群以下可继续划为群系纲、群系组、群系、群丛组、群丛等分类级别。

王栋（1955）根据草原植被生态特征，曾将我国草原分为六类：高草地带、低草地带、旱草地带、碱草地带、水草地带、灌木地带。

从以上可以看出，地植物学分类法具有以下特点：

第一，从最高一级到最低一级都以植物群落特征来划分，认为植物群落学特征是草原最本质的特征。

第二，具有草原这一生产资料性质的植被——草本植物型，从地植物学的角度来看不是一个型，而是一个型组。同时根据生态学特征进一步分为六个型，这表明单纯用群落学的方法来阐明草原类型已感不足。

第三，以植被学为基础，参照生境条件确定分类体系。从其命名方式来看，未把草原分类与分区区别开来。显然这并不是一种疏忽，而是想使地植物学方法更能满足农牧业生产要求的一种努力，因为通过指出其地区特点，可以更加明确其经济特征与自然特性。

第四，有的想从理论上，有的想从农牧业生产实践上对地植物学方法有所突破，使草原分类更能为生产需要服务。虽然地植物学在了解草丛构成、演替等方面为草原学提供了可贵的方法与素材，但它毕竟不能满足作为一种生产资料的草原的分类要求。原因有三点：一是地植物学与草原学研究的目的不同，地植物学以研究植物群落本身的各种特征为目的，而草原学则以探讨植物生产与动物生产的特殊规律，并进一步发挥其生产能力为目的。因此，植物群落只是矛盾的一方，这在草原生产中只是取得畜产品（或狩猎品）等动物产品以前的初级生产阶段，它并不能全面体现草原生产的本质与特性；二是地植物学与草原学研究的对象不同，地植物学以植物群落为对象，而草原学则以草地农业生物群落为对象，其中应包括动物、植物及微生物。当然不能把其中的一部分规律，即使像植物这样很重要的一部分规律作为全部的规律，从而建立完善的分类系统；三是地植物学与草原学研究的体系不同，地植物学以植被的发生、发展及其分布规律为体系，而草原学则以植物生产转化为动物生产的这一生产过程为体系。某些因素，如动物的牧食、人类的生产劳动等，地植物学视为外因，而草原学视为内因。因此，在草原学分类系统中不能不包含地植物学所难以包括的若干农牧业生产中必不可少的因素。由于上述原因，尽管不少草原学家同时也是地植物学家，但他们在草原分类中却使用了另一种类型体系，而不是植被分类体系。

（二）土壤—植物学分类法

这类方法多用于英国，首先根据土壤特性分为大类，在大类下再分为若干小类。在次级分类时，仍以土壤特性为主，有时标明其植被特征，下面以C. E. Wells 等（1974）为例说明此类方法。

（1）石灰质草地：白垩草地、鲕状石灰石草地、石炭纪石灰石草地、含镁石灰石草地、泥盆纪石灰石草地、其他石灰质草地。

（2）中性草地：中性莫林纳（*Molina*）草草地、水漫地草地（以下尚有七小类略）。

（3）酸性草地：高地狐茅—小糠草草地（以下尚有五小类略）。

（4）其他草地：盐沼草地、沙丘草地、湾顶草地。

这一分类系统的基本指标为土壤酸度，次级指标以土壤生态条件为主，也兼顾植物学组成。在国土面积较小、地带性差别不显著的国家，这一分类系统有其实用意义。

（三）植物地形学分类法

这一分类法在世界各地应用颇广，它的分类特点是在地带和地形的基础上，再根据植被特征划分类别。苏联幅员辽阔，草原的地带性表现明显，对这一分类法进行了多年的研究和运用，使它达到了颇为完善的境地，因此这个分类系统在我国也有较广泛的影响。

植物地形学分类法最早由全苏饲料研究所提出，中间经全苏威廉斯饲料研究所加以系统化，后又经 А. Г. Раменский、А. М. Дмитриев、И. А. Цаценкин、Н. А. Антипин，В . М. Грибов 等人经过几十年的实践和研究，不断加以修订，后被广泛采用。根据这一分类系统，将饲料地分为平原（平地）、低洼地、河漫滩、山前地、山地（或中山地）和高山等地形位置，每一种地形位置（河漫滩除外）又划分为地带（Зона）或带（Пояс，山地的带），然后根据地形、土壤、气候、植被特征等，将苏联的饲料地划分为下列 25 类。

（1）森林带灰化土、生草灰化土和其他土壤的平原—干谷草甸。

（2）森林草原带淋溶、深厚和其他壤质黑钙土平原草甸—草原。

（3）草原带壤质普通黑钙土、南方黑钙土、栗钙土和碱土平原湿润和干旱草原。

（4）草原带和森林草原带的沙质灰钙土和砂壤质黑钙土平原草原。

（5）半荒漠带壤质和石质淡栗钙土、棕钙土和碱土平原荒漠—草原（半荒漠）。

（6）壤质和石质灰钙土平原荒漠。

（7）淡栗钙土和沙壤质棕钙土平原荒漠—草原（半荒漠）（北方型的砂质荒漠和砂质—石质荒漠也划入此类）。

（8）砂质灰钙土荒漠（中亚细亚型的荒漠）。

（9）草甸土和草甸—沼泽土有时为盐土的低洼地和碟形地草甸（主要在森林和森林草原带，海滨地区的也附带划入此类）。

（10）暗色土、漓漫灰钙土和草甸—栗钙土有时为盐化的低洼地、碟形地、漓漫和海底地。

（11）强盐土的低洼地（猪毛菜属占优势）。

（12）冲积草甸土短期浸水的河漫滩草甸（汛水浸淹少于15d）。

（13）冲积草甸土长期浸水的河漫滩草甸（汛水浸淹多于15d）。

（14）淋溶黑钙土和山地黑钙土山前草甸—草原（本地带的小园丘、低山和山谷也附带划入）。

（15）黑钙土和栗钙土山前草原（本地带的小圆丘、低山和山谷也附带划入）。

（16）棕钙土山前半荒漠和荒漠（本地带的小圆丘、低山和山谷也附带划入）。

（17）山地森林草原带和森林带的灰色土、褐色土、棕钙土山地草甸和山地淋溶黑钙土草甸—草原。

（18）山地黑钙土和栗钙土山地草原。

（19）山地棕钙土和灰钙土山地半荒漠和荒漠。

（20）山地草甸土和草甸泥炭土高山草甸（高山和亚高山）。

（21）山地栗钙土高山草原。

（22）山地灰钙土高山半荒漠和荒漠。

（23）山地石质冻原土山地冻原。

（24）冻原石质土和冻原泥炭土平原冻原。

（25）矿质土和泥炭沼泽土沼泽（不同地带和不同地点）。

在类以下又可根据地形及生态条件划分为亚类或型组。型组是由生境条件气候、土壤、地形等及植被特征相似的型组成的。型的植被相似，并具有相似的土壤和生境特征。型内又可按照经营状况、载牧量、植被成分的变化，在开垦地区并考虑其撩荒程度以及苔藓化、灌丛化和小丘化的情况再分为变体。

贾慎修（1964）提出的我国草场分类系统是：

类——草场分类的最高级单位，反映大气候带的特征，有独特的地带性。在植被上具有一定的植被优势型（或亚型），并具有一定的大地貌特征。各类之间的特性具有质的不同。

亚类——具有相同的草场形成过程及植被优势生活型的特点，但亦反映不同的地区特性。各亚类之间亦具有质的不同。

组——是草场分类的中心部分。相当于由具有历史发育共同性的优势种所组成的一些植物群落的联合，并具有一致的地貌条件。各组草场性质之间具有量的变异。

型——草场分类的基本单位。是一切具有一定种类成分的植物群落与一定的生境条件的联合。

根据上述分类规定，贾慎修将我国的草原划分为 13 类，即森林草原草场、草甸草原草场、平原干草原草场、荒漠草原草场、山地草原草场、灌丛草场、干旱荒漠草场、高寒荒漠草场、大陆草甸草场、山地草甸草场、泛滥地草甸草场、低位草本沼泽草场、丘状草本沼泽草场。

章祖同（1963）提出了三级分类体系：

纲（第一级）——根据草场所属地带性植被基本型和大地貌特征的一致性加以确定；

类型组（第二级）——在第一级内根据土壤条件的一致性加以划分；

类型（第三级）——在第二级内根据植物组合的一致性加以划分；

变体——在同一型内根据经济利用方式及利用所引起的草地质和量变化的一致性加以划分。

根据这一方法，可将内蒙古草原划分为 12 个纲，即丘陵平原草甸草原草场、中小山地干草原草场、起伏丘陵干草原草场、波状平原干草原草场、起伏沙地及沙丘草场、平原（局部岗地）荒漠化草原草场、平原草原化荒漠草场、低山及山前平原荒漠草场、平原荒漠草场、低平地盐渍化荒漠草场、低洼下湿地草甸草场、泛滥地草甸草场。

在这 12 个纲内又分为 25 个类型组和 64 个类型。

此外，中国科学院自然资源综合考察委员会在新疆、内蒙古及其东西毗邻地区，许鹏在新疆，姜恕在川西北，张佃民等在新疆，胡式之等在甘肃河西，王荷生、刘华训等在甘肃酒泉地区，周寿荣在四川，以及中国科学院高原生物研究所在青海所做的草原分类工作，其范畴均属于植物地形学法。

C. J. Daly（1974）以植物地形学方法把新西兰的草原分为七个草地类：高山冻原、亚高山草地和灌丛、山地森林、山地丛生草、灌丛和蕨类、低山和低山森林、以及沙丘、海湾和沼泽。

从以上举例可以看出，植物地形学法经过世界广泛使用，已经具备了一些优点：（1）它是包括多种因素的综合分类方法，较全面地考虑了地带、地形、植被、土壤以及利用方式等各种因素，因此能较全面地反映草原的实质；（2）它具有较为严整的分类系统，从而使草原分类达到了新的高度；（3）由于这一分类系统包括不同的级别，特别是第一级以地带性及地形特性为主，可以适用于较大范围的草原分类。

但同时它也存在不足之处。它据以分类的综合指标虽然在不同级别有不同的着重点，但往往不够明确，如第一级以地形及地带性为最主要实质特征。地带性首先是气候区域，气候区域固然与地形区域密切相关，但对于生物及其立地条件来说，气候的地带性不能不居于最重要的地位。许多科学资料证明，气候指标，尤其是水分与热量分配对地带性农业、生物和土壤分布的指示意义，具有无可比拟的、明晰的准确性，而地形则没有这样的重要意义。在分类系统的第二级，地形又与生态条件共同被列为亚类的生态特征。第三级的生境特征，甚至第四级的“其他生态条件”的分类特征等，都涉及地形及生态条件。同一特征，被用作多级分类指标，这在划分类型时难免发生混乱。

（四）农业经营分类法

此分类法主要是根据对草地加工程度及其农业经济价值加以分类，它突出了人类生产劳动因素在草原发生与发展中的作用，这是工农业生产较发达，草原生产向集约化方向发展所带来的必然结果。农业经营分类在英、法等西欧国家使用较多。

J. A. S. Waston 等（1924，1956）根据人类对草地的管理程度（播种、施肥、排灌、土壤改良、利用方式等）将英国草地划分为三大类（第一级），然后再根据地形或土壤划分第二级，在第二级中又根据植被状况划分第三级。即为：

- 半天然草地
  - 沙地沙丘
  - 盐土沼泽
  - 白垩沙丘
  - 沙质低地石南灌丛

◆ 山地放牧地

◇ 石南灌丛放牧地

◇ 剪股颖或紫羊茅或莫林纳草放牧地

◇ 莫林纳草放牧地

◇ 剪股颖—狐茅放牧地

◇ 羊齿植物放牧地

◆ 山地沼泽

◆ 河漫滩。

2. 改良的永久草地

3. 人工草地

W. Davis（1952，1954）根据培育与否，将英国草地分为未培育草地和培育草地两大类。在第一类中按照地形、土壤或植物再划分为第二级，再根据植被及其经济价值划分为第三级。这一分类体系为：

- 未培育草地：共分为莫林纳草沼泽等 18 类（略）
- 培育草地

◆ 短期草地

◆ 永久草地

◇ 第一级黑麦草放牧地

◇ 第二级黑麦草放牧地

◇ 第三级黑麦草放牧地

◇ 剪股颖放牧地

◇ 剪股颖及灯芯草、营草放牧地

◇ 剪股颖—狐茅放牧地

Hedin 和 M. Kerguelen（1966）根据培育程度将法国草地分为两大类，然后再根据其土壤和气候条件划分为第二级。

- 粗放经营的放牧地：按照土壤条件划分为泥炭土、酸土、碱土、钙质土、盐土、冲积土等类型，也可按照气候或地形（海拔高度）条件划分为地中海型气候和山地两类。

- 集约经营的草地

◆ 放牧地

◆ 刈草地

从以上可以看出，农业经营分类法不仅体现了人的生产劳动因素，也标志了草原生产与草原科学的一种新动向。同时这一分类体系与土地分级相联系，对农牧业经营有重要作用。其缺点是没有从理论上把草原分类与草原分级明确区别开来。现在的农业经营分类法不把地带性差别作为分类指标，这在版图较小的英、法等国是可以的，但在幅员辽阔，地跨几个自然地带的国家，同一经营水平的土地，可能具有极为悬殊的自然特性和经济特性，因此是不适用的。

（五）气候—植物分类法

这一分类法以 R. M. Moore（1973）的工作为代表。他把澳大利亚的草原在地带的基础上划分为类，然后按植被划分为不同的天然放牧地或培育草地的型。

- 潮湿热带草地
  - ◆ 天然放牧地：牧用价值低的石南草地型
    - ◇ 牧用价值低的部分林地型
    - ◇ 部分热带高草型
  - ◆ 培育草地：热带多年生型
- 亚潮湿热带草地（以下的天然放牧地和培育草地的型略）
- 干旱热带草地
- 热带干燥草地
- 干燥温带草地
- 亚湿润温带草地
- 湿润温带草地
- 亚高山带

这种分类系统指标明确、体系简括、具独到之处，但对地跨几个自然地带的澳大利亚来说，未能指明各类型间的相互关系，似嫌不足。其第二级一概分为天然放牧地和培育草地，实际上是型组辅助级，并没有发生学的必然依据。

## 二、草原分类原则的探讨

纷繁陈杂的草原类型及其不同的发展阶段和历史条件，导致草原类型学观点存在着很多差异，因此，也必然产生许多各不相同、各具特色的草原分类体系。我们认为有必要根据辩证唯物主义的原则和草原学实践中所取得的经验和教训，特别是在比较了不同分类体系的优点和不足之处以后，对草原分类的若干原则做一初步探讨。

（一）草原分类应具有分类要素的完整性

作为一个完整的草原分类体系，它们都包括四项基本内容：第一，要有草原分类的理论依据；第二，要有草原分类的体系结构；第三，要有草原分类的不同级别的分类指标；第四、要有草原分类的命名原则。任何草原分类体系，如果少了其中的任何一项，就不能形成或接近不能形成草原分类体系。如果其中某一项或几项处理得不够完善，就给这一分类体系造成缺陷。当某些项目严重薄弱时，就会严重损害这一分类系统的科学意义。因此，我们不妨把它们称为草原分类四要素。我们考察已有的草原分类体系可以看出，并非每一分类体系都在这四个方面做了周密研究。例如，草原分类的理论依据不够充分或阐述不够完善；草原分类体系结构不够严整；草原分类指标不够明晰；草原分类命名庞杂混乱等，都是在当前草原分类工作中经常遇到的问题。

（二）草原分类体系的周延性

草原分类体系与气候分类、地貌分类、土壤分类、植物分类等各个学科的分类体系一样，应该是该项研究对象的类型总概括。对于草原分类来说，应该使这一分类体系赖以建立的草原范围内的任一草地，都能在这一分类体系中找到它的位置，并从它在该分类系统中所处的位置来判断不同类别草地的发生学关系，这就要求它的分类体系具有不致自相矛盾的周延性。

但是，我们现在所见到的绝大多数草原分类体系，都是根据某一具体范围内的草原所制定的分类方案。这样的分类方案，对于据以产生此一分类方案的本体草原所包含的草地加以分类，它是具有周延性的，但再遇到新的草原中所包含的新草地，可能无法找到它在这一分类系统中的位置，这就出现了不周延性。因此，这样的分类系统，将不能帮助我们判断彼此远离的、目前不在同一分类系统之内的不同草地质的趋同或趋异程度。

当然，我们不应该要求每一分类体系都具有充分的、可以对全世界任何草地进行分类的周延性。实际上对于局部地区的分类，在科学上，尤其在生产上还是有意义的。但我们应该认识到这种在分类学上不能把全世界草原互相联系起来的分类体系，毕竟表明我们还无力找出世界上各个草原本质上的联系。这标志着在过去的历史阶段中，我们的草原科学还处于不能自觉运用类型学规律的低水平阶段，应该认为这是一个根本性的重大缺点。在草原科学发展的初级阶段，草原科学工作者彼此处于相对隔绝的条件下，这是难免的。但在当今彼此联系越来越密切、学术交流日益频繁的条件下，我们应努力寻求一种可以概括全世界草原类型的分类系统。

（三）分类体系内涵的综合性

草原作为占有陆地总面积22%的巨大而复杂的生产资料，是由气候、土地、生物和生产劳动等多种因素的矛盾运动所构成并推动其发展的，在草原生产和草原现象中包含了复杂的矛盾。不但要研究各个方面本身，还要研究它们彼此间相互联系、相互制约的关系。因此，在进行草原分类时，需要唯物地、综合地考虑草原的各个方面、各个因素。只有这样才能避免孤立地、静止地、片面地去认识草原从而全面地了解它的自然特性和经济特性。那种企图用单一因素来认识草原、并进行草原分类的设想，显然是不易得到满意结果的。

（四）分类指标的相对稳定性

草原分类所依据的特征，必须是相对稳定的，尤其是作为分类基本单位的分类特征，更要具有基本稳定的性质，草原分类体系才有稳定的意义。否则，分类本身无法稳定，也就失去了草原分类的意义。当然，任何特征的稳定性都只有相对的意义，我们应该善于运用不同分类特征的稳定性差别，使它为草原分类服务。一般应该把最稳定，而且作用广泛的特征，作为确定基本分类级别的依据，而次稳定的特征，作为下一级分类级别的依据。依此类推，越到低级的分类单位，其稳定性也越差。

（五）同级指标的可比性

任何分类科学，都是比较而产生的。而比较只有在同质的条件下才能进行，并且在同质比较的前提下，才能得到可供衡量的值的概念，这样才有分类学，特别是属于农业生产科学的草原分类的意义。但是我们考察现有的分类系统，有的把地带性与非地带性特征作为同级分类指标，有的把植被特征与土地特征作为同级分类指标而相并列，这样的分类指标，既不同质，当然也就无从做出比较，因而得不到值的概念，这在草原分类上是没有什么意义的。这种不等值的错误，在过去的草原分类工作中并不罕见。

（六）特征指标的确限性

草原分类中特征指标的确限性包括两重含义：（1）各分类级别使用的指标项目要明确，如气候、植被、土壤、地形等特征指标，哪个用在哪一级要明确。如果像植物地形学分类法那样，几个特征指标同时作为同一级的分类指标，或同时作为几个级的分类指标，那么确限性较差。（2）所使用的特征指标概念明确，能具体表示其确切的界限。这种概念的确立，在草原类型学中不外通过“形”（如地形、景观、季相以及颜色、结构等）和“数”（如温度、雨量、湿度、化学成分、植被组成的数量记录等）这两者来表示。当前数理分析日趋深入，监测手段日趋完善，尤其重要的是电子计算机技术已经渗透到各个学科领域，各种草原学特征的定量研究，正在使其质量“数”字化，并且已经建立了相当多的数学模型。那种来源于古典研究方法的文字描述性指标，必将逐渐被数学描述指标所取代。随着草原科学新突破的到来，在草原分类指标的确限性方面也将开创新纪元。

## 三、气候—土地—植被综合顺序分类法的原理与方案

我们参照各种分类法，几经演变（1956，1965，1974，1978），提出了草原的气候—土地—植被综合顺序分类法，这一分类体系的内容大致如下。

第一级——类，是基本的分类单位，根据生物气候指标，特别是水分与热量分配特点加以确定。类具有一定的地带性农业生物气候特征。根据类的特征，可以指示我们进行草原区划。

类可以根据相同的热量或相同的湿润度组合为不同的系列，也可按生物气候的近似性及使用上的方便组合为不同的类组。如荒漠草地类组、半荒漠草地类组、干旱草原类组（斯太普类组）、萨旺纳类组（热带稀树草原类组）、湿润草地类组、温带森林草地类组、亚热带森林草地类组、热带森林草地类组、高山草地类组、亚高山草地类组等。

第二级——亚类，在类的基础上，根据土地特征进一步划分为亚类。根据亚类的特征，可以指示我们进行草原的土地规划。

第三级——型，在亚类的基础上，根据植被特征，进一步划分为型。同一型表示其饲用价值及经营管理技术措施的一致性。根据型的特征，我们可以制定改良、利用的具体措施。同一型内可能由于种种原因，特别是利用、培育措施的影响，植被表现为优势种相同而亚优势种不同时，可进一步划分为若干亚型。由于特殊原因，草地的局部（面积可以是几十平方厘米到几百平方米）植被发生变异，但不具独立经营单位时，可以划分为微型。微型对草地的科学研究和草地的动态发展有指示意义。

综合顺序分类法根据农业生物气候特征来划分草原的类别，其根据在于地

带性的生物气候条件是生物（牧草和家畜）立地条件最本质的表现，并且在一定的历史时期相对稳定。正是在这一基础上，发生与发展着各种农业生物现象与生境现象，制约与影响着草原各个组成部分（土壤、植被、家畜、野生动物等）的存在与发展，从而也决定与影响着草原畜牧业生产的基本方向与形式。为此，采用草原热量级与草原湿润度级，以定量数据来说明不同草原类别的生物气候条件的核心——水热状况和它们的区别。

用全年>0℃积温（$\sum\theta$）确定草原的冷热状况。我国草原冷热状况可分为八个级别：

| 热量级 | $\sum\theta$（℃） | 相当的热量带 |
|---|---|---|
| 寒冷 | <1100 | 寒带 |
| 寒温 | 1100—1700 | 寒温带 |
| 冷温 | 1700—2300 | 温带 |
| 微温 | 2300—3700 | 温带 |
| 暖温 | 3700—5000 | 暖温带 |
| 暖热 | 5000—7200 | 亚热带 |
| 亚热 | 7200—8000 | 亚热带 |
| 炎热 | >8000 | 热带 |

以草原湿润度K确定草原的湿润状况。

$K=\frac{r}{0.1\sum\theta}$，r表示全年降水量，$\sum\theta$表示全年>0℃积温。

我国草原湿润状况分为六个级别。

| 湿润度级 | K值 | 相当的自然景观 |
|---|---|---|
| 极干 | <0.28 | 荒漠 |
| 干旱 | 0.29—0.85 | 半荒漠 |
| 微干 | 0.86—1.18 | 草原、干生阔叶林、稀树草原 |
| 微润 | 1.19—1.45 | 森林、森林草原、草原、稀树草原 |
| 湿润 | 1.46—1.82 | 森林、草甸 |
| 潮湿 | >1.82 | 森林、草甸、冻原 |

以全年降水量 r 为横轴，以全年 >0℃ 积温为纵轴。根据各热量级划出各热量级横线。在任一热量级线上，根据 K 值计算公式，求出上述各湿润度级线。各湿润度级线将热量级线分割，形成若干湿润度级线与热量级线所包围的空间，每一这样的空间即为一个特定的草原类别。其中以实线表示可确定的类，虚线表示尚待确定的或我国没有的类。这样，就制定成一个我国草原类型第一级——类的检索图。每一类的名称都以该空间的热量级与湿润度级相连缀的双名法来命名。为了便于理解和记忆，在正式名称之后以括号标出特征性的土壤与植被名称。为了便于今后的继续研究，虚线空间的类别，保留其类的序号。

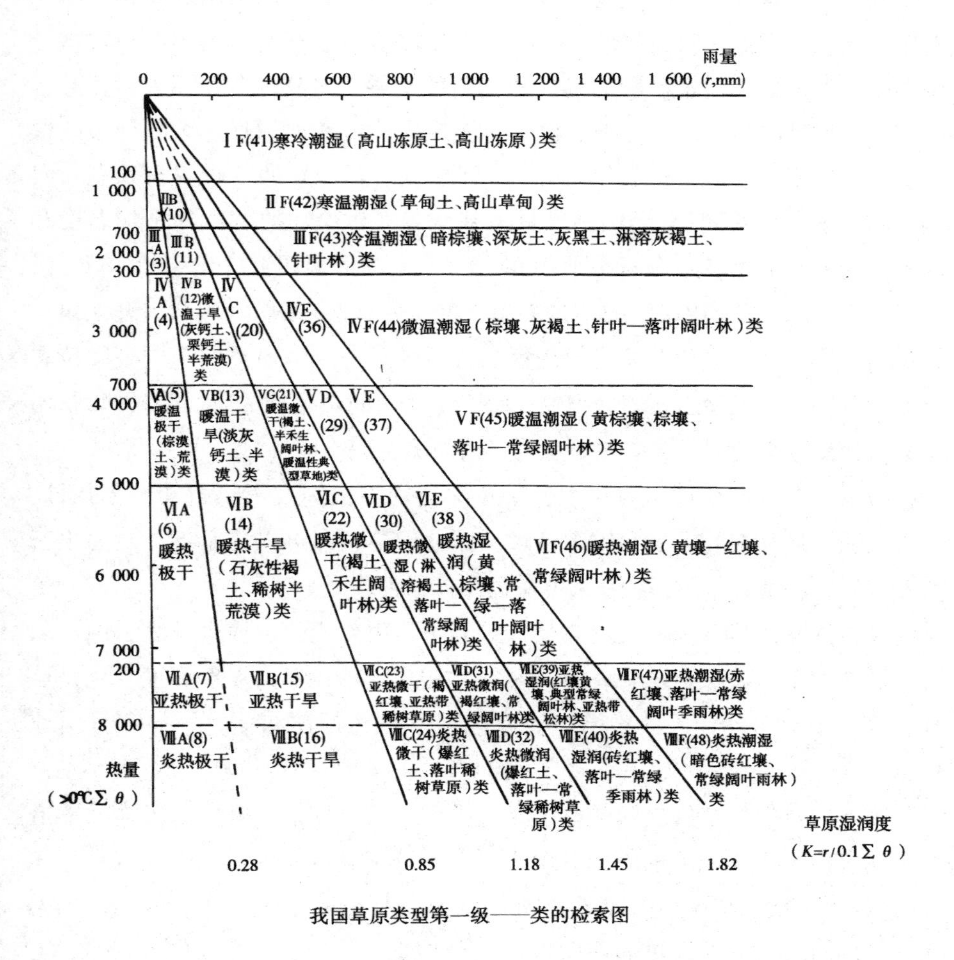


我国草原类型第一级——类的检索图

检索图做好后，用坐标法将某地的 >0℃年积温和年降水量填入图中，就可以确定该地的草原类别。

在检索图中可以按湿润度线将各类草原组合为 A、B、C、D、E、F 六个纵行系列；也可按热量级线组合为Ⅰ、Ⅱ、Ⅲ、Ⅳ、Ⅴ、Ⅵ、Ⅶ、Ⅷ等八个横行系列；加粗线的范围为按生物气候的近似性及使用上的方便组合的类组。

## 四、草原分类检索图及其所表示的草原发生学意义

根据八个热量级和六个湿润度级，以最通用的二维坐标法制成的我国草原类型第一级——类的检索图，将我国草原分为 48 类（已研究的有 38 类）。这个检索图是开放型的，随着科学的发展和资料的积累，对其进一步完善后，有可能适用于全世界的草原统一分类，也有可能成为草地在地球理想大陆分布的模式图。如果将现在的这个检索图与 R. H. 怀梯克（1970）的“世界群系型与气候湿度和温度的格式图”、美国国家科学基金会（1972）的“以年平均温度和年降水量为特征的生态系分析事业规划的六个生物群落图”（转引自 A. L. 汉蒙），以及草下正夫（1972）的“世界植物群落分布模式图”（转引自井上杨一郎）比较，则可看出这四个模式图在各个植物群落（或草地类别）的空间位置分布上十分相似，但检索图较为细致；由于检索图的热量指标以 >0℃的年积温为参数，比用年平均温度为参数更准确，因而更合理一些。

在检索图上我们还可以看出，各个草地类别不仅体现了热量和水分条件，而且也表明了最基本的土壤和植被条件。因此，检索图可以指示各类草地生态系统最本质的特征和草原畜牧业最基本的生产条件。

这个检索图，其纵坐标表示热量从上到下，由冷变热。横坐标表示绝对降水量，从左到右，降水量逐渐增多。各个 K 值线表示相对的湿润程度，也是从左到右逐渐增大。这样，检索图还可以体现草原类型的纬向、经向和垂向地带性。

在图上，两条 K 值线之间的各个草地类别，从上到下，表示由极地到赤道的纬向地带性。从 A 到 F 的六个纵向系列，则分别表示从大陆性气候区到海洋性气候区的纬向地带性的内部组合差异。例如，A 系列的 1—8 类，表示极端大陆性气候控制区，由冷到热的纬向地带性草地类别组合；F 系列的 41—48 类，则表示典型海洋性气候控制区，由冷到热的纬向地带性草地类别组合。经向的

地带性是在同一热量级内，由各类别的左右水平位置表示，从Ⅰ到Ⅷ的八个系列，分别表示从寒带到热带不同热量带的草原类型，以及由于距离海洋湿润气流的远近而形成的经向草地类别组合特点。在检索图上，从任何一个类别开始，其向上向右的方向（即变冷变湿），表示以此类别为基带，由于海拔增高而形成的垂向地带性；这种向上向右的垂向地带性趋势，越是接近 F 系列，越接近于垂直向下。

草原分类检索图可以根据相同的热量或相同的湿润度编成横向或纵向的发生学系列已如前述。如果以某一类为核心，则其周围的各草地类别，离核心类越近，则发生学上的关系越近；反之，离核心类别越远，则发生学上的关系愈远。这种类间的发生学关系，可以帮助我们定量地判断某一特定的草地类别，在热量和水分发生单项的或综合的变化后，它将向哪个方向发展，并演替为哪一个类别。因此，从检索图所能表明的这种类间的发生学关系，我们可以获知草地类间的序列关系、相似或相异的程度，以及发展的方向。另外，也可对未发现或未研究的类别，根据其在检索图上的位置，预测它的自然特性和生产特性。

## 五、草原分类的基本单位——类的描述举例

在综合顺序分类法分类体系中，类是基本单位。各个类像生物学中的种一样，有其各自的确切含义。类的含义不仅包括它的水热、土地和植被等生态条件，而且包括草地、野生动物、家畜等生产条件和生产特点。这样的一个综合性内容，不仅能较全面地体现草原的生产资料特性，而且可以作为在没有气象资料的地方确定类时的依据。下面对类的描述作一具体举例。`

第 42 类——寒温潮湿（草毡土，高山草甸）类：本类草地是草原湿润度 > 1.82，>0℃积温 1100—1700℃的范围所指示的草原类型。

主要分布在喜马拉雅山、冈底斯山、念青唐古拉山（4000—5000 m）、巴颜喀拉山、积石山、岷山（3300—4000 m）、祁连山（2900—3500 m）、天山（2600—3000 m）、东阿尔泰山和准噶尔界山（2300—2800 m）的山地地带；另外，贺兰山、大雪山、沙鲁里山的顶部也有分布。

气候寒冷而较潮湿，辐射强烈。温度变化剧烈，年平均温度 0℃左右，7 月的月平均温度可达 10℃以上，但即使在最热月也可能有霜，因此没有绝对无霜期。每天都有 10℃以下低温出现，可以说无日不冬。年降水 300—650 mm，多

地形雨，降水频繁而短暂。冬季晴朗少雪。风大。常有春旱发生。野生植物生长期约 130 d。

土壤分布以草毡土为主，在局部地形条件下也可出现沼泽土和莎嘎土。草毡土具有强烈发育的生草层，极富弹性。

腐殖层明显而较深厚，有机质含量可达 8%—15%，一般呈微酸到中性反应。冬季土壤结冻后发生龟裂，夏季土壤消融后裂缝依然存在。

植被组成以冷中生植物为主，耐寒性强。植株矮小而稠密，形成植毡。地表常有苔藓、地衣附生，菌类也较多。

最主要的植被类型有嵩草草甸、蓼属草甸、禾本科草甸、灌丛杂类草草甸和灌丛等。

动物种属较贫乏，除有蹄类、食肉类的一些常见动物（鹿、黄羊、盘羊、野牦牛、狼、狐等）外，啮齿类的趾鼠、旱獭、鼠兔及昆虫类的虻是这里最主要的景观动物。草原毛虫（*Gynaephora* spp.）的分布范围很少超过本类草地。

寒温潮湿类草地是我国青藏地区最主要和最重要的草地类型，以其和牦牛、藏羊为主体，构成了我国甚至全世界的一个独特的高山草原畜牧业类型。寒温潮湿类草地的耐牧性极强。牧草的营养价值、适口性和产量居中等。主要牧草的营养成分含量接近或超过紫花苜蓿或禾本科—豆科混合牧草。青草产量 1875—2625 $kg/hm^2$，高产者可达此数之 4—5 倍。优良豆科牧草的种类贫乏和在草层中的比重甚微，以及毒草特多是本类草地的重大缺陷。青草期为 6—9 月，枯草期长达 8 个月。牧草干物质产量以 8 月份为最高，枯草期干物质保存率平均为 50%。本类草地在青藏地区用作四季放牧地，其他地区用作夏季放牧地。

适应的家畜为牦牛、藏羊和藏系马，山羊、犏牛也能很好地适应。以本类草地为基地的优良地方品种甚多，例如河曲马、浩门马、岔口驿马、天祝白牦牛、欧拉羊、甘南蕨麻猪等。

## 参考文献

[1] 任继周．关于高山草原的调查研究［M］．南京：畜牧兽医图书出版社，1957：1—33.

[2] 任继周，胡自治，牟新待．我国草原类型第一级分类的生物气候指标［J］．甘肃农业大学学报，1965（2）：48—64.

[3] 任继周，牟新待，胡自治，等．青海省草原类型第一级——“类”的初步研究［J］．甘肃农大学报，1974（2）：30—40.

[4] 胡自治，张普金，南志标，等．甘肃省的草原类型［J］．甘肃农大学报，1978（1）：1—27.

[5] 贾慎修．关于中国草埸的分类原则及其主要类型特征［J］．植物生态学与地植物学丛刊，1964（1）：32—39.

[6] 王栋．草原管理学［M］．南京：畜牧兽医图书出版社，1955：71.

[7] 中国科学院新疆综合考察队．新疆畜牧业［M］．北京：科学出版社，1964.

[8] 中国科学院内蒙宁夏综合考察队．内蒙古自治区及其东西毗邻地区天然草场资源［Z］．中国科学院内蒙宁夏综合考察队（内部资料，铅印），1974.

[9] 张佃民，毛祖美．和硕地区的草场及其合理利用问题［J］．新疆农业科学，1962（12）：476—479.

[10] 胡式之，李佐才，刘仲斌．试论甘肃省河西地区的草场类型及其利用问题［J］．植物生态学与地植物学丛刊，1965（1）：97—116.

[11] 青海省革命委员会科学技术委员会．草原调查研究专辑［M］．青海省革命委员会科学技术委员会，1972.

[12] 怀梯克 R H. 群落与生态系统［M］．姚璧君，王瑞芳，金鸿志，译．北京；科学出版社，1977：74.

[13] 青海生物研究所．生物学译丛：第 1 集［M］．青海生物研究所，1973：4.

[14] 谢尼科夫 A П. 苏联的草甸植被［M］．张绅，译．北京：科学出版社，1959：44—48.

[15] MOORE R M. Australian Grassland［M］. Canberra：Australian Natiional University Press，1973：85—91.

[16] SAMPSON A W. Range Management：Principles and Practices［M］. New York：John Wiley and Sons Inc.，1952：99—111.

[17] STODDARTL A，SMITH A W，BOX T. Range management［M］. 3rd ed. NewYork：McGraw—Hill，1975：532.

[18] WELLS T C E，WELLS D A，DUFFEY E，et al. Grassland Ecology and Wildlife Management［M］. London：Chapman & Hall，1974：21，281.

# 什么是草原*

什么是草原？什么是草地？它们之间有什么区别和联系？它们在植被学范畴和农学范畴的含义有什么不同？这是长期以来困惑我国甚至世界学术界的一个问题。这个问题的出现，首先是由于草原作为一种自然资源，分布于世界各地，并有各自的自然—经济特点和不同的生产发展阶段，自然会在名称和理解上产生差异。其次，随着社会的发展，草原资源从单一的畜牧业生产基地向多种用途发展，其含义需从原有理解的基础上加以延伸和扩展，新旧概念有量和质的差异。第三，世界各国传统的农学范畴的草原或草地，大多与作为各国主要畜牧业生产基地的某一特定植被类型如草原、草甸或几个植被类型联系在一起，在名称上有重叠，在词义上有广义和狭义的区别，因而在使用中难免有所混淆和交叉。

## 一、我国的草原（草地）概念及其术语

在我国植被学的范畴，草原被认为是“由耐寒的旱生多年生草本植物为主（有时为旱生小半灌木）组成的植物群落”（《中国植被》，1980）。草地未见权威的定义，一般被认为是以草本植物为主体的几个植被类型如草原、草甸和沼泽的总称。当前我国将草原与草地、草场作为同义语在行政管理部门和科技文献中广泛使用，此外还有草坡、草山、草甸子等地方名称。

关于草原与草地的科学定义，一些科学家在不同时期曾给予了不同的界定。

我国草原科学的奠基人王栋（1955）对草原的定义是：“凡因风土等自然条件较为恶劣或其他缘故，在自然情况下，不宜于耕种农作，不适于生长树木，

---

* 作者胡自治。发表于《国外畜牧学——草原与牧草》，1994（3）：1—6.

或树木稀疏以生长草类为主，只适于经营畜牧业的广大地区”。同时他给草地的定义是：“凡生长或栽种牧草的土地，无论生长牧草本之高低，亦无论所生长牧草为单纯之一种或混生多种牧草，皆谓之草地”（1952）。王栋对草原和草地的定义，基本上是根据美国对 rangeland 和英联邦对 grassland 的释义，前者是天然形成的，后者的人工因素很大。

贾慎修（1963）认为：“草原是畜牧业的组成部分，具有生产意义，植被表现了直接的、最重要的部分。”后来他在《草地学》（1982）中对草地的定义是：“草地是草和其着生的土地构成的综合自然体，土地是环境，草是构成草地的主体，也是人类经营利用的主要对象。”

任继周（1959）早期认为草原的含义应当是“大面积的天然植物群落所着生的陆地部分，这些地区所产生的饲用植物，可以直接用来放牧或刈割后饲养牲畜”。20 世纪 80 年代初，他根据生态系统的理论，对草原的定义作了发展，认为“草原是以草地和家畜为主体所构成的一种特殊的生产资料，在这里进行着草原生产，它具有从日光能和无机物，通过牧草，到家畜产品的系列能量和物质流转过程”。可以看出，在这里草地作为草原的组成部分来使用。90 年代初，任继周根据草原资源的多种用途及草业发展，再次对草原给予了定义，认为草原是“主要生长草本植物，或兼有灌丛或稀疏树木，可为家畜和野生动物提供生存场所的大面积土地、畜牧业的重要生产基地”。

章祖同和刘起（1994）认为“草地——系指生有草本植物或兼有灌木丛和稀疏树木，可供放牧或刈割而饲养牲畜的土地”。

许鹏（1994）认为“草地是具有一定面积，由草本植物或半灌木为主体组成的植被及其生长地的总称，是畜牧业的生产资料，并具有多种功能的自然资源和人类生存的重要环境”。

草原或草地作为一项世界上面积最大的土地—生物资源，除了传统的生产饲用植物以供家畜放牧或刈割后饲喂家畜，以及生产畜产品的功能外，在当今还有牧养野生草食动物，为野生非牧养动物（如食肉类、鸟类和昆虫等）提供栖息地，以景观和绿地环境为人类提供旅游、娱乐和休息地，提供野生药材、花卉和工业原料，保存和提供遗传资源，保持水土和恢复被破坏的土地等多方面的功能。因此，草原或草地的定义可以是：生长草本植物，或兼有灌丛和稀疏乔木，可以为家畜和野生动物提供食物和生产场所，并可为人类提供优良生活环境、其他生物产品等多种功能的土地—生物资源和草业生产基地。

## 二、国外的草原和草地的概念及术语

同我国一样，国外对草原和草地的概念和名称也有较大的差异。

在苏联，俄语传统的草地（луг）一词也有植被学和农学两个范畴的概念。луг 一词在植被学中汉译为草甸，意为多年生中生草本植物为主的植被类型。луг 一词在农学中汉译为草地，A. M. 德米特里也夫（Дмитрнев，1948）给予的经典性的定义为“草地是生长多年生草本植物并形成草层的陆地部分”，因此，草地管理学一词为 луговодство。И. В. 拉林（Ларин；1956，1964，1990）认为作为畜牧业生产基地，除了草地以外，还有草原、荒漠、半荒漠、冻原等，家畜放牧利用或刈割后利用的除了中生的草本植物外，还有半灌木，甚至乔木和地衣，因此他用割草地（сенокос）和放牧地（пастбинца）或天然饲料地（прнродще кормовыеугодье）来代替草地（луга），并相应地提出割草地管理（севокосоводство）和放牧地管理（пастбищшеводство）两词；考虑到传统与使用习惯，在总体上称为луроводство и пастринцюе хозяйство（草地管理与放牧地管理）。

大部分英联邦国家使用草地（grassland）一词，诸多学者和权威著作曾给草地做出过许多定义。英国著名草地学家 W. 戴维斯（Davies，1960）在第八届国际草地会议上提出：“草地是各种放牧地的总称，其特点是禾本科草、豆科草和其他植物结合在一起，以供家畜牧食。因此草地是指环境，牧草是反刍家畜赖以生存的食料。” E. 丢非等（Daffey *et al*，1974）对草地的定义为“草地是世界少雨地区分布最广泛的一种植被类型，在温带地区，草地是人们砍伐了森林后播种牧草而形成”。H. 托马斯（Thomas，1980）为英国草地学会所写的《草地植物研究中的术语及其定义》一文中，对草地定义为“植物群落的类型，可以是天然的或人工的，草本植物种占优势，大部分为地面芽植物，例如禾本科和豆科草，也可以存在某些灌木或乔木”。英国《布莱克农业辞典》（D. B. Dalal，1981）对草地的定义为“用于放牧家畜的土地，培育的草地主要由禾本科和三叶草组成，而有苔藓，地衣和矮灌丛的为未培育的草地或天然草地”。加拿大的 P. G. 里瑟尔（Risser，1981）对草地的定义比上述的要广泛得多，他认为“草地是含有少量树木和灌丛，以混合草本植被为特征，并且以禾草占优势的生物群落。草地的类型包括了从热带的密竹林到北方的草原，从干旱的平原到极地草地”。美国 R. F. 巴恩斯和 T. H. 泰勒（Barnes and Taylor，1985）更简明扼要地认为“草地是指除了需要每年播种的作物之外的，用于饲养家畜的所有植物群落”。根据上述几个定义可以看出，英联邦国家对草地的定义的要点是：①草地是一类植被类型，以草本植物为主，但又不是一种特定的植被类型，它可以包含多种植被类型。②它可以是天然的，也可以是人工的。③草地是用于家畜放牧的植被类型或土地，如不考虑家畜，则草地一词没有农学的实质意义。至于美国巴恩斯和泰勒的定义，很显然这是试图在英联邦国家的草地（grassland）和北美的草原（rangeland）之间寻求一个统一的定义。

在北美和部分的澳大利亚和印度，广泛使用着 range 或 rangeland 这样的特有的术语，它是20世纪初起源于美国的一个专业名词，我国王栋最早将其汉译为草原。美国草原学奠基人 A. W. 桑普孙（Sampson，1952）认为：range（草原）是大面积的少雨、少围栏、生长天然植被，用以放牧家畜和野生动物的土地资源。A. 刘易斯（Lewis，1969）认为：“草原（rangeland）包括温带禾草草原、热带稀树草原、灌丛地、大部分荒漠、冻原、高山群落、海滨沼泽和草甸，它是世界上最大的一种土地类型。”美国草原管理学会（Society for Range Management，1974）对草原的定义为“以禾草、类禾草、杂类草或灌木等天然植被（具顶极或形成顶极的自然潜力）为特征的一种土地类型，它包括按天然植被管理，并提供饲草的天然或人工恢复（reclamation）的土地。这种土地上的植被适于家畜放牧采食”。H. F. 海迪（Heady，1975）指出：“草原的植被包括灌丛地、草地（grassland）和开放的林地。由于干旱、沙化、盐化或过湿的土壤，陡峭的地形，妨碍了商业农场和林场的建立。”根据联合国粮农组织和国际林业研究协会所编《林业科技词典》（中文版，1981），range（草原）一词的含义等于英联邦国家的 grazingland（放牧地）或 pastureland（放牧地），意为“生产当地饲草的各类土地，其中包括林地，而与生产农作物的耕地和生长密林的林地相对”；而草地（grassland）是“禾草类为优势植被和各种土地”。A. W. 桑普孙（Sampson，1952）、H. J. 欧斯汀（Oosting，1956）和 R. L. 史密斯（Smith，1977）等认为草地就是北美普列里（prairie）草原。从上述可以看出，北美的草原（range 或 rangeland）一词，强调了作为牧用天然土地类型的特征，不论 range 或 rangeland，其含义的关键在于“所生产的饲草是来源于原生植被，或虽由人工引进却当作当地的天然种进行管理的植物”，并不特别强调草本植被，即 range 或 rangeland 和我国传统的草原一词相当。

关于 grassland（草地）和 rangeland（草原）两词的关系，在英文的文献中也常常是矛盾的，例如，巴恩斯和泰勒认为“术语 grassland 包括作为放牧地的 pasture（人工草地）和 rangeland”。但 L. A. Stoddart *et al*（1975）、J. L. 霍莱切克（Holecheck）、R. D. 皮波（Piperand）和 C. H. 赫拜尔（Herbel，1985）却认为“草地（grassland）、荒漠灌丛地、稀树草原疏林地、森林和冻原是世界上基本的草原（rangeland）类型”。根据联合国粮农组织统计的方法，世界的草地（grassland）由永久草地、疏林地和其他类型的土地（荒漠、冻原和灌丛地）三大部分构成。从上述三者及前面介绍的定义来看，rangeland 一词具有强烈的天然牧用土地资源的含义，但不强调群落的类型。grassland 一词的含义，不仅包括了天然草地，也包括了人工草地，并在很大程度上强调了人工和草本群落占优势的意义。因此在英语文献中，rangeland 和 grassland 具有明显的区别，在大多数情况下，难以作为同义语使用。这两个词在含义、内容和使用上的实质差异，致使世界上分别存在着 International Rangeland Congress（国际草原学术会议）和 International Grassland Congress（国际草地学术会议）两个国际性学术组织，并分别每三年和四年召开一次大型学术讨论会，前者着重探讨天然草原问题，后者着重探讨人工草地的问题。

在日文的科技和行政文献中也广泛地使用着汉字的“草原”和“草地”两词，且有许多不同的见解和观点。中野治房（1944）在《草原の研究》一书中，对日本草原的分类，既包括了用于放牧、割草的“半天然草原”和“人工草原”，也包括了天然的高草草原、高山草原和高位沼泽，因此“草原”一词含义广泛。沼田真（1978）曾对日语中有关草地和草原的名词进行过整理，他指出：“在日本，草地作为行政术语，常常理解为进行畜牧业生产的场地，和植被学上不加利用的天然草原有所区别。日语的草地是指能够利用的人工草地（pasture）和天然草地（meadow）。”

草原一词在日语中是植被学用语，“但日语草原的概念是广义的，约等于草本植物群落的同义语”（木村允，1976）。沼田真（M. Numata；1978，1979）在整理草原一词的名称目录中认为，“根据水分条件，（草原）有中生草原、湿生草原、水生草原和旱生草原”。从草原的这种划分可以看出，日语的草原在类型上包含了我国植被学的草甸、沼泽、水生植被和草原诸多类型，实际上就是草本植被的总称，其地位相当于森林。相反，用作植被学术语的日语草原，比我国植被学的草原的含义广阔得多，而相当于我国传统农学范畴的草原一词所包含的植被类型范围。日语的草原从资源的意义上说，它重合了日语草地的范围，与草地没有实质的区别，因此沼田真（1979）在对英译的处理上，将草地和草原都译为grassland。

## 三、草原（草地）是一个广义的概念

从上述对国内外农学范畴草原和草地的定义介绍与讨论来看，它们有狭义与广义概念之分。狭义概念的基本点为以草本植物为主的土地及群落，广义概念的基本点为可用于家畜放牧的群落及土地。但从草原或草地的性质和生产实际来说，狭义概念在理论和实践中都遇到许多困难。第一，从农学的观点来说，草原和草地主要的不是其植物成分是否为草本，而主要是可否用以放牧家畜进行动物生产。如服从狭义概念，势必将很多用于放牧家畜土地排除在草地之外，例如荒漠、灌丛和疏林等，这些都是以木本植物为主，我国和世界各国都利用它们作为畜牧业生产基地，如果去掉这几种类型，世界和我国的草原（草地）面积就需要在现有的统计数字中相应减少32%和23%以上。第二，从草原畜牧业的存在来看，它不同于农业和林业，农业和林业对环境条件有严格的要求，它们在世界上的分布因环境条件而有一定的范围。但草原畜牧业由于利用的主要是当地土生的饲用植物，任何地方都有饲用植物，因而发展不同放牧畜牧业基本上不受限制，不论冻原、荒漠，还是草甸、疏林，都可发展和建立草地畜牧业。即便是我们不太熟悉的热带雨林，也有许多文献报道，热带雨林的破坏，除砍伐外，过度放牧也是主要原因之一，说明那里也存在放牧家畜的生产，因此也就存在热带雨林草地。如果强调狭义的草地概念，就需要分别使用森林畜牧业、荒漠畜牧业、冻原畜牧业、灌丛畜牧业等专用名称，但实际上各国都没有这样做，因为在实践中人们对草地的理解都是广义的。

## 四、草原和草地是有使用差异的同义词

我国的草原一词在农学和植被学的范畴内其含义不同，在作用上容易造成混淆，因此，一些学者建议将草原一词留给植被学使用，而在农学范畴使用草地一词。但实际的困难是草原作为我国传统的名词，在生产、行政管理、科技文献，尤其是群众生活中使用已久，停止使用将会割断历史、割断传统、割断

与群众的联系，事实上也难以做到。另一方面，草地一词同样也是农学和植被学共用的名词，在两个学科内其定义也不同。植被学的草地是草本植物群落的总称，包括草原、草甸和沼泽。农学的草地其含义远比植被学广，除了草原、草甸和沼泽外，还包括荒漠、疏林、灌丛和冻原，它们都不是以草本植物为主，因此与草原一词一样，也存在着名词的学科间混淆。尽管贾慎修和许鹏对草地的定义在不同程度上强调了草或草本植物，试图消除这种混淆，但他们的草地分类系统还是包括了诸如荒漠、灌丛、稀树灌草丛等草本很少或草本不占优势的类型，与其草地的定义不完全相符，问题依然存在，并又在对英语文献专业名词的翻译上形成新的困难。因此，认识到随着科学发展，草原一词的内涵和外延都在变化，传统的语言不应排除，国际交流更应重视。在这种情况下，可取的办法是让草原一词在农学和植被学中恰当使用，以使其具有像森林、农田这样高度概括的含意和生产基地的作用，以区别于植被意义的草原或斯太普(Steppe，степь)。在农学范畴内，让草原和草地两词并存，泛指时用草原，具体所指时用草地。对应 range 和 rangeland 两词时用草原，对应 grassland 和 pasture 两词时用草地，这样可能更妥当和方便一些。

## 参考文献

[1] 希斯 M E，巴恩斯 R F，梅特卡夫 D S. 牧草——草地农业科学：第四版［M］. 黄文惠，苏加楷，张玉发，等译. 北京：农业出版社，1992.

[2] 戴维斯. 温带和热带草地［C］//中国农业科学院科学情报资料室. 第八届国际草地会议论文集，黄洪涛，译. 北京：农业出版社，1966.

[3] 德米特里耶夫 A M. 草地经营（附草地学基础）［M］. 蔡元定，章祖同，译. 北京：财政经济出版社，1954：4.

[4] 贾慎修. 中国草原与草原科学［Z］. 中国畜牧兽医学会 1963 年年会资料，1963.

[5] 北京农业大学. 草地学［M］. 北京：农业出版社，1982.

[6] 联合国粮农组织，国际林业研究协会. 英汉林业科技词典［M］. 北京：科学出版社，1981. [7] 木村允. 陆地植物群落的生产量测定法［M］. 姜恕，陈乃全，焦振家，译. 北京：科学出版社，1981：5.

[7] 欧斯汀 H J. 植物群落的研究［M］. 吴中伦，译. 北京：科学出版社，

1962：251.

［8］甘肃农业大学．草原学［M］．北京：农业出版社，1959：11.

［9］甘肃农业大学．草原调查与规划［M］．北京：农业出版社，1985：10.

［10］任继周．草原［M］//中国大百科全书总编辑委员会《农业》编辑委员会．大百科全书·农业：第一卷．上海：中国大百科全书出版社，1990：78.

［11］史密斯 R L. 生态学原理和野外生物学［M］．李建东，等译．北京：科学出版社，1988：358.［13］托马斯，胡自治．草地植物研究中的术语及其定义［J］．胡自治，译．国外畜牧学——草原，1981（2）：70—72.

［12］王栋．牧草学通论［M］．南京：畜牧兽医图书出版社，1952：3.

［13］王栋．草原管理学［M］．南京：畜牧兽医图书出版社，1955：1，17.

［14］章祖同，刘起．中国重点牧区草地资源及其开发利用［M］．北京：中国科学技术出版社，1992：1.

［15］沼田真．草地调查法手册［M］．姜恕，祝廷成，等译．北京：科学出版社，1986：7—9.

［16］DALAL—CLAYTON D B. Black’s Agricultural Dictionary［M］. London：Adam&Charles Black Publishers Ltd.，1981：212.

［17］WELLS T C E，WELLS D A，DUFFEY E，et al. Grassland Ecology and Wildlife Management［M］. London：Chapman & Hall，1974：1.

［18］HEADY H F. Rangeland Management［M］. New York：McGraw—Hill Book Company，1975.［21］HOLECHECK J L，et al. Range Management—Principles and Practices. Prentice Hall［M］. New York：Englewood Cliffs，1989：67—111.

［19］NUMATA M. Ecology of grasslands and bamboolands of the world［M］. Hague - Boston - London：Dr. W. Junk BV Publishers，1979.

［20］SAMPSON A W. Range Management，Principles and Practices［J］. Journal of Wildlife Management，1952，16（3）：381.

［21］STODDARTL A，SMITHA W，BOX T. Range management［M］. 3rd ed. NewYork：McGraw—Hill，1975.

# 草原分类方法研究的新进展*

草原类型是草原资源实体的高度抽象与概括。草原类型的理论就是在草原发生与发展的规律指导下，根据草原的自然特征与经济特性，加以抽象、类比，按其实质的区别与联系，探讨草原这一农业资源所包含的各类草地的发生学关系，确定其发生的系列，从而更深刻、更正确、更全面和动态地认识与反映草地农业生态系统整体的科学，是合理开发利用草原的理论基础。

草原分类是草原类型理论的具体实践。由于世界上纷纭杂陈的草原类型，生产力发展水平及草原科学都处于年轻的发展阶段，因此草原类型学观点存在着诸多差异，并产生了许多各具特色的草原分类系统，这些系统大致可以分为植物群落学分类法，土地—植物学分类法，植物地形学分类法，气候—植物学分类法，农业经营分类法，植被—生境分类法，气候—土地—植物综合顺序分类法 7 大类。

## 一、分类方法述评

（一）植物群落学分类法

这一分类方法是按照草地的植物群落特征来划分草原类型的，A. W. Sampson 早在 1923 年出版的世界上第一本大学教材《草原和人工草地管理学》（Rangeland Pasture Management）中，将美国的天然草原（native range）划分为 5 个明显的自然植被地区，1952 年在其《草原管理学》一书中，将美国的天然牧地划分为草地植被类、荒漠灌丛植被类和森林植被类 3 大类、12 个型。

L. A. Stoddart 和 A. D. Smith 在早期（1942）认为天然牧地型和植被型在应

* 作者胡自治。发表于《国外畜牧学——草原与牧草》，1994（4）：1—9.

用上没有截然的区别，植被区是具有相同植被、气候和放牧生产实践的大地区。他们二人（1942，1956）将美国西部的放牧区（grazing region）划分为 9 个区、18 个放牧地型。1975 年他们将世界范围内的天然牧地划分为禾草地（grassland）、荒漠灌丛地、灌木矮疏林、热带稀树草原、温带森林、热带森林和冻原 7 个植被型。J. L. Holechekt 等（1989）认为草地（grassland）、荒漠灌丛地、稀树草原疏林地、森林和冻原是世界上基本的草原（rangeland）类型，并据此将美国的天然牧地划分为 4 大类、15 亚类。

A. П. 谢尼科夫（Шеникон）是苏联草地植物群落学分类法的代表，他（1983）认为在草地畜牧业生产中以主要形式存在的草本植物型，根据生态条件可划分为草本草原、草本荒原、草甸、水生草本植物、喜腐殖质草本植被和一年生与短命草本植被 6 个型。B. B. Сочава（1979）根据植物成分、生态关系和伴随的景观独特性，将苏联的草地（grassland）划分为 12 个基本区类型（principal region types）。

R. Knapp（1979）根据植物社会学对植物群丛的分析、分类方法与体系，对温带欧洲、温带日本的中部、北美和热带非洲的草地（grassland）进行了分类，他把温带欧洲的草地划分为 9 个群纲，并对每个群纲的生产特性给予了概述。

J. J. P. vanWyk（1979）认为非洲大陆草被（grass cover）的大部分由于扰动形成的次生植被、热带稀树草原是依靠外力火来维持的，因此草被代表了具有很大异质性的演替系列的所有不同阶段。据此观点，vanWyk 将非洲的草地划分为 24 个类，每一类都附有分布区、降水量、海拔高度、外貌（疏林、稀树草原、荒漠、草原、草地、疏林等）、种的组成、利用特点和现状说明。

G. S. Puri（1990）对印度草地的分类，其原则和方法与 vanWyk 相类似。

植物群落学分类法是草原科学发展早期广泛使用的草地分类方法，对以后草地分类学的发展起了很重要的启蒙和推动作用，且在当前仍是一种继续发展和完善的方法。这类分类方法总的特点是：第一，在分类系统中，从最高一级到最低一级都着眼于草地植物群落的特征，命名也只用植被或植物种的名称，体现了一些学者认为天然牧地型和植被型在它们的应用上没有截然不同的区别的观点。第二，不仅早期的 Sampson 和 Stoddart，而且近期的 Сочава 和 Holechekt 都在他们的分类系统中未严格区别分类和分区，或者说是将分区作为分类的基础条件，显然这不是他们的疏忽，而是考虑到地区性或生态条件能弥补单一分类指标的不足，从而使植物群落学分类方法能全面地体现草地的自然条件和经济条件，不仅能满足草地利用对分类的要求，也试图满足草地规划和改良对分类的要求。第三，美国的三种分类法和 Сочава 的分类系统，作为天然牧地类型的热带和温带森林占有很大比重，体现了他们对天然草地定义理解的广泛性，或者说他们的着眼点不在于是否是草，而在于是否用于放牧。

（二）土地—植物学分类法

土地—植物学分类法的特点是高级分类单位根据草地的土壤或地形条件划分，低级单位根据植被条件划分。著名生态学家 A. G. Tansley 在其名著《英伦三岛及其植被》（1939）一书中，根据土地—植被条件将英国的草地划分为中性草地、酸性草地、甘松茅（*Nardus stricta*）和莫林纳（Molina）沼泽、石灰岩或碱性草地、极地—高山草地 5 类。此后，T. C. E. Wells 等（1974）根据 Tansley 对英国草地分类的经典方法，对英国的草地首先根据土壤特性划分第一级类，在类之下根据土地特征划分为亚类，在亚类之下根据植被条件划分为型，他们共将英国的草地划分为 4 类 25 亚类。与此同时，L. K. Ward（1974）根据土地特征，将英国的灌丛草地划分为 4 类 14 个群落型。

土地—植物学分类法是英国传统的草地分类法之一。这一分类方法之所以用土地作指标划分第一级，是因为他们认为英国的草地是存在于树木已被清除的落叶阔叶林林地上，其最主要的差异就是土壤的酸度。因此，这一分类方法在地域狭小、气候条件单一的地区有其使用方便的价值，此外，这一分类方法对土地和植被条件做了充分反映，因而对草地的规划、利用和改良提供了较完整的科学依据。

（三）植物地形学分类法

植物地形学分类法是苏联饲料研究所经数十年的研究提出的天然饲料地（природные кормовые угодья）分类法，最早用这一分类方法划分苏联草地（草甸）的是 B. P. 威廉斯（Вильямс），他在描述河漫滩和非河漫滩的土壤形成过程时曾用过这种方法。此后，A. M. 德米特里也夫（Дмитриеа）在划分苏联森林带和草原带的草地类型时发展了这一方法。他将森林带的草地（草甸）按地形划分为大陆草地和河漫滩草地两大类。在类之下划分为组。大陆草地划分为干谷地草地和低洼地草地，河漫滩草地划分为近河床河漫滩草地、中央河漫滩草地和近阶地河漫滩草地。组之下划分为型。大陆草地的低洼地草地组可分为两个亚组，亚组之下根据植被可分为型。这个体系就是植物地型学分类法早期最具代表性的分类实践。

对苏联全境草地最完整的植物地形学分类法是由 Л. Г. 拉明斯基（Раменский）和 И. А. 查岑肯（Цаценкин）等研究制定的，1940 年将全苏的天然饲料地划分为 20 个类（转引自 И. В. Ларин，1956）。1961 年 И. А. 查岑肯等指出："天然饲料地的分类原则应在地形和地带上确定其最主要的实质。"根据这一原则将饲料地分为平原（平地）、低洼地、河漫滩、山前地、山地（中山）和高山等地形位置，每一地形位置（河漫滩除外）又区分其水平地带（Зона）或山地地带（Пояс），然后根据地形、土壤、气候、植被等特征，将苏联的天然饲料地划分为 25 类。

1987 年苏联饲料研究所又在上述分类基础上提出了新方案。新方案的分类原则是在每一水平自然地带或山地垂直带内，在天然饲料地位置变化的基础上，根据地形、土壤类型及其排水、淋溶和盐渍化程度，以及机械组成和水分条件划分为类。在类的基础上根据主要植被型（附有特征植物）、地形、湿度和土壤划分亚类。型和型组根据具体生境条件和植被划分，苏联全境约可划分为 1500 个基础分类单位；由于型组和型的生境条件十分繁杂，这项工作至 1990 年尚未完成。在《全苏各地带刈草地和放牧地的分类》一书中，新的植物地形学分类法将苏联的天然饲料地划分为地带性类和非地带性类两大部分，地带性的类在大地带即冻原和森林冻原带、森林带、森林草原和草原带、半荒漠和荒漠带、小丘陵和山前地带、中低山带、高山带等的基础上划分，共 19 类；非地带性的类也在上述大地带的基础上，按每个大地带所分布的低地和洼地、河漫滩草地和沼泽划分为类，共 2 类；地带性和非地带性的类共计 41 类（转引自 И. В. Ларин，1990）。

植物地形学分类法是苏联两大草地分类法之一，其分类的最重要的特点是着眼于草地生境。经过 60 多年的不断修正改进，日臻完善，进入了新的科学高度，具有下列优点：第一，植物地形学分类法是包括了多种因素的综合分类方法，它不仅考虑了植被和地形，也考虑了地带、气候、土壤、经营和利用状况等各种因素，因此能全面反映草地的实质，较少片面性；第二，这一分类方法十分重视草地类的地带性，根据类的地带性特征，将所有的类区别为地带性类和非地带性类，然后将非地带性类根据其分布的地带，在地带的坐标上确定非地带性类别的固有空间位置，阐明各非地带性类所具有的地带性内涵，将地带性类别和非地带性类别纳入了统一的网络，这是对地带性规律应用的新发展，使植物地形学分类法达到了新的高度，具有重要的科学意义；第三，这一分类方法具有明确的分类原则，严整的分类系统，有不同的级别，特别是第一级以地带性为基础，使其能适用于面积广大、条件复杂的情况下的分类。

苏联饲料研究所的植物地形学分类法也存在不足或可商榷之处。例如，它的各级分类指标，虽然不同级别有不同的侧重点，但在表述上不够明确，如第一级类的分类特征包括了地带、地形、土壤、气候、植被等特征，但实质上是以地带、地形和植被为主要特征。第二级亚类根据植被、地形、湿度和土壤划分，第三级型组和第四级型根据生境和植被划分，从第一级到第四级各级划分都涉及植被和包括地形、土壤、气候在内的生境条件。同一级别，使用多种指标特征；同一特征，用作多级分类指标，一般人在使用时不易掌握，容易造成混乱。此外，在 1987 年的系统中，似对非地带性的类别划分过细，与地带性类相比，有失平衡之感。

（四）气候—植物学分类法

气候—植物学分类法是气候和植物条件作为指标划分草地高级分类单位的一类方法，见诸文献的有下列三种体系。

R. M. Moore（1964，1973）认为草地分类的基础是气候、植物群落外貌和可利用植物种的特征。他根据气候指标将澳大利亚的草地（grassland）划分为潮湿热带、亚潮湿热带、干旱热带、干燥热带、干旱温带、亚潮湿温带、潮湿温带、亚高山 9 大类，类之下根据植被特征划分为放牧地型和人工草地型。

Moore 以地带性气候条件为指标，将澳大利亚的草地划分为类，其下又划分了具有实质区别的植被类型，放牧地（grazing land）型和人工草地（pasture）型，这样在第一级内很好地说明了草地的气候与植被特征，指标明确，体系简括，有其独到之处。在类的基础上划分天然牧地和人工草地的型，表明用气候指标可以将天然草地和人工草地统一在同一类型之中，给人工草地的分类提供了一个新途径。但同时也应指出，这个分类系统与类间的相互关系，未能从类型的发生学上做清楚的阐明，这对广大的跨越几个自然地带的澳大利亚草地及其分类系统，不能不说是一个缺陷。

M. Numato（沼田真，1979）根据气候条件，在大范围内将亚洲的草地划分为水平的季风草地和干燥草地、垂向的高凉（high cool）草地与低暖（low warm）草地共 4 大类。在大类之下进一步按气候条件划类。在类之下按草地的优势种划分型。在划分型时按不同演替阶段的优势种区分为三个演替阶段型，例如他对日本的季风草地做了表 1 的类型划分，表中植物为优势种。

**表 1　日本的季风草地类型表**

| 类（气候带） | 早期阶段杂草地 | 正常演替系列草地 | 偏途演替系列草地 |
|---|---|---|---|
| 亚极地 | 白剪股颖、加拿大飞蓬 | 兰氏拂子茅、长毛拂子茅、箱根拂子茅、芒、信浓赤竹、日本赤竹 | 草地早熟禾、羊茅 |
| 凉温带 | 桃叶蓼、一年蓬、加拿大飞蓬 | 芒、信浓赤竹、日本赤竹 | 结缕草 |
| 暖温带 | 美洲豚草、一年蓬、加拿大飞蓬 | 芒、白茅、蕨叶苦竹 | 蕨叶苦竹 |
| 亚热带 | 斜伸马唐、毛花雀稗、日本假败酱 | 芒、多花芒、多种苦竹、白茅 | 狗牙根、细叶结缕草、毛花雀稗、圆穗雀稗、白茅 |

沼田真的分类方法充分运用气候指标，在两个级别上划分了草地的高级单位；在用植物特征划分低级单位型时，特别区分了型的演替系列类别和时段。这些对草地区划和经营管理有着直接的指导意义。由此可以看出，重视气候指标，适应大范围内的分类；注意演替途径和阶段，体现发生学和型之间的相互联系，是这一分类方法的显著特点。

G. N. 哈林顿（Harrington，1985）根据气候和植被条件将澳大利亚的草地划分为 9 类。

气候以水热条件为核心，对草原的立地条件和动植物的分布与生长起着直接、广泛而持久的影响。气候—植物学分类法以气候条件为指标，在大范围内划分草原的高级分类单位，具有高度的概括性和明晰性。因此，著名的草地生态学家 C. R. W. 斯佩丁（Spedding，1974）指出：世界上对草地的分类有许多方法，但主要是从气候的分类，因为气候是决定草地分布的主要因素。

（五）农业经营学分类法

农业经营分类法是西欧多使用的草地分类方法，其集中的特点是根据人类对草地的培育、经营程度及其农业经济价值加以分类，它强调了人的生产劳动因素在草地发生与发展过程中所起的作用，是草地分类工作适应集约化草业生产需要的产物。这里举出英、法两国的三个分类体系。

W. 戴维斯（Davies；1952，1954）根据对草地的培育与否，将英国的草地划分为两大类，即未培育的草地和培育的草地。在第一类的基础上，根据植被和地形条件划分型。在第二类的基础上，先根据草地培育年限和利用方式划分亚临时草地和永久草地两个类，在亚类的基础上，根据植被和经济价值划分为型。

J. A. S. 瓦斯顿（Waston），J. A. 莫尔（More）和 J. 韦斯特（West，1956）根据人类对草地培育（播种、排水、灌溉、施肥、土壤改良等）的程度划分第一级类，在类的基础上根据土地特征划分第二级亚类，在亚类的基础上根据植被特征划分第三级型。他们用这种方法将英国的草地划分为半自然草地、改良的永久草地和人工草地三大类。

L. 海登（Heden）和 M. 科圭林（Kerguelen，1966）指出，草地分类应建立在群落生态学和个体生态学的研究上。气候和土壤是草地分类的重要指标。由于经营管理可以改变草地植物学成分和生产水平，因此，经营管理条件也是草地分类的指标。按照这一分类原则，他们根据草地经营管理条件划分草地的类。在类的基础上根据气候、土地和利用方式划分为亚类。在亚类的基础上根据植被状况划分型。他们将法国的草地划分为粗放经营的放牧地和集约经营的草地两大类，前一类又划分为 6 个亚类，后一类划分为割草的草地和放牧的草地两个亚类。

西欧的草地培育历史长久，加工措施及强度不仅提高了草地生产力，也改变了草地面貌，充分体现了劳动生产因素在草地发生与发展过程中的重要作用。英国、法国等国的草地科学家提出的根据对草地加工程度的高低划分草地类型的农业经营分类法，可以反映由于管理措施或开发模式的不同而引起的草地类型上的差异，具有重要的科学意义。农业经营分类法起源于版图较小的英、法等国的生产实践，不可能将地带性的特征作为分类指标。用于较小范围的发达地区的草地分类很有价值，但在幅员辽阔、地跨几个自然地带的国家，同一经营水平，可能具有较为悬殊的自然特性和经济特性，因此难以应用。

（六）植被—生境分类法

植被—生境分类法是以植被和生境的结合作为草地类型第一级划分指标的方法，它产生于我国早期各种植物地形学分类法（贾慎修、章祖同、许鹏等）的基础，在 20 世纪 80 年代获得了基本的统一。

许鹏（1985）在其 1979 年草地分类体系的基础上，提出了发生经营学主体特征综合分类法，这一改进的方法对草地的分类提出了下列总的原则。第一，草地成因和经营的一致性是分类的基本依据；第二，在选择分类依据中特别注意植被是草地的主体特征，贯穿于草地分类的全系统；第三，气候是草地类型形成的决定因素，是草地高级分类单位的主导依据；第四，草群植物种类组成是划分草地中、低级分类单位的主要依据。根据以上原则，各级的分类标准如下。

第一级——草地类在发生学上成因一致，水热条件和群落基本特性相似，处于相同的水平或者垂直热量带，相同的植被型或亚型组成的草地的联合；或者分布在广域范围，非地带性的特定水热条件的一定地貌部位上，相同的植被型与亚型组成的草地联合。在经营上具有同一的利用方式和区划配置格局。

各草地类之间在形成过程、自然与经济特性上具有质的差异。在类之上可以联合为类组，有草原草地、荒漠草地、灌草丛草地、草甸草地、沼泽草地 5 个类组。

草地亚类是类的补充，是在草地类范围内，以它们分布的大地貌部位或土壤基质条件的差异，导致水热状况的再分配和土壤矿化程度的变化，从而造成植被的某些分异和经营利用条件的某些差别。亚类根据大地形或土壤基质或植被分异划分。

第二级——草地组在草地类、亚类范围内，以组成草地的建群种所属草地植物生态经济类群划分，组之间的差别主要反应在生境条件、草地群落结构和经济价值上。组是草地经营的基本单位。

第三级——草地型在草地组范围内，以组成草地的建群种一致性划分，是草地分类的基本单位。

草地亚型是对型的进一步划分。

根据上述分类标准，许鹏将我国的草地分为 17 类和 19 亚类。

与 1979 年的分类系统相比，许鹏 1985 年提出的修改方案在认识上和分类原则上有很大的改进和新意。第一，强调了草地成因和经营的一致性是分类的基本依据，这样使草地分类的原则和方法具有农学特征，与植被分类有所区别。第二，接受并强调了气候是草地类型形成的决定性因素的观点，将水热条件作为高级分类单位的指标之一，这样不仅体现了成因的全面性，而且也使类一级的高级单位在地带性基础上突显出宏观性和系统性。第三，在中、低级分类单位的划分上，强调了从草地植物生态经济类群着手，提出了草地植物经济类群分类方案，尽管从用于分类的实践来看还，不太全面，但毕竟具有草原学的特色，在体现本学科和草地经济价值上有所前进。

我国1979年开始准备进行全国草地资源的全面调查工作，1981年北方草地资源调查办公室提出了供全国统一使用的草地分类系统，它主要是在贾慎修分类法的基础上做了一定修改和补充，这一分类系统在1981年至1988年期间曾做了5次实质性的全面重大修改。农牧渔业部畜牧局（1988）主持确定的中国草地类型的划分标准和中国草地分类系统，在一定程度上吸取了许鹏分类法的原则和方法。

这一方法分为类、组、型三级。第一级类的划分标准是：成因一致，反映以水热为中心的气候和植被特征，具有反映大范围内地带性生境条件的隐域性特征，各类之间在自然和经济特征上具有质的差异。根据这一标准，全国的草地共划分为18类。在类之下设亚类作为类的补充，亚类可以根据大地形、土壤基质和植被的分异性划分，不同的类，划分亚类的依据可以有所不同。第二级组是在草地类和亚类范围内，以组成建群层片的草地植物的经济类群进行划分。各级之间具有生境条件和经济价值上的差异，是草地经营的基本单位。划分亚类的经济类群规定有3个。第三级型是在草地组的范围内以主要层片的优势种相同，生境条件相似，利用方式的一致性划分。

中国草地分类法是我国两大草地分类法之一，是许多学者在长达10年的中国草地资源调查中的集体成果，与苏联的植物地形学分类法有根本的区别，代表了我国草地分类的新进展、新水平。由于在类一级的划分中，使用了气候指标，因此，我国的两大草原分类方法在类一级的分类原则上已大大接近，这是令人高兴的事情。从另一方面说，中国草地分类系统对草地范畴理解较窄，对大面积实际利用的森林草地没有作为类一级划分；一些类的划分与原则不相符合；生态经济类群的划分较粗，在实际应用时重复较多，不够清晰等，这些也需进一步考虑。

（七）气候—土地—植被综合顺序分类法

任继周、胡自治、牟新待等吸取世界各国草原分类方法的长处，在草原发生与发展的理论指导下，根据草原分类应遵循的分类要素（即理论依据，体系结构，分类指标和命名原则）的完整性、分类体系的周延性、分类体系内涵的综合性、分类指标特性的相对稳定性、指标特征的确限性、同级指标的可比性等原则，几经演变（1956、1965、1978、1980、1985），提出了草原的综合顺序分类法。这一分类方法，首先以量化的气候指标—热量级和湿润级为依据，将具有同一地带性农业生物气候特征的草地划分为类。

类是本分类系统的基本单位，其他各级都是辅助单位。水热因子作为划分类的指标，和将类作基本单位，其依据在于：（1）生物气候条件是各种生物，其中包括草原生产的基本成员——牧草与家畜的立地条件最本质的特征。正是在这一基础上，出现了各种草地生物群落，并表现为各具特色的草地农业生态系统；（2）类所依据的生物气候条件，在空间上基本为地带性分布，类的确定将有助于草原区划；（3）生物气候条件在草原发生与发展诸因素中，具有较高的稳定性，因此，以它为依据所划分的类，作为草原分类的基本单位，这一分类体系才有足够的稳定性。根据类的划分方法，在理论上，全世界的草地可分为48类，并设计有草原类型第一级类的检索图，可根据某地的 >0℃年积温和年降水量检索出某地的类。

在所有的类别中，可以根据发生学关系，即所属热量级或湿润度级，进一步组合为类组（系列），也可根据类型生产特性的相似性，组合为类组。

在类的基础上，以土地条件为指标划分亚类。在同一类中，相同的地形单位总是存在着与地形相适应的土壤，因而也存在相似的草地生产条件，因此根据亚类的特征，可以指示我们进行草原的土地规划。

在亚类的基础上，可以根据植被条件划分型和亚型、微型。型是具有一定经济意义特征植被的地段，面积至少在一个轮牧分区与此相适应的地段，在这里生长有显著的具有特征性的优势植物。在同一型中，如优势植物相同而亚优势植物不同时，可划分为亚型，面积的大小也应在一个轮牧分区以上。微型是微地形或其他偶然的原因造成草地植被的差异，对生产和规划无特殊意义，但对科学研究、草地的动态和发展有重要意义的面积很小的地段。

综合顺序分类法总的特点是：第一，分类指标信息量大，对生产有较多指示意义；第二，基本分类单位以水热条件为指标划分，使分类数量化，可用计算机检索；第三，类的检索图可以直观体现类的地带性和发生学关系，可以根据类在检索图上的坐标，了解各个类的相似或相异程度，预测它的自然特性和生产特性；第四，它可以将全世界互相远离的各类草地纳入一个分类系统之中，这不仅对牧草、家畜物种交流，生产措施的引入和推广有意义，而且是任何科学的分类工作都应该争取做到的。综合顺序分类法也还存在一些需要改进的地方，如非地带性的草甸和沼泽的分类地位和检索，大面积没有气象资料的地区类的确定等问题。

## 二、结语

世界上存在大约数十种草原分类方法的实践证明，草原可以从不同的途径，用植被、土地、气候、劳动生产因素等不同的指标对其高级分类单位进行分类。但对第一级的分类，最根本的方法，正如 C. R. W. 斯佩丁所指出的，是气候的方法，不仅许多方法均从不同的角度和程度提到了这一点，更重要的是气候是决定草原类型形成和影响草原生产活动的最本质的因素。

在最初的植物群落学分类法之后，新的方法都是从生境、土壤—植被或经营管理的分类着手，它表明草原分类不完全是植被分类。新出现的植物群落学分类法，它们表现出的特点，也正好证明了这一点。

草原分类是为了指导草原生产实践，因此，生产实践是检验草原分类理论的标准。一种草原分类方法的有效性，应从它对草原畜牧业生产的空间、时间和种间关系的指导意义上去寻求，而不是从其他方面去寻求。

从分类的理论、原则和实践等整体科学水平衡量，苏联的植物地形学分类法、综合顺序分类法和中国草地分类法，在当前可以认为达到了最高的水平。但是草原类型学说还处在年轻和发展的阶段，还需要理论的充实。只有确定了支配草原类型的存在和发展的规律性的时候，才能认为建立了真正的草原类型科学。因此，我们应在已有的良好基础上，进一步加强草原分类理论研究，注意适应生产的要求和开发利用草原信息系统（由计算机网络系统支持的，对草原分类信息进行采集、存贮、检索、分析和显示的综合性技术系统），以使中国的草原分类研究达到新的水平，为全世界作出新贡献。

## 参考文献

［1］德米特里耶夫 A M. 草地经营（附草地学基础）［M］. 蔡元定，章祖同，译. 北京：财政经济出版社，1954：93—134.

［2］甘肃农业大学. 草原调查与规划［M］. 北京：农业出版社，1985：56—82.

［3］斯佩丁 C R W. 草地生态学［M］. 贾慎修，孙鸿良，毛雪莹，等译. 北京：科学出版社，1983. ［5］谢尼科夫 AΠ. 苏联的草甸植被［M］. 张绅，

译. 北京：科学出版社，1959：44—248.

[4] 许鹏. 中国草地分类原则与系统的讨论 [J] . 四川草原，1985 (3)：1—7.

[5] DAVIES W. The Grass Crops , Its Developement Use and Maintenance [M] . London : E. and F. N. Spon，1954：51—73.

[6] HEDEN L，KERGUELEN M. Grassland Types of France [J] . Journal of British Grassland Society，1966 (1)：29—31.

[7] HOLECHECK R D , et al. Range Management Principles and Practices [M] . Prentice Hall，Englewood Cliffs，New York，1989：67—111.

[8] KNAPP R. Distribution of Grasses and Grassland in Europe [M] //NUMATA M. Ecology of grasslands and bamboolands of the world. Hague – Boston – London：Dr. W. Junk BV Publishers，1979：111—123.

[9] MOORE R M. Australian Grassland [M] . Canberra：Australian Natiional University Press，1973：87—91.

[10] NUMATA M. Ecology of grasslands and bamboolands of the world. Hague – Boston – London：Dr. W. Junk BV Publishers，1979：92—133.

[11] SAMPSON A W. Range Management：Principles and Practices [M] . New York：John Wiley and Sons Inc. , 1952：99—111.

[12] SOCHAVA V. Distribution of Grassland in the USSR [M] //NUMATA M. Ecology of grasslands and bamboolands of the world. Hague – Boston – London：Dr. W. Junk BV Publishers，1979：103—110.

[13] STODDART L A，SMITH A D. Range Management [M] . New York and London：McGraw—Hill Book Company Inc. , 1956：41—97.

[14] STODDART L A，SMITH A D，BOX T B. Range Management [M] . New York：McGraw—Hill Book Company，1973.

[15] TANSLEY A G. The British Isles and Their Vegetation [M] . Combridge：Combridge University Press，1939.

[16] VAN WYK J J P. A General Account of the Grass Cover of Africa [M] // NUMATA M. Ecology of grasslands and bamboolands of the world. Hague – Boston – London：Dr. W. Junk BV Publishers，1979：124—132.

[17] WARD L K. Ecological Characteristics and Classification of Scrub Commu-

nites [M] // WELLS T C E, WELLS D A, DUFFEY E, et al. Grassland Ecology and Wildlife Management. London: Chapman & Hall, 1974: 124—162.

[18] WELLS T C E. Classification of Grassland Communities in Britain [M] // WELLS T C E, WELLS D A, DUFFEY E, et al. Grassland Ecology and Wildlife Management. London: Chapman & Hall, 1974: 14—69.

# 世界人工草地及其分类现状*

## 一、人工草地的意义

人工草地（tame grassland，sown grassland）是利用综合农业技术，在完全破坏了天然植被的基础上，通过播种建植的新的人工草本群落。以饲用为目的播种的灌木或乔木人工群落，也包含在人工草地的范畴。

根据用途，人工草地有以生产饲料为目的的牧用草地，也有以保护环境、美化景观为目的，以及作为体育竞赛场地的绿地和草坪，本文论述的对象是牧用人工草地。

通过综合的农业培育技术如播种、排灌、施肥、除莠、正确利用等建立的人工草地，可以达到最优的群落成分和结构，进而在科学管理的基础上，达到最优的功能。例如，优化的多年生禾本科—豆科混播草地，可以充分利用地上空间、日光能和二氧化碳；可以充分利用地下空间和土壤营养元素；可以利用豆科牧草的根瘤菌固定空气中的氮供禾本科牧草吸收；可以增加土壤有机质，创造土壤团粒，改善土壤结构和理化性质；可以获得高产、优质、稳产的牧草，满足家畜对粗饲料的需要；可以使草地与家畜的关系进一步协调，从而全面提高单位面积草地的畜产品生产能力。

人工草地是牧业用地中集约化经营程度最高的类型之一，也是草地畜牧发展程度的质量指标之一。畜牧业发达的国家，人工草地的面积通常占全部草地面积的10%—15%，西欧、北欧和新西兰已达40%—70%或更多。在天然草原面积比重较大的国家，人工草地的作用主要在于生产补充饲料，解决饲料的季

---

* 作者胡自治。发表于《国外畜牧学——草原与牧草》，1995，（2）：1—8.

节不平衡，以充分发挥天然草原的生产潜力，例如美国的人工草地面积每增加10%，草原畜牧业生产便可提高100%。因此，不管草地畜牧业生产的类型如何，人工草地都是达到先进的草地农业系统的必需条件之一。

20世纪以来，随着世界商品经济的迅速发展和生物工程技术的进步，许多国家实现了草地畜牧业的现代化，它们共同的道路和模式就是高产人工草地—高效草地畜牧业—高技术草畜产品加工。当前，我国在先进的草业系统工程理论指导下，在大力发展知识和技术密集型的草产业过程中，人工草地成为建设现代化草业的重要基础之一。例如，种草养畜，发展现代草地牧业；引草入田，改土增肥，养畜增粮；林间种草，改土促林，林牧双丰；种草治沙治碱，治理水土流失；种草绿化，美化城镇，提高文明水平；建植草坪场地，提高体育竞赛水平等。[2]可以相信，人工草地在21世纪完成中国草业起飞、振兴中华的伟大使命中将会发挥它的巨大的、不可代替的作用。

## 二、人工草地发展的简况

栽培牧草，建植大面积的人工草地，主要是欧洲和北美农牧业文明的产物。关于种植干草作物和正确地晒制干草的意义，大约在公元50年的古罗马就已有详细叙述。盎格鲁—撒克逊人大约于公元80年，在不列颠的中部陆地上，最早将人工割草地围起来进行保护。大约在公元1400年，Couper的僧侣就把种2年小麦和5年牧草相轮换，以后人们把这种制度发展成现代的草田轮作制（ley farming)。意大利在公元1550年开始栽培红三叶，西欧稍晚一些，英国不迟于1645年，美国1747年在马萨诸塞州开始了这种著名的牧草的栽培[16]。俄罗斯在1769年开始了牧草混播栽培[18]，A. M. 巴日诺夫（Бажанов）在1893年发表了《人工建植的草地》一文，指出草地植物的多样性是人工草地长期维持生产力的基本原因。[14]

当前，欧洲的人工草地占全部草地面积的一半以上。草地牧草占全部饲料生产的49%，范围从爱尔兰的87%，到荷兰、比利时、卢森堡与丹麦的30%。英国、爱尔兰、德国和波罗的海三国的人工草地生产水平为5000—8000 kg/hm$^2$干物质，而丹麦和荷兰更达10000—12000 kg/hm$^2$干物质。西欧和北欧的人工草地，可以获得9000 L/hm$^2$奶或950 kg/hm$^2$牛肉[2]。东欧和俄罗斯有人工草地4928.1万公顷，干草总产量1.34亿吨，平均单产为2720 kg/hm$^2$[3]。在20世纪

70 年代，欧洲用于畜牧业的人工草地面积减少了 2.8%，耕地也减少了 2.9%，但用于环境保护的人工绿地和林地却有较大增加，80 年代仍保持着这种趋势[5、6、7]。

在北美，美国有永久人工草地 3150 公顷，约占天然草原总面积的 10%，若包括轮作草地，则占有 29% 的面积。年产干草 1.3—1.5 亿吨，产值约 100 亿美元，在所有的农作物产值中，仅次于玉米而占第二位[4]。加拿大有人工草地 540 万公顷，相当于天然草原面积的 21.6%，另外在耕地中还有饲料作物地 133 万公顷。人工草地一部分作为放牧地，一部分作为割草地，每年生产干草 2500 万吨，青贮饲料 500 万吨，每头牛每年平均约有干草和青贮饲料 2.5 t，加上配合饲料，可以充分满足家畜半年的补饲之用，冬季可持续增膘[2]。

拉丁美洲自 20 世纪 60 年代以来人工草地不断扩大，扩大的部分除了少量是农田转化为草地外，主要是森林转变为草地。70 年代以来约有 2000 万公顷的热带森林，特别是亚马孙流域的热带雨林被转变为草地。将森林转化为草地因有政府补贴而得到鼓励，并且牧场主因此可得到土地所有权。热带雨林的土壤理化特性不适于种植谷物，因此开垦后都建成人工草地，而草地持续生产的时间一般不超过 10 年，然后幼树、杂草入侵，再加上磷素缺乏，牧草的生长受到限制。但在亚马孙河流西部，人工草地在 0.5 头牛/公顷的低放牧率下，牧草生长可维持更长的时间。90 年代初，巴西不再资助亚马孙地区的草地开发，但人工草地继续扩大[7]。

大洋洲的澳大利亚有人工和半人工草地约 2670 万公顷，占草地总面积的 5.8%。20 世纪 40 年代开始的牧场革命，使畜牧业生产大幅度提高，基本内容就是在较好的水利条件下，在施用磷肥、接种有效根瘤菌的基础上，在南方温带地区以地三叶（*Trifolium subterraneum*）为主，在北方热带、亚热带地区以矮柱花草（*Stylosanthes humilis*）为主，建立豆科—禾本科人工草地，生产优质牧草、提高土壤含氮量和肥力[17]。新西兰原生的天然草地很少，人工草地主要是温带森林迹地上建立的，全国有人工草地 940 万公顷，约占草地总面积的 2/3 强。新西兰建植 1 公顷人工草地需投资 500 新元，而建成后每年经营牧业的纯收入可达 90—120 新元，因此，新西兰是低成本、高效益的种草养畜范例[2]。

中国是最早引种苜蓿（*Medicago sativa*）、建立苜蓿人工草地的国家之一。苜蓿人工草地是东方农牧业苜蓿文明的产物。公元前 115 年汉武帝时，张骞出使西域，将苜蓿带到长安，在我国西北和华北广泛栽培，从此苜蓿人工草地成为我国最古老、最重要的人工草地类型[1]。在黄河流域的甘肃、陕西、山西等地区，苜蓿草地和农田实行轮作，对作物产量的提高和秦川牛、晋南牛、早胜牛、关中驴、早胜驴等著名家畜品种的育成起到了直接的、十分重要的作用。中华人民共和国成立之后，我国的人工草地有了全面的发展，除了面积迅速增加外，人工草地的类型也达到了多样化。1984 年中共中央国务院在《关于深入扎实地开展绿化祖国运动的指示》中规定，到 21 世纪末要种草 5 亿亩。1990 年我国有人工和改良草地 1090. 33 万公顷，占全国草地面积的 2. 7%，其中人工播种草地 608. 73 万公顷，改良的天然草地 366 万公顷，飞播草地 115. 6 万公顷[2]我国人工和改良草地的建设，在天然草原生产力不断退化的情况下，对畜牧业生产的增长起了十分重要的作用。我国北方干旱少雨，在有灌溉的条件下，人工草地的牧草产量可提高 3—5 倍；在无灌溉的条件下，可提高 0. 5—1 倍。在西北荒漠地区，更加干旱，有灌溉的人工草地牧草产量可提高 5—10 倍，但无灌溉时，播种当地野生优良牧草，产量也能提高，但改善牧草质量的作用更大。青藏高原地区，热量低，但有一定量的降水，可以建植旱地人工草地，产量可提高 1—2 倍，缺乏适应高寒气候条件的豆科牧草，是这里建植优良人工草地的亟待解决的问题。我国南方热带、亚热带山地地区，有天然草地 6700 万公顷，天然植被以禾草、蕨类和柳属灌木等占优势，产量低、质量差，可利用时间短，饲用价值很低。但这里有得天独厚的水热条件，现已建立人工和改良草地 293 万公顷。各类禾本科—豆科人工草地，产草量提高 5—8 倍，粗蛋白产量提高更达 8—10 倍；0. 13 公顷人工草地可养一只细毛羊，年产毛 5 千克；1 公顷人工草地可养一头奶牛，年产奶 3000—3500 千克；0. 66 公顷人工草地可养一头肉牛，18 个月出栏，胴体重可达 400—500 kg；这些生产水平已接近或达到了发达国家新西兰的人工草地平均生产水平。我国南方的人工草地除了用以饲养牛羊等传统草食家畜外，人民群众还创造性地用来养猪、养鹅、养鱼、养蜂等，扩大了人工草地的利用，提高了人工草地的经济效益，促进了人工草地建设的良性循环[2]。

## 三、划分人工草地类型的不同方法

当前还没有一个被人们普遍接受的人工草地分类系统，在不同地区和不同的需要下，使用着一些不同的分类方法。

（一）按热量带划分的人工草地类型

按气候带的热量条件划分的人工草地类型，基本的类型有下列5类。

1. 热带草地

这是由喜热不耐冷的热带牧草建植的草地。热带有禾本科草7000—10000种，这些种主要来自暖季草族，如须芒草族（Andropogneae）、黍族（Paniceae）和虎尾草族（Chlorideae和Fragrosteae）的种。热带禾本科草大多为$C_4$植物，具有较高的光合速率，导致较高的生长速度和干物质产量，但它们的消化率低于温带禾本科草。生产上利用的热带禾本科草主要有雀稗属（*Paspalum*）、臂形草属（*Brachiaria*）、狼尾草属（*Pennisetum*）、黍属（*Panicum*）、狗尾草属（*Setaria*）、蒺藜草属（*Cenchrus*）、虎尾草属（*Chloris*）、马唐属（*Digitaria*）、须芒草属（*Andropogon*）、双花草属（*Dichanthium*）、稗属（*Echinochloa*）等。热带栽培豆科牧草品种主要是槐兰族（Indigofereae）、田皂角族（Aeschynomeneae）、山蚂蝗族（Desmodieae）和菜豆族（Phaseoleae）。热带豆科牧草引入栽培的研究开始于20世纪40年代，广泛而深入的研究开始于60年代。热带豆科牧草在混播草地中的竞争力和持久性不如温带豆科牧草，其主要原因是热带土壤中养分不足，特别是磷和钙，土壤的酸性强，缺少或不能利用相应的根瘤菌株等。生产上利用的主要豆科草种有柱花草属（*Stylosanthes*）、山蚂蝗属（*Desmodium*）、威氏大豆（*Glycine wightii*）、大翼豆属（*Macroptilium*）、银合欢属（*Leucaena*）、距瓣豆属（*Centrosema*）、毛蔓豆（*Calopogonium mucunoides*）、美洲田皂角（*Aeschynomene americana*）、链荚豆（*Alysicarpus vaginalis*）、紫扁豆（*Lablab purpureus*）、三裂叶葛藤（*Pueraria phaseoloides*）、罗顿豆（*Lotononis bainesii*）、黄豇豆（*Vigna luteola*）等。热带混播人工草地的主要成分是豆科牧草，禾本科牧草的作用在于防止杂草入侵和利用豆科牧草根瘤菌所固定的氮素。从产量说，禾本科牧草可能比豆科更大一些；从质量上说，豆科牧草是必不可少的。热带人工草地由于全年可以生长，植株高大，是人工草地中产量最高的类型。

2. 亚热带人工草地

亚热带在气候条件上是热带与温带的过渡地带，夏季气温可能比热带更高，冬季气温可以低于0℃并有霜。建植亚热带人工草地的草种，在靠近热带的一侧多使用热带草种，在靠近温带的一侧多使用温带草种。亚热带人工草地一般也可以全年生长，但冬季生长速度明显变低或停滞，部分植株甚或死亡，草层高度大，产量可以达到热带人工草地的水平。需要特别指出的是，亚热带人工草地的牧草既要耐受夏季的高温，又要抗御冬季的霜冻，因此混播牧草尤其是豆科牧草的抗寒越冬能力，是建植人工草地需要考虑的最主要的因素之一。热带牧草中抗寒性强、适于亚热带栽培的草种有杂色黍（*Panicum coloratum*）、毛花雀稗（宜安草，*Paspalum dilatatum*）、宽花雀稗（*P. notatum*）、隐花狼尾草（*Pennisetum clandestinum*）、象草（*P. purpureum*）、罗顿豆、大翼豆（*Macroptilium atropurpureum*）、圭亚那柱花草（*Stylosanthes guianensis*）、银合欢（*Leucaena leucocephala*）、紫扁豆及几种山蚂蝗等。亚热带人工草地混播的豆科和禾本科牧草之间的关系，也与上述热带混播草地一样，这里不再赘述。

3. 温带人工草地

温带气候的特点是有一个较长而寒冷的冬季，一年生人工草地的牧草在冬季死亡，多年生人工草地则有一个长短不等的冬眠期，因此，温带人工草地牧草最明显的特性是具有一定的耐寒性和越冬性。如果说热带、亚热带人工草地必须是禾本科—豆科混播草地的话，那么由于温带豆科牧草的竞争力较强，禾本科牧草的可食性和消化率较高，除了两者的混播草地外，豆科或禾本科的单播草地也十分普遍，如紫花苜蓿草地、多年生黑麦草草地以及一年生的箭筈豌豆草地、燕麦草地等。有关温带人工草地管理方面的研究已经有一个多世纪，所以建植人工草地的牧草品种比较丰富。主要的禾本科栽培牧草有早熟禾属（*Poa*）、剪股颖属（*Agrostis*）、雀麦属（*Bromus*）、虉草属（*Phalaris*）、猫尾草属（*Phleum*）、鸭茅（*Dactylis glomerata*）、羊茅属（*Festuca*）、黑麦草属（*Lolium*）、狗牙根属（*Cynodon*）、看麦娘属（*Alopecurus*）、燕麦属（*Avena*）、高粱属（*Sorghum*）的种和品种。主要的豆科栽培牧草有苜蓿属（*Medicago*）、三叶草属（*Trifolium*）、百脉根属（*Lotus*）、胡枝子属（*Lespedeza*）、小冠花属（*Coromilla*）、紫云英属（*Astragalus*）、红豆草属（*Onobrychis*）、草木樨属（*Melilotus*）、野豌豆属（*Vicia*）、羽扇豆属（*Lupinus*）、山黧豆属（*Lathyrus*）、豌豆属（*Pisum*）的种和品种。

4. 寒温带人工草地

寒温带是温带和寒带的过渡地带。气候的特点是冬季很长，十分寒冷，极端最低温度可在 -35℃以下；相反，夏季日照很长，虽然≥22℃以上的典型夏季气温不超过一个月，但≥10℃的时期可达 70—110 d，极端最高温度也可达35℃以上。年降水量一般在150—500 mm，但由于气温低，蒸发小，表现较为湿润。在这种气候，尤其是这种热量条件下，典型的温带牧草如紫花苜蓿、红豆草、二年生的草木樨以及多年生黑麦草等难以越冬，而喜冷和耐寒的牧草如无芒雀麦（*Bromus inermis*）、猫尾草（*Pleum pratense*）、伏生冰草（*Agropyron repens*）、草地早熟禾（*Poa pratensis*）以及寒带和高山带人工草地使用的一些种可以很好地生长。

5. 寒带和高山带人工草地[13、15]

寒带大致以极圈为界线，夏季短暂，最热月平均气温不超过10℃，且经常有霜；冬季漫长，十分寒冷，且有强风；一年之内辐射变化很大，夏季长昼，冬季长夜；降水量超过蒸发量，但绝对量在200—400 mm。土壤潜育化、泥炭化和呈强酸性，永冻层接近地面，这样就决定了地面极度有机化和在大、中地形部位上形成热喀斯特地貌。高山带的气候条件大致与寒带相同，但辐射很强，日照长度取决于其所处的纬度，不一定是寒带的长昼和长夜。降水量差异很大，土壤湿度可以从极干到极湿。土壤酸度可以从酸性到碱性。在寒带和高山带的上述生境条件下，栽培牧草的生长期很短，并在冬季来临时，生长会陡然中止。较厚的雪被层对牧草的越冬和翌年生长有重要的作用。夏季的长日照在一定程度上弥补了生长期短的缺陷。寒带和高山带的栽培牧草以禾本科为主，主要的有草地早熟禾（*Poa pratensis*）、羊茅（*Festuca ovina*）、紫羊茅（*F. rubra*）、极地剪股颖（*Arctagrostis lalifolia*）、苇状极地剪股颖（*A. arundinacea*）、*Arctophila fulva*、猫尾草（*Phleum pratense*，“Engmo”）、无芒雀麦（*Bromus inermis*、“Polar”）、彭披雀麦（*B. pumpellianus*）、偃麦草（*Elytrigia repens*）、加拿大拂子茅（*Calamagrostis canadensis*）、极地冰草（*Agropyron macrourum*）。在高山带还可用老芒麦（*Elymus sibiricus*）、垂穗披碱草（*E. nutans*）、星星草（*Puccinellia tenuiflora*）等。一年生禾本科草可用燕麦、冬黑麦，一年生黑麦草等。真正适用于寒带和高山带的多年生豆科牧草尚未培育出来，但在寒带的南部——森林冻原带和亚高山带的某些地区，冬季有积雪层时，可以栽培红三叶、白三叶、杂三叶（*Trifolium hybridum*）、牛角花（*Lotus corniculatus*）、黄花苜蓿（*Medicago falcata*）以及一年生的箭筈豌豆和豌豆等。

（二）按利用年限划分的人工草地类型

根据草地的利用年限和打算持续利用的年限，可以将人工草地划分为临时草地和永久草地两大类。

1. 临时人工草地（leys）

临时草地指在轮作系统内利用年限不超过5年的短期利用的播种草地。临时草地有单播临时草地和混播临时草地之分。临时草地除了在短期内获得高额牧草产量外，还可以改善土壤结构、恢复土壤肥力，为后作提供良好的生长条件。临时草地主要用于割草，再生草用于放牧，因此多为产奶农场建植和利用。由于利用年限较短，临时草地的建植和管理成本较高。

2. 永久人工草地

永久人工草地指在轮作系统以外的利用年限超过5年的长期利用的播种草地。永久人工草地通常由多年生禾本科和豆科牧草，或落籽自生的一年生豆科牧草如地三叶（*Trifolium subterraneum*）和多年生禾本科牧草混播而成。人工永久草地一般可以连续利用20年以上而不必重新播种，因此在建植和管理费用上相对较临时草地为低。为了维持永久草地的植物学成分和高产，施肥、排灌和补播是重要的管理措施。永久草地以放牧利用为主，但也可以刈牧兼用。

在英国新的农业用地分类中，永久草地又被分为重播草地和老龄草地两部分。重播草地是播种后利用了5年以上但少于20年的草地，老龄草地是已利用了20年以上并准备继续利用的草地[10]。

（三）按牧草组合划分的人工草地类型

1. 单播人工草地

单播人工草地是在同一块土地上播种一个牧草种或品种建植而成的草地。单播草地播种方法简单，易于培育和刈割，管理费用较低。单播草地主要用作割草地和种子田。单播草地可分为：（1）豆科单播草地。包括一年生豆科单播草地，如箭筈豌豆（*Vicia sativa*）草地；二年生豆科单播草地，如白花草木樨（*Melilotus albus*）草地；多年生豆科单播草地，如紫花苜蓿草地。（2）禾本科单播草地。多在生境不良、豆科牧草生长不宜的条件下建植，如高寒、潮湿多雨、土壤酸度大、含钙少、地下水位高的地区等。禾本科单播草地也有一年生单播草地，如多花黑麦草（*Lolium multiflorum*）草地，以及多年生单播草地，如多年生黑麦（*L. pernne*）草地等。单播草地具有较多缺点，如杂草容易孳生，病虫害易猖獗，对土壤营养元素吸收单一，牧草营养成分不易完全等。

2. 混播人工草地

混播人工草地是指将两种或两种以上的草种同时或先后播种在同一块土地上而形成的草地。2—3种牧草的混播称为简单混播，4种以上的混播称为复杂混播，混播草地根据其种的组成可分为下列类型。

（1）多年生禾本科—豆科混播草地。这个类型是混播草地中最常用的类型，占有重要的地位。混播的草种组成临时草地多用1—3种，永久草地多用5—6种或更多。由于在利用尤其是在放牧利用的过程中，豆科牧草会逐渐减少乃至消失，为此除合理选用草种外，在管理上需注意合理施肥（如少施氮肥，多施磷肥和钙肥），合理使用有效的豆科牧草根瘤菌，选育耐氮肥的豆科草种以及及时补播等。

（2）一年生禾本科—豆科混播草地。这是临时草地混播的重要类型之一，如燕麦 + 箭筈豌豆草地等。

（3）多年生禾本科混播草地。这个类型的混播草地主要是为了利用廉价的氮肥而发展起来的。在大量施用氮肥的情况下，对氮素敏感的禾本科草同样能获得高产；不同生活型和生长型的禾本科草组合，也能充分发挥种间互补和充分利用空间的作用。

（4）多年生豆科混播草地。这类草地主要是为了解决蛋白质不足而发展起来的，其优点是牧草有稳定的高产，粗蛋白含量高，不易倒伏，便于收割，饲喂牛羊可减少鼓胀病的发生，能减轻病虫害，可迅速提高土壤氮素含量等。

（四）按培育程度划分的人工草地类型

1. 人工（栽培）草地

这是将原有植被破坏后，播种牧草，完全改变植被成分，并在施肥、排灌、除莠、补播、耕耙、防治病虫害、合理利用等培育措施下形成的高产优质草地，也称治本（根本）改良的草地或完全的人工草地。

2. 半人工草地

这是在不破坏或少破坏天然植被的基础上，给予施肥、排灌、补播、休闲、防治病虫害、合理利用等培育措施，提高牧草产量和质量，并改善植物学成分的草地，是治标（表面）改良的草地。它基本上保持了原有的植物学成分，因此称为半人工草地或半天然草地，也可称近天然草地。

（五）按复合生产结构划分的人工草地类型[6,8,9,11]

人工草地的建植、管理可以和农作、林木、果树等生产组分别结合在一起，构成一个较复杂的生产系统，而获得较单一生产类型更高的经济效益和生态效益，这样的生产系统称为复合农业生产系统。根据牧草与其他生产组分结合的情况，可以将人工草地划分为下列三种类型。

1. 农草型人工草地

农草型人工草地就是和农作物生产结合在一起的播种草地，草田轮作就是这种结合的形式，其特点是农作物和牧草在时间上的结合，如年内的复种形式和年际的轮种形式，前者是短期一年生的豆科草地，如箭筈豌豆草地、毛苕子（*Vicia villosa*）草地、紫云英（*Astragalus sinicus*）草地和田菁（*Sesbania canabina*）草地等，后者是短期利用的多年生豆科或禾本科—豆科草地。

2. 林草型人工草地

林草型人工草地（silvipasture）是与林业生产相结合的播种草地，其特点是森林和草地在空间上的结合。林草型人工草地可以是在森林中进行择伐或皆伐，改善地面光照条件后播种建立的草地；也可以是在耕作后的土地上，按一定的间距带状或块状播种牧草和种植树木建立的草地和森林相结合的复合人工植被。与森林相结合，对保护人工草地，改善环境条件，提高生产力均有好处。林草型人工草地近年来在北欧、日本、印度、南美等地有很大的发展，适用的草种也很多。

3. 果草型人工草地

果草型人工草地是果园与家畜饲养业相结合的纽带，是现代复合农业的一种重要形式，其特点是果树和牧草在种间上的结合。这种结合表现为在果草优化组合的基础上，在果树的间隙种植牧草，形成树草混播的人工草地。这样可以在多层次上利用日光能，生产多种产品，增加收入；同时还可以提高土壤有机质，改良土壤结构，给果树提供氮素营养，保持水土等。果草型人工草地以栽培耐荫的豆科牧草为主，也可有一定的禾本科草。果草型人工草地近年来在热带经济树木种植园如椰树园、橡胶园和油棕园等也获得了很大的发展。

（六）按生活型划分的人工草地类型

根据草原或草地的定义，生长草本、灌木或乔木并可为家畜放牧或割草后利用的植物群落，都可包括在草原或草地的范围之内，因此，可以根据人工饲用群落主要成分的生活型划分人工草地的类型。

1. 人工草本草地

人工草本草地是典型的人工草地，它是以草本植物为基本成分的人工群落，前面已详细论及，不再赘述。

2. 人工灌丛草地

人工灌丛草地是以栽培灌木为基本成分的人工群落。灌木的适应性和抗逆性强，建植和利用比较广泛，可稳定生产优质的嫩枝叶饲料（browse）供家畜和野生动物摘食（browsing）。饲用灌木的栽培种在热带和亚热带地区主要有银合欢（*Leucaena lucocephala* = *L. glauca*）、木豆（*Cajanus cajan*）、洋紫荆（*Bachinia variegata*）、木兰（*Indigofera fortunei*）、灌木豇豆（*Vigna frutescens*）、禾禾巴（*Simmondsia chinensis*）等。温带地区有紫穗槐（*Amorpha fruticosa*）、二色胡枝子（*Lespedeza bicolor*）、美丽胡枝子（*L. thunbergii*）、三齿苦木（*Purshia tridetata*）、四翅滨藜（*Atriplex canescens*）、驼绒黎（*Ceratoides laten*）等。

3. 人工乔林草地（饲料林）

人工乔林草地是以乔木为主的人工饲用群落，可为家畜和野生动物提供稳定而优质的枝叶饲料，并能改善放牧条件（冬季避风，夏季遮荫）。人工乔林草地的栽培树种以阔叶树为主，针叶树一般不能建植饲料林。热带和亚热带的树种主要有羊蹄甲（*Banhinia racemosa*）、破布木属（*Cordia*）、厚壳树属（*Ehretia*）、榕属（*Ficus*）、扁担杆属（*Grewia*）、白背桐属（*Mallotus*）、香椿属（*Toonia*）、金合欢属（*Accacia*）等的种[12]。温带地区有栎属（*Quercus*，有些种有毒）、槐属（*Sophora*）、杨属（*Populus*）、柳属（*Salix*）、桦属（*Betula*）、桤属（*Alnus*）、梭梭属（*Haloxylon*）等的种。

## 参考文献

[1] 黄文惠. 苜蓿的综述：1970—1973 [J]. 国外畜牧科技资料，1974 (6)：l—15.

[2] 李毓堂. 草业——富国强民的新兴产业 [M]. 银川：宁夏人民出版社，1974：7—8，15—6，10，25，67—72.

[3]《国外畜牧学——草原与牧草》编辑部. 东欧及苏联各国 1960—1980 年土地利用及饲料生产状况统计表 [J]. 国外畜牧学——草原与牧草，1984 (4)：60—63.

[4]《国外畜牧学——草原与牧草》编辑部. 美国农牧业统计资料 [J]. 国外畜牧学——草原与牧草，1985 (2)：52—56.

[5] 任继周. 七十年代世界草原面积动态浅谈 [J]. 国外畜牧学——草原与牧草，1983 (1)：43—44.

[6] 国际环境与发展研究所，世界资源研究所. 世界资源：1987 [M]. 中国科学院自然资源综合考察委员会，译. 北京：能源出版社，1989：88—100.

[7] 世界资源研究所. 世界资源：1990—1991 [M]. 中国科学院自然资源

综合考察委员会，译．北京：北京大学出版社，1992：164—165，171—177.

[8] 孙波．复合农林业的土壤生产力 [J]．当代复合农林业，1994 (1)：26—28.

[9] 徐载春．印尼的“三层饲草体系” [J]．国外畜牧学——草原与牧草，1991 (3)：6—8.

[10] LAZENBY A. 英国草地的今昔和未来 [J]．杜修贵译．四川草原，1983 (4)：81—90.

[11] SINGH P. 印度草原的现状及其改良 [J]．郭思嘉，译．国外畜牧学——草原与牧草，1989 (4)：9—19.

[12] TOPPS J H. 豆科灌木和乔木作家畜饲料的潜力、组成和利用 [J]．赵勇斌，译．国外畜牧学——草原与牧草，1993 (1)：33—36.

[13] Николайандреев. 苏联冻原和森林冻原地区草地的改良与利用 [J]．陈伯华，译．国外畜牧学——草原与牧草，1990 (4)：9—10.

[14] 雅罗申科 П Д. 地植物学 [M]．傅子祯，译．北京：科学出版社，1966：4.

[15] BLAGOVESHCHENSKY G V, IGLOVIKOV V G. Characteristics of Grassland Ecosystem and Their Productivity in Temperate and Cold Zones of the USSR [C] //Proceedings of the XV International Grassland Congress. Kyoto: The Science Council of Japan and The Japanese Society of Grassland Science, 1985: 68—73.

[16] HEATH M E, METCALFE D S, BARNES R F. Forages——The Science of Grassland Agriculture [M]. 3rd ed. Ames: The Iowa State University Press, 1974: 3—4.

[17] MOORE R M. Australian Grasslands [M]. Canberra: Australian National University Press, 1973: 273—302, 321—338.

# 草原综合顺序分类法的新改进：

## I、类的划分指标及其分类检索图*

分类学和类型学是任何科学认识其本身形态和内涵的规律性，促进其理论和实践发展的重要手段之一。草原类型是认识草原的科学方法。草原类型的实质在于综合体现草原的自然特性和经济特性，从而把纷纭杂陈的草原现象加以科学地抽象、类比，按其实质的区别与联系，探讨草原所包含的各类草地的发生学关系，确定其发生系列，从而更深刻、更正确、更全面和动态地认识草原，为草原的科学经营管理，充分发挥其生产潜力提供科学依据。

草原分类是草原类型理论的具体实践之一。分类和排序是草原类型分析整体工作不可分割的两个部分，只有这样，才能使众多的草原现象和草原知识在不同的时空尺度上达到综合和统一，体现其发生学的系列和相对距离，进而确定它们在本质上相似或相异的程度。

综合顺序分类法是任继周、胡自治、牟新待等（1957，1965，1980，1985）[1—4]根据上述认识，在草原发生与发展的理论指导之下，几经演变，创立的草原分类方法，自提出到现在已有近40年的历史。这个分类体系，首先以生物气候特征为依据，将具有同一地带性农业生物气候特征的草地划分为类，它是这一体系的核心。若干类可以归并为一个类组。类之下进一步可根据土地特征划分为亚类。亚类之下可以根据植被特征划分为型。

综合顺序分类法的第一级——类，是本系统的基本分类单位，根据农业生物气候的综合特征——热量和湿润度来划分；对于草甸和沼泽这样的类型，其隐域性的土壤水分作用大于地带性的降水作用，因而可用土壤水分的特征取代湿润度。生物气候条件是生物（牧草和家畜）立地条件的最本质表现，并且在

* 作者胡自治、高彩霞。发表于《草业学报》，1995（3）：1—7.

一定历史时期相对稳定。正是在这一能量和物质的基础上，发生和发展着各种农业生物现象与生境现象，制约与影响着草原各个组分（土壤、植被、家畜、野生动物等）的存在与发展，从而也决定和影响着草原畜牧业生产的基本方向和形式。

综合顺序分类法中类的划分采用数量化分类方法，其总的特点是水热条件的定量指标和利用检索图进行检索。它体现了地带性及其内部发生学关系，使草原的分类和排序明了、清晰，这也是各个学科分类工作发展的总趋势。

但是本分类系统建立时全国可供利用的气象台站资料不足（共330个站），限制了热量级和湿润度级划分的精度；高纬和高寒地带的类划分过细；非地带性的草甸和沼泽放在亚类处理不完全恰当；此外没有建立数据库，检索靠人工。因此，本研究旨在应用新的和更多的科学资料和计算机手段，对上述问题进行修正或改进，以建立综合顺序分类法第一级——类的新系统。

## 一、材料与方法

（一）气候资料的收集与整理

对全国有30年以上记录的2352个气象台站资料进行收集，并对每一气象台站的资料在计算机上建立1条记录，包括地名、省名、纬度、经度、海拔、>0℃积温、降水量、湿润度K值、植被类型和土壤类型。此外，还收集了其他国家的300多个气象台站的资料，类似地也建立了一个国外气候资料数据库，以供对比、参考。

（二）热量（∑θ）级的确定与修正

在1∶10万的中国地图上描出原综合顺序分类法的8条热量级线，将它与在此图上描出的中国热量带线（丘宝剑，1987）[5]相比较，再与中国植被类型图和中国土壤类型图相比较，分析其与上述三者的吻合与差异情况，调整热量级线，以使其与三者接近或吻合。

（三）湿润度（K）级的确定与修正

在中国植被类型图（吴征镒，1980）[6]和中国土壤类型图（熊毅，李庆逵，1987）[7]上描出原综合顺序分类法的6条湿润度级线，分析其与植被类型和土壤类型的吻合及差异情况，修正湿润度级线，使其与植被型或亚型以及土壤类或亚类的界线接近或吻合。

（四）非地带性的类别——草甸与沼泽的处理

根据草甸与沼泽的成因、分布与类型，分析研究其水分特点，按水热条件划分类的原则，寻找其分类的方案和排序的位置。

（五）类的检索图的设计

以 >0℃积温（$\Sigma\theta$）为纵轴，以年降水量（r）为横轴，在图上画出热量级，再在任一热量级横线上点出各湿润度级 K 值的位置，经过原点与各 K 值坐标引出直线，此线与各热量级线所得的交点，即为各热量级线的 K 值坐标。相邻两条热量级线与相邻两条 K 值线之间所形成的空间，即为某一特定的草地类的理论区域。此外，将横轴向右延伸，作为草甸和沼泽的土壤水分指标线，但不相连，以示和地带性的湿润度级及其类别有所区别。将这两个土壤水分指标线的两端垂直向下引线，它们便可与延伸的热量级线相交，形成草甸和沼泽类别的理论空间。

## 二、结果与讨论

（一）热量级的修正

研究表明，原来的热量级划分基本正确，只做了两点修正。①根据国内外资料，北半球极地冻原的南界和山地林线的 >0℃年积温约为 1300℃，所以热量级为寒冷的热量指标由 1100℃改为 1300℃。寒温级的热量值相应改为 1300—2300℃，取消原有的冷温级。②我国学术界一般将亚热带再分为北亚热带、中亚热带和南亚热带三个亚带。但从植被在亚热带的分布来看，只存在两个大的具有明显不同的植被带，一个是常绿—落叶阔叶混交林，另一个是常绿阔叶林；从土壤的分布看，也是黄棕壤和红壤—黄壤两个大的土壤带。它们的热量带分别为 5300—6200℃和 6200—8000℃，分别相当于北亚热带和中亚热带北部，中亚热带南部和南亚热带，故将亚热带定为两个热量级，分别为暖热和亚热。这样修正后，划分我国草原类别的热量级共分为 7 个级别（表 1）。

表1 我国草原分类的热量级及其相当的热量带表

Table 1 The thermal grades and their suitable thermal zones of grassland classification in China

| 热量级 Thermal grades | >0℃ | 相当的热量量 Suitable thermal zone |
|---|---|---|
| 寒冷 Frigid | <1300℃ | （高）寒带（Alpine）frigidzone |
| 寒温 Cold temperate | 1300—2300℃ | 寒温带 Cold temperate zone |
| 微温 Cool temperate | 2300—3700℃ | 中温带 Cool temperate zone |
| 暖温 Warm temperate | 3700—5300℃ | 暖温带 Warm temperate zone |
| 暖热 Warm | 5300—6200℃ | 北亚热带 North subtropics |
| 亚热 Subtropical | 6200—8000℃ | 南亚热带 South subtropics |
| 炎热 Tropical | >8000℃ | 带热 Tropics |

（二）湿润度（K）级的修正

21世纪以来，学者们曾提出了100余种计算相对湿润程度的数学模型，用以表述环境的相对湿润条件，其中以多种干燥度（或湿润度）、桑斯威特（C. W. Thornthwaite）和彭曼（H. L. Penman）的潜在蒸散系数、布迪科（М. И. Будыко）的辐射干燥指数影响最为广泛。综合顺序分类法的作者根据草原分类的要求，在1965年提出了草原湿润度模型，用以计算草地各类别之间的相对湿润状况，其模型表述为：

$$K = r/0.1\sum\theta$$

式中：K为湿润度，r为年降水量（mm），$\sum\theta$为>0℃年积温。

路鹏南、杜芳兰和艾南山（1984）[8]曾对上述湿润度（K值）模型与著名的贝利（H. P. Bailey，1970）湿润度模型和霍尔德里奇（L. R. Holdridge，1967）蒸散系数模型的计算方法和自然景观的关系进行了比较。他们以甘肃为例，运用线性回归分析，通过湿润度模型与自然景观的对比，揭示了三个模型彼此高度显著相关，并与桑斯威特、彭曼和布迪科指数有着密切关系。他们认为："三个模型存在固有内在联系，异曲同工的效果，自然使人想到用前者（湿润度模型）代替后者"；综合顺序分类法的湿润度模型更因其计算简单，因而有更强的使用价值。据此，原计算湿润度的模型和湿润度级的划分不变。只是为了便于记忆，将原小数后两位的定量值简化为一位，并经计算证明，几乎不影响其所属类别。修正后的湿润度级仍为6个级别，每一级都有其相应的自然景观（表2）。

**表 2　我国草原分类的湿润度级及其相当的自然景观表**

**Table 2　The humidity grades and their suitable natural landscape of grassland classification in China**

| 湿润度级 Humidity grades | K 值（K value） | 相当的自然景观 Suitable natural landscape |
| --- | --- | --- |
| 极干 Extrarid | <0.3 | 漠荒 Desert |
| 干旱 Arid | 0.3—0.9 | 荒漠（荒漠草原、草原化荒漠）Semidesert：（desert，steppe，steppe desert） |
| 微干 Semiarid | 0.9—1.2 | 典型草原、干生阔叶林、稀树草原 Typical steppe，Xeroophitic forest，savanna |
| 微润 Subhumid | 1.2—1.5 | 森林、森林草原、草甸草原、稀树草原、草甸 Forest，forest steppe，meadow steppe，savanna meadow |
| 湿润 Humid | 1.5—2.0 | 森林、冻原、草甸 Forest，tundra，meadow |
| 潮湿 Perhumid | >2.0 | 森林、冻原、草甸 Forest，tundra，meadow |

（三）非地带性的草甸和沼泽的处理

非地带性草地类别是指在地带性气候条件下，由于局部的岩性、地形及地下水埋深等的差异，出现了一些与这些差异相适应的草地类型，它们往往与其地带性类别有质的差异。

草甸是由中生草本植物为主构成的群落，除了在干旱地区的山地外，一般不呈地带性分布，但它在各热量带的荒漠、草原和稀树草原等地带性植被的局部土壤有稳定中生环境的地段，如河漫滩、低洼地和地下水露头处有较大面积的分布。此外，在森林被破坏的地方，由于地带性水分条件较好，也可出现次生草甸。

沼泽是在水分过多，地表有长年浅层积水的土地上，以半潜水的沼生或湿生草本植物为主构成的群落。沼泽的存在主要决定于地表积水，因此在地球上可散布于各个地带，从赤道到极地，从荒漠到雨林都有分布，尤其在气温较低，蒸发较小的寒温性针叶林带和冻原带分布最广。此外，热带雨林带由于降水量很大，也容易在局部低洼之处形成沼泽。

上述草甸和沼泽的这种非地带性情况，从实质上来说，是在地带性的热量条件基础上，由于非地带性的水分条件发生变化而引起的，因此，它不是完全的非地带性，而是半地带性的表现。据此，综合顺序分类法以前将草甸和沼泽放在亚类中处理，现在将其非地带性的土壤水分条件加以生态学确定，草甸用干旱区土壤中生作为分类的湿润度指标，沼泽用地表浅层积水（沼生）作指标，再通过热量级加以分解，理论上各有不同热量带的7个类别，便可与地带性类一起进行统一的分类和检索（见图1）。

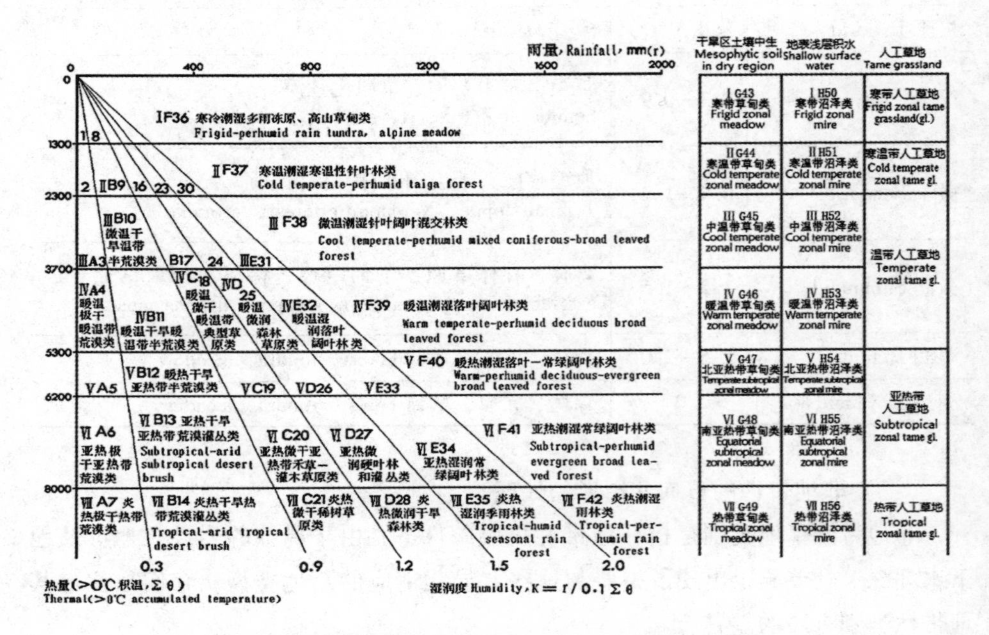

图1 草原综合顺序分类法第一级——类的检索图

Ⅰ A1：寒冷极干寒带荒漠土、高山荒漠类 frigid - extraid frigid desert，alpine desert；

Ⅱ A2：寒温极干山地荒漠类 Cold temperate - extrarid montane desert；Ⅲ A3：微温极干温带荒漠类 Cool temperate - extrarid temperate zonal desert；Ⅳ A4：暖温极干暖温带荒漠类 Warm temperate - extrarid warm temperate zonal desert；Ⅴ A5：暖热极干亚热带荒漠类 Warm - extrarid subtropical desert；Ⅵ A6：亚热极干亚热带荒漠类 Subtropical - extrarid subtropical desert；Ⅶ A7：炎热极干热带荒漠类 Tropical - extrarid tropical desert；Ⅰ B8：寒冷干旱寒带半荒漠、高山半荒漠类 Frigid - arid frigid zonal semidesert，alpine semidesert。

Ⅱ B9：寒温干旱山地半荒漠类 Cold temperate - arid montane semidesert；Ⅲ B10：微温干旱温带半荒漠类 Cool temperate - arid temperate zonal semidesert；Ⅳ B11：暖温干旱暖温带半荒漠类 Warm temperate - arid warm temperate zonal semidesert；Ⅴ B12：暖热干旱亚热带半荒漠类 Warm - arid warm subtropical semidesert；Ⅵ B13：亚热干旱亚热带荒漠灌丛类 Subtropical - arid subtropical desert brush。

ⅦB14：炎热干旱热带荒漠灌丛类 Tropical - arid tropical desert brush；ⅠC15：寒冷微干干燥冻原、高山草原类 Frigid - semiarid dry tundra, alpine steppe；ⅡC16：寒温微干山地草原类 Cold temperate - semiarid montane steppe；ⅢC17：微温微干温带典型草原类 Cool temperate - semiarid temperate typical steppe；ⅣC18：暖温微干暖温带典型草原类 Warm temperate - semiarid warm temperate typical steppe；ⅤC19：暖热微干亚热带禾草 - 灌木草原类 Warm - semiarid subtropical grasses - fruticous steppe；ⅥC20：亚热微干亚热带禾草 - 灌木草原类 Subtropical - semiarid subtropical brush steppe；ⅦC21：炎热微干稀树草原类 Tropical - semiarid savanna；ⅠD22：寒冷微润少雨冻原、高山草甸草原类 Frigid - subhumid moist tundra, alpine meadow steppe；ⅡD23：寒温微润山地草甸草原类 Cold temperate - subhumid montane meadow steppe；ⅢD24：微温微润草甸草原类 Cool temperate - subhumid meadow steppe；ⅣD25：暖温微润森林草原类 Warm temperate - subhumid forest steppe；ⅤD26：暖热微润落叶阔叶林类 Warm - subhumid deciduous broad leaved forest；ⅥD27：亚热微润硬叶林和灌丛类 Subtropical - subhumid sclerophyllous forest；ⅦD28：炎热微润干旱森林类 Tropical - subhumid tropical xerophytic forest；ⅠE29：寒冷湿润冻原、高山草甸类 Frigid - humid tundra, alpine meadow；ⅡE30：寒温湿润山地草甸类 Cold temperate - humid montane meadow；ⅢE31：微温湿润森林草原、落叶阔叶林类 Cool temperate - humid forest steppe, deciduous broad leaved forest；ⅣE32：暖温湿润落叶阔叶林类 Warm temperate - humid deciduous broad leaved forest；ⅤE33：暖热湿润常绿 - 落叶阔叶林类 Warm - humid evergreen - deciduous broad leaved forest；ⅥE34：亚热湿润常绿阔叶林类 Subtropical - humid evergreen broad leaved forest；ⅦE35：炎热湿润季雨林类 Tropical - humid seasonal rain forest；ⅠF36：寒冷潮湿多雨冻原、高山草甸类 Frigid - perhumid rain tundra, alpine meadow；ⅡF37：寒温潮湿寒温性针叶林类 Cold temperate - perhumid taiga forest；ⅢF38：微温潮湿针叶阔叶混交林类 Cool temperate - perhumid mixed coniferous broad leaved forest；ⅣF39：暖温潮湿落叶阔叶林类 Warm temperate - perhumid deciduous broad leaved forest；ⅤF40：暖热潮湿落叶 - 常绿阔叶林类 Warm - perhumid deciduous - evergreen broad leaved forest；ⅥF41：亚热潮湿常绿阔叶林类 Sub - tropical perhumid evergreen broad leaved forest；ⅦF42：炎热潮湿雨林类 Tropical - perhumid rain forest；ⅠG43：寒带草甸类 Frigid zonal meadow ；ⅡG44：寒温带草甸类 Cold temperate zonal meadow。

ⅢG45 ：中温带草甸类 Cool temperate zonal meadow；ⅣG46：暖温带草甸类 Warm temperate zonal meadow；ⅤG47：北亚热带草甸类 Temperate subtropical zonal meadow；ⅥG48：南亚热带草甸类 Equatorial subtropical zonal meadow；ⅦG49：热带草甸类 Tropical zonal meadow；ⅠH50：寒带沼泽类 Frigid zonal mire；ⅡH51：寒温带沼泽类 Cold temperate zonal mire；ⅢH52：中温带沼泽类 Cool temperate zonal mire；ⅣH53：暖温带沼泽类 Warm temperate zonal mire；ⅤH54：北亚热带沼泽类 Temperate subtropical zonal mire；ⅥH55：亚热带沼泽类 Equatorial subtropical zonal mire；ⅦH56：南热带沼泽类 Tropical zonal mire。

（四）类的命名

类的名称根据热量级（带）和湿润度级名称相连缀，再辅以地带性植被名称，例如，微温微干温带荒漠类、微温微干温带典型草原类、中温带草甸类等。这样，类的名称既有一定的抽象性和直观性，又具有较明显的草原学意义，也避免了和植被类型名称没有区别的缺陷。

（五）类的检索图及其草原发生学意义

根据7个热量级、8个湿润度级（表2所列6个湿润度级及一个草甸土壤湿度级、一个沼泽土壤湿度级），以最通用的二维坐标法制成的我国草原类型第一级——类的检索图，将我国的草原从理论上分为56个天然草地类（根据热量带还确定了5个人工草地类，其原理在另文专述）。这个检索图从另一方面的意义看，也就是一个类的生态位排序图。从检索图上可以看出，图中的地带性草地类是由热量、降水量及湿润度决定的。这三个因素是决定地球上气候类型、土壤类型[1]和植被类型的基本因素。草地类的组合就是在这三个气候变量的基础上被限定的；更具体地说，草地的类就是热量级与湿润度级所规定的草地气候、土壤和植被类型的综合表现。这样既可从气象记录计算出某一生态条件下的草地类别及其现存的或潜在的植被类型，也可以根据野外观察到的植被类型和土壤类型，确定该处气候的水热状况及幅度。因此，通过检索图，利用>0℃年积温、年降水量和湿润度三个最基本的气候因素变量与一定草地类型之间的相关性和等价性，就可能以水热条件确定草地类别，并获知该类草地的草业生产最基本的条件。

这个检索图，其纵坐标表示热量，从上到下，由冷变热。横坐标表示绝对降水量，从左到右，降水量逐渐增多。各个K值线表示相对湿润程度，也是从左到右逐渐增大。这样，检索图就可以体现草原类型的纬向、经向和垂向地带性。在图上两条K值线之间的各个草地类别，从上到下表示由极地到赤道的纬向地带性。从A到F的6个纵向系列，则分别表示从大陆性气候区到海洋性气候区的纬向地带性的草地内部组合差异。经向地带性是在同一热量级内，由各类别的左右水平位置表示，从Ⅰ到Ⅶ的7个系列，分别表示从寒带到热带不同热量带的草地类型，由于距离海洋湿润气流的远近而形成的经向草地类别组合特点。在检索图上，从任何一个类别开始，其向上向右的方向，即变冷变湿的方向，表示以此类别为基带，由于海拔增高而形成的垂向地带性；这种向上向右的垂向地带性，越是接近 F 系列，其趋势越接近于垂直向上，这是由于在海洋性气候区，降水量和湿度已经很大，因海拔增高而增大的降水和湿润度，已不再具有质的生态意义。

检索图中两个非地带性系列，从上到下，表现了草甸和沼泽的纬向地带性特点，以这个特点作“接口”，将非地带性的类，根据其分布的纬度带（热量级）和土壤水分特点，在地带性的坐标系（检索图）中确定了它们的固有空间位置，使地带性类别和非地带性类别被纳入了统一的检索网络。

在检索图中，如果以某一类为核心，其周围的各草地类别离核心类别愈近，则发生学的关系愈近，反之愈远。这种类间的发生学关系，可以帮助我们定量地判断某一特定的草地类别，在热量和水分发生单项的或综合的变化后，它将向哪个方向发展，并演替为哪一类别。因此，从检索图所能表明的这种类间的发生学关系，可使我们获知草地类间的序列关系、相似或相异的程度，以及以后发展的方向。另外，也可对未发现或未研究的类别，根据其在检索图上的位置，预测它的自然特性和生产特性，这就提高了我们对于草原分类和草原生产的科学预见性。根据检索图的原理，世界上任何一块草地都可以在这个开放型的图上找到它的坐标或位置，因而也就可以确定它在草原发生学序列中的关系，这样，就为把全世界互相远离的各类草地纳入一个分类系统提供了可能，而这正是任何科学的分类工作都应争取达到的最高目标之一；这个目标的达到，将对物种的交流，生产措施的引进和推广，提供有效的和更准确的理论依据。

如果将作者的检索图（1965、1980、1995）与著名的霍尔德里奇(L. R. Holdridge，1967)[9]的“世界生命地带或植物群系的分类图解”和张新时(1993)[10]对霍尔德里奇图解的补充，以及怀特克（R. H. Whittake，1970)[11]的“世界群系型与气候湿度和温度的格式图”加以比较，首先可以看出，检索图和霍尔德里奇图都是以年热量、年降水量、湿润度三个变量的梯度值构成各个草地类或生命地带（life zone）或植物群系的理论空间，后图的热量指标尽管是以生物温度表示，但根据其计算方法，实质上也是 >0℃年积温。怀特克图的各群系的理论空间，是由年平均温度、年降水量和主观勾出的与年降水量呈不同斜率的一些斜线构成，这些斜线实质上也是湿润度线。因此，三个图的构思原理是一致的。其次，这三个图都以水热指标估算其草地类别或植被类型，因此，它们的类型在图上的空间分布格局是一致的，即在三个都呈三角形的总的布局模式下，热带雨林、热带荒漠和极地冻原分别位于三个远端控制位置，其他类型都是它们两者或三者之间的不同程度的过渡类型。最后，修正后的检索图，以热量和土壤水分状况为依据，将非地带性的草甸和沼泽也纳入了统一的检索网络，使图中的类型完整而无遗漏，这是检索图独具的特点和优点。

## 三、小结

本文在新的科学资料及2352个气象台站资料的基础上，对我国草原两大分类方法之一的综合顺序分类法进行了修正和改进，其要点为：

分类指标的热量级由8级简化为7级，并修正了两个热量级的热量值。同时将原湿润度级的定量值由小数点后两位简化为一位。

将原来以亚类处理的非地带性（准确地说应为半地带性）草甸与沼泽提高到类一级，分别以干旱区土壤中生和地表浅层积水为湿润度特征，并根据其所存在的热量带分解为类，这样，以热量为“接口”，可以将它们纳入统一的检索网络之中。

类的命名由热量级和湿润度级名称相连缀，再辅以现存的或潜在的顶极植被类型名称，这样避免了和植被类型名称雷同，并更富有草原学意义。

提出了新的包含地带性类、非地带性类和人工草地类的统一的天然草原和人工草地类型第一级——类的检索图，首次解决了在草原分类中长期存在的地带性类和非地带性类的相互关系及其分类位置的图解问题，并可进行计算机检索，使检索图的功能达到新的高度。

## 参考文献

[1] 任继周．按照苏联先进理论划分我国草原类型的原则之商榷——以甘肃省中部草原为例试行划分［J］．中国畜牧学杂志，1957（4）：155—160.

[2] 任继周，胡自治，牟新待．我国草原类型第一级分类的生物气候指标［J］．甘肃农业大学学报，1965（2）：48—64.

[3] 任继周，胡自治，牟新待，等．草原的综合顺序分类法及其草原发生学意义［J］．中国草原，1980（1）：12—24.

［4］甘肃农业大学．草原调查与规划［M］．北京：农业出版社，1985：56—82.

［5］丘宝剑，卢其尧．农业气候区划及其方法［M］．北京：科学出版社，1987：137—138.

［6］中国植被编辑委员会．中国植被［M］．北京：科学出版社，1980.

［7］中国科学院南京土壤研究所．中国土壤［M］．2 版，北京：科学出版社，1978.

［8］路鹏南，杜芳兰，艾南山．湿润度模型与自然景观的对比研究——以甘肃为例［C］//甘肃草原生态研究所．中国草原学会第一届草原生态学术讨论会论文集．兰州：《中国草原与牧草杂志》编辑部，1984：192—195.

［10］张新时，杨奠安，倪文革．植被的 PE（可能蒸散）指标与植被—气候分类（三）几种主要方法与 PEP 程序介绍［J］．植物生态学与地植物学学报，1993，17（2）：97—109.

［11］怀梯克 R H. 群落与生态系统［M］．姚壁君，王瑞芳，金鸿志，译．北京：科学出版社，1977：58—73.

# 人工草地分类的新系统——综合顺序分类法*

## 一、人工草地的概念与分类的意义

人工草地（tame grassland，sown grassland，seeding grassland）是利用综合农业技术，在完全破坏了天然植被的基础上，通过播种建植的新的人工草本群落，对于以饲用为目的的播种的灌木或乔木人工群落，也包含在人工草地的范畴。

根据用途，人工草地有以饲料为目的的牧用草地，也有以保护环境、美化景观、体育竞赛场地为目的的绿地和草坪。本文论述的对象是牧用人工草地。

在不破坏或少破坏天然植被的条件下，通过补播、施肥、排灌等措施培育的高产优质草地称为半人工草地或半天然草地。由于它的植被成分基本上和原来的天然植被相同，所以在分类上仍作为天然草原对待。如果在强度培育条件下，草地植被成分发生了根本的变化，则可按人工草地对待。

人工草地是牧业用地中集约化经营程度最高的类型之一，也是草地畜牧业发展程度的质量指标之一。畜牧业发达的国家，人工草地的面积通常占全部草地面积的10%—15%，西欧、北欧和新西兰已达40%—70%或更多。因此，不管草地畜牧业生产的类型如何，建设人工草地都是达到先进的草地农业系统的必需条件之一。

我国目前有播种的人工草地724.33 $hm^2$，约占草原面积的2.7%。由于我国地域辽阔，南北和东西跨度很大，自然条件复杂，培育措施各异，因而人工草

---

* 作者胡自治。发表于《中国草地》，1995（4）：1—5. 本文承任继周教授、章祖同教授、王宁教授和刘德福教授审阅并修改，特致深切的谢意。

地的类型多种多样，但我国尚无较有系统的能适应全国范围内使用的人工草地分类方案。为了科学地认识繁杂纷纭的人工草地，在类型学的指导下，正确和有效地培育与利用人工草地，必须有科学的人工草地分类系统。人工草地的类型理论，就是在人工草地形成与发展的规律与理论指导下，根据其自然条件、培育特征和经济特性，加以抽象类比，按其实质的区别与联系，探讨它所包括的各类草地的发生学与经营特点，确定其分类与排序位置，从而更正确、更深刻、更全面和动态地认识与反映人工草地，这是科学经营管理人工草地的理论基础。因此，建立人工草地分类系统，不仅对提高我国整体草地分类科学水平有重要意义，而且对促进我国人工草地的建设与发展也是十分重要和极为必要的。

## 二、人工草地在草地类型整体分类系统中的位置问题与现状

由于人工草地在全部草地中所占比重的不同以及认识和技术上的原因，各国对人工草地在整体草地分类系统中的位置处理有很大的差异。

中国、美国和俄罗斯三大草原大国完全以天然草原为基础进行分类，没有在分类系统中给人工草地留出位置。这是由于：（1）这三个国家的永久人工草地面积都在草原总面积的10%以下，由于面积较小，未能在分类中引起重视；（2）在草原或草地的定义中都将其作为自然体或自然资源对待，因此未将人工草地包括在分类对象之中；（3）以天然植被类型为高级分类指标的分类体系，难以给人工草地提供高级分类单位的标准和位置。

澳大利亚的草地分类系统（R. M. Moore，1973）包括了人工草地，从认识上说，他们对草地的定义包含了人工草地，从技术上说，在分类系统的类以下的单位，给予了天然草地和人工草地平行的位置，这主要是由于分类系统的第一级分类是以气候条件为基础，可以在同一个类的基础上按天然的和人工的两个平行系列继续分类。英、法等西欧国家，人工草地不仅所占比重很大，甚至占有主导地位，因此在草地分类系统中人工草地占有重要地位；在分类原则中，将对草地的培育与否作为最高级的分类指标（Davies，1952、1954；Waston、Moore and West，1956；Heden and Kerguelen，1966），因而使人工草地（培育的草地、集约经营的草地）在最高一级与天然草地处于平行位置，并使人工草地能在此基础上按不同的指标继续划分中级和低级类型。

## 三、人工草地系统分类的原则

人工草地是为了提高畜牧生产而通过农业措施创造的人工饲用群落，它的建植、存在和生产取决于人的培育条件。当培育措施增强时，它的生产力可能达到很高水平；当培育措施减弱时，生产力会迅速下降；如果停止培育，则会逐渐恢复到原来的天然植被。因此，人工草地的分类原则应充分体现它本身所具有的特点。

（一）人工草地的分类是以劳动生产因素为基础的分类

人工草地与自然形成的天然草原不同，它是人类通过劳动创造的农业自然资源，在有持续的培育时，它才能持续地存在。因此，人工草地的分类必然首先依据培育措施的有无和强弱。通过培育措施的有无，可以区别天然草原与培育的人工草地；通过培育措施的强度差异——治本改良和治标改良，可以区别完全的人工草地和半人工草地。

（二）水热条件是决定人工草地类型的基本因素，热量是划分人工草地高级分类单位的主导依据

与天然草原一样，人工草地生物群落是在一定的水热条件下产生和存在的。在当前的科学技术条件下，人类的培育措施可以通过排灌改变草地的水分条件，但不能改变热量条件，这样热量就成为在大范围限定人工草地类型的决定性因素。此外，与天然草原在同一热量带内有许多类型的现象不同，培育措施在很大程度上消除了同一热量带内部因水分差异而出现的类型分异，因而在一个热量带内人工草地的类型大为减少，并趋向为中生的类型。

（三）土壤是人工草地土地条件的主要特征，是中级分类单位的基本依据

在建植和培育人工草地时，对土地的加工和培育是重要的内容之一。人们总是首先在地形最平坦的地段上建植人工草地；在干旱需要灌溉的地区，当地形小的起伏影响灌溉时，人们会加以平整；起伏很大，难以平整不能灌溉时，便不在这里建植人工草地。由于地形对水热条件的再分配在人工草地上大大减弱，因而土地因素中土壤特性的作用被突显了出来，并限定人工草地的特征和生产；此外，土类的特征能在一定程度上体现同一热量带中其他生态因素的特性，可补充人工草地宏观的类中生态条件的差异，所以可以将土壤特征作为划分人工草地的中级分类单位的指标。

（四）牧草种及其组合是人工草地群落特征的体现者，是划分人工草地低级单位的依据

种及其组合是草地群落结构和外貌最明显的特点。建植人工草地时，种及其数量组合取决于设计，并进一步决定草地群落类型和饲用价值。与天然草地相比，人工草地的植物学成分要简单得多，更容易根据牧草种的条件确定类型。但牧草种及其组合与热量和土壤条件相比，它的稳定性较差，因此宜将其作为低级分类单位的指标。

（五）人工草地分类系统应能与相应的天然草原分类系统有机衔接

任何一块人工草地都是在某一类型的天然草原生态环境的基础上形成和维持的。从本质上说，人工草地是天然草原高度集约化经营的形式，两者通过培育和演替可以相互转化，它们之间有着内在的联系和外在的区别。当我们掌握了这种联系与区别，就会在建植人工草地时掌握更多的依据，培育时获得更多的主动，取得更大的成功。此外，从资源的角度看，天然草原和人工草地是同一用途资源平行的两个层次和两个部分，应当在分类上既具有各自分类的特点，又能在分类系统上相应地衔接，成为一个整体，使草地分类更具概括性，达到新的水平。

## 四、人工草地的分类体系与划分标准

根据上述分类原则，人工草地的分类体系可以分为类、亚类、型三级，各级的划分标准如下。

（一）类

人工草地的类根据热量条件划分，这是因为：（1）水热状况是草地生物群落立地条件最本质的特征，但在培育条件下人们可以通过排灌调控人工草地的水分供应，降水对人工草地特征的限定作用已大为降低，而热量成为决定性的条件；（2）热量条件在空间上呈地带性分布，按热量确定的类将有助于人工草地的区划；（3）热量条件在时间上、在决定与影响人工草地的诸因素中具有最高的稳定性，因此以热量条件划分的类可使这一分类体系具有足够的稳定性。

划分人工草地类的热量指标，使用草原综合顺序分类法使用的 >0℃ 积温。由于在栽培条件下牧草品种对环境的适应性较天然种更强，因此热量指标的级别相应地较划分天然草原的级别略为简化，共分为 5 级，即热带、亚热带、温

带、寒温带和寒带（表1）。

**表1　人工草地的热量带划分及其热量**

| 热量带 | >0℃积温（℃） | 热量级名称 |
|---|---|---|
| （高）寒带 | <1300 | 寒冷 |
| 寒温带 | 1300—2300 | 寒温 |
| 温带 | 2300—3700 | 微温 |
| | 3700—5300 | 暖温 |
| 亚热带 | 5300—6200 | 暖热 |
| | 6200—8000 | 亚热 |
| 热带 | >8000 | 炎热 |

人工草地类的名称用热量命名，共分为热带人工草地、亚热带人工草地、温带人工草地、寒温带人工草和（高）寒带人工草地5类。

（二）亚类

在划分了类的基础上，再以土壤类型作指标划分人工草地的亚类。根据亚类的特征，可以制定对人工草地有关土壤改良及施肥的具体措施。亚类的名称用土壤类的名称命名，为了明确亚类的特性，可用类的热量带和亚类的土壤名称连续命名，例如热带砖红壤人工草地、温带黑钙土人工草地、高寒带高山草甸土人工草地等。

（三）型

在划分了亚类的基础上，以人工草地饲用植物种作指标划分人工草地的型。我们可以根据型的特征制定人工草地具体的培育措施及利用方案。型以饲用植物种的名称或其组合名称命名，例如苏丹草人工草地、绿叶山蚂蟥人工草地、紫穗槐人工灌丛草地、金合欢人工乔林草地、燕麦+箭筈豌豆人工草地、紫花苜蓿+无芒雀麦人工草地、黑麦草+红三叶+白三叶人工草地，蝴蝶豆+葛藤+圭亚那柱花草+大黍人工草地等。

为了草地类型图绘制的方便，需要将人工草地的型加以合并时，则可视具体情况，根据饲用植物的经济类群和生活型以及它们的组合归并为型组。例如，除了一年生草地外，还可有多年生的豆科单播草地、豆科混播草地、禾本科单播草地、禾本科混播草地、禾本科—豆科混播草地、其他科属草地、人工灌丛草地、人工乔林草地等。型组也可按其他标准归并，由于这种归并只是技术上的处理，内涵并不严格，因此只作为型的临时辅助级别。

## 五、人工草地分类体系和天然草原的综合顺序分类法体系的衔接

天然草原的综合顺序分类法和上述的人工草地分类法有着内在的密切联系，具体表现在4个方面：（1）两者分类体系都是类、亚类、型三个基本级别。人工草地的三个级别分别使用热量、土壤、饲用植物种作指标，相同或近似于天然草原的法，因此也可将其称为人工草地的综合顺序分类法。（2）天然草原的类由水热条件决定，人工草地的类只由热量决定，这样根据两者相同的热量级划分，可以通过热量级别作为“接口”，将两个分类系统联系起来，同时还可将两者联结在统一的类的检索图中（胡自治，1995）。（3）人工草地的亚类划分用土壤条件中的土壤特征作指标，天然草原的亚类用土地条件中的地形特征作指标，这一方面体现了对人工草地地形条件的淡化，另一方面也表明这两个指标出自同一条件，只是侧重有所不同。（4）两个体系的型都根据饲用植物种的特征划分，它们可以直接衔接，能在群落学和生产特性上进行比较。

## 参考文献

[1] 胡自治．世界人工草地及其分类现状［J］．国外畜牧学——草原与牧草，1995（2）：1—8.

[2] DAVIES W. The Grass Crops , Its Developement Use and Maintenance [M]. London : E. and F. N. Spon, 1954: 51—73.

[3] HEDEN L, KERGUELEN M. Grassland types of France [J]. Journal of British Grassland Society, 1966 (1): 29—31.

[4] MOORE R M. Australian Grassland [M]. Canberra: Australian National University Press, 1973: 87—91.

# 中国放牧家畜的分布及其草原类型*

草原放牧家畜的自然分布和野生动物一样，受区系和环境两方面的影响。草原放牧家畜品种，它的形成除与遗传因素、人们的选择和培育有关外，还与草原生态环境条件甚至特定的生态环境条件有关，不同的草原生态环境条件，加以抽象和类比，就是不同的草原类型。因此，草原放牧家畜种和品种的分布与草原类型有着内在的联系，这种联系是不同草原类型最重要的经济特性之一。

中国的草原放牧家畜，从大的分布区来说，北方干旱草原区是蒙古系家畜，西北荒漠区是哈萨克系家畜，青藏高原高寒草原区是藏系家畜。从较小的范围来说，凡是著名的草原都有其优良的家畜品种，如呼伦贝尔草原的三河马和三河牛、锡林郭勒草原的乌珠穆沁马、乌珠穆沁牛和乌珠穆沁羊、宁夏草原的滩羊、阿拉善荒漠的双峰驼和白绒山羊、阿勒泰草原的肥臀羊、巩乃斯草原的新疆细毛羊、伊犁草原的伊犁马和哈萨克牛、甘南草原的河曲马和合作猪、天祝草原的白牦牛等，这些都表明畜种和品种都与草原类型有着优化的结合，从而发挥着草原和家畜两方面的生产潜力。从另一方面说，绝大多数放牧家畜品种，如果盲目引向外地，由于草原生态条件的差异，表现为生产特性不能正常发挥，生活不能很好适应，甚或不能生存，也表明了家畜种和品种与其草原类型是一个有机整体，是一个优化的系统。

## 一、马（*Equus caballus*）的分布

马是一种广布型家畜，除了炎热潮湿的环境外，在各种草地类型上都有其特殊的品种分布。根据品种特征和自然环境，我国的马可分为北方平原草原马、

---

* 作者胡自治。发表于《国外畜牧学——草原与牧草》，1997（2）：1—6.

新疆山地草原马、青藏高原马和西南山地马四个主要的生态地理类群。

北方平原草原马以蒙古马为基础。蒙古马分布于内蒙古广大草原，是中国分布最广、数量最多的一个古老草原马品种，主要集中于北方典型草原和草甸草原地区，并在相邻的东北、华北和西北东部的农业区广为分布。在呼伦贝尔盟三河流域的草甸草原上，分布有著名的三河马，这是20世纪以来在当地蒙古马的基础上引入外血育成的挽乘兼用的优良品种。锡林郭勒盟乌拉盖尔河流域的草甸草原，有当地的优良品种乌珠穆沁马。焉耆马分布在新疆焉耆盆地低地草甸和尤尔都斯亚高山草原，是蒙古族牧民在成吉思汗时期移居此地带来的蒙古马，渗入中亚马种的血液在当地形成的乘挽兼用的优良马种。

新疆山地草原马以哈萨克马为基础。哈萨克马广布于北疆各地，草地类型以山地草原和平原荒漠为主，对于山地终年放牧条件有很好的适应性，是乘挽兼用型马。伊犁马是20世纪初在哈萨克马的基础上，与欧洲良种骑乘用马杂交，培育出的优良乘用马品种，主要分布在富饶的伊犁草原上。此外，在新疆东部巴里坤山地草原，分布有哈萨克马的地方良种巴里坤马，并在巴里坤马的基础上，培育出了以驮用为主的伊吾马。

青藏高原马以藏系马为基础。西藏马在藏东南和青海玉树高寒灌丛地区，分布有藏南马（玉树马）类群，在藏北那曲和阿里高寒草原和高寒荒漠地带，分布有藏北马类群。由于分布地区的海拔一般在4000 m以上，氧气不足，上述西藏马两个类群都表现出性情温顺、反应迟钝和缺乏悍威的特点。河曲马分布在青藏高原东北部甘、川、青交界的黄河河曲地区，草地类型以高寒草甸和高寒沼泽化草甸为主，是以挽用为主的著名的藏系马优良地方品种。浩门马（大通马）和岔口驿马是分布在青藏高原北部青、甘两省交界的东祁连山南北两侧高寒草甸和高寒草原的古老品种，培育程度较高，以乘用为主、善走对侧快步、速度快。由于产区地域相连，品种性状相近，有些学者将这两个品种合并称为祁连马（杨再，1992）。

西南山地马产于云、贵、川、桂亚热带山地常绿阔叶林环境地区。由于境内多山，与内地隔绝，过去的交通主要靠马、骡驮运，在这种特殊的自然生态和社会经济条件下，形成了适应特殊地理区域的西南马品种群，它们的共同特点是体形小、体高不超过120 cm，以善驮走山路著称，著名的地方品种有四川凉山州的建昌马、云南丽江和大理的丽江马、滇东北乌蒙山区的乌蒙马、滇西北的中甸马、桂西的百色马和黔西的贵州马等。

## 二、黄牛（*Bos taurus*）的分布

黄牛是分布很广的一种家畜，在中国各个地区几乎都有黄牛的分布。黄牛可以适应从温带到热带的温度条件，但不能适应过分潮湿和高海拔的环境。根据对生态条件的适应性，可以将黄牛划分为北方牛、中原牛和华南牛三个生态地理类群（郑丕留，1980）。这三个生态地理类群的黄牛，从北向南，肩峰逐渐增高，胸垂逐渐变大，牛角逐渐变长。

北方黄牛的代表性品种为蒙古牛，分布广泛，最适应的草地类型是温带草甸、草甸草原和典型草原。优良的地方品种有锡林郭勒东部草甸草原的乌珠穆沁牛，这是一个体格很大的肉乳兼用品种。新疆伊犁、塔城和阿勒泰地区山地草原和河漫滩草甸的哈萨克牛也是肉乳兼用品种。吉林东部森林草甸的延边牛是农区役用牛，体格高大，产肉性能也很好。呼伦贝尔草原的三河牛是以蒙古牛为母本育成的乳肉兼用牛。

中原黄牛主要分布在暖温带落叶阔叶林的平原农业区，由于这里的农业历史悠久，大多有种植苜蓿和其他饲料的传统，饲养方式以舍饲为主，放牧为辅。优良的地方品种很多，例如秦川牛、晋南牛、南阳牛、鲁西牛、郏县牛、渤海黑牛等，这些牛都是著名的役用品种，但同时也具有良好的产肉性能。

华南黄牛分布在亚热带和热带丘陵旱地地区，而平原水田潮湿地区则以水牛为主。华南黄牛有些品种以放牧为主，如雷州半岛和海南岛西南部稀树草原地区的海南高峰牛（琼雷牛）、云南干热河谷稀树草原地区的云南高峰牛、广西西部石灰岩旱生常绿阔叶林及其次生灌草丛地区的广西牛等。

## 三、牦牛（*Bos grunniens* 或 *Poephagus grunniens*）的分布

牦牛是中国青藏高原的特有家畜之一，能适应高寒缺氧环境，主要分布在青藏高原中部和东部，核心分布区的草地类型是高寒草甸，在高寒草原和高寒沼泽也有较多的分布。据多位学者（黄文秀、王素芳，1980；窦耀宗、杨再，1984；欧阳熙、赵益新，1987；蔡立，1992）研究，草地类型和气温是影响或限制牦牛分布的最主要的生态因子（$r=0.933$），其次是草地类型（$r=0.910$）；在年平均气温为 -3—3℃，最热平均气温不超过 13℃的地方，只要降水充分，

草地牧草量充足，牦牛都能很好地生活和生产。在不同的草地类型，牦牛在生态型和品种性状上都有明显的差异。青藏高原中部高寒草甸地带，高原面完整，气候寒冷，为纯牧业地区，管理粗放，培育程度低，牦牛种群的生态型特征为头形粗壮，公母都有角，体格较大，体质结实，被称为青藏高原型。青藏高原东南部横断山脉高寒森林灌丛草甸地带，河谷深切，地势起伏剧烈，热量垂直变化大，干湿季分明，河谷低地有一定的农业，管理和培育程度较高，种群的特征为头形清秀，50%个体无角，体形较小，体质细致，称为横断高山型。西藏狮泉河以北的藏北高原和青海省青南、青北部分地区，海拔高度一般在4500 m以上，高原面坡度很小，气候寒冷干旱，是以高寒荒漠和高寒草原为基础的封闭、粗放牦牛纯种繁育区。公母牦牛均有角，无角的极少，角粗壮光滑，弧形圆大，体形粗壮，呈长方形，毛色以黑褐为主，杂色极少，称为羌塘高原型（刘祖波、王成志、陈永宁，1989）。牦牛也有一些优良的地方品种，例如，四川九龙牦牛，其草地类型为高寒灌丛草甸，体型大，以毛绒产量大著称；四川麦洼牦牛，其草地类型为地势平缓的高寒草甸和高寒沼泽化草甸，体形较大，以产乳著称；甘肃天祝白牦牛，其草地类型为高寒草甸和高寒草原，以产珍贵的白色牛毛和牛绒著称。

## 四、骆驼（*Camelus*）的分布

骆驼是亚非荒漠的特征家畜。单峰驼（*Camelus dromedarius*）分布在亚热带荒漠，体形较小，体重较轻，躯短肢长，被毛短稀，产乳能力较高，以役、乳、肉为主要用途。双峰驼（*C. bactrianus*）主要分布在温带荒漠，体形较大，体重较重，躯短肢长，被毛长厚，产毛较多，以役、毛、肉、乳为主要用途。

在亚热带荒漠和温带荒漠的过渡地带，分布有单峰驼和双峰驼的杂交种。中国无亚热带荒漠，因此分布的都是双峰驼，分布的数量中心为阿拉善—额济纳—准噶尔荒漠带。在纬向方向上，从新疆的北疆中温带荒漠延伸至南疆暖温带荒漠，骆驼的数量逐渐减少，并且在南疆塔克拉玛干沙漠南缘，由于热量条件接近亚热带，有少量的单峰驼和单、双峰驼的杂种分布。在经向方向上，双峰驼可从极干的阿拉善荒漠向东分布到内蒙古东部微干的锡林郭勒草原地带。此外，在青藏高原的柴达木盆地荒漠也有相当数量的双峰驼分布。

中国的骆驼可分为阿拉善驼、新疆驼和苏尼特驼三大品种（苏学轼，

1992)。阿拉善驼的中心产区是阿拉善—额济纳荒漠及其周围地区，是我国数量最多（约占总数的2/3）、性状优良的地方品种，根据骆驼和草地环境的特点，还可分为沙漠驼和戈壁驼两个自然生态型。新疆驼的中心产区是北疆荒漠，由于北疆和南疆的环境差异，新疆驼还可分为北疆驼和南疆驼两大地方类型。南疆驼胸围小、肢长、体高大，表现为高而偏轻，相似于单峰驼的体型；北疆驼胸围和体躯较大，体型明显大于南疆驼。苏尼特驼由于草原地带牧草条件较好，气候也较寒冷，体躯粗壮、敦实，是三个品种中体形最大的。

## 五、绵羊（*Ovis aries*）的分布

绵羊是中国放牧家畜的主体，总数约1亿头，品种很多，除湖羊外，秦岭、淮河是其他绵羊品种分布的南界。中国的绵羊根据遗传学特征可分为蒙古羊、哈萨克羊和西藏羊三大系统。

蒙古羊是古老的粗毛羊品种，主要分布在内蒙古草原及其周围地区。乌珠穆沁羊是水草丰美的锡林郭勒东部乌拉盖尔河流域的肉脂用羊，体形硕大，是蒙古羊的一个优良地方品种。滩羊是在蒙古羊基础上经过长期选育形成的著名裘皮用羊，分布在宁夏及与其交界的甘肃、内蒙古和陕西等省边缘地带的半荒漠和典型草原地区，但滩羊的核心产区是贺兰山东麓的暖温带半荒漠（草原化荒漠），离开核心产区，其裘皮品质即明显下降（胡自治、张尚德等，1993）。巴音布鲁克羊分布在南疆天山亚高山草原，是蒙古羊迁移到当地后，在良好的草原条件下形成的优良地方品种。以蒙古羊为基础，还在内蒙古锡林郭勒盟典型草原培育出了内蒙古细毛羊，在昭乌达盟典型草原培育出了敖汉细毛羊，在东北草甸草原上培育出了东北细毛羊。

哈萨克羊是广泛分布在北疆天山和阿尔泰山山地草原及其山前荒漠草原地带的古老粗毛羊品种。阿勒泰羊是哈萨克羊在著名的福海草原上形成的具有肥臀脂的肉脂品种羊，经过夏秋放牧肥育后，臀脂可增加10kg—20 kg。新疆细毛羊和军垦细毛羊都是在天山山地草原和荒漠草原上以哈萨克羊为母本培育出的优良品种，由于经过引入父本外血改良和人工培育，它们的适应性很强，已在许多草地类型上引种成功。

西藏羊是青藏高原的特殊古老品种，分布区的草地类型主要是高寒草甸和高寒草原，引入到海拔较低、温度较高的地方即不适应甚至难以生存。在青藏

高原北部海拔较低处，有与蒙古羊杂交的蒙藏混血羊，可适应较温暖的环境。西藏羊可划分为三个生态型，分布在相对平缓地区高寒草甸的属于草地型，是西藏羊的主体，体形较大，被毛呈毛辫结构，毛质较好；分布在峡谷深处，气候垂直变化明显，谷底气温较高的高寒灌丛草甸地区的属于山谷型，体形较小，被毛呈毛丛结构，干死毛较多，毛质较差；分布在阿里高寒草原和高寒荒漠地区的西藏羊属于寒漠型，体格更小，毛质更差。青海贵德黑裘皮羊是草地型西藏羊经选育形成的黑毛地方品种；甘肃岷县黑裘皮羊是山谷型西藏羊经选育形成的另一黑毛地方品种，两者都以产名贵的黑色裘皮著称。甘肃高山细毛羊是西藏羊和蒙藏混血羊为母本，在高山草甸和高山草原经优良父本品种杂交培育出的能适应高寒环境的细毛羊优良品种。

库车羊和和田羊是南疆暖温带荒漠的粗毛羊地方品种，前者以产黑色羔皮著称，后者以产质量很好的地毯用粗毛著称。

同羊分布在陕西关中地区，大尾寒羊分布在冀东南和鲁西地区，小尾寒羊分布在冀南、鲁西南、豫东和皖北地区，它们都是在暖温带落叶阔叶林农业区，舍饲和放牧相结合培育出的地方优良品种，都以具大肥尾、产肉脂、毛质较好为特点。兰州大尾羊只分布在属于暖温带荒漠草原气候的兰州农业区，以舍饲为主，也以产肉脂著称。湖羊是我国唯一分布在长江以南，太湖周围鱼米之乡，完全舍饲的绵羊品种，以多胎多仔、生产珍贵的白色羔皮著称。湖羊的产区属亚热带常绿阔叶林，引入其他类型的草地后，多胎多仔及羔皮品质的特性即下降和改变。

## 六、山羊（*Capra hircus*）的分布

山羊是家畜中适应性最强的畜种，它能适应各种气候和各种草地类型，也能适应各种地形条件，喜攀登和采食木本嫩枝叶。绵羊不能适应的干热和湿热气候和石质山地，山羊都能很好适应；绵羊不能利用的木本枝叶饲料，山羊可以很好地采食，因此，绵羊不能分布的地方山羊可以分布。山羊可生产肉奶皮绒等多种产品，甚至可驮用，能满足人们多方面的生产和生活需要，因此山羊广泛分布于全国各地，并且分布得比较均匀。我国的地方品种很多，据蒋英（1988）统计有27个之多，各品种都有各自特定的分布区域和草地类型。

在我国北方草原，山羊在荒漠草原和荒漠地区的畜种组成中占优势。在荒

漠草原地区，山羊的地方品种有二郎山山羊、阿尔巴斯山羊和中卫山羊。在荒漠地区有阿拉善山羊、河西山羊、新疆山羊和柴达木山羊。除中卫山羊外，其他品种都以绒用为主。中卫山羊是世界上唯一的裘皮山羊，核心分布是宁夏中卫香山及其周围不远的地方，生态幅很小，裘皮质量随远离香山而迅速变劣，甚至引种到典型草原和荒漠地区也不能保持其裘皮优良的生产特性。

西藏山羊分布于青藏高原地区，其中西藏占总头数的75%以上。西藏山羊在西藏分布于从高寒灌丛草甸到高寒荒漠的各种类型的草地，且密度差异不大，除肉奶皮毛可用外，在交通不便的偏僻地区，公、羯山羊还用于驮用，每羊负重7kg—10 kg，可日行15km—20 km。

在暖温带落叶阔叶林和森林草原地区，山羊的生产方向呈现多样化，著名的地方品种有辽宁绒山羊、承德绒肉山羊、太行山毛皮山羊、济宁羔皮山羊、子午岭羔皮山羊、豫皖两省的槐肉皮山羊、陕南肉皮山羊等，饲养方式为放牧和舍饲相结合，放牧地大多为次生的灌草丛。

在亚热带常绿阔叶林地区，有大面积的疏林和次生灌草丛适于放牧，在结合舍饲的条件下，形成了更多的地方品种，著名的有两湖的马头山羊、浏阳黑山羊、成都麻山羊、川东白山羊、四川板角山羊、川南古蔺马山羊、贵州白山羊、云南圭山山羊、江苏海门山羊和福建福清高山山羊等。这些品种都是肉皮兼用羊，海门山羊还有毛用（毛笔用毛）的生产性能，圭山山羊还有奶用的生产性能。

云南龙陵黄山羊是热带山地雨林气候地区的地方品种，产区年降水2100 mm，山羊放牧于疏林、混牧林和次生的山地草丛。在海拔1500 m以上的多灌木山地雨林，分布的是龙陵山羊大型类群，体格大而呈长方形，毛色红褐或黄褐；海拔1500 m以下的半山区和河谷地带，分布的是小型类群，颈长腹紧，后肢细长，行动灵活，穿梭于林间，攀食嫩枝叶，毛色草黄；它们极耐湿，生长快，都是肉皮兼用山羊。

广东雷州山羊和广西西部的都安山羊，其分布地区为热带稀树草原或次生的热性灌草丛，终年放牧。生产方向都是肉皮兼用。

我国培育的奶用山羊品种有山东崂山奶山羊、陕西关中奶山羊、吉林延边奶山羊和黑龙江海伦奶山羊。前二者分布于暖温带落叶阔叶林东、西两端的农业区，后二者分布于温带森林草原的农业区，饲养方式都是放牧与舍饲相结合。

## 七、猪（*Sus domesticus*）的分布

猪是典型农区家畜，广布于全国各地，在土地最肥沃，农业最发达和人口最稠密的地区，猪的分布密度最大。我国猪的品种多达60个（郑丕留，1992），绝大多数是农区舍饲猪，但在青藏高原和西北草原牧区，也有几个著名的放牧品种猪。

藏猪是广布于青藏高寒草甸和亚高山草甸的放牧品种猪，体形小而似野猪，头轻耳小嘴尖，肢蹄坚实，犬齿发达，便于拱地觅食，具有很强的抗逆性，夏秋在草地上采食蕨麻（鹅绒委陵菜，*Potentilla anserina*）、珠芽蓼（*Polygonum viviparum*）和葛缕子（黄蒿 *Carum* spp.）等双子叶牧草和各种草籽以及茬地落粒，秋春以蕨麻块根和其他牧草为食。由于饲料条件差，生长缓慢，成年猪体重只35kg左右。胴体瘦肉多，肉质大理石状，肉味鲜美。合作猪是藏猪在甘南的一个地方品种，也称蕨麻猪，常以60—80头的公母混合大群放牧饲养，胴体是制作腊肉和烤小猪的上等原料。

伊犁白猪的放牧性很强，在温带河漫滩草甸和低地草甸上放牧采食双子叶牧草，也可在天山中山带新疆野苹果（*Malus sieverii*）林中放牧采食落果和多汁草本植物。

### 参考文献

[1] 蔡立．牦牛［M］//郑丕留．中国家畜生态．北京：农业出版社，1992.

[2] 窦跃宗，杨再，薛正亚．西藏牦牛的地理生态和种群生态的研究［J］．豫西农专学报，1985（1）：1—5.

[3] 胡自治，张尚德，卢泰安，等．滩羊生态与选育方法的研究：Ⅱ．滩羊的草原生态特征［J］．甘肃农大学报，1984（2）：19—29.

[4] 黄文秀，王素芳．西藏高原家畜生态分布特征与规律的研究［J］．自然资源，1980（2）：36—42.

[5] 蒋英，陶雍．中国山羊［M］．西安：陕西科学技术出版社，1991.

[6] 刘祖波，王成志，陈永宁．中国牦牛类型划分的方法［M］//《中国牦牛学》编写委员会．中国牦牛学．成都：四川科学技术出版社，1989.

[7] 欧阳熙，赵益亲．川西北高原地区家畜生态地理分布及其与生态因子的关系 [J]．西南民族学院学报（畜牧兽医版），1987（4）：8—15.

[8] 苏学轼．养驼学 [M]．北京：农业出版社，1990.

[9] 杨再．马 [M] //郑丕留．中国家畜生态．北京：农业出版社，1992.

[10] 郑丕留．中国家畜品种及其生态特征 [M]．北京：农业出版社，1985.

[11] 中国家畜家禽品种志编委会，中国马驴品种志编写组．中国马驴品种志 [M]．上海：上海科学技术出版社，1986.

# 畜产品单位

## 关于草原生产能力及其评定的新指标——畜产品单位*

### 一、草原生产能力评定中存在的问题

草原这一特殊生产资料，作为大面积的畜牧业生产基地，它在人类生产劳动干预下，首先把日光能和无机物通过植物的叶绿体转化为牧草，然后又通过家畜（或野生动物）转变为畜产品（或狩猎品）。在它的生产流程中，包括了从植物生产到动物生产的全过程。这就比只完成植物性生产的种植业、林业，和只完成动物性生产的畜牧业（或狩猎业）复杂得多。这种特殊的矛盾，要用特殊的方法来解决。这就是我们通常所说的草原学过程[1]。这个过程，根据草原生态系统的理论分析[2]，按其能量和物质的转化流程来看，可以分为六个转化阶（表1）。我们要正确地评价草原生产能力，显然应该以第六阶（$P_6$）的可用畜产品（净次级生产能力）为标准，才能真实地表示草原生产能力。

但是由于人们对草原生产本质认识的历史局限性，有时也为了特殊的目的，在表示草原生产能力方面，往往停留在生产出可用畜产品以前的一些转化阶上，这就对草原生产能力得出不真实的评价。通常可以见到以下几类评价方法。

---

* 作者任继周，胡自治，牟新待。发表于《中国畜牧杂志》，1979（2）：21—27.

表1 草原生产流程表

| 项目 | 转化率（%） | 低产（%） | 高产（%） |
| --- | --- | --- | --- |
| 日光能＋无机物<br>$R_1$<br>↓ | ×1－2 | — | — |
| $P_1$植物生长量（总初级生产能力）<br>$R_2$<br>↓ | ×50－60 | 50 | 60 |
| $P_2$可食牧草（净初级生产能力）<br>$R_3$<br>↓ | ×30－80 | 15 | 48 |
| $P_3$采食牧草<br>$R_4$<br>↓ | ×30－80 | 4.5 | 38.4 |
| $P_4$消化营养物质<br>$R_5$<br>↓ | ×（0）60－85 | 0－4 | 32 |
| $P_5$动物生长量（总次级生产能力）<br>$R_6$<br>↓ | ×0－50 | 0－2 | 16 |
| $P_6$可用畜产品（净次级生产能力） | | | |

第一类是可食牧草（净初级生产能力）法，可以简称为“$P_2$指标法”。以单位草原面积上生产多少青草或干草作为草原生产能力的指标。这样的评价方法，经常见于有关草原调查报告中，有时甚至被用为最终的草原评价指标。这显然是不完善的。因为从可食牧草到畜产品，还要经过一个漫长而多变的过程。根据表1推算，可能得到的畜产品低限为零，高限为可食牧草所含能量和物质的27%。造成这一差别的原因很多，主要有草丛的品质、家畜的牧食习性、畜群组合、家畜对牧草的转化能力，以及草原的经营管理水平等。尽管青草或干草产量在认识草原生产能力方面有重要意义，它是构成草原生产能力的基础因素之一，但仅仅是生产能力的基础因素之一，而不能越过这个界限。

第二类是植物营养物质能力指标法，也可简称为“$P_4$指标法”，也就是$P_4$或

$P_4$的衍生指标。如计算草地的总消化营养物质、消化能、代谢能、生产净能、淀粉价，以及各种饲料单位（燕麦单位、大麦单位、玉米单位、干草价）等。这类指标是在可食牧草产量的基础上考虑了家畜对牧草的采食、转化特征，并根据牧草和家畜之间的矛盾转化过程做了必要的计算。因此，这类指标的真实性比可食牧草指标法进了一步。但是从理论上说，它处于第四转化阶（$P_4$），仍然是草原生产能力的中间形态。从第四阶（$P_4$）到第六阶（$P_6$），至少还要损失能量和物质的50%以上，而其产品率可能相差一倍到无穷大（即当 $P_6=0$ 时），因此，用它来表示草原生产能力也显然是不够真实的。

第三类是动物生长量法，也可简称为"$P_5$指标法"。这类方法是目前通行最广的草原生产能力表示方法，也就是草原载牧量（载畜量）指标法。

载牧量的含义是："一定的草原面积在放牧季内以放牧为基本利用方式（也可适当配合割草），在放牧适度的原则下，能够使家畜良好生长及正常繁殖的放牧时间和放牧头数[3]。"这个含义所表述的草原生产能力由三项要素构成：①家畜头数；②放牧时间；③草原面积。这三项要素中只要有两项不变，一项为变数，即可表示载牧量。因此，载牧量现在有三种表示方法。

①家畜单位法，也叫家畜当量（animal equivalent）或家畜系数（animal index）。即根据饲料消耗量，将各种家畜折合成一种家畜，以便进行统计学处理，除由王栋所首创并在我国广泛采用的羊单位计算法外，世界各国都采用牛单位。所用折算标准不下十数种，各国都有其习用的家畜单位。我国所习用的头数指标（如存栏数）以及其他衍生指标（总增率、净增率等以头数为基础的统计方法）都属此类指标。

②时间单位法。在单位面积上可供一个动物放牧的时间（天或月数）。最常见的是头日法，即在一定草原面积上，对于一定家畜可放牧的日数。还有放牧日单位（pasture day unit）相当家畜 100 kg 活重 24 h 内所需维持饲料，一般为 0. 50—0. 55 淀粉当量。

③面积单位（或草地单位，pasture unit）法。在单位时间内一个动物所需的草原面积。如王栋所提出的一个中国草地单位"在放牧季中，能供给一头体重 40 kg 绵羊及其羔羊所需饲料，而不必加喂其他饲料的草地面积为一个草地单位"。英国草地单位是在放牧期间能供给一头体重 1176 磅（10. 5 英担），日产乳 2 加仑的乳牛所需牧草，而不喂其他饲料之草地面积。

上述表示载牧量的三种方式，尽管精粗有别，但从草原生产能力的特征来衡量都有其共同缺点，即混淆了 $P_5$——动物生长量与 $P_6$——可用畜产品之间的界限。这种混淆的客观原因在于家畜本身具有生产资料与畜产品两重性质。当草原生态系统的理论还不被自觉应用于生产设计时，家畜与可用畜产品之间的混淆是经常发生的。但是从草原生态系统的流程图考察，可以发现 $P_5$（家畜，即动物生长量）与 $P_6$（即可用畜产品产量）之间具有重大区别。如以牛为例，存栏牛相当于生产资料的 $P_5$ 为动物生长量，暂以头计。而牛肉是 $P_6$，即可用畜产品，暂以 kg 计。我国每头存栏牛平均每年产肉 3.4 kg，而美国为 85 kg，其 $P_5$ 到 $P_6$ 的转化率为我国的 25 倍。意大利每头存栏牛产肉 101 kg，为我国的 29 倍。这种情况说明：①家畜作为生产资料，只是畜产品的基础；②这个基础通过一定的草原畜牧学措施才能部分地，永远不会是全部地，变成畜产品；③由生产资料的家畜到畜产品的转化率的差别，从草原生态系统理论上看，可以从一倍到无穷大（当转化率为零的极端情况下）。

上述各种草原生产能力的评价方法中，包含着这样大的误差，当然是不能容许的。我们必须寻找更精确的草原生产能力指标。

## 二、用畜产品来衡量草原生产能力

用畜产品来衡量草原生产能力由来已久。从文献记载来看已有 170 多年的历史[4]，生产水平较高的国家早已普遍采用。但是直到现在并没有形成一个可以衡量多种畜产品的统一的单位。可能因为制定一个不同畜产品之间的共同单位较为繁难；同时在资本主义国家，草原生产能力以货币价格为指标已可基本满足经营管理的需要，更重要的原因可能是草原生态系统的研究开始不久，还没有来得及完成这一任务。

理查森（1938，1939）曾经提出衡量草原生产能力的标准称为草地生产单位（Grassland Production Unit，GPU）。一个草地生产单位等于 500 kg 活重的牛一天的维持饲养所需的能量；1 kg 活重增重；10 kg 标准含脂率的奶产量；25 kg 中等品质的青饲料；8 kg 中等品质干草[4]。

在这里可以明显看出，理查森试图提出一个草原生产能力标准，但没有把 $P_5$（动物生长量）与 $P_6$（可用畜产品最终产量）分开。即使测定了草原的草地生产单位，仍然不知道从 $P_5$ 到 $P_6$ 的最终转化量，因为草地生产单位可以在牧养家畜的生产资料状态下保存下来，也可以消耗掉（当饲料不足时，像我国牧区春乏时期家畜减重所表现的那样），而不一定成为畜产品。

尽管如此，理查森做了有意义的工作。他已经来到了解决这个问题的门口，虽没有升堂入室，但对我们有所启示。

我们认为，草原生产能力的科学评定指标应该是：①以草原生产的最终形态，即可用畜产品（$P_6$）为指标；②因此它应该明确区别于作为生产资料的家畜；③作为一个指标它应该具有衡量一切草原生产性能和一切畜产品的共同品格。

为此，我们于 1972 年提出了草原畜产品单位试行方案，试图作为衡量草原生产能力的统一标准。这个方案曾先后在甘肃、青海、宁夏、新疆等省区的草原调查规划中试用，并征求有关方面意见，最近又做了修订。

初步规定一个畜产品单位等于中等肥度的放牧肉牛增重 1 kg，约相当于 20 千 kcal 代谢能，26. 5 千 kcal 消化能，13 千 kcal 生长净能，10 个苏联饲料单位。13 千 kcal 生长净能，10 个苏联饲料单位。

其他各项畜产品根据其放牧饲养所消耗的能量与肉牛增重 1 kg 所消耗能量对比，得出各自相应的畜产品单位。

奶牛产奶 1kg 所消耗的能量是肉牛增重的 1/10，即 10 kg 牛奶相当于 1 个畜产品单位。

绵羊增重 1 kg 所需能量与牛相似，故 1 kg 羊的增重，也等于 1 个畜产品单位。

绵羊生产 1 kg 净毛所消耗的能量为增重的 13 倍，故 1 kg 净毛等于 13 个畜产品单位。

役用马一般三岁出场，把三年内所消耗的营养物质折算其相当的畜产品，大约每匹马相当 500 个畜产品单位。正在使役的马（牧区一般为轻役）每年所消耗的能量约相当于 200 个畜产品单位。

役用牛一般也是三岁出场，相当于 400 畜产品单位。正在使役的牛每年所消耗的能量约相当于 160 个畜产品单位。

役用骆驼四岁出场，相当于 750 个畜产品单位。骆驼的役用能力约相当于 1. 5 匹马，一峰使役用骆驼每年所消耗的能量相当 300 个畜产品单位。

役用驴出场所消耗的饲料能量可以 200 个畜产品单位计，使役一年相当于 80 个畜产品单位。

羔皮羊品种生产一张羔皮的能量消耗相当于 13 个畜产品单位。

裘皮羊品种生产一张裘皮的能量消耗相当于15个畜产品单位。

据国内外有关资料，黄牛的鲜皮为活重的7%，我国黄牛平均体重如以280 kg计，则一张鲜牛皮重约20 kg，即一张牛皮相当于20个畜产品单位。

牦牛的鲜皮重约为活重的7%，平均活重如以200 kg计，则鲜皮重为14 kg，故一张牦牛皮相当于14个畜产品单位。

马的鲜皮重约为活重的5%，平均活重如以300 kg计，则鲜皮重为15 kg，故一张马皮相当于15个畜产品单位。

羊的鲜皮重约为活重的9%，平均活重如以50 kg计，则鲜皮重为4.5 kg，故一张羊皮相当于4.5个畜产品单位。

为了使用方便，根据有关资料，我们还可以将各类畜产品与畜产品单位的折算关系列成表2。

**表2　各类畜产品的畜产品单位折算表**

| 畜产品 | 畜产品单位 |
|---|---|
| 1kg增重 | 1.0 |
| 1个活重50 kg羊的胴体 | 22.5（屠宰率45%） |
| 1个活重280 kg牛的胴体 | 140.0（屠宰率50%） |
| 1kg可食内脏 | 1.0 |
| 1kg含脂4%的标准奶 | 0.1 |
| 1kg各类净毛 | 13.0 |
| 1匹三岁出场役用马 | 500.0 |
| 1头三岁出场役用牛 | 400.0 |
| 1峰四岁出场役用骆驼 | 750.0 |
| 1头三岁出场役用驴 | 200.0 |
| 1匹役马工作一年 | 200.0 |
| 1头役牛工作一年 | 160.0 |
| 1峰役驼工作一年 | 300.0 |
| 1头役驴工作一年 | 80.0 |
| 1张羔皮（羔皮羊品种） | 13.0 |
| 1张裘皮（裘皮羊品种） | 15.0 |
| 1张牛皮 | 20.0（或以活重的7%计） |

续表

| 畜产品 | 畜产品单位 |
| --- | --- |
| 1 张马皮 | 15.0（或以活重的5%计） |
| 1 张羊皮 | 4.5（或以活重的9%计） |
| 1 头淘汰的肉畜羊（活重 50 kg） | 34.5（或以活重的69%计） |
| 1 头淘汰的肉畜牛（活重 280 kg） | 196.0（或以活重的70%计） |

## 三、用畜产品单位衡量草原生产能力的举例

甘肃省天祝县红疙瘩牧业生产队是一个纯牧业生产队，有草原 1.2 万 $hm^2$，饲养有绵羊约5000 只，牦牛约5000 头，马 100 余匹，山羊约 800 只，我们以其1971 年的生产实际情况为例，计算其草原总的生产能力和单位面积草原生产能力。

1. 淘汰肉食牛 565 头 ×175（平均活重 250 kg） =98875 个畜产品单位

2. 淘汰肉食羊 787 只 ×34.5（平均活重 50 kg） =17250 个畜产品单位

3. 生产牦牛奶 75092 kg ×0.13（1 kg 牦牛奶相当于 1.3 kg 标准奶） =9762 个畜产品单位

4. 生产净羊毛 4920 kg ×13 =63960 个畜产品单位

5. 生产净牛毛 3082 kg ×13 =40066 个畜产品单位

6. 出售役马 21 匹 ×500 =10500 个畜产品单位

7. 出售役牛 20 头 ×400 =8000 个畜产品单位

8. 工作役马 20 匹 ×200 =4000 个畜产品单位

9. 工作役牛 70 头 ×160 =11200 个畜产品单位

10. 生产牛皮 245 张（非正常死亡牛剥皮） ×17.5（按 250 kg 平均活重的7%计） =4287.5 个畜产品单位

11. 生产羊皮 228 张（非正常死亡羊剥皮） ×4.5（按 50 kg 平均活重的 9%计） =1026 个畜产品单位

上述 11 项共计生产 268926.5 个畜产品单位，即红疙瘩 1971 年 1.2 万 $hm^2$ 草原总的生产能力为 268926.5 个畜产品单位。草原的平均生产能力为：

268926.5 畜产品单位 ÷12000 $hm^2$ =22.41 畜产品单位/$hm^2$，或 268926.5 畜产品单位 ÷180000 亩 =1.49 个畜产品单位/亩。

## 四、讨论

草原生产本身包含了植物生产与动物生产的全过程。它的最终产品是畜产品（或狩猎品）。在它的能量和物质转化流程中，至少有六个转化阶。由于这种生产程序的复杂性，长期以来，在草原生产能力的评定方面存在着误解和混乱，主要问题是把一些中间形态的产品当作最终产品，并据以评价草原生产能力。这样往往给草原生产带来困难，甚至造成损失。其中最常用的有 $P_2$ 指标——牧草产量评定法，$P_4$ 指标——牧草营养物质评定法，$P_5$ 指标——动物生长量，亦即载畜量评定法。

$P_2$ 指标——牧草产量评定法，是把草原生产早期转化阶的能量贮藏形态——牧草作为草原生产的最终产品来加以评定，如果处理不当会造成重大损失。我们认为，牧草的产量和品质对草原生产能力有重要的指示意义，对牧草产量和品质的评定，任何时候都是不能取消的。它的意义在于：①它可以反映草原初级生产，即由日光能和无机物转化为植物产品的效率和状况。这无疑是草原生产中重要的中间程序。②它是次级生产，即由植物产品转化为动物产品的基础，它的数量和质量直接影响最终产品。③通过经验积累和科学试验，可以在一般情况下，根据一般规律，推测牧草对最终产品的一般影响。这对我们了解草原生产，做出概略认识是有意义的。尽管如此，它在评价草原生产能力方面所起的作用，正像对其他中间转化阶所起的作用一样，对于草原生产的全面了解是必要的，甚至比其他各阶更重要些，但它还是不能取代对草原生产直接的最终评价。当缺乏经验时，从牧草产量直接得出草原生产能力的方法，可能给草原生产带来损失。因为从可食牧草到可用畜产品的漫长转化过程中，可能有大量的能量和物质白白流失，转化率可能从 0 到 30% 以上，这样大的差别是绝对不应忽视的。那种把牧草生产当作全部草原生产的错误观点所造成的损失尤大。在这里不能不涉及苏联学派对我国草原科学所造成的不良影响，他们以植物学家或作物学家履行草原工作者的任务。直到现在大学里没有草原学系或专业，他们的专业研究所叫饲料研究所，长时期来把草原生产当作植物生产对待，造成了苏联草原科学严重落后的局面，西方 20 世纪 50 年代提出的草原“土—草—畜”三位一体的概念，在苏联 60 年代才出现，而先进国家已向草原生态学更深更广的领域进军了。

当草原牧草作为初级产品收获后转出或转入时，仍需计算其畜产品单位，以体现草原生产能力。转出或转入的牧草可以根据本场的从牧草到畜产品的实际转化率加以计算。不可根据其他标准直接把牧草折合成畜产品。因为这样做在科学上违反了生态系统的严格要求，在生产上也将发生粗估冒算的毛病。

$P_4$指标——植物营养物质评定法，与$P_2$指标评定法相比，向最终产品前进了一大步，从$P_2$到$P_4$标志着现代家畜营养科学在草原学上的应用，从理论上说至少减少了20%—70%的误差。当运用适当时，甚至可以较准确地反映草原生产的最终生产能力。但即使如此，也仅仅是理论值。要准确衡量草原实际生产能力，仍然要靠最终产品，尤其是生产管理及计划部门，不能据$P_4$指标来判断生产效果或制定生产规划，因为从$P_4$到$P_6$，其转化率可能相差一倍到无穷大，而且这些数值测定繁难，不易推广。

$P_5$指标——动物生长量，或载牧量评定法。$P_5$最接近草原生产的最终形态，因而也是最接近真实的草原生产能力的评定方法，目前通行于世界各地。但是，无论家畜单位法、时间单位法，还是草地单位法，都有一个本质的缺点，那就是对具有生产资料和畜产品两重性质的家畜不能明确区分出真正的生产能力。实际上这是对于草原的动物生长量，亦即总次级生产量的评定，而不是真正对草原生产能力的评定。在草原上，家畜作为一种动物资源，可以了解其动物生长量，但从这里收获什么质量的畜产品（或狩猎品）则是另一回事。因此，我们经常遇到这样的现象，家畜存栏数增加了，但拿不出相应的畜产品，甚至有的在存栏数增加的同时，畜产品收获量反而下降。这里的问题就在于混淆了草原生态系统理论的$P_5$（动物生长量）与$P_6$（可用畜产品）之间的界限。

畜产品单位的意义在于：①它根据草原生态系统的理论反映生产过程中最后一个转化阶的真实情况，在草原科学的能量和物质转化过程中，提供了一个新的概念和尺度。②这个尺度不仅可以直接测定草原生产能力本身，还可以间接反映草原生产的综合科学技术水平。因为它的依据是生产流程中多阶转化的最后一阶，从理论上说，它是在此以前各个生产环节的最终的全面体现。③它把动物资源与动物产品在属性上区别开来，从而排除了长期存在的假象干扰，真实地反映草原生产能力。

作为一个新标准，虽然经过近十年的酝酿和试行，但毕竟接触面还很窄，还有许多不足之处，现在提出来，希望引起广泛讨论，并且希望通过在更大范围内试行，加以检验和提高。

在经过试行和修改之后，希望国家计划部门及各有关企事业单位正式将其定为衡量草原生产能力的国家标准。这样，对草原畜牧业的现代化当有促进作用。

至于畜产品单位与农区家畜、家禽，如猪、鸡等如何联系，我们还缺乏研究，希望在更广泛的试行中，大家动手加以解决。

## 参考文献

[1] 任继周. 草原的农学范畴及其类型问题［J］甘肃农业大学学报，1965 (2)：41—47.

[2] 任继周，王钦，牟新待，等. 草原生产流程及草原季节畜牧业［J］. 中国农业科学，1978 (2)：87—92.

[3] 甘肃农业大学. 草原学［M］. 北京：农业出版社，1959.

# 关于用畜产品衡量草原生产能力问题的探讨*

正确地评定草原生产能力是当前草原科学和生产工作中一个急需解决的问题，也是用经济规律科学地指导草原畜牧业生产的必要前提。

草原生产能力是什么？草原生产能力是指单位面积草原在一定时期内实际收获的畜产品（肉、奶、毛、皮、役畜、役力等）的数量，是草原这一生产资料的各项特性的最高概括。由于目前在科学研究和生产中使用的诸如牧草产量、可利用牧草营养物质和载畜量等评定草原生产能力的方法，不能真正地体现草原的最终生产能力（当然，这些方法在衡量草原的初级和中间生产能力时还是必需的），因此，任继周在1973年全国草原科学技术座谈会上，提出用畜产品来评定草原生产能力，建议使用畜产品单位作为评定指标，并希望有关人员共同对此问题进行深入的研究与探讨。本文仅就利用畜产品评定草原生产能力的概况、畜产品单位的制定及其与各种畜产品的折算比率等问题进行述评，并提出自己的初步研究结果和一些粗浅认识。

## 一、文献回顾

用统计草原畜产品的方法来评定草原生产能力，在西方已经有170多年的历史。当前在草原管理水平较高的国家，不同的指标和方法在生产中普遍被使用。

在20世纪30—40年代，广泛地提出过淀粉价单位。这个淀粉价单位不是像前述的可利用牧草营养物质的方法中，用牧草的淀粉价产量来评定草原生产能力，而是将草地的维持饲养、奶产品、活增重、幼畜、干草和青草产量等，按

---

* 作者胡自治。发表于《畜牧学文摘》，1979（3），1—9.

其生产需要或所含营养物质的多少折成淀粉价，以便最后算得一个草地生产的淀粉价总量。这类方法有Falke制、Wiegner和Grandjean制、新德国制、新斯堪的纳维亚制等（表1），它们均制定有供畜牧场使用的登记表，规定得很明细、具体。用淀粉价单位评定草原生产能力的方法，直到目前还在广泛使用。

**表1 评定草原生产能力的淀粉价单位法标准（单位：淀粉价 kg）**

| 统计项目 | Falke | Wigner 和 Grandjean | 新德国制 | 新斯堪的纳维亚制 |
| --- | --- | --- | --- | --- |
| 家畜每百 kg 活重在 24 h 的维持饲料： | | | | |
| 200—400 kg 的阉牛和母牛 | — | 0.75 | 0.65 | 0.65 |
| 400—600 kg 的阉牛和母牛 | — | 0.55 | 0.55 | 0.55 |
| 600 kg 以上的阉牛和母牛 | — | — | 0.45 | 0.50 |
| 干奶牛 | 0.5 | — | 0.55 | 0.50 |
| 育成马 | — | — | 1.00 | 1.00 |
| 轻役马 | — | — | 1.00 | 1.00 |
| 公牛 | — | — | 1.00 | — |
| 中役马 | — | — | 1.20 | 1.20 |
| 羊 | — | — | 0.70 | — |
| 奶产品： | | | | |
| 1 kg 含脂率不低于 3.0% 的奶 | 0.20 | 0.20 | 0.24 | 0.23 |
| 1 kg 含脂率 3.0%—3.5% 的奶 | 0.23 | 0.23 | 0.26 | 0.25 |
| 1 kg 含脂率 3.5%—4.0% 的奶 | 0.26 | 0.26 | 0.28 | 0.28 |
| 1 kg 含脂率大于 4.0% 的奶 | 0.30 | 0.30 | 0.30 | 0.30 |
| 活重增加： | | | | |
| 500 kg 以下的生长家畜增重 1 kg | — | 2.0 | 2.5 | 2.8 |
| 500 kg 以上的成年家畜增重 1 kg | 2.5 | 2.5 | 3.5 | 3.0—3.5 |
| 初生犊（如无初生犊重量，则把初生和胞衣认作 30 + 25 kg 淀粉价） | — | — | 75.0 | |
| 中等质量的干草 100 kg | 35.0 | — | 35.0 | — |
| 中等质量的青草 100 kg | 13.0 | — | 13.0 | — |

Richardson（1938，1939）曾提出过比淀粉价更为简明的单位——草地生产单位（德文缩写GLE，英文缩写GFU），用以评定草原生产能力。这个单位不仅比淀粉价单位容易理解，而且花费的计算较少，它与各种草地产品的折算比率规定如下。

草地生产单位（GPU）=1 个放牧日（活重 500 kg 的家畜 1 日的维持需要）

=1 kg 活重增重

=10 kg 中等含脂率的奶

=25 kg 中等品质的青饲料

=8 kg 中等品质的干草

草地生产能力可按下例计算：

935 个牛的放牧日 = 935 × 1 = 935 GPU

789 kg 活增重 = 789 × 1 = 789 GPU

8574 kg 奶 = 8574 × 0.1 = 857.4 GPU

总的草地生产能力就等于 935 + 789 + 857.4 = 2581.4 GPU

草地生产单位对于生产和管理机构的使用十分方便，并且也容易换算为其他能量单位，例如，它和淀粉价的比率约为 1∶2.5。

英国农业管理中心（1957）对英格兰和威尔士奶牛场草原生产能力的测定中，曾经以单位面积产奶量为标准。它所使用的方法是首先计算本牧场的牧草及其他饲料地的面积，再加上买进饲料的“面积当量”，亦即把 1 t 精料作为 1 英亩，两者相加即为饲养总面积。这个数字为奶牛数除，即为“牛面积”——每牛所需饲料面积；同时记录牛奶产量，就可以算出每英亩产奶量，以供和其他奶牛场相比。

上述三类方法都是试图直接用草地生产的畜产品多少来评定草原生产能力，并使之用于实际，这是它们的基本优点，但是从真正体现草原生产能力含义和全面应用的角度来认识它们，显然还存在下列问题：①前两种方法将不生产产品的维持饲养与生产的各类畜产品都认为是草地产品而进行统计。草地生产是为了生产畜产品，而不是为了只把家畜养活，因此，这样统计就部分地失去了用畜产品评定草原生产能力这个最重要、最根本的原则。②把草地生产的饲料也按比例折算为畜产品，这更是欠妥当的。因为直接用畜产品来评定草原生产能力，原就是为了避免用植物性的初级产品代替动物性最终产品来评定草原生产能力，而上述处理正好在实际上导致人们较容易地使用植物性产品统计法，而放弃畜产品统计法。也就是说：方法否定了原则。③这三类方法都由于没有注意解决各种畜产品对标准单位的折算比率，而使其在实际应用中受到很大限制。例如，产奶草原、产肉草原和产毛草原之间；同一草原同时生产肉、奶、毛、役畜时，都因这些不同质的产品不能折算为一个统一的标准单位，而难以比较和评定它们的生产能力大小。

综上所述，用直接统计畜产品的方法来评定草原生产能力的工作已有许多年的使用历史，并且在目前已普遍使用，但在原则和方法上都存在问题，需要进一步解决。

## 二、用畜产品单位评定草原生产能力的原则

为了从草原生产能力本身的含义出发，制定出一个比较完善的可供普遍使用的评定草原生产能力的新方法，针对前述各类方法所存在的问题，首先需要确定几点原则。①草原生产能力要以具有使用价值的畜产品（肉、奶、毛、皮、役畜、役力等）来表明，对于草原的植物性初级产品的牧草，中间产品的维持饲养、幼畜，以及生产中的其他必要消耗，均应通过统计的畜产品来处理，而不应和畜产品并列、单独列项统计。但为了准确计算本单位的草原生产能力，出售和买进的精粗饲料，由于各单位生产管理水平的差异，不应规定统一的折算比率，而应按本单位的实际饲养管理水平来折算标准单位数。②直接采用一种畜产品形态作为标准单位，并核算它和其他各种畜产品的折算比率。③新方法在实际应用时应简明、方便。

根据上述原则，以畜产品单位作为标准单位，用来评定草原生产能力是合适的。一个畜产品单位规定相当于 1 kg 中等营养状况的放牧肥育牛的增重。各种畜产品折算为畜产品单位时，其质量标准规定是：①活增重的产品形态为牛、羊等肉畜中上肥度的胴体，每 kg 的热能值为 2500 kcal。②奶为含脂率 4%、无脂固形物 89% 的标准奶，每 kg 的热能值约 750 kcal。③毛为净毛，每 kg 的热能值约 5000 kcal。④役畜为正常的育成年龄，中等体重的成品家畜。⑤役用工作为轻役。⑥羔皮为羔皮品种羊的羔皮。⑦裘皮为裘皮品种羊的裘皮。

## 三、制定各种畜产品与畜产品单位折算比的方法

为了求算各种畜产品与畜产品单位的折算比，可以考虑使用的方法有三种：①各种畜产品的市面价格之比；②各种产品所含热能值之比；③生产单位重量产品所消耗的能量之比。用第一种方法显然有其根本的缺陷，因为市面价格受价值规律和计划经济的支配，很不稳定。另外，同等的产品，良种家畜的价格较高，这样就使得标准价格难以确定。第二种方法表面看来似乎科学和方便，但实际上有不合理之处。因为各种有特定用途的不同性质的畜产品，由于生产方向和所含成分的不同，在生产过程中所需要的时间和消耗也不同，表现为能量转化率的差异。但是，这种差异是生产特点和用途所决定的，因此只考虑生产

的转化部分而不考虑生产中必要的消耗部分显然是不对的，这样做对生产是有危害的。

使用第三种方法来确定折算比率是符合科学、生产实际以及经济学原则的，是正确的。但我们都清楚，家畜的生产在草原放牧和舍饲之间还有很大的不同。因此，不能简单地用以舍饲试验为基础确定的饲养标准定额求算这种比率，而应充分注意到草原放牧饲养的特点。

草原放牧家畜饲养的重要特点之一是维持需要显著地较舍饲家畜为高，这种情况是由于放牧家畜行走、站立、采食和消化道处理大量的采食牧草的“消化工作”消耗了较多的能量。

关于行走的能量消耗，Garrigus 和 Rask（1939）用牛做的试验证明：牛每454 kg 的活重走完 1.6 km 的消耗为 33 kcal（0.45 cal/kg m）。Ribeiro 等（1977）报告，牛以 40—85 m/min 的速度，行走的消耗为 0.48 cal/（水平 kg · m）；登高运动为 6.2 cal/（垂直 kg · m）。Clapperton（1961，1964）的研究指出，绵羊水平运动的消耗随速度的增加而增加，平均为 0.59 cal/（水平 kg · m）；登高运动的能量消耗随速度的增加而减少，平均为 6.45 cal/（垂直 kg · m）。这样看来，登高的消耗接近于水平行走的 13 倍；放牧家畜不仅比舍饲家畜，而且山地草原的家畜，要比平地草原的家畜在行走上消耗更多的能量。

家畜在站立时比卧息时消耗的能量为多。据六个试验资料平均，绵羊在站立时比卧息时多消耗 0.18 kcal/（kg · h）；另据四个试验平均，牛在站立时多消耗 0.10 kcal/kg · h，与舍饲相比，放牧的家畜，尤其放牧在质量较差的草原上时，站立的时间要长得多，因此消耗要多一些。

绵羊采食的能量消耗因采食的饲料而异。新鲜的草地牧草是 1.5—9.0 cal/（kg · min）（Osuji，1973；Graham，1964），干草是 8.1—13.8 cal/（kg · min）（Christopherson，1971：Webster 和 Hays，1963），精料为 6.4—7.0 cal/（kg · min）（Young，1966），颗粒嫩干草为 4.4 cal/（kg · min）（Osuji，1973）。Osuji（1973）在“羊饲喂的热增耗分析”的试验报告中指出：①采食和热增耗有关。绵羊采食草地牧草的速度比采食切碎的青草慢 3—4 倍，而和采食干草的速度近似：如按干物质计，采食草地牧草分别比采食切碎的青草和干草慢 3.5—5 倍和 7 倍。②采食的能量消耗与采食时间成正比，相关系数为 0.86。根据上述结论可以推想，每天放牧 3—10 h、采食速度较慢的放牧家畜，显然要比采食时间为 1—3 h、采食速度较快的舍饲家畜在采食方面消耗的能量为多。对此，Webster

(1972）和 Graham（1964）报告，放牧家畜的采食能量消耗达维持需要的25%—50%。Osuji（1974）根据采食的生理学研究资料指出，如此大量的采食消耗，对反刍家畜来说，是因为包含有消化道处理大量的牧食物质的“消化工作”的能量消耗。

从总能量消耗来看，放牧的绵羊要比舍饲的多25%（Langlands 等，1963；Coop 和 Hill，1962）到 60%—70%（Young 和 Corbett，1972），甚至 100%（Lambourne 和 Readon，1963）。Osuji（1974）根据对体重50kg 的放牧和舍饲绵羊各项活动的能量消耗分析，计算出放牧绵羊每日的维持需要为1630.5 kcal，舍饲的为1278.5 kcal，放牧的比舍饲高约30%。高出部分主要是由站立、行走和采食等肌肉活动所引起。对于牛来说，Corbett（191）发现，在集约条件下放牧时，奶牛的维持需要与舍饲条件下没有大的差别。但是根据更多的其他资料计算，奶牛放牧饲养的维持需要较舍饲高50%—100%。

从上述研究看来，似乎可以在舍饲家畜的饲养标准基础上，再加上放牧家畜额外的消耗来处理放牧饲养的能量需要。如同 Wood 和 Woodman（1939）曾提出，对于每头在优等、中等和劣等草原上放牧的牛，可相应地附加0.45、0.90 和1.35 kg 淀粉价/头日作为放牧消耗。Linchan 和 Owl（1946）也提出，在优等的平坦放牧地上，每牛每日的放牧消耗可加0.45 kg 淀粉价。Rhoad 和 Carre（1945）建议加25%的饲养标准来作为放牧活动用。但问题是放牧家畜，尤其是粗放管理的放牧家畜行走的距离、站立和采食时间，以及采食量等，在不同条件下差异极大，难以统计计算，因此也就难以给予精确的附加消耗。另外，放牧和舍饲饲养的差异还在于草原放牧有利于家畜健康，在牧草生长季节，家畜能根据需要采食新鲜牧草而获得完全的营养，这在生产上较有利。但在冬春天寒草枯时期，营养状况变差，体热散失很大，生产降低，甚至不生产和消耗体内贮存物质，代谢机能有很大的变化，因此，用附加放牧需要量的办法不足以解决此问题。

为了将各种畜产品与畜产品单位的折算比率建立在科学的基础上，用放牧或放牧为主的饲养方式下生产单位重量各类畜产品的能量总消耗，并结合饲养标准的规定来确定这个比率是比较合适的；同时也可参考同一草原在用于不同畜牧生产的方向时，生产的不同畜产品数量之比。这样就会既有科学根据，又有实际应用价值。

## 四、各种畜产品与畜产品单位折算比

根据上述规定，讨论确定放牧肥育家畜每 kg 增重和生产单位其他畜产品的能量消耗，以及它们之间的比率。

（一）放牧家畜增重的能量消耗

放牧家畜单位增重的能量消耗因年龄、体重、增重强度、肥育阶段和肥育时期长短的不同而有很大的差异。因为我们的目的是讨论 1 kg 增重与生产单位各类畜产品的能量消耗，也就是生产状况下的消耗，因此，增重的消耗是指放牧家畜在适当的年龄、中等的肥育条件下每增重 1 kg 的消耗。放牧肥育的牛、羊，在中等肥育条件下，每 kg 的增重按其平均成分计算约含有 7000 kcal 的热能，但获得 1 kg 增重其能量的消耗远大于此。另外，肉用家畜在经过肥育后才能最后生产出符合质量规定的胴体，因此前面说过的 1 kg 增重的畜产品形态是中上肥度的 1 kg 胴体正是这个意思。

关于放牧肥育肉牛的单位增重能量消耗，我国可供利用的资料较少。Черекаев（1973）报道了一个很全面的试验资料。其试验处理是用 8 月龄的小牛，分为五组进行肥育试验：第一组基本放牧肥育；第二组强度舍饲到 18 月龄；第三、第四组强度舍饲到 15—16 月龄，但在屠宰前 2—3 个月进行放牧肥育，在放牧期间第四组另补给 2 kg 精饲料；第五组强度舍饲肥育到 12 月龄。各组试验结果如表 2。从表 2 的结果看来，不同的肥育处理，其 1 kg 增重的饲料消耗差异很大，为 8.1—20 个（苏联）饲料单位。Дудин（1965）对卡尔梅茨牛的肥育试验证明，单纯放牧肥育到 18 月龄，每 kg 增重需要 8.2 个饲料单位，而补饲 3 kg 大麦时可下降到 7.6 个饲料单位。Бломквист 等（1961）在苏联《饲料生产手册》中的规定为牛的 1 kg 增重需要 8—10 个饲料单位，波波夫（1955）的饲养标准规定，200—500 kg 的肥育牛每 kg 增重需要 8.6—9.6 个饲料单位。托迈（1958）的饲养标准规定，200—500 kg 的育成牛，在日增重 1 kg 的肥育条件下，每 kg 增重需要 7.1—9.2 个饲料单位；250—500 kg 的成年牛在上述条件下需要 8.8—10.5 个饲料单位。从上述苏联的资料来看，放牧肥育牛增重 1 kg 所需能量可以集中为 8—12 个饲料单位。

**表2　用不同方法肥育阉公牛的效果**

| 组别 | Ⅰ | Ⅱ | Ⅲ | Ⅳ | Ⅴ |
|---|---|---|---|---|---|
| 头数 | 104 | 34 | 116 | 30 | 12 |
| 八月龄平均活重（kg） | 173 | 171 | 170 | 170 | 183 |
| 完成肥育试验的月龄 | 28—30 | 18—20 | 15—16 | 15—16 | 12 |
| 肥育结束时的平均活重（kg） | 393 | 362 | 357 | 401 | 330 |
| 试验期平均日增重（g） | 323 | 596 | 813 | 1004 | 1225 |
| 屠宰率（%） | 52. 6 | 55. 4 | 57. 0 | 60. 6 | 58. 8 |
| 肉中脂肪含量（%） | 12. 46 | 18. 85 | 21. 06 | 20. 48 | 15. 51 |
| kg 增重的能量消耗（饲料单位） | 20 | 13. 4 | 9. 2 | 9. 0 | 8. 1 |

英国农业研究委员会（ARC，1972）规定，在 1 kg 日粮为 2. 6 kcal 代谢能的条件下，200—400 kg 的生长和肥育牛，当日增重为 750g 时，每 kg 增重需要 15. 3—23. 6 kcal 代谢能。美国国家研究委员会（NRC，1970）规定，200—400 kg 的生长和肥育牛，当日增重为 750 g 时，每 kg 增重需要 16. 7—30. 1 kcal 代谢能。如按 60% 计算代谢能的增重利用效率，则上述两个饲养标准规定的增重净能需要接近于 10 个饲料单位。

关于放牧肥育羊的增重需要，根据对甘肃农业大学天祝高山草原试验站多年的饲养记录计算，一岁的新疆细毛羊及其高代杂种羯羊，每 kg 增重约需 6 个饲料单位；两岁时每 kg 活重累积需要 12 个饲料单位。Модянов（1963）根据综合的资料指出，放牧的绵羊每 kg 增重消耗的饲料单位是：8—12 月龄为 7—9 个，成年羊为 10—12 个。苏联《饲料生产手册》（1961）规定，绵羊每 kg 增重需要 8—9 个饲料单位。据对周志宇等（1975）在天祝高山草原试验站绵羊放牧采食量和消化试验的资料计算，体重 35. 5 kg 的岁新疆羊及其高代杂种羯羊秋季放牧肥育，在日增重 327 g 的情况下，每 kg 增重的需要用不同的单位表示时，为 2. 67 kg 消化有机物质，3. 17 kg 总消化营养物，13. 18 kcal 消化能，11. 5 kcal 代谢能。Кремнева 和 Ялченко（1963）对北高加索山地半细毛羊放牧试验的结果是，每 kg 增重需要 8 个饲料单位。Рачковский（1975）进行的放牧肥育试验证明，每 kg 增重的饲料消耗，罗姆尼—玛什公羊的杂种为 7. 3 个饲料单位，高加索公羊的杂种为 9. 6 个饲料单位。Довбуш（1977）的试验还证明，正常断奶和较少补饲的一般饲养，7 月龄羔羊每 kg 增重需要 9. 5 个饲料单位，而两个月断奶，给予丰富的饲养可降低到 5. 8 个饲料单位。Окулччев 和 Хаданович（1963）指出，放牧绵羊每 kg 增重的消耗与日增重的关系是，在日增重 60—

80 g的情况下为14.8个饲料单位，100—125 g时为10，而在230 g时仅为6。

据波波夫（1955）规定，体重40kg的肥育羊，在日增重为120—150 g时，每kg增重需给予8.4—10.4个饲料单位。托迈（1958）对体重50 kg的成年羊肥育的规定是，在日增重150 g时，每kg增重需要10.6个饲料单位。全苏畜牧研究所（1966）制订的肉毛兼用羊，7—11月龄肥育的标准是，在日增重为120—130 g时，每kg增重需要8.6—9.9个饲料单位。美国NRC（1968）和Модянов（1977）对肥育羊每kg增重的饲养定额，与天祝草原试验站（1975）的放牧试验结果比较如表3。

**表3 肥育羊每kg增重的能量消耗**

| 资料来源 | 体重（kg） | 日增重（kg） | 总消化营养物质（kg） | 消化能（kcal） | 代谢能（kcal） | 饲料单位 |
|---|---|---|---|---|---|---|
| 天祝草原站 | 35.5 | 0.327 | 3.2 | 13.18 | 11.5 * | — |
| NRC | 36.0 | 0.15—0.20 | 5.4 | 24.0 | 19.7 ** | — |
| Модянов | 35.0 | 0.15—0.20 | 4.45 | 19.6[2] | 17.0 | 7.9 |

注：* 代谢能 = 消化能 ×0.82；** 按Модянов规定，代谢能 = 消化能 ×0.87。

综上所述，绵羊每kg增重的能量消耗约在9—10个饲料单位，美国NRC的标准如按增重净能估算，大约为9个饲料单位。

如果综合上述肥育牛和羊的单位增重能量消耗，并考虑到我国肉畜淘汰的年龄较大，放牧肥育的日增重大多为中等水平，一般不补饲精料，以及试验和生产之间的距离等实际情况，将放牧肥育的牛和羊每kg增重的能量消耗暂规定为10个饲料单位，22.5 kcal代谢能，或26.5 kcal消化能比较合适，以便和其他畜产品的生产需要进行比较。

（二）放牧家畜产奶的能量消耗及与增重所需的比率

奶牛单位产奶量的能量消耗因体重、日产奶量和饲养条件的不同而有很大的差别。我国黑龙江红色草原农垦局东风牧场（1976）的饲养试验证明，夏秋在放牧饲养的条件下，黑白花奶牛每产1 kg奶平均需要0.9个饲料单位；如含脂率平均按3.5%计，则每kg标准奶需要0.98个饲料单位。大原久友（1975）报道的苏联四个农场每kg产奶的需要分别为0.95、1.05、1.21和1.03个饲料单位。苏联《饲料生产手册》规定，放牧牛每产1 kg奶需要1.0—1.5个饲料单位。波波夫（1955）规定，375—575 kg 的产奶牛在一个泌乳期产奶量为2000—4000 kg 时，每产1 kg 4% 含脂率的奶平均需要0.969 个饲料单位。从上述用饲料单位表示的产奶消耗来看，每 kg 奶平均需要1 个饲料单位。ARC（1972）规定，500 kg 的产奶牛日产15—20 kg 奶时，每 kg 奶需要2.0—2.6 kcal 代谢能，NRC（1970）对上述同样情况的规定是1.8—2.5 kcal 代谢能。

根据上述资料，可讨论生产1 kg 奶和1 kg 增重所消耗能量的比率。这个比率据波波夫接近于10：1，ARC 约为7.2—9.1：1，NRC 约为9.3—12.0：1，苏联《饲料生产手册》约为6.7—8：1，如按前述综合的数据则为10：1。根据这些数据，初步结论：1 kg 增重和1 kg 产奶所消耗的能量比接近于9—10：1。

但是上述比率只是理论和非对比试验所得出的结果，为了将此比率定得更符合实际一些，很有必要参考 Holmus 和 Greenhalgh 关于草地家畜增重和产奶能量的理论需要和对比试验。Holmus（1968）曾根据 ARC（1965 年）的标准，制订的表4 可以算出肉牛和奶牛在生产水平为低、中、高和很高的草地上，增重和产奶所需能量的理论数据比分别为6.8：1，7.2：1，7.1：1 和7.2：1。可是 Greenhalgh（1975）又用一个对比试验结果与 Holmus 的计算汇成了表5，表5 表明，在干物质产量高（11700 kg/hm$^2$）的草地上，肉牛增重的试验值远低于理论值，而奶牛产奶的试验值却超过了理论值，单位增重和产奶及能量消耗为14.9：1（1480：990），大于理论比率7.1：1（12500：1750）的一倍以上，作者对产生这种现象的原因，从肉牛和奶牛对牧草的收获率、采食量和利用率三个方面做了分析，认为草地管理和放牧制度的集约化程度不够是形成这种差别的重要原因。对于 Greenhalgh 的这一发现和分析，在确定增重和产奶的比率时应当予以考虑，为此，在最后确定这一比率时取其上限，规定为10：1。

**表4　牛在草地上的生产指标**

| 草地生产水平 | 牧草产量（kg/hm$^2$） | | 肉牛数牧日/hm$^2$ | 奶牛数牧日/hm$^2$ | 180 天的放牧率内预计产量 | | | |
|---|---|---|---|---|---|---|---|---|
| | 干物质 | 可消化粗蛋白 | | | 肉牛放牧率（头/hm$^2$） | 增重量（kg/hm$^2$） | 奶牛放牧率（头/hm$^2$） | 产奶量（kg/hm$^2$） |
| 低 | 5500 | 600 | 820 | 390 | 4.6 | 820 | 2.2 | 5800 |
| 中 | 9800 | 1100 | 1460 | 700 | 8.1 | 1460 | 3.9 | 10500 |
| 高 | 11700 | 1600 | 1750 | 835 | 9.7 | 1750 | 4.6 | 12500 |
| 很高 | 13200 | 2020 | 1970 | 940 | 10.9 | 1970 | 5.2 | 14100 |

注：（1）假定粗蛋白的消化率为75%。

（2）假定 300 kg 的肉牛日增重 1 kg，日食量 6.7 kg 干物质。
（3）假定 500 kg 的奶牛日产奶 15 kg，日食量 14 kg 干物质。

**表 5　干物质产量为 11700 $kg/hm^2$ 的草地牛的生产量**

| 生产类别 | 理论值* | 试验值** |
| --- | --- | --- |
| 肉牛（350 kg）: | | |
| 放牧率（头/$hm^2$） | 9.7 | 8.2 |
| 日增重（kg） | 1.0 | 0.84 |
| 增重总量（$kg/hm^2 \cdot a$） | 1750 | 990 |
| 奶牛（500 kg）: | | |
| 放牧率（头/$hm^2$） | 4.6 | 6.0 |
| 日产奶（kg） | 15.0 | 16.5 |
| 产奶总量（$kg/hm^2 \cdot a$） | 12500 | 14800 |

注：* 放牧季 180 d；** 肉牛放牧季 140 d，奶牛放牧季 160 d。

（三）放牧家畜产毛的能量消耗及其与增重所需的比率

关于产毛的能量消耗的研究还只是近 30 年的事情。Furguson、Carter 和 Hardy（1949）曾指出，羊毛生产和饲料消耗之间具有近乎直线的相关。1961 年苏联《饲料生产手册》规定，绵羊每生产 1 kg 净毛需要 50—100 个饲料单位，但这是一个很粗放的规定。1962 年 Furguson 又报道，在体量不变的情况下，羊毛生产和采食量的比率是恒定的。恒定的比率意味着羊毛的生产和采食量是通过原点的直线相关，但作者并未能确证。Модянов（1963）指出，在北高加索的条件下，平均生产 1 kg 原毛需要 60 个饲料单位，如以 40% 的净毛率计，则每 kg 净毛需要 130 个饲料单位，如 1 kg 增重按 10 个饲料单位的需要量计，则产毛和增重的能量消耗比为 13：1。为此，Жиряков 和 Модинов 于 1973 年进行了试验。试验证明，体重 55.5、50.6 和 460 kg 的 4 岁茨盖羊，在体重不变的情况下，平均生产 1 kg 净毛及其维持饲养共需饲料单位分别为 145.2、138.1 和 135.2；产毛和增重所需能量之比分别为 14.5：1、13.8：1 和 13.5：1。1977 年 Langlands 和 Donald 终于用试验确证了澳洲美利奴及其和边区来斯特的杂种羊，分别在体重不变的舍饲和放牧条件下，羊毛生产和消化有机物质的采食量具有通过原点的直线关系，并同时确定了澳洲美利奴在采食苜蓿干草的舍饲情况下，每 100 g 消化有机物质生产 1.09 g 净毛，而其杂种在繭草放牧地上，每 10 g 消化有机物质平均生产1.42 g净毛。如每g消化有机物质含有3.75 kcal代谢能，则在舍饲和放牧条件下，每kg净毛消耗的代谢能为844 和264 kcal，用以和我们确定的每kg增重需要22.5 kcal代谢能的数值进行比较，则产毛和增重所需能量之比为11.7—15.3：1，和Жиряков等的结果十分相似。如果综合考虑所得到的这些数据，可暂按13：1来表示生产1 kg净毛与增重1 kg之间的能量消比耗。

现在还无法确知生产细毛、半细毛和半粗毛、粗毛在能量消耗上的差异，但从上述资料可以看出，细毛和半细毛之间没有表现出太大的差异。另外还不能确定绵羊以外的其他产毛家畜在产毛能量消耗上的差异，因此，暂时将各种家畜的产毛均按绵羊毛的规定来处理。

（四）生产役用家畜的能量消耗及与增重所需的比率

役畜作为畜产品来说，应当是达到可供役用年龄时的役畜，因此，生产一头役畜的能量需要可按其育成时期内消耗的总量来计算。

役马的育成期一般为三年。据谢成侠、沙风苞（1953）总结的资料，我国草原群牧育成的役马，在三年育成期间消耗的饲料总量为4800个饲料单位（包括奶的消耗量），和增重之比为480：1。据全苏养马科学研究所资料显示，三岁时体重为300 kg的役马，在其三年的生长期内，包括奶共消耗5670个饲料单位，和增重之比为567：1。如再按NRC（1973）的生长马饲养标准计算，三岁时达350 kg的役马共需消化能14325 kcal。根据前面所确定的每kg增重需要26.5 kcal消化能计算，一匹三岁马育成期内的饲料消耗相当于540 kg增重，也就是与1kg增重之比为540：1。在上述三个比率中，我国是生产实践资料，数值较低；用不同方法计算的苏、美饲养标准的比率十分接近，比我国资料的数值为大。考虑到我国牧区三岁出场马体重一般为250kg—300 kg，实际饲养条件较差，因此采用500：1的比率比较合适。

关于役用牛可供计算的参考资料很少，考虑到3岁的育成役用牛出场时的体重较马为低，因此以马的80%计，即与1 kg增重之比为400：1。

育成的出场驴，这个比率暂定为200：1。

（五）役畜工作的能量消耗及其与增重所需的比率

役畜工作的能量消耗与工作的轻重有直接关系，也与体重有关，考虑到牧区役畜的工作性质一般属于轻役，因此按轻役的消耗来计算。据杨诗兴（1964）计算，我国轻役马每日约需6个饲料单位。托迈（1958）规定，350 kg的轻役马每日需0.6个饲料单位。根据上述饲养标准，结合我国牧区马匹体重和劳役的轻重及时间，每年可以200个饲料单位计，与1 kg增重的消耗相比，其比率为200：1。役牛的工作消耗，据杨诗兴（1961）计算，每日可按5.5个饲料单位计，每年可按1600个饲料单位计，与增重所需的比率为160：1。骆驼的役用能力至少可抵1.5匹马，据此，一峰骆驼一年的工作和1 kg增重的能量消耗之比可按300：1计。驴的比率可按80：1计。

（六）皮张生产的能量消耗及其与增重所的比率

肉畜的皮张一般可在淘汰屠宰时按其占活的百分率和胴体及内脏一并计算。但对羔皮和裘皮，以及因其他原因从畜体上只获得皮张时，需要另行计算。

1. 羔皮和裘皮

据Модянов（1963）资料，生产一张卡拉库尔羔皮需要132个饲料单位，因此，对于羔皮品种羊来说，一张皮和1 kg增重的消耗可按13：1计算。据此，并考虑到皮用羔羊的饲养日期及其消耗，可按13：1计。

2. 牛皮

牛皮和其他生皮难以计算其生产的消耗，为此，考虑以其鲜重1 kg相当于增重1 kg来处理。据内蒙古、黑龙江、山西，新疆和甘肃有关单位（1977）的六个屠宰试验，58头牛的资料平均，我国北方黄牛及其杂种一代18月龄左右的中上等肥度牛，鲜皮率（鲜皮占活重的百分率）为7.3%，范围为6.4%—8.4%。托迈（1950）的资料也认为肥度不等的牛，其鲜皮率在7.1%左右。Головач（1976）报道，西门答尔牛和黑白花牛13月龄时的鲜皮率分别为9.0%和8.2%。Дудин（1976）报道，海福特牛和西门答尔牛的杂种，18月龄时的鲜皮率平均为7.3%。根据上述资料，我国黄牛的鲜皮率可暂按7%计，也就是说，需要另行统计的牛皮，可按牛活重的7%来计算其畜产品单位数。另外，上述六个屠宰试验的牛平均活重约280 kg，因此，一张牛皮平均为20 kg鲜重（280×7%＝19.6），即一张中等质量的牛皮可按20个畜产品单位计。牦牛的鲜皮率据少数资料也是7%左右，因此可按上述办法处理。

3. 马皮

马的鲜皮率可暂按活重的5%计。如马的平均活重为300 kg，则每张鲜马皮重15 kg，即可按15个畜产品单位计。

4. 羊皮

据云南省畜牧研究所等（1975）资料计算，西藏羊及其杂种羊的鲜皮率为9.3%，如按9%计，则一头50 kg的绵羊鲜皮重4.5 kg，即一张中等质量的羊皮为4.5个畜产品单位。

（七）可食内脏1 kg暂按1 kg增重计算

为了使用方便，根据上述讨论和其他资料（表6），可以将各类畜产品与畜产品单位的折算关系列如表7。

**表6 我国中上等度肉牛、肉羊屠宰后平均各部所占百分比**

| 畜别 | 头数 | 活重（kg） | 胴体 | 头蹄 | 内脏 | 血 | 皮 | 肠胃内容物 |
| --- | --- | --- | --- | --- | --- | --- | --- | --- |
| 牛 | 79 | 276 | 50 | 7 | 13 | 4 | 7 | 19 |
| 羊 | 105 | 50 | 45 | 8 | 15 | 4 | 9 | 19 |

**表7 各类畜产品的畜产品单位折算表**

| 畜产品 | 畜产品单位数 |
| --- | --- |
| 1kg肥育牛增重 | 1.0 |
| 1头活重50 kg羊的胴体 | 22.5（屠宰率45%） |
| 1头活重280 kg牛的胴体 | 140.6（屠宰率50%） |
| 1 kg可食内脏 | 1.0 |
| 1 kg含脂率4%的标准奶 | 0.1 |
| 1 kg各类净毛 | 13.0 |
| 1匹3岁出场役用马 | 500.0 |
| 1头3岁出场役用牛 | 400.0 |
| 1峰4岁出场役用骆驼 | 750.0 |
| 1头3岁出场役用驴 | 200.0 |
| 1匹役马工作一年 | 200.0 |
| 1头役牛工作一年 | 160.0 |
| 1峰役驼工作一年 | 300.0 |
| 1头役驴工作一年 | 80.0 |
| 1张羔皮（羔皮品种羊所产） | 13.0 |
| 1张裘皮（裘皮品种羊所产） | 15.0 |
| 1张牛皮 | 20.0（或以活重的7%计） |
| 1张马皮 | 15.0（或以活重的5%计） |
| 1张羊皮 | 4.5（或以活重的9%计） |
| 1头淘汰的中上肥度的肉牛（活重280 kg） | 196.0（或以活重的70%计） |
| 1头淘汰的中上肥度的肉羊（活重50 kg） | 34.5（或以活重的69%计） |

## 参考文献

[1] 任继周，王钦，牟新待，等．草原生产流程及草原季节畜牧业［J］．中国农业科学，1978（2）：87—92.

[2] 杨诗兴．我国古代的家畜饲养标准 [J]．甘肃农业大学学报，1964 (2)：40—49.

[3] 谢成侠，沙凤苞，等．养马学 [M]．南京：江苏人民出版社，1958：219.

[4] 周志宇，梁正孝，姜永，等．秋季放牧绵羊采食量及牧草消化率的测定 [J]．甘肃农大学报，1975 (6)：76—83.

[5] 托迈，等．普通动物饲养学：上册 [M]．劳允栋，译．北京：中华书局，1954：151.

[6] 托迈．家畜饲养标准及日粮 [M]．胡坚，戴惠敏，李塞云，译．北京：农业出版社，1960：46，70—72，91.

[7] 波波夫．饲养标准和饲料表 [M]．董景实，庄庆士，译．北京：财政经济出版社，1956：3，67，10.

[8] 甘肃农业大学．养马学 [M]．北京：农业出版社，1981.

[9] 甘肃农业大学．家畜饲养学 [M]．北京：农业出版社，1961：188.

[10] 华北农业大学畜牧系．牛的营养需要 [M]．北京：中国农林科学院，1977：33，36.

[11] 东北地区绵羊育种委员会，青海畜牧兽医研究所．全国半细毛羊育种协作会议资料选编 [G]．东北地区绵羊育种委员会，青海畜牧兽医研究所（内部资料），1975：69—73.

# 草业的定位

## 草业是与农业、林业同等重要的产业*

我国草原资源丰富，与位居世界第一、第二位的澳大利亚和俄罗斯的草原面积相近，是世界第三大草原资源国。草原是我国六大自然资源（耕地、森林、草原、矿产、水、海洋）之一，总面积约4亿公顷，占国土总面积的41.67%，为耕地面积的3.08倍，林地面积的2.52倍[1]。草原生态系统具有大气成分调节、气候调节、干扰调节、水调节、土壤形成和保育土壤、养分获取和循环、废物处理、传粉与传种、基因资源、避难场所、生物控制、原材料生产、饲草和食物生产、游憩和娱乐、文化艺术等15项服务功能[2]。把草原保护和利用好，对于改善和提升我国的生态环境、生产动物性食品和多种原材料、丰富精神文化生活等，具有十分重要的意义。目前，草业正在草原生态系统服务功能的基础上，逐渐形成和发展为具有独特系列产品的产业。为了进一步推动草业的快速发展，全面、合理地利用草原资源，必须提高对草业的认识，并把草业放在合适的位置，为此，本文论证了草业是与农业、林业同等重要的产业这一命题。

### 一、传统的草原生产是畜牧业生产的一部分

我国天然草原类型繁多，生长有大量品质优良的饲用植物，《中国草地饲用

* 作者胡自治。本文为1992年为回复教育部关于将草原专业改为草学专业的问题，在甘肃农业大学草业学院院务扩大会议上所做的报告，此后在其他不同会议上也做过此主题的发言。其摘要发表于《草业生态系统的理论和实践》一文。

植物资源》（1999）收录有饲用植物6703种，分属5个植物门，246科，1545属；其中227种是我国特有种[3]。丰富的牧草和草坪草种子资源，为育种和种子产业提供了极为有利的条件。

我国广阔、富饶的草原，牧养着我国家畜（不包括猪）总头数的1/3，约1.2亿头。有各类放牧家畜品种150多个，其中马35个，牛46个，牦牛3个，绵羊46个，山羊27个，骆驼3个。[4]一些著名的草原都有其著名的优良家畜品种，如呼伦贝尔草原的三河马和三河牛，锡林郭勒草原的乌珠穆沁牛和乌珠穆沁羊，阿勒泰草原的大尾羊，伊犁草原的哈萨克牛和伊犁马，阿坝草原的九龙牦牛，甘南草原的河曲马和蕨麻猪，天祝草原的白牦牛等。这些优良家畜品种都具有良好的体质、较强的适应性以及较高的生产力。

在我国广大的草原上，还有大量的野生动物、野生工业原料植物和药用植物，例如，我国150种重点保护的野生动物，有一半以上生活在不同类型的草原上。

我国还有约2000万 $hm^2$ 的人工草地，它的生产力较天然草原为高，今后是草原建设的重点、提高草地生产力的方向。

以土—草—畜为主干的牧草、家畜生产，是草原的传统生产方式，它的植物生产与动物生产的紧密结合与不可分割，是它与农业和畜牧业相区别的最根本的特征。

## 二、现代草业的实践和理论

草业，是以天然草原、人工草地和草为生产基础的综合性产业。

20世纪80年代以来，随着社会的进步，不仅传统的草原畜牧业有了更大的发展，而且在其基础上还产生了新的草业。它除了草原畜牧业以外，还包括以运动场草坪、草原游憩为主的文化娱乐产业；以绿地草坪、园林草坪、水土保持、水源涵养、防风固沙、自然保护区等为主的生态环境产业。这些以体育、游憩、景观、生态环境效应为基础的产业，投入较少，产出较多，它们创造的经济价值并不比畜产品的价值低。相反，近年来国内外对生态系统服务理论的研究表明，草原生态系统服务所产生的总价值中，生态环境所提供的经济价值约占70%强，各类物质生产所提供的价值约30%弱。此外，种草养畜及牧草加工业，牧草和草坪草种子业也已形成颇具规模的产业。这些倚赖天然草原、人工草地和草类进行生产的部门构成了现代草业。草业涵盖的生产部门较多，草业是一个生产链很长、生产领域广阔的产业部门。

1984 年钱学森院士创造性地提出了知识密集型草产业的问题；1985 年进一步诠释了知识密集型草产业的含义，并提到了农区和林区的草业，奠定了完整的草业科学和草业生产范畴；1987 年给草业创造了 Prataculture 这一国际名称；1990 年更具体地指出，草产业的概念不仅是开发草原，种草，还包括饲料加工、养畜、畜产品加工，最后一项也含毛纺织工业。他先后多次指出："草业除草畜统一经营之外，还有种植、营林、饲料、加工、开矿、狩猎、旅游、运输等经营活动。草业也是一个庞大复杂的生产经营体系，也要用系统工程来管理。"[5] 钱学森院士的草业系统工程思想，将草业的各具独立、特定功能的资源系统、生产系统和管理系统联合成有机、有序的草业系统整体。

与此同时，任继周院士提出了"草地农业系统"（1983）和草地农业生态系统（1984）的概念[6,7]，论证了草业发生与发展（1985）[8]。1990 年提出草业生产的四个生产层的论点[9]，并在《草地农业生态学》（1995）一书中完整地论述草地农业生态系统的基本概念、结构、功能、效益评价等问题[10]；在基本结构问题上，详细地论证了草业的前植物生产（景观、环境、游憩；也可称环境生产）、植物生产（牧草、作物、林木等）、动物生产（家畜、野生动物及动物产品）、后生物生产（草畜产品加工、流通；也可称工贸生产）四个生产层的产业系统。这样，任继周院士建立了完整的草业生态系统理论。

在这些创造性的科学理论和认知的基础上，草业从实践和理论两个方面得到了全面的发展和确立，我国的草原科学发展、升华为草业科学。

## 三、草业是与农业、林业三足鼎立的第一性产业

草业是以天然草原、人工草地和草类为生产资料的第一性产业。它的物质生产主体是牧草和放牧家畜与野生动物，因此它也具有第二性的动物生产的特征。它的文化精神生产主要是草坪竞技运动和草原游憩，并且还是我国极为重要的生态屏障，有巨大的生态环境功能和环境产业。因此，草业是包括物质生产、文化精神生产和环境生产的综合性大产业。

农业是以耕地和农作物与园艺作物为生产资料的第一性产业。它的物质生产主体是粮食、油料、蔬菜和水果；它的文化精神生产主要是农村游憩；它也有重要的生态环境功能。因此，农业也是包括物质生产、文化精神生产和环境

生产的综合性大产业。

林业是以天然林、人工林和树木为生产资料的第一性产业。它的物质生产主体是木材和野生动物；它的文化精神生产主要是森林游憩；它是我国另一极为重要的生态屏障，有巨大的生态环境功能和环境产业，因此，林业也是另一个包括物质生产、文化精神生产和环境生产的综合性大产业。

根据上述分析可以看出，草业本身是从畜牧业分离出的具有第二性动物生产特征的综合性第一性产业。它与农业和林业，都是范围广阔、面积巨大、生产结构相似的第一性生产，但它们的产品功能和用途不同，因此，草业和农业、林业是同等重要，不可相互代替，成为三足鼎立态势的第一性产业。

## 参考文献

[1] 中华人民共和国统计局. 中国统计年鉴：2002 [M]. 北京：中国统计出版社，2002：6.

[2] 胡自治. 草原的生态系统服务：II. 草原生态系统服务的项目 [J]. 草原与草坪，2005 (1)：3—10.

[3] 农业部畜牧兽医司，北方草场资源调查办公室，南方草场资源调查科技办公室. 中国草地饲用植物资源 [M]. 沈阳：辽宁民族出版社，1994.

[4] 陈幼春. [J]. 生物多样性，1993，3 (3)：143—146.

[5] 中国草业协会，中国系统工程学会草业学组. 国家杰出贡献科学家钱学森关于草业的论述 [J]. 草业科学，1992，9 (4)：11—19.

[6] 任继周. 草原科学技术发展预测研究 [M] //中国农业科学院科技情报研究所. 二〇〇〇年我国畜牧兽医科学技术发展预测研究 (四). 北京：中国农业科学院科技情报研究所，1983：1—17.

[7] 任继周. 南方草山是建立草地农业系统发展畜牧业的重要基地 [J]. 中国草原与牧草，1984 (1)：8—12.

[8] 任继周. 从农业生态系统的理论来看草业的发生与发展 [J]. 中国草原与牧草，1985 (4)：5—7.

[9] 任继周. 发刊词 [J]. 草业学报，1990 (1)：1—2.

[10] 任继周. 草地农业生态学 [M]. 北京：中国农业出版社，1995：9—18.

# 草业生态系统的理论和实践*

草业生态系统是草地农业生态系统的发展与简称，1983年由任继周院士提出，此后经过不断实践与完善，已形成比较完整的理论体系。新颖、先进的草业生态系统理论，不仅是甘肃农业大学国家级重点学科——草业科学重点学科的学术研究方向，并且也是我国新兴的草产业的主要科学指导思想之一。下面简要介绍草业生态系统理论和实践的主要内容。

## 一、草地是多用途多功能的农业自然资源

草业生态系统以天然草地和人工草地（含草坪）为生产基地。从当前世界草业的发展现状来看，草地具有近30种现实与潜在的用途。例如放牧、割草、养育野生动物、养鱼、养蜂、狩猎、生产野生药材、生产野果、生产菌类、生产野生花卉、生产野生植物纤维、生产野生植物油籽、提供能源、作为种质资源库、维护生物多样性、涵养水源、保持水土、作为自然保护区、土地复垦、防止荒漠化、绿化美化环境、消除污染、提供新鲜水、提供新鲜空气、提供运动场地、提供游憩场所、作为草地自然景观载体、作为民族人文景观载体、作为民族文化载体等。随着人类社会的发展和人们生活需求的增加，天然草地和人工草地功能用途的多样性还在不断增多。

---

* 作者胡自治。发表于《农业科技之光——甘肃农业大学科技工作50年》. 甘肃农业大学编. 兰州：甘肃科学技术出版社. 2001：108—111.

## 二、草业生态系统的结构——四个生产层次

以草地资源为基础的草业生态系统，从它的资源开发和产业方向来看，它有四个生产层次，即前植物生产层、植物生产层、动物生产层和后生物生产层。

（一）前植物生产层（环境生产层）

草地在不作为草地牧业生产或作为草地牧业生产之前，可以其自然景观、人文景观、珍稀动植物、水土保持、水源涵养、绿化美化环境等环境效应产生经济价值。利用天然草地和建立特殊的人工草地，可以开发建立草地游憩业、草坪业、草地自然保护区、草地水土保持区、草地水源涵养区、种草治沙区等，它们都可以表现和计算出经济价值。草地巨大的和多样化的环境效应和功能，为开发利用草地多样化的环境产业提供了良好的应用与市场前景。

（二）植物生产层（初级生产层）

草地植物在气候、土地和人类生产劳动的综合作用与影响下，通过光合作用生产出植物有机物，这就是草地植物的初始生产。以前，传统的草地植物生产是为草地的动物生产提供牧草，牧草通过放牧、刈割和制贮干草、青贮后，表现出草地的初级生产力及价值。当今由于养殖业的发展，牧草产业——干草捆、干草块、嫩草粉等和草种子以及草皮等已成为重要商品，产值很大；草地其他的植物生产日益受到重视和开发，草地的植物生产层成为草业生态系统最重要的基础生产层。

（三）动物生产层（次级生产层）

在草地植物生产的基础上，家畜、野生动物等利用牧草生产出人类能直接利用的肉、奶、皮、毛、药等高级的动物有机物，这就是草地的动物生产。草地生产的主要目的之一是为人类提供可用畜产品。动物生产层如不充分发展，草地的植物生产价值将很难体现，草业生态系统将很难扩大，也很难专业化。从草地上输出 1 kg 动物产品，从运输量上说，大约相当于输出 5—10 kg 牧草干物质。动物生产使草业生产系统向外延伸，这是实现系统开放的重要基础。具有动物生产层的草业生产系统，生产链较长，对植物产品的利用较充分，对灾害的抵抗弹性较大，在同等经营条件下生产效率的提高幅度较大，并从根本上纠正了农业生态系统存在的许多缺陷。

（四）后生物生产层（工贸生产层）

后生物生产层是指对草畜产品的加工、流通和贸易的转化增值全过程。把

牧草加工成干草捆、干草块、嫩草粉等，经过精选的牧草和草坪草种子，草皮农场生产的草坪用草皮卷，粗畜产品成为加工畜产品后，都会成为运输方便，可以进行流通和贸易的大宗商品，创造新的价值，为社会增加财富。

草业生态系统的4个生产层可分别接受社会的加工、管理和投入，每一个层都可以产生经济效益，都可对社会做出贡献，而且每一个层的不同环节也可产生经济效益。草业生态系统的不同层和不同环节创造的财富，就会鼓励人们将一部分再投入系统，系统的生产力就得到逐步提高，因此草业生态系统不是自然生态系统，而是自然—社会生态系统。

## 三、草地生态系统的功能——生物学效率的金字塔和经济效益的倒金字塔

与自然生态系统一样，草业生态系统从植物生产层经动物生产层再到后生物生产层的物质生产，其生物学效率是由大到小的金字塔形，即大量的太阳能通过植物生产—动物生产—后生物生产的转化，最后只能转化为少量的加工畜产品能。但社会把草地上的鲜草加工为草产品，把粗畜产品加工为原料畜产品和手工业、工业畜产品，并进入流通领域后，可以使经济效益放大。也就是在草、畜产品的加工与流通和贸易过程中，都能创造价值，增加财富。与生物学效率的变小相反，草、畜产品在加工与流通中价值逐渐增大，成为由小到大的倒金字塔形。经济效益的倒金字塔形鼓励人们在草业生产的各个环节上对草产品转化增值、流通增值，从而也促进了草业生态系统、草业和草业经济的发展。

## 四、草业生态系统的类型及系统耦合

在一定的非生物环境和生物条件下，不同的管理水平可以创造出不同类型的草业生态系统。它可分为下列三种类型。①适应利用型的草业生态系统：最早的适应利用型就是采集和狩猎，是很原始的利用形式；现代的适应利用型就是前植物生产层。②粗放经营型草业生态系统：它又可分为两种类型，即以狩猎为主兼有少量游牧的家畜生产型和以家养动物为主狩猎为辅的生产型。③集约经营型草业生态系统：它的特点是以较高的输入换取较高的输出。这样的草业生态系统往往是由不同的一年生植物（牧草、作物等）、不同的多年生植物（牧草、作物、灌

木、乔木等）、不同的粗放饲养和集约饲养业等组分构成的草业生态系统复合体。

两个或两个以上的性质相同的生态系统具有相亲和相同的趋势。当条件成熟时，它们可以结合为一个新的、高一级的结构—功能体，这就是系统耦合。系统耦合是生态系统内部经过自由能—系统会聚—超循环系统的发育而发生的高一层的新系统，即耦合系统。随着系统耦合过程的发生，系统内部的催化潜势、位差潜势、多稳定潜势及管理潜势得以发挥，从而可以显著提高系统的生产水平。草业生态系统作为一个自然—社会系统的结构—功能体，人力的影响是重大的，其主要影响方式为管理系统及催化手段。

草业生态系统是一个高层次的耦合系统，已如前述，它由四个生产层耦合而形成，蕴藏着成百倍的生产潜势。在固有的外延特性和人为管理及市场发育之下，草业生态系统的各个层之间、不同地区的系统之间或与其他系统之间，可以在时间、空间或时空上结合为不同类型的优化耦合体，以达到持久、丰产、稳产、高效益的目的。它们从空间规模上可以分为四个类型。①小型草业生态系统耦合体：如具有多层生产的综合牧场或家庭牧场。②局地草业生态系统耦合体：局部地区如山上山下、草原牧区与农耕区在生产和经营上的耦合体。③大区草业生态系统耦合体：大范围的草原牧区与农耕区或林区在生产和经营上结合的耦合体，如大范围的农牧交错带或林牧交错带。④大地带草业生态系统耦合体：这是国际或洲际的耦合体，耦合的各方均以产品出口为特征，是草业生态系统现代化的方向，这类草业生态系统已是全球大农业系统的一个有机组成部分。在草业生态系统的理论指导下，在不同草地类型地区进行了草业生态系统优化和系统耦合的实践研究。

云贵高原草地畜牧业优化生产模式试验区研究，采用抽象法、实验法和模型法的系统研究方法，从纵向和横向两个方向，在牧草生产、家畜生产放牧管理和经营管理中，将技术环节和系统管理对策进行了有机结合，在资源优化配置和合理利用的前提下，提出了人工草地绵羊、肉牛、奶牛三大体系优化生产模式及综合开发系统优化生产模式，解决了人工草地放牧系统中以草畜供求动态平衡为中心的技术关键和管理对策，实现了由单项技术到系统集成的突破。

河西走廊荒漠化绿洲交错区草地培育优化生态模式研究，以盐渍化荒漠—绿洲—山地草业生态系统为研究对象，提出了利用小花碱茅等耐盐植物建立人工草地，继而种植农作物，同时结合家畜生产的优化配套技术，具有明显的生态效益和经济效益。荒漠绿洲和山地放牧系统优化后生产水平可提高 4.9 倍。荒漠—绿洲—山地复合系统的稳定发展要重视绿洲子系统在生态和生产中的关键地位。同时必须既依赖山地子系统的水源涵养和保护，又依赖荒漠子系统的屏障作用。系统耦合是荒漠绿洲草业生态系统持续发展的有效途径，系统相悖则是导致草地退化的根本原因。

景泰荒漠绿洲高效农牧业生态结构研究，提出了景泰荒漠绿洲灌区粮草结合种植优化模式与站羊规模肥育相配套的高效农牧生态结构系统。通过10类适应作物和牧草物种结构的技术结构，把植物生产和动物生产紧密耦合为一个连续的、相互联系的生产过程，大大提高了系统的产出能力，促进了农牧业的可持续发展。总结出了高效草业生态系统结构的五个实现条件——物种结构、技术结构、分工和专业化、系统开放、政府行为。

## 五、草业与农业、林业三足鼎立的新兴产业

草业，是以草地资源为基础，以草为初始产品的系列生产的产业总称。我国杰出科学家钱学森院士（1986）曾指出，草业，“它是以草原为基础，利用日光，通过生物创造财富的产业”。以传统的土—草—畜生产为主干的草地生态系统，只有植物生产和动物生产两个层次，而草业生态系统在此基础上，发展成为具有前植物生产（环境生产）、植物生产、动物生产和后生物生产（工贸生产）四个生产层的新系统，扩大了生产内含，延长了生产链。

草地资源包含动物资源，草地生产具有植物—动物生产这一基本功能，草地生产的主要目的之一是为人类提供可用畜产品，这就是草地资源有别于耕地资源和森林资源，草业生产有别于农业生产和林业生产的根本所在。从植物生产的特征来看，草业以多年生草本饲用植物生产为主，农业生产以一年生草本作物生产为主，林业生产以多年生木本生产为主，草业与农业和林业构成了三足鼎立的第一性（植物）生产。同时，草业又在农业和林业的支持下，是畜牧业的生产的基础，具有第二性（动物）生产的特征。从上述不难看出，草业生产既有其特殊之处，又在大农业生产体系中有其特殊的位置。

改革开放以来，我国的草业在草坪业、草地生态环保业、草原旅游业、草产品及草种子业、草地牧业、草畜产品加工业等方面都获得了巨大的发展，尤其是草坪业、牧草加工业和草地牧业增长迅速，产业化程度较高。当前，我国又处在大力开发西部地区，全国重视生态环境建设和提高人民生活质量的时代，草业必将获得全面的更大发展，其重要性将日益增加。

# 草原生态

## 民勤沙地植物分蘖特性的观察研究*

在民勤沙地的不同立地条件下，植物有相应的优势分蘖类型，固定半固定沙丘是轴根型，丘间低地是根茎型，而根蘖型是一明显的过渡类型。覆沙及其变化对分蘖是一种强烈的影响因素。沙层的增厚，使植物表现有根颈变长和出现二重以上的根颈、水平根或根茎的适应性。从分蘖特性观察，认为马蔺是二年生的一种变型，是假多年生植物的代表，并根据地上和地下两部分的存活年限，提出确定草本植物寿命类型的划分原则。

分蘖是草本植物营养更新、繁殖的基本方式，是重要的生物学特性之一。在现代的天然草原和人工草地的培育上，牧草的分蘖特性是其生物学基础之一。

1961 年以来，我们曾在不同地区对数十种重要的天然牧草的分蘖特性进行了观察研究。本文是在甘肃民勤工作的初步总结。

### 一、民勤沙地植物的立地条件

研究地点为甘肃民勤治沙综合试验站的周围地区。位于巴丹吉林沙漠东南部边缘地带的流动沙区，往东北延伸又与腾格里沙漠西部相接的部分，同时又是河西走廊东部祁连山山前地带冲积洪积平原往北延伸的部分。海拔 1350 m 左右。

---

* 作者胡自治、邢锦珊。发表于《植物学报》（英文版），1978，20（4）：341—347.

气候干旱，冷热变化剧烈，太阳辐射强烈。年均温 7.8℃，年较差达 61.7℃，夏季沙面温度可达65℃。年降水量 111.2 mm，冬季无积雪。年蒸发量 2568 mm。年平均相对湿度仅 46%。风大沙多，年风沙日约 130 d 左右。

地形可分为流动沙丘、丘间低地和固定半固定沙丘三大类型。

流动沙丘是第四纪以后，风力在冲积洪积平原上吹蚀和堆积的产物。沙丘类型以沙丘链最多。沙丘上基本无植物覆盖而处于流动状态。一般干沙层厚 10—30 cm，含水量低于吸湿量（据实测，松散细沙的最大吸湿量约为 0.47%—0.49%）。其下为含水较稳定的湿沙层，含水量为 1.5%—3.5%。

丘间低地是流动沙丘或固定半固定沙丘之间的较开阔的平地。流动沙丘之间的丘间低地土壤有荒漠化草甸土、沼泽土或冲积土。含水量达 5%—30%。地下水位约 1.2—3 m，水的矿化度大部为 1.7 g/L 左右，对植物无害，但也有高达 4 g/L 的。地面组成物质有沙质、沙砾质和淤泥质等差异。固定半固定沙丘的丘间低地土壤，为沙地灰棕荒漠土和荒漠化草甸土。地下水位稍深，为 3—4 m。

固定半固定沙丘是流动沙丘与绿洲的过渡地带。沙丘类型以小沙堆为主，一般高 0.7—2 m。沙丘上覆盖有植被，所发育的土壤以原始灰棕荒漠土为主。土壤发生层不明显，但表层已被胶结，不是分散的沙粒。地下水位较深，其深度主要取决于沙丘本身的厚度。

## 二、观察研究的方法

在连续两个生长季内，于春、夏、秋分别用壕沟法对研究的植物观察 3—4 次，每次每种 5—8 株。每次观察均对植物的分蘖器官及分蘖特征进行测量、描述或绘图。对同种植物不同时期的分蘖特征进行比较，以了解其分蘖动态。对分蘖类型的划分，依据当前草地学中所采用的划分方法[2]，即根据多年生草本和半灌木植物的分蘖特征，划分为根茎型、疏丛型、根茎—疏丛型、密丛型、轴根型、根蘖型、粗壮须根型、匍匐型和鳞茎块茎型 9 个类型。

## 三、结果

### （一）多年生草本和半灌木植物的分蘖特性

观察研究了 19 种多年生草本和 4 种半灌木植物的分蘖特性。按类型来说，轴根型有5种，即小花棘豆（*Oxytropis glabra*）、白沙蒿（*Artemisia sphaerocephala*）、黑沙蒿（*A. ordosica*）、盐爪爪（*Kalidium gracile*）和黄矶松（*Limonium aurea*）；根蘖型有10种，即苦豆子（*Sophora alopccuroides*）、甘草（*Glycyrrhiza uralcnsis*）、苦马豆（*Swainsonia salsula*）、刺儿菜（*Crisium segetum*）、花花菜（*Pluchea caspica*）、蓼子朴（*Inula salsoloidestent*）、灰绿铁线莲（*Clematis glauca*）、滨紫（*Tournefotia sibirica*）、软毛牛皮消（*Cynanchum pubescens*）和细叶骆驼蓬（*Peganum nigellastrum*）；根茎型有5种，即芦苇（*Phragmites communise*）、拂子茅（*Calamagrostis epigcios*）、赖草（*Aneurolepidum dasystachys*）、披针叶黄华（*Thermopsis lanceolata*）和大花罗布麻（*Apocynum handersonii*）；疏丛型只有冰草（*Agropyron cristatum*）；密丛型有2种，即芨芨草（*Achnantherum splendens*）和马蔺（*Iris ensata*）。

（二）轴根型植物分蘖特性

本地区的5种轴根型植物主要分布在固定半固定沙丘上（其中小花棘豆和白沙蒿在丘间低地亦见），它们均为轴根长10—40 cm、直径1—3 cm的短轴根型。根颈长2—4 cm、直径2—3 cm，位于土表下5—10 cm至20 cm的深处。都有发达的、水平或倾斜伸展很长的（1.5—10m）侧根。小花棘豆（图1）和黄矶松在沙埋超过20 cm，萌生芽（在根颈或地下的越冬枝上当年能形成枝条的活动芽）出土困难时，地表附近的茎根化，并形成第二重根颈。

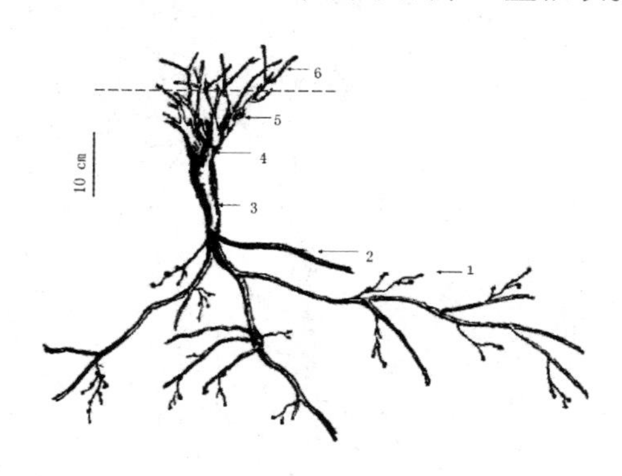


**图1 小花棘豆（*Oxytropis glabra*）分蘖图**

1. 根瘤 2. 侧根 3. 轴根 4. 根颈

5. 萌生芽 6. 当年枝

（三）根蘖型植物分蘖特性

10种根蘖型植物中，苦豆子（图2）、苦马豆、刺儿菜、蓼子朴和细叶骆驼蓬分布在稍有流沙覆盖的丘间低地；花花菜、灰绿铁线莲和软毛牛皮消多分布在固定半固定沙丘；甘草和滨黎可分布于上述两种土地条件上。这些根蘖型植物的垂直根入土深度20—40 cm甚或100 cm以上。水平根一般长约2—4 m，有些更可达6 m以上（如蓼子朴），多分布在干湿沙层或干沙层与湿土层的交界面上。春季和夏末是分蘖芽形成的两个主要时期。在水平根的生长端（游离端）和幼龄的水平根上分蘖芽形成和发育较多。在地表附近越冬的营养枝和分蘖芽，第二年春季出土形成当年主要的生殖枝。随着生长年限的增多和覆沙厚度的增加，根颈的深度相应下降，根颈的长度逐渐增加（可达5—10 cm）。沙埋过厚时，茎的地表下5—15 cm深处的节，可逐渐转化成第二重根颈，发育出新的萌生芽。生活多年的植株，这种根颈可有5—8重之多（如滨紫、甘草、苦豆子）。当水平根的覆埋深度超过50—60 cm，分蘖芽出土困难，在地表下20—30 cm深处的根颈或垂直根上能形成第二重水平根，产生分蘖芽，发育新的株丛（如苦豆子、甘草、刺儿菜、花花菜、灰绿铁线莲、细叶骆驼蓬、滨紫）。甘草、苦豆子和滨紫可见到有4—8重水平根。

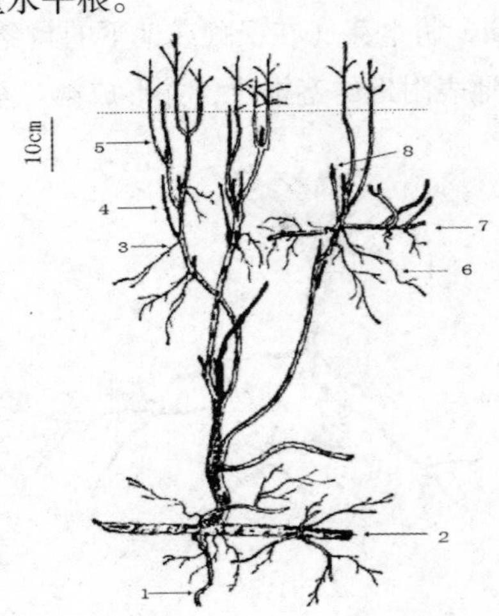


**图2 苦豆子（*Sophra alopecurodes*）分蘖图**

1. 垂向根 2. 水平根 3. 不定根 4. 枯死枝 5. 当年枝

6. 二重垂向根 7. 二重水平根 8. 分蘖芽

（四）根茎型植物分蘖特性

根茎型植物中，除大花罗布麻分布于固定半固定沙丘外，其余四种均分布于有流沙覆盖的丘间低地。它们的水平根茎位于地表下 10—40 cm，长约数米；芦苇和大花罗布麻的水平根茎可达 10 m 以上。芦苇、拂子茅和赖草（图 3）的水平根茎在覆沙的作用下能倾斜向上生长。在地下水位较高之处，芦苇的水平根茎可由根茎延伸到沙丘顶部。主要是由于沙埋的缘故，从水平根茎上发出的地上枝的地下部分，明显地发育成垂向根茎，长可达 40—60 cm。在其上端能形成 1—3 个分蘖节，发出的分蘖枝和主茎成 10—30° 向上生长；分蘖枝可有 2—6 个；与其主枝组成疏丛状的当年株丛。根茎型植物的分蘖枝多形成于水平根茎的生长端、幼龄的水平根茎或垂向根茎的上端，在老龄水平根茎上新的分枝蘖形成较少或不再形成。当水平根茎的深度由于沙埋而超过 40—60 cm 时，分蘖芽即很少产生，而与根蘖型植物相似，它们也能在适当深处（一般在湿沙层的上层），从茎上（如披针叶黄华、大花罗布麻）或垂向根茎上产生分蘖芽，发育成第二重水平根茎进行营养更新、繁殖。

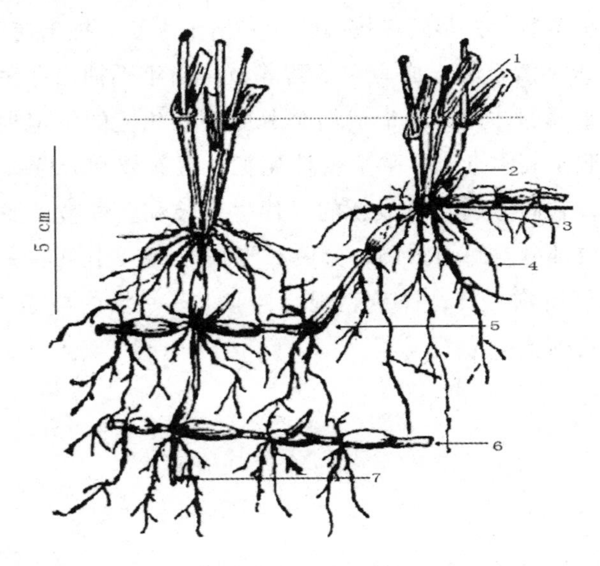


**图 3　赖草（*Aneurolepidum dasytachys*）分蘖图**

1. 分蘖技　2. 分蘖芽　3. 分蘖节　4. 根　5. 第二重根茎

6. 根茎　7. 第一节间

（五）疏丛型植物分蘖特性

疏丛型植物冰草在沙地的生态条件下，原来不太发育的短根茎得到强烈发育，水平伸展可达 1 m，使分蘖形式相似于根茎—疏丛型。

（六）密丛型植物分蘖特性

密丛型植物的芨芨草散生于固定半固定沙丘及其边缘，而马蔺成片分布于无流沙覆盖的丘间低地。

在上述生长地上所见芨芨草往往不是圆形草丛，而表现为分蘖枝只在株丛一侧顺序形成，使株丛成为长条状，向一个方向移动。产生这种情况的主要原因是风使一侧的根暴露，水分供应变坏。

马蔺（图4）的实生苗4 月中下旬出土，当年只是一丛营养枝（不抽出花枝），有永久根2—6 条。在生长良好的条件下，从夏初开始，在这个营养枝的外侧的地表下 3—5 cm 深处的叶鞘中形成白色扁平状分蘖芽，以及位于其下的黄色突起状不定根芽。分蘖芽一般为两个，少数为三个。经过一个生长季的发育，可长到3—5 cm 长。营养季末，当年的营养枝叶片上部枯死，下部在地下越冬。越冬后，去年营养枝的叶片先出土生长，抽出花茎成为生殖枝，而它的两个分蘖芽稍后出土成为它的营养枝，当年不抽出花茎。开花后，在这两个营养枝基部的外侧又各形成两个分蘖芽和相应的不定根芽，并在生殖枝结实后伸长到土表附近。冬季生殖枝死亡，营养枝和分蘖芽在土表附近越冬。次年春季，它们分别发育成新的一代生殖枝和营养枝。随着分蘖次数的增多和株丛中央部分空间的限制，分蘖枝形成于离开中央的一侧，这样便和其他大型密丛型植物一样，株丛表现为谢顶状——活的枝条大多位于外侧，而中央部分比较稀疏。

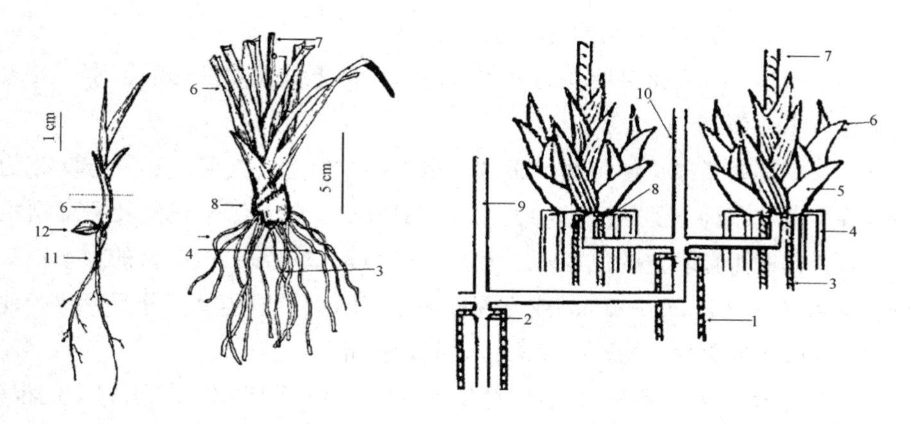


**图 4 马蔺（*Iris ensata*）分蘖图**

注：左为当年幼苗，中为第二年株丛，右为分蘖示意图。

1. 死亡的根 2. 死亡的分蘖节 3. 生殖枝根 4. 营养枝根 5. 鞘内的分蘖芽 6. 营养枝 7. 生殖枝 8. 分蘖节 9. 前年的生殖枝 10. 去年的生殖枝 11. 永久根 12. 种子

马蔺的单位株丛（即一个生殖枝及其两个营养枝）上有长达 1 m 以上，0. 1—0. 3 cm 的根 3—8 条。根从分蘖芽长出后，第一年为它的营养枝，第二年为它的生殖枝（即第一年的营养枝）供给水分和养分，并在生殖枝死亡后随之死亡。因此，联系下一代单位株丛的是长 1—2 cm、几乎为垂向的已死生殖枝的茎基及其分蘖节。

由于下一代的分蘖枝是着生在母枝的分蘖节上，因此马蔺丛的各级分蘖节的位置逐年上升，每年升高 1—2 cm，这样年久便形成马蔺墩。当地所见最大的马蔺墩高 64 cm，直径 164 cm。

## 四、讨论

（一）各分蘖类型植物的生态分布

在各类型植物的生态分布上，不同的土地类型有不同的优势分蘖类型植物。在固定半固定沙丘上，主要是轴根型；在丘间低地上，主要是根茎型；而根蘖型植物明显地表现了在分布上的过渡性。这种情况也表明主要的固沙植物是轴根型和根蘖型。

（二）地面覆沙对植物的分蘖特性的影响

地面覆沙及其变化对植物的分蘖特性是一种十分强烈的影响因素，其表现有下述几个方面。

沙层的逐渐增厚，使植物的根颈、水平根、根茎及其萌生芽或分蘖芽的位置与在无覆沙条件下的该型植物相比，相对较深。例如，轴根型及根蘖型植物的根颈及其萌生芽着生的位置在地表下5—15 cm或更深；根蘖型的水平根及其分蘖芽覆埋深度达20—60 cm或更深；根茎型的水平根茎及其分蘖芽位于地表下20—40 cm或更深，均较一般情况下深2—4倍。

同时，覆沙的不断增厚，也使植物具有形成较长的根颈和二重以上的根颈、水平根或水平根茎的适应特性。这种适应性能够使植物克服沙埋的不利影响，以便继续正常分蘖。

根据观察，丘间低地几种根茎型和疏丛型植物生长旺盛、分蘖能力很强。这表明在较好的地下水条件的基础上，适当的覆沙对这些植物的分蘖起着一种有利的作用。

（1）覆沙改善了浅薄紧密且潜育化的荒漠草甸土的性状，使其上层变得疏松、通气和湿润，这种土壤环境适合根茎型或疏丛型植物的要求。当然，覆沙对防止土壤进一步的盐渍化也起了重要的作用。

（2）根茎型植物由于其固有的分蘖特性——根茎和分蘖节在增生的条件下，不断接近地面甚或露出地表，因而最后招致衰败或死亡。而适当地不断地沙埋，恰消除了这种不利的后果。

（3）适当厚度和湿度的沙层环境，促使根茎禾本科植物的疏丛作用增强，因而使在一般情况下茎表现为单生的植物（如芦苇、赖草、拂子茅等），在这里明显地出现了疏丛的性状，在分蘖特性上趋向于根茎—疏丛型。同时，这种条件也使疏丛型的冰草的短根茎得到相当的发育，在分蘖特性上也趋向于根茎—疏丛型。

（三）根蘖型、根茎型植物的分蘖芽形成特性

根蘖型、根茎型植物由于其分蘖的特性，分蘖芽在其水平根或水平根茎的生长端和幼龄的这些器官上形成较多，密度较大；也就是说，离母株越近，其单位长度上的生长点数相对越少，因而分蘖强度也相对越小。联系到甘肃、青海有关单位在高山嵩草—杂类草放牧地上，对坚韧的草皮用机具划破后，根茎型植物的比重显著增加；以及在田间中耕除草时，如不将杂草的根茎或水平根

残体移出，则这类杂草将更加增多的现象，因此可考虑切断老龄的根茎或水平根，有可能促使形成新的生长点，从而提高分蘖强度。

（四）草本植物的寿命类型的划分

从马蔺的分蘖动态中观察到，它的单位株丛的地上部分和地下部分均在生活两年（一个营养季和一个生长季）后完成生活史而死去，它的活的各个单位株丛是由死的分蘖节联系为一个大的株丛。因此，马蔺的多年生这一性状不像真正的多年生植物是由地下部分的某一能存活多年的器官延续下去的，而更像大蒜（*Allium sativa*）、多根葱（*A. polyrrhizum*）等鳞茎型植物一样，是由在地下只生活两年，并且位置有移动的分蘖节一代一代地传递下去的。从这一认识出发，马蔺不是真正的多年生植物，而实际上是两年生的一种变型或假多年生植物。

由于现在对草本植物的寿命类型的划分，主要是依据植株的地上部分能萌发几次和生活几年的表现，而不依据其地下部分真正存活的年限，因而在多年生的一类中就包含了像马蔺这样的假多年生。

另外，在当前通用的划分中，对两年生和多年生植物很少考虑其结实次数，因此，除一年生的类型外，两年生和多年生严格说来并不是一个类型，实际上是一个类群。因为在两年生中既包括地上部分结实一次、地下部分生活两年的植物，也包括地上部分结实两次、地下部分生活两年的植物。在多年生中更是如此。

鉴于上述原因，我们建议是否可考虑：用植株地上部分生殖枝完成发育周期的年限数和它的地下部分存活的年限数来确定其寿命类型，并以这两个年限数相连缀来命名。然后在类型的基础上，按地下部分存活的年限特征将各类型再组合成一年生、两年生和多年生的类群。

如采用这种划分原则，对于生殖枝在一年内形成并完成其发育周期，地下部分在一年内死亡的可称一年性一年生植物（符号：1－1），如苏丹草（*Sorghum sudanense*）等。对于生殖枝在一年内形成并完成其发育周期，地下部分在两年内死亡的可称一年性两年生植物（1－R），如多花黑麦草（*Lolium multiflorum*）[1]等。对于生殖枝需两年形成并完成其发育周期，地下部分在两年内死亡的可称两年性两年生植物（2－R），如马蔺、白花草木樨（*Melilotus albus*）等。对于生殖枝在一年内形成并完成其发育周期，地下部分在多年后死亡的可称一年性多年生植物（1－D），如紫花苜蓿（*Medicago sativa*）。对于生殖枝需多年形成并完成其发育周期，地下部分在多年后死亡的可称多年性多年生植物（d－D），如龙舌兰（*Agave americana*）等。

采用这种划分方法后，原两年生植物分解为两个类型；原多年生植物可能分解为数个类型，有些可能要归入1－R或2－R中；原冬性一年生植物可能要归入2－R中。这样，类型的概念可能更明确一些，对草地生产等可能更有用一些。但这种划分方案仅是初步设想，需要更深入地进行研究。

## 参考文献

[1] 全国牧草和饲料作物品种资源科研协作组．牧草和饲料良种集［M］．西宁：青海人民出版社，1976：109.

# 滩羊生态与选育方法的研究：Ⅱ、滩羊的草原生态特征*

本文用草原类型学的方法，对滩羊的草原生态特征进行了分析与研究，结果表明：(1) 根据草原的综合顺序分类法，滩羊分布在①暖温干旱（淡灰钙土，半荒漠）类、②微温干旱（灰钙土、棕钙土，半荒漠）类、③微温微干（栗钙土、淡黑垆土，典型草原）类和④微温微润（黑垆土，草甸草原）类四个类别的草原上。其中①②为滩羊的典型产区，③为一般产区，④为过渡产区。(2) 典型产区是二毛裘皮品质最好的滩羊分布区，其水热生态幅极小，年>0℃积温为3632—3739℃（166℃），草原湿润度为0.49—0.55（0.06），年降水量为183.3—222.9 mm（39.7 mm）。

## 一、引言

滩羊是在草原放牧的条件下，在蒙古羊的基础上，经劳动人民长期的选育而形成的一个裘皮用绵羊品种，也是世界上唯一的裘皮山羊品种。滩羊与其草原之间存在着密切的依存关系，例如，滩羊的地理分布范围比较狭小，成年个体随距核心产区生态距离的增大而增大，裘皮品质随距核心产区生态距离的增大而变劣，对外引种的效果均不甚理想等。滩羊对生态条件产生这样敏感的反应，给生产带来了一系列的生态学问题，并引起了一些畜牧学家的注意。赵增荣（1957）对滩羊的生态地理分布进行了最早的探讨。崔重九等（1962）对这一问题进行了更大范围的研究。沈长江、邸醒民（1979，1983）对滩羊生态条

* 作者胡自治、张尚德、卢泰安、文奋武、张汉武、王宁。发表于《甘肃农大学报》，1984（2）：19—29.

件的气候、土壤和植被做了细致的研究，提供了一些定量数据，并据此划分了滩羊生态地理区，这一工作是目前对滩羊生态地理特征最有价值的一次研究。此外，王殿才等（1982）对内蒙古阿拉善左旗的滩羊分布，蒋可平（1983）对甘肃滩羊的地理分布也进行了有价值的研究。

1982 年 9 月—1983 年 10 月作者们曾对甘肃、宁夏和内蒙古滩羊产区的一些重点地区进行了调查研究，其中对甘肃的工作较详细。作者们企图通过用草原类型学的方法，对滩羊的草原生态特征进行分析研究，以便确定不同品质的滩羊的草原类型分布和典型滩羊分布区的水热条件，为滩羊生态地理分区及引种选育提供一些基础资料。

## 二、方法

在路线调查地区进行滩羊、气候、地形、土壤、植被、农牧业生产等方面的调查研究，没有到达的地区搜集上述的资料，然后用草原的综合顺序分类法对滩羊生活的草原进行分类，分析其气候、地形、土壤、植被等方面的特征。对于滩羊分布区的划分，采用当前滩羊研究上通常使用的典型产区、一般产区和过渡产区三种级别的划分方法。

## 三、结果

### （一）滩羊分布区的地理区域

滩羊分布在以宁夏回族自治区为中心的四省（区），28 县（市、旗）。它们是宁夏的贺兰、平罗、石嘴山、陶乐、银川、永宁、灵武、青铜峡、吴忠、中卫、中宁、同心、海原、盐池、固原，甘肃的景泰、靖远、皐兰、古浪、榆中、会宁、环县，内蒙古的阿拉善左旗、鄂托克旗、乌海，陕西的定边、靖边、吴旗。其中贺兰、平罗、陶乐、石嘴山、银川、永宁、灵武、青铜峡、吴忠、中卫、中宁、靖远、景泰为典型产区，同心、盐池、海原、定边、皋兰、榆中、阿拉善左旗、鄂托克旗为一般产区，其他县（市、旗）为过渡产区。

滩羊分布区的地理坐标是北纬 35. 5°—40°，东经 103. 5°—109°。总面积约 9. 4 万平方千米。空间最大直线距离，南北为乌海南部至固原北部，约 350 km；东西为古浪裴家营至靖边南部，约 440 km。

（二）年分布区的地貌区域

滩羊分布区的西界为腾格里沙漠，北界为乌兰布和沙漠和毛乌素沙地，东部和南部为黄土高原。境内东北部为鄂尔多斯台地，中西部为黄河两侧的冲积平原，西北部为贺兰山山地（山前地带），西南部为祁连山东段余脉的低山和山前地带，东部和南部为黄土高原的西北部分，其中黄土高原占有滩羊分布区60%以上的面积。

滩羊分布区的海拔高度最低约1070 m（乌海南部），最高处为贺兰山主峰，3544 m。但滩羊一般分布在1100—1800 m。

在滩羊分布区内，地面基质有两点值得注意。一是除黄土高原地区外，其余地貌区域均在不同程度上受黄土或黄土状物质的影响。例如，境内的鄂尔多斯台地，部分地区覆有薄层黄土，有的成为黄土丘陵；贺兰山两侧的山前地带也断续有岛状分布的黄土状物质；祁连山余脉的低山和山前地带黄土分布更为广泛。黄土或黄土状物质的覆盖，使地面基质条件变好，有利于土壤形成，在同等降水条件下，可使植物较好地生长，有利于滩羊的饲养。二是境内沙地普遍分布，尤以东北部为甚。这里的沙地主要是人为的过度放牧和滥垦而就地起沙形成的。沙地的出现使生态条件恶化，沙生植被取代了地带性植被，滩羊的放牧条件变劣甚至不能放牧。

（三）滩羊分布区的草原类别范围

根据草原的综合顺序分类法，即按照年>0℃积温和草原湿润度K，滩羊的分布区占有四个草原类别，它们的综合特点分别如下。

1. 暖温干旱（淡灰钙土，半荒漠）类

本类草地分布于韦州、平罗、同心、头道湖、石嘴山、陶乐、贺兰、银川、灵武、中宁、靖远、大武口等地（在图2中，上述各地的坐标点，在它们类的范围内，从下到上，从左到右排列，下边三类同此）。它们的>0℃积温的范围为3705℃—3780℃，草原湿润度为0.42—0.83。

气候温暖而干燥。年均温8.0℃—9.5℃，7月可达22℃—24℃，但1月仍可下降到-7℃—-10℃，气温年较差最大可达60℃。年降水156.2—227.0 mm。年平均相对湿度40%—60%。无霜160—180 d。春季多风沙。

土壤为淡灰钙土。它的分布范围是从乌海南部向南；东界为灵武以南至同心东北线；西界为贺兰山东侧和西侧（头道湖以南）的山前地带，并向南延伸至景泰北部的低平摊地；南界大约为同心东北—中宁—中卫，向南到靖远，再沿黄河到景泰五佛。本地区在黄土山丘、阶地及贺兰山洪积冲积地上发育的淡灰钙土质地比较细，一般为沙壤，剖面的分异性较小，但腐殖层较厚，一般可达20—30 cm。表层松散，无结构，色淡，下层呈灰黄色。pH 值 7.8 左右。石灰反应通层均很强烈。一般不含石膏。有机质含量一般低于 1.5%。贺兰山山前地带的洪积扇上部地表有大量砾石，甚或大的块石，发育成戈壁型淡灰钙土，剖面通层质地很粗，粒砾和粗沙交替分布。表层黄灰色。pH 值 7.2—7.5。

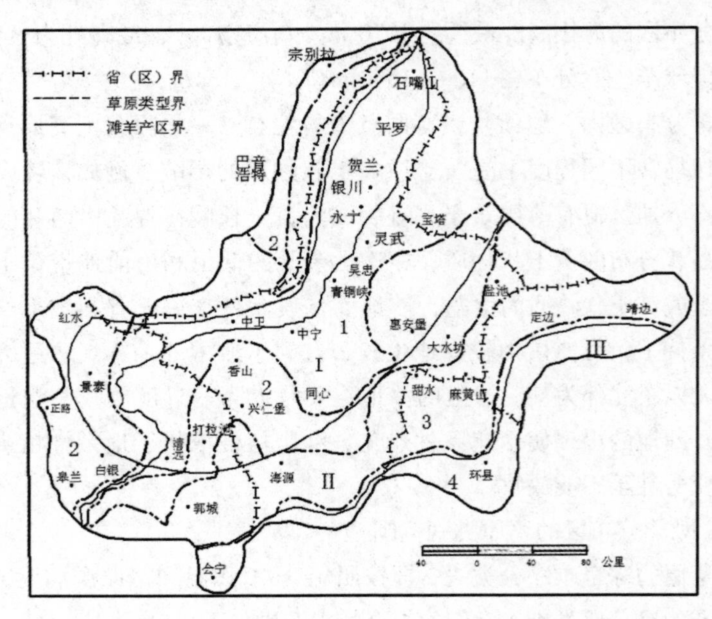


1. 暖温干旱（淡灰钙土，半荒漠）类；2. 微温干旱（灰钙土、棕钙土，半荒漠）类；3. 微温微干（栗钙土，淡黑垆土，典型草原）类；4. 微温微润（黑垆土，草甸草原）类

**图 1　滩羊的分布区、草原类型及产区级别 Ⅰ. 典型产区；Ⅱ. 一般产区；Ⅲ. 过渡产区**

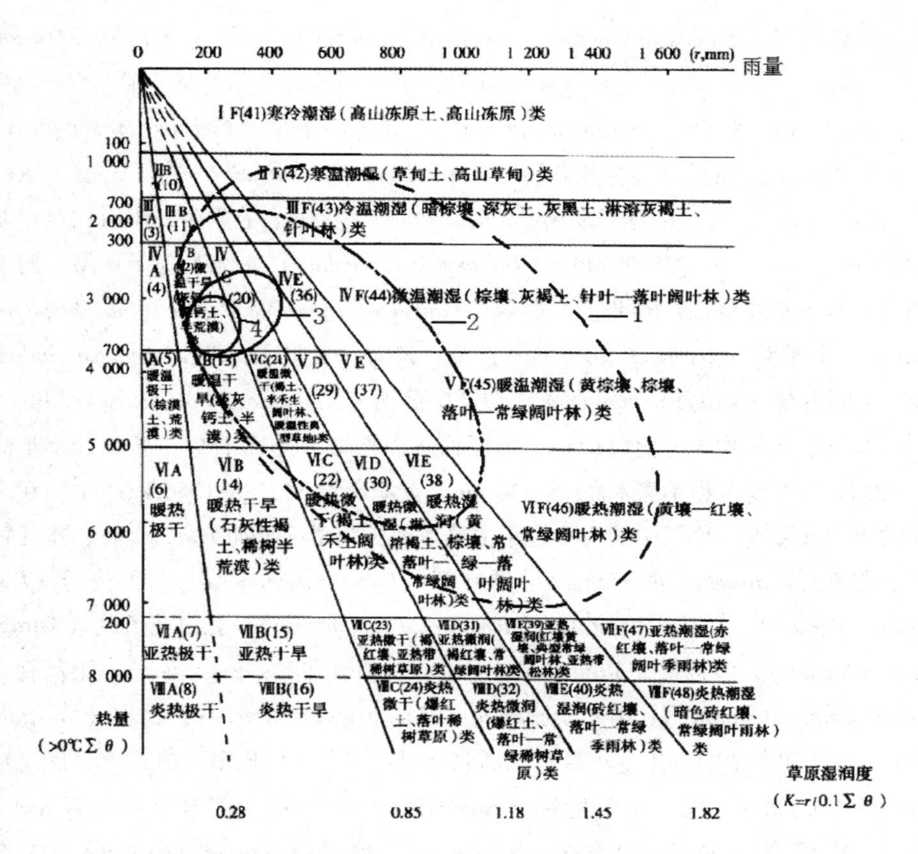


1—蒙古羊分布范围，2—新疆羊分布范围，3—滩羊分布范围，4—典型滩羊分布范围

**图 2　滩羊产区的草原类型（各小黑点代表的地名见文中所述）**
**及新疆羊、蒙古羊、滩羊和典型滩羊在我国草原类型模式分布图上的分布**

本地区黄河沿岸还有以大面积灰色草甸土为基础，经长期耕作、灌溉而形成的绿洲土，或称淤灌土。土层较深，地下水位 1—2 m。质地以中壤和粘土为主。有机质 1% 左右。由于长期灌溉，次生盐渍化较为普遍。此外，地势低平处还有盐土、盐化草甸土分布，部分地区还有沙丘或覆沙。

植被为半荒漠（荒漠草原），主要为小灌木、半灌木荒漠草原和杂类草荒漠草原。主要的草地型有刺旋花（*Convolvulus tragacanthoides*）+短花针茅（*Stipa breviflora*）—北方冠芒草（*Enneapogon borealis*）型，松叶猪毛菜（*Salsola laricifolia*）+短花针茅—北方冠芒草型，骆驼蒿（*Peganum nigellastrum*）——一年生草本型，锋芒草（*Tragus racemosus*）+狗尾草（*Setaria viridis*）+三芒草（*Aristida adscensionis*）+小画眉草（*Eragrostis minor = E. poaeoides*）型，猫头刺（*Oxytropis aciphylla*）+红砂（*Reaumuria soongorica*）—无芒隐子草（*Cleistogenes songlieus*）型，红砂+无芒隐子草型，芨芨草（*Achnatherum splendens*）—骆驼蒿型，碱蓬（*Sueada salsola*）型，酸枣（*Zizyphus jujuba*）——年生小禾草型，西伯利亚白刺（*Nitraria sibirica*）—披针叶黄华（*Thermopsis lanceolata*）+无芒隐子草型，西伯利亚白刺+芨芨草—红砂型，合头草（*Sympegma regelii*）+珍珠（*Salsola passerina*）—莳萝蒿（*Artemisia anethoides*）型，珍珠—无叶假木贼（*Anabasis aphylla*）+蒙古葱（*Allium mongolicum*）型，康藏锦鸡儿（*Caragana tibetica*）型等。

本类草地植物成分比较简单，草层稀疏而低矮，盖度15%—40%，草本高5—20 cm，半灌木和小灌木高15—40 cm。青草产量300——1050 kg/hm$^2$。在多雨的年份或夏秋，草层中的一些多年生草本如长芒草（*Stipa bungeana*）、短花针茅、白草（*Pennisetum flaceidium*）、硬叶苔（*Carex sutschanensis*）、牛枝子（*Lespedea potaninii*）、狭叶米口袋（*Gueldenstaedtia stenophylla*）、乳白花黄芪（*Astragalus galactites*）、多根葱（*Allium polyrrhizum*）、矮葱（*A. anisopodium*）、银灰旋花（*Convolvulus ammannii*）、阿尔泰狗哇花（*Heteropappus altaicus*）、远志（*Polygala tenuifolia*）和大量的一年生小草本，如北方冠芒草、小面眉草、锋芒草、虎尾草（*Chloris virgata*）、三芒草、地锦（*Euphorbia humifusa*）、蒺藜（*tribulus terrestris*）、猪毛蒿（黄蒿，*Artemisia scoparia*）、刺蓬（*Salsola pestifera*）、虫实（*Corispermum hyssoifolium*）、星状刺果藜（*Echinopilon divaricatum*）等发育旺盛，外貌有较大的变化，草层高度、盖度增大一倍以上，产量可增大1—2倍或更多。毒草极少为本类草地特点之一。

本类草地的家畜分布以滩羊为主，且为典型产区。另外有山羊、骆驼，骆驼以阿拉善南戈壁驼类型为主。

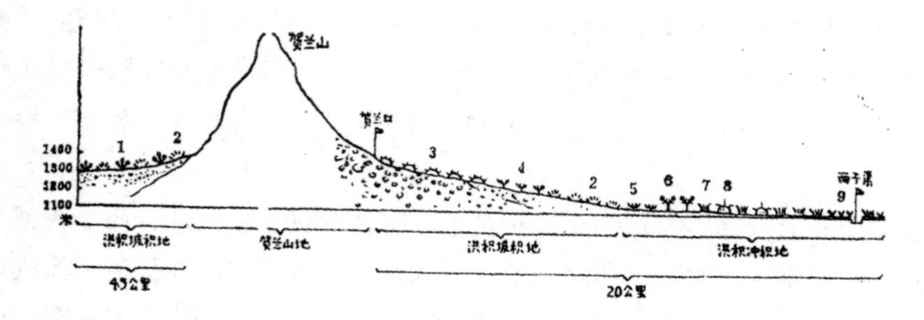


1. 珍珠 2. 红砂 3. 刺旋花 4. 松叶猪毛菜 5. 骆驼蒿 6. 酸枣 7. 芨芨草 8. 小果白刺 9. 碱蓬

**图3 贺兰山山前地带优势植物生态系列**

（图的右侧正是贺兰山东侧山前地带滩羊核心产区草原植被的典型剖面图。据郭思嘉、高正中、刘新民、戴发和原图增绘）

IA（1）寒冷极干（寒漠土，高山寒漠）类，ⅡA（2）寒温极干（高山漠土，高山荒漠）类，ⅢA（3）冷温极干（山地灰棕漠土，山地荒漠）类，ⅣA（4）微温极干（灰棕漠土，荒漠）类，VA（5）暖温极干（棕漠土，荒漠）类，IB（9）寒冷干旱（?）类，ⅡB（10）寒温干旱（荒漠莎嘎土，高山半荒漠）类，ⅡB（11）冷温干旱（山地淡棕钙土，山地半荒漠）类，ⅣB（12）微温干旱（灰钙土，棕钙土，半荒漠）类，IC（17）寒冷微干（?）类，ⅡC（18）寒温微干（莎嘎土，高山草原）类，ⅢC（19）冷温微干（山地淡栗钙土，山地草原）类，ⅣC（20）微温微干（栗钙土、淡黑垆土，典型草原）类，VC（21）暖温微干（褐土，半干生阔叶林、暖温性典型草原）类，ID（25）寒冷微润（?）类，ID（26）寒温微润（莎嘎土，高山草原—草甸草原）类，ⅢD（27）冷温微润（山地栗钙土、淡黑垆土，山地草原—草甸草原）类，ⅣD（28）微温微润（暗栗钙土、黑钙土、黑垆土，森林草原、草甸草原）类，VD（29）暖温微润（黑垆土、淋溶褐土，落叶阔叶林、森林草原）类，IE（33）寒冷湿润（?）类，ⅡE（34）寒温湿润（斑毡莎嘎土，高山草甸草原）类，ⅢE（35）冷温湿润（山地暗栗钙土、山地黑锦土，山地草甸草原）类，ⅣE（36）微温湿润（白浆土、黑土、黑钙土，落叶阔叶林、森林草原）类，VE（37）暖温湿润（黄棕壤、棕壤，落叶阔叶林、落叶—常绿阔叶林）类。

2. 微温干旱（灰钙土、棕钙土，半荒漠）类

本类草地分布于海原兴仁堡、阿拉善左旗宗别立、鄂托克旗、兰州白银区、皋兰、巴音浩特、景泰、青铜峡、永宁、中卫等地。它们的＞℃积温范围为3173℃—3683℃，草原湿润度的范围为0.50—0.83。

全年气候温和而干燥。年均温6.4℃—8.4℃，7月可达22℃—24℃，1月可下降到10℃——12℃，年较差最大可达60℃—65℃。年降水186.5—279.1 mm。年平均相对湿度50%—60%。无霜期140—170 d。冬季几乎没有积雪。春季多风沙。

土壤分布为灰钙土与棕钙土。灰钙土为普通灰钙土，大致分布于灵武—宝塔线以南，盐池—大水坑—甜水—豫旺—八百户—海原北—甘盐池—郭城驿北—哈岘线以西，灵武—青铜峡东—韦州—同心南—香山北—打拉池—靖远以南的黄河线以东。此外，五佛北—景泰—白银—皋兰以西和头道湖以北的贺兰山西侧的两块也是普通灰钙土。土壤的母质主要为黄土，质地较前一草地类别的淡灰钙土为细，基本上都为沙壤或细沙。有机质含量1.0%—1.5%或稍多。碳酸盐淀积层明显，含有较多的石灰结核，在风蚀较重地区石灰结核残积于地表，数量很多，大小不等，直径0.1—3 cm。全剖面呈强石灰反应。pH值为7.8—8.5。除氮外，营养元素比较丰富。

棕钙土分布的西界为灵武以北的黄河，南界为灵武—宝塔—宁夏与内蒙古交界线—毛乌素沙地边缘。行政区战大致上是灵武西北部、盐池北部和鄂托克旗南部。这里的棕钙土剖面分异清楚，腐殖层呈浅棕色，钙积层灰色或灰白色。有机质含量1.0%—2.5%。pH值一般在8.0以上。从表层起石灰反应强烈。地表多沙砾化，在没有沙砾化的地段，地表有微弱的龟裂和薄的假结皮，并有黑色地衣。

在普通灰钙土北部和棕钙土区域内，盐碱土和风沙土广泛分布。

本类草地的地带性植被亦为半荒漠（荒漠草原），主要是小灌木、半灌木和杂类草，禾草荒漠草原。主要的草地型有冷蒿（*Artemisia frigida*）+猫头刺+沙生针茅（*Stipa glareosa*）—狭叶锦鸡儿（*Caragana stenophylla*）型，戈壁针茅（*Stipa tianschanica var. gobica*）—红砂型，戈壁针茅—狭叶锦鸡儿型，珍珠+红砂—小禾草型，猫头刺型，短花针茅—牛枝子型，驴驴蒿（*Artemisia dalailamae*）—短花针茅+中亚紫菀木（*Asterothamnus centraliasiaticus*）型，驴驴蒿—红砂型，无芒隐子草—短花针茅型，无芒隐子草—沙生针茅型，黑沙蒿（*Artemisia ordosica*）型，白沙蒿（*A. spherocephala*）型，西伯利亚白刺+细枝盐爪爪（*Kalidium gracile*）—芨芨草型等。

本类草地植物学成分也很简单，草层稀疏，盖度10%—30%，低矮，高度一般在10—30 cm，有些灌木、半灌木可达40—50 cm。驴驴蒿参加的型可达

50%—60%。青草产量375—1125 $kg/hm^2$，盐碱地上的可达2625 $kg/hm^2$。与前一类别相同，草层中含有大量一年生禾草和杂类草，在多雨的夏秋和年份发育十分旺盛。本类草地毒草很少。

本类草地的家畜分布以滩羊为主，部分地区也是典型产区。值得注意的是沙毛山羊就分布在本类草地的南部灰钙土的范围内。此外也有蒙古羊、普通山羊和骆驼的分布，骆驼以阿拉善沙漠驼和蒙古驼类型为主。

3. 微温微干（栗钙土、淡黑垆土，典型草原）类

本类草地分布于盐池、盐池草原站、靖边、定边以及屈武山和榆中北部（后两处无气象资料）。总的面积较小。它们>0℃积温3300℃—3600℃，草原湿润度0.87—1.17。

气候较温和。年均温7.5℃—8.7℃，寒暑变化剧烈，7月平均20℃—22℃，1月为8℃— -9℃，最大年较差达65℃。年降水296.5—400 mm。年平均相对湿度50%—60%。无霜期150—180 d。春季风沙特大。

土壤类型为栗钙土，但基本上是淡栗钙土亚类。盐池和定边间的栗钙土成土母质为覆盖在鄂尔多斯台地上的薄层黄土为主，剖面发育较好，但覆沙地较普遍。定边以东的母质多为古河湖相沉积物，很少黄土或基岩露头，地下水较浅，除有流沙外，盐碱化很普遍。屈武山、榆中北部的栗钙土则发育在深厚的黄土上。淡栗钙土的特征是有机质积累较弱，有机质含量1.5%—2.5%。钙积层明显。石灰反应从表层起即强烈或明显。

此外，本地区还有淡黑垆土的分布，主要在海源与麻黄山之间。这是黑垆土区比较干冷的亚类，特点是发育在深厚的黄土母质上，表层灰或灰褐色，腐殖层较深，一般有40—60 cm甚至100 cm，黑褐或黑色。有机质含量1.0%—1.5%。质地较粗，多为细沙。剖面不明显，也没有一定的结构。心土有斑状石灰淀积物，从表层起石灰反应即强烈。

植被为典型草原，主要是丛生禾草和小半灌木草原。主要的草地型有大针茅（*Stipa grandis*）—糙隐子草（*Cleistogenes squarrosa*）型、大针茅+克氏针茅（*Stipa krylovii*）—兴安胡枝子（*Lespedeza dahurica*）型、克氏针茅+冷蒿型，长芒草+茭蒿（*Artemisia giraldii*）型、长芒草—兴安胡枝子+铁杆蒿（白莲蒿，*Artemisia gmelinii*）型、长芒草+短花针茅—兴安胡枝子型、长芒草+大针茅—百里香（*Thymus mongolicus*）型、百里香型、百里香—冷蒿+大针茅型、冷蒿—大针茅+长芒草型、大针茅+长芒草—柠条（*Caragana korshinskii*）+杂类草

型、针茅（*Stipa* spp.）—阿盖蒿（*Ajania fluticolosa*）型、马蔺（*Iris ensata*）型、猫头刺型、异针茅（*Stipa aliena*）+疏花针茅（*S. penillata*，=*S. laxiflora*）—蒙古冰草（*Agropyron mongolicum*）+兴安胡枝子型，沙化地上有白沙蒿型、黑沙蒿型，极度放牧的草地上牛心朴子（*Cynanchum hancokianum*）占优势。上述各型中还分别混生有数量很多的其他植物，主要的有羊茅（*Festuca ovina*）、溚草（*Koeleria gracilis*）、硬质早熟禾（*Poa sphondylodes*）、白草、草木樨状黄芪（*Astragalus melilotoides*）、乳白花黄芪、单叶黄芪（*A. efoliolatus*）、糙叶黄芪（*A. scaberrinmus*）、甘草（*Glycyrrhiza uralensis*）、华北岩黄芪（*Hedysarum gmelinii*）、阿尔泰狗哇花、猪毛蒿、远志、黄芩（*Scutellaria baicalensis*）、枸杞（*Lycium halimifolia*）、星毛委陵菜（*Potentilla acaulis*）、翻白草（*P. fulgens*）、轮叶委陵菜（*P. verticillaris*）、蒙古马康草（*Malcolmia mongolica*）、沙米（*Agriophyllum arenarium*）、刺蓬（*Salsola komarovii*）、棉蓬（*Corispermum puberulum*）、假芸香（*Haplophyllum dahurica*）、泽漆（*Euphorbia helioscopia*）、地梢瓜（*Cynanchum sibiricum*）等。

本类草地牧草种类繁多，重量组成中禾草可占40%—50%，豆草可占10%。草层一般高30—50 cm，盖度40%—60%。青草产量1500—3000 kg/hm$^2$。牧草贮量8月达最高峰，5月只及8月的10%，6月也尚在50%以下。利用得当，每年放牧2—3次不影响下年产量。培育得当也可进行割草。目前本类草地普遍利用过度，风蚀、水蚀和沙化严重，并使草地具荒漠化的外貌。

适应的家畜为蒙古牛、蒙古羊、山羊等，是滩羊的一般产区。

4. 微温微润（黑垆土，草甸草原）类

本类草地分布在会宁、海原、豫旺、环县、榆中等地区。它们的年>0℃积温的范围为2850℃—3468℃，草原湿润度为1.24—1.36。

气候温和而较湿润。年均温5℃—8℃，7月为18℃—20℃，1月为-10℃—-12℃，年较差最大为50℃—53℃。年降水380—414 mm，夏季多暴雨。年平均相对湿度50%—60%。无霜期140—170 d。

土壤主要为普通黑垆土。母质为深厚黄土。表层暗灰或灰棕色。腐殖层70—100 cm。有机质1.2%—2.5%。土质疏松。淋溶作用较强，中性到微碱性反应。心土中菌丝体状钙积层明显，还有石灰结核。有粘化现象，但在形态上不明显。

植被以中旱生和旱中生禾草、杂草形成的草甸草原为主。

主要的草地型有白羊草（*Botheriochloa ischaemum*）+长芒草—兴安胡枝子+茭蒿型、长芒草+茭蒿+铁杆蒿型、白羊草+兴安胡枝子型、小尖隐子草（*Cleistogenes mucronata*）—长芒草+茭蒿型、小尖隐子草+茭蒿+兴安胡枝子型、白羊草+大针茅+铁杆蒿型、白羊草+长芒草+冷蒿型、三裂绣线菊（*Spiraea trilobata*）型等。草地中还分别混有许多其他杂草，如茵陈蒿（*Artemisia capillaris*）、莳萝蒿、阿盖蒿、阿尔泰狗哇花、细枝胡枝子（*Lespedeza hedysaroides*）、多花胡枝子（*L. floribunda*）、二色棘豆（*Oxytropis bioclor*）、花苜蓿（*Trigonella ruthenica*）、甘草、远志、二裂委陵菜（*Potentilla bifurca*）、中国委陵菜（*P. chinensis*）、绢毛委陵菜（*P. sericea*）、二色补血草（*Limonium bicolor*）、猪毛菜（*Salsola collina*）、纤毛鹅冠草（*Roegneria ciliaris*）、紫花地丁（*Viola chinensis*）、百里香等。灌木有丁香（*Syringa oblata*）、水栒子（*Cotoneaster multiflorus*）、蒙古莸（*Garyopteris mongolica*）、文冠果（*Xanthoceras sorbifolia*）、西伯利亚小檗（*Berberis sibirica*）、柠条等。

草地一般都表现为严重放牧过度，旱化现象明显。盖度50%—60%，草层高40—60 cm，产草量3000—4500 kg/hm$^2$。

家畜分布为蒙古牛、蒙古羊、山羊及混有蒙古羊血液的低劣滩羊，是滩羊的过渡产区。

## 四、讨论

（一）滩羊分布区的草原类别特点

在我国草原类型分布模式图（图2）上，滩羊分布区占有暖温干旱（淡灰钙土，半荒漠）类、微温干旱（灰钙土、棕钙土，半荒漠）类、微温微干（栗钙土、淡黑垆土，典型草原）类和微温微润（黑垆土，草甸草原）类共四大类，亦即温带的干旱至微润地区，其水热的生态幅为年>0℃积温2850℃—3864℃，草原湿润度0.42—1.36，降水量150—400 mm。如与蒙古羊比较，蒙古羊的分布范围约占20个类别，其生态幅大约为>0℃积温1700℃—6300℃，草原湿润度0.28—3.0，降水量100—1100 mm，生态幅远较滩羊为大。这里还可与新疆羊的分布范围进行比较，据夏先玖（1983）报告，新疆羊共占有24个草地类别，生态幅为>0℃积温1337℃—7375℃，草原湿润度0.28—4.81，降水量90—1621 mm，较蒙古羊的适应性更大。我们可以从三个绵羊品种的草原类型分布看出:（1）绵羊一般不分布在极干的荒漠范围内，不论是生态幅很小的滩羊，还是生态幅很大的蒙古羊和新疆羊，它们左边的范围都在极干的荒漠和干旱的半荒漠的过渡处。（2）滩羊与其原始的母种蒙古羊比较，生态幅大大缩小，它位于蒙古羊生态幅内的左上方，即较热较干处，这表明相对的干热条件是滩羊品种形成的一个自然基础条件。

（二）滩羊典型、一般和过渡产区的草原类别特点

滩羊的典型、一般和过渡产区的草原类别，在我国草原类型模式分布图上是清晰的，即典型产区分布在暖温干旱（淡灰钙土，半荒漠）类和微温干旱（灰钙土、棕钙土，半荒漠）类，一般产区是在微温微干（栗钙土、淡黑垆土，典型草原）类，过渡产区分布在微温微润（黑垆土，草甸草原）类。饶有兴趣的是，在这个模式图中，典型产区的两个草原类别的空间范围内，一些水热坐标点挤在一起，形成了一个核心。这个核心如从 >0℃积温 3500℃以上的巴音浩特算起，从下到上，从左到右的各点分别是巴音浩特、景泰、青铜峡、永宁、中卫、韦州、同心、平罗、陶乐、头道湖、贺兰、银川、灵武、中宁、吴忠、靖远和大武口，它们正是滩羊典型产区中的核心产区。以此核心为圆心向外画弧，可出现两个半环形地带。第一地带从下到上，从左到右分别是兴仁堡、宗别立、鄂托克旗、白银、皋兰、盐池、定边和盐池草原试验站，这些地区是滩羊典型产区的外缘和一般产区，除同心位于暖温干旱类外，其余均在微温干旱和微温微干类的过渡地带。与核心的水热条件相比，它们的差异在于：宗别立和白银主要是热量较低：兴仁堡、鄂托克旗、皋兰、盐池和定边热量较低、草原湿润度较大；盐池草原站主要是草原湿润度较大。第二地带分别为会宁、海原、豫旺、靖边、环县和榆中，它们是滩羊的过渡产区，都位于微温微润类内（靖边除外），与核心相比，草原湿润度大，除环县、榆中外，热量也显著偏低。

从上述的讨论可回答这样一个问题，即滩羊的一般产区可以分布在微温微干（栗钙土、淡黑垆土，典型草原）草地类内，那么和滩羊区相通的内蒙古中部的同样类型的草原上，为什么不分布有一般的滩羊？看来除了空间距离较大外，中间隔有巨大的沙漠，那里的同类型草原的热量绝对值不足是一个限制因子。

（三）滩羊核心产区的特点

让我们对上述滩羊产区的核心进行进一步的分析。这个核心位于温暖干旱和微温干旱类分界线的上下附近，而不是在它们的中心区域，这说明滩羊典型

产区在暖温干旱草地类的下限和微温干旱草地类的上限，而不是在这两个类别中广泛分布。这个核心地理范围颇大，东西最宽处约100 km，南北长达320 km，但水热生态幅却很小，>0℃积温差为424℃（从巴音浩特的3555℃到大武口的3979℃），草原湿润度差为0.26（从头道湖的0.42到韦州的0.68），降水量差为97 mm（从头道湖的156 mm到韦州的253 mm）。如果将这个核心外围的巴音浩特、韦州、同心、头道湖、靖远和大武口六个点去掉，则剩余的就是宁夏的贺兰、平罗、陶乐、银川、永宁、灵武、青铜峡、吴忠、中卫、中宁、石嘴山和甘肃的景泰所组成的滩羊二毛皮质量最好的小核心地区。这个小核心地区水热生态幅是：>0℃积温为3627℃（景泰）—3793℃（银川），草原温润度为0.49（石嘴山）-0.55（中宁），降水量为183.3 mm（石嘴山）—222.9 mm（中宁），也就是说，滩羊典型产区中的小核心，其水热生态幅差极小，其绝对且>0℃积温为160℃，草原湿润度为0.06℃，降水量为39.6 mm。

（四）滩羊的引种问题

滩羊是生态幅很小的一个自然—人工品种，因此引种不易成功。今后在向外引种时如能注意引种地的草原类型，并进一步研究分析其水热条件是否适合典型产区滩羊的需要，则盲目性便可大大减少，成功的把握便可增大。从这一认识出发，作者们预计，新疆伊犁河谷的巩乃斯、伊宁、察布查尔、霍城、霍尔果斯等地的水热状况，土壤和植被条件与滩羊的典型产区最接近，引种的成功性较大；此外，青海的循化也可能引种成功。

## 五、结论

滩羊分布在黄土高原西北部、鄂尔多斯台地西南部、祁连山东端余脉的东北部分和贺兰山两侧山前地带的范围以内，其中黄土高原占有60%以上的面积。行政区域包括宁夏、甘肃、内蒙古、陕西四省（区），其中宁夏约占有一半的面积。

根据草原的综合顺序分类法，滩羊分布在四个草原类别上，即暖温干旱（淡灰钙土，半荒漠）类、微温干旱（灰钙土、棕钙土，半荒漠）类、微温微干（栗钙土、淡黑垆土，典型草原）类、微温微润（黑垆土，草甸草原）类。其中第一、二类是滩羊的典型产区，第三类是一般产区，第四类是过渡产区。

滩羊的典型产区集中分布在第一、二类交界线的上下，即热量为微温上限、暖温下限，草原湿润度为干旱，土壤为淡灰钙土、灰钙土和棕钙土，植被为由小灌木、半灌木和杂类草、一年生禾草构成的半荒漠（荒漠草原）所形成的综合草原生态环境。

在典型产区中，二毛裘皮品质最好的滩羊小核心产区，其水热生态幅差极小，年 >0℃ 积温为 166℃ （3627—3793℃），草原湿润度为 0.06（0.49—0.55），年降水量为 39.6 mm（183.3—222.9 mm）。

## 参考文献

[1] 赵增荣. 甘肃中部的畜牧业 [M]. 北京：科学出版社，1957：37—38，58.

[2] 崔重九，张幼麟，蒋英，等. 滩羊选育报告（第一报）——关于滩羊生态学和生产性能的研究 [J]. 中国畜牧兽医，1962（4）：1—5.

[3] 沈长江，邸醒民. 滩羊品种资源生态地理特征及其应用 [J]. 自然资源，1979（1）：35—47.

[4] 沈长江，邸醒民. 宁夏滩羊生态地理特征及其进一步发展问题 [G] //四省区滩羊选育协作组. 滩羊中卫山羊科技资料汇编. 宁夏：宁夏出版社，1983：18—270.

[6] 蒋可平. 甘肃滩羊现状 [G] //四省区滩羊选育协作组. 滩羊中卫山羊科技资料汇编. 宁夏：宁夏出版社，1983：28—31.

[7] 任继周，胡自治，牟新待，等. 草原的综合顺序分类法及其草原发生学意义 [J]. 中国草原，1980（1）：12—24.

[8] 夏先玖. 新疆细毛羊生存草原类型的生态学系列及其生活力反应 [C] //甘肃农业大学. 甘肃农业大学研究生论文集（摘要）. 兰州：甘肃农业大学，1983：54—57.

# 滩羊土—草—畜系统中的微量元素及其意义的研究*

甘肃景泰滩羊典型产区草地土壤中含有Be、Ba、Pb、Ti、Mn、Ga、Cr、Ni、V、Cu、Zr、Co、Sr、Y、Yb等15种微量元素。草地混合牧草中有其中的13种，其中Yb显著减少，缺少了Be和Co。羊毛中微量元素的种类和含量变化很大并且复杂。滩羊成年母羊毛中只含Pb、Ti、Mn、Cu等4种元素，而二毛期即1月龄羔羊毛中含有Ba、Pb、Ti、Mn、Cr、Ni、Cu、Zr、Ag、Zn、Sr、Mo和Yb共13种微量元素。同一种类的微量元素，羔羊毛中含量显著大于成年母羊毛。此外，羔羊毛中还出现了土壤中没有的Ag、Zn、Mo等3种微量元素。与同龄蒙古羔羊相比，滩羊羔羊在二毛期积累多种微量元素的特殊能力，尤其是积累Ba、Cr、Ni、Zr、Ag、Zn、Sr、Mo、Yb的能力和富集Cu的能力，是形成其特殊的毛股弯曲形态和数量，并构成美丽花穗的裘皮的一种重要遗传性状和物质基础，并与其极小的水热生态幅结合在一起，共同构成了滩羊具有狭小特定产区的生态—遗传学基础。

生命活动所必需的元素有30—40种。在生物体中构成蛋白质的C、H、O、N称为关键元素，它们构成了生物体的95%—97%。P、K、Ca、Mg、S、Na、Cl、Fe等需要量相对较多，称为大量元素。Cu、Zn、B、Mn、Mo、Co、Ce、I、Ni、Cr、F、Sn、Si、V等，虽然生物需要量很少，但又不可缺少，这些元素称为微量元素。此外，还有些元素如Ag、Ba、Rb、U、Ra等，需要量仅为$10^{-9}\%$—$10^{-11}\%$，因此称为超微量元素。后两类元素是维持生物特殊功能和某些特殊生物化学作用所需要的[1]。例如，羊毛的品质不但与大量元素S的含量有关，而且也与微量元素Cu有关。Cu不仅与羊毛色素沉淀有关，同时与细毛

* 作者胡自治、文奋武、卢泰安。发表于《草业学报》，1999，8（2）：60—64.

羊羊毛弯曲也有直接关系。当 Cu 含量降至正常范围以下时，羊毛弯曲减少，补饲 Cu 时弯曲得以恢复[2]。

滩羊是中国特有的裘皮用地方绵羊品种。笔者的前期（1984）研究表明，滩羊与其放牧草原之间存在着极为密切的依存关系[3]。滩羊的地理分布范围狭小，在以宁夏为中心的甘肃、内蒙古和陕西 4 省区中，分布的面积仅为 9. 4 万平方千米。裘皮品质最好的滩羊典型产区只有 12 个县（旗），其草地类型按综合顺序分类法为微温干旱半荒漠类和暖温干旱半荒漠类，且集中在两类生态空间的交界之处，即表现为水热生态幅极小，热量条件为 >0℃ 年积温 3632℃—3739℃（较差只 107℃），年降水量为 183. 3—222. 9 mm（较差仅 39. 6 mm），湿润度约为 0. 49—0. 55（较差仅 0. 06）。与此相适应，滩羊对生态条件十分敏感，例如，1 月龄时的二毛裘皮质量（主要是毛弯曲和毛花穗）随距典型产区生态距离的增大而变劣，成年羊的个体随距典型产区生态距离的增大而变大，对外引种均不甚理想等。

滩羊产区周围为蒙古羊产区所包围，武威与滩羊产区相邻，又是蒙古羊分布地区，因此，笔者以其为对照，通过对滩羊和蒙古羊土—草—畜（羊毛）系统中的微量元素进行半定量普查性质的研究，以说明滩羊及其二毛裘皮在特定区域存在的一些外在和内在原因。

## 一、材料和方法

（一）样地

样地分别设在滩羊典型产区的甘肃景泰马场山和蒙古羊产区的甘肃武威九墩滩，后者为对照，两地直线距离约 100 km。

景泰马场山年均温 8. 2℃，年降水量 198 mm，年 >0℃ 积温 3694℃，湿润度 0. 50。土壤为淡灰钙土，草地类型为微温干旱半荒漠类。主要牧草有红砂（*Reaumuria soongorica*）、合头草（*Sympegma regelii*）、珍珠猪毛菜（*Salsola passerina*）、白草（*Pennisetum flaccidum*）、短花针茅（*Stipa breviflora*）、苔草（*Carex* spp.）和蒙古葱（*Allium mongolium*）等。

武威九墩滩年均温 7. 7℃，年降水量 158 mm，年 >0℃ 积温 3513℃，湿润度 0. 44。土壤为灰钙土，草地类型亦为微温干旱半荒漠类。主要牧草有刺叶柄棘豆（*Oxytropis aciphylla*）、短花针茅（*Stipa breviflora*）、阿尔泰狗哇花（*Hetero-*

*pappus altaicus*）、白草、顶羽菊（*Acroptilon repens*）等。

（二）取样

按照土壤常规取样方法，在马场山和九墩滩两地，分别在6个随机样点上钻取0—60 cm的土壤。将土壤按层分别混合，烘干并过200目筛，装瓶备用。

在9月牧草成熟期，分别在马场山和九墩滩随机重复6次取样。牧草齐地面刈割，阴干后在65℃下烘干至恒重，粉碎，过80目筛，装瓶备用。

在马场山典型滩羊产区和九墩滩蒙古羊产区的羊群中，随机选取1月龄公母羔羊各10只和成年母羊20只，每只羊在肩部、体侧和股部3个部位采集羊毛，并混合成毛样。将毛样置沙氏油脂抽出器中，用乙醚抽取油脂后，自然干燥，去除杂质。再在沙氏油脂抽出器中用乙醇回流清洗后，取出用蒸馏水冲洗烘干备用。

（三）分析

取马场山和九墩滩两地的土壤各100 g送测。取两地混合草样各40 g，1月龄滩羊羔毛与成年母羊和1月龄蒙古羊羔羊与成年母羊的毛样各50 g。草样和毛样在坩埚中炭化后，置500℃茂福炉中灰化25 min，分别收集灰化样送测。

用苏制ИСЛ-28型摄谱仪进行各样品35种微量元素普查性质的半定量测定。

## 二、结果与讨论

（一）绵羊土—草—畜系统中微量元素概貌

在摄谱仪所能测试的35种微量元素中，除B（硼）易造成分析误差一般不报结果外，其余34种元素都依仪器本身对元素的分析灵敏度做出检测结果（表1）。在景泰滩羊和武威蒙古羊土—草—畜系统中，共存在Be（铍）、Ba（钡）、Pb（铅）、Ti（钛）、Mn（锰）、Ga（镓）、Cr（铬）、Ni（镍）、V（钒）、Cu（铜）、Zr（锆）、Ag（银）、Zn（锌）、Co（钴）、Sr（锶）、Mo（钼）、Y（钇）和Yb（镱）18种微量元素。其余16种元素Sn（锡）、Se（硒）、La（镧）、Ce（铈）、Nh（铌）、Ta（钽）、U（铀）、Th（钍）、As（砷）、Sb（锑）、Bi（铋）、Cd（镉）、W（钨）、In（铟）、Ge（锗）和Li（锂），或因系统不含，或含量在仪器对该元素的灵敏度以下未被测出。

景泰滩羊土—草—畜系统含有上述18种微量元素，而武威蒙古羊土—草—

畜系统中所含微量元素的种类与滩羊系统相近，共有16种，不含Ag和Zn，两个系统微量元素含有种类的相似系数为88.88%。

（二）土壤亚系统中的微量元素

景泰马场山和武威九墩滩土壤中所含可被测的元素在种类和数量上完全相同（表1）。测出的微量元素为Be、Ba、Pb、Ti、Mn、Ga、Cr、Ni、V、Cu、Zr、Co、Sr、Y、Yb，共15种，其余摄谱仪可测的20种元素未测出。含量大的为Ba、Ti和Yb。两地土壤亚系统中缺少Ag、Zn和Mo等3种微量元素，与刘铮等报告的当地情况相同[4]。

（三）牧草亚系统中的微量元素

景泰马场山和武威九墩滩两地天然牧草中所含微量元素的种类十分接近。马场山的牧草中含有14种，即Ba、Pb、Ti、Mn、Ga、Cr、Ni、V、Cu、Zr、Sr、Mo、Y和Yb。九墩滩的牧草中含有上述14种中的13种，与马场山相比，只缺少Mo，相似系数为92.85%。两地牧草中微量元素含量相同的有Ba、Ga、Zr、Sr、Y和Yb等6种。马场山牧草中Mn的含量大于九墩滩，而Pb、Ti、Cr、Ni、V、Cu等的含量小于九墩滩。

与两地土壤中微量元素的种类和含量完全相同的情况相比，在土壤中不含Mo的情况下，马场山滩羊区草地牧草较土壤多了一种微量元素Mo，并且含量达$1\times10^{-6}$。与此相反，两地土壤中均含有Be和Co，但在两地牧草中均不含。景泰马场山牧草中的微量元素除了Mn的含量大于武威九墩滩牧草外，其余Pb、Ti、Cr、Ni、V、Cu均小于九墩滩。

（四）羊毛亚系统中的微量元素

羊毛亚系统中微量元素的变化比土壤和牧草中的变化更大且更为复杂。

将滩羊成年母羊和1月龄羔羊与蒙古羊成年母羊和1月龄羔羊的羊毛各作为一个整体，比较其微量元素的种类和含量时可以看出，滩羊毛中所含微量元素有Ba、Pb、Ti、Mn、Cr、Ni、Cu、Zr、Ag、Zn、Sr、Mo和Yb，共13种，远多于蒙古羊羊毛中的6种。

表1 景泰滩羊典型产区和武威蒙古羊产区土—草—畜系统中的微量元素含量( $\times 10^{-6}$ )

Tab. 1 Concentration of microelements in soil - grass - animal system of Jingtai Tan - sheep and Wuwei Mongolian sheep producing areas( $\times 10^{-6}$ )

| 样品名称 Samples | 元素 Elements | 铍 Be | 钡 Ba | 铅 Pb | 钛 Ti | 锰 Mn | 镓 Ga | 铬 Cr | 镍 Ni | 钒 V | 铜 Cu | 锆 Zr | 银 Ag | 锌 Zn | 钴 Co | 锶 Sr | 钼 Mo | 钇 Y | 镱 Yb |
|---|---|---|---|---|---|---|---|---|---|---|---|---|---|---|---|---|---|---|---|
| | 灵敏度 Sensitivity | 3 | 300 | 10 | 30 | 10 | 10 | 30 | 10 | 10 | 3 | 10 | 1 | 100 | 10 | 100 | 10 | 10 | 10 |
| 景泰马场山土壤 Soil in Jingtai | | 1000 | 500 | 20 | 2000 | 500 | 10 | 70 | 20 | 70 | 20 | 200 | — | — | 10 | 200 | — | 10 | 1000 |
| 武威九墩滩土壤 Soil in Wuwei | | 1000 | 500 | 20 | 2000 | 500 | 10 | 70 | 20 | 70 | 20 | 200 | — | — | 10 | 200 | — | 10 | 1000 |
| 景泰马场山混合牧草 Mixed grass in Jingtai | | — | 50 | 20 | 200 | 70 | 1 | 10 | 5 | 3 | 10 | 20 | — | — | — | 70 | 1 | 1 | 1 |
| 武威九墩滩混合牧草 Mixed grass in Wuwei | | — | 50 | 30 | 300 | 50 | 1 | 7 | 7 | 5 | 30 | 20 | — | — | — | 70 | — | 1 | 1 |
| 景泰滩羊成年母羊羊毛 Adult Tan - sheep ewe's wool in Jingtai | | — | — | 0.1 | 1 | 0.7 | — | — | — | — | 0.2 | — | / | / | / | / | / | / | / |

续表

| 样品名称 Samples | 元素 Elements | 铍 Be | 钡 Ba | 铅 Pb | 钛 Ti | 锰 Mn | 镓 Ga | 铬 Cr | 镍 Ni | 钒 V | 铜 Cu | 锆 Zr | 银 Ag | 锌 Zn | 钴 Co | 锶 Sr | 钼 Mo | 钇 Y | 镱 Yb |
|---|---|---|---|---|---|---|---|---|---|---|---|---|---|---|---|---|---|---|---|
| | 灵敏度 Sensitivity | 3 | 300 | 10 | 30 | 10 | 10 | 30 | 10 | 10 | 3 | 10 | 1 | 100 | 10 | 100 | 10 | 10 | 10 |
| 景泰滩羊1月龄羔羊羊毛 One month Tan lamb's wool in Jingtai | / | 10 | 0. 7 | 20 | 20 | / | 2 | 30 | / | 5 | 0. 7 | 0. 3 | 10 | / | 0. 7 | 0. 1 | / | 1 | |
| 武威蒙古羊成年母羊羊毛 Adult Mongolian ewe's wool in Wuwei | / | / | / | 1 | / | / | / | / | / | 0. 1 | / | / | / | / | / | / | / | 1 | |
| 武威蒙古羊1月龄羔羊羊毛 One month Mongolian lamb's wool in Wuwei | / | / | 0. 1 | 0. 7 | 0. 7 | / | / | 1 | / | 0. 3 | / | / | / | / | | / | / | 1 | |

注:1. 灵敏度为苏制 ИСЛ－28 型摄谱仪测试灵敏度;2. /表示无或低于摄谱仪分析灵敏度的含量;3. 牧草和羊毛中的微量元素系由灰分中的含量换算为干物质中的含量,羊毛中的含量<1 只取小数点后 1 位。

Note:1. Sensitivity for measuring was determined with the spectrograph made in Russia, Model ИСЛ－28. 2. / －concentration is 0 or lower than sensitivity of spectrograph. 3. The concentration of micro elements in grassand wool is converted from ash to that based on dry matter, and one digitis reserved while values are lower than 1 in wool.

滩羊成年母羊羊毛只含 Pb、Ti、Mn 和 Cu 等 4 种微量元素，蒙古羊成年母羊羊毛只含 Ti、Cu 和 Yb 等 3 种微量元素，在共含的 Ti、Cu 微量元素数量上，Ti 含量相同，Cu 的含量滩羊成年母羊较蒙古羊大 1 倍。滩羊 1 月龄羔羊羊毛中的微量元素共有 13 种，比 1 月龄蒙古羊多 7 种，相似度为 46.15%。在共有的 Pb、Ti、Mn、Ni、Cu 和 Yb 等 6 种微量元素中，前 5 种元素在滩羊羔羊毛中的含量远大于蒙古羊羔羊，只有 Yb 相同。

最重要和最有意义的现象出现在滩羊成年母羊毛与其 1 月龄羔羊毛中微量元素的种类和含量上。滩羊成年母羊毛中只有 Pb、Ti、Mn 和 Cu 等 4 种微量元素，而羔羊毛中有 Ba、Pb、Ti、Mn、Cr、Ni、Cu、Zr、Ag、Zn、Sr、Mo 和 Yb 等 13 种微量元素，羔羊毛中的种类远多于成年母羊毛，两者相比，相似系数仅 30.76%。两者共有的 4 种微量元素的含量，也是羔羊毛中远大于成年母羊毛。如果将滩羊 1 月龄羔羊毛中的微量元素与其裘皮特殊的品质联系起来的话，那么可以认为，滩羊羔羊在 1 月龄前特殊的积累多种微量元素的能力，尤其是积累 Ba、Cr、Ni、Zr、Ag、Zn、Sr、Mo 和 Yb 等成年母羊毛中没有的微量元素的能力，以及强烈富集 Cu 的能力，是形成其具有理想的毛股弯曲形态和数量，并构成美丽花穗裘皮的物质基础之一，是滩羊的一种特殊的内在遗传性状。如果考虑到武威九墩滩的水热条件尽管与景泰马场山十分相近，但还不是典型滩羊产区的生态幅，那么可以认为，滩羊上述特殊的内在遗传性状，与其外在的气候生态条件结合在一起，共同构成了滩羊在其特定产区长期存在的生态—遗传学基础。

至于在景泰马场山滩羊典型产区土壤和牧草中不存在的 Ag、Zn 和 Mo，却能在二毛期羔羊毛中出现的问题，除了可以考虑仪器的灵敏度与羔羊的富集能力外，还应考虑哺乳母羊的补饲饲料和饮水的来源。此外，进一步的研究应利用原子吸收光谱仪进行，以获得更精确的结果。

## 三、结论

景泰马场山是滩羊典型产区的一部分，它的草地土壤中有 Be、Ba、Pb、Ti、Mn、Ga、Cr、Ni、V、Cu、Zr、Co、Sr、Y、Yb 等 15 种微量元素。草地混合牧草中有 13 种微量元素，缺少了 Be 和 Co。滩羊成年母羊的羊毛中只含 Pb、Ti、Mn 和 Cu 等 4 种微量元素，含量均远小于牧草中的含量；但 1 月龄二毛期滩羊羔羊毛中含有 Ba、Pb、Ti、Mn、Cr、Ni、Cu、Zr、Ag、Zn、Sr、Mo 和 Yb 等 13 种微量元素，其中 Ag 和 Zn 在土壤和牧草中不含，Mo 在土壤中不含。同一元素 1 月龄羔羊毛中的含量均远大于成年母羊毛中的含量。

与蒙古羊同龄羔羊相比，滩羊羔羊在 1 月龄前（二毛期）特殊的积累多种微量元素的能力，尤其是积累 Ba、Cr、Ni、Zr、Ag、Zn、Sr、Mo 和 Yb 的能力和强烈富集 Cu 的能力，是形成其特殊的毛股弯曲形态和数量，并构成美丽花穗的裘皮的重要物质基础之一。这种能力是滩羊的一种特殊遗传性状，并与其外界水热条件结合在一起，共同构成了滩羊在其特定产区长期稳定存在的生态—遗传学基础。

## 参考文献

[1] 王化信．牧草中的矿物元素对家畜生产能力和健康的影响［J］．国外畜牧学——草原，1982（4）：1—8.

[2] 汉蒙 J. 农畜生理学的进展［M］．汤逸人，译．上海：上海科学技术出版社，1959.

[3] 胡自治，张尚德，卢泰安，等．滩羊生态与选育方法的研究：Ⅱ．滩羊的草原生态特征［J］．甘肃农大学报，1984（2）：19—29.

[4] 刘铮，朱其清，庶丽华．土壤微量元素熊毅［M］//李庆逵．中国土壤．北京：科学出版社，1987：517—535.

# 甘肃天祝高山线叶嵩草草地的第一性物质生产和能量效率：Ⅰ、群落学特征及植物量动态*

甘肃天祝金强河地区高山线叶嵩草草地的地上植物量在6—11 月呈单峰线性变化，最大植物量出现在8 月21 日，为373.02 $g/m^2$干物质，或336.67 $g/m^2$有机物质（去灰分物质）；净第一性生产力为340.09 $g/m^2 \cdot a$ 干物质，或307.97 $g/m^2 \cdot a$ 有机物质，地下植物量6—10 月平均为5162.66 $g/m^2$干物质，呈U 形曲线变化；净第一性生产力为780.36 $g/m^2 \cdot a$ 干物质，或671.15 $g/m^2 \cdot a$ 有机物质，其中活根为570.91 $g/m^2 \cdot a$ 干物质，或489.27 $g/m^2 \cdot a$ 有机物质。地上部分最大绝对生长率出现在7 月20 日至8 月21 日，平均为5.16 $g/m^2 \cdot d$ 干物质，之后变为负值。地下部分绝对生长率在8 月21 日以前为负值，最大负值出现在7 月20 日至8 月21 日，表明地上部分的最大生长对地下部分营养物质的供给有强烈的依赖性。最大相对生长率出现在5 月1 日至6 月20 日，为0.0965$g/m^2 \cdot d$ 干物质，表明地上部分的生长效率以生长初期最高。

## 一、引言

高山线叶嵩草（*Kobresia capillifolia*）草地是高山草地的主要类型之一，广泛分布于青藏高原、祁连山和天山等地，在天祝地区多分布于海拔2900 m 以上的河谷阶地、山前地带及东、西向的缓坡，草层低矮而稠密、叶量大、草皮深

---

* 作者胡自治、孙吉雄、张映生、徐长林、张自和。发表于《中国草业科学》，1988（5）：7—13.

厚而坚韧、极富弹性、耐牧性强，是优良的放牧地，适于西藏羊和牦牛放牧利用。线叶嵩草草地由于牧草和地形条件较好，一般利用强度都很大，退化现象十分明显。

关于线叶嵩草草地的路线性群落结构和产量研究资料国内已有不少，但定位性的研究国内尚少报道。本文的目的主要是在定位研究的基础上，了解线叶嵩草草地群落结构、地上和地下植物量的动态及其净第一性生产力，为草地的合理利用、培育和评价提供基础性资料。

## 二、材料与方法

（一）试验地

供试验用的线叶嵩草草地样区，位于甘肃省天祝县金强河上游永丰滩甘肃农业大学高山草原试验站附近的二级阶地上，海拔 2930 m，坡度 1°—2°，年平均温度 0.3℃，7 月平均 11.9℃，1 月平均 -18.4℃，>0℃积温 1522℃，年降水量 414.5 mm，年蒸发量 1427.3 mm，无绝对无霜期，7 月可有 0℃以下的低温及霜出现，但野生植物的生长季仍有 130—140 d，土壤为冲积母质上发育的高山草甸土，土层厚 1—2 m，质地以粉沙壤为主，0—10 cm 的有机质含量达 40%或更多。

样区草地有长久的放牧利用史，被用做春秋放牧地。1980 年春季放牧后建立固定样地 $25 \times 30 m^2$，用刺铁丝围栏和网围栏双层保护，休闲，使草地恢复。

（二）取样和观测

1980 年 9 月 18 日取样一次，1981 年 6 月至 11 月每月 20 日左右取样一次，地上部分取样面积 $0.25\ m^2$，重复 3 次，齐地面刈割，测定地上植物量，地下部分用直径 10 cm 的特质土钻在地上部分取样后的样方中取样，三次重复；取样深度 0—50 cm，分 5 层取样，每个原状土柱高 10 cm，测定地下各层植物量。群落学外貌及分析特征，除在取样时观测外，还进行补充观测。

（三）样品处理

地上部分区分为现存量（Standing crop）、立枯物（Standing dead）和凋落物（litter）。由于植被低矮，多莲座植物，一些立枯物难以和凋落物区别，因此在统计中将立枯物和凋落物合并处理，将上述三部分装布袋在实验室风干，称风干重；再经 105℃烘干至恒重，得绝干重；然后将样品用植物样品粉碎机粉碎，装有色玻瓶中备热值和营养成分分析用。

采到的地下部分原状土柱装入布袋带回实验室，移入双层纱布袋浸泡于流动水中，洗去细小泥沙后，将根物质移到较大的容器中，反复冲洗，过滤，去掉大的沙石，目测拣出明显的活根、死根和非根物质后，再用比重法区分剩余的细小活根和死根。将漂浮于水面和沉淀于器底的黑褐色半分解物质认作死根，漂浮于水中层部分的物质认作活根。此法经与 TTC（2、3、5—氯化三苯基四氮唑，商品名红四氮）染色法分根比较，两种方法无显著差异[1]。活根和死根样品于105℃下烘干至恒重，称绝干重后粉碎，装有色玻瓶中备热值和营养成分分析用。

## 三、结果与讨论

### （一）草地群落的一般特征

线叶嵩草草地群落种属组成较为丰富，种的饱和度为 20—25 种/$m^2$，最高可达 30 余种，7—8 月地上部分茂盛时总盖度 90%—95%，甚或 100%，草层结构简单，只有两层。第一层以线叶嵩草、禾草和高杂类草为主，高 20—30 cm，第二层以矮生嵩草、扁蓿豆及莲座状杂类草为主，高 5—10 cm，密度很大，苔藓层不发达，在多雨季节分盖度可达 10%，草地的优势种是中亚高山成分、典型冷中生的线叶嵩草，高 15—25 cm，分盖度 30%—40%，多度 cop2 或 cop3，频度 100%，亚优势种为异针茅（*Stipa aliena*）、溚草（*Koeleria cristata*）和球花蒿（*Artamisia smithii*）。常见的伴生种有：禾本科的垂穗披碱草（*Elymus nutans*）、草地早熟禾（*Poa pratense*）、高原早熟禾（*P. alpigena*）、紫花针茅（*S. purpurea*）、紫羊茅（*Festuca rubra*）、藏异燕麦（*Helictotrichon tibeticum*）等；莎草科的红棕苔草（*Carex vulpina*）、嵩草（*Kobresia bellardii*）、矮生嵩草、小嵩草（*K. pygmae*）等；豆科的甘肃棘豆（*Oxytropis kansuensis*）、镰形棘豆（*O. falcata*）等；菊科的乳白香青（*Anaphalis lactca*）、美丽风毛菊（*Saussurea superba*）、蒙古蒲公英（*Taraxacum mogolicum*）等；其他杂类草有翠雀花（*Delphinium grandiflorum*）、绵毛毛茛（*Ranunculus membianaceus*）、高山唐松草（*Thalictrum alpinum*）、麻花艽（*Gentiana straminea*）、秦艽（*G. macrophylla*）、湿生扁蕾（*Gentianopsis paludosa*）、多种委陵菜（*Potentilla* spp.）、兰石草（*Lancea tibetica*）、高山韭（*Allium sikkimense*）等。小洼地上常散生有金露梅（*Dasiphara fruticosa*）。

表 1　线叶嵩草草地地上植物量动态表（$g/m^2$ 干物质）

| 植物量 | 20/Ⅵ | 20/Ⅶ | 21/Ⅷ | 22/Ⅸ | 23/Ⅹ | 20/Ⅺ |
| --- | --- | --- | --- | --- | --- | --- |
| 现存量 | 104.23 ±11.84 | 145.51 ±10.12 | 246.06 ±21.51 | 126.58 ±12.24 | 0 | 0 |
| 立枯物 + 凋落物 | 32.93 ±2.20 | 82.27 ±6.99 | 126.96 ±14.15 | 172.17 ±18.42 | 274.98 ±26.02 | 232.08 ±22.41 |
| 合计 | 137.16 ±13.88 | 207.78 ±17.96 | 373.02 ±27.25 | 298.75 ±30.14 | 274.98 ±26.02 | 232.08 ±22.41 |

表 2　线叶嵩草草地地下植物量动态表（$g/m^2$ 干物质）

| 植物量 | 20/Ⅵ | 20/Ⅶ | 21/Ⅷ | 22/Ⅸ | 23/Ⅹ | 平均 |
| --- | --- | --- | --- | --- | --- | --- |
| 活根 | 2906.79 ±292.71 | 2868.49 ±295.18 | 2359.29 ±124.71 | 2681.51 ±197.78 | 2930.18 ±285.27 | 2749.25 ±218.57 |
| 死根 | 2577.01 ±308.27 | 2513.56 ±273.76 | 2358.22 ±265.95 | 2050.09 ±278.40 | 2567.69 ±281.33 | 2413.31 ±221.15 |
| 总根 | 5483.80 ±600.98 | 5382.05 ±569.91 | 4717.51 ±392.15 | 4731.60 ±475.31 | 5497.87 ±565.56 | 5162.66 ±402.27 |

草层在5月初返青，依早春降雪的频繁与否，返青期可提前或延后10—15 d（草地经培育，如冬季灌水、秋季施肥，可使返青期提前5—10 d）。最先返青的是线叶嵩草、嵩草、矮生嵩草、小嵩草、早熟禾、钝叶银莲花（*Anemone geum*）、多茎萎陵菜（*Potentilla multicaulis*）、乳浆大戟（*Euphorbia esula*）等。线叶嵩草、矮生嵩草在5月下旬，早熟禾在6月上旬即抽穗，7月中旬种子成熟。垂穗披碱草、异针茅、豆科草类及菊科草类发育节律较晚，7月中、下旬才进入开花盛期，8月中、下旬种子成熟，9月中旬大部分植物开始枯萎，10月中旬完全枯萎。从时间上说，线叶嵩草草地的草层发育可分为明显的两个阶段：7月中旬之前，线叶嵩草、矮生嵩草、早熟禾等抽穗、开花结实，占明显优势；7月中旬之后，其他禾草、杂草抽穗（孕蕾）、开花结实，生长高大，线叶嵩草的优势度降低。但在连续放牧利用之下，由于采食的缘故，后期禾草的优势不太明显。

（二）地上植物量季节动态及净生产力

草地地上植物量各部分的动态如表1，植物量的绝对量变化在6—11月期间呈单峰曲线，峰值在8月21日，最大植物量为373.02 g/m$^2$干物质，或336.67 g/m$^2$有机物质。如以5月1日开始返青时为起点，作为生长时间函数的地上植物量可用多项式回归方程模拟（$r=0.94$，$t<0.05$，图1），式中Y为植物量g/m$^2$干物质，x为生长天数，从5月1日算起，5月1日为0。

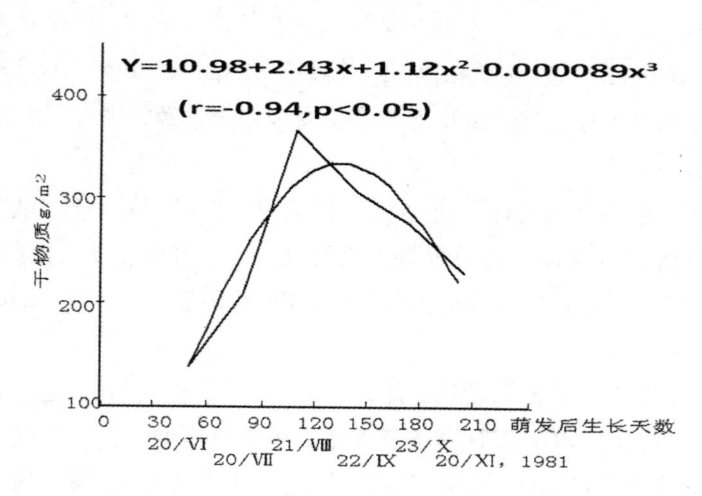


图1　线叶嵩草草地地上植物量与生长时间关系图

根据草地第一性生产力的测定方法，净第一性生产力可用最小和最大植物量之差来计算。草地现存量在萌发时为0，故其8月21日的最大值即为绿色活体的净生产力，此值为246.06 g/m$^2$·a干物质，或226.15 g/m$^2$·a有机物质。同理，立枯物+凋落物的净生产力为上述两项之和，即340.09 g/m$^2$·a干物质，或307.97 g/m$^2$·a有机物质。此值较杨福囤等（1985）[2]在青海海北与线叶嵩草草地生境相近的矮生嵩草草地测得的净生产力高27.33g/m$^2$·a干物质。

（三）地下植物量季节动态与净生产力

线叶嵩草草地地下部分植物量动态如表2，6—10月平均为5162.66 g/m$^2$干物质，高于R. H. Whittake和G. E. Likens（1975）[3]综合的高山和冻原生物量正常范围高限的3000 g/m$^2$，相当于温带高原高限的5000 g/m$^2$，但又远小于黄德华等1986[4]报道的内蒙古锡林河苔草草甸地下植物量的12827.52 g/m$^2$，在时间变化上，总根量6—10月呈U形曲线（图2），最大值出现在地上部分已经枯萎的10月23日，为5497.87 g/m$^2$干物质，或4740.68 g/m$^2$有机物质。最小值出现在大部分植物种子成熟期的8月21日，为4717.51 g/m$^2$干物质，或4045.23 g/m$^2$有机物质，最大值与最小值之差为780.36 g/m$^2$干物质，或671.15 g/m$^2$有机物质，此即线叶嵩草草地地下部分净生产力；分别计算，活根为570.91 g/m$^2$·a干物质，或489.27 g/m$^2$·a有机物质，死根为209.47 g/m$^2$·a干物质，或181.88 g/m$^2$·a有机物质，与杨福囤等（1985）[2]在矮生嵩草草甸上测得的654 g/m$^2$·a干物质相比，线叶嵩草草地高16.20%，不过他们最后一次测定是在9月5日，此时植物地上部分尚未完全枯黄，如延后测定，相信净生产力还会高一些。

活根和死根的时间变化分别呈U形和V形；如以5月1日为起点（5月1日为0），活根、死根以及总根量与生长天数的关系可用多项式回归方程模拟，在$Y_a$、$Y_b$、$Y_{a+b}$各式中，r分别为0.87、0.89和0.96，t分别<0.05、0.05和0.01（图2）。

活根的植物量从春季萌发到8月21一直处于下降过程，这是因为7月中旬之前优势植物线叶嵩草及其他早春开花植物生长发育的需要，消耗了活根的贮藏物质，紧接着禾草和其他夏秋型植物的生长高峰又来到，嵩草的秋季分蘖，大部分禾草和杂类草的种子成熟，又需要地下贮藏的营养物质的补充，以至使活根连续下降到最低点。8月21日之后，活根量几乎直线上升，在地上部分完全枯死后10—15 d的10月23日达最高值。在天祝金强河地区，9月底10月初大部分植物呈现半枯，小部分死亡，但活根量从9月22日到10月23日之间又增加了248.67 g/m$^2$，平均每天增加8.12 g/m$^2$，这种情况表明，植物在越冬前向地下输送营养物质的能力是很强的。关于这一部分植物量，根据生长季各月地上和地下部分的增量和减量，地上部分不可能在半枯前的15 d左右通过光合作用制造这么多的营养物质并输送到地下，那么在土表结冻前（10月27日）植物将本身的现存营养物质也向地下输送，就是地下部分这一增量的另一重要来源。

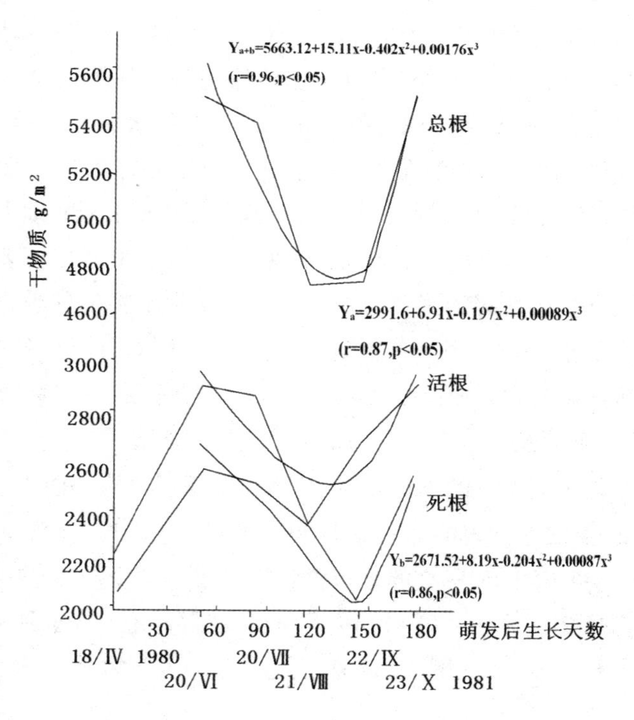


**图2　线叶嵩草草地地下植物量与生长时间关系图**

在草原管理实践上，牧草春季返青后一个月地下贮藏的营养物质大量向上输送的时期，和秋季枯死前一个月地上营养物质向地下大量输送的时期称为忌牧期或危机时期，不应放牧，以免影响牧草当年和次年的生长。金强河地区家畜每年从返青放牧到6月22日（夏至）左右离开此处转移到夏季放牧地，9月15日（中秋节）前后又返回放牧。这种放牧利用的时间表与活根量增减的情况结合起来看，春季放牧对草地的危害显然比秋季放牧要大，因为9月22日左右地下贮藏的营养物质已从最低点积累了近一个月。接近 7 月的水平，此后在放牧中还能向下输送一些，可达到或超过封育条件下 7 月 20 日的水平，接近 10 月 23 日的水平，即能满足返青的需要。线叶嵩草草地活根营养物质消长的这种情况，再加上地下植物量大，对放牧的补偿能力强，耐牧（M. Bowai 等，1977）[5]，因此这个类型的草地长期以来在有计划的重牧之下，仍基本具有原来的外貌，今后需要改进的是春季放牧强度要适当减轻。

前已述及，死根的消长模式与活根大致相同，只是最低点出现的较活根晚一个月，大约是在生长季结束前的 9 月 22 日。死根的减少其基本原因是分解，它和土壤的水热条件，尤其是热量条件有密切的关系。当地 5—20 cm 深处的平均地温以 8 月最高，为 12℃—15℃，9 月相当于 6 月的水平，为 8℃— 10℃，10 月迅速降低至 3℃—4℃. 从地温条件可以看出，死根分解从 6 月可以持续到 10 月，8 月可能是分解最强烈的时期。根据线叶嵩草死根量曲线、地上部分生长的状态以及地温条件，可以做出如下判断：6 月 20 至 7 月 20 日之间死根量下降缓慢，是由于与初期生长发育的嵩草，早熟禾和一年生植物随种子成熟，与死亡的生殖枝有联系的根死亡，因而死根有所补充；9 月 22 日以后死根急剧上升，使植物枯死，根大批死亡，而此时又值低温，分解缓慢。

（四）地下植物量的垂直分布和与地上植物量的比率

线叶嵩草草地地下部分的垂直分异十分显著，随深度增加植物量急剧减少，生长季平均，总根的 61.85% 分布在 0—10 cm 的土层中，78.31% 分布在 0—20 cm的土层中，40—50 cm 深处的分布仅为 4.55%（表 3）。6—10 月平均地下植物量与土壤深度的关系可用幂回归方程 $Y = ax^b$ 很好地（r 分别为 -0.97、-0.98 和 -0.98，t 均 <0.01，图 3）表达，式中 Y 为根干物质 $g/m^2$，x 为土层深度 cm。

线叶嵩草草地上与地下部分植物量的比率，在生长茂盛、地上部分处于最高阶段的 8 月约为 1 : 13。此值较杨福囤等（1985）[2] 报道的矮生嵩草草甸的 1 : 6—7 为大，但远比黄德华等（1986）[4] 报道的苔草草甸的 1 : 24—63 为小。

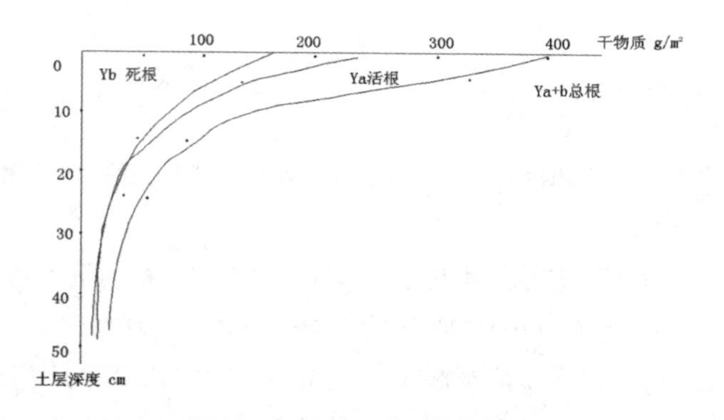


**图 3　线叶嵩草草地根量与土壤深度关系图**

$Y_a = 151.71x^{-1.60}$；$Y_b = 137.80x^{-1.57}$；$Y_{a+b} = 292.46x^{-1.58}$

**表 3　线叶嵩草草地生长季平均各深度层根量分布表（%）**

| 植物量 | 0—10cm | 10—20cm | 20—30cm | 30—40cm | 40—50cm | 总计 |
|---|---|---|---|---|---|---|
| 活根 | 65.45 | 13.96 | 9.56 | 6.17 | 4.86 | 100.00 |
| 死根 | 57.95 | 18.60 | 11.92 | 7.30 | 4.32 | 100.00 |
| 总根 | 61.58 | 16.46 | 10.45 | 6.69 | 4.55 | 100.00 |

## （五）植物量的生长率

草地植物量的净积累，在生长季的不同时期其速度不同，为了准确地表明这种变化，需要在连续的瞬间测定植物量，用生长率说明，绝对生长率（AGR）可说明单位面积的草地，单位时间植物量的净积累，它是植物量对时间的变化率，其微分表达式为：

$$AGR = \frac{dw}{dt}$$

由于受测定条件的限制，也可用一段时间的平均值表示，计算公式为：

$$AGR = \frac{w_2 - w_1}{t_2 - t_1}$$

相对生长率（RGR）可说明单位植物量在单位时间内的植物量净积累，它是随生长时间变化单位植物量对植物量变化率的瞬时值，其微分表达式为：

$RGR = \frac{1}{w} \cdot \frac{dw}{dt}$由于受测定条件的限制，也可变换为平均值的形式，计算公式为：

$$\mathrm{RGR}=\frac{\ln w_2-\ln w_1}{t_2-t_1}$$

上列诸式中，W 为植物量，t 为时间，W2 和 W1 分别为 t2 和 t1 时间的植物量。

线叶嵩草草地不同时期的生长率如表4。地上部分植物量干物质的绝对生长率有两个峰值，即返青到6月20日的2.69 $g/m^2\cdot d$ 和7月21—8月21日的5.16 $g/m^2\cdot d$。这种情况实际反映了前已叙及的线叶嵩草草地的嵩草、早熟禾等成分主要在春季生长，垂穗披碱草、异针茅、豆科植物主要在夏季生长的较为复杂的复合生长模式。地上部分的相对生长率以返青后到6月20日的51 d最高，平均为0.0965 $g/m^2\cdot d$，和绝对生长率一样，8月22日以后转为负值，地上部分最大相对生长率不与最大绝对生长率同时出现在7—8月，而出现在5—6月，它表明生长的早期，草地地上植物量的净积累效率最高。

活根的绝对生长率以大部分禾草和双子叶植物果后营养阶段的8月22—9月22日期间为最大，平均为10.07 $g/m^2\cdot d$；最小值在7月21—8月21日，平均为-15.91 $g/m^2\cdot d$。此时正值嵩草、早熟禾种子成熟，其他禾本科、豆科和杂类草开花结实期。这里我们可以看出，地上部分最大正绝对生长率是与活根的最大负绝对生长率同期出现，它表明地上部分在植物量净积累的最大时期，尽管是水热条件最好的7—8月，但它对活根的营养物质也有很大的依赖性。

死根在9月23日前的生长率均为负值，并且绝对值逐渐增大，8月22—9月22日期间绝对值最大，这表明根的分解随土壤温度的增高而变大，最大分解率出现在地温最高值的8月及稍后，平均值为9.63 $g/m^2\cdot d$ 和0.0043 $g/g\cdot d$ 干物质。9月23—10月23日期间，死根的生长率不仅由负值转变为正值，而且达到16.69 $g/m^2\cdot d$ 的绝对生长率，这是由于随着地上部分的死亡，大批与之有联系的活根死亡，以及土壤温度下降到5℃左右，死根分解速度降低，因而净积累增加的缘故。

**表 4 线叶嵩草草地不同时期植物量的生长率**

| 植物量 | 1/Ⅴ -20/Ⅵ | | 20/Ⅵ -20/Ⅶ | | 21/Ⅶ -21/Ⅷ | | 22/Ⅷ -22/Ⅸ | | 23/Ⅸ -23/Ⅹ | | 24/Ⅹ -20/Ⅺ | |
|---|---|---|---|---|---|---|---|---|---|---|---|---|
| | AGR | RGR | AGR | RGR | AGR | RGR | AGR | RGR | AGR | RGR | AGR | RGR |
| 现存量 | 2.04 | 0.0911 | 1.37 | 0.0111 | 3.14 | 0.0164 | -3.73 | -0.0207 | -4.08 | -0.1561 | 0 | 0 |
| 立枯体 + 凋落物 | 0.65 | 0.0685 | 0.98 | 0.0212 | 2.02 | 0.0223 | 1.41 | 0.0095 | 3.31 | 0.0151 | -1.53 | -0.0081 |
| 地上部分 | 2.69 | 0.0965 | 2.35 | 0.0138 | 5.16 | 0.0182 | -2.32 | -0.0069 | -0.77 | -0.0026 | -1.53 | -0.0081 |
| 活根 | — | — | -1.28 | -0.004 | -15.91 | -0.0061 | 10.07 | 0.0040 | 8.02 | 0.0029 | — | — |
| 死根 | — | — | -2.11 | -0.008 | -4.85 | -0.0019 | -9.63 | -0.0043 | 16.70 | 0.0072 | — | — |
| 地下部分 | — | — | -3.39 | -0.006 | -20.76 | -0.0041 | 0.44 | 0.0001 | 24.72 | 0.0048 | — | — |

注:AGR—绝对生长率,$g/m^2 \cdot d$ 干物质;RGR—相对生长率,$g/m^2 \cdot d$ 干物质

## 参考文献

[1] 李光棣．辨别死活根的 TTC 染色法 [J]．中国草原与牧草，1986 (1)：34—36.

[2] 杨福囤，陆国泉，史顺海．高寒矮嵩草草甸结构特征及其生产量 [G] //中国科学院西北高原生物研究所．高原生物学集刊：第 4 集．北京：科学出版社，1985：49—56.

[3] WHITTAKE R H，LIKENA C E. 生物圈与人类 [M] //里思 H，惠特克 R H，等．生物圈的第一性生产力．王业遽，等译．北京：科学出版社，1985：286.

[4] 黄德华，陈佐忠，张鸿芳．内蒙古锡林林河流域不同植物群落类型的地下部分生物量及其分布的比较研究 [J]．四川草原，1986 (1)：56—59.

[5] BUWAI M，TRILICA´M J. Defoliation Effects on Roots Weights and TNC of Blue Grama and Western Wheatgrass [J]. Crop Science，1977，17 (1)：15—16.

# 甘肃天祝高山线叶嵩草草地的第一性物质生产和能量效率：Ⅱ、营养物质量动态和净营养物质生产力*

本文报道了甘肃天祝金强河地区高山线叶嵩草（*Kobresia capillifolia*）草地绿色活体、立枯物+凋落物、活根以及死根的营养成分含量动态，各营养成分之间的相关性，营养物质量动态以及各种营养物质的净生产力，并对它们的特点进行了讨论。

## 一、引言

测定牧草的概略养分（水分、粗蛋白、粗脂肪、粗纤维、粗灰分、无氮浸出物、钙和磷）是评定牧草营养价值的基本方法之一，它不仅分析简便，而且可从家畜营养角度出发，将牧草分类，以便确定适合的家畜利用，提高牧草的利用效率。

关于线叶嵩草单种牧草的营养成分已有报道[1,2]，但有关线叶嵩草地混合牧草的营养成分的研究尚未见有文献。本文的目的是研究线叶嵩草草地绿色活体、立枯物+调落物、活根以及死根的营养成分动态，并计算其营养物质量和净营养物质生产力，为线叶嵩草草地的培育和利用提供科学资料。

---

* 作者胡自治、张自和、孙吉雄、张映生、徐长林。发表于《草业学报》，1990，1（1）：3—10.

## 二、材料和方法

试验地、取样和样品处理见本研究第Ⅰ报——群落学特征及植物量动态一文[3]。营养成分的测定是将制备的各期绿色活体、立枯物+凋落物、活根及死根的粉碎样，用常规方法测定其粗蛋白、粗脂肪、粗纤维、无氮浸出物、粗灰分、钙和磷七种营养成分的含量。

## 三、结果和讨论

（一）营养成分含量的季节动态

草层绿色活体（6—9月）、立枯物+凋落物（6—11月），活根以及死根（6—10月）的营养成分含量见表1。动态资料表明：粗蛋白的平均含量绿色活体>立枯物+凋落物>死根>活根。绿色活体6—11月粗蛋白的平均含量达17.01%，接近豆科牧草粗蛋白含量的平均值[4]，在季节变化上，绿色活体和立枯物+凋落物的粗蛋白含量随生长期的推移显著下降，后者尤甚，下降达50%，9月根的粗蛋白具有有趣的现象，即活根粗蛋白含量具峰值，而死根为谷值，这体现了越冬前一个月左右营养物质由地上部分向活根输送、贮存，而死根的分解持续进行和未获得补充的内在状况。

粗脂肪平均含量表现为地上部分>地下部分，绿色活体>立枯物+调落物，活根>死根。在季节变化上，绿色活体的粗脂肪含量随时间的推移逐渐上升，生长季末达峰值；立枯物+调落物粗脂肪含量在生长中期和后期高，生长的早期和生长期结束后显著降低，这种情况是中后期立枯物+凋落物中含有较多的种子，种子粗脂肪含量较高的缘故。活根和死根粗脂肪含量动态相似，都是9月最高，6—8月的生长期较低。

粗纤维平均含量立枯物+调落物>绿色活体，活根>死根。在季节动态上，绿色活体和立枯物+调落物粗纤维含量随时间的推移有明显增加；活根的粗纤维含量9月有明显的降低，很清楚，这种情况是因为此时粗蛋白、粗脂肪和无氮浸出物等营养物质向下输送，它们在活根内的含量相对增加，因而粗纤维含量相对降低。

**表 1 线叶嵩草草地草层各部分营养成分含量动态表(干物质基础%)**

Table 1 Dynamics of nutrients content of four parts of phytomass in alpine *Kobresia capillifolia* grassland (DM base%)

| 日期 | 粗蛋白 | 粗脂肪 | 粗纤维 | 无氮浸出物 | 粗灰分 | 钙 | 磷 |
|---|---|---|---|---|---|---|---|
| 绿色活体 | | | | | | | |
| 20/Ⅵ | 21.16$^{a}$ | 2.90$^{b}$ | 18.65$^{c}$ | 49.01$^{ab}$ | 8.28$^{a}$ | 0.914$^{c}$ | 0.239$^{a}$ |
| 20/Ⅶ | 17.82$^{ab}$ | 2.91$^{b}$ | 21.96$^{bc}$ | 49.64$^{a}$ | 7.67$^{bc}$ | 0.925$^{c}$ | 0.188$^{ab}$ |
| 21/Ⅷ | 14.81$^{b}$ | 2.48$^{b}$ | 26.87$^{ab}$ | 47.75$^{abc}$ | 8.09$^{ab}$ | 0.968$^{a}$ | 0.151$^{bc}$ |
| 22/Ⅸ | 14.28$^{b}$ | 3.67$^{a}$ | 29.91$^{a}$ | 45.19$^{d}$ | 6.95$^{d}$ | 0.965$^{ab}$ | 0.134$^{c}$ |
| 平均 | 17.01 ±3.17 | 2.99 ±0.49 | 24.35 ±5.01 | 47.89 ±1.96 | 7.74 ±0.85 | 0.943 ±0.027 | 0.178 ±0.046 |
| 立枯物 + 凋落物 | | | | | | | |
| 20/Ⅵ | 14.86$^{a}$ | 2.06$^{a}$ | 20.48$^{c}$ | 52.79$^{a}$ | 9.81$^{c}$ | 1.183$^{bcd}$ | 0.118$^{b}$ |
| 20/Ⅶ | 14.68$^{abc}$ | 2.55$^{ab}$ | 23.69$^{c}$ | 49.64$^{abc}$ | 9.44$^{c}$ | 1.184$^{bcd}$ | 0.118$^{b}$ |
| 21/Ⅷ | 14.73$^{ab}$ | 2.51$^{ab}$ | 24.76$^{bc}$ | 45.02$^{a}$ | 12.98$^{a}$ | 1.350$^{abc}$ | 0.149$^{a}$ |
| 22/Ⅸ | 11.71$^{abcd}$ | 2.65$^{a}$ | 24.58$^{bc}$ | 50.90$^{b}$ | 10.16$^{b}$ | 1.528$^{a}$ | 0.110$^{bc}$ |
| 23/Ⅹ | 9.31$^{de}$ | 2.45a$^{bcd}$ | 28.64$^{ab}$ | 49.46$^{cd}$ | 10.14$^{bc}$ | 1.363$^{ab}$ | 0.100$^{bc}$ |
| 20/Ⅺ | 7.07$^{c}$ | 2.10$^{a}$ | 32.82$^{a}$ | 49.54$^{cd}$ | 8.47$^{c}$ | 1.118$^{d}$ | 0.096$^{c}$ |
| 平均 | 12.06 ±3.30 | 2.39 ±0.24 | 25.83 ±4.30 | 49.56 ±2.56 | 10.17 ±1.51 | 1.287 ±0.153 | 0.115 ±0.018 |
| 活根 | | | | | | | |
| 20/Ⅵ | 10.07$^{b}$ | 1.24$^{bc}$ | 25.66$^{a}$ | 47.90$^{d}$ | 15.13$^{b}$ | 2.926$^{a}$ | 0.089$^{a}$ |

续表

| 日期 | 粗蛋白 | 粗脂肪 | 粗纤维 | 无氮浸出物 | 粗灰分 | 钙 | 磷 |
|---|---|---|---|---|---|---|---|
| 绿色活体 | | | | | | | |
| 20/Ⅶ | 9.66$^{b}$ | 1.01$^{d}$ | 24.36$^{ad}$ | 49.51$^{a}$ | 15.46$^{b}$ | 2.700$^{ab}$ | 0.075$^{bc}$ |
| 21/Ⅷ | 9.88$^{b}$ | 1.23$^{bcd}$ | 24.38$^{c}$ | 47.65$^{d}$ | 16.86$^{b}$ | 2.522$^{bc}$ | 0.071$^{c}$ |
| 22/Ⅸ | 11.40$^{a}$ | 1.52$^{a}$ | 23.72$^{c}$ | 49.00$^{abc}$ | 14.36$^{b}$ | 2.364$^{bc}$ | 0.084$^{ab}$ |
| 23/Ⅹ | 9.90$^{b}$ | 1.35$^{ab}$ | 25.21$^{b}$ | 49.24$^{ab}$ | 14.30$^{b}$ | 2.309$^{c}$ | 0.066$^{c}$ |
| 平均 | 10.18 ±0.69 | 1.27 ±0.20 | 24.67 ±0.76 | 48.66 ±0.83 | 15.22 ±1.04 | 2.564 ±0.253 | 0.077 ±0.009 |
| 死根 | | | | | | | |
| 20/Ⅵ | 11.50$^{abcd}$ | 1.03$^{c}$ | 23.67$^{a}$ | 50.29$^{b}$ | 13.51$^{bc}$ | 3.364$^{bc}$ | 0.072$^{bc}$ |
| 20/Ⅶ | 11.58$^{ab}$ | 1.01$^{c}$ | 23.24$^{ab}$ | 49.89$^{b}$ | 14.28$^{b}$ | 3.336$^{bc}$ | 0.099$^{a}$ |
| 21/Ⅷ | 11.64$^{a}$ | 1.02$^{c}$ | 21.02$^{c}$ | 50.68$^{b}$ | 15.64$^{a}$ | 3.459$^{b}$ | 0.074$^{b}$ |
| 22/Ⅸ | 10.23$^{c}$ | 1.34$^{a}$ | 21.78$^{c}$ | 54.90$^{a}$ | 11.75$^{d}$ | 3.392$^{bc}$ | 0.064$^{bcd}$ |
| 23/Ⅹ | 11.53$^{abcd}$ | 1.23$^{ab}$ | 22.11$^{bc}$ | 51.96$^{b}$ | 13.17$^{b}$ | 3.587$^{a}$ | 0.047$^{a}$ |
| 平均 | 11.30 ±0.60 | 1.13 ±0.15 | 22.36 ±1.08 | 51.54 ±2.36 | 13.67 ±1.65 | 3.428 ±0.101 | 0.071 ±0.018 |

注：各纵行内两个平均值之后具相同字母的经邓肯新复全距测验，差异在5%水平上不显著。

Note: Within each column, mean values followed by the same letter are not significantly different by Duncan's multiple range test at $p = 0.05$.

无氮浸出物平均含量，地上和地下都是死的部分大于活的部分。在季节变化上，地上部分是生长的前期较高，后期明显降低；而地下部分则与此不同，总体是生长后期较高，例如活根在8月出现最低值，9月明显增加，这种情况也是作为主要贮存的营养物质的无氮浸出物，在生长季末向地下输送贮存的结果。

粗灰分平均含量地下部分 > 地上部分，立枯物 + 调落物 > 绿色活体，活根 > 死根。在季节变化上，绿色活体粗灰分含量随时间推移呈下降趋势，而其余三部分都表现为生长早期含量低，8 月出现峰值后又逐渐降低。

钙平均含量既明显地表现为死根 > 活根 > 立枯物 + 调落物 > 绿色活体，也表现为死的部分 > 活的部分。在季节变化上，除活根钙含量明显表现为随时间推移逐渐降低外，其余三部分都表现为生长早期含量低，后期逐渐增高（立枯物 + 调落物在 11 月又明显降低）。

磷平均含量地上部分明显大于地下部分，活的部分明显大于死的部分，在季节变化上，绿色活体磷含量随时间推移明显降低，立枯物 + 凋落物在生长的早期和晚期均明显较峰值的 8 月为低。活根和死根的磷含量无明显变化规律。

线叶嵩草草地草层营养成分含量季节动态中，草层四部分的营养成分平均值，绿色活体以粗蛋白、粗脂肪和磷的含量高，无氮浸出物和钙含量低为特点；死根以无氮浸出物、钙含量高，粗脂肪、粗纤维和磷含量低为特点。

（二）草层营养成分含量的相关性

在牧草营养成分组成中，一种营养成分含量的变化，将使另外一种或多种营养成分含量发生变化。为了查明线叶嵩草草地草层各部分营养成分含量的这种关系，将草层四部分的七种营养成分之间的关系分别列于表 2－1 至表 2－4。资料表明：地上部分粗蛋白与粗纤维呈显著或极显著负相关；绿色活体的粗蛋白与钙呈显著负相关，粗纤维与钙呈显著正相关，与磷呈显著负相关；立枯物 + 凋落物的粗灰分与磷呈显著负相关。地下部分中活根的各营养成分之间均达不到显著相关；死根的无氮浸出物与粗蛋白呈显著负相关，与粗脂肪和钙呈显著正相关，钙和磷呈显著正相关。

表 2－1　线叶嵩草草地绿色活体营养成分含量相关表

Table 2－1 Correlation coefficients of nutrients content of standing green in alpine *Kobresia capillifolia* grassland

| 营养成分 | Nutrient | 粗蛋白 | 粗脂肪 | 粗纤维 | 无氮浸出物 | 粗灰分 | 钙 | 磷 |
|---|---|---|---|---|---|---|---|---|
| 粗蛋白 | CP | 1.00 | －0.25 | －0.96 * | 0.71 | 0.64 | －0.95 * | 1.00 |
| 粗脂肪 | EE | | 1.00 | 0.43 | －0.69 | －0.87 | 0.15 | －0.23 |
| 粗纤维 | CF | | | 1.00 | －0.88 | －0.72 | 0.95 * | －0.98 * |
| 无氮浸出物 | NFE | | | | 1.00 | 0.74 | 0.59 | 0.76 |
| 粗灰分 | CA | | | | | 1.00 | －0.47 | 0.70 |
| 钙 | Ca | | | | | | 1.00 | －0.94 |
| 磷 | P | | | | | | | 1.00 |

表 2－2　线叶嵩草草地立枯体＋凋落物营养成分含量相关表

Table 2－2 Correlation coefficients of nutrients content of standing dead＋litter in alpine *Kobresia capillifolia* grassland

| 营养成分 | 粗蛋白 | 粗脂肪 | 粗纤维 | 无氮浸出物 | 粗灰分 | 钙 | 磷 |
|---|---|---|---|---|---|---|---|
| 粗蛋白 | 1.00 | 0.25 | －0.92 * * | －0.07 | 0.49 | 0.06 | 0.79 |
| 粗脂肪 | | 1.00 | －0.17 | －0.40 | 0.44 | 0.75 | 0.30 |
| 粗纤维 | | | 1.00 | －0.28 | －0.35 | －0.17 | －0.56 * |
| 无氮浸出物 | | | | 1.00 | －0.72 | －0.16 | －0.62 |
| 粗灰分 | | | | | 1.00 | 0.49 | 0.87 * |
| 钙 | | | | | | 1.00 | 0.16 |
| 磷 | | | | | | | 1.00 |

表 2－3　线叶嵩草草地活根营养成分含量相关表

Table 2－3 Correlation coefficients of nutrients content of live roots in alpine *Kobresia capillifolia* grassland

| 营养成分 | 粗蛋白 | 粗脂肪 | 粗纤维 | 无氮浸出物 | 粗灰分 | 钙 | 磷 |
|---|---|---|---|---|---|---|---|
| 粗蛋白 | 1.00 | 0.83 | －0.55 | 0.08 | －0.48 | －0.39 | 0.50 |
| 粗脂肪 | | 1.00 | －0.23 | －0.04 | －0.53 | －0.61 | 0.18 |

续表

| 营养成分 | 粗蛋白 | 粗脂肪 | 粗纤维 | 无氮浸出物 | 粗灰分 | 钙 | 磷 |
|---|---|---|---|---|---|---|---|
| 粗纤维 | | | 1.00 | -0.29 | -0.10 | 0.49 | 0.06 |
| 无氮浸出物 | | | | 1.00 | -0.64 | -0.40 | -0.28 |
| 粗灰分 | | | | | 1.00 | 0.32 | -0.19 |
| 钙 | | | | | | 1.00 | 0.60 |
| 磷 | | | | | | | 1.00 |

**表 2-4　线叶嵩草草地死根营养成分含量相关表**

**Table 2-4 Correlation coefficients of nutrients content of dead roots in alpine *Kobresia capillifolia* grassland**

| 营养成分 | 粗蛋白 | 粗脂肪 | 粗纤维 | 无氮浸出物 | 粗灰分 | 钙 | 磷 |
|---|---|---|---|---|---|---|---|
| 粗蛋白 | 1.00 | -0.81 | 0.24 | -0.93 * | 0.80 | 0.20 | 0.24 |
| 粗脂肪 | | 1.00 | -0.36 | 0.95 * | -0.84 | 0.37 | -0.68 |
| 粗纤维 | | | 1.00 | -0.45 | -0.17 | -0.52 | 0.39 |
| 无氮浸出物 | | | | 1.00 | -0.79 | 0.93 | -0.55 |
| 粗灰分 | | | | | 1.00 | 0.01 | 0.45 |
| 钙 | | | | | | 1.00 | 0.95 * |
| 磷 | | | | | | | 1.00 |

从四个相关表中可以看出，草层四部分的七种营养成分之间的相关性大多不显著，活根甚至没有跟任何种成分之间达到显著相关。这种情况可从两个方面加以解释：1）草层由多种植物组成，由于种类多，营养成分之间的关系变得复杂，规律性降低。2）各种营养成分含量的动态，一些呈直线变化，一些呈曲线变化，这两种变化模式导致它们之间的相关性降低。

（三）草层营养物质量动态

营养物质量是指草地在某一时刻单位面积存在的某种营养物质的数量。

根据草层四部分植物量动态（表3）及其营养成分含量动态（表1）计算的草层地上和地下营养物质量的动态如表4。资料表明：地上部分的各种营养物质量均呈∧形曲线，最大值均出现在地上植物量最大的8月21日。与此相反，地下部分的各种营养物质量均呈∨形曲线，它们的最小值也出现在地下植物量最小的8月21日（粗灰分和钙在9月22日），最大值出现在地下植物量最大的10月23日（粗脂肪和无氮浸出物），或次大的6月20日（粗蛋白、粗纤维、粗灰分和钙、磷）。全草层的各种营养物质量的变化大致上和地下部分一样，这是因为地下部分的植物量远大于地上部分，全草层的各种营养物质量的变化基本取决于地下部分的变化。

如以5月1日开始返青时为起点，作为生长时间函数的地上部分粗蛋白量，可用多项式回归方程模拟（图1）。式中Y为地上部分粗蛋白量 $g/m^2$，X为返青后生长天数，5月1日X为0。

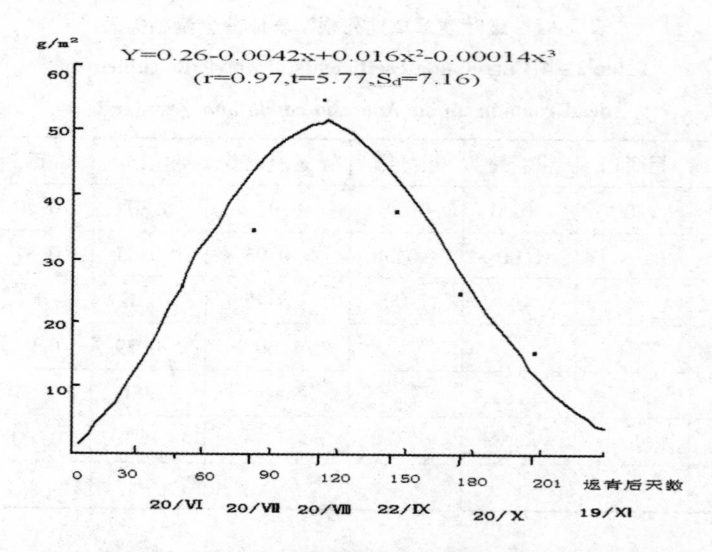


**图1　线叶嵩草草地地上部分粗蛋白量与返青后生长天数关系图**

**Fig. 1　Relationship between crude protein mass of aboveground and growing days in *Kobresia capillifolia* grassland**

**表3　线叶嵩草草地植物量季节动态表（$g/m^2$干物质）**

**Table 3 Seasonal dynamics of phytomass in alpine *Kobresia capillifolia* grassland（$g/m^2$DM）**

| 植物量组成 | 20/Ⅵ | 20/Ⅶ | 21/Ⅷ | 22/Ⅸ | 23/Ⅹ | 20/Ⅺ |
|---|---|---|---|---|---|---|
| 现存量 | 104.23 | 145.51 | 246.06 | 126.50 | 0 | 0 |
| 立枯物+凋落物 | 32.93 | 62.27 | 126.96 | 172.17 | 274.98 | 232.08 |
| 地上部分小计 | 137.16 | 207.78 | 373.02 | 298.75 | 274.98 | 232.08 |

续表

| 植物量组成 | 20/Ⅵ | 20/Ⅶ | 21/Ⅷ | 22/Ⅸ | 23/Ⅹ | 20/Ⅺ |
|---|---|---|---|---|---|---|
| 活根 | 2906.79 | 2868.49 | 2359.29 | 2681.51 | 2930.18 | |
| 死根 | 2577.01 | 2513.56 | 2358.22 | 2050.09 | 2567.69 | |
| 地下部分小计 | 5483.80 | 5382.05 | 4717.51 | 4731.60 | 5498.87 | |
| 全草层总计 | 5620.96 | 5589.83 | 5090.53 | 5035.35 | 5772.85 | |

(四) 草地净营养物质生产力

草地净营养物质生产力是单位面积草地在单位时间内通过光合作用生产的营养物质量与呼吸消耗量之差，也就是单位面积草地牧草通过光合作用积累营养物质的速度。通过净营养物质生产力的计算，可以获知某种营养物质在草层某一部分或全草层的净积累及其存在的时间，以便有效地利用草地。

草地净营养物质生产力可以按照测定草地净第一性生产力的方法求得。根据国际生物学规划出版的一些手册，草地净第一性生产力（Pn）的测定，以最大和最小生物量之差为基础，用公式表示为：

$Pn = \triangle B + L + G$

这一公式对地上部分和地下部分都适用。对地上部分来说，△B 为现存量的增量，即绿色活体的增量，L 为调落物量，G 为动物牧食量，本试验有围栏保护，无牧食量损失，故 G 可略去不计。对地下部分来说，△B 为活根量增量，L 为死根，由于无法定期收集不断由活根形成的死根，故用死根量增量，但这样就遗漏了无法测定的分解的死根，因此这个死根量增量不是一个准确值，而是一个偏小的值，考虑到线叶嵩草草地地温甚低，分解率较小，故仍不失参考意义；G 为土壤动物采食的活根和死根，现在也无法测定，因此地下部分净第一性生产力的测定较地上部分困难得多，准确性也较差。

在计算净营养物质生产力时，将上述各项改为表 4 所列各部分的某种营养物质量即可，并按地上部分、地下部分和全草层分别计算。例如：地上部分粗蛋白净生产力应为 8 月 21 日的最大量和返青时的最小量之差，并且由绿色活体和立枯物 + 调落物两部分构成，绿色活体的粗蛋白量在草地返青时为 0，故其 8 月 21 日的量即为它的净生产力，为 36.44g/m² · a。立枯物 + 凋落物的粗蛋白净生产力用 8 月 21 日的最大量和 6 月 20 日的最小量之差近似计算（应为 5 月初返青时的量，此时的立枯物 + 凋落物都是去年的产物，故应减去；本试验 5 月初因故未能测定），为 13.81 g/m² · a。因最大量都在 8 月 21 日，故两项可合并，即地上部分粗蛋白净生产力为50.25 g/m$^2$ · a。

地下部分粗蛋白净生产力应为6月20日的最大量589.06 g/m$^2$与8月21日最小量507.58 g/m$^2$之差，为81.48 g/m$^2$ · a，如按活根和死根分别计算，活根为6月20日与8月21日之差为59.62 g/m$^2$ · a，死根为6月20日与8月21日之差为21.86 g/m$^2$ · a。如果不以地下部分为单位，只单独计算死根的粗蛋白净生产力，则应为6月20日的最大量与9月22日的最小量之差，为86.63g/m$^2$ · a。

全草层的粗蛋白净生产力应为6月20日的最大量与8月21日的最小量之差，再减6月20日立枯物+调落物的粗蛋白量，为58.39 g/m$^2$ · a，分别计算，地上部分为此两期粗蛋白量之差，再减6月20日立枯物+调落物量之差，为-23.09 g/m$^2$ · a，地下部分也为此两期之差，为81.48 g/m$^2$ · a。

根据上述计算方法，天祝线叶嵩草草地七种营养物质的净生产力及其存在时间如表5。从上述计算方法和表4、表5中资料可以看出：

**表5 线叶嵩草草地营养物质净生产力表（g/m$^2$ · a）**

**Table 5 Net nutrients productivity in alpine *Kobresia capillifolia* grassland（g/m$^2$. a）**

| 草层部分<br>Part | 粗蛋白<br>CP | 粗脂肪<br>EE | 粗纤维<br>CF | 无氮浸出物<br>NFE | 粗灰分<br>CA | 钙<br>Ca | 磷<br>P |
|---|---|---|---|---|---|---|---|
| 地上部分 Aboveground | 50.25/Ⅷ | 8.61/Ⅷ | 90.80/Ⅷ | 157.27/Ⅷ | 33.16/Ⅷ | 4.010/Ⅷ | 0.521/Ⅷ |
| 地下部分 underground | 81.48/Ⅵ | 18.06/Ⅹ | 284.98/Ⅵ | 453.40/Ⅹ | 176.46/Ⅶ | 38.815/Ⅵ | 1.219/Ⅶ |
| 全草层 Whole sward | 58.39/Ⅵ | 17.70/Ⅹ | 222.42/Ⅹ | 414.75/Ⅹ | 167.21/Ⅶ | 36.515/Ⅵ | 1.105/Ⅶ |

注：分母的罗马数字为营养物质净生产力（分子）存在的月份。

Note：Dinomintor is month when net nutrients productivity is present in the grassland.

第一，地上部分各种营养物质量的最大值都出现在8月21日，因此各种营养物质的净生产力都存在于8月21日。地下部分和全草层则无此规律性，可分别出现在8月以外的其他月份。

第二，各种营养物质的净生产力都是全草层>地下部分>地上部分。另外它也说明全草层营养物质的净生产力不是地上部分与地下部分之和，这是由于地上部分和地下部分的营养物质互相转移，它们各有自己的营养物质积累模式，两部分的营养物质最大量和最小量不是相应地在同期出现，因而使得全草层的净营养物质生产力不能简单地用地上部分与地下部分之和表示。

表4 线叶嵩草草地营养物质量动态表(g/m²)

Table 4 Dynamics of nutritional mass in alpine *Kobresia capillifolia* grassland(g/m²)

| 部位 | Part | 20/Ⅵ | 20/Ⅶ | 21/Ⅷ | 22/Ⅸ | 23/Ⅹ | 20/Ⅺ |
|---|---|---|---|---|---|---|---|
| | | | | 粗蛋白 crude protein(CP) | | | |
| 绿色活体 | Standing crop | 22.05 | 25.92 | 36.44 | 18.07 | 0 | 0 |
| 立枯物+凋落物 | Standing dead + litter | 4.89 | 9.14 | 18.7 | 20.16 | 25.6 | 16.4 |
| 地上部分 | Aboveground | 26.94 | 35.06 | 55.14 | 38.23 | 25.6 | 16.4 |
| 活根 | Live roots | 292.71 | 277.09 | 233.09 | 305.69 | 290.08 | — |
| 死根 | Dead roots | 296.35 | 291.07 | 274.49 | 209.72 | 296.05 | — |
| 地下部分 | underground | 589.06 | 568.16 | 507.58 | 515.41 | 586.13 | — |
| 全草层 | Whole sward | 616.00 | 603.22 | 552.72 | 553.64 | 591.73 | — |
| | | | | 粗脂肪 ether extract(EE) | | | |
| 地上部分 | Aboveground | 3.69 | 5.81 | 9.28 | 9.20 | 6.73 | 4.87 |
| 地下部分 | underground | 62.58 | 54.35 | 53.07 | 68.23 | 71.13 | |
| 全草层 | Whole sward | 66.27 | 60.16 | 62.35 | 77.43 | 77.86 | |
| | | | | 粗纤维 crude fibre(CF) | | | |
| 地上部分 | Aboveground | 26.18 | 49.7 | 97.54 | 80.18 | 78.75 | 76.17 |
| 地下部分 | underground | 1355.87 | 1236.9 | 1070.89 | 1082.56 | 1306.41 | |
| 全草层 | Whole sward | 1382.05 | 1286.6 | 1168.43 | 1162.74 | 1385.16 | |

续表

| 部位 | Part | 20/Ⅵ | 20/Ⅶ | 21/Ⅷ | 22/Ⅸ | 23/Ⅹ | 20/Ⅺ |
|---|---|---|---|---|---|---|---|
| 无氮浸出物 nitrogen – free extract(NFE) | | | | | | | |
| 地上部分 | Aboveground | 68.46 | 103.14 | 174.65 | 144.83 | 136.00 | 114.97 |
| 地下部分 | underground | 2688.33 | 2494.20 | 2323.59 | 2439.44 | 2776.99 | |
| 全草层 | Whole sward | 2756.79 | 2597.34 | 2498.24 | 2584.27 | 2912.99 | |
| 粗灰分 crude ash(CA) | | | | | | | |
| 地上部分 | Aboveground | 11.86 | 17.04 | 36.39 | 26.29 | 27.88 | 19.66 |
| 地下部分 | underground | 787.94 | 802.40 | 766.59 | 625.94 | 757.17 | |
| 全草层 | Whole sward | 799.80 | 819.44 | 802.98 | 652.23 | 785.05 | |
| 钙 calcium(Ca) | | | | | | | |
| 地上部分 | Aboveground | 1.554 | 2.083 | 4.072 | 3.852 | 3.748 | 2.738 |
| 地下部分 | underground | 171.743 | 161.301 | 146.298 | 132.930 | 159.761 | |
| 全草层 | Whole sward | 173.297 | 163.384 | 149.749 | 136.782 | 163.509 | |
| 磷 phosphorus(P) | | | | | | | |
| 地上部分 | Aboveground | 0.288 | 0.346 | 0.460 | 0.359 | 0.275 | 0.223 |
| 地下部分 | underground | 4.442 | 4.639 | 3.420 | 3.564 | 3.801 | |
| 全草层 | Whole sward | 4.730 | 4.985 | 3.880 | 3.923 | 4.076 | |

注:为节约篇幅,粗脂肪、粗纤维、无氮浸出物、粗灰分、钙、磷等略去绿色活体、立枯物+凋落物、活根和死根量,只列出地上和地下部分量。

第三，计算净营养物质生产力除了可按地上部分、地下部分和全草层分别计算外，如果资料充分，也可按更细小的部分——绿色活体、立枯物+凋落物、活根和死根等分别计算。

## 四、结论

高山线叶嵩草草地绿色活体（6—9月）、立枯物+调落物（6—11月）、活根和死根（6—10月）的营养成分含量变化各有其特点。从平均值看，绿色活体以粗蛋白、粗脂肪和磷的含量高，无氮浸出物和钙含量低为特点；立枯物+凋落物以粗纤维含量高为特点；活根以粗灰分含量高，粗蛋白含量低为特点；死根以无氮浸出物、钙含量高，粗脂肪，粗纤维和磷含量低为特点。

草层四部分的七种营养成分含量之间的相关性大多不显著，活根甚至没有任何两种成分之间达到显著相关。

由草层四部分植物量动态和营养成分含量动态获得的营养物质量季节动态，地上部分表现为各种营养物质量在6—11月均呈∧形曲形变化，最大值出现在8月21日；与此相反，地下部分7种营养物质量均呈∨形曲线变化，最小值出现在8月21日，最大值出现在生长初期或生长末期。

草地各种营养物质的净生产力都表现为全草层>地下部分>地上部分。地上部分各种营养物质的净生产力为：粗蛋白50.25 $g/m^2$ a，粗脂肪8.61$m^3$・a，粗纤维90.80$g/m^3$・a，无氮浸出物157.2$m^3$・a，粗灰分33.16$m^3$・a，钙4.010$m^3$・a，磷0.521$m^3$・a，它们均存在于8月21日。

## 参考文献

[1] 甘肃农业大学. 草原学 [M]. 北京：农业出版社，1961：102.

[2] 甘肃农业大学草原系. 草原工作手册 [Z]. 兰州：甘肃人民出版社，1978：416，464.

[3] 胡自治，孙吉雄，张映生，等. 甘肃天祝高山线叶嵩草草地的第一性物质生产和能量效率：1. 群落学特征及植物量动态 [J]. 中国草业科学，1988(5)：7—13.

# 甘肃天祝高山线叶嵩草草地的第一性物质生产和能量效率：Ⅲ、草层的热值动态和光能转化率

甘肃天祝金强河地区高山线叶嵩草草地6—10月绿色活体的平均热值为19186.03 J/g干物质，或20797.88J/g有机物质*。立枯体+凋落物（6—11月）、活根和死根（6—10月）的平均热值均低于绿色活体。草层的最大热量现存量，地上部分是在8月，地下部分是在6月，全草层（地上+地下部分）是在10月出现，分别为6920.53、93311.89和101444.09kJ/m$^2$。地上、地下部分热量净积累分别为6314.85和16818.44 kJ/m$^2$·a，而全草层的热量净积累为11812.39kJ/m$^2$·a。地下部分的热量现存量在各时期均远大于地上部分，它是草地生态系统中主要的热量库，对能量的流转和地上部分的生长具有很大的调节作用，并且是草地耐牧性的物质基础。草地对太阳总辐射的光能转化率地上部分为0.110%，地下部分为0.303%，全草层为0.258%；地上部分对可见光生理辐射的转化率为0.224%，≥0℃—≤0℃生长季的光合效率为0.404%。

## 一、引言

热值是1 g物质完全燃烧时所释放出的总能量，是生物量的重要特性之一。复杂的草地生态系统很难用任何简单的单一指标或因素进行精确而又完整的分

---

* 作者胡自治、张映生、孙吉雄、徐长林、张自和。发表于《草地学报》，1990，1（1）：156—162.

有机物质=干物质-灰分，即去灰分物质

析，但是由于能量在生命过程及食物链转换的计算上所起的重要作用，通过能量的固定和流转的研究，可以有效地帮助我们了解草地生态系统本身的功能及利用价值。

关于高山和冻原植物的热值，Bliss（1962），Hadley 和 Bliss（1961），Anderson 和 Armitage（1976），Wielgolaski 和 Kjelvik（1982）等发表过研究性或评述性报告。我国曾缙祥等（1982），杨福囤等（1982）对高山草甸的六个类型，李洋（1982）对高山冻原杜鹃（*Rhododendron* spp.）—苔藓群落地上部分的热值进行过研究；杨福囤（1983）测定了高山草甸的29 种植物的热值。本文的目的是研究线叶嵩草（*Kobresia capillifolia*）草地地上和地下部分的热值和热量现存量季节动态，并在此基础上计算草地的光能转化率，为线叶嵩草草地生态系统的时间特征和培育、利用的研究提供基础性资料。

## 二、材料和方法

试验地、取样和样品处理见本研究第 I 报——群落学特征及植物量动态一文。热值的测定是将制备的各期绿色活体、立枯体 + 凋落物、活根和死根的粉碎样，用 Parr 自动绝热式测热仪测定热值。太阳辐射是在距样地 300 m 的甘肃农业大学天祝高山草原试验站内，用 L－3 型累积式辐射仪记录。

## 三、结果和讨论

（一）草层各部分热值的季节动态

6—11 月草地地上部分的绿色活体、立枯数 + 凋落物、地下部分的活根和死根 4 部分的干物质和有机物质的热值见表 1。

动态资料表明，干物质的平均热值地上部分大于地下部分，绿色活体大于立枯物 + 凋落物，活根大于死根。这与 Wielgolaski 等（1982）对挪威冻原站的杂类草及单子叶植物，曾缙祥等（1982）对青海高山草甸单子叶及杂类草所测得的结果一致。但有机物质的热值，活根 > 绿色活体 > 立枯物 + 凋落物 > 死根，与干物质的热值顺序稍有差别。

表1 线叶嵩草草地草层各部分热值动态表(J/g)

| 日期 | 绿色活体 | | 立枯物+凋落物 | | 活根 | | 死根 | |
|---|---|---|---|---|---|---|---|---|
| | 干物质 | 有机物质* | 干物质 | 有机物质 | 干物质 | 有机物质 | 干物质 | 有机物质 |
| 20/Ⅵ | 19466.47a | 21223.30a | 18393.71ab | 20394.35abc | 17906.12ab | 21098.26ab | 17478.13ab | 20208.25abc |
| 20/Ⅶ | 19313.36a | 20916.85a | 18972.14a | 20950.24a | 18111.90a | 21424.05a | 17562.44ab | 20488.15a |
| 21/Ⅷ | 18888.46a | 20551.47a | 17902.02b | 20572.29abc | 17201.62c | 20689.96ab | 16579.26b | 18763.31d |
| 22/Ⅸ | 19075.76a | 20500.10a | 18624.32ab | 20730.54ab | 17546.06abc | 20488.19b | 18059.44a | 20463.94ab |
| 23/Ⅹ | — | — | 17981.27b | 20010.29bc | 17715.30abc | 20671.31b | 17366.02ab | 20000.04abcd |
| 20/Ⅺ | — | — | 18093.07b | 19768.26c | — | — | — | — |
| 平均 | 19186.96 | 20797.88 | 18327.92 | 20404.34 | 17696.20 | 20872.66 | 17409.07 | 19982.25 |
| | ±255.31 | ±338.79 | ±418.00 | ±483.84 | ±405.92 | ±379.67 | ±534.24 | ±711.81 |

注:纵行内两个平均值之后具相同英文字母的经邓肯新复全距测验,差异在0.05水平上不显著

* =去灰分物质

地上部分绿色活体平均热值 19186.03 J/g 干物质，或 20797.88 J/g 有机物质，显著大于陆生草本植物平均值 17765 J/g 干物质（4250 cal/g），或 19060.8 J/g 有机物质（4560 cal/g），这与一般认为海拔（纬度）较高、辐射较强、气温较低环境下的植物热值较高的情况相符合。

绿色活体的热值 6 月较高，8 月最低，9 月又呈恢复趋势，但没有显著差异。立枯物 + 凋落物的热值 7 月最高，此后逐渐降低。活根的热值在生长初期较高，8 月最低，之后又逐渐恢复；死根也呈同样趋势，这种情况与 8 月正值大部分植物种子成熟时期，活根的营养物质向上输送，营养成分中热量较高的粗蛋白和粗脂肪含量较低或最低有关；而死根的热值变化与 8 月正值地温最高、分解最盛、灰分含量最高、其他能量成分较低或最低的情况有关（营养成分的动态资料见本研究第Ⅱ报：草层的营养物质含量动态和净营养物质生产力）。Dormar 等（1981）曾报告加拿大阿尔伯塔普列里草原格兰马草（*Bouteloua gracilis*）根系的热值从 3 月到 10 月逐渐递减，曾缙祥等（1982）报告莎草科 + 禾本科和杂类草高山草地地下部分的热值从返青到枯黄逐渐递增，而我们所获资料与上述都不相符，而呈 V 型曲线趋势。

（二）草层各部分的热量现存量动态

根据各期植物量及其热值计算的草层热量现存量动态如表 2 和图 1。资料表明：

**表 2　线叶嵩草草地草层热量现存量动态表（$kJ/m^2$）**

| 草层组分 | 20/Ⅵ | 20/Ⅶ | 21/Ⅷ | 22/Ⅸ | 23/Ⅹ | 20/Ⅺ | 平均 |
|---|---|---|---|---|---|---|---|
| 绿色活体 | 2028.97 | 2810.30 | 4647.70 | 2414.62 | 0 | — | 2975.41 |
| 立枯物 + 凋落物 | 605.68 | 1181.39 | 2272.83 | 3206.56 | 3944.48 | 4199.23 | 2735.02 |
| 地上合计 | 2634.65 | 3991.69 | 6920.53 | 5621.18 | 3944.48 | 4199.23 | 4718.60 |
| 活根 | 52049.32 | 51953.81 | 40483.62 | 47050.04 | 51909.04 | — | 48709.16 |
| 死根 | 45041.30 | 44144.23 | 39097.55 | 37023.47 | 44590.57 | — | 41979.41 |
| 地下合计 | 97090.62 | 96098.03 | 79681.17 | 84073.51 | 96499.61 | — | 90688.57 |
| 地上、地下合计 | 99725.27 | 100089.72 | 86601.70 | 89694.69 | 101444.09 | — | 95511.08 |
| 地上：地下 | 1：36.85 | 1：25.07 | 1：11.51 | 1：14.9 | 1：19.51 | — | — |

注：各时期地上、地下植物量资料见本研究第Ⅰ报（胡自治等，1988）。

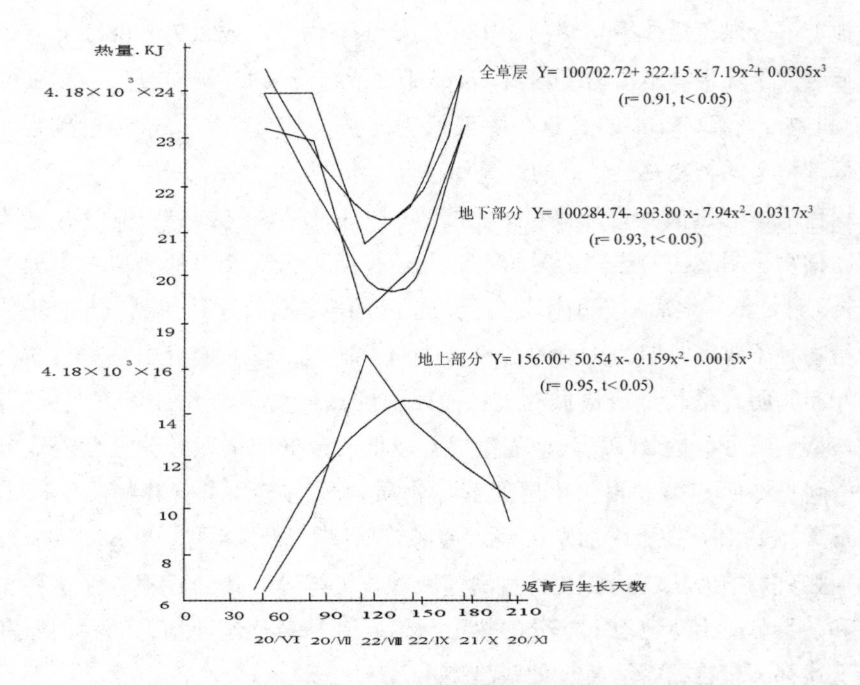


**图1　线叶嵩草草地的草层热量现存量与生长时间关系图**

地上部分6—11月的热量现存量平均值为4718.60 kJ/m²，其峰值与地上最大植物量同时出现在8月21日，为6920.53 kJ/m²，地下部分6—10月的热量现存量颇大，平均为90688.57 kJ/m²。它的最大值既不与地上最大植物量同时出现在8月，也不与地下最大植物量同时出现在10月，而是出现在生长初期的6月。其变化趋势呈V型，6月最高，8月最低，10月有恢复到接近最高值的水平。活根的热量现存量在6—10月期间均大于死根，其平均比率为1.16∶1。

6—10月全草层的热量平均值为95511.08 kJ/m²，其变化趋势与地下部分一样呈V型曲线，8月出现最低值，但最高值不出现在6月，而是出现在10月，这与10月地上部分热量现存量远大于6月有关。地上与地下热量现存量之比，在地上热量现存量最大，地下最小的8月为1∶11.51，大于8月地上与地下植物量1∶13的比率，这是由于草层地上部分的热值较地下部分为大的缘故。

如以5月1日返青时为起点，地上、地下和全草层的热量现存量与生长时间的关系可用多项式回归方程模拟（图1），式中Y为热量现存量（kJ/m²），X为生长天数，5月1日为0。

用极差法计算的热量净积累，地上部分为 8 月 21 日最大热量现存量（6920.53）减 6 月 20 日（应为返青时）立枯物 + 凋落物的最小热量现存量（605.68），近似为 6311.85 $kJ/m^2 \cdot a$。地下部分为 10 月 23 日最大量（96499.61）减 8 月 21 日最小量（79681.17），为 16818.44 $kJ/m^2 \cdot a$（这里未用 6 月 20 日的最大量 97090.62 $kJ/m^2 \cdot a$，是因为这个热量是去年的积累量，而不是当年的积累量）。全草层的热量净积累为 10 月 23 日最大量（101444.09）减 8 月 21 日最小量（86601.70），为 14842.39 $kJ/m^2 \cdot a$；它小于地下部分的净积累，这是由于地上和地下部分的最大热量现存量不同时出现，地上在 8 月，地下在 6 月，而全草层又在 10 月，因此，全草层的热量净积累不一定是地上和地下净积累的简单相加，而应以全草层的最小和最大热量现存量为基础进行计算；同理，在计算全草层的光能转化率时，也应依此去计算。

线叶嵩草草地主要由于低温，地下部分的死根分解较慢，因此植物量积累较多，在任何时期热量现存量的相对量和绝对量都很大，在其生态系统中是一个主要的热量库。线叶嵩草草地的地下部分，在生长季它向地上输送或贮存地上部分输入的营养物质，在能量的蓄流上起着重要的调节作用；由于它的量大，这种调节作用很强，草地在长期重牧下仍能基本保持原貌，与此种机能不无关系。

（三）线叶嵩草草地的光能转化率

实测并经校正的试验地太阳总辐射量为 573943.26 $J/cm^2 \cdot a$，可见光生理辐射量为 281234.58 $J/cm^2 \cdot a$，生长期有效生理辐射量为 155968.34 $J/cm^2 \cdot a$。根据草地净能量固定量对不同辐射量计算的草地光能转化率如表 3，它表现为全草层的光能转化率，地上部分 < 地下部分。由于地上部分和地下部分的最大和最小热量现存量不是同时出现，因此全草层的光能转化率要以它的热量现存量动态为基础另外计算，而不应是地上部分与地下部分转化率之和。线叶嵩草草地对太阳总辐射的转化率，地上部分为 0.110%，地下部分为 0.303%，与杨福囤等（1985）报告的青海海北矮生嵩草（*Kobresia humilis*）草地地上部分对总辐射的转化率 0.099%，地下部分的 0.205% 相比，线叶嵩草草地分别高出 0.011% 和 0.098%，或者说生产效率分别高出 10% 和 32%。地球植被对太阳总辐射的转化率，Lieth 1973 年计算为 0.13%，1975 年修正为 0.16%，同年稍后又改为 0.11%；对可见光的转化率，Whittake 1973 年计算为 0.25%，之后 Whittake 与 Likens 1975 年修正为 0.27%。与此相比，线叶嵩草草地相应的两个值（0.258%

和0.528%）高出很多。但仅就陆地植被而言，线叶嵩草草地对总辐射的转化率介于 Lieth 在不同时期提出的0.30%（1970）和0.24%（1975）之间。

由于环境条件和植物生长特性的变化，线叶嵩草草地在不同时期的光能转化率也是有变化的（表4）。地上部分对总辐射的转化率5—11月变幅颇大，为-0.215%—0.464%，7月20—8月21日最高，达上述最高值，之后变为负值。草地地上部分的转化率，Blackman 和 Black（1959）曾报道在短期内可达4%—10%，线叶嵩草草地与此相比甚低。地下部分的光能转化率变化趋势与地上部分相反，8月21日以前由于能量向上输送，表现为负值；之后，能量从地上向地下输送，表现为正值。全草层的光能转化率6—10月的变幅颇大，为-2.140%—2.927%，最小值出现在7月20—8月21日，最大值出现在生长季末。

**表3　线叶嵩草草地光能转化率表**

| 项目 | 地上部分 | 地下部分 | 全草层 |
|---|---|---|---|
| 固定的太阳能（$KJ/m^2a$） | 6314.85 | 16818.44 | 14842.39 |
| 对总辐射转化率（%） | 0.110 | 0.303 | 0.258 |
| 对生理辐射转化率（%） | 0.224 | 0.618 | 0.528 |
| 生长的光合效率（%） | 0.404 | 1.115 | 0.957 |

**表4　线叶嵩草草地不同时期的热量净积累及对太阳总辐射的转化率表**

| 项目 | 1/Ⅴ—20/Ⅵ | 21/Ⅵ—20/Ⅶ | 21/Ⅶ—21Ⅷ | 22Ⅷ—22Ⅸ | 23Ⅸ—23/Ⅹ | 24/Ⅹ—20/Ⅺ |
|---|---|---|---|---|---|---|
| 太阳总辐射（$kJ/m^2$） | 1073572.56 | 657724.80 | 630938.00 | 506096.64 | 401746.68 | 346560.72 |
| 地上部分热量净积累（$kJ/m^2$） | 2030.91 | 1358.34 | 2931.62 | -1299.30 | -685.72 | -715.97 |
| 地下部分热量净积累（$kJ/m^2$） | — | 993.53 | -16432.50 | 4396.55 | 12437.97 | — |
| 全草层热量净积累（$kJ/m^2$） | — | 364.80 | -13500.93 | 3070.85 | 11760.64 | — |

续表

| 项目 | 1/Ⅴ—20/Ⅵ | 21/Ⅵ—20/Ⅶ | 21/Ⅶ—21Ⅷ | 22Ⅷ—22Ⅸ | 23Ⅸ—23/Ⅹ | 24/Ⅹ—20/Ⅺ |
|---|---|---|---|---|---|---|
| 地上部分光能转化率（%） | 0.189 | 0.206 | 0.464 | -0.256 | -0.171 | -0.215 |
| 地下部分光能转化率（%） | — | -0.151 | -2.605 | 0.868 | 3.095 | — |
| 全草层光能转化率（%） | — | 0.055 | -2.140 | 0.606 | 2.927 | — |

## 小结

线叶嵩草草地绿色活体热值较高，6—9 月平均为 19186.03 J/g 干物质，或 20797.88J/g 有机物质，高出陆生草本植物平均干物质热值的 7.40%，或有机物质热值的 8.35%。立枯物 + 凋落物、活根和死根的热值均较绿色活体为低。在时间变化上，绿色活体的热值无显著差异；立枯物 + 凋落物从生长季开始，随时间的推移逐渐降低；活根和死根在生长期的中期较低。

线叶嵩草草地地上部分热量现存量以 8 月 21 日为最大，6920.53 $kJ/m^2$。地下部分的热量现存量远较地上部分为大，8 月 21 日为地上的 11.51 倍，最大热量现存量出现在 6 月 20 日（10 月 23 日与此极接近），不与地上同时出现。地上、地下合计的全草层最大热量现存量出现在生长季末的 10 月 23 日，为 101444.09 $kJ/m^2$。地上部分热量净积累为 6314.85 $kJ/m^2 \cdot a$，地下部分为 16818.44 $kJ/m^2 \cdot a$，全草层为 14842.39 $kJ/m^2 \cdot a$。

线叶嵩草草地对太阳总辐射的光能转化率，地上部分为 0.110%，地下部分为 0.303%，全草层为 0.258%。地上部分对可见光生理辐射的转化率为 0.224%，生长季的光合效率为 0.404%。由于环境条件和生长特性的变化，不同时期的光能转化率不同，地上部分在 7 月 20—8 月 21 日对总辐射的转化率最高，平均可达 0.464%。

## 参考文献

[1] 李洋. 高山冻原灌木—苔藓型草地植物生物量及初级生产量的研究

[C] //甘肃农业大学．甘肃农业大学研究生论文集（摘要）．兰州：甘肃农业大学，1983：62—63.

[2] 杨福囤，沙渠，张松林．青海高原海北高寒灌丛和高寒草甸初级生产量［M］//夏武平．高寒草甸生态系统．兰州：甘肃人民出版社，1982.

[3] 杨福囤．青藏高原高寒草甸植物热值的初步研究［C］//中国草原学会．中国草原学会第二次学术讨论会论文摘要集．北京：中国草原学会，1983：100—101.

[4] 杨福囤，陆国泉，史顺海．高寒矮嵩草草甸结构特征及其生产量［G］//中国科学院西北高原生物研究所．高原生物学集刊：第4集．北京：科学出版社，1985：49—56.

[5] 胡自治，孙吉雄，张映生，等．甘肃天祝高山线叶嵩草草地第一性物质生产和能量效率：I. 群落学特征及植物量动态［J］．中国草业科学，1988（5）：7—13.

[6] 曾缙祥，王祖望，韩永才，等．高寒草甸啮齿动物、绵羊及牧草能量值季节变动的初步研究［M］//夏武平．高寒草甸生态系统．兰州：甘肃人民出版社，1982.

[7] ANDERSON C, ARMITAGE K B. Calorific of Rocky Mountain Subalpine and Alpine Plant［J］. Journal of Range Management, 1976, 29（4）: 344—345.

[8] BLISS, L C. Calorific and Lipid Content in Alpine Tundra Plant［J］. Ecology, 1962, 43: 753—757.

[9] DORMAR J F, SMOLIAK S, JOHNSTON A. Seasonal Fluctuation of Blue Grama Root and Chemical Characteristics［J］. Journal of Range Management, 1981, 34（1）: 62—63.

[10] HADLEY E B, BLISS L C. Energy Relationship of Alpine Plants on Mt. Washigton, New Hampshire［J］. Ecological Monographs, 1964, 34（4）: 331—357.

[11] WIELGOLASKI F E, KJELIK S. 芬兰斯堪的纳维亚冻原植物能量含量及太阳辐射能的利用［J］．杨福囤，译．国外畜牧学——草原，1982（3）：27—31.

[12] WHITTAKE R H, LIKENA C E. 生物圈与人类［M］//里思H，惠特克R H，等．生物圈的第一性生产力．王业遽，等译．北京：科学出版社，1985.

# 高山线叶嵩草草地的第一性生产和光能转化率*

甘肃天祝金强河地区线叶嵩草草地地上、地下和全群落的净第一性生产力分别为 340.09、780.36 和 742.50 $g/m^2\cdot a$ 干物质，或 307.79、671.15 和 641.53$g/m^2\cdot a$ 去灰分物质。地上部分各种净营养物质生产力为粗蛋白 50.29、粗脂肪 8.49、无氮浸出物 159.28、粗纤维 89.40 和粗灰分 32.12$g/m^2\cdot a$（其中钙 3.65、磷 0.51）。地上、地下和全群落的最大热量现存量分别出现在 8 月 21 日、6 月 20 日和 10 月 23 日，其值分别为 6927.16、93417.93 和 101541.16 $kJ/m^2$。地上、地下和全群落以能量表示的净第一性生产力分别为 6319.39、17426.11 和 14856.59$kJ/m^2\cdot a$。地上、地下和全群落对太阳总辐射的转化率分别为 0.110%、0.303% 和 0.258%。地上部分对可见光生理辐射的转化率为 0.224%，对≥0℃—≤0℃生长期的有效生理辐射的转化率为 0.404%。在生长期的不同时期，地上部分对总辐射的转化率有很大的变化，7 月 20—8 月 21 日最大，可达 0.464%。

## 一、引言

高山线叶嵩草（*Kobresia capillifolia*）草地是高山草地的主要类型之一。适于西藏羊和牦牛放牧利用。

关于线叶嵩草草地的路线性群落结构和产量研究的资料国内已有不少，但定位性的研究国内尚未见报道。本文研究目的是在定位研究的基础上，了解线叶嵩草草地群落的结构，地上、地下生物量的季节动态及其净第一性生

---

* 作者胡自治、孙吉雄、张映生、徐长林、张自和。发表于《生态学报》，1988，8（2）：183—190.

产力和光能转化率等，为线叶嵩草草地的合理利用、培育和评价提供基础性的资料。

## 二、材料与方法

（一）试验地

试验草地样区位于天祝县金强河上游永丰滩甘肃农业大学高山草原试验站附近的二级阶地上。海拔 2930 m，坡度 1—2°。年平均气温 0.3℃，7 月平均 11.9°C，1 月平均 -18.4℃，>0℃积温 1522°C；年降水量 414.5 mm，年蒸发量 1427.3 mm。无绝对无霜期，但草地植物的生长期仍有 130—140 d。土壤为冲积母质上发育的高山草甸土，土层厚 1—2 m，粉沙壤为主，0—10 cm 的有机质含量达 14% 或更多。

草地样区有长久的放牧利用史，用作春秋放牧地。1980 年春季放牧后建立固定样地 $750m^2$，用刺铁丝围栏和网围栏双层保护，休闲，使草地植被恢复。

（二）取样和观测

1980 年 9 月 18 日取样一次，1981 年 6—11 月每月 20 日左右取样一次。地上部分取样面积 $0.25\ m^2$，重复 3 次，齐地面刈割。地下部分用直径 10 cm 的特制土钻，在地上部分取样后的样方中取样，重复 3 次；取样深度 0—50 cm，分 5 层取样，每个原状土柱高 10 cm。群落的外貌及分析特征除在取样时观测外，还有补充观测。

样品处理地上部分区分为现存量、立枯物和凋落物。由于植被低矮，多莲座植物，一些立枯物难以和凋落物区别，因此在统计中将二者合并处理。将上述三部分装布袋风干，称风干重；再经 105°C 4—6 小时烘干至恒重，得绝干重。然后将样品用植物样品粉碎机粉碎，装有色玻瓶中备热值和营养成分分析用。

采到的地下部分原状土柱装入双层纱布袋浸泡于流动水中，洗去细小泥沙后，再移到较大的容器中，反复冲洗、过滤，去掉大的砂石，目测拣出明显的活根、死根和非根物质，然后用比重法区分剩余的细小活根和死根。将漂浮于水面和沉淀于器底的黑褐色半分解物质认作死根，浮游于水中层部分的物质认作活根。此法经与 TTC（红四氮）染色法分根比较，两种方法无显著差异（李光棣，1986）。根样迅速风干后，再经 105℃ 4—6 小时烘干至恒重，称绝干重，粉碎、装瓶，备分析用。

其他的测定和观测营养成分用常规化学分析方法进行，热值用 Parr 自动绝热式测热仪测定，太阳辐射用 L-3 型累积式辐射仪观测。

## 三、结果与讨论

### （一）群落的一般特征

群落种的饱和度为 20—25 种/$m^2$，最高可达 30 余种。7—8 月地上部分茂盛时总盖度 90%—95%，甚或 100%。草层结构只有两层，第一层以线叶嵩草、禾草和杂类草为主，高 20—30 cm；第二层以花苜蓿（*Trigonella ruthnica*）及莲座状杂类草为主，高 5—10 cm。苔藓层不发达，在多雨季节分盖度可达 10%。草地的优势种是中亚高山成分、典型冷中生的线叶嵩草，高 15—25 cm，分盖度 30%—50%，多度 cop. 2 或 cop. 3，频度 100%。亚优势种为异针茅（*Stipa aliena*）和球花蒿（*Artemisia smithii*）等。小洼地上常散生有金露梅（*Dasiphora fruticosa*）。

草层在 5 月初返青，最先返青的是线叶嵩草、嵩草（*Kobresia bellardii*）、矮生嵩草（*K. humilis*）、草地早熟禾（*Poa pratense*）、钝叶银莲花（*Anemone geum*）、多茎萎陵菜（*Potentilla multicaulis*）等。三种嵩草在 5 月下旬、早熟禾在 6 月上旬即抽穗，7 月中、下旬种子成熟。异针茅、紫花针茅（*Stipa purpurea*）、豆科草类及菊科草类发育节律较晚，7 月中、下旬才进入开花盛期，8 月中、下旬种子成熟。7 月中旬之前，嵩草、早熟禾等抽穗，开花结实，占明显优势；7 月中旬之后，其他禾草、杂类草开花结实，生长高大，线叶嵩草的优势度降低。

线叶嵩草群落地下部分的垂直分异十分明显，随深度增加生物量急剧减少。生长期平均，总根的 61.85% 分布在 0—10 cm 的土层中，40—50 cm 深度的分布仅为 4.55%。6—10 月平均，地下生物量与土壤深度的关系可用指数回归方程 $Y=ax^b$ 很好地表达（图 1）。式中 $Y$ 为根干物质 g/$m^2$，$x$ 为 1 cm 厚的土层深度 cm。

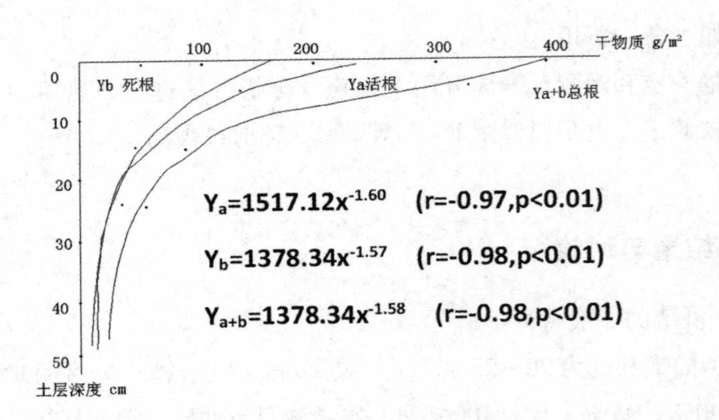


**图1　线叶嵩草草地根生物量与土壤深度的关系**

**Fig. 1 Relationships between roots biomass and depths of soil in *Kobresia capillifolia* grassland**

（二）生物量的季节动态

草地生物量的月动态值如表1。

**表1　线叶嵩草草地生物量季节动态（g/m²，干物质）**

**Table 1 Seasonal dynamics of biomass in *Kobresia capillifolia*** grassland（g/m²，DM）

| 生物量 \ 日/月年 | 18/Ⅺ，1980 | 20/Ⅵ，1981 | 20/Ⅶ | 21/Ⅷ | 22/Ⅸ | 23/Ⅹ | 20/Ⅺ |
|---|---|---|---|---|---|---|---|
| 现存量 | 128.53 | 104.23 * | 145.51 | 246.06 | 126.58 | 0 | 0 |
| 立枯物+凋落物 | 112.45 | 32.93 | 62.27 * | 126.96 * | 172.17 | 274.98 | 232.08 |
| 地上小计 | 240.98 | 137.16 | 207.78 | 373.02 | 298.75 | 274.98 | 232.08 |
| 活根 | 2255.06 | 2906.79 * | 2868.49 * | 2359.29 | 2681.51 | 2930.18 | — |
| 死根 | 2100.16 | 2577.01 | 2513.56 * | 2358.22 | 2050.09 | 2567.69 | — |
| 地下小计 | 4355.82 | 5483.80 | 5382.05 * | 4717.51 | 4731.60 | 5497.87 | — |
| 群落总计 | 4596.80 | 5620.96 | 5589.83 | 5090.53 | 5030.35 | 5772.85 | — |

注：* 标准差 >10%

如以5月1日开始返青时为起点，作为生长时间函数的地上生物量，可用多项式回归方程模拟（图2），式中 $Y$ 为生物量 g/m$^2$ 干物质，$x$ 为生长天数，5月1日为0。

地下生物量6—10月平均为5162.55 g/m$^2$ 干物质，高于 R. H. Whittake 和 G. E. Likens（1975）综合的高山和冻原生物量正常范围高限的3 kg/m$^2$ 干物质，相当于温带草原的5 kg/m$^2$。在时间变化上，总根量6—10月呈U形曲线（图3）。如以5月1日返青时为起点，总根、活根和死根生物量与生长时间的关系可用多项式回归方程模拟（图3）。式中 $Y$ 为根生物量 g/m$^2$ 干物质，$x$ 为生长天数，5月1日为0。

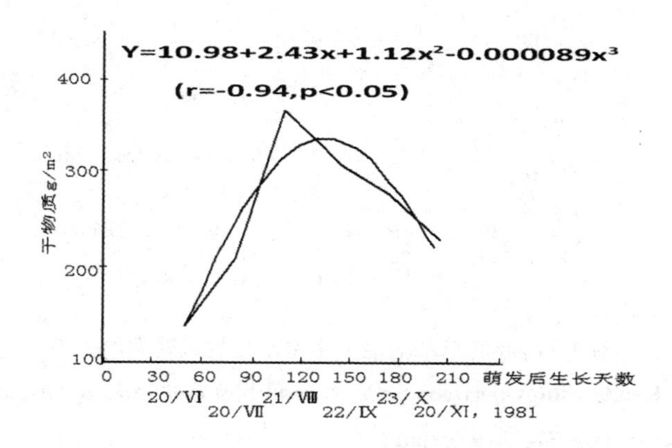


**图2　线叶嵩草地地上生物量与生长时间的关系**

**Fig. 2 Relationships between aboveground biomass and growing days in Kobresia capillifolia grassland**

活根生物量从春季返青到8月21日一直处于下降过程，这是因为7月中旬之前，优势植物线叶嵩草及其他春季开花植物生长发育的需要，消耗了活根的贮藏物质；紧接着禾草和其他夏秋型植物的生长高峰又来到，大部分禾草和杂类草种子成熟，嵩草分蘖芽形成，又需要地下贮藏的营养物质的补充，以至使活根量下降到最低点。8月21日之后，活根量几乎直线上升，在地上部分完全枯死后10—15 d的10月23日达最高值。这种情况表明，植物在越冬前向地下输送营养物质的能力很强。在15 d左右，通过光合作用制造这么多的营养物质并输送到地下是不可能的。那么在土表结冻（10月27日）前植物将本身的现存营养物质也向地下输送，这就是地下部分增量的另一重要来源。

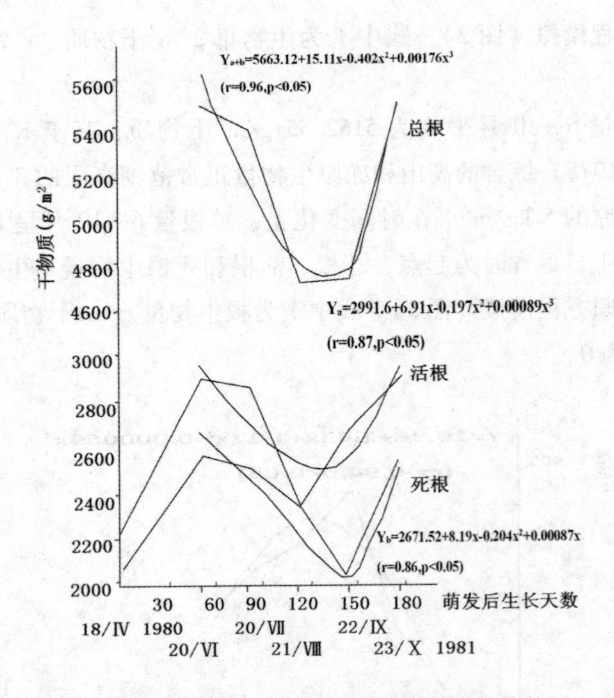


**图3　线叶嵩草草地地下生物量与生长时间的关系**

**Fig. 3 Relationships between underground biomass and growing days in *Kobresia capillifolia* grassland**

死根量的消长模式与活根大致相同，只是最低点出现得较活根晚一个月。死根减少的基本原因是分解，在这里和土壤的水热条件，尤其是热量条件有密切的关系。当地5—20 cm深处的平均地温以8月最高，为12—15℃，9月相当于6月的水平，为8—10℃，10月迅速降低到3—4℃。从地温条件可以看出，死根分解可以持续到10月底，8月是分解最强烈的时期。根据线叶嵩草死根量曲线、地上部分生长的状态以及地温条件，可以做出如下判断：6月20—7月20日之间死根量下降缓慢，是由于生长期早期生长发育的嵩草、早熟禾和一年生植物随种子成熟，与死亡的生殖枝有联系的根死亡，死根有所补充以及6月地温尚低，分解尚缓；9月22日以后死根数量急剧上升，是因为全部植物枯黄，根大批死亡，而此时又值低温，分解甚少。

（三）净第一性生产力

根据国际生物学规划出版的一些手册，草地净第一性生产力（*Pn*）的测定以最小和最大生物量为基础，用公式表示为：

$$Pn = \Delta B + L + G$$

式中：$\Delta B$ 为 $t_1 - t_2$ 期间现存量的增量，$L$ 为凋落物量，$G$ 为动物牧食量，单位可以是 $g/m^2 \cdot a$ 干物质。

线叶嵩草草地地上部分的现存量返青时为 0，故其 8 月 21 日的最大值（表 1）即为其增量，为 246.06 $g/m^2 \cdot a$ 干物质，或 226.15 $g/m^2 \cdot a$ 去灰分物质。立枯物 + 凋落物量用此期内 8 月 21 日最大量和 6 月 20 日（应为返青时）最小量之差近似计算，为 94.03 $g/m^2 \cdot a$ 干物质，或 81.82 $g/m^2 \cdot a$ 去灰分物质。由于样地是封闭的，无牧食消耗，因此净第一性生产力为上述两项之和——340.09 $g/m^2 \cdot a$ 干物质，或 307.97 $g/m^2 \cdot a$ 去灰分物质。此值较杨福囤等（1985）在青海海北高山矮生嵩草草地测得的净第一性生产力高 27.33 $g/m^2 \cdot a$ 干物质。

地下部分 10 月 23 日最大量与 8 月 21 日最小量（表 1）之差为 780.36 $g/m^2 \cdot a$ 干物质，或 671.15 $g/m^2 \cdot a$ 去灰分物质，此即地下部分的净第一性生产力。分别计算，活根为 570.98 $g/m^2 \cdot a$ 干物质，或 489.27 $g/m^2 \cdot a$ 去灰分物质；死根为 209.47 $g/m^2 a$ 干物质，或 181.88 $g/m^2 \cdot a$ 去灰分物质。这里需要说明，由于测定技术的限制，死根的分解量和被土壤动物的采食量等损失无法求得，因此按此法计算的地下部分净第一性生产力是偏小的值。考虑到这里的线叶嵩草草地是较稳定的群落，土壤温度较低，土壤动物较少（无蚯蚓），因此这个偏小的值还是有一定参考意义的。如与杨福囤等（1985）在矮生嵩草草地按此法测得的地下部分净第一性生产力 654 $g/m^2 \cdot a$ 干物质相比，线叶嵩草草地高 16.20%。不过他们最后一次根的取样是在 9 月 5 日，此时植物地上部分尚未完全枯死，如延后测定，相信该草地地下部分净第一性生产力还会高一些。

线叶嵩草草地地上加地下的全群落的生物量，最小量在 9 月（8 月也极接近此值），最大量在 10 月（表 1），两者之差即全群落的净第一性生产力为 742.50 $g/m^2 \cdot a$ 干物质，或 641.53 $g/m^2 \cdot a$ 去灰分物质。可以看出，全群落净第一性生产力不仅不是地上和地下净第一性生产力之和，甚至还较地下部分少 38.08 $g/m^2 \cdot a$ 干物质。这是由于地上部分和地下部分的营养物质在生长期互相转换，两者生物量的最大值和最小值不是同时出现，地上部分的最大和最小值分别出现在 8 月和 6 月，而地下部分分别在 10 月和 8 月，全群落却分别出现在 10 月和 9 月。

（四）净营养物质生产力

根据净第一性生产力和现存量、立枯物 + 凋落物、活根以及死根的营养物质含量季节动态计算的线叶嵩草草地净营养物质生产力如表2。与净第一性生产力的情况相似，各种营养物质（粗脂肪和磷例外）的净生产力也表现为地上部分 < 全群落 < 地下部分。全群落的净粗脂肪生产力高于地下部分，这是由于10月地上部分粗脂肪的含量较地下部分高1.16%的缘故。净磷生产力表现为地上部分 > 地下部分 > 全群落，也是因为不同月份各部分生物量的磷含量有较大差异。这里，8月地上部分的磷含量较10月地下部分的高0.093%，又较10月地上部分的高0.050%。

**表2　线叶嵩草草地净营养物质的生产力（$g/m^2 \cdot a$）**

**Table 2 Net nutritive materials productivity in *Kobresia capillifolia* grassland（$g/m^2 \cdot yr$）**

| 营养物质 | 粗蛋白 | 粗脂肪 | 无氮浸出物 | 粗纤维 | 粗灰分 | 钙 | 磷 |
|---|---|---|---|---|---|---|---|
| 地上部分 | 50.29 | 8.46 | 159.82 | 89.40 | 32.12 | 3.65 | 0.51 |
| 地下部分 | 80.69 | 10.28 | 389.96 | 190.23 | 109.22 | 20.69 | 0.46 |
| 全群落 | 75.44 | 12.80 | 372.16 | 189.84 | 92.26 | 17.33 | 0.30 |

（五）光能转化率

线叶嵩草草地6—9月现存量的平均热值为19204.39 J/g干物质，或20817.78 J/g去灰分物质，6—11月立枯物 + 凋落物为18341.28 J/g干物质，或20423.86 J/g去灰分物质；6—10月活根为17671.29 J/g干物质，或20892.64 J/g去灰分物质，死根为17425.73 J/g干物质，或20001.36 J/g去灰分物质。根据草地各部分生物量的热值月动态和净第一性生产力计算的以能量表示的净第一性生产力，地上部分为6319.39 $kJ/m^2 \cdot a$，地下部分为17426.11 $kJ/m^2 \cdot a$，全群落为14856.59千 $kJ/m^2 \cdot a$。

试验地实测的太阳总辐射量为5744924.90 $kJ/m^2 \cdot a$，计算的可见光生理辐射量为2815037.00 $kJ/m^2 \cdot a$，日平均温度≥0℃—≤0℃的生长期有效生理辐射量为1561175.90 $kJ/m^2 \cdot a$。

根据草地净第一性生产力的能量值对不同辐射量计算的草地光能转化率如

表3。可以看出，与净第一性生产力的情况一样，三种转化率都是地上部分 < 全群落 < 地下部分，其原因也是地上部分的最大和最小生物量的能量值，不与地下部分的相应值同时出现。杨福囤等（1985）报道的矮生嵩草草地对总辐射的转化率，地上部分为0.099%，地下部分为0.205%，将线叶嵩草草地与其相比，分别高出0.011%和0.098%，或者说转化效率分别高10%和32%。关于地球陆地植被对太阳总辐射的平均转化率，H. Lieth（1975）计算为0.24%，地处高寒生境的线叶嵩草草地为0.258%，说明它还略高于全球平均值。

**表3　线叶嵩草草地对太阳光能的转化率（%）**

**Table 3 Conversion efficiency for solar radiations in *Kobresia capillifolia* grassland（%）**

| 草地的部分 | 地上部分 | 地下部分 | 全群落 |
| --- | --- | --- | --- |
| 总辐射转化率 | 0.110 | 0.303 | 0.258 |
| 生理辐射转化率 | 0.224 | 0.618 | 0.528 |
| 生长期生理辐射转化率 | 0.404 | 1.115 | 0.951 |

由于环境条件和植物生长特性的变化，线叶嵩草草地在不同时期的光能转化率也是有变化的（表4）。地上部分对总辐射的转化率5—11月期间变幅为-0.125%—0.464%，7月20—8月21日最高，达上述最高值，之后变为负值。关于草地地上部分的转化率，G. E. Blackman和J. N. Black（1959）* 曾报道过短期可达4%—10%，线叶嵩草草地与此相比甚低。地下部分光能转化率的变化趋势与地上部分相反，8月21日以前由于能量主要向地上输送，表现为负值；之后，能量主要向地下输送，表现为正值。全群落的光能转化率在6—11月变幅颇大，为-2.140%—2.925%，最小值出现在7月20—8月21日，最大值出现在生长期末。

表 4　线叶嵩草草地不同时期的太阳总辐射量、热量净积累（$kJ/m^2$）及光能转化率（%）

Table 4 Solar total radiation and net accumulation of energy（$kJ/m^2$） and conversion efficiency for total radiation（%） in various stage in *Kobresia capillifolia* grassland

| 项目 \ 时期（日/月） | 1/Ⅴ—20/Ⅵ | 21/Ⅵ—20/Ⅶ | 21/Ⅶ—21/Ⅷ | 22/Ⅷ—22/Ⅸ | 23/Ⅸ—23/Ⅹ | 24/Ⅹ—20/Ⅺ |
|---|---|---|---|---|---|---|
| 太阳总辐射 | 1073572. 56 | 657724. 80 | 630738. 00 | 506096. 64 | 401747. 69 | 346560. 72 |
| 地上部分热量净积累 | 2030. 91 | 1358. 34 | 2931. 65 | -1299. 30 | -685. 72 | -745. 97 |
| 地下部分热量净积累 | — | -993. 53 | -16432. 58 | 4396. 55 | 12437. 97 | — |
| 全群落热量净积累 | — | 364. 81 | -13500. 93 | 3097. 25 | 11752. 25 | — |
| 地上部分光能转化率 | 0. 189 | 0. 206 | 0. 464 | -0. 256 | -0. 171 | -0. 215 |
| 地下部分光能转化率 | — | -0. 151 | -0. 205 | 0. 869 | 3. 095 | — |
| 全群落光能转化率 | — | 0. 055 | -2. 140 | 0. 612 | 2. 925 | — |

## 四、小结

天祝高山线叶嵩草草地地上生物量在6—11月期间呈“∧”形曲线，最大生物量为373.02 $g/m^2$干物质。地下生物量6—10月平均略大于5 $kg/m^2$干物质，活根占53.25%，总根量的变化呈U形。地上部分净第一性生产力为340.09 $g/m^2 \cdot a$干物质，或336.67 $g/m^2 \cdot a$去灰分物质，或6319.39 $kJ/m^2 \cdot a$；地下部分（分解和采食等损失未计入）相应为780.36$g/m^2 \cdot a$，或671.15$g/m^2 \cdot a$，或17426.11$g/m^2 \cdot a$；全群落相应为742.50$g/m^2 \cdot a$，或641.53$g/m^2 \cdot a$，或14856.59$g/m^2 \cdot a$。由于地上和地下的营养物质互相转换，两部分生物量相应的最大值和最小值不是同时出现，因此全群落的净第一性生产力不是地上和地下之和。草地的各种净营养物质生产力与净第一性生产力一样，也是地上部分<地下部分<全群落（粗脂肪和磷例外）。地上部分净营养物质的生产力为：粗蛋白50.29 $g/m^2 \cdot a$，粗脂肪8.49$g/m^2 \cdot a$，无氮浸出物159.28$g/m^2 \cdot a$，纤维89.40$g/m^2 \cdot a$，粗灰分32.12$g/m^2 \cdot a$（其中钙3.65$g/m^2 \cdot a$、磷0.51$m^2 \cdot a$）。草地地上、地下和全群落对太阳总辐射的转化率分别为0.110%、0.303%和0.258%；7月20—8月21日地上部分的转化率最高，可达0.464%。

## 参考文献

［1］李光棣．辨别死活根的TTC染色法［J］．中国草原与牧草，1986（1）：34—36.

［2］杨福囤，陆国泉，史顺海．高寒矮嵩草草甸结构特征及其生产量［G］//中国科学院西北高原生物研究所．高原生物学集刊：第4集．北京：科学出版社，1985：49—56.

［3］LIETH H. 世界主要植被组合的第一性生产力［M］//里思H，惠克特R H，等．生物圈的第一性生产力．王业蘧，等译．北京：科学出版社，1985：194.

［4］WHITTAKE R H，LIKENS C E. 生物圈与人类［M］//里思H，惠克特R H，等．生物圈的第一性生产力．王业蘧，等译．北京：科学出版社，1985：286.

# 天祝高寒珠芽蓼草甸初级生产力的研究：Ⅰ、生物量动态及光能转化率*

甘肃天祝高寒珠芽蓼草甸5月20日左右返青。地上生物量的变化呈单峰曲线，最大值在8月22日，为548.39 $g/m^2$干物质（489.06 $g/m^2$去灰分物质）；净第一性生产力为481.05 $g/m^2 \cdot a$干物质。地下生物量很大，6—9月平均接近6 $kg/m^2$，呈单谷曲线变化，最低值出现在7月20日，为4566.87 $g/m^2$干物质。地上部分最大生长率出现在月平均气温只有8—10℃的返青后一个月，平均绝对生长率为5.89 $g/m^2 \cdot d$干物质，平均相对生长率为0.152 $g/g \cdot d$干物质。春季地上部分的最大生长率与活根的很大消耗联系在一起。地上部分对太阳总辐射的转化率为0.155 %，对生理辐射的转化率为0.316 %，对≥0℃—≤0℃生长期的生理辐射的转化率为0.692 %。地上部分在生长的第一个月对总辐射的表观转化率最高，平均为0.57 %。

## 一、引言

以北极—高山成分珠芽蓼（*Polygonum viviparum*）为建群种的高寒草甸，广泛分布于北半球的高山和寒冷地带；在我国分布于华北、西北和西南等高山地区，其中青藏高原东北部分布更为普遍。珠芽蓼草甸在这些地区常用作暖季放牧地，适于放牧西藏羊和牦牛。

---

* 作者胡自治、孙吉雄、张映生、徐长林、张自和。发表于《植物生态学与地植物学学报》，1988（2）：123—133

本研究得到任继周教授的指导和吴自立、贾笃敬、宋淑明、夏彤、牛菊兰、龙瑞军、丁文广、刘杰、康天福等同志的帮助，特此致谢。

有关珠芽蓼草甸的路线性调查的群落学描述及生物量资料并不罕见，但定位的动态研究国内报道较少。本文研究的目的是了解珠芽蓼草甸生物量的动态及光能转化率，为利用和评价提供基础资料。

## 二、材料和方法

（一）试验地概况

供试验的珠芽蓼草甸样区位于甘肃省天祝县金强河上游甘肃农业大学高山草原试验站附近的河谷山麓坡地，坡向西偏北10°，坡度4°—6°，海拔3020 m。年平均气温－0.1℃，7月12.7℃，1月－18℃。年降水416 mm。无绝对无霜期，但野生植物的生长期仍有120 d左右。土壤为冲积母质上发育的碳酸盐高山草甸土。

1980年春建立网围栏固定样地20×30 $m^2$，防止牲畜及野兔采食。

（二）取样和观测

1980年9月21日取样一次，1981年6—10月每月20日左右取样一次。地上部分取样面积0.25 $m^2$，重复8次，齐地面刈割，测定地上生物量。地下部分是用特制的直径10 cm的土钻，在地上部分取样后的样方中分5层取样，取样深度10 cm，每个土柱高10 cm，重复3次，测定地下生物量（均以干物质量计算）。群落的外貌及分析特征除在取样时观测外，还进行一些补充观测。

（三）样品处理

地上部分区分为活体、立枯物和凋落物。由于植被低矮，多莲座状植物，尤其是珠芽蓼根出叶的立枯物就在地面，叶柄在土中，难以和它的凋落物相区别，因此在统计中将立枯物和凋落物合并处理。地上部分在刈割、称鲜重后，装布袋带回实验室风干，再经105℃烘干至恒重。称重后的样品用粉碎机粉碎，装入棕色玻瓶中备热值和营养成分测定用。

采得的地下部分土柱装入布袋带回实验室，移到双层纱布袋中浸泡于流动水中，洗去泥沙后，将根移到较大的容器中，反复冲洗、过滤，去掉大的砂石，拣出活根、死根和非根物质后，再用比重法区分剩余的细小活根和死根。将漂浮于水面和沉于容器底部的黑褐色半分解物质视作死根，悬于水中层部分的物质为活根。此法经与TTC（2.3.5—氯化三苯基四氮唑）染色法分根比较，无显著差异[1]。活根和死根样品65℃风干后再在105℃下烘干至恒重，然后粉碎装入棕色玻瓶中备热值和营养成分测定用。

（四）热值测定

上述各期活体、立枯物+凋落物、活根和死根的粉碎样，分别用Parr自动绝热式测热仪测定热值。

（五）辐射记录

在距样地1.5 km的试验站内，用L－3型累积式辐射仪记录太阳辐射量。

## 三、结果与讨论

（一）群落的一般特征

珠芽蓼草甸是当地的主要植被类型之一，主要分布在土层较厚和比较湿润的平缓西北向与东北向的坡地、河谷的高阶地、山前地带以及平缓的分水岭高地。建群种珠芽蓼为具肥大根茎的地下芽草本，种子成熟后在花序上萌发成珠芽掉落在地面繁殖。

群落的种属组成较为丰富，种的饱和度为20—25种/$m^2$或更多。总盖度100%。珠芽蓼在群落中均匀分布，是最主要的建群种，伸直高度20—30 cm，个别可达45cm，7—8月的分盖度可达75%—80%，多度大，频度100 %；重要值100 %；生长期平均1$m^2$有340个茎秆，2042个叶片，叶面积指数1.3。亚优势种有线叶嵩草（*Kobresia capillifolia*）、球花蒿（*Artemisia smithii*）、异针茅（*Stipa aliena*）、紫花针茅（*S. purpurea*）和甘肃棘豆（*Oxytropis kansuensis*）等。伴生种有草地早熟禾（*Poa pratense*）、高原早熟禾（*P. alpigena*）、藏异燕麦（*Helictotrichon tibeticum*）、垂穗披碱草（*Elymus nutans*）、红棕苔草（*Carex atrofusca*）、圆序蓼（*Polygonum sphaerostachyum*）、湿生扁蕾（*Gentianopsis paludosa*）、龙胆（*Gentiana* spp.）、美丽风毛菊（*Saussurea superba*）、乳白香青（*Anaphalis lactea*）、火绒草（*Leontopodium* spp.）、高山唐松草（*Thalictrum alpinum*），兰石草（*Lancea tibetica*）和委陵菜（*Potentilla* spp.）等。小洼地常散生有金露梅（*Dosiphora fruticosa*）。

珠芽蓼草甸种属组成虽然较多，但由于高度较低，地上部分的层次结构较为简单，如果将苔藓层也算一层则共有三层。最下层的苔藓层高1—2 cm，分盖度30%—50%，第二层以低矮的两种嵩草和较多的莲座状双子叶植物如高山唐松草、兰石草、火绒草、委陵菜、美丽风毛菊及球花蒿为主，高5—10cm，最上层以珠芽蓼、甘肃棘豆和禾本科植物为主，高25—30 cm 。

草层的地上部分在5月20日前后返青，较平地的其他群落晚10至15d最早复苏的是嵩草和早熟禾，之后为兰石草、异针茅和垂穗披碱草等，珠芽蓼较晚。6月中旬发育最快的矮生嵩草（*Kobresia. humilis*）、线叶嵩草和早熟禾已开始抽穗；乳白香青、甘肃棘豆孕蕾；而珠芽蓼尚在花前营养阶段。7月上旬，珠芽蓼、乳白香青、甘肃棘豆等开始开花；中旬，珠芽蓼进入开花—结实盛期，季相比较华丽。8月上旬，大部分植物进入结实或开花—结实期，但球花蒿、火绒草仍处于花前营养阶段；下旬，大部分种进入果后营养阶段。9月上旬已无开花植物，多数种开始枯萎；中旬，珠芽蓼最先枯死，但甘肃棘豆仍然青绿，生命延续最长，可到9月底。

（二）地上生物量动态及净第一性生产力

珠芽蓼草甸地上生物量划分为珠芽蓼、双子叶（珠芽蓼除外）和单子叶植物三部分；6—10月平均，它们之间的百分比例为42：36：22。按相对量计，珠芽蓼的生物量峰值在6月20日，几乎占地上生物量的一半，为47. 58 %，以后逐渐降低，到10月22日则为40. 26 %。双子叶植物呈相反趋势，春季低，秋季高。单子叶植物在7月20日有一个为26. 15 %的峰值，在此前后均接近20 %，峰值的出现与此时嵩草、早熟禾成熟，针茅旺盛生长有关。

草层的所有草本植物和珠芽蓼生物量绝对量的变化，在6—10月呈单峰曲线，峰值都在8月22日（表1，图1）。所有的草本植物最大生物量为548. 39 g/m$^2$（489. 06 g/m$^2$去灰分物质），相应地珠芽蓼为214. 16 g/m$^2$。如以5月20日开始返青时为起点，作为生长时间函数的生物量可以多项式回归方程 $\hat{Y} = a + bx + cx^2$ 加以模拟（见图1）。式中 $\hat{Y}$ 为生物量（干物质量），$x$ 为生长期的日数，5月20日返青时 $x = 0$，6月20日 $x = 31$，其余类推。

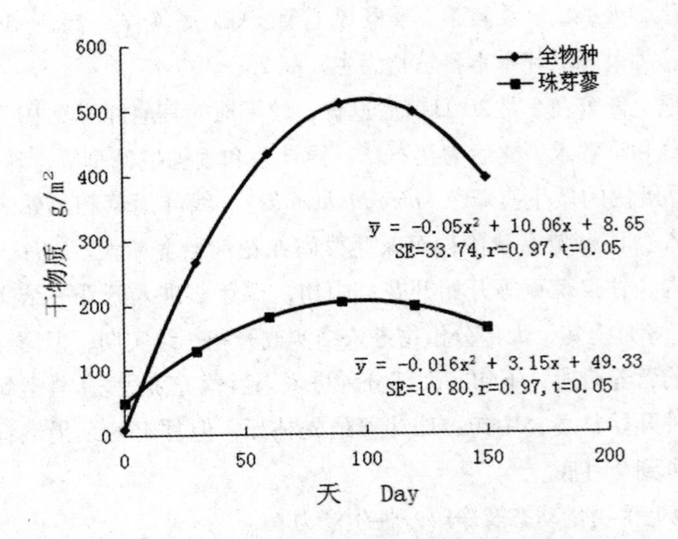


**图1 珠芽蓼草甸地上生物量与生长时间关系图**

**Fig. 1 Relations between aboveground biomass and growing days in *Polygonum viviparum* meadow**

**表1 珠芽蓼草甸地上部分生物量动态表（g/m²，干物质）**

**Tab. 1 Biomass dynamics of aboveground in *Polygonum viviparum*（*pv*）meadow（DM，g/m²）**

| 生物量 Biomass | 20/Ⅵ | 20/Ⅶ | 22/Ⅷ | 20/Ⅸ | 22/Ⅹ |
|---|---|---|---|---|---|
| 珠芽蓼现存量 Standing crop of *pv* | 77.13 ±7.42 | 91.60 ±8.38 | 117.48 ±10.80 | — | — |
| 珠芽蓼立枯物 + 凋落物 Standing dead + litter of *pv* | 53.02 ±6.11 | 84.20 ±7.46 | 96.69 ±10.10 | 188.20 ±17.64 | 165.52 ±17.10 |
| 小计 Subtotal | 130.15 | 175.80 | 214.16 | 188.20 | 165.52 |
| % | 47.58 | 43.03 | 39.05 | 38.72 | 40.26 |
| 双子叶植物现存量[1)] Standing crop of *dicotyledon* | 80.64 ±8.14 | 115.25 ±12.41 | 153.91 ±17.14 | 16.20 ±1.70 | — |
| 双子叶植物立枯物 + 凋落物[1)] Standing dead + litter of *dicotyledon* | 8.93 ±0.67 | 10.69 ±1.01 | 49.20 ±5.20 | 183.12 ±16.66 | 170.87 ±16.44 |

续表

| 生物量 Biomass | 20/Ⅵ | 20/Ⅶ | 22/Ⅷ | 20/Ⅸ | 22/Ⅹ |
|---|---|---|---|---|---|
| 小计 Subtotal | 89.57 | 125.94 | 203.11 | 199.32 | 170.37 |
| % | 32.75 | 30.82 | 37.04 | 40.01 | 41.56 |
| 单子叶植物现存量 Standing crop of *monotyledon* | 48.40 ±3.50 | 81.25 ±6.89 | 95.52 ±7.98 | 68.48 ±7.47 | — |
| 单子叶植物立枯物 + 凋落物1) Standing dead + litter of *monotyled on* | 5.39 ±0.61 | 25.56 ±2.47 | 35.60 ±4.10 | 30.06 ±2.99 | 74.74 ±6.56 |
| 小计 Subtotal | 53.79 | 106.81 | 131.12 | 98.54 | 74.74 |
| % | 19.67 | 26.15 | 23.91 | 20.27 | 18.18 |
| 总体 Total | 273.51 ±32.70 | 408.55 ±25.76 | 548.39 ±27.56 | 486.06 ±40.98 | 411.13 ±42.54 |
| % | 100 | 100 | 100 | 100 | 100 |

注：(1) 不包括珠芽蓼（No including *Polygonum viviparum*）。

按照草地初级生产力的测定方法，净初级生产力以最小和最大生物量为依据。假设珠芽蓼草甸的现存量在返青时为0，故其8月22日的最大量即为净初级生产力，此值为366.91 $g/m^2 \cdot a$ 干物质（330.53 $g/m^2 \cdot a$ 去灰分物质）。立枯物 + 凋落物的净初级生产为用8月22日和6月20日（应为返青时）的差估算，此值为114.14 $g/m^2 \cdot a$ 干物质（99.72 $g/m^2 \cdot a$ 去灰分物质）。由于样地受到保护，无放牧损失，因此地上净初级生产力为上述两项之和，即481.05 $g/m^2 \cdot a$ 干物质（430.25 $g/m^2 \cdot a$ 去灰分物质）。

（三）地下生物量动态

在表2所列出的地下生物量中，可以看出珠芽蓼草甸地下生物量在生长期平均为5702.35 $g/m^2$ 干物质，高于矮生嵩草（*Kobresia humilis*）草甸的1265 $g/m^2$ 干物质和垂穗披碱草（*Elymus nutans*）草甸的627.0 $g/m^2$ 干物质，低于金露梅（*Dosiphora fruticosa*）灌丛的6014 $g/m^2$ 干物质[2]，更低于苔草（*Carex* sp.）草甸的12827 $g/m^2$ 干物质[3]。从时间上看，珠芽蓼草甸地下生物量的变化呈V型（图2），最大值出现在生长盛期的6月20日，为6159.85 $g/m^2$ 干物质（5221.67 $g/m^2$ 去灰分物质）；9月20日也接近此值。最小值出现在开花—结实期的7月20日，为4556.87 g/m$^2$干物质（3893.03 g/m$^2$去灰分物质）。最小地下生物量与最大生物量之差为1440.01 g/m$^2$·a干物质（1235.79 g/m$^2$·a去灰分物质），分别计算，活根为1378.93 g/m$^2$·a干物质（1182.02 g/m$^2$·a去灰分物质），死根为61.11 g/m$^2$·a干物质（53.77 g/m$^2$·a去灰分物质）。这里应指出，由于测定水平的限制，未能获得活根的死亡量、被采食量以及死根的分解量，所以上述数值只能说明地下生物量年内的最大差数值，而不是地下部分的净初级生产力。

**表2 珠芽蓼草甸地下部分生物量动态表（g/m$^2$，干物质）**

**Tab. 2 Biomass dynamics of underground in *Polygonum viviparum* meadow（DM，g/m$^2$）**

| 日期 Date | 20/Ⅸ，1980 | 20/Ⅵ，1981 | 22/Ⅶ | 20/Ⅷ | 22/Ⅸ | 平均 Average |
|---|---|---|---|---|---|---|
| 活根 Live roots | 4647.25 ±343.26 | 4034.84 ±367.54 | 2826.55 ±367.87 | 3439.80 ±327.23 | 4205.48 ±377.55 | 3830.78 ±668.58 |
| 死根 Dead roots | 1503.69 ±162.76 | 2125.01 ±218.20 | 1730.32 ±173.87 | 2207.47 ±219.52 | 1791.40 ±149.03 | 1871.57 ±363.14 |
| 总根 All roots | 6150.94 ±490.17 | 6159.85 ±543.89 | 4556.87 ±500.12 | 5647.27 ±521.11 | 5996.88 ±512.14 | 5702.35 ±687.25 |

在生长期，活根的绝对量和相对量的变化均呈V形（图2）。最大值出现在9月20日，此时珠芽蓼已经枯萎，大部分植物为果后营养阶段，为4205.48 g/m$^2$干物质，最小值出现在大部分植物开花结实盛期的7月20日，为2826.55 g/m$^2$干物质。活根的相对量由前一年9月20日占总根量的75.55%，下降到7月20日的65.48%，此后又逐渐回升到9月20日的70.13%。如与死根量在7月20日也处于最小值的情况结合起来看，活根量的动态比较清楚地表明：在开花结实前的总趋势是，地下贮藏的营养物质大部分往地上输送；此后地上的光合物质又大部分往地下输送、贮存。

死根的绝对量在生长季变化见图2。它有两个高峰，一为返青后一个月的6月20日，另一为种子成熟期的8月22日；而开花—结实盛期的7月20日和大部分植物已经枯萎的9月20日是两个低峰期。但死根的相对量变化却呈∧形，它表明了活根的死亡和死根的分解所构成的复杂现象。从前一年 9 月 20 日到越冬后返青生长的一个月期间，死根的绝对量和相对量都呈上升趋势，考虑到冬季死根分解很少，活根在返青后一个月因贮存的营养物质向地上输送而减少，因此这时死根的增加主要来自活根冬季和春季的死亡。7 月 20 日死根绝对量下降到最低点，但此时活根的绝对量也处于最低值，死根在有可能因活根死亡而得到补充的时候，绝对量不但没有增加，反而有所减少，这种情况的出现可能是因为在这一时期死根分解强烈。但此时死根相对量却上升到峰值，它从另一个侧面说明，活根在珠芽蓼开花—结实盛期和嵩草、早熟禾等种子成熟期消耗非常强烈。此后的一个月，死根和活根的绝对量都在上升，但死根相对量仍继续下降，这说明随着大部分植物种子成熟和枯萎，在有可能因老的活根死亡使死根量增加的情况下，又由于死根在此时的分解也在强烈进行，因而形成上述的情况。8 月 22 日之后死根的绝对量和相对量都呈下降趋势，它说明除死根的分解仍在强烈进行外，活根由于光合物质的向下输送，进一步得到补充。

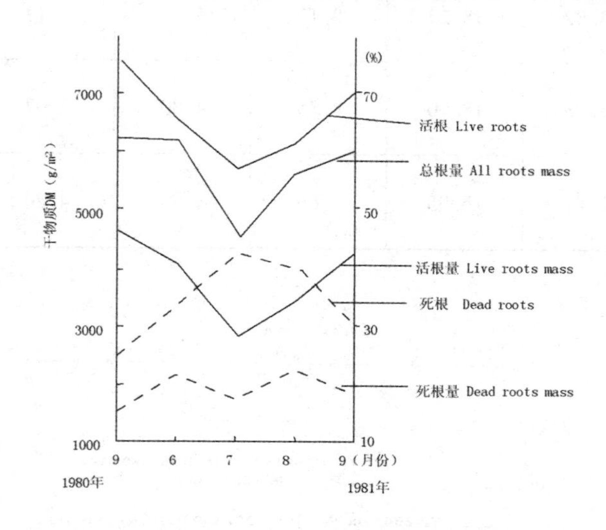


**图 2　珠芽蓼草甸总根、活根和死根量动态图**

**Fig. 2 Biomass dynamics of all roots, live roots and dead roots in *Polygonum viviparum* meadow**

（四）地下生物量的垂直分布及与地上生物量的比率

珠芽蓼草甸地下部分的垂直分异十分明显，随深度增加生物量急剧减少。生长期平均，活根、死根及总根的约 65 % 分布在 0—10 cm 的土层中，约 83 %

的根量分布在0—20 cm，40—50 cm深处的分布仅约3 %（表3）。6—9月地下生物量与土壤深度的关系，可以用指数回归方程 $\hat{Y} = ax^b$（见图3）很好地表达。式中 $\hat{Y}$ 为根干物质g/m$^2$、$x$ 为1 cm厚的层土深度，即通过此回归方程可计算某一深度的1 cm厚的土层中的根量理论值。

在7—8月植物生长茂盛时期，珠芽蓼草甸地上与地下部分生物量的比率约为1∶11。此值与珠芽蓼草甸生境相近的矮生嵩草草甸的1∶6—7[2]相比，为小。

**表3　珠芽蓼草甸生长期平均各深度层根量分布表**

**Tab. 3 The average roots distributions in various depths in *Polygonum viviparum* meadow during growing period（%）**

| 土壤深度<br>Soil depth | 0—10 cm | 10—20 cm | 20—30 cm | 30—40 cm | 40—50 cm | 总计<br>Total |
|---|---|---|---|---|---|---|
| 总根<br>All roots | 65. 32 | 18. 27 | 8. 12 | 5. 12 | 3. 17 | 100 |
| 活根<br>Live roots | 65. 28 | 18. 90 | 8. 35 | 4. 80 | 2. 67 | 100 |
| 死根<br>Dead roots | 65. 41 | 16. 95 | 7. 66 | 5. 78 | 4. 20 | 100 |

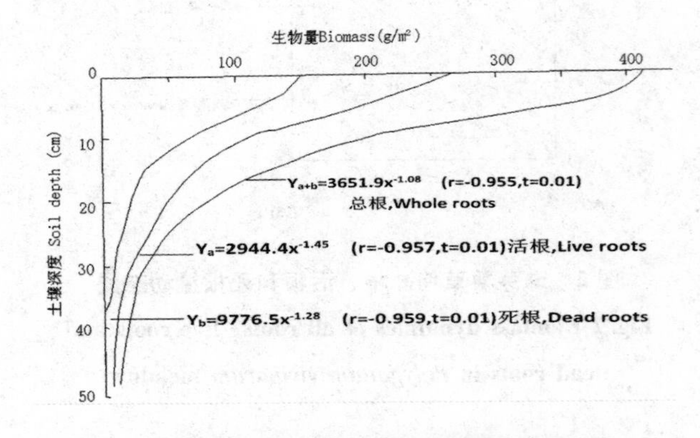


**图3　珠芽蓼草甸生物量与土壤深度的关系图**

**Fig. 3 Relations between roots mass and soil depths in *Polygonum viviparum* meadow**

（五）生物量的生长率

生物量的净积累动态可用生长率来说明。绝对生长率说明单位面积单位时间的净积累，相对生长率说明单位生物量单位时间的净积累，它们都需要在连续的瞬间测定生物量。由于受测定条件的限制，也可用一段时间的平均值表示，计算公式如下：

$$AGR = \frac{W_2 - W_1}{t_2 - t_1}$$

$$RGR = \frac{\ln W_2 - \ln W_1}{t_2 - t_1}$$

式中，*AGR* 为平均绝对生长率 g/m$^2$·d，*RGR* 为平均相对生长率 g/g·d，$W_2$和 $W_1$为 $t_1$和 $t_2$时的生物量 g/m$^2$。

珠芽蓼草甸不同时期的平均生长率见表4。地上部分生物量干物质的生长率以返青后一个月左右为最高，平均绝对生长率为5.89 g/m$^2$·d，平均相对生长率为0.152 g/g·d，以后逐渐降低，到地上部分生物量达峰值，即珠芽蓼和大多数植物种子成熟盛期的8月22日后生长率呈负值，这种趋势和生长率的转折点与在内蒙古不同地点的羊草（*Leymus chinesis*）草原上的地上部分的结果相一致[4,5]。地下部分活根的绝对生长率以秋季枯萎前一个月最大，平均为26.40 g/m$^2$·d，返青后的第二个月最小。死根的最大绝对增长率在7月20日至8月22日的开花—结实至果实成熟期平均为14.49 g/m$^2$·d，相对增长率在此期前后均为负值。

**表4 珠芽蓼草甸不同时期生物量的生长率表**

**Tab. 4 Biomass growth rate in *Polygonum viviparum* meadow in various stage**

| 生物量 Biomass | 20/Ⅴ—20/Ⅵ | | 20/Ⅵ—20/Ⅶ | | 20/Ⅶ—22/Ⅷ | | 22/Ⅷ—20/Ⅸ | | 20/Ⅸ—22/Ⅹ | |
|---|---|---|---|---|---|---|---|---|---|---|
| | AGR | RGR | AGR | RGR | AGR | RGR | AGR | RGR | AGR | RGR |
| 地上部分 Aboveground | 5.89 | 0.1522 | 4.50 | 0.0134 | 4.24 | 0.0089 | -2.14 | -0.0041 | -2.34 | -0.0052 |
| 活根 Live roots | — | — | -40.27 | -0.0118 | 18.55 | 0.0059 | 26.40 | 0.0069 | — | — |
| 死根 Dead roots | — | — | -13.15 | -0.0068 | 14.49 | 0.0074 | -14.34 | 0.0072 | — | — |

注：AGR——absolute growth rate，OM g/m$^2$ · d，绝对生长率，g/m$^2$ · d 干物质。
RGR——relative growth rate，DM g/m$^2$ · d，相对生长率，g/m$^2$ · d 干物质。

从表 4 还可以看出，珠芽蓼草甸地上部分的最大生长率不出现在气温最高、降水最多的 7—8 月，而出现在月平均气温只有 8—10℃的 5 月下旬至 6 月中旬，这和 R. C. Anslow 报道的英国和荷兰牧草生长具“仲夏萧条”现象，草地生产的最大速度出现在春季开始生长后 6 周的情况相一致[6]。Anslow 指出，“仲夏萧条”的出现主要是由于开花节律和分蘖芽大量形成的影响。珠芽蓼草甸的生长率动态表明，春季地上部分很高的生长率是与地下部分中活根的大量消耗联系在一起的，依靠地下贮存的营养物质的支持和转化，使地上部分具有一年中最高的生长率。同时我们也注意到，夏季后半期地上和地下的生长率都是正值，尽管地上生长率低于春季，但地上和地下的生长率总值远大于春季，这仍然表明了夏季后半期在较好的水热条件和较大的叶面积指数下，珠芽蓼草甸具有最大的总生长率，不过这种情况没有表现在地上，而是表现在地下罢了。

通过上述情况的讨论可以看出，多年生草本植物地上部分的生长率应当和地下部分的生长率联系起来分析问题，即需从地上部分和地下部分构成的整个草本层来评价。

（六）光能转化率

试验地区实测并经校正的太阳总辐射量为 577943. 26 J/cm$^2$ · a，生理辐射量为 281234. 58 J/cm$^2$ · a，生长期有效生理辐射量为 128188. 06J/cm$^2$ · a。根据净初级生产力的热值对不同辐射值计算的珠芽蓼草甸的光能转化率见表 5。有两点需说明。其一，前已叙及，地下部分因未能计算分解、动物摄食等损失，因此实际上只是最大和最小生物量之差，而不是净初级生产力；考虑到研究的珠芽蓼草甸是成熟的群落，土壤动物较少（例如无蚯蚓等），为了能够近似地加以比较，姑且列入表中。其二，由于地上部分的最大和最小生物量不是与地下部分的最大和最小生物量相应地同期出现，因此包括地上和地下两部分的全草层的总净初级生产力，不应是地上和地下两部分各自的净初级生产力之和，而应用全草层的最大生物量和最小生物量求得，全草层的光能转化率也可用这个基础算出。珠芽蓼草甸对太阳辐射的转化率和矮生嵩草草甸[7]相比，珠芽蓼草甸相应高 36. 13 % 和 40. 94 %。

表5　珠芽蓼草甸对太阳辐射的转化率表

**Tab. 5 Conversion efficiency (CE) for solar radiation in *Polygonum viviparum* meadow**

| 草层部分<br>Part of sward | 现存量<br>Standing crop | 立枯物 + 凋落物<br>Standing dead + litter | 活根<br>Live roots | 死根<br>Dead roots | 全草层<br>Whole sward |
|---|---|---|---|---|---|
| 净初级生产力<br>Net primary production DM<br>g/m$^2$ · a | 366. 91 | 114. 14 | 1378. 93[1)] | 61. 11[1)] | 1517. 52[2)] |
| 干物质热值<br>Calorific value, OM<br>J/g | 18763. 43 | 11464. 08 | 17453. 34 | 17949. 00 | 17581. 66 |
| 固定的辐射能<br>Solar radiation storage KJ/ m$^2$ · a | 6884. 50 | 1993. 31 | 24066. 93 | 1096. 87 | 26680. 52 |
| 总辐射转化率<br>CE for total radiation (%) | 0. 120 | 0. 035 | 0. 419 | 0. 019 | 0. 464 |
| 生理辐射转化率<br>CE for physiological radiation (%) | 0. 245 | 0. 071 | 0. 856 | 0. 039 | 0. 948 |
| 生长期生理辐射转化率<br>CE for physiological radiation in growing period (%) | 0. 537 | 0. 155 | 1. 877 | 0. 086 | 2. 081 |

注：(1) 最大和最小生物量之差 Difference between maximum and minimum biomass

(2) 根据全草层的最大和最小生物量之差计算 Based on difference between maximum and minimum biomass of whole sward

由于不同时期草层生物量的净积累和太阳辐射量都有所变化，因此不同时期的光能转化率也有差别。表6表明了不同时期珠芽蓼草甸地上部分对总辐射的转化率，以返青后的一个月为最高，平均达0. 57%，8月之后变为负值。7月20日—8月22日高于前一个月，其部分原因是这一时期阴天较多、辐射量较低。G. E. Blackman 和 J. N. Black（1959）曾报道草地地上部分在短期内的光能转化率可达4%—10%。珠芽蓼草甸与此相比甚低，但表6的数据是一个月的平均值，相信6月20日前后的某一短期可达到或接近1%。地下部分不同时期的转化率的绝对值均较同期地上部分为大，与地上部分相反，其负值出现在生长早期。这里还值得注意的一点是：6月20日至9月20日的三个阶段，地上和地下部分尽管受生长发育节律的影响，转化率差异很大，但它们总计的绝对值均在2.5%左右，表明全草层的能量收支从总体讲还是在一定范围内进行的。

**表6 珠芽蓼草甸不同时期对太阳总辐射的转化率（%）**

**Tab. 6 Conversion efficieney (CE) for solar total radiation in various stage in *Polygonum viviparum* meadow (%)**

| 时期<br>Stage | 20/Ⅴ—20/Ⅵ | 20/Ⅵ—20/Ⅶ | 20/Ⅶ—22/Ⅷ | 22/Ⅷ—20/Ⅸ | 20/Ⅸ—22/Ⅹ |
|---|---|---|---|---|---|
| 地上部分转化率<br>CE of aboveground | 0.57 | 0.37 | 0.39 | -0.21 | -0.29 |
| 地下部分转化率<br>CE of underground | — | -3.16 | -1.66 | 2.64 | — |
| 全草层转化率<br>CE of whole sward | — | -2.79 | 2.05 | 2.43 | — |

## 四、结论

天祝高寒珠芽蓼草甸的地上部分生长期生物量，珠芽蓼、双子叶植物（珠芽蓼除外）、单子叶植物分别占总生物量的42%、36%和22%。生物量的最大值出现在大部分植物种子成熟的8月份，为548.39 g/m$^2$干物质或489.06 g/m$^2$去灰分物质。净初级生产力为481.05 g/m$^2$·a干物质或430.25 g/m$^2$·a去灰分物质。

地下生物量很大，6—9月平均接近6 kg/m$^2$干物质，活根约占2/3。根生物量的变化在生长期呈V字形，最低值出现在开花结实盛期的7月份，为4556.87 g/m$^2$干物质或3893.03 g/m$^2$去灰分物质。最大和最小生物量之差为1440.04 g/m$^2$·a干物质或1235.79 g/m$^2$·a去灰分物质，其中活根为1378.93 g/m$^2$·a干物质或1182.02 g/m$^2$·a去灰分物质。

地下生物量的垂直分异十分明显，65 %分布在0—10 cm的土层中，40—50 cm深处只有3 %。地上与地下生物量之比的平均数约为1∶11。

不同时期的生物量生长率，地上部分在返青后的第一个月最高，平均绝对生长率为5.89 $g/m^2 \cdot d$干物质，平均相对生长率为0.152 g/g·d干物质。活根的平均绝对生长率以枯萎前一个月（8月22日—9月20日）最大，为26.40 $g/m^2 \cdot d$干物质；返青后的第二个月为负值，为-40.27 $g/m^2 \cdot d$干物质。死根的最大平均绝对增长率为14.49 $g/m^2 \cdot d$干物质。

珠芽蓼草甸地上部分对太阳总辐射的转化率为0.155 %，对生理辐射的转化率为0.316 %，对≥0℃生长期的生理辐射的转化率为0.692%，地上部分在返青后的第一个月对总辐射的转化率最高，平均达0.57 %。

## 参考文献

[1] 李光棣．辨别死活根的TTC染色法［J］．中国草原与牧草，1986（1）：34—36.

[2] 杨福囤，沙渠，张松林．青海高原海北高寒灌丛和高寒草甸初级生产量［M］//夏武平．高寒草甸生态系统．兰州：甘肃人民出版社，1982：44—51.

[3] 黄德华，陈佐忠，张鸿芳．内蒙古锡林河流域不同植物群落类型地下部分生物量及其分布的比较研究［J］．四川草原，1986（1）：56—59.

[4] 李月树，祝廷成．羊草种群地上部生物量形成规律的探讨［J］．植物生态学与地植物学丛刊，1983（4）：289—298.

[5] 戚秋慧，姜恕，王义凤．羊草草原的群落结构与生物量关系的初步研究［M］//中国科学院内蒙古草原生态系统定位站．草原生态系统研究：第1集．北京：科学出版社，1985：38—47.

[6] ANSLOW R C. Grass Growth in Midsummer［J］. Grass and Forage Science, 1965（1）：19—26.

[7] 杨福囤，陆国泉，史顺海．高寒矮嵩草草甸结构特征及其生产量［G］//中国科学院西北高原生物研究所．高原生物学集刊：第4集．北京：科学出版社，1985：49—56.

# 甘肃天祝主要高山草地的生物量及光能转化率*

本文报道了天祝高山草地的杜鹃+柳—苔藓草地、珠芽蓼草地、线叶嵩草草地及其改良的禾草—杂类草半人工草地、多年生禾草人工草地和一年生燕麦人工草地的生物量特征、净第一性生产力和光能转化率。位于阴坡的天然杜鹃+柳—苔藓草地和珠芽蓼草地地下生物量都较大。灌溉、施肥、翻耕和播种措施，可提高培育的草地的地上生物量和现存量，并降低地下生物量和现存量(活根量)，天然草地中珠芽蓼草地的地上、地下和地上+地下的净第一性生产力均最高，杜鹃+柳—苔藓草地最小，三类培育的草地的地上部分净第一性生产力显著较其原生草地——线叶嵩草草地为高，并依培育强度而递增；但地下部分显著较低，并依培育强度而递减。杜鹃+柳—苔藓草地、珠芽蓼草地和线叶嵩草草地的地上部分光能转化率分别为0.074%、0.155%和0.110%。三类培育的草地地上部分的光能转化率大于天然草地，地下部分小于天然草地，全群落的光能转化率只有燕麦草地大于天然草地。

第一性生产力是草地生态系统最根本的能流基础，也是群落结构发育和功能发挥完善与否的数量指标，因此，较细致的生物量和净第一性生产力研究，在理论和生产上都有重要意义。

高山草地是草地生态系统中净第一性生产力最低的类型之一，但在不同类型之间具有较大的差异，并在经过培育之后有较大的提高。作者近年来在天祝祁连山高山草地主要类型的生物量、净第一性生产力和光能转化率研究的基础

* 作者胡自治、孙吉雄、李洋、龙瑞军、杨发林。发表于《植物生态学报》，1994（2）：121—131.

上，揭示不同类型的生产力特征、差异及其内在联系，以便为高山草地的培育和利用提供科学依据。

## 一、材料与方法

（一）试验地及草地类型

试验地设在天祝金强河上游永丰滩甘肃农业大学高山草原试验站附近，地理位置为 N 37°40′，E 180°32′，海拔 2930—3200 m。年平均气温 -0.1℃，7 月 12.7℃，1 月 -18.3℃，>0℃ 积温 1380℃。年平均降水 416 mm。年蒸发量 1430.4 mm。无绝对无霜期，但植物的生长期仍有 120—140 d。杜鹃 + 柳—苔藓草地的土壤为在阴坡上发育的高山灌丛草甸土，土层厚 50—70 cm，表层 5 cm 多为半分解状态的植物残体，40 cm 以下多砾石，通层十分潮湿，无石灰反应，pH 值为 6.5，40—60 cm 以下为永冻层。其他类型草地的土壤均为在阶地冲积母质上发育的碳酸盐高山草甸土，土层厚 1—2 m 或更深，粉沙壤为主，0—10 cm 表层的有机质含量达 14% 或更多，pH 值为 6.5，除表层外，石灰反应明显。

研究的 6 个草地类型分布在金强河南岸的北向坡和阶地上（图 1），它们的名称和群落的主要特征分述如下。

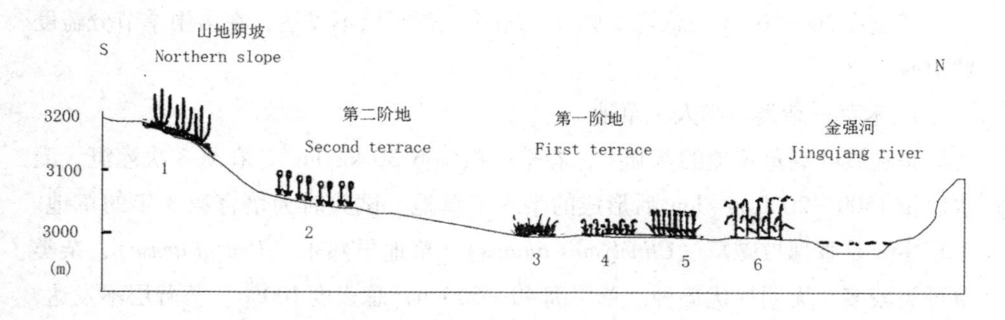


**图 1　试验地及主要草地类型分布示意图**

**Fig. 1 Site and distribution of main types of grasslands**

1. 杜鹃 + 柳—苔藓草地 *Rhododendron* + *Salix* - moss grassland；2. 珠芽蓼草地 *Polygonum viviparum* grassland；3. 线叶嵩草草地 *Kobresia capillifolia* grassland；4. 禾草—杂类草半人工草地 Grasse - forb semi - sown grassland；5. 多年生禾草人工草地 Perennial grass sown grassland；6. 一年生燕麦人工草地 Annul oat sown grassland。

1. 杜鹃+柳—苔藓草地

分布在3100 m以上的阴坡上，阴湿、寒冷。群落的优势种为常绿革叶灌木头花杜鹃（*Rhododendron capitatum*）和百里香杜鹃（*Rh. thymifolium*），此外还有杯腺柳（*Salix cupularis*）。灌木平均高度70 cm，分盖度30%—50%。草本层不太发达，无明显优势种，数量较多的有珠芽蓼（*Polygonum viviparum*）、箭舌苔（*Carex ensifolia*）、黑褐苔（*C. atrofusca*）、喜马拉雅嵩草（*Kobresia royleana*）、发草（*Deschampsia caespitosa*）等，高度10—30 cm，分盖度15%—35%。苔藓层十分发达，分盖度80%—95%，藓被层覆盖厚达10—40 cm，平均18 cm，优势种有 *Tortula rulalis* 和 *Enotodon cincinnus*，亚优势种有 *Ctenidium capillifolium*、*Abictinella abiefna* 等。

2. 珠芽蓼草地

分布于半阴坡和高阶地上，具肥大根茎的珠芽蓼（*Polygonum viviparum*）为主要优势种。草层高20—30 cm，总盖度100%。7—8月珠芽蓼的分盖度可达75%—80%。苔藓层明显，多雨季节分盖度可达30%—50%。

3. 线叶嵩草草地

分布于河谷1—2级阶地。优势种除线叶嵩草（*Kobresia capillifolia*）外，还有异针茅（*Stipa aliena*）、多种早熟禾（*Poa* spp.）和球花蒿（*Artemisia smithii*）等。草层高20—30 cm，总盖度90%—95%。苔藓层不发达，在多雨季节分盖度约10%。

4. 禾草—杂类草半人工草地

是在线叶嵩草草地的基础上，春季一次施N 30 kg/hm$^2$，春夏3次灌溉，灌水总量1500—2000 m$^3$/hm$^2$后形成的半人工草地。试验时为培育第3年的草地。禾草主要是垂穗披碱草（*Clinelymus nutans*）、草地早熟禾（*Poa pratense*），杂类草种类较多，无明显优势种。草层高40—50 cm，总盖度100%。苔藓层不发达，在多雨季节分盖度约20%。

5. 多年生禾草人工草地

这是线叶嵩草草地翻耕后播种无芒雀麦（*Bromus inermis*）、垂穗披碱草（*Clinelymus nutans*）和老芒麦（*C. sibiricus*）建立起的多年生人工草地，施N量和灌溉量同上述半人工草地。试验时为播种第3年的草地。草层高100—120 cm，总盖度90%—95%。有较厚的凋落物层覆盖，但不出现苔藓层。

6. 一年生燕麦人工草地

这是线叶嵩草草地翻耕后，播种“永久 12 号”燕麦建立的人工草地。施肥量同上，但无灌溉。草层高度 110—130 cm，生长的后期盖度可达 95%—100%。地面凋落物很少，也不出现苔藓层。

（二）生物量的测定

生物量是生态系统全部活的和死的有机物量[1]，活的包括地上和地下两部分，死的有立枯量、凋落物量和死根量。本试验在生长季每月 20 日左右取样一次。地上生物量的取样面积，杜鹃 + 柳—苔藓草地为 1 ×2. 5 m；其余草地为 0. 5 m×0. 5 m，3—4 次重复，齐地面刈割。由于后 5 个草地类型的立枯物和凋落物难以准确区别，因此在统计时合并处理。在地上部分取样后，立即在同一样方上进行地下部分的取样。杜鹃 + 柳—苔藓草地和燕麦草地用 0. 5 m×0. 5 m 的样方分层取样，其余草地用直径 10 cm 的特制土钻分层取样，每层 10 cm，取样深度视土层特性为 0—30 或 50 cm，3—4 次重复。用 TTC 染色法确定了比重法的容许精度后，再结合目测法将地下生物量区分为活根量和死根量。

（三）净第一性生产力估测

杜鹃 + 柳—苔藓草地中的灌木用年轮回归法和标准株测定法；苔藓则利用它的顶端生长方式，用棉线标识其初始生长部位，定期观测叶片增长数 W，当年新生部位（包括新叶附着的茎）单叶平均重量 G，单位面积苔藓平均株数 N，W · G · N 即为其地上净第一性生产力。其余草地类型的净第一性生产力（Pn）按下列公式计算：

$$Pn = \triangle B + L + G$$

对于地上部分，式中 $\triangle B$ 为 $t_1 - t_2$ 期间现存量的增量，L 为立枯量和凋落物量，G 为大草食动物牧食量，本试验样地有双层围栏保护，无牧食损失，G = 0，故 $Pn = \triangle B + L$。对于地下部分，式中 $\triangle B$ 为 $t_1 - t_2$ 期间现存量（活根）的增量，L 为死根的增量（暂略去难以测定的分解量），G 为土壤动物对地下生物量的采食量，但无法测定而略去，故地下净第一性生产力近似为活根的增量与死根增量之和，也就是当年最大总根量与最小总根量之差。

（四）光能转化率的测定

根据净第一性生产力的能量值对实测并经地形坡度校正的太阳辐射量进行计算。

## 二、结果与讨论

### （一）生物量

#### 1. 各类型生物量特征

杜鹃+柳—苔藓草地由灌木、草本和苔藓等组成，结构复杂，根据样方收获法逐月测定的生物量未显示规律性的变化，但以7月下旬草本植物地上生物量最高时全群落（地上+地下部分）的生物量最大，达14354.20 $g/m^2$干物质(DM)，死生物量远大于活生物量，占75.62%。在灌木现存量中，绿色部分很小，仅为91.43 $g/m^2m^2$ DM，而非绿色部分很大，为505.81 $g/m^2m^2$ DM。立枯量很大，为332.12 $g/m^2m^2$ DM。草本现存量和立枯量相应为53.50$g/m^2$ DM和9.81 $g/m^2$DM。灌木和草本植物的凋落物总量为664.53 $g/m^2$ DM。由于草本植物根系的70%左右、灌木根系的几乎一半分布于藓被层中，两部分占总根量的61%，因此，灌木和草本植物的地上与地下部分以活苔藓表层为界，它们的地下生物量为10936.82 $g/m^2m^2$ DM，活根比率很小，只占总根量的23.71%。苔藓未能区别地上与地下部分，它们的总生物量为1770.32 $g/m^2$DM，活的部分只占29.12%。

珠芽蓼草地的地上生物量在6—10月呈单峰曲线变化，可用多项式方程很好地表达，$Y=8.65+10.06x-0.05x^2$ ($r=0.97$)，Y为生物量，x为5月20日返青后的生长天数。生物量峰值出现在大部分植物种子成熟的8月22日前后，为548.39 $g/m^2$ DM，其中现存量为366.91 $g/m^2$ DM，立枯量+凋落物量为181.48 $g/m^2$ DM。如果按珠芽蓼、双子叶植物（珠芽蓼除外）和单子叶三部分计，6—10月平均，它们之间的百分比为42∶36∶22。珠芽蓼生物量的相对量峰值在6月20日，为47.58%，几乎占地上生物量的一半，以后逐渐降低，8月22日为39.05%，10月22日为40.26%。双子叶植物的相对生物量呈相反趋势，春季低，秋季高；而单子叶植物的生物量变化与上述两者均不同，在7月20日出现占地上生物量26.15%的峰值。地下生物量很大，6—9月平均为5590.22 $g/m^2$ DM，其中活根约占2/3。在时间变化上，地下生物量呈V形曲线，最小值出现在大部分植物开花结实盛期的7月中旬。

线叶嵩草草地地上生物量的季节变化呈单峰曲线，可用多项式$Y=10.98+2.43x+1.12x^2-0.000089x^2$ ($r=0.94$)表达，Y为生物量，x为5月1日返青后的生长天数。它的峰值在8月21日，为373.02 $g/m^2$ DM，其中现存量为

246.06 g/m² DM。地下生物量平均值略小于珠芽蓼草地，为5162.57 g/m² DM，活根占53.25%。在6—10月地下生物量呈U形曲线，在8月21日和9月20日出现两个极为接近的最低值。

禾草—杂类草半人工草地的地上生物量的季节变化相似于线叶嵩草草地，也呈单峰曲线，拟合的数学表达式为 $Y = -1.16 + 0.38x + 0.082x^2 - 0.004x^3$（r = 0.99），Y为生物量，x为5月1日返青后的生长天数。峰值出现在8月23日，为535.83 g/m² DM，其中现存量为405.30 g/m² DM。由于灌水、施肥，各月同期的生物量均大于其原生草地——线叶嵩草草地。地下生物量明显较其原生草地为小，6—10月平均为3558.38 g/m² DM，活根量的百分比明显增大，占总根量的76.99%。季节变化与地上部分相反，呈V形曲线，最小值出现在8月23日。

多年生禾草人工草地地上生物量6—10月的变化也呈单峰曲线，可用多项式 $Y = 5.14 - 1.79x + 0.0015x^2 - 0.0065x^8$（r = 0.99）表达，Y为生物量，x为5月1日返青后的生长天数。最大生物量移后到9月22日出现，为948.17 g/m² DM，其中现存量为650.78 g/m² DM。值得提出的是各月同期的生物量均较半人工草地为大，这是因为多年生禾草人工草地较半人工草地多了翻耕和播种的培育措施。但地下生物量只有其原生草地线叶嵩草草地的一半，6—10月生长期的平均值为2369.73 g/m² DM，其中活根量占61.24%。季节变化呈V形曲线，最小值在8月20日。

一年生燕麦人工草地的地上生物量在生长期呈逻辑斯谛曲线增长，表达式为 $Y = 119.26/(1 + 30.53e^{-0.049848x})$（r = 0.88），Y为生物量，x为6月4日齐苗后的生长天数。它的最大生物量出现在乳熟—蜡熟期的9月初，为1219.00 g/m² DM。由于是一年生群落，立枯物和凋落物在8月上旬的抽穗初期才出现，且量很小，到9月初也只占地上生物量的2.25%。地下部分的生物量与多年生草地类型有很大的区别，其特点是从0开始，呈逻辑斯谛曲线增长，早期增长较快，后期较为稳定，没有多年生类型生长中期的低谷。此外，地下生物量很小，在9月2日乳熟—腊熟期出现的最大值也仅为290.44 g/m² DM。与地上部分的比例，随生长期的推移而有规律地变小，从6月4日幼苗期的2.13∶1，到9月22日腊熟—黄熟期递减为0.23∶1。

2. 各类型草地生物量比较

这里以地上、地下和全群落的最大生物量和最大现存量作指标，列表如下，以比较各类型之间生物量的主要差异。从表1资料可以看出：

**表 1 天祝高山草地生物量特征表(g/m² 干物质)**

**Table 1 The characteristics of biomass in Tianzhu alpine grasslands(g/m² DM)**

| 草地类型<br>Types of grassland(gl.) | 地上部分<br>Aboveground | | 地下部分<br>Underground | | 全群落<br>Whole Community | | 地上地下生物量比[3]<br>Ratio of aboveground and underground biomass[3)] |
|---|---|---|---|---|---|---|---|
| | 最大生物量<br>Max. biomass | 最大现存量<br>Max. standing crop | 最大生物量<br>Max. biomass | 最大现存量<br>Max. standing crop | 最大生物量<br>Max. biomass | 最大现存量<br>Max. standing crop | |
| 杜鹃+柳—苔藓草地[1)]<br>*Rhododendron* + *Salix* – *moss* gl.[1] | 1647. 11 | 650. 70 | 10936. 82 | 2333. 51 | 12583. 90 | 2984. 22 | 1 : 7. 80 |
| 珠芽蓼草地<br>*Polygonum viviparaum* gl. | 548. 39 | 366. 91 | 6195. 85 | 4205. 48 | 6433. 36 | 4290. 16 | 1 : 10. 29 |
| 线叶嵩草草地<br>*Kobresia capillifolia* gl. | 373. 02 | 246. 06 | 5497. 87 | 2930. 18 | 5772. 85 | 3014. 00 | 1 : 13. 65 |
| 禾草 – 杂类草半人工草地<br>Grasse – forb semi – sown gl. | 535. 83 | 405. 30 | 3739. 31 | 2939. 30 | 4121. 44 | 3153. 81 | 1 : 5. 98 |
| 多年生禾草人工草地<br>Perennial grasse sown gl. | 948. 17 | 650. 78 | 2503. 75 | 1543. 63 | 3358. 15 | 2117. 55 | 1 : 2. 48 |
| 一年生燕麦草地<br>Annual oat gl. | 1219. 00 | 1191. 50 | 290. 44 | 290. 44 | 1509. 44 | 1481. 94 | 1 : 0. 24 |

注:(1)不包括苔藓生物量。包括苔藓的全群落最大生物量和最大现存量分别为 14354. 21 和 3499. 70 g/m²。Not including the biomass of mosses. The maximum biomass and maximum standing crop including mosses of the whole community are 14354. 21 and 3499. 70 g/m².

(2)未区分活根和死根。live and dead roots are not seperated.

(3)地上部分生物量最大时之比。It is the ratio when the aboveground biomass reaches maximum.

地上部分最大生物量以杜鹃+柳—苔藓草地最大，燕麦草地次之，线叶嵩草草地最小。

最大现存量以燕麦草地最大，其他两种培育草地次之，线叶嵩草草地最小。这种情况表明，最大生物量的大小顺序是由环境条件造成的，而最大现存量的大小顺序是由草地培育条件造成的。草地最大生物量与最大现存量的比率可称为生物量保存比，它可表明在生物量中死的部分相对量的多少。杜鹃+柳—苔藓草地的生物量保存比率最大（2.53），说明在生物量中保存有最大比率的死生物量，而燕麦草地的保存比率最小（1.02），说明生物量几乎完全由活的部分组成。

地下部分最大生物量表现为位于阴坡，生境较为阴湿、寒冷的杜鹃+柳—苔藓草地和珠芽蓼草地，显著地较平地的线叶嵩草草地为大，而培育草地又显著地较天然线叶嵩草草地为小。地下部分最大现存量（活根量）之间的关系也相同于最大生物量。上述情况表明，与地上部分相似，阴湿、寒冷环境下死根分解缓慢，导致地下生物量增大；而灌溉、施肥，尤其是耕作和播种措施，有助于培育草地的死根分解，并且提高活根的支持率（地上现存量/地下现存量），例如，线叶嵩草草地及其不同培育措施的培育草地、活根的支持率从8.39%，依次增加为13.78%、42.15%，燕麦草地高达410.23%。此外，培育措施还可使地下生物量和现存量大大降低，例如，受到强烈耕作影响的禾草多年生草地，它的地下生物量可降低到其原生草地线叶嵩草草地的45.53%，而燕麦仅为1/19。

各草地类型全群落（地上+地下）生物量和现存量的表现，除一年生燕麦草地以外，都相似于地下生物量和现存量的相互关系，这是因为这些草地的地下生物量远大于地上生物量，地下生物量的变化决定了全群落的变化。三种培育草地与其原生草地相比，全群落生物量有明显降低，两种多年生培育的草地的最大现存量也有明显降低。这是由于地下部分生物量和现存量有明显降低。燕麦草地不仅最大生物量和最大现存量较其原生草地和多年生培育草地为小，而且现存量极其接近生物量。三种培育草地在地上生物量和现存量大幅度提高的同时，全群落的生物量和现存量却大幅度降低，其最主要的原因是培育措施大大减少了这些草地地上死生物量和地下活的和死的生物量。

关于地上和地下生物量比率的关系，除燕麦草地外，其他各类型都是地下部分大于地上部分（表1）。在地上部分生物量最大之时的地下/地上生物量之比（R/T）值，以线叶嵩草草地最大，为13.65，珠芽蓼草地和杜鹃+柳—苔藓草地依次变小。培育措施使三种培育草地的R/T值急剧变小，燕麦草地的R/T值为0.24，仅为线叶嵩草草地的1/57。这种情况表明，培育措施在促进地下死生物量分解、活生物量降低的同时，使地上活生物量增加，好像将地下活生物量“转移”到了地上，培育强度越大，这种“转移”作用越强烈，R/T值越小。

（二）净第一性生产力

草地净第一性生产力是绿色植物单位时间和单位面积的光合量与呼吸量之差，也就是草地植物除去呼吸作用消耗后的总第一性生产力的剩余部分；它可被人收获或由家畜放牧收获并进一步转化为可用畜产品，也可以被腐生菌分解后归还于环境。因此，净第一性产力是草地生产中人们关注的核心问题之一。

天祝高山草地各类型用干物质、去灰分物质和能量表示的净第一性生产力如表2，资料表明：地上部分的净第一性生产力以受放牧干扰最小、群落最稳定的杜鹃+柳—苔藓草地为最低。珠芽蓼草地高于线叶嵩草草地，而培育草地均高于其原生草地——线叶嵩草草地，并依培育的强度逐渐增大。通过30 $kg/hm^2$施N量和1500 $m^3$的灌水量形成的半人工草地，可使地上部分净第一性生产力提高52.04%（干物质）；而通过一次翻耕和播种形成的多年生禾草人工草地，又可在半人工草地的基础上提高73.34%，再通过多次翻耕和播种形成的一年生燕麦草地，还能在多年生禾草人工草地的基础上提高36.00%。

地下部分的净第一性生产力以具肥大根茎的珠芽蓼草地最高，杜鹃+柳—苔藓草地最低。各培育草地与其原生草地相比，随培育程度的增大和地下生物量的减少，净第一性生产力依次降低。如果与地上部分结合起来看，线叶嵩草草地及其培育草地随培育措施的强化，地上部分的净第一性生产力依次递增，而地下部分依次递减，与前述培育措施对生物量的影响一样，似乎灌水、施肥、耕作和播种等将地下部分的净第一性生产力“转移”到了地上。

各类型草地全群落净第一性生产力与上述情况相比，表现出另外一种现象。珠芽蓼草地和燕麦草地分别基于最高的地下和地上净第一性生产力，而使全群落净第一性生产力达到最高和次高。线叶嵩草草地及其培育草地则表现了与地上和地下部分都不相同的情况，除燕麦草地高于其原生草地外，另外两种草地均较低。

表 2 天祝高山草地净第一性生产力表($g/m^2 \cdot a$)

Table 2 The net primary productivity in Tianzhu alpine grassland ($g/m^2 \cdot a$)

| 草地类型 Types of grassland(gl.) | 地上部分 Aboveground | | | 地下部分 Underground | | | 全群落 Whole Community | | |
|---|---|---|---|---|---|---|---|---|---|
| | 干物质 DM | 去灰分物质 AFM | 能量 Energy | 干物质 DM | 去灰分物质 AFM | 能量 Energy | 干物质 DM | 去灰分物质 AFM | 能量 Energy |
| 杜鹃 + 柳—苔藓草地 *Rhododendron* + *Salix* – *moss* gl. | 262.47 | — | 3911.61 | 143.02 | — | — | — | — | — |
| 珠芽蓼草地 *Polygonum viviparaum* gl. | 481.05 | 430.25 | 8877.81 | 1440.01 | 1235.79 | 25163.80 | 1517.52 | 1144.44 | 26680.52 |
| 线叶嵩草草地 *Kobresia capillifolia* gl. | 340.09 | 307.97 | 6319.39 | 780.36 | 671.15 | 17426.11 | 742.50 | 641.53 | 14856.59 |
| 禾草—杂类草半人工草地 Grasse – forb semi – sown gl. | 517.06 | 474.72 | 9835.24 | 676.10 | 523.57 | 9463.86 | 714.96 | 582.11 | 12198.46 |
| 多年生禾草人工草地 Perennial grasse sown gl. | 896.32 | 771.15 | 15897.87 | 452.10 | 371.74 | 7529.48 | 674.72 | 517.67 | 10606.25 |
| 一年生燕麦草地 Annual oat gl. | 1219.00 | 1133.81 | 22849.42 | 290.44 | 248.23 | 4427.18 | 1509.44 | 1382.04 | 27229.71 |

Note: DM—Dry matter  AFM—Ash – free matter

关于草地地上、地下和全群落净第一性生产力之间的关系，表2表明，根据同时测定的地上和地下生物量，并据以计算出的草地全群落净第一性生产力，均不等于地上和地下净第一性生产力之和（一年生燕麦草地除外）。这是因为计算全群落净第一性生产力应以全群落的最大与最小生物量为基础，但地上部分的最大和最小生物量并不一定相应地与地下部分的最大和最小生物量同时出现（一年生草地有此可能）。因此，对多年生草地的全群落净第一性生产力，不能简单地用地上与地下净第一性生产力之和来计算。

Whittaker和Marks（1975）将现存量对净第一性生产力的比率称为生物量积累率[2]，用以说明群落生物量积累的程度。他们指出，陆地群落的比率为1—50，甚至更大，而大多数水域群落则是一个分数。本试验的资料表明，以生物量对年净第一性生产力计算的生物量积累率，可更好地说明这个问题，这是因为最大生物量既包含了生物的各组成部分，也体现了全年中最典型时期的生物量。本试验6类草地类型的地上部分生物量积累率以杜鹃+柳—苔藓草地最大，达6.27，它的大量的生物量积累是由多年形成、冬季不死亡的常绿灌木和草本、苔藓现存量和多年积累的各生活型植物的死生物量两部分构成。一年生燕麦草地的生物量积累率最小，只有1.00，表明在较短的生长期内，最大生物量的各种成分都是当年的光合产物，因而就等于净第一性生产力。其余四类草地的生物量积累率十分接近，分别为1.14、1.10、1.04和1.06。这表明地上部分在冬季死亡的多年生草地，虽然存在一定量的死生物量的积累，但相对数量仍很有限。

（三）光能转化率

如果将用能量表示的草地净第一性生产力与投射到其上的太阳总辐射量、生理辐射量和0℃—<0℃生长期的生理辐射量相比，则可获得草地对不同辐射的光能转化率（表3），它表明了草地群落对不同含义的太阳辐射的利用效率。

在3类天然草地中，地上部分对总辐射的转化率以珠芽蓼草地最高，线叶嵩草草地次之，杜鹃+柳—苔藓草地最低。3种培育草地地上部分对总辐射的转化率，随培育措施的强化而依次递增，最高的燕麦草地约为其原生草地的5倍；但在同时，地下部分的转化率却依次递减，最低的燕麦草地仅为其原生草地的41.58%。

表3 天祝高山草地的光能转化率表(%)

Table 3 The conversion efficiency of solar radiation in Tianzhu alpine grassland(%)

| 草地类型<br>Types of grassland(gl.) | 地上部分<br>Aboveground | | | 地下部分<br>Underground | | | 全群落<br>Whole Community | | |
|---|---|---|---|---|---|---|---|---|---|
| | 总辐射转化率<br>CETR | 生理辐射转化率<br>CEPR | 生长期生理辐射转化率<br>CEPRGP | 总辐射转化率<br>CETR | 生理辐射转化率<br>CEPR | 生长期生理辐射转化率<br>CEPRGP | 总辐射转化率<br>CETR | 生理辐射转化率<br>CEPR | 生长期生理辐射转化率<br>CEPRGP |
| 杜鹃+柳—苔藓草地<br>*Rhododendron* + *Salix* - *moss* gl. | 0.074 | 0.151 | 0.391 | — | — | — | — | — | — |
| 珠芽蓼草地<br>*Polygonum viviparaum* gl. | 0.155 | 0.316 | 0.692 | 0.438 | 0.895 | 1.963 | 0.464 | 0.948 | 2.081 |
| 线叶嵩草草地<br>*Kobresia capillifolia* gl. | 0.110 | 0.224 | 0.404 | 0.303 | 0.618 | 1.115 | 0.258 | 0.528 | 0.951 |
| 禾草-杂类草半人工草地 Grasse - forb semi - sown gl. | 0.170 | 0.349 | 0.629 | 0.164 | 0.337 | 0.603 | 0.219 | 0.450 | 0.810 |
| 多年生禾草人工草地 Perennial grasse sown gl. | 0.275 | 0.565 | 1.018 | 0.130 | 0.265 | 0.481 | 0.177 | 0.362 | 0.655 |
| 一年生燕麦人工草地 Annual oat gl. | 0.549 | 0.128 | 2.017 | 0.106 | 0.213 | 0.467 | 0.654 | 1.341 | 2.484 |

Note: CETR—Conversion efficiency of total radiation;

CEPR—Conversion efficiency of physiological radiation;

CEPRGP—Conversion efficiency of physiologyical radiation during the growing period.

在生长期较长的温暖地区，年生理辐射量与生长期生理辐射量相差较小，因此，计算的植物群落对这两种辐射量的转化率差异也较小，在热带地区两者更可以相等。但在高寒地区，生长期很短，生长期生理辐射量远小于年总生理辐射量，因而两种转化率的差异较大。表3的资料说明了后一种情况，六类草地的生长期生理辐射转化率与年总生理辐射转化率的比值，生长期最短的杜鹃+柳—苔藓草地达2.59，生长期略长的后4类草地也达1.80。因此，在比较光能转化率时，需要说明生长期的长短，否则会失去比较的意义，对于总辐射的转化率，道理也同此。

草地地上部分与地下部分的光能转化率（或净第一性生产力）之比，可称为草地净能空间分配率，它可在某种程度上表明草地群落的光合净能在地上和地下存在的相对量，能指示草地培育的有效性和地上可利用牧常量的相对率。表3中珠芽蓼草地和线叶嵩草草地的净能空间分配率分别为0.35和0.36，表明能量净积累的2/3以上被作为贮藏能量存在于地下，不能被家畜放牧利用，这是高寒天然草地对严酷环境和放牧的适应性。3类培育的草地的净能空间分配率依次为1.03、2.12和4.25，表现为随培育程度的强化而呈指数增加，说明培育措施很有效，能将地下部分较大的不能被家畜直接利用的净光合能“转移”到地上，使其成为可以直接和实际利用的牧草。

## 三、小结

天祝高山草地的六个类型在生长期的生物量积累模式各有特点。杜鹃+柳—苔藓草地由于组成复杂，生物量积累没有表现出特定的规律，但以7月为最大。珠芽蓼草地、线叶嵩草草地及其禾草—杂类草半人工草地、多年生禾草人工草地的地上部分增长均呈倒V形曲线，地下部分均呈V形曲线。一年生燕麦草地的地上和地下生物量积累均呈逻辑斯谛增长（S形曲线）。

杜鹃+柳—苔藓草地和燕麦草地具有最大的地上生物量。天然草地的地下生物量较地上生物量大7—13倍，同时也远较3类培育的草地的地下生物量为大。基于很大的地下生物量，3类天然草地的全群落（地上+地下部分）生物量也远大于培育的草地。灌溉、施肥、翻耕和播种等措施，可提高培育草地的地上生物量，降低地下生物量，其提高和降低的程度依培育强度而递增。

天然草地中，珠芽蓼草地的地上净第一性生产力最大，杜鹃+柳—苔藓草地最小；培育措施能使培育草地地上净第一性生产力较其原生草地提高 50%—160%。珠芽蓼草地和线叶嵩草草地地下部分净第一性生产力远高于地上部分；培育措施可使培育草地地下部分的净第一性生产力降低到其原生草地的 37%—86%。珠芽蓼草地和燕麦草地的全群落净第一性生产力，分别基于地下和地上净第一性生产力而达最高（绝对数十分接近）。多年生草地由于地上和地下的生物量积累模式不同，营养物质不断相互转移，其全群落的净第一性生产力，应以同期测定的地上和地下生物量为基础进行计算，不能简单地使用地上和地下净第一性生产力之和的方法。

六个草地类型的光能转化率，地上部分培育的草地较大，地下部分天然草地较大，全群落则以燕麦草地最大，珠芽蓼草地次之。草地的地上与地下光能转化率（或净第一性生产力）之比，即草地净能空间分配率，可表明草地光合净能在地上和地下存在的特点，能指示地上可利用牧草的相对多少和草地培育的有效性。

## 参考文献

[1] 迪维诺 P. 生态学概论［M］. 李耶波，译. 北京：科学出版社，1987：71.

[2] 里恩 H，惠特克 R H. 生物圈的第一性生产力［M］. 王业蘧，译. 北京：科学出版社，1985：50.

# Biological Efficiency of Alpine *Kobresia* Grassland and Its Improved Semi – Sown and Sown Grasslands*

Hu Zi – zhi, Sun Ji – xiong, Zhang Zi – he,
Zhang Yin – sheng, Xu Chang – lin

Studies of phytomass and solar energy conversion efficiency were made on native alpine *Kobresia* grassland and its improved semi – sown and sown grasslands during June 20 to November 20, 1981, at Tianzhu Alpine Grassland Experiment Station of Gansu Agricultural University, China. The results obtained were as follows.

1. Aboveground total phytomass (standing green + standing dead + litter) of *Kobresia* grassland was the smallest and sown grassland largest. On the contrary, underground total phytomass. (1ive roots + dead roots) of *Kobresia* grassland was the largest and sown grassland smallest. Aboveground and underground tota lphytomass of *Kobresia* grassland was the largest, semi – sown grassland second and sown grassland smallest.

2. Aboveground net primary dry matter (DM) and organic matter (OM) production of *Kobresia* grassland, semi – sown and sown grassland were 373. 02 and 305. 81, 535. 86 and 445. 92, 948. 17 and 697. 62 $g/m^2$, respectively. Aboveground and underground total net primary DM and OM production of 3 grasslands were 1243. 91 and 969. 13, 12211. 93 and 969. 88, 1584. 33 and 1185. 33 $g/m^2$, respectively.

3. Total conversion efficiency of solar radiation of *Kobresia* grassland was only 0. 1%; through fertilization and irrigation i. e. semi – sown grassland, it may increase to

---

* 作者发表于 Proceedings of XV International Grassland Congress, Kyoto, Japan. 1985, 643—645.

0.15%; if got tillage and seeding i.e. sown grassland, it further increased to 0.20%.

## 1. Introduction

Alpine grassland is nearly 30% of total area of China and in which the *Kobresia* grassland is one of most important parts. *Kobresia* grassland is distributed mainly over alpine and plateau in Xizang (Tibet), Qinhai, Gansu, Sichuan and Xinjiang provinces in China.

The sward of *Kobresia* grassland was low and dense, the turf was thick and tough, but which was quite suited to grazing of yak and Tibetan. Because of lower sward and pool yields and also cannot mow, therefore, *Kobresia* grassland was important problem of grassland improvement in these regions. The objectives of this study were to compare the phytomass characteristics and the biological efficiency of native *Kobresia* grassland and its improved semi – sown and sown grasslands.

## 2 Method

The study was conducted on the Tianzhu Alpine Grassland Experiment Station of Gansu Agricultural University approximately 150 km northwest of Lanzho, Gansu Province, China. The geographical coordinates are N37°40′, E180°32′. The Study sites lie at valley of Qilian Mount, and about 3000 m elevation. Mean annual precipitation is 416 mm; mean annual temperature is –0.1℃, July and January, 12.7 and –18℃, respectively. There is no absolute frost – free period, but the growth period of wild plants are still about 120 days.

*Kobresia* grassland was climax in flat. Vegetation in the study area was dominated by *Kobresia capillifolia* and *K. Pygmaea*, *Stipa aliena* and *Poa* spp., besides these, the forbs and poisonous were also important components. Sward height was 10 – 15 cm and coverage 95 – 98%.

The semi – sown grassland was improved by fertilization and irrigation based on the *Kobresia* grassland. Average application of N was about 70 kg/ha · yr. And irrigation was 1500 – 2000 $m^3$/ha · yr. Grasses and forbs were main components. Sward height was 40 – 50 cm and coverage 98 – 100%.

The sown grassland was improved by tillage and seeding also based on the *Kobresia* grassland. Average application of N was 70 – 80 kg/ha · yr, and irrigation was 1500 – 2000 $m^3$/ha · yr. *Bromus inermis*, *Elymus nutans* and *E. sibiricus* were main components. Sward heights was 100 – 120 cm and coverage 90% – 95%.

These 3 kinds of grasslands were all utilized systematically. Experimental plots were enclosed with fence for 3 grasslands in June, 1980. Sampling were generally done at one month interval on June 20 to November 20, 1981. The quadrats of aboveground phytomass sample were 50 cm × 50 cm = 0.25 $m^2$, 3 replications and harvested at ground level. All roots samples were taken at each quadrant after harvested immediately with a soil auger (diameter = 10 cm), depth 0 – 50 cm, each core 78.54 $cm^2$ × 10 cm. Live and dead roots were separated by specific gravity method.

Solar radiation in plots was measured by L – 3 type Accumulation Radiometer and calorific value of phytomass was determined by Parr Atomic Adiabatic Calorimeter.

## 3 Results

Dynamics of aboveground phytomass (standing green + standing dead + litter) and standing green, underground phytomass (live roots + dead roots) and live roots of *Kobresia* grassland, semi – sown and sown grasslands during June to November, 1981, are shown in Fig. 1 and Fig. 2. Average above ground and underground phytomass on June 20 to October 20 were 5298.49, 4302.24 and 3045.93 g/$m^2$ · month, respectively.

If the difference between maximum live roots mass in autumn and minimum in spring or summer is considered as underground net primary production, then net primary production of aboveground and underground are shown in Tab. 1.

The total average solar radiation of the plots for 4 years was 1104532 Kcal/$m^2$ . yr. , and the effective radiation in the growth period of *Kobresia* grassland, semi – sown and sown grassland were 616582 Kcal/$m^2$, 636327 Kcal/$m^2$, and 648560 Kcal/$m^2$, respectively.

Calorific values of 3 grasslands are shown in Tab. 2 and their total conversion efficiency of solar energy and effective conversion efficiency during growth season are shown in Tab. 3.

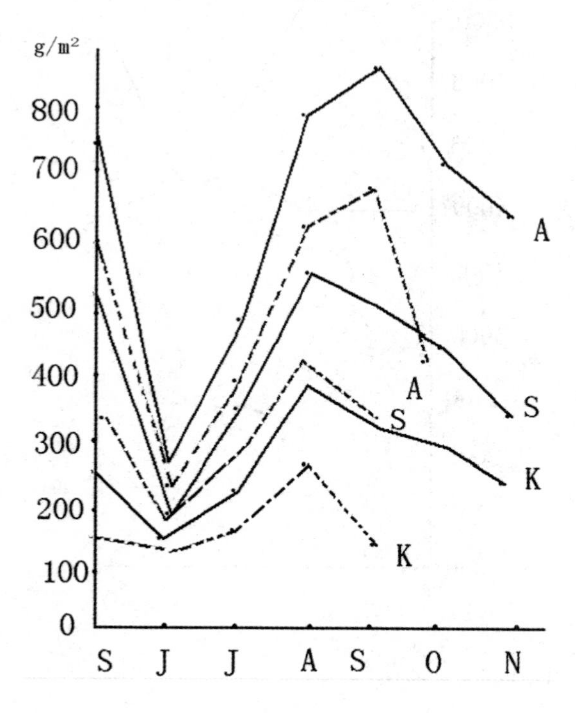


—— total aboveground phytomasa

——standing green

**Fig. 1 Dynamics of total aboveground phytomass and standing green (DM) of *Kobresia* grassland (K), semi – sown (S) and sown grasslands (A)**

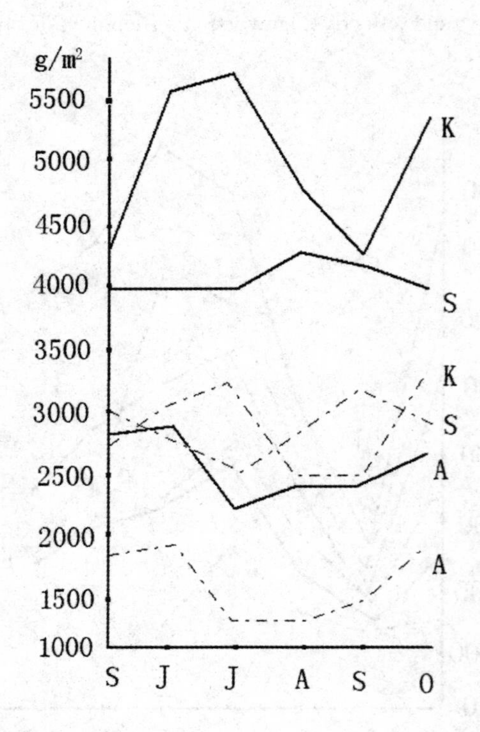


—— – total underground phytomass

——live roots

**Fig. 2 Dynamics of total underground phytomass and live roots (DM) of *Kobresia* grassland (K), semi – sown (S) and sown grasslands (A)**

**Tab. 1 Aboveground and underground net primary production of *Kobresia* grassland (K), semi – sown (S) and sown grasslands (A), g/m² · yr**

| grasslands | aboveground | | underground | | total | |
|---|---|---|---|---|---|---|
| | DM | OM | DM | OM | DM | OM |
| K | 373. 02c | 305. 83c | 870. 89a | 663. 30a | 1234. 91b | 969. 13b |
| S | 535. 83b | 445. 92b | 676. 10b | 523. 96b | 1211. 93b | 969. 88b |
| A | * 948. 17a | 697. 62a | 639. 16b | 487. 71b | 1544. 32a | 1185. 33a |

* —— ash S4. 71% in standing dead + litter

a, b, c —— means within columns followed the same letter are not significantly different by Duncan's multiple range test at P = 0. 05

**Tab. 2　Phytomass calorific values of 3 grasslands＊, Kcal/g**

| grasslands | Standing green | | Standing deed | | Live roots | | Dead roots | |
|---|---|---|---|---|---|---|---|---|
| | DM | OM | DM | OM | DM | OM | DM | OM |
| K | 4. 511 | 4. 929 | 4. 289 | 4. 997 | 4. 268 | 5. 077 | 4. 277 | 4. 865 |
| S | 4. 442 | 4. 898 | 4. 280 | 4. 963 | 4. 587 | 5. 318 | 4. 506 | 5. 030 |
| A | 4. 282 | 4. 625 | 3. 557 | 5. 660 | 3. 937 | 4. 719 | 4. 139 | 5. 006 |

＊values were all in date of maximum phytomass

**Tab. 3 Total and effective conversion efficiency of solar energy of 3 grasslands%**

| grasslands | aboveground | | underground | | above – + underground | |
|---|---|---|---|---|---|---|
| | TE | EE | TE | EE | TE | EE |
| K | 0. 092c | 0. 164c | 0. 045b | 0. 081b | 0. 137c | 0. 245c |
| S | 0. 152b | 0. 264b | 0. 046b | 0. 060b | 0. 198b | 0. 345c |
| A | 0. 199a | 0. 374a | 0. 089a | 0. 152a | 0. 288a | 0. 526a |

TE——total efficiency, RR——effective efficiency
a, b, c —— see Tab. 1

## 4 Discussion

The aboveground total phytomass of sown grassland were all largest in every determined date of the growth season, semi – sown grassland were all second and *Kobresia* grassland smallest. In contrast to aboveground, the largest underground total phytomass i. e. live roots + dead roots were all the *Kobresia* grassland in every date of the growth-season, second were all semi – sown grassland and smallest were all sown grassland. The reason of this phenomena mainly was that, besides live roots of sown grassland was smaller, as *Kobresia* grassland soil was too compact, that decomposition rate of dead roots was very slow, the dead roots were large; while the soil of sown grassland was tilled and looser, dead roots decomposition rate was faster, that dead roots were of the small amount, so the aboveground + underground total average phytomass during the growth season *Kobresia* grassland was largest (5298. 49 DM g/$m^2$), semi – sown grassland second (4302. 24 DM g/$m^2$) and sown smallest (3045. 39 DM g/$m^2$).

The net primary aboveground parts, whether the dry matter or organic matter, the *Kobresia* grassland was smallest, semi – sown grassland second and sown largest (Tab. 1) . On the contrary, underground was largest, semi – sown grassland second and sown smallest. Aboveground + underground total net primary production of *Kobresia* grassland was equal to semi – sown grassland, whereas the sown grassland was larger. The above discussion indicated that improved measure produced a great impact on the above – or under – ground parts of *Kobresia* grassland, it seems that the materials have been transformed from underground to aboveground by fertilization and irrigation. Total net primary production of sown grassland was higher significantly than *Kobresia* grassland and semi – sown grassland, it indicated that tillage and loose soil have a great deal of advantage to increase production of alpine *Kobresia* grassland.

Calorific values of aboveground phytomass of 3 grasslands were about 4. 28 – 4. 51 Kcal/g DM and higher thanaerial plants average value —— 4. 25 Kcal/g, which is inconformity with the Qinhai alpine *Kobresia* grassland plant sreported by Yang Futun et al. (1982) and North American alpine plants by L. C. Bliss and F. E. Wielgolaski (1973) . The calorific values of underground phytomass (live roots or dead roots) were 4. 7 – 5. 3 Kcal/g OM, which were higher than aboveground standing green and approach standing dead and litter and in conformity with blue grama (*Bouteloua gracilis*) roots value in Alberta, Canada, reported by J. F. Dorrmaar et al. (1981), too.

Solar energy total conversion efficiency of aboveground part of native alpine *Kobresia* grassland approximate only 0. 1%, however, when semi – sown and sown grassland have been improved, which have reached 0. 15% and 0. 20%, respectively, i. e. increase 50% – 100%. The total conversion efficiency of underground of *Kobresia* and semi – sown grasslands was similar, but sown grassland was their 2 times, it is suggested that the roots vigor may increase as long as *Kobresia* grassland passed tillage and soil chemistry and physics characteristics became better. The total conversion efficiency ratios of aboveground + underground of 3 grasslands were 1 : 1. 44 : 2. 1. The growth season of semi – sown and sown grasslands was a little longer than *Kobresia* grassland because of fertilization and irrigation, but the ratios of effective conversion efficiency still were approximately with which of total conversion efficiency.

## Literature Cited

[1] YANG F T, SHA Q, ZHANG S L. On theprimary production of alpine brushland and alpine meadow in Haipei, Qinhai Plateau [M] //Xia W P. Alpine meadow ecosystem. Lanzhou: Gansu People's Publishing House, 1982: 44—50 .

[2] BLISS L C, WIELGOLASKI F E. Primary production and production processes [M] . Ireland: Tundra Biome Dublin, 1973: 3—13.

[3] DORMAAR J F, SMOLIAK S, JOHNSTON A. Seasonal fluctuation of blue grama roots and chemical characteristics [J] . Journal of Range Management, 1981, 34: 62—64.

# Studies on the Matter Production and Energy Efficiency in Tianzhu Alpine *Kobresia capilifolia* Meadow*

Hu Zizhi, Sun Jixiong, Zhang Yinsheng, Xu Changlin, Zhang Zihe

## Abstract

The net primary productivity of aboveground, underground and total sward (i. e. aboveground + underground part) was 340. 09, 780. 36 and 742. 50 g/m$^2$ · yr dry matter, respectively. The net nutrient matter productivity of the aboveground parts was crude protein 50. 29 g/m$^2$ · yr, crude fat 8. 49, crude fibre 89. 40, nitrogen – free extract 159. 28 and crude ash 32. 12 (in which calcium 3. 65 and phosphorus 0. 51). The maximum standing caloric value of the aboveground, underground and whole sward occurred on 21 August, 20 June and 23 October and value was 6927. 16, 93417. 93 and 101541. 16 kg/m$^2$, respectively. The net primary productivity in energy of aboveground, underground and whole sward was 6319. 39, 17426. 11 and 14856. 59 KJ/ m$^2$ · yr, respectively. The conversion efficiency for solar total radiation of aboveground, underground and whole sward was 0. 110, 0. 303 and 0. 258% respectively. The efficiency of aboveground for physiological radiation was 0. 224% and for that during >0℃ – <0℃ growing period was 0. 40%. The maximum efficiency of aboveground for total radiation could reach to 0. 464% during 20 July to 21 August.

Key words: Alpine *Kobresia capillifolia* meadow, biomass, net primary productivity, net nutrient matter productivity, calorific value, conversion efficiency for solar radiation.

---

* 发表于 Proceedings of International Symposium on Grassland Vegetation. Editor: Li Bo, Beijing Science Press. 1990: 401—406.

## 1 Introduction

Alpine *Kobresia caillifolia* meadow is one of the most important alpine meadows in China and is distributed widely on the Qinghai – Xizang (Tibet) Plateau and in the Qilian and Tianshan Mountains. The sward is low and dense, and the turf is thick and tough but is quite suite for grazing by the Tibetan yak. The objectives of this study were to understand seasonal fluctuation of biomass, net primary productivity, net nutrient matter productivity and conversion efficiency for solar radiation of the meadow to determine rational utilization.

## 2 Materials and Methods

2.1 Experimental Site

The study was conducted at the Tianzhu Alpine Grassland Experimental Station of Gansu Agriculture University approximately 150 km northwest of Lanzhou, Gansu Province, China. The geographical coordinates were 37°30′N and 180°32′E, in the valley of Qilian Mountain at an elevation of 2930 m. The mean annual temperature was 0.3℃, for July and January 11.9℃ and –18.4℃, respectively. The >0℃ accumulated temperature was 1522℃. The annual precipitation was 414.5 mm and evaporative capacity 1423.7 mm. There was no absolute frost – free period, but growing period of wild plants was about 130 – 140 days. The soil was an alluvial alpine meadow soil about 1 – 2m deep with a texture of loamy sand. The organic matter content in 0 – 10cm layer could reach 14% or more.

The meadow was utilized systematically as spring and autumn grazing land. The experimental plot was enclosed with fence in June, 1980 and rested.

2.2 Sample Method

Sampling, except 18 September 1980, was generally done at monthly intervals from 20 June to 23 November 1981. Sampling of the aboveground biomass was conducted in 3 quadrates (0.5 m × 0.5 m) placed randomly in the meadow and harvested at ground level. Root samples were taken at each quadrat immediately after harvest with a soil auger, diameter 0 – 10 cm, depth 0 – 5 cm, each core 78. 45 $cm^2 \times 10$ cm.

2. 3 Sample treatment

The aboveground parts were divided into standing crop, standing dead and litter. Because the sward was lower, it was difficult to separate some standing dead from litter, and therefore, standing dead and litter were merged. The underground parts, after being washed, were separated into live roots and dead root by the visual and specific gravity method combined with the test of Tetrazolium Red (2 – 3 – 5 triphenyl – tetrazolium chloride). Sample were oven – dried at 105℃ for 4 – 6 hours and weighed. Calorific value was determined by Parr Automatic Adiabatic Calorimeter. The 7 kinds nutrient compositions were determined by conventional methods.

2. 4 Solar radiation observation

Solar radiation at the site was observed by L – 3 type Accumulating Radiometer.

## 3 Results and Discussion

3. 1 Seasonal dynamics of biomass and net primary productivity of aboveground part.

The *Kobresia capillifolia* meadow turned green in early Mey and completely withered in mid October.

Table 1 shows the change of aboveground biomass which showed a monotonous curve from June November The maximum value was 373. 02 $g/m^2$ dry matter (DM) or 336. 67 $g/m^2$ ash – free matter (AFM). Taking 1st May as the moment the sward turned green, the aboveground biomass as a function of growing time can be described by the following regression equation ($r = 0.94$, $P < 0.05$):

$$Y = 10.98 + 2.43X + 1.12X^2 - 0.000089X^3$$

Where: Y: biomass $g/m^2$ DM, X: days since May 1st

According to methods for the measurement of the primary productivity of grassland, the net primary productivity is the difference between the maximum and minimum biomass. When sward turned green the standing crop was zero to maximum value (21 August) gives a net primary productivity of 246. 06 $g/m^2 \cdot yr$ DM or 226. 15 $g/m^2 \cdot yr$ AFM. Similarly, the net primary productivity of standing dead + litter, which was approximately the difference between 21st August and 20th June ( it ought to be the time when the meadow turned green ) was 94.03 g/m$^2$ · yr DM or 81.82 g/m$^2$ · yr AFM. Because the experimental plot was enclosed there was no grazing, and thus net primary productivity of the aboveground was the sum of the above – mentioned values, i. e. 340.09 g/m$^2$ · yr DM or 307.37 g/m$^2$ · yr AFM. When compared with the alpine *Kobresia humilis* meadow in Qinghai Province ( Yang Futan *et al.* 1985 ), the net primary productivity of *Kobresia capillifolia* meadow was 27.33 g/m$^2$ · yr DM higher.

**Table 1 Biomass dynamic in** *Kobresia capillifolia* meadow ( g/m$^2$ DM )

| Date | 18/9/80 | 20/6/81 | 20/7/81 | 21/8/81 | 22/9/81 | 23/10/81 | 20/11/81 |
|---|---|---|---|---|---|---|---|
| Standing crop | 128.53 | 104.23 * | 145.51 | 246.06 | 126.58 | 0.00 | 0.00 |
| Standing dead + litter | 112.45 | 32.93 | 62.27 * | 126.96 * | 172.17 | 274.98 | 232.08 |
| Aboveground | 240.98 | 137.16 * | 207.78 | 373.02 | 298.75 | 274.98 | 232.08 |
| Live roots | 2255.06 | 2906.79 * | 2868.49 * | 2359.29 | 2681.51 | 2930.18 | – |
| Dead roots | 2100.16 | 2577.01 | 2513.56 * | 2358.22 | 2050.09 | 2567.69 | – |
| Underground | 4355.82 | 5483.80 | 5382.05 * | 4717.51 | 4731.60 | 5497.87 | – |
| Total sward | 4596.80 | 5620.96 | 5589.83 | 5090.53 | 5035.35 | 5772.85 | – |

· SE > 10%

3.2 Seasonal dynamics of biomass and net primary productivity of underground part

Underground biomass in the meadow was high, average 5 kg/m$^2$. Table 1 also shows the change which, in contrast to aboveground, declined during June to September. Maximum biomass of the underground was 5497.87 g/m$^2$ · yr DM or 4740.68 g/m$^2$ · yr AFM, in which live roots were 2930.18 g/m$^2$ DM or 2511.16 g/m$^2$ AFM occurred on 23 August when the sward completely withered. Minimum biomass of the underground was 4717.51 g/m$^2$ DM or 3950.90 g/m$^2$ AFM, in which live roots were 2359.29 g/m$^2$ · yr DM or 1961.51 g/m$^2$ AFM occurred on 21 August when seeds of most of the plants ripened. Taking 1st May for the starting point, underground biomass as a function of growing time can be desaibed by the following regression equations:

$Ya+b=5663.12+15.11X-0.402X^2+0.00176X^3$ ($r=0.96$, $P<0.05$)

$Ya=2991.60+6.91X-0.179X^2+0.00089X^3$ ($r=0.87$, $P<0.05$)

$Yb=2671.52+8.19X-0.204X^2+0.00087X^3$ ($r=0.89$, $P<0.05$)

Where Ya + b: total toots g/m$^2$ DM, Ya: live roots, Yb: dead roots, X: sward days since 1 May.

If the difference between maximum and minimum value of total roots can be considered as the net primary productivity of underground, we obtain 780.38 g/m$^2$ · yr DM or 671.15 g/m$^2$ · yr AFM, in which live roots were 570.91 g/m$^2$ · yr DM or 489.27 g/m$^2$ · yr AFM, and dead roots were 209.47 g/m$^2$ · yr DM or 181.88 g/m$^2$ · yr AFM. Because we could not estimate loss of disappearance and grazing and so on, it is certain that the values aforementioned will be on the low side and approximate. Yang Futun et al. (1985) reported that net primary productivity of underground in *Kobresia humilis* meadow was 654 g/m$^2$ · yr DM. Compared with the value we measured the latter was 126.38 g/m$^2$ · yr DM or 16.20% lower than the former.

3.3 Seasonal dynamics of biomass and net primary productivity of whole sward

Table 1 also shows the biomass dynamics of the total sward. The maximum biomass occurred in October and the minimum in September. The gross net primary productivity, i.e. difference between the maximum and minimum biomass of total sward was 742.30 g/m$^2$ · yr DM or 641.35 g/m$^2$ · yr AFM. It is clear that gross net primary productivity was not the sum of aboveground and underground, and it was lower than that of underground. Three things account for this: the matter is transformed between aboveground and underground part; the growth patterns of the aboveground and underground are not alike and consequently the maximum and minimum biomass of them are not occurring at the same time.

3.4 Nutrient content and net primary productivity of the sward

Table 2 shows the average nutrient content of the sward. Of four parts of the biomass, the characteristic of standing crop has higher crude protein, crude fat and phosphorus and lower nitrogen - free extract and calcium; standing dead + litter has higher crude fibre; live roots higher crude ash and lower crude protein; dead roots higher nitrogen - free extract and calcium and lower crude fat, crude fibre and phosphorus.

Table 2　**Average nutrient content of** *Kobresia capillifolia* meadow (%)

| Nutrient content | Crude protein | Crude fat | Crude fiber | Nitrogen free extract | Crude ash | Calcium | Phosphorus |
|---|---|---|---|---|---|---|---|
| Standing crop | 17. 01a * | 2. 99a | 24. 35abc | 47. 89a | 7. 74d | 0. 943d | 0. 187a |
| Standing dead + litter | 12. 06a | 2. 39b | 25. 83a | 49. 56ab | 10. 17c | 1. 287c | 0. 115b |
| Live root | 10. 18c | 1. 27c | 24. 67ab | 48. 66b | 15. 22a | 2. 564b | 0/077c |
| Dead root | 11. 30b | 1. 13c | 22. 36bc | 51. 54a | 13. 67b | 3. 428a | 0. 071c |

* a – d means within columns followed by the same letter are not significantly different by Duncan' s multiple range test at $P < 0.05$ level.

Based on the net primary productivity and nutrient content of aboveground, the net nutrient matter productivity calculated was crude protein 50. 29 $g/m^2 \cdot yr$, crude fibre 89. 40, nitrogen – free extract 159. 28 and crude ash 31. 12 (in which calcium 3. 65 and phosphorus).

3. 5　Calorific values of biomass and net accumulation of energy

The average calorific value of standing crop during June to September was 19204. 39 j/g DM or 20817. 78 j/g AFM, standing dead + litter June to November 18341. 28 or 20423. 86, live roots June to October 17671. 29 or 20892. 64 and dead roots 17425. 73 or 20001. 36. Maximum standing caloric of aboveground, underground and whole sward occurred on 21st August, 20th June and 23rd October and values were 6927. 16, 93417. 93 and 101541. 16 $kj/m^2$ respectively. Net primary productivity aboveground was 6319. 39 $kj/m^2 \cdot yr$ of in energy, that of below ground 17426. 11 $kj/m^2 \cdot yr$ and that of the whole sward 14856. 59. As with the net primary productivity, the net accumulation of energy was calculated by the difference between the maximum standing caloric and the minimum of the total sward.

**Table 3 Conversion efficiency (CE) for solar radiation in** *Kobresia capillifolia* meadow (%)

| Parts of Sward | Aboveground | Underground | Whole Sward |
|---|---|---|---|
| Net accumulation of energy (kj/m² · yr) | 6319. 39 | 17426. 11 | 14856. 59 |
| CE for total radiation: | 0. 11 | 0. 303 | 0. 258 |
| CE for physiological radiation: | 0. 224 | 0. 618 | 0. 528 |
| CE for avaiable physiological radiation: | 0. 404 | 1. 115 | 0. 951 |

3. 6Conversion efficiency

Total radiation measured from the experiment site was 574492 J/m$^2$ · yr, physiologically active radiation was 281503 J/m$^2$ · yr and available physiological radiation during ≥0℃—≤0℃ growing period 156117. 59 J/m$^2$ · yr. The conversion efficiencies based on the various net accumulating of energy and the solar radiation are shown in Table 3. The results suggest that the conversion efficiency for solar radiation of total sward is higher than aboveground but lower than underground. Yang Futun et al. (1985) reported that conversion efficiency for total radiation of aboveground was 0. 099% and underground 0. 205% in *Kobresia humilis* meadow, and thus *K. capillifolia* meadow was 0. 011 and 0. 098% higher than the former in absolute value or 10. 00% and 32. 34% in relative, respectively.

Because of changes of environment and growth characteristic of plants conversion efficiency of aboveground was different in various periods. The range of conversion efficiency for total radiation was from −0. 215% to 0. 464% during May to November. The maximum of 0. 464% was reached during 20th July to 21st August, and after that it became a negative value.

## Reference

[1] LI G D. TTC staining method for distinguishing plant alive from dead [J]. Journal of Grassland and Forage Science in China, 1986, (1): 34.

# The Biomass and Conversion Efficiency of Solar Radiation for Principal Types of Alpine Grassland in Tianzhu, Gansu Province, China*

Hu Zizhi, Sun Jixiong, Li Yang, Long Ruijun, Yang Falin

**Abstract**

The paper reported the biomass, net productivity and efficiency of solar radiation of six types of alpine grassland at Tianzhu County, Gansu, China. They were *Rhododendron* + *Salix* – moss grassland (RMG), *Polygonum viviparum* grassland (PVG), *Kobresia capillifolia* grassland (KCG), Grasses + forbs semi – sown grassland (GSG), Perennial grasses sown grassland (PAG) and oats grassland. The RMG had the largest aboveground and belowground maximum biomass. The oats grassland had the largest aboveground standing forage crop and the lowest belowground standing forage crop. The PVG had the highest net primary productivity of aboveground, below – ground and whole community (aboveground + belowground).

## 1 Introduction

Alpine grassland is one of the types with lowest primary productivities in the grassland ecosystems. However, considerable variation was existed among the types and great productivity was achieved after improvement. The objectives of this experiment

* 发表于 Proceedings of the International Symposium on Grassland Resources. Editor: Li Bo. Beijing China. Agrcultural Press. 1994: 247—253.

are: 1) to study the biomass, net primary productivity and conversion efficiency of solar radiation of major alpine grassland types at the Qilian Mountains; 2) to understand the productivity characteristics, differences and interrelationships among the various types; 3) to provide information for improvement and rational utilization of alpine grassland.

## 2 Materials and Methods

### 2.1 Experimental site and grassland types

The experimental site was located at Tianzhu County, Gansu Province, western China near the Tianzhu Alpine Grassland Experimental Station (TAGES) of Gansu Agricultural University. Geographically, it is situated at N 37°40′and E 180°32′with an elevation of 2930 to 3200 m above sea level. The meteorological data collected at the station (2930 m above sea level) showed that the annual mean temperature is −0.1℃. The mean daily temperature is 11.9℃ in July and −17.4℃ in January. The annual rainfall is 416 mm. There is no absolution forest − free day. Six grassland types studied (details see below) were distributed on the northern slope and terrace of southern bank of Jinqiang River (Fig. 1).

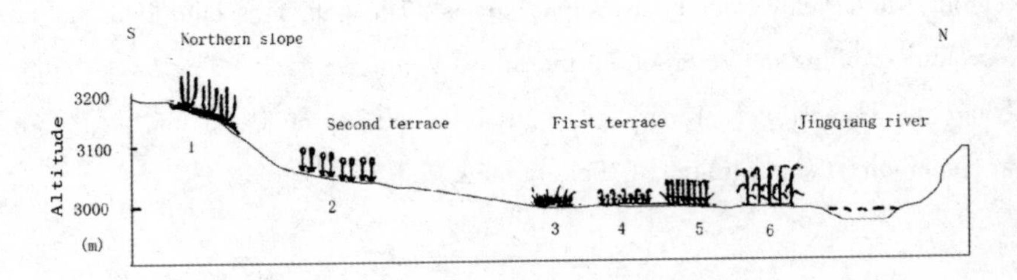


**Fig. 1 Site and grassland type**

1. *Rhododendron* + *Salix* − moss grassland; 2. *Polygonum viviparum* grassland; 3. *Kobresia capillifolia* grassland; 4. Grasses + forbs semi − sown grassland; 5. Perennial grasses sown grassland; 6. Oats grassland

#### 2.1.1 *Rhododendron* + *Salix* − moss grassland (RMG)

The community is consisted of species of*Rhododendron*, *Salix* and moss (mainly

*Tortula rulalis*, *Enotodon conncinnus* etc. ) . The mean height of shrubs was 70 cm with a cover degree of 30 to 50%. The cover degree of moss was 80 to 95%. Herbaceous layer was not very developed.

2. 1. 2 *Polygonum viviparum* grassland (PVG)

*Polygonum viviparum* with big and fleshy rhizome was the most important constructive species in the community. The mean height and cover degree of herbaceous layer was 20 to 30 cm and 100% , respectively. The cover degree of moss was up to 30% or more.

2. 1. 3 *Kobresia capillifolia* grassland (KCG)

Besides*Kobresia capillifolia*, the dominant species were *Stipa alena*, *Poa* spp. and *Artemisia smithii*. The herbaceous layer was 20 to 30 cm in height with the cover degree of 90% to 95%. The moss was not developed, its cover degree could be 10% during the rainy season.

2. 1. 4 Grasses + forbs semi - sown grassland (GSG)

The grassland was developed from KCG after application of nitrogen fertilizer at the rate of 30 kg N/ha and flood irrigation at 1500 to 2000 $m^3$/ha. The height of herbaceous layer was 40 to 50 cm with the cover degree of 100% , the moss layer was not developed, but its cover degree could be 20% during the rainy season.

2. 1. 5 Perennial grasses sown grassland (PAG)

The PAG was established by ploughing off the KCG and sowing the mixture of *Bromus intermis*, *Clinelymus nutans* and *C. sibiricus*. Nitrogen fertilizer and irrigation were applied at the rate of above mentioned. The height of swards was 110 to 130 cm and the cover degree was 90 to 95%. There was a thicker layer of litter on the ground. Moss was not existed.

2. 1. 6 Oats grassland

After the KCG of ploughing, oats (*Avena sativa* cv. Yongjiu No. 12) seeds were sown and annual grassland was established. Nitrogen fertilizer was applied at the rate of 30 kg N/ha with no irrigation. The height of swards was 100 to 130 cm. There was litthe litter layer on the ground and no moss was found.

2. 2 Measurement of biomass

In this study, the biomass was defined as the total organic matter mass at a certain time and area in the ecosystem (Duvigneaud, 1987), it included 3 parts i. e. the standing forage crop, the dead ones and litter. Samples with 3 to 4 replications were taken around $20^{th}$ of each month during the growing season. For the aboveground biomass plants were cut at the ground level. The sampled area was $0.5 \times 0.5\ m^2$ except RMG with was $1 \times 2.5\ m^2$. For the belowground biomass, the samples from 0 to 50 cm in depth at internals were taken with $0.5 \times 0.5\ m^2$ quadrat for RMG and oats grassland, and with soil auger (10 cm diameter) for other grasslands. The belowground biomass was further divided into living root mass and dead root mass by the combination of experimental estimation and TTC standing method (Li, 1986). There was about 50% of shrubs roots and 70% of herbaceous roots growing in the moss layer in the RMG, so the above – and below – ground parts of plants were divided at the moss layer surface.

2.3 Estimation of net primary production

The net primary production (Pn) of shrubs in the RMG was measured by annual ring regression method and standard tree method. The selected moss plants were marked with cotton line and their growth data were collected at intervals. The Pn of moss was calculated as follows:

$Pn = W \times G \times N$

there W is number of leaves increased

G is mean weight of anew leaf

N is number of moss plants per unit area

The Pn of herbaceous plants was calculated with the equation of the International Biological Programme (IBP): $Pn = B + L + G$.

there B was increment of standing forage crop or living root mass during the period of t – t.

L was increment of litter or dead roots (ignored the decomposition)

G was the intake of livestock and herbivorous animals or soil inhabitants. In this trial, the experimental site was fenced, so no animal intake was taken place. Whereas the intake of soil inhabitants was ignored. In fact, $Pn = B + L$.

2.4 Determination of conversion efficiency of solar radiation

The energy value of primary production of grassland studied were determined, solar radiation was measured and corrected, and then the conversion efficiency of solar radiation of each grassland type was calculated.

3 Results and Discussion

3.1 Biomass

The biomass of six types of grassland was shown in Table 1.

**Table 1 The characteristics of biomass in Tianzhu alpine grasslands (g/m²)**

| types of grassland | aboveground part | | below-ground part | | whole sward | | ratio of above and below-ground biomass[3] |
|---|---|---|---|---|---|---|---|
| | max. biomass | max. standing crop | max. biomass | max. standing crop | max. biomass | max. standing crop | |
| *Rhododendron* + *Salix* + moss grassland (g.)[1] | 1647.11 | 650.70 | 10936.85 | 2333.51 | 12583.90 | 2984.22 | 1:7.80 |
| *Polygonum viviparum* g. | 548.39 | 366.91 | 6159.85 | 4205.48 | 6433.36 | 4290.16 | 1:10.29 |
| *Kobresia capillifolia* g. | 373.02 | 246.06 | 5497.87 | 2930.18 | 5772.85 | 3014.00 | 1:13.65 |
| Grasses-forbs semi-sown g. | 535.83 | 405.30 | 3739.31 | 2939.30 | 4121.44 | 3153.81 | 1:5.98 |
| Perennial grasses sown g. | 948.17 | 650.78 | 2503.75 | 1543.63 | 3358.15 | 2117.55 | 1:2.48 |
| Annual oats g. | 1219.00 | 1191.50 | 290.44[2] | 290.44[2] | 1509.44 | 1481.94 | 1:0.24 |

1) no indicated moss biomass. The maximum biomass and maximum standing crop included moss of whole sward is 14354.21 and 3499.70 g/m², respectively.

2) no separated live roots from dead roots.

3) ratio when aboveground biomass is maximum.

It indicated that the oats grassland had a high maximum aboveground biomass which was only surpassed by PAG. It also had the highest aboveground standing crop which followed by the PAG and GSG. On the other hand, the KCG had both the lowest aboveground maximum biomass and standing crop. These suggested that both the maximum aboveground biomass and standing crop could be increased by the improvement practices, and shaded and wet condition caused by topography were favorable environments for the aboveground biomass production. The ratios of maximum biomass and maximum standing crop of grasslands were from 2.55 (RMG) to 1.02 (oats grassland). These could be the reflection of the effects of microtopography, microclimate and grassland improvement on the disappear and decomposition of the litter on the ground. The RMG and PVG had a high maximum below ground biomass which were significantly higher than that of KCG, whereas the latter' s production was significantly than that of GSG, PAG and oats grassland, respectively. The higher maximum below ground biomass obtained from the grasslands under wet and cold conditions was mainly due to the slow decomposition of dead roots. The results that also illustrated that the decomposition of dead roots could be speeded up and the support ability of living roots (the maximum aboveground biomass/the maximum below ground biomass) could be increased by irrigation, fertilization, and especially by cultivation. These practices resulted in the great decrease of the below - ground biomass and standing crop. For instance, the maximum below - ground biomass of oats grassland was only equivalent to one of the nineteenth of its original grassland, KCG. The whole community (aboveground + below - ground) biomass was determined by the below ground biomass because the below - ground biomass was much greater than aboveground biomass. The relationships of the maximum biomass and standing crop of the whole community for the individual grassland were similar to those of below ground parts for all grasslands studied except oats grassland. In comparison with their original grasslands, the whole community maximum biomass and standing crops of GSG and PAG were decreased significantly, whereas those of oats grassland further lower than those of GSG and PAG, respectively. The maximum biomass of oats grassland was approximately equivalent to its maximum standing crop. The great increase of the maximum aboveground and standing crop of GSG, PAG and oats grassland were accompanied by the great decrease of the maximum biomass and standing crop of the whole community. These were probably because of the dead biomass of above - and below - ground parts of the improved grassland being reduced dramatically by the improvement practices.

### 3.2 Net primary production

The net primary productivity of six types of Tianzhu alpine grassland were expressed as dry matter, ash - free matter and energy (Table 2).

**Table 2 Net primary productivity in Tianzhu alpine grassland (g/m², kj/m²)**

| types of grassland | aboveground part | | | below - ground part | | | whole sward | | |
|---|---|---|---|---|---|---|---|---|---|
| | DM | AFM | energy | DM | AFM | energy | DM | AFM | energy |
| *Rhododendron* + *Salix* + moss grassland (g.) | 262.47 | – | 3911.61 | 143.02 | – | – | – | – | – |
| *Polygonum viviparum* g. | 481.05 | 430.25 | 8877.81 | 1440.01 | 1235.79 | 25163.80 | 1517.52 | 1144.44 | 26680.52 |
| *Kobresia capillifolia* g. | 340.09.59 | 307.97 | 6319.39 | 780.36 | 671.15 | 17426.11 | 742.50 | 641.53 | 14855.59 |
| Grasses - forbs semi - sown g. | 517.06 | 474.72 | 9835.24 | 676.10 | 523.57 | 9463.86 | 714.96 | 582.11 | 12198.46 |
| Perennial grasses sown g. | 896.32 | 771.15 | 15897.87 | 452.10 | 371.74 | 7529.48 | 674.72 | 517.67 | 10606.25 |
| Annual oats g. | 1219.00 | 1133.81 | 22849.42 | 290.44 | 248.23 | 4427.18 | 1509.44 | 1382.04 | 27229.71 |

Note: DM—dry matter, AFM—ash - free matter

The*Rhododendron* + *Salix* - moss grassland (RMG), which was the least grazed and had the most stable community among the grasslands studied, had the lowest aboveground net primary productivity (Pn). It was surpassed, in order of Pn increases, by the *Kobresia capillifolia* grassland (KCG), *Polygonum viviparum* grassland (PVG), Grasses + forbs semi - sown grassland (GSG), Perennial grasses sown grassland (PAG) and oats grassland. The aboveground Pn of GSG, PAG and oats grasslands was increased as the input of improvement increased, the differences of Pn among the three improved grasslands and their original grasslands (KCG) were oats grassland 28.56% higher than PAG, PAG 76.95% higher the GSG, whereas GSG 57.26% higher than KCG.

For the below - ground net primary productivity, PVG was the highest and RMG was the lowest among the grasslands studied. In comparison with their original grasslands, the below – ground Pn of these three improved grasslands were decreased as the improvement intensity increased and the below – ground biomass decreased. On the other hand, as mentioned previous the aboveground Pn of these three improved grasslands were increased as the improvement practices increased. This situation suggests that the Pn seems "transferred" from the below ground to the aboveground by irrigation, fertilization, tillage and sowing practices.

The PVG also had the highest whole community Pn which was resulted from its higher below ground Pn. KCG and its improved grasslands showed another interesting picture in the measurement i. e. the oats grassland had the second highest whole community Pn and it was higher than that of KCG, while the production of PSG and GAG was lower than that of the original grassland, respectively.

3.3 Conversion efficiency of solar radiation (CESR)

**Table 3 Conversion efficiency for solar radiation in Tianzhu alpine grasslands (%)**

| types of grassland | aboveground part | | | below – ground part | | | whole sward | | |
|---|---|---|---|---|---|---|---|---|---|
| | CETR | CEPR | CEPRPG | CETR | CEPR | CEPRPG | CETR | CEPR | CEPRPG |
| *Rhododendron + Slix +* moss grassland (g.) | 0.074 | 0.151 | 0.391 | – | – | – | – | – | – |
| *Polygonum viviparum* g. | 0.115 | 0.316 | 0.692 | 0.438 | 0.895 | 1.963 | 0.464 | 0.948 | 2.081 |
| *Kobresia capillifolia* g. | 0.110 | 0.224 | 0.404 | 0.303 | 0.618 | 1.115 | 0.258 | 0.528 | 0.951 |
| Grasses – forbs semi – sown g. | 0.170 | 0.349 | 0.629 | 0.164 | 0.337 | 0.603 | 0.219 | 0.450 | 0.810 |
| Perennial grasses sown g. | 0.275 | 0.565 | 1.018 | 0.130 | 0.265 | 0.461 | 0.177 | 0.362 | 0.655 |
| Annual oats g. | 0.549 | 1.128 | 2.017 | 0.106 | 0.213 | 0.467 | 0.654 | 1.335 | 2.484 |

Note: CETR—conversion efficiency for total radiation, CEPR—conversion efficiency for physiological radiation, CEPRGP—conversionefficiency for physiological radiation during >0℃ growing period.

The conversion efficiency of solar radiation of these three native grasslands, in orderdecrease, were PVG, KCG, RMG. For the three improved grasslands, their aboveground CESR were increased and below ground CESR were decreased as the extent of improvement increased. For example, the aboveground and below ground CESR of oats grassland were 500% and 41. 58% of its original grassland, respectively.

The ratio of aboveground CESR and below ground CESR (or Pn) could be used as a ratio of space distribution of grassland net energy. It could, in some extent, indicate the proportion of the photosynthetic net energy of grassland community that were stored in the aboveground and below - ground parts, respectively. It also could show the effectiveness of grassland improvement and the relative amount of available herbage in the aboveground part. Table 3 shows that the rate of space distribution of grassland net energy of PVG and KCG was 0. 35and 0. 36, respectively. It means that there was only 26. 14% and 26. 63% of net accumulation of grassland energy stored in the aboveground part, respectively, while near 75% of grassland net energy was in the below - ground part and could not be used directly by livestock. This situation reflected the adaptability ofthe native grasslands to the harsh environment and grazing. The rate of space distribution of grassland net energy of these three improved grasslands was 1. 03, 2. 12 and 4. 25, respectively. It increased exponentially as the improvementintensity increased. This suggests that the improvement practices used was very effective. The net energy stored in the below - ground parts of plants was transferred to the aboveground parts by the practices and became available for the livestock production

## References

[1] DUVIGNEAUD P. La Synthese Ecologique [M]. Paris: Doin editeurs, 1974.

[2] LI G D. TTC staining method for distinguishing plant alive from dead [J]. Journal of Grassland and Forage Science in China, 1986, (1): 34.

# 草原的生态系统服务：I、生态系统服务概述*

生态系统服务是当前生态学、资源学、生态经济学等研究的热点，草原/草地生态系统服务是生态系统服务研究的一个部分，为了进一步综述和探讨草原生态系统服务的命题，本文对生态系统服务的概念和意义、自然资本、生态系统服务的基本特性、生态系统服务的项目、生态系统服务的价值等做了简要的综述。

## 一、生态系统服务的概念和意义

生态系统服务（Ecosystem services）就是由自然生态系统的生境、物种、生物学状态、性质和生态过程所产生的物质和维持的良好生活环境对人类提供的直接福利（R. Costanza 等，1997）[1]。生态系统服务主要包括3个方面：（1）向经济社会系统输入有用的能量和物质，（2）接受和转化来自经济社会系统的废弃物，（3）直接向人类社会成员提供广泛的服务，如人们普遍享用的清洁空气、水等舒适性资源等（中国科学院可持续发展战略研究组，2003）[2]。传统的经济学意义上的服务，实际上是一种购买和消费同时进行的商品性服务，而生态系统服务只有一部分能够进入市场买卖，大多数生态系统服务是公共品或准公共品，无法进入市场，甚至在市场交易中很难发现对应的补偿措施。生态系统服务以长期服务流的形式出现，能够带来这些服务流的生态系统是自然资本。

生态系统服务的概念最早由 J. Holdren 和 P. Ehrlich（1974）提出[3]。1997

---

* 作者胡自治。发表于《草原与草坪》，2004（4）：3—6.

年，J. J. Caims[4]、G. C. Daily 和 R. Costanza 等[1]分别出版了著作和论文，将生态系统服务这一科学命题的研究推向新的高度。这一时期，我国的一些学者和组织也开展了这一科学领域的研究，取得了不少的科研成果，其中，陈仲新和张新时（2006）[6]评估了中国生态系统效益的价值，谢高地等（2001，2003）[7,8]评估了中国天然草地生态系统服务的价值。

生态系统服务内容广泛而重要，已为全世界生态学、环境学、经济学和资源学等科学领域所重视并成为研究的热点。

## 二、自然资本

生态系统是生命支持系统，是人类经济社会赖以生存和发展的基础。[2]自然资本是能够带来生态系统服务流的生态系统，也就是生态系统在某一时间所具有的自然物质及信息存量[1]。自然资本与人造资本（制造业资本）和人力资本相结合产生人类的福利。零自然资本意味着零人类福利或人类社会的终止。顺便提及：如以全部土地都未被开垦，并且所有的压力都低于最小临界值状态的生态系统自然资本指数为 100，那么据联合国环境规划署 2002 年报告，包括中国在内的西北太平洋和东亚地区的自然资本指数已经下降至 42，澳大利亚、新西兰和南太平洋地区保持在 75 左右。[9]载人宇宙飞行和生物圈Ⅱ号试验的高昂代价表明，用纯粹的“非自然”资本代替自然资本是不可行的。人造资本和人力资本都需要依靠自然资本来构建，实际上生态系统服务和自然资本对人类提供的总价值是无限大的，我们的任务是对变动情况下的生态系统服务和自然资本进行评价，以便保证它不被过度破坏而影响人类的生存。[2]

## 三、生态系统服务的基本特性

生态系统服务有它自己的服务方式和规律，蔡晓明（2000）将其基本特性归纳为如下 4 点[10]。

（一）生态系统服务是客观的存在

生态系统服务不依赖于评价的主体而存在，不是随着人们对它的评价而表现其价值，相反，“它们并不需要人类，而人类却需要它们”。尽管一些生态系统服务的功能和福利可以被人和有感觉能力的动物感知，一些不能被感知，但不能说感觉不到的服务就不存在，就没有意义。实际上在人类出现以前，自然生态系统就早已存在，在人类出现以后，生态系统服务的效能就与人类的利益联系在一起。

（二）生态系统服务与生态系统过程密不可分

这是由于服务和过程两者都是生态系统的属性。生态系统中的植物群落和动物群落，自养生物和异养生物的协同关系，以水为核心的物质循环，地球上各种生态系统的共同进化和发展等，都充满了生态过程，也就产生了生态系统的功能和服务。

（三）大自然作为演化的整体是产生服务功能的源泉

生态系统是在大自然中不断进化和发展的，在此过程中产生更加完善的物种，演化出更加完善的生态系统，这样的生态系统是有价值的，能产生许许多多的功能和效益。生态系统在进化过程中维护着它产生出来的服务性能，并不断促进这些性能的进一步完善。它的潜力非常巨大，并趋向更高、更复杂、更多功能和效益的方向发展。

（四）自然生态系统是多种功能的转换器

在自然进化的过程中，生态系统产生越来越丰富的内在功能，个体、种群的功能是与它在生物群落共同体相联系的，这样，又使它自身的性能转变为集合性能。绿色植物被植食动物取食，植食动物又被肉食动物所捕食，动植物死后又被分解者分解，最后进入土壤中。这些个体生命虽然不存在了，但其能量和物质转变成别的动物或者在土壤中贮存起来。经过自然网络转换器的这种作用就不断来回地在全球的部分或整体中运动。

## 四、生态系统服务的项目

生态系统不仅为人类提供了许多产品，如食品（植物、动物，微生物）、景观（名山大川、草原公园等）、动力（风力、水力、畜力等）、娱乐（钓鱼、赛马等）、原材料（建筑材料、医药材料、工业材料等）、燃料（薪柴、化石燃料等）和其他（发酵生物、害虫天敌、传粉传种的媒介等）产品，还创造与维持了地球生命支持系统，形成了人类生存所必需的环境条件。1997 年，R. Costanza 等 13 位科学家为了估算全球生态系统服务的价值，将生态系统服务划分为 17 大类（表 1）[1]。

表1 生态系统服务项目一览表（R. Costanza 等 1997）[1]

| 序号 | 生态系统服务 | 生态系统功能 | 举例 |
| --- | --- | --- | --- |
| 1 | 气体调节 | 大气化学成分调节 | $CO_2/O_2$ 平衡，$O_3$ 防紫外线，降低 $SO_2$ 含量 |
| 2 | 气候调节 | 全球温度、降水及其他由生物媒介的全球及地区性气候调节 | 温室气体调节，影响云形成的DMS产物 |
| 3 | 干扰调节 | 生态系统对环境波动容量、衰减和综合反应 | 生境对风暴防止、洪水控制、干旱恢复等主要受植物控制的环境变化的反应 |
| 4 | 水调节 | 水文流调节 | 为农业（如灌溉）、工业和运输提供用水 |
| 5 | 水供应 | 水的贮存和保持 | 向积水区，水库和含水岩层供水 |
| 6 | 控制侵蚀和保持沉积物 | 生态系统内的土壤保持 | 防止土壤被风、水侵蚀，把淤泥保存在湖泊和湿地中 |
| 7 | 土壤形成 | 土壤形成过程 | 岩石风化和有机质积累 |
| 8 | 养分循环 | 养分的比存、内循环和获取 | 固N，N，P和其他元素及养分循环 |
| 9 | 废物处理 | 易流失养分的再获取、过多或外来养分、化合物的去除或降解 | 废物处理、污染控制、解除毒性 |
| 10 | 传粉 | 有花植物配子的运动 | 提供传粉者，以便使植物种群繁殖 |
| 11 | 生物防治 | 生物种群的营养动力学控制 | 关键捕食者控制被食者种群，顶位捕食者使草食动物减少 |
| 12 | 避难所 | 为定居种和迁徙种提供生境 | 育雏地、迁徙动物栖息地、定居物种栖息地或越冬场所 |
| 13 | 食物生产 | 总初级生产中可用于食物的部分 | 通过渔猎、采集和农作、畜牧收获的鱼、鸟兽，作物、坚果、水果，乳肉等 |
| 14 | 原材料 | 总初级生产中可用于原材料的部分 | 木材、燃料和饲料产品等 |
| 15 | 基因资源 | 独一无二的生物材料和产品的来源 | 医药，材料科学产品，用于农作物抗虫和抗病的基因，家养宠物和植物品种 |

续表

| 序号 | 生态系统服务 | 生态系统功能 | 举例 |
|---|---|---|---|
| 16 | 游憩娱乐 | 提供游憩娱乐的活动条件 | 旅游、钓鱼运动及其他户外游憩活动 |
| 17 | 文化 | 提供非商业性用途的条件 | 生态系统的美学、艺术、教育、精神及科学价值 |

## 五、生态系统服务的价值

地球上不同类型和不同大小的生态系统都是生命支持系统，对人类的生存和生活做出了巨大的贡献。人们早就试图利用各种方法来估算它的价值，但是，生态系统的复杂性和不确定性，困扰着这项工作的进行。直到 1997 年，R. Costanza 等 13 位科学家主要通过采用直接或间接地对 17 大类生态系统服务（表 1）及其商品性产品价值（只包括可再生的服务价值，不包括不可再生的燃料、矿物质以及大气的价值）的意愿支付的估价，再结合地球高级生物群落类型及其面积，估算出了各高级生物群落及其单位面积生态系统和全球生态系统服务的总价值。R. Costanza 等估算的全球生态系统服务的总价值为 332 680 亿美元/a，其中海洋生态系统服务的价值为 209 490 亿美元/a，陆地为 123 190 亿美元/a[1]。在陆地生态系统中，森林的服务价值大约为 47 000 亿美元/a，草地/草原（Grassland/Rangeland）为 9 060 亿美元/a，湿地为 48 790 亿美元/a，农田 1 280 亿美元/a，荒漠和冻原的价值由于缺少相关的信息和参数而空缺。如果按草地资源学一般将沼泽和泛滥平原划归草地的规定（中华人民共和国畜牧兽医司等，1996；国际环境与发展研究所，1987）[11,12]，则草地/草原的生态系统服务价值为 41 370 亿美元/a，与森林的价值基本相近。单位面积的陆地生态系统服务价值中，森林为 969 美元/$hm^2$·a，草地/草原为 232 美元/$hm^2$·a（本文作者注：232 美元恐有误，原文各项合计 244 美元），湿地 14 785 美元/$hm^2$·a，农田为92 美元/$hm^2$·a。将湿地中沼泽/泛滥平原划归草地/草原，则草地/草原的单位面积生态系统服务价值增至 10 182 美元/$hm^2$·a。对于 R. Costanza 等的生态系统服务价值的估算，由于评估方法和使用的参数存在不少缺陷，作者认为表中估算的价值偏低，同时，还有不少学者认为湿地估价过高，耕地估价过低。

此后不久，陈仲新和张新时（2000）按照 R. Costanza 等（1997）的方法对中国及各省区的生态系统服务价值进行了评估（表2、表3）[6]，得出我国1994年生态系统服务的总价值为77 834.48亿元人民币/a，与我国1994年生产总值（GDP）45 006亿元人民币相比，估算出的生态系统服务价值为GDP的1.73倍。我国陆地生态系统服务价值56 098.46亿元/a，其中森林为15 443.98亿元/a，占27.53%；湿地面积虽小，服务的价值却甚高，达26 763.90亿元人民币/a，占47.71%；草地的服务价值为8 697.68亿元人民币/a，只占15.50%，如将沼泽湿地划归草地，则达35 461.58亿元人民币/a，所百分比上升至63.21%。

**表2　中国生态系统服务价值的总体评价（陈钟新等，2000）**

| 生态系统类型 | 面积（$km^2$） | 单位价值（亿美元/$hm^2$·a） | 总价值（亿美元/a） | 总价值（亿人民币/a） |
|---|---|---|---|---|
| 陆地 | 9600000 | 678 | 6508.92 | 56098.46 |
| 森林 | 1291177 | 1387 | 1790.75 | 15433.96 |
| 热带亚热带森林 | 821595 | 2007 | 1648.94 | 14211.25 |
| 温带森林/泰加林 | 469582 | 302 | 141.81 | 1222.25 |
| 草地 | 4349844 | 232 | 1009.16 | 8697.68 |
| 红树林 | 575 | 9990 | 5.74 | 49.51 |
| 沼泽湿地 | 158597 | 19580 | 3105.33 | 26763.90 |
| 河流/湖泊 | 50843 | 8494 | 432.06 | 3723.83 |
| 荒漠 | 1499473 | — | — | — |
| 冻原 | 4120 | — | — | — |
| 冰川/裸岩 | 42461 | — | — | — |
| 耕地 | 1802910 | 92 | 165.87 | 1429.56 |
| 海洋 | 4730000 | 533 * | 2521.96 | 21763.02 |
| 开阔洋面 | 4380000 | 252 | 1103.76 | 9512.98 |
| 海岸带 | 350000 | 4052 | 1418.20 | 12223.04 |
| 全国 | 1433000 | 630 * | 9030.88 | 77842.48 |

注：1. 表中数据除单位价值区栏中有 * 者为计算值外，其余引自R. Costanza等（1997）[1]；

2. 按2004年汇率计算

表3 中国各省区生态系统服务的价值及其排序（据陈仲新，张新时2000）[6]

| 省区 | 单位价值（元/hm⁻²·a⁻） | 总价值（亿元·a） | 总价值排序 | 省区 | 单位价值（元/hm⁻²·a⁻） | 总价值（亿元·a） | 总价值排序 |
| --- | --- | --- | --- | --- | --- | --- | --- |
| 黑龙江 | 173997 | 864.0 | 2 | 广西 | 449910 | 63.5 | 11 |
| 台湾 | 10349 | 358.0 | 21 | 安徽 | 4153 | 596.0 | 18 |
| 云南 | 87663 | 364.3 | 7 | 甘肃 | 36651 | 526.2 | 9 |
| 海南 | 8484 | 265.2 | 24 | 贵州 | 3619 | 652.1 | 16 |
| 湖南 | 81671 | 739.5 | 8 | 西藏 | 36024 | 424.6 | 4 |
| 江西 | 81051 | 358.6 | 10 | 北京 | 2251 | 37.2 | 29 |
| 福建 | 7668 | 950.6 | 14 | 宁夏 | 2239 | 118.3 | 28 |
| 四川 | 72864 | 217.4 | 5 | 陕西 | 2105 | 443.8 | 20 |
| 新疆 | 677311 | 155.0 | 1 | 山东 | 1840 | 290.9 | 22 |
| 内蒙古 | 62627 | 225.5 | 3 | 山西 | 1717 | 275.4 | 23 |
| 浙江 | 6079 | 605.2 | 17 | 河南 | 1535 | 261.4 | 25 |
| 广东 | 5437 | 959.8 | 13 | 天津 | 1509 | 17.8 | 30 |
| 吉林 | 5195 | 1007.9 | 12 | 辽宁 | 1456 | 215.0 | 27 |
| 江苏 | 4766 | 466.4 | 19 | 河北 | 1356 | 256.0 | 26 |
| 湖北 | 4733 | 887.2 | 5 | 上海 | 793 | 4.3 | 31 |
| 青海 | 47303 | 456.4 | 6 | | | | |

注：1. 价值按人民币计；2. 四川含重庆；3. 广东含香港和澳门。

关于我国各类型草地的生态系统服务价值，谢高地等[7,8]和闵庆文等[13]作过专文研究，将在第3报中引述。

## 参考文献

［1］COSTANZA R，D' ARGE R，DE GROOT R，et al. The Value of the World' s Ecosystem Services and Natural Capital［J］. Nature，1997，387：253—260.

［2］中国科学院可持续发展战略研究组．生态系统服务理论［EB/OL］.

中国网，2003—3—19.

[3] HOLDREN J, EHRLICH P. Human Population and the Global Environment [J]. American Science, 1974, 62 (3): 282—292.

[4] CAIRNS J Jr. Protecting the Delivery of Ecosystem Services [J]. Ecosystem Health, 1997 (3): 185—194.

[5] DAILY G C. Nature's Services—Social Dependence on Natural Ecosystems [M]. Washington DC: Island Press, 1997.

[6] 陈仲新，张新时．中国生态系统效益的价值 [J]．科学通报，2000 (1): 17—22.

[7] 谢高地，张钇锂，鲁春霞，等．中国自然草地生态系统服务价值[J]．自然资源学报，2001 (1): 47—53.

[8] 谢高地，鲁春霞，冷永法，等．青藏高原生态资产的价值评估 [J]．自然资源学报，2003 (2): 189—196.

[9] 联合国环境规划署．全球环境展望3 [M]．北京：中国环境科学出版社，2002: 355.

[10] 蔡晓明．生态系统生态学 [M]．北京：科学出版社，2000: 39, 40—41, 43, 47.

[11] 中华人民共和国农业部畜牧兽医司，全国畜牧兽医总站．中国草地资源 [M]．北京：中国科学技术出版社，1996: 325.

[12] 国际环境与发展研究所，世界资源研究所．世界资源：1987 [M]．中国科学院自然资源综合考察委员会，译．北京：能源出版社，1989: 92—93.

[13] 闵庆文，刘寿东，杨霞．内蒙古典型草原生态系统服务功能的价值评估研究 [J]．草地学报，2004 (3): 165—169.

# 草原的生态系统服务：Ⅱ、草原生态系统服务的项目*

在 R. Costanza 等（1997）划分的生态系统服务项目的基础上，根据草原/草地生态系统的产品和生命系统支持功能的具体情况和特点，进入市场或采取补偿措施的难易程度，以及资料、数据的可利用情况，草原/草地生态系统服务的内容可划分为下列 15 项。

## 一、大气成分调节

生态系统服务对大气成分的调节，有保持 $CO_2/O_2$ 平衡，维持 $O_3$ 的数量以防紫外线，降低 SOx 和其他有害气体水平的作用，其中主要是保持 $CO_2/O_2$ 平衡。

由于人类活动的影响，大气中的 $CO_2$ 浓度已由工业革命前的 $280\times10^{-6}$ 增加到 20 世纪 90 年代的 $350\times10^{-6}$；与此相对应，地球表面的年平均温度在一个世纪以来也上升了 0.6℃。2004 年初，美国科学家在海拔 3342m 的冒纳罗亚气象观测站观测到的数据表明，这里冬天空气中的 $CO_2$ 含量最高，徘徊在 $379\times10^{-6}$ 左右，而一年前为 $376\times10^{-6}$；这些科学家指出，近年来大气中 $CO_2$ 的浓度以每年 $3\times10^{-6}$ 递增，比过去 10 年的平均升高值 $1.8\times10^{-6}$ 高出了许多，相对于半个世纪前在此地首次观测时的年平均升高值 $1\times10^{-6}$ 来说，增速已明显加快（麦水金，2004）[1]。$CO_2$ 浓度增加形成的温室效应，是全球气候向不利于人类生存的方向变化的最主要原因。

地球上的动物、植物和微生物在其生命代谢过程中都要与大气进行气体交换，通过呼吸作用从大气中吸收 $O_2$，放出 $CO_2$，只有植物在进行光合作用时吸

---

* 作者胡自治。发表于《草原与草坪》，2005（1）：3—10.

收 $CO_2$，放出 $O_2$。地球上的植物每年向大气释放的 $O_2$约有 $27 \times 10^{21}$ t，使大气中的 $O_2/CO_2$比达到平衡并保持固定。动物尤其是人类的正常生命活动需要一个相对固定的 $O_2/CO_2$值的环境。生态系统中的绿色植物在生物生产中同时调节着大气中 $O_2$和 $CO_2$的量，保证生命活动的基本大气成分条件，因此，地球上存在相对固定的植被面积和生物量对人类来说是极其重要的。

除了植物向大气提供 $O_2$外，生态系统中的植物和土壤生物还把碳贮存在其组织中，碳存贮的过程有助于减缓大气中 $CO_2$的积累和温室效应的增强。但是，人类采取的增加生态系统的粮食生产和其他商品的步骤，对于生态系统碳存贮能力是净的负影响，因为农业生产系统支持较少的植被总量，因而贮存较少的碳。

土壤及其有机层大约贮存了陆地碳总量的75%。地球上草地贮存碳的能力与森林相当，见表1，森林尤其是热带森林的碳贮量主要在它的地上部分，而草地的碳贮量主要在地下，因而平均土壤碳密度草地大于森林。例如，南非一个热带稀树草原的土壤有机物占其总碳贮量（9 kg/m$^2$）的2/3。草地土壤碳密度平均为14.83 kg/m$^2$，森林土壤相应为12.37 kg/m$^2$（联合国开发计划署等，2002）[2]。胡自治等（1994）[3]报道草地土壤碳密度大，主要是因为草地多分布在干旱和寒冷的气候地区，大多数类型的草地根系发达或密集，地下生物量大于或远大于地上生物量，例如，高寒草甸的地上地下生物量之比在1：10—1：13。

**表1　陆地生态系统碳贮量及比率[2]**

| 生态系统 | 碳贮量/亿 t | 碳贮量比率/% |
|---|---|---|
| 草地生态系统 | 4120—8200 | 33—34 |
| 森林生态系统 | 4870—9560 | 39—40 |
| 农田生态系统 | 2630—4870 | 20—22 |
| 其他 | 510—1700 | 4—7 |

草地除对上述的 $CO_2$具有贮存的重要功能外，对 $N_2O$、$CH_4$也具有重要的贮存功能。据 A. D. Mosier 等（1991）报道，美国科罗拉多州东北的矮草草原开垦后，$N_2O$ 的释放量较临近的小麦地每年增加0.19 1kg/hm$^2$；与此相反，开垦后的矮草草地土壤对 $CH_4$的吸收量减少约50%[4]。德国海德堡大学利用欧洲航天

局环境观测卫星“ENVISAT”在2003年1月—2004年6月对地球的扫描数据及扫描成像吸收光谱仪绘制的$NO_2$浓度图显示，除了欧美的大城市$NO_2$浓度很高外，非洲的浓度也很高，其主要原因是非洲的热带稀树草原频繁地被火烧（曹丽君，2004）[5]。

## 二、气候调节

草地和森林一样，可以对温度、降水、湿度、蒸发及其他由生物媒介影响的全球及地区性气候要素进行调节。植物在生长过程中，从土壤吸收水分，通过叶面蒸腾，把水蒸气释放到大气中，提高环境的湿度、云量和降水，减缓地表温度的变幅，增加水循环的速度，从而影响太阳辐射和大气中的热交换，起到调节气候的作用。草地，由于有草层覆盖，地面上的热交换强度较小，温度较裸地低而稳定，积雪期较长，因而，可使近地面大气层和土壤的温度变化较小。草地在促进降水方面还有另外的特殊作用，据R. C. Schnell（1977）报道，草地的植物残体在腐烂以后可产生大量的微粒碎屑，这些肉眼难以看见的微粒散布到天空后，会在云层中形成生物源冰核，这种有机冰核对于形成降水比无机冰核有效得多[6]。草地植被繁茂的地方，产生的有机冰核就多，相应地降水也就多。

## 三、干扰调节

干扰调节是指生态系统对环境波动的容量、衰减和综合的反应，例如，沙尘防治、洪水控制、干旱恢复等受植被结构控制的环境变化的反应。

植被参与水的大循环。森林和草地对降水具有截流、吸收、蒸腾等作用，在降水不多的温带地区，草层的截流量可达到总降水量的25%。植被破坏会改变局部地区的水分循环过程，大大减少对降水的蓄积和调节功能，造成一系列生态环境恶化问题，江河源草地植被破坏引起长江洪水和黄河断流就是最明显的事例。

沙尘暴作为严重的生态环境问题和危害极大的气象灾害，早已引起全球性的注意。沙尘暴产生的其根本原因就是严重破坏了草原、荒漠尤其是草原的植被，土壤裸露，形成沙尘源，再加上频繁的大风将沙尘从空中吹向很远的地方而造成大面积的严重灾害。美国、哈萨克斯坦、中国、萨赫勒等国家和地区的沙尘暴都是因此而产生，其沙尘源都是被开垦和过度放牧而受到严重破坏的草原和热带荒漠草原。治理风沙的方法和措施很多，由于风沙的形成是由破坏草原而产生，因此，治理风沙首先要从保护和建立以草灌为主、草灌乔相结合的植被为主的工作入手。草地植被抗风沙的作用主要有下列各点。①草原和荒漠植被低矮，每丛植株的背风面都能阻挡留下很多的流沙，能有效降低近地面的风沙流动。例如，甘肃民勤县没有植被的沙地，每年断面上通过的沙量平均为 $11m^3/m$，在盖度为60%的有草地过沙量只有 $0.5m^3/m$，只占前者的1/22。②减少和避免土壤破碎和吹蚀。③形成结皮，促进成土过程。风沙地区的干旱草原植被，通过降尘、枯枝落叶、分泌物、苔藓地衣等的作用，地面逐渐形成结皮，流沙成土过程加强，地表日益变得紧密，抗风沙能力就会增强。

草原植被是由旱生的植物群落形成的，对干旱的干扰具有很强的适应性，它可以在长期的干旱之后重新恢复生机而不死亡。例如，我国北方的草原植被经常要遭受春旱，有时到七八月份才有第一次降水，降水之后草地即返青生长，这种抗旱能力是森林和农田所不及的。

沼泽草地的草根层和泥炭层具有很高的持水能力，有助于一定区域水的稳定性；巨大的水面有利于调节气候，增加空气的湿度，防止环境趋于干旱、形成旱灾。

## 四、水调节

草地的水调节服务主要是水文流的调节，例如，水源涵养、水资源供应等。草地的植物和土壤可以吸收和阻截降水，延缓径流的流速，渗入土中的水通过无数的小通道继续下渗转变成地下水，构成地下径流，逐渐补给江河的水流，起到了水源涵养的作用。具有大量苔藓的高寒灌丛草甸，植物的截流、持水量和土壤的吸收水分能力很强，在融冰期不断有水渗出，表现了很高的水源涵养能力（张德罡，2003）[7]。沼泽具有很高的持水能力，是巨大的蓄水库，能够削减洪峰的形成和规模，为江河和溪流提供水源。我国大江大河大都发源于高山地区的草甸和沼泽，是草地这一生态功能的最好说明。甘肃省玛曲县面积1.02万 $km^2$，82.27%的土地是高寒草甸和高寒沼泽，是黄河上游重要的水源补充地。黄河在玛曲入境时流量为38.91亿 $m^3/a$，流过433km长的第一曲出境时，流量达到147亿 $m^3/a$，黄河的水量在玛曲段流量增加108.1亿 $m^3/a$，占黄河源区总流量184.13亿 $m^3/a$ 的58.7%，由此可见草地的巨大水资源供应能力。

湿地型草地植被减缓地表水流速，使水中泥沙得以沉降，各种有机和无机的悬浮物和溶解物被截流，不仅具有水源涵养能力，而且具有净化水源的效能。

## 五、土壤形成和维持土壤功能

草地在土壤形成和维持土壤功能上的作用，是在生态系统内促进岩石风化和有机质积累；保持水土，防止土壤风蚀和水蚀；保持和提高土壤的生态功能。

岩石在生物作用下的风化称为生物风化。岩石上的微生物都产生 $CO_2$，硝化细菌产生硝酸，硫细菌产生硫酸，这些微生物的代谢产物导致岩石风化。在低温干燥的草原区，生物风化具有重要的意义，例如，蓝绿藻、地衣使岩石表面变得疏松，成为成土母质，随着有植物生长和有机质的积累，成土母质逐渐成为土壤。

草地植被的根系和凋落物给土壤增加有机质，形成团粒，改善土壤结构，增强成土作用，提高土壤肥力，使土壤向良性的方向发展。

草地生物是土壤的改良者。草地土壤中有数量极多、生物量很大的土壤微生物和土壤动物（T. D. Brock，1966；转引自蔡晓明，2000；表2）[8]。草地在良好的保护和科学的利用条件下，植物、土壤动物和微生物的遗体和排泄物可以使土壤有机质不断积累，提高有机质含量。土壤微生物和土壤动物是草地生态系统中的分解者，它们使有机质粉碎、腐烂和分解，成为植物可利用的矿质化状态。典型草原和草甸土壤的有机质一般高于森林土壤，例如，草原的黑土、黑钙土、暗栗钙土，稀树草原的燥红土，草甸的草甸土、高山草甸土，沼泽的沼泽土等有机质含量都在4%以上，高山草甸土和沼泽土的有机质甚至在10%以上。草地土壤有机质的不断积累和分解，使草地不同土壤类型的理化条件相应地达到最优，肥力相应地达到最高，生态功能相应地达到最强。

**表2　草原上层1 $m^2$ 土壤中微生物、土壤动物的密度及生物量[8]**

| 生物名称 | 密度/个 | 生物量/g |
| --- | --- | --- |
| 细菌 | $1\times10^{15}$ | 100.0 |
| 原生动物 | $5\times10^{6}$ | 38.0 |

续表

| 生物名称 | 密度/个 | 生物量/g |
| --- | --- | --- |
| 线虫 | $1\times10^7$ | 12.0 |
| 蚯蚓 | 1000 | 120.5 |
| 蜗牛 | 50 | 10.0 |
| 蜘蛛 | 600 | 6.0 |
| 长脚蜘蛛 | 40 | 0.5 |
| 螨类 | $2\times10^5$ | 2.0 |
| 木虱 | 500 | 5.0 |
| 蜈蚣及马陆 | 500 | 12.5 |
| 甲虫 | 100 | 1.0 |
| 蝇类 | 200 | 1.0 |
| 跳虫 | $5\times10^4$ | 5.0 |

## 六、养分获取和循环

在草地生态系统内，养分的获取和循环包括固氮、磷和其他元素及养分的获取、贮存和内循环，易流失养分的再获取等。

生态系统的生命活动所必需的元素大约有30—40种，这些元素从不同的途径进入土壤后，土壤中带负电荷的颗粒可以吸附具有交换性的这些营养元素并将它们贮存起来，以供植物不断吸收利用；反过来说，如果没有土壤微粒，营养物质将很快流失。与此同时，土壤还作为人工施肥的缓冲介质，将营养物质离子吸附在土壤中，供植物在需要时释放。

草地的固氮主要有非共生微生物固氮和共生微生物固氮两个途径。前者为许多种细菌、放线菌、真菌、酵母菌等的遗体能增加土壤中的氮，好气型的固氮菌（*Azotobacter*）、厌氧型的梭菌（*Clostridium*）能直接将空气中的氮合成蛋白质，蓝绿藻能使空气中的氮与氢结合供植物利用，非共生微生物的固氮量每年为22—56 kg/hm$^2$。后者是一些与豆科植物共生，在豆科植物根瘤内生活的根瘤菌，在钼的催化下和一种特殊形态的血红蛋白（只有植物中才有）的参与下将分子氮同化为有机氮供给豆科植物利用，栽培的豆科牧草固氮量每年为56—670 $kg/hm^2$。草地农业生态系统中豆科植物根瘤菌的固氮，反刍家畜瘤胃微生物将无机氮转化为有机氮，是草地生态系统中特有的联系在一起的两个重要固氮机制，它比农田生态系统和森林生态系统有更高的固氮能力和氮转化效率。

在生态系统中因为各种营养元素各有各的作用，而且被不同的化学键牵制，因而每种营养元素都沿着它自己特殊的途径前进和进行循环。草地农业生态系统由于有家畜的放牧，粪尿排泄物，草畜产品和活畜的运出等特殊的影响，它们能够改变元素循环的途径和养分因分解而释放的元素比率，通过长循环的途径使元素返回草地。在长循环中家畜通过采食、咀嚼、消化，将植物体粉碎、变小，使其容易分解，加速物质循环的速率。如果没有草食动物的采食或采食很少，植物的养分就直接淋溶到土壤中，或以死的植物有机物经过分解，使元素以短循环的途径回到土壤中。

## 七、废物处理

草地生态系统可以将过多的和外来的养分、化合物去除或降解，从而解除毒性，控制和消除污染。

草地的植物和微生物在自然生长过程中，能够吸附周围空气中或水中的悬浮颗粒和有机与无机化合物，并把它们吸收、分解、同化或者排出。动物则通过采食对活的或死的有机物进行机械的粉碎和生物化学的消化分解。草地的生物在生态系统中进行新陈代谢，通过摄食、吸收、分解、组合，并伴随着氧化、还原作用，使化学元素不断地进行各种各样的化合和分解。这种不断的作用过程，改变了外来物质的性状、构造，保证了物质的循环利用，有效地防止了生态系统内部的或外来的物质过度积累所形成的污染。同样，有毒物质经过空气、水和土壤中的生物的吸收和降解后，得以消除或减少，从而控制和消除环境污染。

## 八、传粉与传种

自然界中大多数显花植物需要动物传粉才能受精、结实和繁衍后代，促进种群的繁荣。植物靠动物传粉是互惠共生的一种特殊形式，是人工所不能代替的。在已知繁殖方式的24万种植物中，大约有22万种植物需要动物帮助传粉（S. L. Buchmann，1996）[9]；70%的农作物和牧草需要动物传粉；如果没有动物的传粉不仅会导致农作物和牧草大幅度减产，还会导致一些物种的灭绝。何亚平等（2004）的研究表明，青藏高原高寒草甸的麻花艽（*Gentiana straminea*）不具无融合繁殖及克隆繁殖的能力，昆虫的传粉保证了它的有性繁殖和生存[10]。参与传粉的动物主要是野生动物，约有10万种以上，从蜂、蝇、蝶、蛾、甲虫和其他昆虫，到蝙蝠和鸟类。传粉动物物种和种群数量的减少都会对农林草业生产带来巨大的损失。

植物不仅需要动物传粉，而且有些植物还需要动物帮助传播和扩散种子，有些种类甚至必须有一些动物的活动才能完成种子的扩散。例如，依靠蚂蚁传种的有花植物达60科3000种以上，而且这个数目仍在不断增加之中。鸟类的羽毛、脚趾和脚蹼，可把植物种子传播到数千千米以外的地方（盛连喜，2001）[11]。另有报道称，放牧的奶牛每天排出的粪便中有车前（*Plantago asiatica*）种子8.5万粒，母菊属（*Matricaria*）植物种子19.8万粒，奶牛及其牛粪堆成为这两者植物种子的集散地（联合国开发计划署，2002）[12]。

动物在为植物传粉传种的同时，也取得了自身生长繁殖所需要的食物和营养，在长期的这种互惠作用中，植物和动物一方的进化需要和促使另一方的适应，因此，植物与传粉传种动物之间形成了协同进化（coevolution）的关系。

## 九、基因资源

具有种类极为丰富的生物是地球与其他星球的最大区别，生物的基因资源是地球最宝贵的财富，地球丰富的基因资源形成了生物多样性。生物多样性是生态系统生产和生命服务的基础和源泉，是维持生态系统稳定性的基本条件。生物多样性可以直接提供产品，例如，野生物种、药用植物、旅游资源，为繁殖提供基因物质。草地的生物多样性仅次于森林，草地丰富的基因资源为人类提供了许多独特的生物材料和产品。据估计，地球上共有1300万种生物（U. N. Environment Program，1995）[13]。每个物种都对生命和生态系统有独特的贡献。人类历史上大约有3000种植物被用作食物，几乎所有的谷类作物——玉米、小麦、燕麦、稻子、大麦、谷子、糜子、黑麦和高粱等都源自草地（联合国开发计划署等，2002）[14]。绝大部分的栽培优良饲用植物品种来自草地。草地是有蹄类的故乡，几乎所有的家养草食畜禽——马、牛、牦牛、绵羊、山羊、骆驼、羊驼、驯鹿、鹿、猪、兔、鹅、鸵鸟等都原产草地。

今后人类在培育新的医药和工业材料、新的农作物牧草和家畜新品种时，草地仍是特殊性状的物种和基因的提供者。

## 十、生存和避难场所

草地为植物提供从炎热到寒冷、从干旱到潮湿的生境，因而草地是面积最大、生存条件幅度最大的植物生境和动物栖息地。作为生物学上重要的植物和动物群的生境，据世界资源研究所的研究，草地占世界公认的植物生物多样性中心（包含大量的物种，尤其是在有限地区发现的物种的地区）的19%，特有鸟类区域（在相对较小的繁殖范围内包含2种以上的特有物种系列的区域）的11%，具有显著生物特色的生态区域的29%（R. White，2000）[15]。草地还为一些迁移动物如天鹅、大雁、野鸭等水禽提供特殊要求的育雏地和越冬场所。此外，山地草地特别是高山草地为那些丧失了在平地和低地生境和栖息地的植物和动物提供了避难或庇护场所，使那些濒危的植物和动物免于灭绝。

## 十一、生物控制

天然草地生态系统中作为生产者的各种草本植物，主要通过食物与作为消费者的大小不同的植食性、肉食性动物发生关系，这种关系以食物链和食物网的形式将各种植物与动物、动物与动物联系成为一个整体。食物网把生物与生物、生物与周围的环境成分连接成一个网状结构，网络上的各个环节彼此牵连，相互依赖，维护了生态系统的平衡。如果食物网上的某个环节发生障阻，则可以通过网络结构，由其他部分得到调节，起着自我调节的作用。例如，当草原上的鼠类由于传染病的流行而大量死亡，依靠鼠类为生的鹰类只能面临饥饿的危机，但这却是暂时的现象，因为鼠类的数量减少之后，草原就会繁茂起来，给兔类提供了良好的繁殖环境。野兔大量增加给鹰类提供了新的食物源，鼠类被捕食的危险减少之后，就会逐渐恢复到原有的数量，使草原重新达到原有的状态和平衡。

从草原管理的角度看，在管理水平很低的粗放游牧状态下，通过冬春牧草不足，家畜因营养的原因而死亡、减少数量，从而维持草原生态平衡，以免草原彻底被破坏；在现代经营的条件下，当草地牧草不足时，经营者采取的最好办法就是将多余的家畜移出草地，避免牧草和家畜两者都受到损害。

由于食物链的存在，有害生物总要受到天敌的控制。据估计，农作物和牧草潜在的有害生物中，有99%的种类可以利用自然天敌而得到有效控制，例如，1888年美国从澳大利亚引进澳洲瓢虫（*Rodolia candinalis*）防治柑橘吹棉蚧（*Icerya purchasi*）的危害，挽救了年轻的加利福尼亚州的柑橘业，澳洲瓢虫在当地定居，建立了种群，控制作用已持续了一个世纪。我国广东省于1957年在木麻黄（*Casuarina equisetifolia*）上释放瓢虫百余头，很好地控制了吹棉蚧的危害[8]。古巴将生物控制作为农业革命的重要内容之一，他们用饲养的寄生蝇（*Lixophaga diatraeae*）防治甘蔗钻心虫；释放食肉蚁（*Pheidole megacephala*）控制番薯象鼻虫（*Cylas formicarius*），有效率达到99%；使用土壤细菌 *Bacillus thuringiensis* 制成的商品杀虫剂控制牧草、玉米等作物的鳞翅类害虫[14]。因此，生物防治不仅有着广阔的前景，而且也是必须要走的一条科学的道路。

## 十二、原材料生产

草地生态系统为人类提供了大量植物性和动物性原材料，如燃料、医药、纤维、皮毛和其他工业原料等。

草地上的乔木、灌木、半灌木、草类和放牧家畜的粪便是生物质能源，常被直接用作燃料，在第三世界和我国的草原牧区，这些生物质燃料约占当地燃料消耗的30%—50%[14]。草地生态系统中的许多植物是重要的药物来源。人类利用野生植物和动物药物诊疗疾病有悠久的历史，中药就是这一历史中的最灿烂光辉的部分。我国有记载的药用植物在5000种以上，常用的约为1700种，由于中药大部分是草本植物，因此，中药统称为本草，明朝李时珍的中药学巨著名称就是《本草纲目》。对全世界的动植物作过药用研究只占其总数的很少一部分，在已作过研究的约29000种中，有3000种对癌症等有抑制作用。现代医学依靠草原野生动植物的程度有越来越大的趋势，像美国这样发达的国家，最常用的150种处方药中，也有24%以上的药物来源于陆地特别是草原的动植物。[14]

栽培的草本植物棉花、麻类等为人类提供了最大量的植物性纤维。在草地上放牧饲养的绵羊、山羊和牦牛为人类提供了最大量的动物性纤维；一些野生动物如藏羚羊还能生产极其珍贵的绒毛。马、牛、绵羊、山羊、牦牛、骆驼、驯鹿、羊驼等生产不同用途和品质的皮毛。

## 十三、饲草和食物生产

草地给家畜和野生动物提供了种类最多、适口性好的植物性饲料。全世界的草地为约30亿头各类草食家畜提供了饲料[16]。全世界的热带草地约有禾本科草7000—10000种，温带草地也有近似数量的种。中国草地有饲用植物6352种（中华人民共和国农业部畜牧兽医司，1996），约占全国植物总种数的26%[17]；苏联的刈草地和放牧地有饲用植物4730种，约占植物总数的27%（И. В. Ларин，1990）[18]。从中国和苏联的情况看，全世界的植物中至少有25%的种可用作牧草饲料。当前，第三世界畜牧业比重较大的国家如非洲撒哈拉以南和西南亚的一些国家，放牧家畜的饲料几乎全部依赖天然草地[19]；草地畜牧业发达的国家如新西兰、澳大利亚、爱尔兰、英国、荷兰、丹麦等，人工草地为家畜提供了50%—90%的饲料（胡自治，2000）[20]。

人类除了在天然草原上通过渔猎、采集获得野生的动物性和植物性食物外，还通过牧养家畜将饲用植物转化为大量的肉、奶等优质动物性食物。全球的草地到底能生产多少肉类产品？有关家畜生产的数字表明，在过去的10年中，世界牛肉的生产增长率超过5%，1998年达到5400万吨，羊肉和山羊肉的增长率更高，超过26%，达到1100万吨[14]。当然，这些肉类产品不完全是草地上生产出来的，据de Hann（1997）估计，1996年世界上12%的牛羊肉是利用圈养的方式生产的，88%的是通过放牧生产的[21]。

草地是世界粮食生产的中心。从历史上看，草地生态系统对于人类粮食供应至关重要，除了几乎所有的谷类作物最初来源于草地外，现在的草地生态系统已经最大限度地转变为农业生产，并持续地提供改良现代农作物的基因物质。

## 十四、游憩和娱乐

人与自然相互依存，生物多样性越多，生命进化的层次越高，社会发展越进步，这种依存关系就越强。长期单纯的城市环境和单调的室内生活，往往使人情绪低落、对外反应迟钝、性格扭曲与畸形，最终影响健康，降低生活质量和工作效率。如果离开长期生活的相对封闭的狭小环境到大自然中游憩和娱乐，可以得到美学和精神的满足，可以达到求美、求乐、求新、求放松、求健康、求知识等多种多样的目的。在大自然中移步换景、情景交融，可以获得德、智、体、美等多种效益。

草原和森林一样，能为人类最大限度地提供户外游憩和娱乐的特殊景观和绿色条件。草原游憩和娱乐包含观光旅游、度假休闲、科考探险三大部分。在草原上人们可以观光、疗养、漫步、骑乘、开车、爬山、游泳、划船、漂流、滑雪、滑冰、狩猎、钓鱼、观赏野生动物、探险、考察、参观宗教和庆典等多种游憩和娱乐活动（胡自治，2000）[22]。

草原的游憩和娱乐资源丰富，全世界可供生态旅游的667个较大的自然保护区中，有一半是草地。草原具有美妙绮丽的自然风光，独特奇异的风俗人情，还有碧蓝的天空，灿烂的阳光，清新的空气，无垠的绿地。亚洲青藏高寒草原的藏羚羊、非洲热带稀树草原的角马、北美普列里草原的野牛、北极冻原地区的驯鹿，它们成千上万头的大群远距离迁徙，是世界上最宏伟、最雄壮、最自然、最令人激动的现象之一。

草原的游憩和娱乐服务可以产生很大的经济价值。拥有大面积草原的国家，旅游人数和旅游业收入的增长，显示了草原旅游业重要的经济意义。在1987—1997的这10年，第三世界的一些国家国际旅游的收入（从国外游客的身上所获得的收入）大幅度增长，例如，坦桑尼亚的国际旅游收入增长了1 441%，加纳和马达加斯加的国家旅游收入增长了800%。当然，并不是所有的国际旅游收入的增长都来自草原旅游业，但上述非洲国家，还包括肯尼亚，热带稀树草原及其野生动物显然是最受欢迎的旅游项目。坦桑尼亚狩猎旅游产业的总收入1992—1995年平均为1390万美元，较1988年增加了2倍；津巴布韦的狩猎旅游产业的总收入1984年约为300万美元，到1990年也增加了2倍，达到900万美元（M. Honey，1999）[23]。世界旅游业正在快速发展，生态旅游是旅游业最富活力和激情的部分，因此，游憩和娱乐今后将成为草原生态系统最重要的经济服务项目之一。

## 十五、文化艺术

自然生态环境深刻地影响着美学趋向、艺术创造和宗教信仰。自然是人的精神上高层次追求和发展的主要源泉。人类对自然的好奇心是科学技术发展的永恒动力。对大自然的崇拜和敬畏是宗教产生、发展和传播的无形力量。草地生态系统产生和养育了文化精神生活的多样性。

草原对人类的进化和文明发展具有特殊的贡献。首先，人猿从森林的树上下来到草原上直立行走，解放了手，使用工具，因而进化为现代人的祖先——直立行走的智人。据法国《科学与生活》（2004）报道，190万年以前出现的智人是第一种能够直立行走和长距离奔跑的人，他们生活在热带稀树草原，由于离开了阴湿的森林，在草原上奔跑需要大量散热，浓密的毛发妨碍散热，因而，人类进化的另一表现——毛发的退化也可能就是从智人开始的[24]。其次，由于草原便于牧业和农业生产——草原可以直接放牧家畜，垦草较垦林容易，因此，世界上的古代文明大多起源于大河两岸的草原和森林草原。地球上的许多重要的流域是温带或热带草原生态系统分布的地区，如亚洲的黄河、幼发拉底河、底格里斯河、恒河，非洲的尼罗河、赞比西河、奥兰治河、尼日尔河，北美洲的科罗拉多河、格兰德河，南美洲的巴拉那河等，温带和热带草原占这些流域土地面积的一半以上，世界和各大洲著名的古代文明就起源于这里，如中华民族的黄河文明、美苏尔人的两河文明、埃及人的尼罗河文明和印度人的恒河文明等。

在漫长的文化发展过程中，草原独特的自然环境、动植物特点和生产条件，塑造了各游牧民族的特定习俗，生产、生活方式以及性格特征等，从而形成各具特色的地方文化和民族文化。从这一点讲，草原是世界文明多样性的产生地和保护地。例如，生活在青藏高原的藏族人民，他们在高寒草原的环境下，形成了淳朴善良、乐天吃苦的民族性格；他们以放牧为生，对草原有着深厚的感情，对草原很少挖掘，也不随便攀折一草一木；他们在长期的放牧生产和藏传佛教传播影响的过程中，不滥猎野生动物，不捕食鱼类，养成了珍视自然、爱护生灵，与大自然和谐共处的生态伦理道德。青藏高寒草原的自然环境也深刻地影响着藏族人民的美学趋向和艺术创造，在与佛教思想的自然结合下，他们创造了独具特色的包括建筑、雕塑、绘画、音乐、舞蹈和运动等在内的文化和艺术，成为世界文明的一朵奇葩。青藏高原的高寒草原是藏族文明的沃土，没有了这块草原，这朵奇葩将随之凋谢。与藏族文明一样，其他游牧民族的文化也同样具有这些特征。

草原作为世界一些宗教的起源地，或是举行盛典、祭祀、朝圣等文化活动的重要地点而获得保护。例如，我国牧区的寺院和宗教圣地附近的草原得到了很好的保护；美国大草原（Great prairie）的许多地方由于是印第安人和当地移民的宗教、庆典和历史上的产生地或活动场所，才未被开垦而很好地保存了下来（J. R. Williams，1996）[2]。

## 参考文献：

[1] 麦永金．大气中$CO_2$增速加快［N］．中国环境报，2004－04－09.

[2] 联合国环境规划署．全球环境展望3［M］．北京：中国环境科学出版社，2002：15，48，355.

[3] 胡自治，孙吉雄，李洋，等．甘肃天祝主要高山草地类型的生物量及光能转化率［J］．植物生态学报，1994（2）：121—131.

[4] MOSIER A，SCHIMEL D，VALENTINE D，et al. Methane and Nitrous Oxide Fluxes in Native，Fertilized and Cultivated Grassland［J］. Nature，1991（6316）：330—333.

[5] 曹丽君．地区二氧化氮污染严重［N］．中国环境报，2004－10－19.

[6] SCHNELL R C. Biotic ice nucleus removal by over grazing：A factor in the Sahelian drought?［C］//第23届国际地理学大会，荒漠和半荒漠地区发展和保护问题会议会前论文集. K26号，苏联，阿什哈巴德，1976：43—47.

[7] 张德罡．东祁连山杜鹃灌丛生态系统研究［M］．兰州：甘肃教育出版社，2003：149.

[8] 蔡晓明．生态系统生态学［M］．北京：科学出版社，2000：39，40—41，43—45，47.

[9] BUCHMANN S L，NABHAN G P. The Forgotten Pollinators［M］. Washington，DC：Island Press，1996：274.

[10] 何亚平，刘建全．青藏高原高山植物麻花艽的传粉生态学研究［J］．生态学报，2004（2）：215—220.

[11] 盛连喜，冯江，王娓．环境生态学导论［M］．北京：高等教育出版社，2002：148.

[12] 联合国环境规划署．全球环境展望3［M］北京：中国环境科学出版社，2002：13.

[13] UN Environment Program. Global Biodiversity Assessment [M]. Cambridge, UK: Cambridge University Press, 1995: 181.

[14] 联合国开发计划署，联合国环境规划署，世界银行，等. 世界资源报告：2000—2001 [M]. 国家环保总局国际司，译. 北京：中国环境科学出版社，2002：120，125.

[15] WHITE R, MURRAY S, ROHWEDER M. Pilot Analysis of Global Ecosystem: Grassland Ecosystems Technical Report [R]. Washington, DC: World Resource Institute, 2000.

[16] 世界资源研究所，联合国环境规划署，联合国开发计划署. 世界资源报告：1992—1993 [M]. 张崇贤，柯金良，程伟雪，等译. 北京：中国环境科学出版社，1993：395—401，442—448.

[17] 中华人民共和国农业部畜牧兽医司，全国畜牧兽医总站. 中国草地资源 [M]. 北京：中国科学技术出版社，1996：75，536.

[18] 胡自治. 世界和中国草地资源 [M] //许鹏. 草地调查规划学. 北京：中国农业出版社，2000：126—136.

[19] 胡自治. 人工草地在我国21世纪草业发展和环境治理治理中的重要意义 [J]. 草原与草坪，2000 (1)：12—15.

[20] 胡自治. 青藏高原的草业发展与生态环境 [M]. 北京：中国藏学出版社，2000：191—192.

[21] HONEY M. Ecotourism and Sustainable Development: Who Owns Paradise [M]. Washington, DC: Island Press, 1999: 329, 368—369.

[22] 法国《科学与生活》. 人体肤发三问 [N]. 参考消息，2004-04-28.

[23] WILLIAMS J R, DIEBEL P L. The Economic Value of the Prairie [M] //Prairie Conservation: Preserving North America's Most Endangered Ecosystem. Washington, DC: Island Press, 1996: 19—35.

| 博士生导师学术文库 |
A Library of Academics by
Ph.D.Supervisors

# 胡自治文集

## （下）

胡自治 主编

光明日报出版社

# 草原的生态系统服务：Ⅲ、价值和意义*

综述了中国草原/草地生态系统服务价值的构成，草地生态系统服务的总价值，各类型草地的生态系统服务的价值。论证了草原/草地为中国提供了最大的生态系统服务价值，草地生态系统服务的生态价值远大于经济价值。论述了草地生态系统服务价值评估具有下列重要意义：①指明了草地生态系统服务的具体项目及其不可代替性；②确定了草地生态资本的价值；③促进了环境成本核算和实现绿色GDP。最后讨论了草原/草地生态系统服务价值评估中存在的问题。

生态系统服务的价值评定是生态系统服务研究的核心问题之一，它有助于更具体、更深刻地认识与理解这一问题的重要性。草原生态系统服务价值的评定是这一研究的重要组成部分，同时也是研究的薄弱部分。在作者前两篇综述的基础上[1,2]，本文对草原/草地生态系统服务价值，影响草原生态系统服务价值的因素以及草原生态系统服务的意义进行综述。

## 一、草原/草地生态系统服务的价值

### （一）中国草原/草地生态系统服务价值的构成

关于草原/草地生态系统服务各项目的价值，谢高地、张镱锂、鲁春霞等（2001）[3]在R. Costanza等（1997）[4]的17个项目分类的基础上，提出了中国草地生态系统服务各项目的价值和价值构成（表1）。从表中可以看出，在草地生

* 作者胡自治。发表于《草原与草坪》，2005（2）：3—7.

态系统服务的各项目中，废物处理的价值最高，占服务总价值的31.78%，为476.0亿美元/a；干扰调节、水供应、食物生产次之，侵蚀控制再次之，其余的服务价值均低于5%；气候调节、养分循环和基因资源的价值没有给出评估的数据，因为没有得到相应的参数。谢高地等对草地生态系统服务价值的排序与R. Costanza（1997）等提供的数据大体相似，但后者因没有相关信息而未对草地/草原给出干扰管理、水供应、栖息地、原材料和文化等项目的价值。

**表1　中国草地生态系统服务的价值及构成**

| 服务项目 | 服务价值（亿美元/a） | 服务价值构成（%） |
|---|---|---|
| 1. 气体调节 | 27.5 | 1.84 |
| 2. 气候调节 | 0.0 | 0.00 |
| 3. 干扰调节 | 240.71 | 6.07 |
| 4. 水调节 | 9.6 | 0.64 |
| 5. 水供应 | 210.5 | 13.45 |
| 6. 侵蚀控制 | 84.4 | 5.66 |
| 7. 土壤形成 | 2.9 | 0.20 |
| 8. 养分循环 | 0.0 | 0.00 |
| 9. 废物处理 | 476.0 | 31.78 |
| 10. 传粉 | 73.1 | 4.88 |
| 11. 生物控制 | 67.3 | 4.49 |
| 12. 栖息地 | 16.1 | 1.08 |
| 13. 食物生产 | 209.6 | 13.99 |
| 14. 原材料生产 | 5.6 | 0.38 |
| 15. 基因资源 | 0.0 | 0.00 |
| 16. 娱乐 | 36.3 | 2.42 |
| 17. 文化 | 46.7 | 3.12 |
| 合计 | 1497.9 | 100.00 |

注：引用谢高地等（2001）[3]

（二）草地生态系统服务的总价值

根据 R. Costanza 等（1997）[4]估算的全球生态系统服务的年平均价值，世界草原/草地（Rangeland/Grassland，不包括湿地，荒漠）生态系统的自然资本与服务平均综合价值为 9 060 亿美元/a；如果按中国对草原/草地的概念，包括湿地中的沼泽/泛滥平原的草地价值则激增为 41 370 亿美元/a，这是由于 R. Costanza 等对沼泽/泛滥平原生态系统服务的估价非常高。

陈仲新、张新时（2000）按照 R. Costanza 等（1997）的估算方法得到的结果，我国草地生态系统的自然资本和服务的平均综合价值为 1，009. 16 亿美元（8 697. 68 亿元人民币），约为我国陆地生态系统服务总值的 15. 50%，如果加上沼泽/湿地，则为 4 114. 49 亿美元，占总价值的 63. 21%[5]。

谢高地等（2001）参照 R. Costanza 等（1997）的估算方法，在草地生物量订正的基础上估算的结果是，中国包括沼泽、荒漠在内的草地生态系统自然资本和服务平均综合价值为 1 497. 9 亿美元（12 387. 63 亿人民币，表 2）[3]，远较陈仲新等估算的数值为低，但可能更符合实际。

（三）各类型草地的生态系统服务的价值

不同的草地类型在其大气、土地和生物等自然条件及其相互关系等方面有着很大的差异，因而不同草地类型生态系统服务的内涵和价值也有很大的不同。谢高地等（2001）在对不同草地类型的生物量订正的基础上，按照 R. Costanza 等（1997）[4]的估算方法，得到中国各草地类型的生态系统服务的单位面积价值、总价值和价值的构成比率如表 2[3]。数据表明，中国各草地类型生态系统服务的单位面积价值有较大的差异，从最低的高寒荒漠的 24. 1 美元/$hm^2$ · a，到最高的沼泽的 27，282. 9 美元/$hm^2$ · a，相差 1132 倍。总体来讲，沼泽最高，热性灌草丛次之，低地草甸、山地草甸和暖性灌草丛又次之，再下来是温性草甸草原、温性典型草原、高寒草甸、温性荒漠草原，而温性荒漠和高寒各类型最低。沼泽的单位面积生态系统服务价值最高，这是由于沼泽是由沼生或湿生植物为主构成的生态系统，地表全年或季节性积水，草群生长繁茂、稠密，高度大多超过 100cm，盖度在 80% 以上，它在干扰调节、水调节、水供应、控制侵蚀、养分循环、废物处理、栖息地等方面都具有很强的服务功能。

闵庆文、刘寿东、杨霞等在（2004）仍以 R. Costanza（1997）的思路与方法，详细研究了内蒙古典型草原的生态系统服务的功能价值[6]，他们在报告中指出，内蒙古 1，795 万 $hm^2$的典型草原生态系统服务的总价值为 3 325. 9 亿元人民币（402.16 亿美元），其中气体调节价值 272.8 亿元（占总价值的 8.19%），水土保持价值 2 988.0 亿元（89.84%），涵养水源价值 18.2 亿元（0.55%），有机物质生产价值 27.52 亿元（0.83%），生物多样性保护价值 16.1 亿元（0.48%）生态旅游价值 3.8 亿元（0.11%）。在各项生态系统服务项目中水土保持的价值最大，约占 90%，可见草原对水土保持的重要性。作者还指出，由于研究方法和基础数据的限制，有些功能的价值未能进行计算，因此，总价值是偏低和保守的数字。

**表 2　中国不同草地类型生态系统服务价值及其构成**

| 草地类型 | 单位面积服务价值<br>美元/$hm^2$·a（排序） | 服务总价值<br>亿美元/a（排序） | 服务价值构成<br>%（排序） |
| --- | --- | --- | --- |
| 温性草甸草原 | 302.2（9） | 43.9（8） | 2.93（8） |
| 温性典型草原 | 183.4（10） | 75.4（6） | 5.03（6） |
| 温性荒漠草原 | 93.8（13） | 17.8（13） | 1.19（13） |
| 高寒草甸草原 | 63.3（15） | 4.3（16） | 0.29（16） |
| 高寒典型草原 | 58.6（16） | 24.4（11） | 1.63（11） |
| 高寒荒漠草原 | 40.2（17） | 3.8（17） | 0.26（17） |
| 温性草原化荒漠 | 95.9（12） | 10.2（14） | 0.68（14） |
| 温性荒漠 | 67.9（14） | 30.6（10） | 2.04（10） |
| 高寒荒漠 | 24.1（18） | 1.8（18） | 0.12（18） |
| 暖性草丛 | 338.9（8） | 22.6（12） | 1.51（12） |
| 暖性灌草丛 | 364.9（5） | 42.4（9） | 2.83（9） |
| 热性草丛 | 545.1（3） | 77.6（5） | 5.18（5） |
| 热性灌草丛 | 521.2（4） | 91.5（3） | 6.11（3） |
| 干热稀树灌草丛 | 560.8（2） | 4.8（15） | 0.32（15） |
| 低地草甸 | 356.8（6） | 90.0（4） | 6.01（4） |
| 山地草甸 | 339.9（7） | 56.8（7） | 3.79（7） |
| 高寒草甸 | 181.9（11） | 115.9（2） | 7.74（2） |
| 沼泽 | 27 282.9（1） | 784.1（1） | 52.34（1） |
| 合计 | — | 1 497.9 | 100.00 |

注：排序为本章作者所加，引用谢高地等（2001）[3]

## 二、草地提供了最大生态系统服务价值

陈仲新等（2000）估算的中国生态系统服务价值，陆地生态系统服务的总价值为6 508.92亿美元/a，森林生态系统服务的价值为1 790.75亿美元/a，包括沼泽湿地在内（不包括荒漠和冻原）的草地为4 114.49亿美元/a，农田为165.87亿美元/a；如以农田为1，三者的价值之比为10.8：24.8：1，草地生态系统服务的价值最大[5]。

陈钟新等提供的数据还表明，中国的新疆、内蒙古、西藏、青海、四川、甘肃6大草原牧业省区和半牧业省区的黑龙江的生态系统服务价值排序处于前9位，分别为第1、3、4、6、5、9和第2位，说明草地对我国的生态系统服务做出了巨大的贡献。黑龙江、四川、新疆、内蒙古4省区的生态系统服务的单位面积价值分别位于第1、8、9、10位，说明草原牧业省区的草地具有较高的服务强度。草原牧业省区具有较大的生态系统服务价值主要原因有三：一是这些省区地处边远，生态环境破坏较轻，因而具有相对较高的价值，如新疆、内蒙古等；二是湿地单位面积的生态系统服务价值最高，湿地面积较大的黑龙江和四川因而具有较大的价值；三是由于耕地开垦，损害了自然生态系统原有的功能，降低了服务的价值，而草原牧业省区的耕地面积相对较小，草地面积大，所以这些省区具有较大的生态系统服务的价值。

## 三、草地生态系统服务的生态价值远大于经济价值

从R. Costanza等（1997）估算的全球生态系统服务的数据分析来看，草原/草地的单位面积价值为232美元/$hm^2$·a（作者注：原文如此，但其表中各单项服务价值的总和为244美元），其中属于生态价值的各项服务为163美元/$hm^2$·a，占70.26%，属于经济服务项目的饲料食物生产和游憩娱乐价值为69美元/$hm^2$·a，占29.74%。[2]谢高地等（2001）估算的我国草地生态系统服务的总价值中，生态价值占80.09%，更高于全球草地的水平，经济价值19.91%，更低于全球水平。[3]闵庆文等还估算的内蒙古典型草原生态系统服务的总价值中，生态价值更占99.96%，经济价值仅占0.94%，部分原因是只计算了6个项目的价值。[6]

关于生态系统服务总价值中经济价值所占比率的情况，这里再举一个实例来证实这个比率。我国甘肃天祝县红疙瘩村，海拔3100—3800 m，由于气候寒冷，没有农业和林业生产，是一个纯牧业村。这里有高寒草甸类型的草地1.47万 $hm^2$，1971年当时草地基况良好，当年草地牧业经济生产力为22.5个畜产品单位/$hm^2 \cdot a$，折合22.5kg带骨牛羊肉，按现价约合55美元或450元人民币/$hm^2 \cdot a$（任继周，胡自治，牟新待，1979）[7]。如以R. Costanza等（1997）232美元/（$hm^2 \cdot a$）的平均价值作基础计，红疙瘩村高寒草甸草地的经济服务价值占总价值的23.71%，也远低于生态服务的价值，比前述R. Costanza等给出的平均比率29.74%低6.03个百分点。如以谢高地、鲁春霞、冷永法等（2003）[8]给出的高寒草甸1504元人民币/$hm^2 \cdot a$的平均服务价值作基础计，则经济价值占总价值的30.23%，比我国平均比率19.91%约高10.32个百分点。

## 四、草地生态系统服务价值评估的意义

（一）阐明了草地生态系统服务的具体项目及其不可代替性

评估研究从理论上阐明了草原/草地有很多的生态系统服务功能，而以前这些重要功能的意义不够清楚，没有具体的价值。此外，还通过对各项服务内容的阐述，表明草地生态系统服务功能是其他生态系统无法代替的，即使是人工草地，也无法代替自然草地的如传粉、基因资源、栖息地、游憩和娱乐、文化等服务功能。这样，提高了人们对草地生态系统服务及其自然资本的认识，并为提醒和警示人类必须对此问题给予足够的重视，加大对草地的保护和建设提供了科学依据。

（二）确定了草地生态资本的价值

生态系统服务估价较好地反映了生态系统及其自然资本的价值。评估从实践上确定了草地生态系统自然资本的具体价值，使以前仅知道概念却难以回答具体数据的这一问题得以解决和明确。草地生态系统服务概念和价值的明确，给立法部门制定法律条例、发展和计划部门制订政策和编制计划、领导部门决策、财务和会计系统预算决算、审计部门检查核算、监理部门严格执法等，提供了相关工作必需的依据和数据，对建立科学的发展观，提高草原宏观管理的科学化程度具有极为重要的意义。

（三）促进环境核算和实现绿色 GDP

随着人类对生态系统的强化利用，生态资本的逐渐耗竭，生态系统服务的价值将越来越高。为此，从保护草地自然资本和可持续发展的需要出发，任何一个与草地有关的建设项目的规划和设计，都必须经过对生态环境影响价值的评估和核算。如果项目对草地生态系统服务造成较大的不利影响，则应慎重批准和执行，以免受到难以弥补的损失。以前由于草地自然资本和生态系统服务的边界不太清楚，评价有很大的弹性，难以统一认识和得出结论。草地生态系统服务价值的研究可为项目规划设计中有关草地生态环境的评估提供可操作的统一标准，促进环境核算，将其纳入国民经济核算体系，促进建立循环经济和绿色 GDP 的观念。

## 五、草地生态系统服务价值评估中存在的问题

R. Costanza 等 13 位美国和阿根廷的科学家（1997）对全球生态系统服务价值进行了总的评估，这是全球生态系统综合性研究的重要成果，是对生态系统服务价值全面评估的有益尝试[4]。在此基础上陈仲新等（2000）对中国自然生态系统服务的价值进行了估算[5]；谢高地等（2001，2003）对中国和青藏高原的草地生态系统服务价值作了估算，并对 R. Costanza 等在草地/草原、沼泽/泛滥平原和荒漠的服务价值的缺项给出了价值，为全面评价草地的功能和价值提供了重要依据[3,8]。但正如 R. Costanza 等一再强调的那样，对生态系统服务的估算只是初步探索，存在一定的局限性和不足。主要的问题是：①冻原的整体服务项目空缺，而冻原占地球陆地面积的 4.8%，是极地和高山地带的重要生态系统，也是重要的草地类型之一，为驯鹿的放牧地；②荒漠是面积很大的对地球生态环境具有重要影响的生态系统，R. Costanza 等未给出荒漠的服务价值，谢高地等提供的也只是一个概略数据；③沼泽的服务估价存在较大分歧，有不少学者认为 R. Costanza 等对沼泽的单位面积服务价值估计过高，谢高地用生物量进行校正后估价也高[3]；④生态系统服务价值是根据当前人们愿意支付的价格做出的，带有主观性，未必符合公正和可持续性；⑤整体评估方法恰似用一个静态的快照来代表一个复杂的动态系统，忽略了各要素之间和各种服务之间复杂的相互依存关系。总之，由于种种条件的限制，有关信息和参数难以获得，因此，草地生态系统服务价值的评估尚需更多和更深入的研究。

## 参考文献

[1] 胡自治. 草原的生态系统服务：I. 生态系统服务概述 [J]. 草原与草坪，2004 (4)：3—6.

[2] 胡自治. 草原的生态系统服务：II. 草原生态系统服务的项目 [J]. 草原与草坪，2005 (1)：3—10.

[3] 谢高地，张钇锂，鲁春霞，等. 中国自然草地生态系统服务价值[J]. 自然资源学报，2001 (1)：47—53.

[4] COSTANZA R，D' ARGE R，DE GROOT R，et al. The value of the world's ecosystem services and natural capital [J]. Nature，1997，387：253—260.

[5] 陈仲新，张新时. 中国生态系统效益的价值 [J]. 科学通报，2000 (1)：17—22.

[6] 闵庆文，刘寿东，杨霞. 内蒙古典型草原生态系统服务功能价值评估研究 [J]. 草地学报，2004 (3)：165—169.

[7] 任继周，胡自治，牟新待. 关于草原生产能力及其评定的新指标——畜产品单位 [J]. 中国畜牧杂志，1979 (2)：21—27.

[8] 谢高地，鲁春霞，冷永法，等. 青藏高原生态资产的价值评估 [J]. 自然资源学报，2003 (2)：189—196.

# 草原的生态系统服务：Ⅳ、降低服务功能的主要因素和关爱草原的重要意义*

草原/草地生态系统服务的价值大小取决于草地的自然资本大小和生态系统功能。影响草原生态系统服务功能的最主要因素是：改变草地生态系统的用途、草地破碎化、火、草原退化，对它们影响草原生态系统服务功能的原因和机制进行了论述。草原分布广泛，约占地球陆地面积的40%，有40个国家的草地面积占国土面积的50%以上。世界上有17%，即9.38亿人生活在各类草地上并以草地为生，尽管已经证实草原对全世界和全国人民极其重要，但草原提供的生态系统服务——生态服务和产品服务仍没有得到应有的认识和足够的重视。生态系统服务的影响深远，健康的草原及其生态系统服务惠及全国和全世界人民；相反，破坏、损失草原自然资本殃及全国和全世界人民。因此，关爱草原，使草原走可持续发展的道路，是全人类共同的责任和义务。

草原/草地（Rangeland/Grassland）生态系统服务的价值大小取决于草原的自然资本大小和生态系统功能。自然资本大，意味着它能自然产生，或与制造业资本和人力资本相结合后能产生较大的服务价值和较大的人类福利；相反，零自然资本只能意味着零服务和零人类福利。因此，走可持续发展的道路，维持和保护草原的最大自然资本，是保持其生态系统服务价值的根本措施。本文在系列前文的基础上[1—3]，综述了降低草原生态系统服务功能和价值的主要因素，讨论了关爱草原、享受草原生态系统服务的意义。

* 作者胡自治。发表于《草原与草坪》，2005（3）：3—8.

## 一、降低草原生态系统服务功能和价值的主要因素

当前，草原生态系统服务的功能和价值不断降低，原因很多，但从范围的大小和影响深远的程度来说，主要有下述4种情况。

(一) 改变草原生态系统的用途

草原，由于它是人类最早的文明发源地和活动中心，因而是农田和城市的主要开发对象。当前，农业、城市化和道路建设进一步地改变着草地的范围、组成和结构，因此世界草原早已失去了它的大部分领域，更难以确定草原已失去的确切面积。据R. White等（2000）对世界5个潜在的植被可能全部是草原的地区进行了深入研究后估算指出：世界温带草原的25%被改变为农田；各大洲的草原被改变用途的情况各有不同，北美高草草原表现出最大的变化，农田占了这个地区面积的71%，城市占了19%；相反，在亚洲、非洲和大洋洲的草原地区，其面积至少60%是草原，不足29%是农田，2%以下是城市或建筑物(表1)[4]。

中国草地被改变用途的主要去向是耕地、林地、水域、城镇工矿用地，难以利用的沙地、盐碱地（国家环境保护总局等，2002)[5]。中国在20世纪的后50年，共有4次草原大开荒，1930万$hm^2$的草原被开垦，仅20世纪80年代以来就达700万$hm^2$（李维薇等，2001)[6]。目前，全国耕地的18.2%源于草原(新华，2004)[7]。被开垦的草原有50%因生产力逐年下降而被撂荒成为裸地或沙地[7]。1995—2000年，西部地区草地对耕地扩大的贡献率达到69.5%（国家环境保护总局等，2002)[5]。由于不断开垦，从20世纪初至今，我国北方草原向北退缩约200 km，向西退缩约100 km[7]。此外，草原牧区无序工矿业和道路的发展，也使大面积的草原生境遭到彻底的破坏和改变，例如，内蒙古锡林郭勒盟东乌珠穆沁旗的三四家工矿业的无序发展就占用和毁坏了2733 $hm^2$草原[8]。1995—2003年，中国西部迅速增加的难利用的沙漠化土地和盐碱地面积，草原的贡献率为83.1%[5]。

草原被改变为农田、城市和道路等之后，就改变了草原的生境，改变了草原生态系统的结构和运行方式，也就从根本上丧失了草原生态系统服务的功能。

表1 世界五大洲草原被改变用途的情况估算表（%）（R. White 等，2000）[4]

| 大陆及地区 | 保留的草地 | 转变为农田 | 转变为城镇 | 总转变率 |
|---|---|---|---|---|
| 北美：美国高草草原 | 9.47 | 1.21 | 8.7 | 89.9 |
| 南美：巴西、巴拉圭和玻利维亚的热带高草草原、林地和热带稀树草原 | 21.0 | 71.0 | 5.0 | 76.0 |
| 亚洲：蒙古、俄罗斯和中国的草原 | 71.7 | 19.9 | 1.5 | 21.4 |
| 非洲：坦桑尼亚、卢旺达、布隆迪、刚果、赞比亚、博茨瓦纳、津巴布韦和莫桑比克的稀树草原和林地 | 73.3 | 19.1 | 0.4 | 19.5 |
| 大洋洲：澳大利亚西南部的灌丛地和林地 | 56.7 | 37.2 | 1.8 | 39.0 |

（二）草原破碎化

大面积的草原被分割为小块后，就会对生态系统服务的质量和数量造成不利的影响。农业、城市化和道路建设是造成草原破碎化的主要原因，草原围栏和木本植物向草原蔓延也能造成严重的破碎化。据 T. Ricketts 等（1997）报告[9]，在西半球，草原生态地区破碎化最严重的地方是北美洲温带和亚热带的集约耕作区。在美国的大草原地区，大量的道路建设加剧了草原的破碎化程度。如果不考虑公路网，美国 90% 的草原、博茨瓦纳 98% 的草原是由每块面积为 10000 $km^2$ 甚至更大的地块构成，但是，由于道路的因素，这种大面积的草原地块没有继续保留下来，美国 70% 的草原是由小于 1000 $km^2$ 的地块组成的[10]。

据 2000 年遥感快查显示，我国 25 $hm^2$ 以上的成片草原仅剩 3.3 亿 $hm^2$，比 20 世纪 80 年代全国草原统一普查时减少 2623 万 $hm^2$，每年平均减少 150 万 $hm^2$。也就是说，由于农业、城镇化和道路建设等多种原因，我国的草原每年有 150 万 $hm^2$ 破碎为 $\leq 25$ $hm^2$ 的小片[7]。

草原破碎化影响生态系统服务的原因是：增加人为火灾的频率而使生境退化；破坏草原性质的一致性；降低草原保持生物多样性的能力。破碎化对草原生物多样性的不利影响主要是它能造成小而分散的种群，这样的种群容易遭受近亲繁殖和种群数量不稳定的有害影响，导致种群数量减少和退化，严重时会造成种群的消失或灭绝，钱易等（2000）的物种濒于灭绝涡流图（图 1）很好地解释了这一问题[11]。此外，草地破碎化，面积变小，也就不能很好地保证如水调节、基因资源、栖息地、游憩和娱乐、文化等服务项目的强度和质量。

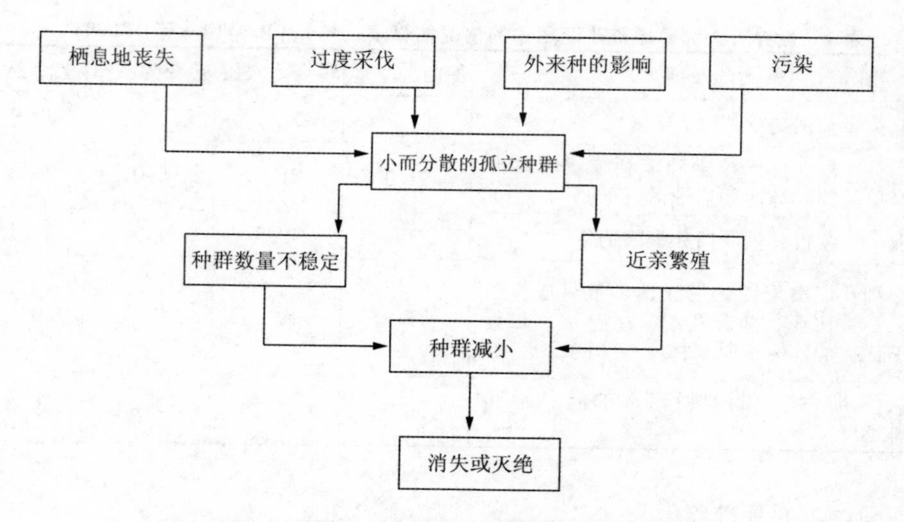


**图1　全球物种濒于灭绝涡流图（钱易 2000）[8]**

（三）火

火是大多数草原生态系统自然发生的现象。在人类干扰很少的情况下，草原由于闪电而引发的典型自然火灾频率很低，在热带稀树草原的湿润地区一般1—3年发生1次（P. G. H. Frost，1985）[12]，而在干旱地区1—20年发生1次（B. H. Walker，1985）[13]。但是，如今自然火灾次数与在人类干扰下引发的火灾次数相比微不足道（J. S. Livine，1999）[14]。

火是人类用来管理放牧草原的重要手段之一。火能阻止灌木对草原的侵占，去除干枯、粗硬的植物枝条，加速营养物质的循环。没有火，世界上许多草原的木本植物的密度会增加，最终会将草原转变为灌丛或森林。此外，草原的火还可帮助猎人追捕猎物，帮助牧民控制牧草的病害和虫害。人类在热带稀树草原上利用火的历史久远已有150—200万年，并继续将火作为低成本高效率的管理草原的方法（Andreae，1991）[15]，例如，许多非洲国家的牧民利用火来保持稀树草原的良好牧用状况，清除动物的尸体残骸。因此，目前世界上每年约有5亿$hm^2$的热带和亚热带稀树草原、林地和疏林地使用火管理（J. P. Goldammer，1995）[13]。

尽管火能帮助牧民管理草原并带来很多的好处，但是它也损害草地，尤其是在频率较自然火高出许多而成为火灾的时候。草原火灾是高能量、大面积、燃烧猛烈、蔓延迅速、破坏性很强的火，它不仅烧掉植物和土壤上层的有机质，烧死土壤动物和微生物，造成水土流失[14]，彻底毁坏草地，还可烧毁大量的国家和人民的财产，直接危及人畜安全[15]。此外还有一点十分重要，那就是草原火灾释放污染物，污染大气，影响动植物的正常生活。地球上每年被焚烧的生物体的大部分来自稀树草原，而2/3 的热带稀树草原分布在非洲，因此，联合国环境规划署在其年度报告中把非洲称作“地球的燃烧中心”（J. S. Livine，1999）[14]。热带稀树草原的火造成每年全球生物体燃烧引起 $CO_2$ 排放的40%（M. O. Andreae，1991）[15]。

中国在1950—1987 年共发生草原火灾50000 多次，年均约1800 次，造成经济损失300 亿元（中华人民共和国农业部畜牧兽医司等，1996）[18]，几乎相当于这个时期国家给草原的总投入。2002 年中国发生草原火灾448 次，其中，草原火警366 起，一般草原火灾76 起，重大、特大草原火灾3 起，受害面积6.2 万 $hm^2$[19]。

（四）草原退化

草原和草食动物已经相互依存了几百万年。大群迁徙的草食动物如北美草原的野牛、非洲稀树草原的角马和斑马、亚洲青藏高寒草原的藏羚羊，是草地生态系统功能不可缺少的部分（D. A. Frank，1998）[20]。

通过放牧，动物刺激了草本植物的再生，去除了光合效率低下的老组织，使阳光更多地到达幼嫩的组织，从而促进植物生长，增加土壤湿度，提高草地植物的水分利用率。

家畜放牧可以重复这些有利的影响，但是群牧的家畜管理方法，由于其影响集中，会对草地造成不良的后果。例如，由于有兽医卫生系统、兽害预防、供水和补饲等良好条件，牛、绵羊和山羊等畜群没有重复野生动物群的放牧方式，在一定草地上放牧的家畜数量大大高于原有野生动物的数量，并且对生态系统形成更强烈的影响。饮水系统和刺铁丝围栏的使用，导致了家畜的定居和更加集中地利用草地。数量多、密度大的家畜放牧及其繁殖方式，会破坏草地植被，改变成分和平衡，减少草原支持生物多样性的能力，踩实土壤，加速水土流失，最终造成草原退化。人口增长、贫困、对畜产品尤其是对肉类需求的增加、草原生态系统的信息不足是导致畜群大量增加、引起草原退化的直接原因。由于这些原因的普遍性，草原退化成为世界各国的草原最容易出现和最普遍的现象，不仅亚洲、非洲和拉丁美洲的众多发展中国家草原退化很普遍也很严重，而且发达国家也普遍是这样，只是程度上有所差别而已。

我国中央政府对保护草原十分重视，近年来在草原保护、建设和监理等方面取得了许多成绩。例如，截至2003年年底，全国已落实草原承包面积2亿$hm^2$，约占可利用面积的70%；禁牧休牧的草原面积已超过0.33亿$hm^2$。但是，草原退化面积仍在扩大，90%以上的天然草原不同程度地退化，每年还以200万$hm^2$的速度增加；草原超载过牧仍相当严重，北方草原平均超载36%以上（据2004年全国草原工作和草原监理工作会议报告）。我国西部地区12省区潜在或已沙漠化（风沙化）区域的草原面积为7325.5万$hm^2$，风沙化面积达6187.82万$hm^2$，占风沙区内草原面积的84.47%，其中内蒙古和新疆的这一数字高达94.61%，因此，沙漠化土地面积的增加主要是草原沙漠化的缘故。[5]同时，西部潜在或已发生水土流失的区域面积为9966.44万$hm^2$，占水土流失区面积的87.52%，其中达到中度流失程度的占87.52%，而这些地区基本上都分布在草原地区。

退化草原的深层次表现是生态系统的基本结构和固有的功能被毁坏或丧失，生物多样性减少，稳定性和抗逆性减弱，生产力下降，草原成为受损生态系统。草原退化是相对于草原健康而言，所以退化草原生态系统就是病态生态系统。受损的和病态的草原生态系统不可能提供完全的和有效的生态系统服务，并且随着受损和病态程度的增加，最后会完全丧失生态系统服务的能力。

## 二、关爱草原，享受草原生态系统服务

草原在世界上分布广泛，约占地球陆地面积的40%，地球上的每一个大陆都分布有草原生态系统。世界上有40个国家的草地面积占国土面积的50%以上。非洲有20个国家的草地占国土面积的70%以上。北美洲、中美、东亚、南美洲、撒哈拉以南的非洲、大洋洲的草地面积都占农业用地的50%以上，其中大洋洲就占90%。世界上有17%，即9.38亿人生活在各类草地上，他们以草地为生（联合国开发计划署，2002）[10]（表2）。

**表2　世界草地生态系统人口估计表[10]**

| 地区 | 人口（亿） | 地区 | 人口（亿） |
|---|---|---|---|
| 撒哈拉以南非洲地区 | 3.62 | 北美洲 | 0.09 |
| 亚洲（不包括中东） | 2.81 | 南美洲 | 0.86 |
| 欧洲和俄罗斯 | 0.26 | 中东和北非 | 1.35 |
| 大洋洲 | 0.01 | 中美洲及加勒比 | 0.38 |

中国是草原资源大国，75%分布在少数民族自治地区（中华人民共和国统计局，2002）[21]。约有1880万少数民族的人口生活在草原牧区或半牧区，蒙古、藏、哈萨克、柯尔克孜、裕固、塔吉克、鄂温克等民族世代以来以草原畜牧业为生。

生态系统是地球活力的根本，如果地球失去生态系统，它将像美国航天航空局从火星上传回的景象一样荒凉，毫无生气。草原生态系统是全人类重要的财富和生命之源，没有什么可以代替草原的服务给人类带来的幸福。人类对草原生态系统的依赖日益增强，而不是减少。过度的和不合理的利用，造成草原面积不断减少和退化，沙化和盐渍化所导致水土流失、土地沙漠化、沙尘暴、洪水泛滥、江河断流、生物多样性减少等生态灾难，给人类带来的危害和痛苦，又从反面证明了这一事实。但是，尽管已经证实草原对全世界和全国人民提供的生态系统服务——生态服务和产品服务是如此的众多和如此的重要，但草原仍没有得到人类足够的重视和应有的关爱。

生态系统服务的影响深远，远远超过系统本身的边界。健康的草原生态系统服务惠及全国和全世界人民；相反，破坏、损失草原自然资本殃及全国和全世界人民。了解草原生态系统的重要性、脆弱性和恢复能力，就能找到人和草原生态系统和谐相处并享受其服务的途径。因此，关爱草原，走可持续发展的道路，是全人类的共同愿望和责任。我国制定加强草原生态环境保护和建设的一系列方针政策并大力贯彻实施，是为中华民族的安全、幸福和繁荣做出的正确的和重要的决策。

## 参考文献

[1] 胡自治．草原的生态系统服务：I. 生态系统服务概述［J］．草原与草坪，2004（4）：3—6.

[2] 胡自治．草原的生态系统服务：II. 草原生态系统服务的项目［J］．草原与草坪，2005（1）：3—10.

[3] 胡自治．草原的生态系统服务：Ⅲ．价值和意义［J］．草原与草坪，2005（2）：3—7.

[4] WHITE R，MURRAY S，ROHWEDER M. Pilot Analysis of Global Ecosystem：Grassland Ecosystems Technical Report［R］. Washington，DC：World Re-

source Institute, 2000.

[5] 国家环境保护总局，国家测绘局．中国西部地区生态环境现状遥感调查图集［M］．北京：科学出版社，2002：217.

[6] 李维薇，侯向阳．我国西部草原保护、建设与管理的重点及对策［C］//中国农学会，中国草原学会．21世纪草业科学展望——国际草业（草地）学术大会论文集．北京：中国农学通报期刊社，2001：255—259.

[7] 新华．我国草原面积不断缩水［N］．中国畜牧报，2004-09-05.

[8] 高峰．将"草原杀手"推上被告席［N］．中国环境报，2003-01-25.

[9] RICKETTS T, DINERSTEIN E, OLSON D, et al. A Conservation Assessment of the Terrestrial Ecosystems of the North America ［R］. Vol 1: The Unites America and Canada. Washington, DC: World Wildlife Fund, 1997.

[10] 联合国开发计划署，联合国环境规划署，世界银行，等．联合国开发计划署，联合国环境规划署，世界银行，等．世界资源报告：2000—2001［M］．国家环保总局国际司，译．北京：中国环境科学出版社，2002：119—121，122，124，128—129.

[11] 钱易，唐孝炎．环境保护与可持续发展［M］．北京：高等教育出版社，2000：124.

[12] Frost P G H. The responses of savanna organisms to fire ［M］ //Tothill J C, Mott J J. Ecology and management of world's savanna. 2nd ed. Canberra: Australian Academy of Science, 1985: 232—237.

[13] Walker B H. Structure and function of savanna: A review ［M］ //Tothill J C, Mott J J. Ecology and management of world's savanna. 2nd ed. Canberra: Australian Academy of Science, 1985: 85—92.

[14] LIVINE J S, BOBBE T, RAY N, et al. Wildland Fires and the Environment: A Globe Synthesis ［R］. UNEP/DE—IAEW/TR 99—1 Nairobi UNEP, 1999.

[15] ANDREAE M O. Biomass Burning Its History, Use and Distribution and Its Impact on Environmental Quality and Global Climate. J. S. Livineed ［M］. Cambridge, Massachusetts and London: MIT Press, 1991: 3—21.

[16] GOLDAMMER J P. Biomass burning and the atmosphere ［C］. Forests and global climate change: Forest and the global carbon cycle, 1995.

[17] EHRLICH D, LAMBIN E F, MALINGREAU J. Biomass burning and

broad scale land cover changes in Western Africa［J］. Remote sense environment, 1997, 61: 201—209.

［18］中华人民共和国农业部畜牧兽医司，全国畜牧兽医总站．中国草地资源［M］．北京：中国科学技术出版社，1996：75，536.

［19］国家环境保护总局．中国环境状况公报（2002）［N］．中国环境报，2003－07－06.

［20］FRANK D A，MCNAUGHTON S J，TRACY B F. The Ecology of the Earth's Grazing Ecosystem［J］. Bio Science，1998（7）：513—521.

［21］中华人民共和国统计局．中国统计年鉴：2002［M］．北京：中国统计出版社，2002：9.

# 草原资源

## 我国西北荒漠区天然草原的资源和经营*

在调查和收集资料的基础上，对我国新疆、甘肃、青海、内蒙古四省区荒漠地区的天然草原资源、类型及牧草生产能力做了概括的叙述；对培育利用，保护和建设的经验做了简要的总结。

### 一、西北荒漠区的天然草原资源

西北荒漠区（包括新疆全部、甘肃河西地区、青海柴达木盆地和内蒙古西三旗）是我国三大草原畜牧业基地之一，天然草原总面积约0.87亿$hm^2$（新疆0.51亿$hm^2$、甘肃0.05亿$hm^2$、青海0.14亿$hm^2$，内蒙古0.18亿$hm^2$），约占我国天然草原总面积2.87亿$hm^2$的30.7%，相当于我国耕地面积的3/4。

在我国广大荒漠区的天然草原上，生长有大量品质优良的牧草。世界上栽培的大部分温带优良牧草，这里都有其野生种。在我国各地广泛栽培的牧草之王——紫花苜蓿，据记载就是两千多年前汉初张骞出使西域时，从现在的新疆地区带回内地的。

在我国广大荒漠区的天然草原上饲养着约3200万头各类家畜（不包括猪），其中牧区家畜约占80%。荒漠区的牧区家畜数约占我国牧区家畜数的35%。西北荒漠区的家畜区系以哈萨克系为主，约占总数的60%，其余为蒙古系、柯尔克孜系和一些混血种，西藏系的数量较少。本区的草原畜牧业生产是以绵羊为

---

* 作者胡自治。发表于《甘肃农大学报》，1982（1）：1—10.

主体，以骆驼为特征的荒漠型畜牧业，但马、牛也占一定比例；与全国相比，本区的骆驼几乎占全国总数的95%，绵羊约占35%，马约占30%。长期以来，由于各族牧民的辛勤劳动，在本区的一些著名草原上培育出了许多著名的家畜品种，如哈萨克马、伊犁马、焉耆马、巴里坤马；哈萨克牛、伊犁牛；哈萨克羊、阿尔泰大肥羊、库车羔皮羊、和田羊；阿拉善白绒山羊；阿拉善赤色骆驼和伊犁放牧白猪等。需要特别提出的是我国第一个细毛羊品种——新疆毛肉兼用细毛羊就是在伊犁巩乃斯草原上育成的；我国最大的细毛羊生产基地就在伊犁—博尔塔拉地区。

西北荒漠区的广大天然草原由于受自然条件的影响，表现了十分不同的生产特点。从阿拉善通过河西走廊，又延伸到新疆境内的广大的平原荒漠地区，由于十分干旱，植被稀疏，牧草生产能力很低。但是这里热量充足，生产潜力极大，在解决了水的问题之后，就会成为我国草地生产能力最高的地方。柴达木盆地也极为干旱，并且由于海拔较高，热量不及上述地区，但显著大于青藏高原草原区，而与我国北方干旱草原区相仿；因此，这里在进行了一定的草原基本建设之后，也会成为一个很有前途的牧区。天山山地的中、高山地带，夏秋雨量充足，温度适宜，草高且密，质量又好，是我国当前单位面积产草量最高的天然草地，是最优良的夏季放牧地。天山山地的低山逆温带，冬季温暖，牧草甚好，是我国著名的优良冬季放牧地。昆仑山和阿尔金山地，荒漠化程度剧烈，是我国条件最严酷的放牧地区之一。

## 二、西北荒漠区主要的天然草原类型及牧草生产力

我国西北荒漠区由于昆仑山、天山、阿尔泰山、阿尔金沙和祁连山等巨大山系的隆起，山地自然条件垂直分异明显，因此出现了很多天然草原类型，牧草生产也具有极大的差别，下面按类对此做一概述。

（一）寒温极干（高山漠土，高山荒漠）类

只分布在昆仑山和阿尔金山—祁连山西段3600—5400 m的高山地带。青饲料产量约600 kg/hm$^2$。

（二）冷温极干（山地灰粽漠土，山地荒漠）类

分布于除阿尔泰山和准噶儿界山以外的其余各大山系的低山或中山带，是平原荒漠向山地荒漠的延续，绝对高度在各山体差别很大。青饲料产量200—

600 kg/hm$^2$（河西地区）

（三）微温极干（灰粽漠土、荒漠）类

主要分布于准噶尔盆地，河西走廊中部，柴达木中、西部。由于土地条件的差异，牧草产量差别极大，准噶尔沙地 800—2500 kg/hm$^2$，准噶尔界山山前地带 300—700 kg/hm$^2$，河西走廊 200—300 kg/hm$^2$。

（四）暖温极干（棕漠土，荒漠）类

广泛分布在塔里木盆地外缘、哈密盆地、河西走廊西南部、阿拉善—额济纳高平原的西南部。牧草生产由于热量增加，雨量减少，其产量较第三类为低，阿拉善地区平均为 300—400 kg/hm$^2$。额济纳地区平均为 100—500 kg/hm$^2$。

（五）暖热极干（棕漠土，荒漠）类

主要分布在塔里木盆地的中央部分和吐鲁番—托克逊地区。这里是我国最干最热的地方，牧草产量甚微。

（六）寒温干旱（荒漠莎嘎土，高山半荒漠）类

广泛分布在昆仑山，阿尔金山和祁连山西段的高山带，是这里主要的天然草原类型之一。青饲料产量在祁连山为 250—500 kg/hm$^2$。

（七）冷温干旱（山地淡棕钙土，山地半荒漠）类

分布于昆仑山—帕米尔内部的 3000—3600 m，阿尔金山—祁连山西段和马宗山的 2000—3000 m 的中山地带。青饲料产量阿尔金山—祁连山西段为 500—1200 kg/hm$^2$。

（八）微温干旱（灰钙土、棕钙土，半荒漠）类

广泛分布于阿尔泰山，准噶尔界山和天山的 400—1200 m 的山前和低山，柴达木盆地的中东部，河西走廊的 1500—2000 m 的地带。青饲料产量准噶尔界山 800—1000 kg/hm$^2$，天山的奇台段 1000—2000 kg/hm$^2$。

（九）冷温微干（山地淡栗钙土，山地草原）类

广泛分布于阿尔泰山的低山以及其他各大山系的中山带。青饲料产量祁连山 500—1000 kg/hm$^2$，昆仑山 900—1050 kg/hm$^2$。

（十）微温微干（栗钙土，典型草原）类

主要分布于伊犁谷地和西天山 900—1400 m 的地带，祁连山段 1600－2000m 的狭长地带，以及柴达木盆地的东部。青饲料产量天山的巩乃斯段 2000—4000 kg/hm$^2$、紫泥泉段 3000—4000 kg/hm$^2$，祁连山 1000—1500 kg/hm$^2$。

（十一）寒温微湿（莎嘎土，高山草原，高山草甸草原）类

分布在各大山系的高山地带。青饲料产量北天山 750—1050 kg/hm$^2$，南北山（尤尔都斯）1500 kg/hm$^2$，昆仑山 900—1200 kg/hm$^2$，祁连山 500—2000 kg/hm$^2$。

（十二）微温微湿（暗栗钙土、黑土，森林草原、草甸）类

广泛分布在天山的中山带、准噶尔界山和阿尔泰山的低山带，其他山地只有零星的分布。青饲料产量显著较前述各类型为多，天山的巩乃斯段可达 7350 kg/hm$^2$、奇台段 3000—15000 kg/hm$^2$、和硕段 1350—1650 kg/hm$^2$，准噶尔界山 2000—3200 kg/hm$^2$。

（十三）冷温潮湿（暗棕壤、淋溶灰褐土，针叶林）类

主要分布于天山、准噶尔界山、阿尔泰山和祁连山段的中山地带，昆仑山也有少量分布。林间隙地和林缘饲用植物丰富繁茂，青饲料产量在天山的新源段 12000—13500 kg/hm$^2$、乌鲁木齐 9000—10000 kg/hm$^2$、奇台段 65—8500 kg/hm$^2$、和硕段 1350—2100 kg/hm$^2$。

（十四）寒温潮湿（草毡土，高山草甸）类

主要分布在天山、阿尔泰山和祁连山东段的高山带，昆仑山只有少量的分布。青饲料的产量在天山的新源段 4000—10000 kg/hm$^2$、巩乃斯段 4500—9000 kg/hm$^2$、乌鲁木齐段 2000—6000 kg/hm$^2$、奇台段 3000—6000 kg/hm$^2$、和硕段 2250 kg/hm$^2$，昆仑山 1200—1600 kg/hm$^2$，祁连山东段 2400—3000 kg/hm$^2$、西段 1050—1500 kg/hm$^2$。

## 三、荒漠植物的饲用评价

我国西北荒漠区饲用植物丰富，其中占有重要地位的荒漠植物在各方面均有显著的特点，下面仅就其饲用价值和特点做一简要评价。

荒漠饲用植物区系组成比较贫乏，藜科的种属占有最主要的地位，其次为菊科（主要是蒿属），禾本科、莎草科、藜科、柽柳科、蒺藜科、百合科、十字花科等居于更次要的地位，特别缺乏豆科的种属。

荒漠饲用植物的生活型以灌木和半灌木为主，一年生和多年生草本较少。

由于对环境适应的特性，荒漠饲用植物粗硬，多具刺，具毛，具乳汁，具苦味、辛辣味、咸味，或具特殊香气。青绿状态的适口性较枯黄期为差。无论青草或干草状态都不能为家畜所完全吃尽，因此有 20%—25% 的残体遗留。

在荒漠区，由于藜科和菊科植物重要的饲用意义，它们分别构成了独立的

饲用植物经济类群，而与禾本科、豆科、莎草科和杂类草并列。

我国藜科植物共计186种，其中分布在荒漠区的就达160余种，约占总种数的85%以上。如从饲用意义来说，藜科饲用植物在荒漠区的家畜放牧饲料平衡中约占20%—25%。

荒漠区藜科植物种最具饲用意义的种属是猪毛菜（*Salola lanata*），散枝猪毛菜（*S. brachiata*），角果碱蓬（*Suaeda corniculata*），盐生假木贼（*Anabasis salsa*），盐爪爪属（*Kalidium*）的种，柔毛盐蓬（*Halimocnemis villosa*），短苞盐蓬（*H. karelinll*），长叶盐蓬（*H. longifolia*）等。

干性藜科牧草在开花期含水50%—60%，灰分含量少于15%。它们约占20%的种。属于这一类的有刺沙蓬（*Salsola ruthenica*），长刺猪毛菜（*S. pellucida*），薄翅猪毛菜（*S. pelluciba*），木地肤（*Kochia prostrata*），驼绒藜属（*Ceratoibes*）的种，角果藜（*Ceratocarpus arenarius*），樟味藜（*Camphorosma monspheliaca*）等。

半肉质的藜科牧草约占50%的种，其特点介于下述两类之间。属于这一类的有滨藜属（*Atriplex*）的种，木本猪毛菜（*Salsoa arbuscula*），叉毛蓬（*Petrosimonia sibirica*），白梭梭（*haloxylon persicum*），无叶假木贼（*Anbasis aphylla*）等。

藜科牧草的适口性与水分和灰分的含量有关。水分和灰分含量大的肉质类青草牲畜多不喜食，枯黄后适口性变好。大多数一年生肉质藜科牧草的干草仅相当于麦类秆的营养价值，干性的和半肉质的适口性好得多，它们的营养价值相当于苜蓿。

藜科牧草对各种家畜的适口性也是不同的，骆驼最爱吃，绵羊和山羊次之，马又次之，牛不喜吃或很少吃。藜科植物在饲用价值上的另一有益特点是毒草极少，在我国西北荒漠区中的藜科植物中无叶假木贼（*Anbasis aphylla*）疑有毒。

荒漠饲用植物中的菊科的蒿属（*Artemisia*）在这里早春和秋冬的基本放牧饲料，它们在放牧家畜的饲用家畜平衡中占35%—40%。它们都具苦味或辛味，并具有特殊的蒿类香味。

蒿属牧草营养价值甚好，相当于苜蓿，超过一般的禾本科草。在它们的化学组成中，灰分占7.2%，粗蛋白11.3%，粗脂肪5.8%，粗纤维31.6%，无氮浸出物44.1%，这和禾本科的平均成分相近，但粗脂肪高出一倍。

对于蒿属牧草来说，适口性的好坏在相当大的程度上取决于糖的含量。秋季，有苦味的挥发油含量减少，糖分增加（平均含糖6.5%），适口性好，这时绵羊、山羊最喜食，骆驼和马也喜食，是抓膘的好饲料。

荒漠区蒿属植物中牲畜不吃的较多，约占10%的种，但同藜科植物一样，毒草几乎没有。

## 四、西北荒漠天然草原利用的特点与正确组织

与我国北方内蒙古和青藏高原牧区相比，荒漠区各类型放牧地的季节性利用和季带（季节放牧地）的组成是十分明显和严格的。这主要表现为准噶尔、塔里木和柴达木三大盆地和河西走廊平原的荒漠类放牧地与其周围山系的各类型山地放牧地共同组成了放牧家畜的完整季带。在这里，家畜为了从冬季放牧地转移到夏季放牧地，往往需要长途跋涉数十到数百 km。这种特殊的情况是与本区平原和山地放牧地可以结合，山地自然条件垂直分异明显，各类型放牧地所处地形，所具气候、水源以及牧草达到可利用状态的时期和适口性的季节变化不同有关，也与历史传统有关。它是各族牧民合理利用天然草原珍贵经验的结晶。

就全荒漠区而言，将全年放牧地划分为冬、春秋和夏三季放牧地的形式最为普遍，各大山系与其相邻的平原地区就是这样划分的。在这些地方，夏季放牧地主要配置在中山带以上，春秋放牧地多在山前平原和低山，冬季放牧地主要在沙地、山前平原或低山。在这些地区的局部也有按春、夏、秋、冬划分为四季放牧地的。在昆仑山和南天山的部分地区只划分为冷季和暖季两季放牧地；冷季放牧地主要配置在低山和平原，暖季主要配置在中山带以上的山地。阿拉善、额济纳、塔里木盆地边缘及河谷地区，主要由于缺乏与之结合的山地及水源条件的限制，多围绕湖盆或河流作近距离的季带转移。

荒漠区的天然草原具有上述季带转移的特点，在进一步组织合理的利用时，下列问题应给予十分的重视。

第一，要固定具体生产单位的草原使用权，为草原的合理利用创造前提条件。

第二，在调查规划的基础上，根据天然放牧地的气候、地形、牧草生产和家畜的特点，划分与组织好放牧季带，要使全年的季带完整，各季带的牧草生长量与在此季带放牧牲畜的需要量大致平衡（冷季可以干草、青贮料等补足）。

进行必要的牧道、水利建设、开发边远和缺水草原，扩大冷季放牧的有效利用面积，以使从平原到山地、从前山到后山的草原资源能在适宜的季节得到充分和合理的利用，又能获得一定的休闲时间，得到再生和积累营养物质的机会。这样，同时也可使放牧的家畜在不同的季节得到适宜的气候条件和牧草，有利于健康和生产。

第三，逐步实行放牧地的划区轮牧和轮换。在组织好放牧季带的基础上，实行轮牧和轮换是合理利用的两项基本内容。

划区轮牧形式多样，有简有繁。除了荒漠类的放牧地外，其他类型的放牧地都宜于实行小区轮牧的形式。新疆乌恰、巩乃斯、紫泥泉、乌鲁木齐南山、奇台、115团和甘肃的肃南、鱼儿红等地都先后试行了小区轮牧，并取得了显著效果。牧草采食率提高13.5%—29%，节约草地面积29.3%—79.4%，提高牲畜增重率3.1%—10%。小区轮牧应进一步总结经验和扩广。在当前缺乏成熟经验的情况下，不妨实行较为简易的小区轮牧形式。

荒漠类的放牧地由于干旱、饲用物质产量低微，一个畜群的放牧地面积往往大于1000 $hm^2$，要把这样大的的面积划分为许多有明显标志的小区实际上是有困难的。另外，在早春以后采食的饲用植物大多由于再生缓慢，实际上得不到再生草，因此可以采用较为粗放、弹性较大的地段轮牧。春季放牧地的每个地段，由于较为潮湿，牧草生长较速，还需避免寄生虫的侵袭，故以能放牧6 d的面积为宜（约为30—35 $hm^2$）。地段轮牧小区轮牧粗放，但合理利用的基本原则与小区轮牧相同，即地段的划分和组织是有计划的，放牧需要一定的和严格的次序。

放牧地轮牧可避免在划区轮牧中年年在同一时间，以同样方式利用同一放牧地而造成的不良后果。因此，放牧地轮牧和划区轮牧是合理利用放牧地的两个有机组成部分，应给予同样的重视。当前在一些实施划区轮牧还有困难的地方，可以先实行放牧地轮换，同样可以提高放牧地的生产能力。

第四，加强放牧管理和畜牧措施。这里需要着重提出下列几个问题。

首先，要在调查规划的基础上。确定各具体放牧地段的载畜定额，在牧草不足的情况下应以其他制贮饲料补充，以免放牧过重造成草原、家畜两败俱伤，两退化。

其次，对不同种类的畜群要配置相应类型的草地，以便在相互适应的基础上，最充分地发挥草地和家畜两方面的生产潜力。

最后，对于肉用家畜，从经济利用牧草，缓和冷季饲料不足，减少家畜在冬春的体能消耗。从提高畜产品生产率和商品率的考虑出发，家畜适时淘汰，合理加速畜群周转，缩短生产周期是一个必要的和有效的措施，也就是说应实行季节畜牧业。这里尤其值得考虑的是荒漠区夏季放牧地充裕，牧草丰盛，哈萨克羊、阿尔泰大尾羊、巴什巴伊羊、蒲犁羊、柯尔克孜羊等肉脂用品种具有生长、肥育迅速的特点，有利于生产一部分冬羔和早春羔，当年肥育，当年屠宰，使夏秋多余的牧草变为有用的畜产品。新疆富蕴县对此已有成功的经验，可以进一步试验、提高推广。

下面简述一下荒漠区的割草地情况。荒漠区天然割草地的分布比较广泛。由于热量比较充分，凡地形比较平坦，全年或生长季的某个时期水分条件比较好的地方，都有生长高大的草本或半灌木的混合草层可供割草利用。例如各沙区地下水位较高的丘间低地和湖盆洼地，天山、祁连山洪积扇缘水溢出地带，南疆和河西各河流的下游及滨湖地带都分布有芦苇，芦苇—拂子茅，芦苇—杂类草、芨芨草、苦豆子—甘草—禾草等天然割草地，干草产量可达 1500—2000 kg/hm$^2$。北疆各大河流的河漫滩更是十分优良的割草地，干草产量可达 4000—6000 kg/hm$^2$。在山地的草甸草原和草甸植被，地形比较平坦时也可用来割草，干草产量 1000—2000 kg/hm$^2$，此外伊犁、塔城谷地的短命植物——蒿属植被，在春季短命植被发育盛期也是很好的割草地，质量甚佳，干草产量在巩乃斯地区可达 1500—2500 kg/hm$^2$。

## 五、西北荒漠区天然草原的保护与建设

### （一）天然草原的保护

天然草原是土地—生物资源，因而是活的生产资料。它是在自然条件的变化和生产活动（放牧、割草、培育等）的影响下，无时无刻不在向有利于或不利于生产的方向发展。荒漠区的天然草原，特别是荒漠类的草地，由于自然条件严酷，在受到干旱、火烧、病、虫、啮齿动物等的破坏，尤其是不合理的放牧和割草、不合理的开垦及过量的采薪等影响时，向不利于生产的方向发展得非常快，往往迅速导致植被稀疏，优良牧草减少，产量降低，甚至造成流沙、盐碱、光裸和水土流失等不能进行畜牧和其他生产的不毛之地。为此，荒漠区天然草原的保护是一件有关紧跟社会发展步伐，有关子孙后代的大事，必须给

予极大的重视和认真的对待，并需要从各方面采取有效的措施。

第一，认真贯彻执行在牧区要保护草原的规定，制定草原管理条例，落实保护草原的措施。

第二，放牧和割草是影响草地植被和土壤的最主要的因素，正确的利用可以不起破坏作用，但不正确的利用会以其巨大的作用力，迅速破坏土壤和植被。因此，合理利用应当作为头等重要的、效果显著的保护措施来对待。

第三，禁止滥垦，避免植被破坏后造成旱化、沙化、农不能农，牧不得牧的严重后果。我们要把国外盲目滥垦草原所造成的巨大灾难引以为戒，坚决执行牧区以牧为主的方针，把我们的天然草原资源保护好，利用好。

第四，防治虫害。荒漠区的主要害虫是蝗虫，对各类型的天然草原危害均很严重。全区危害牧草的蝗虫有150多种。博斯腾湖、巴里坤湖、艾比湖和玛纳斯河、额敏河等沿岸是蝗虫发生的主要基地，必须采取有效措施，迅速消灭。其他牧草害虫，如伊犁、塔城、阿拉善、额济纳等地区危害蒿属植物的毛虫也需研究、灭杀。加强检疫，防止带入外区害虫。

第五，防治鼠害。荒漠区危害天然草原的主要啮齿动物约有20多种，在各类型的草原上均有分布，它们消耗、破坏牧草，打洞、抛土、破坏地面平整，使草地不能放牧。准噶尔、河西走廊、阿拉善、额济纳等地的大沙鼠，危害梭梭十分严重，均需采取有效措施大面积反复灭杀。

第六，防治牧草病害。当前主要需防治大面积栽培牧草的病害；严格进行检疫，防止由于引种和其他原因带入新病原。

（二）荒漠区基本草地的建设和利用

基本草地是有围栏或用其他措施保护的高产稳产的天然草原或人工草地。它应当作为草原建设的重点来抓。根据荒漠区的自然和生产特点，下列建设基本草地的经验值得进一步总结、提高。

1. 草原围栏是草原建设的基本项目之一

它的主要作用在于保护草原（特别是优良的草原）、落实草原培育利用规划和节约放牧人力的消耗。如果没有它，则很难进行有效的培育和有计划的利用，也很难提高牧工的劳动生产率。今后的建设要在前些年的基础上提高质量，确保其功能的发挥。

草原围栏的材料和形式，除了提高水泥桩刺铁丝网的质量外，还要注意研究发展钢柱细钢筋强力网和生物活围栏（绿篱）。绿篱的好处是不破坏草地，可以无限期使用，并且能改善小气候、增产饲料和其他产品。新疆新源县团结公社在基本草地上按规划营造杨、柳、榆等树种的林带，林带两侧栽植稠密的沙棘（黑刺，*Hippophae rhamnoides*）灌木林，形成了很密的绿篱，人畜都难以穿过。新疆还有些地方用枸杞（*Lycium chinense*）代替沙棘也取得成效。枸杞耐旱，枝叶家畜不食，容易保护成活，且可生产药材，在可以种植的地方值得提倡。甘肃民勤等沙地造的梭梭绿篱在2—3 a 达到林间郁蔽。间距 30 m、宽 4 m 的梭梭林带，当其树冠高达 8 m 时，就能显著地改善生境条件，带间牧草成倍增加，这样既可作围栏用，可生产一定的饲料，还可以在夏季遮荫，冬季避风。

2. 基本草地的建设

在一个具体生产单位，可根据需要和条件，因地制宜选择下列一两种或三四种，但对一个较大的地区来说，应有侧重地全面进行，不可偏废。

人工草地——具有改良彻底，收效快、产量高的特点。奇台在由于潜水而下降、原有的芦苇、芨芨草衰退而不能很好利用的洪积扇缘地带，围垦枯草地，大面积种植苜蓿，打井灌溉，刈割两次，青草产量 30000—45000 kg/hm$^2$。肃南、阿拉善右旗、乌鲁木齐南山、巴音布鲁克和南疆的许多地方，开垦地产草地，播种苜蓿、无芒雀麦、垂穗披碱草、老芒麦等牧草，均得出了人工草地产量高、质量好、牧草返青早、枯黄晚、利用时期长的成功经验。

半人工草地——不破坏天然植被，在给予少量补播和其他农业技术措施后，产量质量显著提高，因而可割草，可放牧，具有耐牧的优点。新疆温泉县前哨牧场在山前洪积冲积地围建的半人工草地，蒿属—针茅天然草原在经过两年的灌溉培育之后，红三叶和黄花苜蓿大量出现，豆科草的比上升到 30%，草高 90 cm 以上，盖度 90% 以上，产量提高一至数倍。

天然草地——完全利用天然植被，主要给予保护或一定时期的休闲，以恢复牧草生机，提高产量和质量。阿拉善左旗广大牧民对沙漠地区水分条件较好的丘间低地和湖盆洼地的天然草地封育了约 10 hm$^2$，复壮作用十分明显，一些多年不能开花结实的优良牧草得以完成发育周期，盖度、高度增加，产量提高 1—5 倍。

饲料轮作地——根据需要和条件，适量垦建条田，播种饲料作物和牧草，进行饲料轮作，生产干草、青贮、多汁饲料和精饲料。

3. 草地的生态改良

根据荒漠区的自然环境特点和其他生产条件，在目前来说，草地的生态改良应该是一个主要方面，其中应该以灌溉为中心。实践证明，灌溉的天然草地比新改种的草地，植物学成分稳定、持久，草层结构好，牧草的抗逆性强，产量也高，并有十分宝贵的耐牧特性。有关这方面的实际例证除前已述及的新疆温泉外，新疆尼勒克县喀什河谷的天然禾本科—苔草草地经灌溉后，转变为禾本科—豆科—杂草草地，植被组成比较均匀，没有占显著优势的种，出现紫花苜蓿、红三叶、红豆草等优良豆科牧草，消除了夏季休眠现象，高度增加，花期延后，产量增加了5—8倍，草地的利用由单纯的放牧改变为割草—放牧；灌溉对草地土壤也有良好作用，表现为有机质增加，结构变好，从原来的淡栗钙土发展为暗栗钙土。奇台草原站在初冬淤灌盐碱地，经2—3 a的冬灌后，土表盐碱大量淋溶下沉，优良牧草显著增加，产量大大提高，效果十分显著，被称为“鼓冰压碱”。

4. 基本草地的合理利用

要注意规划和实行基本草地的合理利用。基本草地是经过建设和培育的具有较高生产潜力的草地。基本草地的生产潜力要通过合理利用来发挥，经济效益也要通过合理利用来发挥，经济效益要通过合理利用来检验尤其要通过合理利用来巩固。既然基本草地的建设为合理利用打好了物质基础，那么，有计划地正确放牧和割草不仅是可能的，而且是绝对必要的，一定要坚持执行。

## 六、重视和充分利用西北荒漠地区丰富的牧草基因库

西北荒漠区是我国天然优良牧草的宝库，牧草基因材料极其丰富。许多天然牧草不仅是改良本区天然草地、建设基本草地的好材料，而且可以用来育成更好的品种。因此，需要在本区（尤其在新疆）不同的天然草原类型上建立大型的牧草良种繁殖场和育种场，选育和繁殖具有不同适应性的高产牧草品种，为我国的牧草育种事业做出应有的贡献。

根据笔者和有关单位的调查研究，可供补播、引入栽培和选育提高的优良野生饲用植物有下列数十种。

禾本科：多年生黑麦草（*Lolium perenne*），无芒雀麦（*Bromus inermis*），日本雀麦（*B. japunicus*），布顿大麦（*Hordeum bogdanii*），大看麦娘（*Alopecurus* pratensis)，白剪股颖（*Agrostis alba*），草地猫尾草（*Phleum pratensis*），假猫尾草（*P. phleides*），鸡脚草（*Dactylis glomerata*），草地早熟禾（*Poa pratensis*），草芦（*Phalaris aruncinacea*），草地狐茅（*Festuca pratensis*），红狐茅（*F. rubra*），达乌里披碱草（*Clinelymus dahuricus*），垂穗披碱草（*C. nutans*），老芒麦（*C. sibiricus*），冰草（*Agropyrum cristatum*），蒙古冰草（*A. monglicum*），荒漠冰草（*A. desertorum*），偃麦草（*Elytrigia repens*），灯芯草状野麦（*Elymus juncens*），巨野麦（*E. giganteus*），沙生针茅（*Stipa glareosa*），东方针茅（*S. orientalis*），冠芒草（*Dappophorum brachystachyum*），虎尾草（*Chloris vigata*）等。

豆科：紫花苜蓿（*Medicago sativa*），黄花苜蓿（*M. falcata*），天蓝（*M. lupulina*），红三叶（*Trifolium pratense*），白三叶（*T. repens*），草莓三叶（*T. fragiferum*），杂三叶（*T. hybridum*），绛三叶（*T. incarantum*），亚历山大三叶（*T. alexanderium*），草地山黧豆（*Lathyrus pratense*），豌豆状山黧豆（*L. pisiformis*），草藤（*Vicia cracea*），新疆草藤（*V. sinkiangnensis*），大巢菜（*V. sativa*），白花草木樨（*Melilotus albus*），黄花草木樨（*M. officinalis*），百脉根（*Lotus corniculatus*），红豆草（*Onobrychis viciaefolia*），花苜蓿（*Trigonella ruthenica*），柠条锦鸡儿（*Caragana korshinskii*），达乌里胡枝子（*Lespedeza dahurica*），花棒（*Hedysarum scoparium*），直立黄芪（*Astragalus adsurgens*）等。

藜科：木地肤（*Kochia prostrata*），白梭梭（*Haloxylon persicum*），驼绒藜（*Ceratoides latens*），珍珠猪毛菜（*Salsola passerina*），木本猪毛菜（*S. arbuscula*），角果藜（*Ceratocarpus arenarius*），中亚虫实（*Corispermum heptapotanicum*）等。

菊科：主要是一些蒿属的种，例沙蒿（*Artemisia arenaria*），白沙蒿（*A. sphaerocephala*），黑沙蒿（*A. ordosica*），冷蒿（*A. frigida*），博乐蒿（*A. borotalensis*），亚列兴蒿（*A. sublessingiana*），天山蒿（*A. kaschgarica*），地白蒿（*A. terraealbae*），中亚蒿（*A. santolina*），席氏蒿（*A. schischkinii*），雪苓蒿（*A. schrenkiana*）。

蓼科：蒙古沙拐枣（*Calligonum mongolicun*），新疆沙拐枣（*C. caput - medusae*）等。

# 秦岭陕西户县段草坡资源及利用*

## 一、草坡地区的生态条件

秦岭山区户县段北部与黄土丘陵地带相接，高度为500—600 m；南部延伸至分水岭高地，高度2800—3000 m。全山区大多为中、低山及“V”形山谷，切割强烈，深度可达600—800 m。山坡陡峭，坡度一般在35—45°，有些可达70°。山梁形似猪脊，山峰多呈圆锥状。浅山地带的宽度为6—8 km，海拔大多在1000 m以下，多是相对高度500m以下的低山，无高大的原始森林。

浅山地带属暖温带湿润气候，其年均温为13.5℃，≥0℃积温4986.7℃，≥10℃积温4338.4℃，年降水量627.6 mm，9月最多，12月最少，无霜期约210 d，草原湿润度1.24。

浅山地带的土壤以山地褐土和淋溶褐土为主，质地甚粗，多砾石，pH值为6.5—6.8，呈弱酸性。浅山地带的植被原为多种栎属为主的落叶阔叶林，由于长期不断的砍伐，栎林被破坏，现存的是以灌木或高大草本为主的灌草丛。灌草丛是一类不稳定的植物群落，它可通过以黄背草、白羊草、大油芒、蒿类等为主的草丛阶段，进入以美丽胡枝子、短梗胡枝子、截叶铁扫帚、杭子梢等为主的灌丛阶段，其后，粉背黄栌、胡颓子、毛株木、榛子、黄柳、皂柳、陕西山橙、毛樱桃、青杨、山杨、臭椿、白桦等乔木或小乔木相继侵入，可形成散生的杂木林，杂木林之后又可恢复为原来的多种栎林。

---

* 作者胡自治、李阳春、万国栋、杨国财、张卫国、党清正、于海生。发表于《甘肃农大学报》，1984（1）：56—62.

## 二、草坡类型

浅山地带的灌草丛宜于牧用的称之为草坡。此草坡按综合顺序分类法，为暖温微润（淋溶褐土，落叶阔叶林）类，按北方草场资源调查办公室分类方案为山地草丛和山地灌木草丛类。根据植被特点可分为五个型。

（一）大油芒型

分布于石井、白庙公社的沿山浅沟及蒋村公社毛家岭一带的土层较厚、水分条件较好的北向坡上。植被组成以草本为主，灌木较少。草层高度40—60 cm，盖度60%—70%。草层成分中禾草占显著优势，禾草中大油芒又占优势，高85—100 cm，分盖度15%—25%。此外，黄背草、溚草分布也多。杂草中以菊科植物较多，如蒿属和甘菊等。在整个植被层中，还有分盖度占10%—15%的杭子梢、多花胡枝子、葛等豆科灌木和半灌木。草层下部尚分布有较密的苔藓层，分盖度可达50%。本型草地8月份青草产量约5100 kg/hm$^2$，合干草1750.5 kg/hm$^2$，可食率80%。由于大油芒、溚草及几种豆科植物为较好的饲用植物，因此本型草地质量较好。

（二）酸枣+蒿属型

分布于宋村公社、太平公社土层较厚的半阴半阳坡上。植被组成以草本为主，灌木较少。草层高度50—60 cm，盖度80%。灌木中酸枣占显著优势，高度80—100 cm，分盖度10%—15%。草本中野艾蒿、黄花蒿、马兰等菊科植物占优势，分盖度10%—30%。草本层下的苔藓层厚6 cm，分盖度约占50%，本型草地8月份青草产量4417.5 kg/hm$^2$，干草产量937.5 kg/hm$^2$/亩，可食率75%。

（三）大油芒+黄背草型

分布于宋村公社李家岩的黄土丘陵及浅山的东坡和西坡上，土层较厚，土质较好，有一部分是弃耕5—7年的撂荒地。植被几乎全由草本构成，灌木很少。草层高度80—100 cm，盖度达90%，禾本科植物占显著优势，其中大油芒高10—120 cm，分盖度20%—30%，黄背草也占有显著地位，分盖度在10%以上，此外，还有一定数量的芦苇。菊科植物中以黄花蒿、野艾蒿、白莲蒿为主，分盖度5%—10%，还有一定数量的火绒草和马兰。豆科植物较少，主要是鸡眼草、截叶铁扫帚和广布野豌豆。不食草和毒草有茜草、地榆、龙牙草、秋唐松草等。青草产量甚高，可达9375 kg/hm$^2$，合干草3360 kg/hm$^2$，可食率75%。

（四）黄背草型

主要分布于蒋村公社浅山地区的浅沟坡及梁顶，为石质或土石质地。植被构成中灌木占10%—20%，主要为截叶铁扫帚、多花胡枝子，高40—50 cm。草本层高30—50 cm，盖度60%—70%，黄背草占显著优势，高50—70 cm，分盖度10%—20%，禾草中比重较大的还有大油芒、潜草、芦苇等。突脉苔草分布甚广，分盖度可达7%—10%。菊科植物有野艾蒿、黄花蒿、猪毛蒿、狭叶青蒿等。其他杂类草有老虎麻、地榆、柴胡、野棉花、秋唐松草、京大戟等。青草产量6660 kg/hm²，干草产量2467.5 kg/hm²，可食率达70%。

（五）大油芒+蒿属型

分布于太平公社的浅沟坡地上，部分为撂荒地。植被组成中灌木很少，主要为截叶铁扫帚，分盖度在10%以下。草本层高45—50 cm，盖度50%—70%，大油芒和蒿属植物占显著优势。禾草中大油芒高55—60 cm，分盖度10%—25%，其余还有黄背草、芦苇、白羊草、落草等。菊科植物以野艾蒿、甘菊、马兰、火绒草等较多，甚见翼茎香青，猪毛葛等。杂类草主要为地榆、老虎麻、野棉花、秋唐松草等。地面亦覆盖有一定数量的苔藓。青草产量为5475 kg/hm²，干草产量2475 kg/hm²，可食率75%。

上述各型中牧草产量未计再生草，故在实际规划中各按各型的产量计算载牧能力。

## 三、草坡资源及其特点

（一）草坡面积及其生产力

户县遍布灌丛和草丛的秦岭浅山地区，总面积约为2.07万hm²（平面面积）。除去农田、林地和宜林地，河流、住宅、道路和岩石裸地外，可视作草坡的总面积约有0.98万hm²，其中坡度在40°以下、宜牧的可利用草坡平面面积为0.11万hm²，校正后的实际面积为0.12万hm²，青草平均产量6052.5 kg/hm²，合干草2122.5 kg/hm²，总产青草764.12万kg，合干草267.82万kg。如以每只羊每日需干草2 kg计算，则可养羊约3670只，如以每头肉牛每日需干草14 kg计算，则可养肉牛约524头。这样户县秦岭浅山草坡的载畜能力平均为0.34 hm²养一只羊，2.41 hm²草地养一头肉牛。

（二）草坡资源特点

浅山地区草坡的特点除坡度大是一缺点外，其余都是一些优点，其表现如下。

1. 水热条件好，单位面积产草量高，生产潜力较大

浅山地区降水充沛、热量丰富，因而有较高的产草量，每亩平均达6052. 5 kg/hm$^2$青草。此数约为北方牧区草原产草量的 3 倍，表现有较大的生产潜力。此外，这里生长季较长，青草放牧期可达 7—8 个月，又较北方牧区草原长 2—3 个月，为全年的放牧利用提供了有利条件。

2. 水草结合好，便于规划利用

浅山地区降水量大，沟谷较多，水文网较密，几乎每个小沟小岔中均有溪水流出，为家畜的饮水提供了便利的条件。这里家畜饮水距离一般不超过 1—2 km，不仅对羊是优越的条件，对牛来说也颇为适合。高产的牧草、丰富的水源构成了这里草坡利用上最有利的条件。因此，今后只要选择好畜种，规划好草地，不需太多的投资，就可以利用草坡资源发展一定数量的畜牧业生产。

3. 天然饲用植物丰富，豆科牧草较多，牧草质量较好

据初步调查，上述浅山地带的草坡范围内，共有饲用植物 135 种，分属于 33 科、69 属，主要饲用植物有 32 种，其中禾本科草有大油芒、潜草、白羊草、芦苇、狗尾草、马唐、黄背草、画眉草等；豆科有葛、广布野豌豆、截叶铁扫帚、多花胡枝子、铁扫帚、杭子梢、鸡眼草等；菊科有野艾蒿、黄花蒿、茵陈蒿、猪毛蒿、白莲蒿、甘菊、马兰、马莲蒿等；莎草科有突脉苔草；杂类草有扁蓄，草地老鹳草等。这些大多为优势种，分布较广，产量较高。豆科牧草在产量组成中一般占 10%—15%，有些甚至达 20%，这些都是有利条件。一般来说，南方热带草山的草层产量很高，但豆科牧草较少，禾本科牧草容易粗老，质量甚差，北方温带的草原牧草质量较好，但产量甚低，处于暖温带的户县浅山地区的草坡牧草，兼有南方和北方牧草的优点，这是难得的优越条件，应当认识到并充分利用。

4. 草坡植被立地条件较好，生态平衡较易保持

前已述及，浅山地带的草坡植被为栎林被破坏后的次生植被，比较稳定。如果能够很好地保护，则草坡的这种次生植被可沿草灌丛—灌丛—杂木林—栎属落叶阔叶林的方向发展和演进。今后在保护和牧用结合的条件下，如果能有计划地合理放牧，则可以维持当前的灌草丛植被不致破坏，避免水土流失。如

果利用较轻，甚至可向灌丛发展，使植被发生顺向演替，保持和促进生态平衡。因此可以说，浅山地带的草坡，在合理的放牧利用下，并不一定就要导致植被破坏，水土流失，相反，在合理地放牧利用下，能够保持和促进生态平衡。

## 四、草坡的利用和经营

户县秦岭浅山地区的草坡从气候、地形、牧草以及当前的生产需要来看，以饲养肉牛和山羊为宜，并且应以肉牛和肉用山羊为主。肉牛喜温湿，山羊善攀登，两者都喜采食含水量较多的牧草和灌木的嫩枝叶。因此，可以分别利用草坡的地形和牧草发展肉牛和山羊。据江苏、贵州、山东和浙江等地的经验，在提高管理水平的条件下，一些细毛羊和半细毛羊（如新疆细毛羊，德国美利奴、茨盖羊等）也可养好，并且生产能力很高（江苏铜山种羊场的细毛羊个体毛产量曾居全国前列），因此在局部合适的地方也可考虑。

从当前的条件看，以草坡为基地发展肉牛和山羊生产的条件是成熟的。但为了能充分和更有效地利用草坡野生牧草资源，集约化地发展肉牛、山羊等草食家畜，在经营和规划上还必须考虑和农区的饲料相结合。为什么在充分利用草坡的牧草资源的同时，要强调提出和沿山农区的饲料相结合呢？这是因为有两个值得注意的前提。一个是饲养肉牛至少要过一个冬季，冬季草坡牧草枯黄，量少质差，单凭放牧难以养好和增膘；另一个是沿山农区玉米生产规模很大，玉米饲料十分丰富，现在主要利用玉米籽粒养猪，玉米秸秆利用不充分。从能量利用上说单用玉米籽粒养猪，不如以玉米全株养牛、养羊合算。反之，如能考虑沿山农区在牧草生长季，以草坡为基地饲养繁殖母牛和育成牛，而在冬季以玉米全株制青贮饲料为主要饲料对育成牛进行舍饲肥育，则既可充分利用草坡夏秋牧草丰富的优势，扩大肉牛饲养头数（估计至少扩大75%），又可有效地利用农村的玉米饲料资源，提高家畜饲养水平，缩短饲养周期，降低饲养成本，在经济上取得显著效益。美国当前把落基山山地草原和大平原西部玉米带结合起来，利用前者进行繁殖、育成，而用后者进行肥育，有效地发展了肉牛生产。户县也有这种有利条件，浅山草坡相似落基山，沿山农区就是玉米带，有同样良好的发展肉牛生产的条件，何乐而不为呢？

如果上述农牧结合的以肉牛为主的畜牧业生产得到一定的发展并取得经验，则可进一步设计和发展林牧结合。从现在的规划来看，草坡面积占浅山地带可放牧利用的草坡、疏林地、宜林地总面积的15%，其余占85%的疏林地、宜林地和灌丛的丰富饲料资源没有规划利用。通过实际规划、实行林牧结合，就可以在发展林业的前提下，经济地利用这些木本和草本饲料。那么在现有条件下林牧如何结合？灌木和草本植物饲料如何经济利用？采用的方式有以下几种。第一，营造胡枝子、杭子梢、刺槐等灌木饲料林，放牧牛羊。第二，在5—7年龄的杂木和栎林下放牧肉牛。栎类枝叶有毒，牛羊不食，林下养畜可以收到放牧、除草两利之便。第三，在宜林地上进行林草带状或块状营造。幼林不放牧，只在草地和7年以上林地放牧，这样可以在扩大林地的前提下，利用林地和宜林地的饲料资源饲养牲畜，获得一定的经济效益，这些方法在日本、新西兰、芬兰、挪威等森林较多的国家都是行之有效的，我们可以借鉴、试行。

**附：文中所引植物学名**

**一、禾本科**

1. 黄背草 *Themeda triandra* Forsk.
2. 芦苇 *Phragmites communis* Trin.
3. 溚草 *Koeleria cristata*（L.）Pers
4. 狗尾草 *Setaria viridis*（L.）Beauv.
5. 马唐 *Digitaria sanguinalis*（L.）Scop.
6. 大油芒 *Spodiopogon sibiricus* Trin.
7. 白羊草 *Bothriochloa ischaemum*（L.）Keng
8. 画眉草 *Eragrostis cilianensis*（All.）V. L.

**二、豆科**

1. 葛 *Pueraria lobata* Ohwi.
2. 广布野豌豆 *Vicia cracca* L.
3. 截叶铁扫帚 *Lespedeza cuneata* G. Don.
4. 多花胡枝子 *L. floribunda* Bunge
5. 短梗胡枝子 *L. cyrtobotrya* Miq.
6. 铁扫帚 *Indigofera bungeana* Steud.
7. 杭子梢 *Campylotropis macrocarpa* Rehd.

8. 鸡眼草 *Kummerowia striata* Schindl.

9. 刺槐 *Robinia pseudoacacia* L.

## 三、菊科

1. 白莲蒿 *Artemisia gmelinii* Web. ex Stechm.

2. 毛莲蒿 *A. vestita*

3、茵陈蒿 *A. capillaries* Thunb.

4. 猪毛蒿 *A. scoparia* Waldst. et Kir.

5. 黄花蒿 *A. annua* L.

6. 野艾蒿 *A. lavandulaefolia* DC.

7. 狭叶青蒿 *A. dracunculus* L.

8. 甘菊 *Dendranthema boreale*（Makino） Ling

9. 马兰 *Kalimeris indica*（L. ） Sch. – Bip.

10. 火绒草 *Leontopodium leontopodioides* Beauv.

## 四、蔷薇科

1. 地榆 *Sanguisorba officinalis* L.

2. 陕西山楂 *Craiaegus shensiensis*

3、毛樱桃 *Prunus tomentosa* Thunb.

## 五、蓼科

1. 扁蓄 *Polygonum aviculare* L.

## 六、牻牛儿苗科

1. 草原老鹳草 *Geranium pratense* L.

## 七、萝摩科

1. 地稍瓜 *Cynanchum thesiodes* K. Schum.

## 八、毛茛科

1. 陕西铁线莲 *Clematis shensiensis* W. T. Wang

2. 野棉花 *Anemone vitifolia* Buch. – Ham.

3. 秋唐松草 *Thalictrum thunbergii* DC.

## 九、漆树科

1. 背粉黄栌 *Cotinus coggygria scop. var. glaucophy c. y. wu* Scop.

## 十、壳斗科

1. 栎属 *Quercus* L.

## 十一、杨柳科

1. 皂柳 *Salix wallichiana* Anderss.

2. 黄柳 *S. caprea* L.

3. 青柳 *Papulus cathayana* Rehd.

4. 山柳 *P. davidiana* Dode.

## 十二、茜草科

1. 茜草 *Rubia cordifloia* L.

## 十三、鼠李科

1. 酸枣 *Ziziphus jujube* Mill.

## 十四、瑞香科

1. 老虎麻 *Wihstroemia pampaninii* Meissn.

## 十五、大戟科

1. 京大戟 *Euphorbia pekinensis* Rupr.

## 十六、卫茅科

1. 栓翅卫茅 *Euonymus phellomanus* Loes.

## 十七、胡颓子科

1. 胡颓子 *Elaeagnus pungens* Thunb.

## 十八、莎草科

1. 突脉苔草 *Carex lanceolata* Boott.

## 十九、桦木科

1. 榛子 *Corylus heterophylla* Fisch. ex Bess.
2. 白桦 *Betula platyphylla* Suk.

## 二十、苦木科

1. 椿树 *Ailanthus altissima*（Mill.）Swingle.

# 南美洲的草地资源*

南美洲有草地面积844.5万$km^2$，饲养着草食家畜4.2亿头，其中牛为2.62亿头。热带稀树草原、亚热带温带潘帕斯草原、温带半荒漠、热带荒漠、热带干燥疏林与灌丛、热带雨林区的人工草地是主要草地类型。巴西和阿根廷是南美洲两个重要的草地资源大国，分别有草地面积1.69亿$hm^2$，和1.42亿$hm^2$。

南美洲是一个温暖湿润、以热带气候为主的大陆，热带气候区约占大陆气候区2/3以上。由于安第斯山南北纵穿大陆，偏居西岸，且大陆东部地区高度不大，面积辽阔，因此在气候类型的分布与排列上，东西部之间对比强烈，甚至截然相反，从而交织成南美大陆的气候、土壤与植被类型带状更替的独特结构形式。另外，南美洲陆地向南紧缩和延伸的纬度不高，在自然地带组成上表现出的另一特点是亚热带、热带类型面积大，温带地域狭小，在水平植被地带上缺少冻原和寒温性针叶林。[1]南美洲有各种类型草地844.5万$km^2$，巴西和阿根廷拥有大面积的草地（见表1）。[2]全洲饲养着2.62亿头牛、1.35万只绵羊和山羊、0.21亿匹马和119万头水牛。[2]从类型和分布上可以将南美洲的草地分为下列六大部分。

**表1　南美洲各国草地面积排序（万$hm^2$）**

| 序号 | 国家 | 草地面积 | 耕地面积 | 草地耕地面积比 |
| --- | --- | --- | --- | --- |
| 1 | 巴西 | 16900.0 | 7823.3 | 2.16：1 |
| 2 | 阿根廷 | 14240.0 | 3575.0 | 2.98：1 |
| 3 | 哥伦比亚 | 4019.4 | 534.8 | 7.51：1 |

* 作者胡自治。发表于《国外畜牧学——草原与牧草》，1999（1）：1—4.

续表

| 序号 | 国家 | 草地面积 | 耕地面积 | 草地耕地面积比 |
| --- | --- | --- | --- | --- |
| 4 | 秘鲁 | 2712.0 | 372.7 | 7.28 : 1 |
| 5 | 玻利维亚 | 2670.0 | 346.1 | 7.71 : 1 |
| 6 | 巴拉圭 | 2042.0 | 220.3 | 9.28 : 1 |
| 7 | 委内瑞拉 | 1760.0 | 388.3 | 4.54 : 1 |
| 8 | 乌拉圭 | 1352.0 | 130.4 | 10.37 : 1 |
| 9 | 智利 | 1340.0 | 441.5 | 3.06 : 1 |
| 10 | 厄瓜多尔 | 505.0 | 268.3 | 1.88 : 1 |

注：世界资源研究所，联合国环境规划署，联合国开发计划署，等．世界资源报告——（1992—1993）[R]．北京：中国环境科学出版社，1993.

## 一、热带稀树草原

分布在南美北部委内瑞拉的奥里诺科河右岸的圭亚那的热带稀树草原，当地称为兰诺（llanos）或南美无树大草原，是热带稀树草原的一个类型，其特点是年降水量在1300mm以上，雨季持续7个月，旱季5个月。乔木很少，以分散的小片落叶疏林呈现。禾草以群落为主体。主要的植物有如禾本科的*Mesosetum*、须芒草（*Andropogon*）、糙须禾（*Trachypogon*）、雀稗（*Paspalum*），*Leptocoryphium*，*Rhynchospora*属的一些种，此外还有一些双子叶的木本植物。草高2 m，雨季被水淹没，旱季则非常干旱。雨季被水淹的近河地带是无树的纯粹草原[3,4]。南美无树大草原面积约47万$km^2$，放牧饲养着克里奥尔（Creole，在美洲出生的非洲裔黑人）系家畜，由于饲草质量很差，特别在旱季成为限制家畜生产力的主要因素[5]。

作为南美热带稀树草原另一组成部分的巴西高原坎普（campos，葡萄牙语）群落，总面积约200万$km^2$。降水500—1500 mm，旱季约5个月，雨季降水丰富。巴西稀树草原的禾本科植物不是很高，主要是糙须禾、*Elionurus*、雀稗、*Tristaehya*、*Echinolaena*等属的种，散生的乔木较低矮，草被往往不郁蔽。根据树木的有无和多少，巴西坎普群落可分为无树坎普（campo limpo）、典型的坎普和多树的坎普（campo cerrado）3个类型。为了改良天然草原，一些禾草如*Me-*

*linis minitflora* 和红苞茅（*Hyparrhenia*）已被普遍引入种植。巴西 1.38 亿头牛、0.32 亿只羊、934 万匹马的一半在坎普草原放牧，但管理仍很粗放[4,5]。

## 二、亚热带温带潘帕斯草原

潘帕斯（pampas）草原位于南美洲 S32°—38°，亚马孙河以南，从大西洋沿岸到安第斯山脉之间的广大地区，分布在阿根廷、乌拉圭和巴西高原南缘。根据降水量的差异，可分为东部湿润潘帕斯和西部干旱潘帕斯两部分，前者年降水量 800—1200 mm，后者为 350—500 mm。东部潘帕斯气温年差异不大，降水分布均匀，为亚热带湿润气候，本应为亚热带常绿林，但辐射强，温度高，蒸发大，土壤为碱性，除沿河两岸的走廊林外，基本为草本植被。潘帕斯草原总面积约 80 万 $km^2$，其中大部分在阿根廷境内，约 65 万 $km^2$，占阿根廷总面积的 23%。黄土质黑土，腐殖质含量很高，因有足够降水透过土层，所以土壤剖面缺乏钙积层；又因气温较高，土壤表现了一定的分化现象。这两点使它有别于欧亚大陆的温带草原[4]。

潘帕斯的优势植物有早熟禾属（*Poa*）、针茅属（*Stipa braehchaeta*，*S. trichotoma*）、孔颖草（*Bothriochloa lagurioides*）、三芒草属（*Aristida*）、臭草属（*Melica*）、须芒草属（*Andropogon*）和雀稗（*Paspalum guadrifarium*）等。植被类似北美普列里草原靠近太平洋的部分，但有更多的大型丛生禾草，针茅和臭草占有更大比重。特征种潘帕斯草（*Cortaderia argentena*），高 3 m，叶片长达 1.8 m，巨大的白穗长达 60 cm，且大丛生长[6]。丛生小乔木成小岛状分布于广阔草原并成为特征景观，根据这点，有人认为应归入稀树草原[4]。

潘帕斯草原土层深厚，牧草丰美，为传统的印第安牧牛人养牛基地。18 世纪中叶，英国人从欧洲引入了良种牛；19 世纪中叶以后，冷藏船运输的发展为阿根廷养牛业带来了兴盛时期，加强了草原建设。目前，草原铁丝围栏普遍被设立。50% 以内的天然草原已改建为人工、半人工草地，并实行草田轮作，潘帕斯进入了现代化经营时期。现在阿根廷 60% 以上的人口、工业及交通设施分布于此，盛产小麦、玉米、胡麻、花生和紫花苜蓿，并养牛 5000 万头，养羊 3200 万只，马 320 万匹，46% 的谷物用于饲料，农牧产品的 85% 来自此区，阿根廷也因此而成了世界畜产品和粮食的出口大国。原在当地居住的养牛人也逐渐消失[6-9]。

## 三、温带半荒漠

这是分布在S40°以南，基本上在阿根廷境内温带干旱与半干旱气候条件下的巴塔哥尼亚和安第斯高地半荒漠，总面积约48万$km^2$。其中央部分干旱程度最大，植被为灌木荒漠；围绕中央灌木荒漠的东、南、西三部分为荒漠草原，而沿海岸和安第斯山山脚地带由于降水稍有增加，短草逐渐增多，由针茅属（*Stipa*）、早熟禾属（*Poa*）和羊茅属（*Festuca*）等植物构成了一个连续的禾草灌木草原带，并相应地发育了栗钙土。中央部分的灌木荒漠，不像亚洲荒漠那样贫瘠，甚至具有草原的一些特征，它由垫状的灌木、矮生的仙人掌和一些有刺硬叶禾本科草类组成，土壤为棕色荒漠土[1]。

直到进入21世纪50年代，美洲驼（*Guanacos*）、印第安牧民的马、美洲鸵鸟（*Rhea americana*）和野兔为巴塔哥尼亚半荒漠和荒漠仅有的利用者，以后用于放牧绵羊，提高了草地的重要性。现在巴塔哥尼亚全境都已放牧养羊，羊场数量迅速增加。草地由于已达很高的载畜量而出现了明显退化，因而草地改良如施肥、补播已在一定范围内开展。

## 四、热带荒漠

南美洲的热带荒漠分布在S3°—30°的秘鲁和智利北部的沿海地带，包括太平洋沿岸荒漠和山地盐漠。降水很少，植物贫乏，只生长一些多年生有刺、垫状的旱生灌木和仙人掌类植物。在近海一带依靠雾发育着生长迅速、能在短期内结束生育期的短命植被，它们由石蒜科、百合科、旋花科、锦葵属（*Malva*）、牻牛儿苗属（*Erodium*）和蒲包花属（*Calceolaria*）的种构成，苔藓植物很多，当地称为劳马（Loma）群落。秘鲁—智利热带荒漠面积约为50万$km^2$，饲养着特殊的羊驼[1,3]。

## 五、热带干燥疏林和灌丛

位于巴西东北部以及相邻的玻利维亚和巴拉圭部分地区的热带干燥林和疏林约有80万$km^2$。这里处于热带稀树草原少雨的边缘，年降水量200—

1000 mm，旱季可持续6个月以上，因而发育了多刺的疏林和灌丛，当地的名称叫卡汀咖（caatinga）。群落中小乔木树冠扁平，散生，相距较远，大多数旱季落叶，多刺肉质植物很多，典型灌木如木棉科的纺锤树（*Cavanillesia arborea*），其树干膨大如大萝卜，木质部为疏松柔软的特殊贮水室。群落的另一特点是草本植物贫乏[5]。

在巴西的热带干燥疏林和灌丛饲养着该国近一半的草食家畜，尤以山羊为多。几个世纪以来的过度放牧、火烧及农业活动，使这里的水土流失十分严重。保持水土、强化对灌丛的管理，使山羊的放牧饲料——小灌丛生长良好，是提高畜牧业生产的重要措施[5]。

## 六、热带雨林区的人工草地

主要分布在南美洲巴西境内的亚马孙热带雨林，自20世纪70年代以来，约有2000万 $hm^2$ 被砍伐转为草地。热带雨林的土壤理化特性不适于种植谷物，因此砍伐开垦后都建成人工草地，而草地的维持时间一般不超过10年，然后幼树、杂草入侵，再加上磷的缺乏，牧草的生长受到限制。但在亚马孙流域西部的一些牧场，先锋牧草在0.5牛单位/$hm^2$ 的低放牧率下，牧草的生长可以维持更长的时间。过去，将森林转化为草地因巴西政府给予津贴，并且牧场主因此可得到土地所有权而得到鼓励。1992年时里约环发会议后，巴西不再资助与鼓励亚马孙热带雨林地区的草地开发，但人工草地继续在扩大，牧场继续在形成[5]。

亚马孙热带雨林地区，原来有许多印第安人部落以放牧家畜为生，由于大农场主和大牧场主的入侵，他们的牲畜无处放牧而消失，阿瓦—瓜雅是亚马孙地区最后一个森林游牧部落，他们也面临灭绝的危险[10]。

## 参考文献

[1] 刘德生. 世界自然地理［M］. 北京：高等教育出版社，1986：299—300.

[2] 世界资源研究所，联合国环境规划署，联合国开发计划署. 世界资源报告：1992—1993［M］. 张崇贤，柯金良，程伟雪，等译. 北京：中国环境科学出版社，1993：393，445，397—398.

[3] 国际环境与发展研究所，世界资源研究所．世界资源：1987 [M]．中国科学院自然资源综合考察委员会，译．北京：能源出版社，1989：96.

[4] SORIANO A. Distribution of Grasses and Grassland of South America. Ecology of Grasslands and Bamboolands in the World [M] //NUMATA M. Ecology of grasslands and bamboolands of the world. Hague—Boston—London：Dr. W. Junk BV Publishers，1979：84—91.

[5] 世界资源研究所．世界资源：1990—1991 [M]．中国科学院自然资源综合考察委员会，译．北京：北京大学出版社，1992：164—177.

[6] 李博．阿根廷农牧业技术研究所 [J]．国外畜牧学——草原与牧草，1991 (1)：33—35.

[7] 蒋英．巴西的畜牧业 [J]．世界农业，1992 (9)：38—40.

[8] VIGYLIZOO E F. 阿根廷大草原农业生态系统的稳定性 [J]．王华信，译．国外畜牧学——草原与牧草，1987 (2)：32—36.

[9] CORADIN L，SCHULTZE - KRAFT R. 巴西热带豆科牧草种质资源的收集 [J]．陈伟礼，译．国外畜牧学——草原与牧草，1991 (3)：9—12.

[10] 土著人濒于危机 [N]．参考消息，1993 - 12 - 05.

# 亚洲的草地资源及其评价*

亚洲有草地面积20.78亿$hm^2$。中国、俄罗斯（亚洲部分）、哈萨克斯坦和蒙古国是亚洲的4个草地资源大国，它们的草地面积都在1亿$hm^2$以上。亚洲的天然草地类型繁多，从资源的角度看，主要是热带稀树草原、亚热带荒漠、温带荒漠、温带草原、温带草甸，高寒草甸和冻原等。

亚洲是世界上最大的陆块——亚欧大陆的主体，平均海拔约950 m，高原和山地分布很广，约占全洲面积的75%，海拔20 m以下的土地只占25%。亚洲不但地势最高，而且起伏高差极大，具有世界上最高的高原、山脉和高峰，另一方面也有世界上最大的平原之一——西西伯利亚平原。亚洲南北所跨纬度（N1°17′—77°48′）为各大洲之最，在气候上有从赤道带到北极带的所有气候带，从东到西横跨11个时区。辽阔的空间范围，增加了从沿海到内陆的区域差异，为各地理要素和景观的多样性、极端性和典型性，以及草地资源的丰富性提供了基础。

亚洲草地20.78亿$hm^2$，主要分布在中国、俄罗斯、哈萨克斯坦、蒙古、沙特阿拉伯、伊朗、土库曼斯坦和阿富汗等国（表1）[1-3]。亚洲的天然草地类型繁多，从热带雨林草地到寒漠草地，从热带荒漠草地到冻原草地应有尽有。但主要的类型是温带草原、热带稀树草原、亚热带和温带荒漠、温带草甸、高寒草甸和冻原等类型。

---

* 作者胡自治。发表于《国外畜牧学——草原与牧草》，1999（4）：1—5.

表1 亚洲各国草地面积排序[1] 万 $hm^2$

| 序号 | 国家 | 草地面积 | 耕地面积 | 草地耕地面积比 |
|---|---|---|---|---|
| 1 | 中国 | 39892.0[2] | 12800.0[a] | 3.12 : 1 |
| 2 | 俄罗斯 | 35190.0 | — | — |
| 3 | 哈萨克斯坦 | 18370.2 | 415.4 | 81.56 : 1 |
| 4 | 蒙古 | 12386.0 | 135.9 | 91.14 : 1 |
| 5 | 沙特阿拉伯 | 8500.0 | 118.3 | 71.85 : 1 |
| 6 | 伊朗 | 4400.0 | 1483.0 | 2.97 : 1 |
| 7 | 土库曼斯坦 | 3561.0 | 50.0 | 71.22 : 1 |
| 8 | 阿富汗 | 3000.0 | 805.4 | 3.34 : 1 |
| 9 | 乌兹别克斯坦 | 2280.0 | 310.0 | 7.35 : 1 |
| 10 | 印度 | 1192.3 | 16935.7 | 0.70 : 1 |
| 11 | 印度尼西亚 | 1180.0 | 2123.3 | 0.56 : 1 |

## 一、温带草原[4-5]

亚洲温带草原是欧亚大草原（steppe，Степпь）的亚洲部分，也称斯太普草原，它从欧洲的乌克兰南部，沿里海、亚速海，向东穿过哈萨克斯坦，经西西伯利亚、蒙古国，直到中国的内蒙古、东北西部和黄土高原西南部。北面与寒温性针叶林（泰加林）接壤，南面与温带荒漠相连，用作放牧地和割草地的总面积约150万 $km^2$（含俄罗斯）。西部的里海—哈萨克斯坦草原，受地中海—中亚型气候影响，表现为夏季干旱，有夏季和冬季两个休眠期。东部的蒙古—中国草原受东亚温带季风影响，表现为春季干旱，只有冬季一个休眠期。亚洲温带草原的植被以旱生多年生丛生禾本科草为主，主要是针茅属（*Stipa*）、羊茅属（*Festuca*）、冰草属（*Agropyron*）、雀麦属（*Bromus*）、披碱草属（*Elymus*）、赖草属（*Leymus*）和菊科、藜科的种，此外，还有相当数量的灌木和半灌木。地上净初级生产力为0.2—2.0 t/$hm^2$·a 干物质。与西部的里海—哈萨克斯坦草原相比，亚洲东部的草原在群落的生长发育、生物量积累与分解以及利用上有下列特点：①全年只有一个冬季休眠期，不存在夏季休眠。②夏季植物生长很快，绿色物质的积累只有一个高峰，生物量高峰形成较晚，大约在生长停止前1个月，即8月下旬。西部草原的绿色物质积累有春秋两个高峰，而以春季为主。

③秋季植物枝条发育很差，入冬前植物的地上部分干枯，家畜在冬季得不到雪下的青绿饲草。西部草原的植物枝条，秋季发育良好，在覆雪的保护下，家畜可获得青绿饲草。④冬季枯草的保存性较好，春季较差，这是因为冬季少雪，春季多风的缘故。西部草原枯草在冬春的保存性都较东部为好。⑤枯草强烈分解期集中在夏季高温多雨期，而西部草原地区则在春季和初夏的温润时期。

亚洲温带草原无林，气候干旱，食物单调，缺乏隐蔽条件，因此动物的种属较贫乏。动物以大型有蹄类为主，但野马（*Equus gmelinii*）已灭绝，野牛（*Bos spremigenius*）几近灭绝，赛加羚羊（*Saiga tatarica*）只能在保护区看到，野驴（*Equus hemionus*）已很稀少，现存的主要是黄羊（*Procapra gutturosa*）和鹅喉羚（*Gazella subgguttuorsa*）。相反，由于人类的活动，啮齿动物的种类和数量大增。蝗虫是最重要的昆虫，大发生时，遮天蔽日地进行飞迁，对草原造成严重的危害。家畜种类丰富，西部地区主要为哈萨克系的马、牛、绵羊、山羊，东部地区为蒙古系的马、牛、绵羊、山羊。

亚洲温带草原地处干旱和半干旱地带，地势平坦，有一定的降水，是人类最早垦殖的地区之一，目前肥沃的草原大多已被开垦，随着人口的压力，人们还继续向不适于开垦的草原进逼。滥垦、滥牧、滥伐灌木和鼠害，使草原退化严重并成为荒漠化最集中和最严重的地区。

## 二、热带稀树草原[5-6]

亚洲的热带稀树草原（savanna）主要分布在南亚次大陆西部的印度河平原和南部德干高原，阿拉伯半岛的阿曼哈杰尔山地和红海右岸的阿拉伯高原，缅甸的掸邦高原，总面积约 50 万 $km^2$。

从类型上说，印度次大陆分布的是典型热带稀树草原，阿拉伯半岛上的是热带亚热带荒漠化稀树草原，东南亚地区和中国分布的是热带禾草稀树草原。东南亚地区的白茅（*Imperata cylindrica*）热带稀树草原也称东亚稀树草原（lalang），面积较大，主要是由农耕、砍伐和火烧而在酸性土上形成的次生植被。白茅的密度很大，常呈纯群落，由于它有根茎，因此耐牧，再生性强。当前东南亚各国正在对白茅稀树草原的集约化管理进行研究。

## 三、亚热带、温带和高寒荒漠[5,7,10]

亚热带和温带荒漠是亚洲另一类重要的草地资源，它从阿拉伯半岛起，经过伊朗和中亚，一直延伸到中国西北部和蒙古国西部。在地理上亚洲荒漠可分为阿拉伯荒漠（热带亚热带荒漠）、伊朗—吐兰荒漠（亚热带暖温带荒漠）、哈萨克斯坦—准噶尔荒漠（温带荒漠）、塔里木一柴达木一蒙古荒漠（温带荒漠）和西藏—帕米尔荒漠（高寒荒漠）。此外南亚次大陆尚有与上述荒漠不相连的大面积亚热带荒漠——塔尔荒漠和印度（信德）荒漠，亚洲可用作放牧地的荒漠面积巨大，约有330万$km^2$（包括俄罗斯）。荒漠总的特点是气候十分干旱，基质十分多样，植被十分稀疏，动物种属十分贫乏。

阿拉伯荒漠的代表植物是藜科植物，仅有的几种禾草如针茅（*Stipa tenacissima*）、*Lygeum spartum*、稷（*Panicum turgidum*）、三芒草（*Aristida panguns*）等，都是具有硬叶旱生形态的种。

伊朗—吐兰荒漠是典型的中亚型荒漠，冬季和春季尤其是春季降水丰富，因此春季短命植物如霍氏苔草（*Carex hostii*）、鳞茎早熟禾（*Poa bulbosa*）、阿魏（*Ferula foetida*）等发育旺盛。40—50种短命植物在30—45 d内可开花结果。在多雨的一年，荒漠在春季呈现草甸的外观，干草产量可达1. 25—6. 25 t/hm$^2$，可持续放牧3个月，但其他时期就完全没有植物生长，因此，这种荒漠也称为短命植物荒漠（ephemeral desert）。这里分布有面积广大的卡拉库姆沙漠和克孜尔库姆沙漠，生长有稀疏或稠密的小乔木种白琐琐（*Haloxylon persicum*）和琐琐（*H. ammodendrom*），是放牧骆驼的良好饲料。著名的羔皮羊卡拉库尔羊就放牧在这里。

哈萨克斯坦—准噶尔荒漠位于伊朗—吐兰荒漠北部，主要是壤土蒿属（*Artemisia*）荒漠，主要的植物是地白蒿（*A. terrae - albae*）和多种猪毛菜（*Salsola*），景色十分单调；这里的沙漠中也分布有琐琐。

塔里木—柴达木—蒙古荒漠是分布在中国西北部和蒙古国西南部的荒漠，在地理上这三大荒漠相连，面积很大。荒漠类型除沙漠和盐漠外，还有大面积的砾漠，亦称戈壁，在中国阿拉善—额济纳荒漠和蒙古国戈壁阿尔泰省分布尤为集中。降水集中在夏秋，植被以超旱生的灌木和小半灌木为主，也以藜科、菊科、蒺藜科和柽柳科的种属为主体。与伊朗—吐兰荒漠和哈萨克斯坦—准噶尔荒漠相比，塔里木—柴达木—蒙古荒漠气候受东亚季风影响，气候表现得更为干旱，在草地利用和培育上有下列特点：①植物的生长夏秋较为旺盛。②植被组成除灌木和半灌木外，夏秋一年生草本也起重要的作用。由于春季干旱，家畜春乏现象十分严重，第一场大雨较晚时，甚至会出现夏乏。③同样的降水，生产效率较西部的荒漠高。④枯草的保存性较好，强烈的分解期在7—8月。

西藏—帕米尔荒漠属高寒荒漠，西藏荒漠主要分布在阿里和羌塘地区，帕米尔荒漠包括了以帕米尔为中心的周边中国、阿富汗和塔吉克斯坦的高寒荒漠。两处荒漠通过喀喇昆仑山而相连。羌塘高原年均温-5℃，7月可达8℃，气温日较差可达37℃，年降水不超过100 mm。据在3864 m的帕米尔生物试验站的记录，这里无霜期只有10—30 d，但夏季地面温度可达52℃，全年降水量66 mm，冬季无积雪，土壤很干，所以不冻结。植物区系年轻而贫乏。植物以垫状灌木、半灌木为主，如垫状驼绒藜（*Ceratoides compacta*）、冠状驼绒藜（*C. papposa*）、藏亚菊（*Tanecetum tibetica*）和帕米尔亚菊（*T. pamiricum*）等。由于环境极为严酷，植物生长很慢，驼绒藜在生长25 a后才开花，但寿命可达100—300 a。羌塘高原是中国最大的自然保护区，以保护野牦牛（*Bos grunniens*）、藏野驴（*Equus hemionus*）、藏羚羊（*Pantholops hodgsonii*）、藏原羚（*Procarpa picticaudat*）、北山羊（*Carpaibes*）等为主，将来可发展草原狩猎业。

荒漠是亚洲面积最大的草地类型之一，也是重要的游牧畜牧业基地之一。在阿拉伯热带亚热带荒漠饲养有大量的单峰驼（约120万峰）、绵羊和山羊，著名的阿拉伯马就是在这里的平坦荒漠上育成的。中亚和中国的荒漠是这个地区重要的冷季放牧地，平原荒漠与山地组成了完整的全年的轮牧季带，建立了世界上最大的游牧畜牧业基地之一。这里的畜牧业以养羊为主，羔皮羊、粗毛羊、细毛羊、肉脂羊、毛肉兼用羊、绒山羊等方向的养羊业都很发达，尤以卡拉库尔羔皮羊和克什米尔绒山羊称著于世。西藏—帕米尔荒漠生产的克什米尔（Cashmere）绒山羊，是世界上著名的绒山羊品种。

荒漠由于极度干旱，生境十分严酷，它的生产者、消费者和分解者都十分单一和贫乏，群落结构和食物链简单，营养级较少，因此，荒漠生态系统十分脆弱，容易遭到破坏，必须十分谨慎地对待和维护它的生态平衡。当前，由于传统的利用习惯和人口压力，人们对荒漠都在过度地利用，放牧、采薪、狩猎，甚至开垦，这样不仅破坏了荒漠生态系统，也使周围的非荒漠地区遭受风沙危害，使人类的环境和生存受到更大的压力。因此，应该认识到首先要保护荒漠，在此前提下，才能谨慎地、有限地开发利用。

## 四、温带草甸[2,3,11,12]

亚洲的温带草甸主要分布在北部泰加林南缘和中部落叶阔叶林北缘森林被破坏的地区，各大草原和荒漠地区的低湿地，鄂毕河、额尔齐斯河、叶尼塞河、勒拿河、阿姆尔河、阿姆河、锡尔河、色楞格河、伊犁河、塔里木河等大河流的河漫滩，及天山、阿尔泰山、祁连山、杭爱山、兴都库叶山的中山带。总面积约 90 万 $km^2$（包括俄罗斯的亚洲部分）。

温带草甸是温带草地中产草量最高的类型之一，净初级生产力为 2.5—4.0 $t/hm^2 \cdot a$干物质。大多数类型的牧草株本较高，密度较大，草质较好，可以刈制优良牧草，地形较平坦的河漫滩草地，禾草占优势，并混生有豆科牧草，是最优良的天然刈草地。

## 五、高寒草甸[4,11,12]

亚洲有世界独一无二的广大青藏高原和众多的高大山系，因此，具有世界上最丰富的高寒草甸资源。它分布在青藏高原、喜马拉雅山、帕米尔—阿莱山、昆仑山、天山、阿尔泰山、祁连山、高加索山、杭爱山、萨彦岭等高大山系的森林带以上或相当的气候地带或地区，总面积约 110 万 $km^2$。

亚洲的高寒草甸大多处于干旱地区，植被以嵩草属（*Kobresia*）为主，此外还有禾草和较多的杂类草，豆科草少，毒草多是其特点。草层以矮化的丛状、垫状和莲座丛状草本为主，形成低矮而稠密的植毡。阴坡常有灌木，形成复合的高寒灌丛草甸。高寒草甸具有下列生产特征：①牧草生长季开始晚，结束早，一般不超过 4 个月。生长季内牧草生长迅速，生物量高峰出现在 8 月，净初级生产力为 1.5—2.0 $t/hm^2 \cdot a$干物质。②草皮深厚，弹性大，耐牧性强。牧草适口性好，粗蛋白含量高。③由于全年低温，凋落物的分解强度很低，利用不足之处，往往堆积有大量陈年枯草。④枯草期长达 8 个月，冬春牧草十分不足，家畜冬春瘦弱和春乏死亡率很高。⑤草层低矮，只能放牧，不能割草。灌水和施肥形成的半人工草地可以刈牧兼用。

以青藏高原为基础的亚洲高寒草甸，与牦牛、西藏羊、西藏马、西藏山羊等藏系家畜，以全年放牧利用方式，形成了世界上独一无二的大面积高原草地畜牧业。野生动物有野牦牛（*Bos grunniens*）、藏野驴（*Equus king*）、藏羚羊（*Pantholops hodgsonii*）、盘羊（*Ovis ammon*）、白唇鹿（*Gervus albirostris*）。草原毛虫（*Gynaephora* spp）是高寒草甸特有的昆虫，幼虫危害莎草科和禾本科牧草。

## 六、冻原[4,12,13]

亚洲的冻原由极地冻原和高山冻原两部分组成。冻原以耐寒的藓类和地衣较发达为其特征，也有一定的小灌木和多年生草本。多数的种常绿、矮生和贴地面生长。极地冻原分布在北极圈内的北冰洋沿岸。高寒冻原是极地冻原的相似体，分布在俄罗斯远东地区的山地。萨彦岭、长白山、阿尔泰山和天山等的高山带。总面积约 300 万 $km^2$，其中 95% 以上分布在俄罗斯境内。

冻原的草地农业生产特征为冻原—驯鹿系统。驯鹿的放牧地类型主要有下列 4 个类型。①草本和灌木放牧地。主要成分是柳属（*Salix*）、桦属（*Betula*）、苔属（*Carex*）、拂子茅属（*Calawa grostos*）的种和苔藓。植物生长缓慢，极柳（*Salix palaris*）每年只生长 0. 1—0. 5cm，净初级生产力为 300—500 $kg/hm^2 \cdot a$ 干物质，用作暖季放牧地。②河漫滩苔草—杂类草草地。这是冻原地带最有价值的草地，净初级生产力可达 5 $t/hm^2 \cdot a$ 干物质，施用 N120 $kg/hm^2$、P60 $kg/hm^2$ 和 K60 $kg/hm^2$ 可提高产量 2—2. 5 倍。③草本酸沼放牧地。土壤泥炭—沼泽化，群落由苔草属—禾草—问荆（*Equisetum*）构成，净初级生产力为 1—1. 5 $t/hm^2 \cdot a$ 干物质，用作冬季放牧地，有些地段可以割草。④壳状地衣放牧地。分布在干燥的分水岭、坡地和山丘等生境。壳状地衣主要的种有雀儿石蕊（*Cladonia alpestris*）、鹿角石蕊（*C. rangiferina*）、枝状冰岛衣（*Centraria cuculata*）、冰岛衣（*C. islandica*）等。枝状冰岛衣生长很慢，每年仅 1 cm，鹿角石蕊和林地石蕊（*C. sylvatica*）生长较快，但也需要生长几年才能利用一次。经过几年的积累，浓密的雀儿石蕊放牧地活的和死的生物量可达 5—10 $t/hm^2 \cdot a$ 干物质，鹿角石蕊可达 2—5 $t/hm^2 \cdot a$ 干物质，它们也均作冬季放牧地。

冻原地区的动物除作为家畜的驯鹿（*Rargifer tarandus*）外，还有麝牛（*Ovibos moschatus*）、北极兔（*Lenus arctious*）、北极狐（*Alopex logipus*）、北极熊（*Thalarctos maritimus*）和旅鼠（*Lemmus obensis*）等，每届夏季有大量候鸟栖息。

冻原放牧地的退化也是由于过量的放牧而引起，其过程是不断地通过灌木的衰退、地衣生物量的减少、藓类和沼泽的发育而表现出来的。合理的利用方法主要是使驯鹿由个体放牧改为群牧，使鹿群的自由放牧改为半自由放牧，实行三年制的放牧地轮换等。

## 参考文献

[1] 世界资源研究所，联合国环境规划署，联合国开发计划署．世界资源报告：1992 — 1993 [R]．张崇贤，柯金良，程伟雪，等译．北京：中国环境科学出版社，1993：398—399.

[2] 中华人民共和国农业部畜牧兽医司，中国农业科学院草原研究所，中国科学院自然资源综合考察委员会．中国草地资源数据 [M]．北京：中国农业科技出版社，1994：6—9.

[3] Савченко Н В. 俄罗斯的天然饲料地及其潜力 [J]．张自和，译．国外畜牧学——草原与牧草，1998 (2)：17— 20.

[4] 任继周．草地农业生态学 [M]．北京：中国农业出版社，1995：160—161，171—176，166—170.

[5] NUMATA M. Distrbution of grasses and grassland in Asia [M] //NURIATA M. Ecology of grasslands and bamboolands in the world. Hague—Boston—London：Dr. W. Junk BV Publishexs，1979：92—102.

[6] SINGH P，MISRI B. Rangeland resource—utilization and management in India [M] //Li B. Proceedings of the international symposium on grassland resources. Beijing：China Agricultural Scientech Press，1994：17—28.

[7] 沃尔特 H. 世界植被 [M]．中国科学院植物研究所生态室，译．北京：科学出版社，1984：241—258.

[8] MILLER D J. Rangeland and pastoral development：An introduction [M] //SCARNECCHIA D L，MILLER D J，CRAIG S R. Rangelands and pastoral development in the Hindu Kush—Himalayas. Kathmandu：International Centre for Integrated Mountain Develpment，1997：1—6.

[10] Khan M H. Status of rangeland and rangeland development in Pakistan [M] //SCARNECCHIA D L，MILLER D J，CRAIG S R. Rangelands and pastoral

development in the Hindu Kush—Himalayas. Kathmandu: International Centre for Integrated Mountain Develpment, 1997: 41—46.

[11] Sochava V. Distribution of grassland in the USSR [M] //NUMATA M. Ecology of grasslands and bamboolands of the world. Hague—Boston—London: Dr. W. Junk BV Publishers, 1979: 103—110.

[13] BLAGOVESHCHENSKY G V, LGOLOVIKOB V G. Characteristics of grassland ecosystem and their productivity in temperate and cold zone of the USSR [M] //Proceedings of the XV international grassland congress. Nagya: Iroha insatsu kogei co and Yamamoto kogyo co, 1985: 68—73.

# 走遍世界看草原*

敕勒川，阴山下，天似穹庐，笼盖四野。天苍苍，野茫茫，风吹草低见牛羊。

——南北朝：乐府诗集

离离原上草，一岁一枯荣。野火烧不尽，春风吹又生。

——白居易

多数人对草原的认知基本来自诗词歌赋，或影像制品，因为总体上全球大部分草原分布在自然条件比较恶劣的偏远地区，人们一般不易到达、深入。原来自然条件比较好的草原大都被人类开荒耕种，成为经济社会发达的地区，现在留存的草原则大都处于相对比较落后的状态。

在感性上，人们对草原充满了憧憬，这大概与人类向往自由、开放的天性有关。但在人类社会发展过程中，特别是近代，总体上草原基本处于逐步被边缘化的状态。而实际上，尤其是工业文明发展到巅峰状态的当前时代，环境恶化、食品安全、能源危机等事关人类生存发展的一系列问题的出现和恶化，促使人们不得不重新审视草原。

草原不只是放牧牛羊的地方，它是生态安全和食物安全的重要保障；草原不只意味着落后、荒芜，它是人类重要的财富和发展之源；草原也将不再处于边缘状态，它已经站在了时代的最前沿。在当前全新的时代背景下，我们需要用新的视角认识我们地球上的草原。

---

* 作者胡自治。发表于《森林与人类》，2008（5）：18—35.

## 一、每一个大陆都分布有草原

草原是人类生命的摇篮，在地球的每一个大陆都分布有草原，有的地方草原承受的开发较少、留存得比较完整，比如非洲的草原，现在成了地球上仅存的一块大面积的野生动物天堂，而欧亚、北美的草原则开发得比较剧烈，仅在一些自然条件很差的地区如青藏高原、蒙古高原、帕米尔高原、北美高纬度地区等实在不能耕作的地区草原才“幸存”下来。

草原作为人类最重要的自然资源之一，它的含义是：主要生长草本植物，或兼有灌丛和稀疏乔木，可以为家畜和野生动物提供食物和生产场所，并可为人类提供优良生活环境以及工业、医药等原料和产品的多功能的土地—生物资源，是草业的重要生产基地。草原包括温带无树草原、热带稀树草原、寒带冻原、林地和灌木地等类型。

联合国开发计划署、联合国粮农组织和世界资源研究所最新统计的全球草原面积为5250万$km^2$，占全球土地面积的41%。其中最辽阔、最著名的是欧亚斯太普草原、北美普列里草原、南美盘帕斯草原、非洲萨王纳稀树草原。

北美洲、中美洲、东亚、南美洲、撒哈拉以南非洲和大洋洲的草原面积都占农业用地的50%以上，其中大洋洲更占90%以上。世界上有40个国家的草原占国土面积的50%以上，非洲有20个国家的草原占国土的70%以上。世界上有9.38亿即17%的人口生活在草原上，直接以草原为生，并创造了许多不同的人类文明。

## 二、中国最大的农业资源

我国是世界第三大草原大国，草原面积39892万$hm^2$，与位居世界第一、第二位的澳大利亚和俄罗斯的草原面积相近。草原面积占国土总面积的42.05%，是耕地面积的3.12倍，林地面积的2.28倍，是我国六大自然资源（土地、森林、草地、矿产、水、海洋）之一。但我国草原人均面积仅0.33 $hm^2$，为世界平均数的1/2。随着人口的增加，家畜的增多，不断开垦以及城镇、道路、工矿业的发展，草原负载量不断上升，导致草原大面积退化（全国九成以上的天然草原遭到不同程度的退化或破坏），已成为阻碍草原畜牧业发展、危及国家生态安全和国计民生的重大难题。

我国草原主要分布在从大兴安岭起、向西南到横断山脉的斜线以西部分，大面积地、集中地分布于西藏、内蒙古、新疆、青海、甘肃、广西、云南、黑龙江等省（区）。斜线以东是典型的农业区，但各省也都有相当面积的各种类型的草原，其中湖南、湖北、江西、河南、贵州等省的草原面积在400—700万$hm^2$之间。如果以传统的南方、北方划分，我国南方天然草原面积6562.96万$hm^2$，占全国天然草原面积的16.7%。

根据草原面积和放牧家畜数量，西藏、内蒙古、新疆、青海、四川和甘肃是我国的六大牧区。而全国草原总共牧养着我国家畜（不包括猪）总数的1/3，约1亿头。有各类放牧家畜品种150多个，其中马35个品种，牛46个品种，绵羊46个品种，山羊27个品种，骆驼3个品种。一些著名的草原都有其独特的优良家畜品种，如呼伦贝尔草原的三河马和三河牛，锡林郭勒草原的乌珠穆沁马、乌珠穆沁牛和乌珠穆沁羊，宁夏草原的滩羊和中卫山羊，阿拉善荒漠的阿拉善双峰驼和白绒山羊，阿勒泰草原的阿勒泰大尾羊，巩乃斯草原的新疆细毛羊，伊犁草原的伊犁马和哈萨克牛，甘南草原的河曲马和蕨麻猪，天祝草原的白牦牛等。

## 三、世界最大的草原——欧亚大草原

欧亚大草原也称斯太普草原，斯太普源出斯洛伐克语，现在泛指欧亚大陆地势平坦开阔、排水良好、春季无水漫现象、以禾草植被为主的地区。在空间分布上，自欧洲多瑙河下游起，呈带状往东延伸，经匈牙利、罗马尼亚东部，乌克兰西南部，沿里海、亚速海，向东穿过哈萨克斯坦，直到西伯利亚西部的阿尔泰山、蒙古国、中国的内蒙古和东北西部，并沿黄土高原延伸到青海省的东北部，绵延8000余km，总面积约1.5亿$hm^2$，是地球上最辽阔的温带草原。

欧亚大草原夏季炎热，冬季寒冷，年降水250—550 mm，每年有一个旱季。西部的里海—哈萨克斯坦草原，受地中海—中亚型气候影响，表现为夏季干旱，有夏季和冬季两个休眠期。东部的蒙古—中国草原受东亚季风影响，表现为春季干旱，只有冬季一个体眠期。这里降水年变率很大，经常发生严重旱灾，土壤为地带性钙质土，由北向南随着雨量的减少和温度的增加，植被逐渐稀疏，土壤有机质减少，而依次出现黑钙土、栗钙土和灰钙土等。乌克兰和我国的东北均为草原黑土地带，有机质含量最高可达7%—8%，现多已开辟为农田，均为著名的粮仓。在不少地区，特别在栗钙土和灰钙土地区，有盐渍化现象。

斯太普草原的植被组成以温带旱生禾草为主，针茅属的种是代表性植物，狐茅属、冰草属、雀麦属、披碱草属、赖草属和菊科、藜科的种也是重要的组成成分，此外还有相当数量的灌木和半灌木。

斯太普草原无林，气候干旱、食物单调、缺乏隐蔽条件，因此动物种类较森林贫乏，并缺少树栖动物。但哺乳动物中有蹄类丰富，食肉类也较多，啮齿类特别繁盛。鸟类中居留的种类不多。昆虫的数量很多，以蝗类、蚁类占优势。

温带有蹄类动物的故乡——斯太普草原有蹄类动物的代表是野马、野牛、野驴、黄羊、鹅喉羚和赛加羚羊等。由于农垦和家畜的大量增长，以及大量的猎杀，大型野生有蹄类数目锐减。例如野马，在1866年莫斯科展出最后一个捕获标本后，再未发现野生个体；野牛也几近灭绝，只有被保护的极少数退缩到欧洲的森林；赛加羚羊原来在欧亚斯太普的西部广泛分布，现在只能在少数地区或自然保护区看到；野驴和野骆驼已很稀少。食肉类动物以艾鼬、虎鼬、兔狲、狼、赤狐、沙狐等为主。鸟类种类数量相对较少，主要为地栖的云雀、蒙古百灵、大鸨、毛头沙鸡等。相反，由于人类的活动，啮齿动物大增，其中以欧黄鼠、斑黄鼠、达乌尔黄鼠、草原田鼠、草原旱獭最具代表性，其次是草原鼢鼠、草地田鼠和仓鼠等。例如，面积仅为2600 $km^2$的内蒙古锡林郭勒盟白音锡勒就有啮齿类的18个种。蝗虫是最重要的昆虫，大发生时，遮天蔽日地进行飞迁，对草原造成极为严重的危害。

全球环境压力最大的斯太普草原由于其地处半干旱和干旱地带，地势平坦，有一定的降水，是人类最早垦殖的地区之一，目前大部分肥沃的草原已被开垦。随着人口的压力，人们继续向不适于开垦的地区进逼。滥垦、过牧、鼠害、干旱、沙化、盐渍化和水土流失，使大面积的草原消失和严重退化。例如，在20世纪50年代中期，苏联为了增加粮食生产，大量开垦了哈萨克斯坦的草原，由于不合理的利用，仅过了几年土壤肥力就迅速降低，再加上植被破坏后的干旱、风蚀、水蚀，开垦后的草原迅速变成了荒漠，经常发生黑风暴，直接影响了周边广大地区人民的生活和工农业生产。近些年来我国北方的沙尘暴，其产生的根本原因，就是滥垦滥牧，草原植被破坏、土壤沙化，形成了大面积的沙尘源，一遇到大风就会形成。

我国境内的斯太普草原根据水分条件可分为草甸草原、典型草原和荒漠草原三种类型。

草甸草原是斯太普草原的偏湿类型，与森林带相邻，主要分布于东北平原，内蒙古高原东部，黄土高原西南部。温带半湿润气候，年降水量350—550 mm，冬季有一定时期的积雪。土壤为黑土、黑钙土、黑垆土和暗栗钙土等，有机质含量丰富，为3%—5%。植物的水分生态类型主要是中旱生和广旱生，主要的代表植物是贝加尔针茅、羊草、白羊草、小尖隐子草、线叶菊等。干草年产量1500—3500 kg/hm$^2$，是中国斯太普草原中最高的类型，质量也很好。其中分布于呼伦贝尔草原、锡林郭勒草原和东北西部草原的羊草草原面积大，地势平坦，草层高度80—100 cm，在整个生长期营养价值都很高，是最优良和最重要的天然割草地。

典型草原斯太普草原的典型类型，即居于较湿的草甸草原和更干的荒漠草原中间位置的类型。分布于内蒙古高原中部和中东部、东北平原西南部、鄂尔多斯高原东南部、黄土高原中西部和新疆西部的山地。温带半干旱气候，年降水量250—450 mm，春季酷旱，冬季严寒。土壤为栗钙土和淡黑垆土，有机质含量中等，为2.0%—3.5%。植物的水分生态类型以典型旱生为主，主要的优势种是针茅属的种，从东到西依次是大针茅、克氏针茅、长芒草和针茅，此外还有羊茅、糙隐子草、冰草、冷蒿、铁杆蒿和百里香等。典型草原是我国北方草原畜牧业基地的主体，牧草种类较丰富，营养价值和适口性都很好，牧草年产量1000—2000 kg/hm$^2$，适于放牧牛、马、绵羊和山羊。

荒漠草原斯太普草原旱生程度较强的类型，位于与荒漠相邻的一侧，是典型草原和荒漠的过渡类型。在我国主要分布在内蒙古高原中西部、鄂尔多斯高原西北部、黄土高原西北部以及新疆荒漠区山地草原下部与荒漠的过渡地带。温带干旱气候，年降水量100—250 mm，全年都很干旱。土壤主要为灰钙土和棕钙土，有机质含量很少，只有0.5%—2.0%。植物的水分生态类型以强旱生为主，主要的优势种除针茅属的种外，还有一些半灌木和小灌木，例如，短花针茅、戈壁针茅、沙生针茅、无芒隐子草、多根葱、女蒿、蓍状亚菊、灌木亚菊和驴蒿等。由于降水很少，牧草产量很低，每年只有300—1200 kg/hm$^2$，牧草高度低，不能割草，只能放牧利用。适于放牧绵羊、山羊和骆驼。

## 四、最现代化的草原——北美大草原

北美大草原也称普列里草原或北美大平原。普列里源出法语。后一名称的来源是由于美国南北战争之后，为了开发西部，宣传西部的富庶和美丽，美国政府把西部大草原称为大平原。它分布于北纬30°—60°、西经89°—107°的广大温带平原地区，是世界上面积最大的禾草草地。从加拿大南部起，纵贯美国中西部，直到墨西哥中部与牧豆树热带稀树草原相接，东起伊利诺伊州西部和俄克拉荷马州落叶林西缘，西至落基山脉。土壤深厚而肥沃，为世界上草原经营现代化、生产效率最高的草业生产区域之一。

北美大草原主要的植物成分为针茅属、冰草属、须芒草属、格兰马草属和野牛草属的一些种，后两个属的种在欧亚大陆的斯太普草原上不出现。从东到西，由于湿润度逐渐变小和植物高度的降低和种类的变化，分为三个草原带。

高草普列里草原也叫高草区，包括从加拿大到墨西哥湾长约1000 km，宽240—300 km的广大地区。100多年以前为丰美的天然草地。年降水量为600—1000 mm，草层高度可达1.5—2 m，特征植物为小须芒草和大须芒草，前者分布于高地，后者分布于低地，这两种植物占植被成分的72%。其他草本植物主要为柳枝稷、假高粱、边穗格兰马草、得克萨斯针茅、野牛草以及栎属、山核桃等灌木，在较干旱的地方多蓝茎冰草、边穗格兰马草、三芒草、针茅等。由于降水量的年度变化，高草与中草可以互有增减，以增加其产草量的稳定性。高草普列里牧草营养价值较差，尤其当其成熟以后，营养价值迅速降低，在冬季几乎不堪利用。经过长期垦殖以后，高草普列里草原多已变为丰产的农田玉米带。

混合普列里草原也叫中草区，是北美分布最广的草原类型，从加拿大的南部一直到美国的得克萨斯州。因为在史前时代，原生性植被有的来自东南方的热带地区的高草和中草，有的来自西南部的短草，有的来自寒冷地区的中草和莎草，因此称为混合普列里。混合普列里草原是北美主要的放牧地。今天所见到的北美草原大部分属于这个类型。因为水分不足和过度放牧，混合普列里草原有明显的衰退表现。加拿大境内的混合普列利草原原有2400万 $hm^2$，现在只剩24%，其中半数放牧过重。混合普列里植物学组成十分复杂，水分较少的高地和丘陵顶部生长杂类草，而生境较好的地方生长狐茅等优良牧草。在南部较为温暖的地区生长稀树草地，如阔叶栎、栲木、东方杨、柳。林下则生长野黑麦草，以及格兰马草—针茅—冰草群落和野牛草、西方冰草、大须芒草等。

低草普列里草原也叫低草区，它从落基山山麓地带向东延伸，在西经100°与高草普列里草原相连；北方从加拿大开始，向南直到美国新墨西哥州与得克萨斯州中部，然后过渡到荒漠—禾草区。年降水量为 250—650 mm，其中 70%—80%分布于4月—9月的生长期内，由于雨量较少，降水渗入土壤深度有限，其淋溶物质积于淋溶极限处形成硬磐层，水分及植物根不易通过，因而低草区牧草多为浅根，牧草生长受到降水季节的严格控制。低草区的天然植被以蓝格兰马草、野牛草为主，其株体小而能形成致密的草皮。南部的低草普列里草原还能生长很多的仙人掌类植物，特别是在放牧过度的地方。低草普列里草原在适当管理之下，可成为良好的放牧地，干草产量每年可达 1700 kg/hm$^2$。在南部可以全年放牧；中部可以放牧 8—10 个月，冬季需补饲；北部可以放牧 4—8 个月。如有山间草地，可以从秋季利用到来年春季，以补低草区冬季牧草之不足。妥善管理的低草区在全年放牧条件下远较高草区为耐牧。如长期放牧过重，则杂草增多。低草区也曾因滥垦而遭受严重风蚀。

曾经的野牛王国的北美野牛是北美大草原最著名和最具特点的两种动物之一。北美野牛是体重可达 1000 kg 的巨兽，西方殖民者未到达北美大陆时，其数量曾达到 7500 万头，常组成 2—4 万头的大群生活。19 世纪 80 年代由于滥猎几近灭绝，1872 年，仅在南部普列里草原就有超过 50 万头北美野牛被射杀并剥皮，到 1890 年只剩 550 头。很幸运，它们最终存活了下来而没有灭绝。1894 年，美国国会通过了保护野牛的法案对其加以保护，1991 年初，北美野牛又达到了 9.5 万头，政府不再将其列入濒危动物并已允许私人屠宰。目前，美国市场上已有较家养牛肉贵数倍的绿色北美野牛肉出售。

叉角羚羊是北美大草原上的另一重要大型草食动物，和北美野牛一样，也经常以 100—200 头的大群采食和迁徙。

令美国“变色”的黑风暴发生在 19 世纪中叶。辽阔而肥美的北美大草原曾被美国西部开拓者认为能长期无限制地牧养家畜，但到 1880 年即由于过度放牧而使草原的载畜量大大降低。1930 年，美国政府对西部的草原进行调查后确认，一半以上的草原由于过牧已被破坏，1/4 的草原仍在退化。第一次世界大战后，世界小麦价格持续上涨，美国农场主大规模开垦草原种植小麦，草原被大量开垦，土壤水分因过度消耗而旱化。由于过牧和滥垦，仅在 20 世纪 30 年代，就有 2000 万 hm$^2$的优质草原被彻底毁坏，生态环境受到严重破坏。1933—1934 年多次发生黑风暴，土壤被吹去数厘米到 1 米厚，尘土飞扬，黑霾蔽天，起风时白天需开灯，甚至对面不见人，以至交通断绝。1934 年，严重的草原黑风暴数次横扫全国，其中的一次长达 2400 km，广达 1440 km，高达 3 km，大半个美国为之变色，并殃及中美洲各国。此后，美国国会制定了系列的有关法律，保护和恢复草原。通过70多年的不断努力，美国已在保护和恢复草原生态环境这一重大问题上获得了显著的成效。在草原利用的实践上，把流域水土保持、游憩与放牧饲养家畜结合在一起，从而全面发挥了草原的生态和生产功能，取得了全面的效益，美国成为世界上草原经营管理现代化的国家。

## 五、印第安人的牧牛地——南美大草原

南美大草原也称盘帕斯草原。盘帕斯为南美安第斯高原印第安人之一支的奇楚亚人语，意为平坦、广阔、草本植物为主的地区。盘帕斯草原泛指南美洲南纬32°—38°之间、亚马孙河以南，从大西洋海岸到安第斯山脉的广大地区。可分为东部湿润盘帕斯与西部干旱盘帕斯两部分。前者年降水量800—1200 mm，后者为350—500 mm。就气候条件而论，本区适宜树木生长，实际上除沿河两岸有“走廊式”树林外，基本为无林草原。虽然东部盘帕斯的雨量较多，但温度也较高，例如阿根廷首都布宜诺斯艾利斯的年平均温度为16.1℃，蒸发量很大，因而也不是十分湿润。盘帕斯草原总面积77.7万$km^2$，其中大部分在阿根廷境内，为64.75万$km^2$，占阿根廷总面积的23%，其余在乌拉圭境内。为黄土质黑土，排水不良，碱土和盐土广泛分布。

盘帕斯草原占优势的植物为硬叶禾本科草，另有多种双子叶植物。豆科植物少是该群落的一大特点，特有种也较贫乏。主要的优势种有两种针茅、孔颖草、三芒草属、臭草属、须芒草属、雀稗等。其植被类似北美普列里草原靠近太平洋的部分，但有更多的大型丛生禾草，针茅属及臭草属占有更大比重。特征种潘帕斯草，高3 m，叶片长达1.8 m，巨大的白穗长达60 cm，成大丛生长。丛生小乔木成小岛状分布于广大草原，为其特征景观。

盘帕斯草原土层深厚，牧草丰美，为传统的印第安牧牛人养牛基地。16世纪中叶，英国人从欧洲引入良种牛。19世纪中叶以后，冷藏船运输的发展为阿根廷养牛业带来了兴盛，为此当地人加强了草原管理。目前，草原围栏普遍设立，50%以上的天然草地已改建为人工、半人工草地，并实行草田轮作，盘帕斯草原进入了现代化经营阶段。现在阿根廷60%以上的人口及工业、交通设施分布于此，盛产小麦、玉米、胡麻、花生和苜蓿。2002年饲养牛5000万头，马360万匹，绵羊1350万只，山羊350万只，农牧产品的85%来自此区。原在当

地居住的养牛人也逐渐消失。

## 六、最野性的草原——非洲热带稀树草原

非洲热带稀树草原也称萨王纳草原，萨王纳源出西班牙语。非洲萨王纳草原分布在赤道热带雨林两侧南北纬10°—20°的半干旱地带。总面积2.84亿$hm^2$，是非洲草原的主要类型。

树、灌木和草生长在一起的萨王纳草原全年高温，年降水量500—1500mm，每年有明显的旱季和雨季的交替。植物以喜阳性、耐高温、旱生多年生草本植物占优势，稀疏地散布有耐旱、矮生的乔木和灌木，故名稀树草原。乔木多分枝，具大而扁平的伞形树冠，为动物提供了天然的遮阳处。灌木地下部分特别发达。草本植物以高大的禾草占优势，高1—3 m，叶狭窄而直立，构成密草丛；阔叶的双子叶草本多具小型叶，坚硬或完全退化。雨季植物生长旺盛，动物饲料充足；旱季除木本植物外，其他植物地上部分枯萎、死亡，有些树木也在旱季落叶，动物处于饥饿状态。

沿非洲热带雨林南缘，向南到荒漠灌丛带北边的金合欢—高草萨王纳，宽达650 km，稀疏的平顶小乔木金合欢及风车子普遍散生或丛生，树高3—15 m，疏林之间生长有须芒草及黍等高大禾草，草丛高度1.4— 4.5 m。这里的草原之所以能保持稳定，有赖于经常发生燎原火灾，当火灾被控制后，有可能部分地演变为林地；当干旱程度增加时，金合欢—高草萨王纳可被高草—丛生禾草萨王纳所取代。随着降水量的减少，旱季延长，更进一步演变为短草—丛生禾草萨王纳，草丛高度仅30 cm左右，稀树也变得更加稀疏而矮小，多刺树种增加，在年降水量低于500 mm时，萨王纳就被荒漠和半荒漠所取代。

萨王纳草原的生产力差异很大，为每年2—150 t/$hm^2$干物质，平均为40 t。其大小与降水量、降水量的周期性、蒸散作用的速度、土壤渗透性和肥力、植物种的特性及放牧强度等因素有直接关系。萨王纳草原的优良牧草很少，占优势的热带禾本科草饲用价值很低，其营养特点是干物质含量很高，达40%—65%，粗蛋白含量很低，仅占干物质的2%—6%，磷的含量也很低，仅为0.1%—0.2%，粗纤维和二氧化硅的含量很高。但灌木的嫩枝叶营养丰富，像金合欢等豆科灌木的嫩枝叶营养价值很高。

（一）游牧的生产方式

萨王纳草原是世界上重要的养牛基地之一，并有大量的山羊和骆驼。游牧是这一地区的主要饲养方式。雨季通常在萨王纳中心放牧，随着旱季到来，逐渐向较湿润的边缘转移，直到林地边缘。在靠近荒漠、半荒漠的一侧则相反，雨季游牧于荒漠灌丛，旱季则去萨王纳腹地。由于气候炎热，在非洲的萨王纳草原地区每年因疾病而死亡的家畜为1%—2%。影响家畜放牧利用的另一因素是有害昆虫采采蝇（Tsetse fly），它们大量栖居在水道两侧的密灌丛中，使大面积的草地难以被充分利用。

（二）世界的动物园

相对于温带草原，萨王纳草原具有较高的生产力，养活了大量的大型草食哺乳动物。哺乳类中最具代表性的有非洲象，它是陆地最大的兽类，旱季时结成数十头的大群进行迁移。河马体长 4 m 以上，是仅次于非洲象的大型兽类。长颈鹿是世界上最高的动物。非洲犀牛有两种，白犀已濒临灭绝，黑犀是凶猛的草食兽。斑马是非洲特有的动物，它与长颈鹿、羚羊、鸵鸟等混群觅食的情景，构成非洲萨王纳草原特有的景观。种类丰富的羚羊是非洲热带稀树草原动物的另一特征，主要的种有大角斑羚、捻角羚、角马、马羚、貂羚、弯角大羚羊、黑斑羚等。大角斑羚体形很大，体重可达 900 kg。角马有两种，它们是头上长角，颏下有须，颈上长鬃，尾长多毛，又像马又像牛的形态甚怪的大羚羊，也是非洲萨王纳草原的特有动物。大型的食肉动物最著名的有非洲狮、猎豹、斑鬣狗、棕鬣狗和非洲猎犬等。鸟类中的代表除鸵鸟外，还有鹭鹰、鲸头鹳、珠鸡、厦鸟等。鹭鹰是捕食蛇、鼠、兔等的猛禽，有飞翔能力，但不经常起飞，它在地上取食，却在树上营巢。昆虫中最令人注目的是白蚁，种类很多。由于野生有蹄类动物采食的植物在空间、时间和种间的关系上比家畜的自由度大，因此在同一块萨王纳草地内，能养活的野生有蹄类往往比家畜大2—15 倍。

（三）野生动物也游牧

与家畜一样，野生有蹄类的牧食也与季节交替和地形有密切联系，并且在动物物种之间有很好的配合。例如在坦桑尼亚巨大的塞格朗蒂自然保护区，雨季时所有的草食动物都成群地聚集到长有低草的高地上，这时正是青草生长阶段，牧草幼嫩，蛋白质含量丰富，是幼畜出生和哺乳的时期。当旱季来临时，这些草食动物被迫向洼地转移，此时的洼地土壤湿润，植物尚能生长。起初是采食粗老茎秆的斑马和野牛首先到来，通过采食和践踏将老茎清除；随后羚羊和角马相继到来，它们以残茬上重新长出的嫩叶为食；最后到来的是瞪羚，它们主要采食富含蛋白的草本植物的果实。这种更替牧食现象和顺序取决于各种动物群的采食范围及个体数量。由于这些动物的迁移和循环每年反复出现，因此这样的地区可以看作是一个完整的萨王纳草原生态系统，并在次级生产上表现得十分复杂。

（四）不可替代的配角——白蚁

白蚁在萨王纳生态系统的物质循环中起着重要的作用。它们在草原上筑起高达 1 m 多的坚固巢穴，大量孳生，以富含木质素的树木及硬草为食料，每年所消耗的能量为大型草食动物的百倍以上。因此，尽管萨王纳每年有大量树木、枯草倒伏，但可通过白蚁将其分解、清除，加速了这一草地能量与矿物质的转化过程。除了食蚁兽外，当地居民也以白蚁为食，因此，白蚁在萨王纳的生态系统中的作用十分重要。

“地球的燃烧中心” 萨王纳草原有一定的降水量，可以种植农作物，树少容易开垦，草多适宜放牧，因此，很早就是人类聚居开发的地区，是人类最早的发祥地之一。萨王纳草原的牧民传统上每年对草原进行一次火烧，目的是清除草本和木本植物的坚硬枯枝，促进幼嫩枝条生长，便于放牧。但同时也带来了巨大的不良后果，那就是草原火烧释放污染物，污染大气。据联合国环境规划署的研究报告，地球上每年被焚烧的生物体的大部分来自热带稀树草原，其中 2/3 来自非洲热带稀树草原，因此，在其研究报告中将其称作“地球的燃烧中心”。

当前由于人口不断增加，过度开垦，放牧过重和每年的草原火烧，造成土壤侵蚀，植被破坏，环境恶化，影响动物的正常生活，再加上其他人文条件恶劣，萨王纳草原地区人民的生活仍然十分贫穷。

## 七、保护草原是人类的责任

当前，由于人类对草原的保护和关爱不够和不全面，造成了全世界草原的自然面貌变坏，生态、生产价值在不断降低。据估算：世界温带草原的 25% 被改变为农田；北美高草草原 71% 的面积被开垦，19% 成为城市，现存的草原只有原来 10% 的面积。亚洲、非洲和大洋洲的情况稍好一些，草原被保留的面积约为 70%，但绝大部分优良草原已被开垦。

我国的草原除被大量转变为农田和城镇工矿用地外，还有很大的面积变成难以利用的沙地、盐碱地。在20世纪的后50年，我国共有4次草原大开荒，1930万$hm^2$的草原被开垦。目前，全国耕地面积的18.2%源于草原，被开垦的草原有50%因生产力逐年下降而被撂荒成为裸地或沙地。1995—2000年，西部地区草原对耕地扩大的贡献率达到69.5%。1995—2003年，西部迅速增加的难利用的沙漠化土地和盐碱地面积，草原的“贡献”率为83.1%。近年来我国草原每年约减少150万$hm^2$。

## 八、草原还是农田？

人为的生产活动还使大面积的草原被分割为小块（即破碎化），对草原生态系统质量和数量造成不利的影响。增加了人为火灾的频率，破坏了草原性质的一致性，降低了草原保持生物多样性的能力。

农业、城市化和道路建设是造成草地破碎化的主要原因，草地围栏和木本植物向草地蔓延也能造成严重的破碎化。据报告，在西半球，草地生态地区破碎化最严重的地方是北美洲温带和亚热带的集约耕作区。在美国的大草原地区，大量的道路建设加剧了草地的破碎化程度。如果不考虑公路网，美国90%的草地、博茨瓦纳98%的草地是由每块面积为1万$km^2$甚至更大的地块构成，但是，由于道路的因素，这种大面积的草地块没有继续保留下来，美国70%的草地是由小于1000 $km^2$的地块组成的。

我国草原破碎化的情况也很严重。据2000年遥感快查显示，我国25 $hm^2$以上的成片草原仅剩3.3亿$hm^2$，比20世纪80年代全国草原统一普查时减少2623万$hm^2$，平均每年减少150万$hm^2$。也就是说，由于农业、城镇化和道路建设等多种原因，我国的草原每年有150万$hm^2$破碎为小于等于5 $hm^2$的小片。

世界五大洲草原被改变用途的情况估算表（%）

| 大陆及地区 | 保留的草地 | 转变为农田 | 转变为城镇 | 总转变率 |
| --- | --- | --- | --- | --- |
| 北美：美国高草草原 | 9.4 | 71.2 | 18.7 | 89.9 |
| 南美：巴西、巴拉圭和玻利维亚的热带高草草原、林地和热带稀树草原 | 21.0 | 71.0 | 5.9 | 76.0 |

续表

| 大陆及地区 | 保留的草地 | 转变为农田 | 转变为城镇 | 总转变率 |
|---|---|---|---|---|
| 亚洲：蒙古、俄罗斯和中国的草原 | 71.7 | 19.9 | 1.5 | 21.4 |
| 非洲：坦桑尼亚、卢旺达、布隆迪、刚果、赞比亚、博茨瓦纳、津巴布韦和莫桑比克的稀树草原和林地 | 73.3 | 19.1 | 0.4 | 19.5 |
| 大洋洲：澳大利亚西南部的灌丛地和林地 | 56.7 | 37.2 | 1.8 | 39.0 |

草原和野生草食动物已经相互依存了几百万年，草食动物是草原生态系统功能不可缺少的部分。通过放牧，动物刺激了草本植物的再生，去除了光合效率低下的老组织，使阳光更多地到达幼嫩的组织，从而促进植物生长。家畜放牧可以重复这些有利的影响，但是在人类管理下的家畜群牧，由于其影响过分集中，对草原造成了不良的后果。数量多、密度大的家畜群牧及其繁殖方式，会破坏草原植被，改变成分和平衡，减少草原支持生物多样性能力；踩实土壤，加速水土流失，最终造成草原退化。草原退化成为世界各国草原最容易出现和最常见的现象。

当前，我国草原平均超载家畜34%，较20世纪80年代增加了17个百分点。牧业及半牧业县77%处于家畜超载状态。2005年全国牛、羊饲养量分别达到了1978年的2.7倍和3.5倍。加上气候变暖和干旱，以及其他的人为破坏，我国草原退化的情况也非常严重。目前，我国90%的草原存在不同程度的退化，并且每年还以200万$hm^2$的速度增加。草原质量和生产能力不断下降，平均产草量较20世纪60年代初下降了1/3—2/3。经过多年来的治理，局部虽然有明显的恢复，但整体退化的情况依然存在。

草原是全人类重要的财富和生命之源，没有什么可以代替草原的服务给人类带来的幸福。人类对草原生态系统的依赖日益增强，而不是减少。过度开发和不合理的利用造成的草原面积不断减少、破碎化和退化所导致的水土流失、土地沙漠化、沙尘暴、洪水泛滥、江河断流、生物多样性减少等生态灾难和经济损失，给人类带来的危害和痛苦，又从反面证明了这一事实。但是，尽管已经证实草原对全世界和全国人民提供的生态服务和产品服务是如此的众多和如此的重要，但草原仍没有得到人类足够的重视和应有的关爱。

草原生态系统服务的影响深远，远远超过草原本身的边界。健康的草原惠及全国和全世界人民；相反，退化的草原殃及全国和全世界人民。了解草原的重要性、脆弱性和恢复能力，就能找到人和草原生态系统和谐相处并享受其服务的途径。因此，保护草原，关爱草原，走可持续发展的道路，是全人类的共同愿望和责任。

# 制止牧区工矿业无序发展，保护生态屏障——草原*

## ——以锡林郭勒盟东乌珠穆沁旗草原为例**

以内蒙古东乌珠穆沁旗草原为例，论述了锡林郭勒草原的生态—生产重要意义及其生态脆弱性。强调了牧区经济要走可持续发展的道路，环境保护是牧区经济—社会可持续发展的基础，减少草原牧区工矿业无序开发带来的环境破坏，是恢复和保护西部生态环境的重要内容，指出滥牧、滥垦和无序的工矿业发展都会对草原造成彻底的破坏，要全面地从牧业、农业和工矿业对草原减负。引述了东乌珠穆沁旗工矿业无序发展对草原和环境造成的严重后果。综述了草原的功能、生态系统服务价值，计算出东乌珠穆沁旗几家无序发展的工矿业占有、破坏、污染草原2733 $hm^2$，每年造成的草原生态系统服务损失达528万元人民币，环境污染造成的人、畜中毒、死亡，大量抽取地下水造成的生态损失尚未计算在内。提出了要通过加强领导、教育和宣传，增强全社会保护草原和保护环境的意识；依靠法制；建立草原生态环境补偿机制等综合措施，切实和有效地保护东乌珠穆沁旗和全国的草原。

当前，在党中央和国务院的领导下，全国各级领导和广大人民大力开展退耕还草、退牧还草，保护草原，治理生态环境的时候，竟然还有一些单位和企业，为了眼前或局部利益，无视国家的法规和方针政策，恣意破坏草原资源，毁坏绿色生态屏障。“绿色北京2002北方草原考察报告”和《中国环境报》曾

* 作者胡自治。发表于《草原与草坪》，2004（3）：6—9.

** 本文在绿色北京主办，中国生态经济学会、中国系统工程学会草业委员会协办的“工业发展与东乌珠穆沁旗天然草原的保护研讨会”上宣读过。

发文[1]，共同对内蒙古锡林郭勒盟乌珠穆沁草原遭到大面积破坏的情况做了报道，读后令人震惊。笔者除了支持和声援上述两文外，觉得还应当提出自己的一些看法，希望有助于尽快正确地解决这一重要问题。

## 一、保护锡林郭勒草原的重要意义

（一）草原是我国北方重要的生态屏障

我国北方气候干旱，森林面积很小，天然植被以草原为主，因此草原是北方最重要的绿色生态屏障，具有调节气候、水土保持、涵养水源、防风固沙、防止沙尘暴等重要的生态功能。

锡林郭勒盟（锡盟）是我国主要的草原牧区之一。以乌拉盖尔河流域为中心的乌珠穆沁草原（大部位于东乌珠穆沁旗境内），主要是以羊草（*Leymus chinensis*）、贝加尔针茅（*Stipa baicalensis*）和杂类草为主的草甸草原，低洼地为低地草甸[2]。锡盟草原比较平坦，草层较高、较密，可以割草，是我国质量最好的草原之一，具有较强的生态环境保护功能，是华北和北京的重要生态屏障。

（二）乌珠穆沁草原是重要的畜牧业生产基地

乌珠穆沁草原所在的锡盟是纯牧业盟，为内蒙古重要的草原畜牧业基地。乌珠穆沁草原的牧草产量高、质量好，有大面积的优良天然割草地。这片水草丰美的草原培育出了著名的乌珠穆沁马、乌珠穆沁牛、草原红牛、乌珠穆沁羊，它们体格硕壮，生产力高，是驰名中外的当地优良家畜品种[2]。牛羊的胴体大、肉味鲜美，尤其是无污染的乌珠穆沁羊肉，更是北京人喜爱的涮羊肉的传统地道原料，也是受欢迎的出口商品。

（三）乌珠穆沁草原是脆弱的生态系统

乌珠穆沁草原处于典型的大陆性气候地带，年均温很低，为 -1—2℃，无霜期很短，仅 90—110 d。在蒙古高压控制下，冬季寒流频繁入侵，1 月平均温度 -23℃，十分寒冷。年降水量 250—350 mm，但春旱较严重[3]。因此，乌珠穆沁草原的生态条件较严酷，植被一旦被破坏，不易恢复，是一个需要小心呵护的脆弱的生态系统。

（四）锡盟重视保护草原生态，1.5 万牧民移出草原

锡林郭勒牧民热爱草原，根据锡林郭勒盟实施的“围封转移”战略，2002 年全盟共有 3430 户，14691 名牧民作为生态移民从草原上迁出，牲畜实行舍饲

圈养，草原实行禁牧、休牧，使24万$hm^2$草原得到休养生息[4]。

## 二、牧区经济要走可持续发展道路

（一）环境保护是实现牧区经济和社会可持续发展的基础

环境是现代社会发展和文明的一个重要指标，良好的环境为经济发展提供良好的资源和条件，促进经济的增长，但环境一旦受到破坏，又必然会成为经济发展的制约因素。为此，党的十六大把环境质量作为我国全面建设小康社会的重要目标，十六大报告提出，要走“可持续发展能力不断增强，生态环境得到改善，资源利用效率显著提高，促进人与自然的和谐，推动整个社会走上生产发展、生活富裕、生态良好的文明发展道路”；强调“必须把保护环境和保护资源作为一项基本国策”。

草原牧区在严格保护草原生态环境的前提下，合理、有序地发展工矿业是允许的，它可以提高草原牧区社会生产的多样化和生产力水平，也是社会发展和进步的必要条件。但以牺牲草原生态效益换取短期的经济效益，却是违反可持续发展模式的，更是违反社会发展规律的，因此是不能允许的。

（二）避免和减少草原牧区工矿业资源开发带来的环境破坏，是恢复和保护西部生态环境的重要内容

我国西部经济落后，但牧区资源丰富，具有很大的发展工矿业的空间和潜力，是西部大开发的重要内容。但发展工矿业一定要处理好资源开发与环境保护的关系，要牢固树立保护环境就是保护生产力，改善环境就是发展生产力，破坏环境就是破坏生产力的理念；要全面、正确处理好经济发展与环境保护的关系。要在现代化的高水平上使产业和生态环境共同得到发展，这一点在很大程度上决定着西部能否实现可持续发展，能否使整个国家达到现代化。反过来说，野蛮式地发展、掠夺式地开采、饮鸩止渴式地引进落后、淘汰和污染环境的项目的短期行为，只能给草原、牧民和工矿业带来长期的灾难。

## 三、无序的工矿业会彻底破坏草原

无序发展、无视生态环境保护的工矿业，造成草原的地表土壤被剥离，植被完全消失，动物被迫迁移，水资源受到再次分配，完全破坏了草原生态和草

原自然景观；工矿业固体废弃物、污水和生活垃圾大量产生，对环境造成严重污染。要治理和恢复工矿业破坏的草原十分困难，需要付出很大的经济代价和很长的时间代价。

长期以来，我国脆弱的草原生态系统承受着多方面的难以忍受的重负。例如，牧区畜牧业视草原牧草为大锅饭，抢牧滥牧；农业长期视草原为荒地，大量滥垦，广种薄收；工矿业视草原为无主、无用之地随意侵占和破坏。草原的生态环境已濒临崩溃的边缘，因此，草原需要全面减负，减牧业之负，减农业之负，减无序工矿业之负。

## 四、工矿业无序发展对草原的严重破坏

东乌珠穆沁旗（东乌旗）地处锡盟东北部，有 4.75 万 $km^2$ 以草甸草原为主的优良草原。近年来，锡盟草原退化、沙化和碱化的面积已达到可利用草原面积的 54%。东乌旗草原已成为锡盟仅存的一颗“绿色宝石”，是锡盟救灾贮备牧草的生产基地。但现在它也面临着被一些技术含量偏低，污染严重，无序发展的工矿业破坏的极大危险。

（一）工矿业肆意挖掘，彻底毁坏草原土壤和植被

一个未办理任何有关环境影响评价和审批手续的东乌旗招商引资项目——铁锌矿，侵占草原 670 $hm^2$，毁草打井筑坝，开挖了长 10 km、宽 3 m、深 4 m 的露天引水沟。另一个矿业公司在自治区环保局要求该矿停止开发和建设，并进行了行政处罚后，旗政府却又决定将 300 $hm^2$ 草原划归矿方使用。这些规模宏大、功率强大的挖掘活动，很快就彻底破坏了大面积草原的土壤和植被。

（二）大量的固体废弃物和矿砂堆破坏植被，污染环境

矿井开挖、剥离的表土碎石，开采的矿砂，生产过程形成的固体废弃物堆，生活垃圾，在露天堆成了一座座小山，造成水土流失，淋溶、渗漏有毒废水，散发有害气体，破坏植被，污染环境。

（三）有毒有害废水污染水源，破坏草原，危害人、畜和野生动物

1994 年和 2001 年东乌旗两个银矿发生过两起重大有毒氰化物污染事故，大量氰化物废水渗入地下，污染草原 670 $hm^2$，导致牧民 200 余头牲畜饮用污水中毒死亡。东乌旗某造纸厂是一家重污染企业，单位产品的污水排放量为国家标准的 4.67 倍，年总排放量达 200 万 t，且没有任何处理。其排水口污水中的

COD 指标超过国家规定标准的 47 倍，酚超标达 60 倍；自然形成的污水池达 100 $hm^2$，污水中的 COD 含量为国家规定的地面Ⅲ类水质标准的 220 倍，汞超标 19 倍，酚超标竟达 3300 倍。两年多来，严重的污水污染致使 1000 $hm^2$ 草原受到严重损害，空气、土壤、地表水和地下水受到严重污染，已有 30 多头家畜中毒死亡，牧民也出现头晕恶心等中毒症状。

（四）厂矿超量抽取地下水，造成严重的生态危机

东乌旗仅造纸厂、铁锌矿每天耗水就达 10000 t，如此大量的水都抽取自地下，长此以往，势必造成大面积地下水位下降、小河断流、湿地干涸，最终将导致草原旱化、荒漠化，造成严重的生态危机。

（五）没有正规公路，大型货车无序行驶，大量侵占、破坏草原

当地的厂矿为了将挖出的矿石、生产的产品销售到内地，动用大型货车进行运输。由于没有修好公路，碰到下雨、翻浆道路不好行进时，车辆就离开道路在草原上随意行驶和开辟新路，任意扩大道路宽度，破坏、侵占大面积的草原，成为草原的另一灾难。

## 五、东乌旗被破坏草原的损失价值

R. Costanca 等[5]提出草原生态系统服务的项目有气体调节、气候调节、干扰调节、水调节、水供应、侵蚀控制、土壤形成、养分循环、废物处理、传粉、生物控制、栖息地、食物生产、原材料、基因资源、娱乐、文化。谢高地等[6]计算出我国草甸草原生态系统服务的单位面积价值每年为 302. 2 美元/$hm^2$。

根据粗略计算，前述的东乌旗三四家厂矿，共占有、破坏、污染草原面积约 2733 $hm^2$。按照上述草原生态系统每年的服务价值 232 美元/$hm^2$计算，每年被破坏草原的价值为 63. 4 万美元，约合 528 万人民币。因污染造成的人、畜中毒和死亡损失，因大量抽取地下水和排放污水污染水源而造成的水资源损失，因地下水位下降而造成的草原荒漠化损失尚未计算在内。

## 六、利用综合手段保护东乌旗草原

（一）加强领导、教育和宣传，增强全社会保护草原和保护环境的意识

加强领导，采取多种形式，通过多条渠道，使各级政府和行政部门牢固树

立保护环境就是保护生产力，改善环境就是发展生产力，营造环境就是创造生产力的观点，正确处理保护环境与发展经济的关系，自觉成为草原和环境的守护神，坚决拒绝以环境为代价的短期经济行为，坚定不移地走可持续发展的道路。加强教育，使企业和牧民都认识到促进人与草原的和谐，是推动牧区社会走上生产发展、生活富裕、生态良好的文明发展的唯一道路，自觉地爱护草原，保护草原，维护草原良好的生态环境。加强宣传，使全社会都来学习高度重视保护草原，保护生态，工程建设和环境建设共同发展的一些重大工程先进榜样。例如（1）青藏铁路工程为保护高寒草原的独特生态环境和一草一木，确保建设一流生态铁路，中铁二局总指挥部实行、落实全程监理制度，委托环境监测部门对铁路沿线进行环境监测，最大限度地做好草原和生态环境保护工作[7]。（2）西气东输工程为了最大限度地减少工程对安西荒漠自然保护区及沿线生态环境的不利影响，工程管理处提出了五项措施，全面保护植被、野生动物及其生境，控制垃圾，防止人为因素造成环境污染[8]。（3）青海省政府对三江源草原沙金矿区不仅明令禁止开采，而且对已开采过的矿区全面进行生态环境综合治理，成雄矿业开发公司成立专业种草队，按照分层剥离、修复河道、复垦平整、注水灌溉、回填覆土、播撒草籽、围栏封育7个步骤，对破坏的草原进行植被恢复治理，目前已治理了近80 $hm^2$被破坏的草原[9]。

（二）依法保护草原

依据相关法规，使用法律武器，是保护草原资源，维护草原生态环境的根本措施。中华人民共和国《草原法》中，相关保护草原资源，维护草原生态环境的条例有第三、四、五、三十八、三十九、五十五等条。除《草原法》外，有些相关草原保护、维护草原生态环境的问题，还可以根据中华人民共和国《水资源保护法》《水污染防治法》《土地管理法》《矿产资源保护法实施细则》《野生动物保护法》等法规进行处理。

（三）建立草原生态环境补偿机制

草原生态环境补偿机制包括污染草原环境的补偿和享受草原生态系统服务功能的补偿。建立草原生态环境保护政策和补偿机制，目的是在考量国家全局利益的条件下，不仅要确保草原资源的开发利用是在草原生态系统的自我恢复能力可承受范围之内，而且要使不同地区、不同行业、不同生态要素和不同草原资源开发类型之间，在共同享受草原生态系统服务的利益的同时，还要共同承担维持草原生态系统健康的必要经济代价。建立草原生态环境补偿机制，可为草原生态保护和建设提供强有力的政策支持和稳定的资金渠道，是国家实施可持续发展战略的必需条件。由于草原生态系统服务在东、中、西部地区，不同行业，不同生态要素和不同草原资源开发类型之间的多层次性和交互性，草原生态环境补偿机制可采取如下的不同的形式。

1. 财政转移支付

即国家通过加大对西部重要草原生态功能区域的财政转移支付，补偿该地区为保护草原生态环境而导致的财政减收，特别是因发展方式和发展机会受到一定限制而导致的收入减少。

2. 项目支持

包括对各种草原生态环境保护与建设项目，生态环境重点保护区域替代产业和替代能源发展项目，以及生态移民项目等的支持。

3. 征收草原生态环境补偿税费

建立草原生态环境税（费）制度，加大向草原排污收费力度，设立固定和有效的生态环境保护与建设资金渠道，实现生态环境保护与建设投入规范化、社会化和市场化[12]。

生态环境补偿机制已在国家之间运行，例如，1997 年中美洲的哥斯达黎加政府，按照京都七国首脑会议的协议——《京都议定书》，开始向超排 $CO_2$ 的富国出售保护热带雨林吸收 $CO_2$ 能力的证券，每年收入 2.5 亿美元[10]。2003 年 7 月 2 日欧盟议会批准减排交易体系，这是世界第一个国际减排交易体系，旨在完成《京都议定书》所规定的指标。欧盟环境专员指出，这是一个突破和成就，它使有关公司在日常的商业和生产决策时考虑环境问题[11]。2003 年 3 月 13 日荷兰政府正式宣布向中国购买内蒙古辉腾锡勒风力发电厂的 $CO_2$ 排放额，中国政府有关部门已批准了这一项目[12]。

2002 年以来，（今生态环境部）在全国 7 省市开展了排污权交易的综合试验，其目的是在社会主义市场经济条件下，运用经济杠杆的作用，充分调动企业主动削减污染物排放总量的积极性[13]。希望这一生态环境补偿机制在草原牧区也能很快运行，以便一方面补偿草原地区的政府和人民为保护草原生态环境而导致的经济收入减少，鼓励其保护草原的积极性；另一方面也规范、督促企业、爱护环境、减少排污。

## 参考文献


[1] 高峰. 将“草原杀手”推上被告席 [N]. 中国环境报，2003-01-25.

[2]《内蒙古草地资源》编委会. 内蒙古草地资源 [M]. 呼和浩特：内蒙古人民出版社，1990：371—372.

[3] 中华人民共和国农业部畜牧兽医司，全国畜牧兽医总站. 中国草地资源 [M]. 北京：中国科学技术出版社，1996：426—427.

[4] 杨凌云，宝力道. 锡林郭勒让草原休养生息 [N]. 中国环境报，2003-03-29.

[5] COSTANZA R，D'ARGER，GROOT R，et al. 全球生态系统服务于自然资本的价值估算 [J]. 陶大力，译. 生态学杂志，1999，18（2）：70—78.

[6] 谢高地，张钇锂，鲁春霞，等. 中国自然草地生态系统服务价值[J]. 自然资源学报，2001（1）：47—53.

[7] 吴峰. 中铁二局倾力建造生态铁路 [N]. 中国环境报，2003-03-05.

[8] 王海燕. 西气东输需呵护荒漠生态 [N]. 中国环境报，2003-03-22.

[9] 安世远. 青海加强三江源沙金矿区治理，草原植被恢复生机 [N]. 中国环境报，2003-02-22.

[10] 环境资源价值几何，哥斯达黎加通过“空气交易”创汇 [N]. 参考消息，1997-04-29.

[11] 青泽. 欧盟议会批准减排交易体系 [N]. 中国环境报，2003-07-15.

[12] 何关. 荷兰向我购买二氧化碳排放额 [N]. 中国环境报，2003-03-29.

[13] 丁品. 我国抓紧建立排污权交易制度 [N]. 中国环境报，2003-04-15.

# 草地农业

## 关于延长青饲放牧时期的问题（综述）*

放牧是一种最适应于家畜生理学和生物学特性的饲养方式。放牧不但有助于家畜健康和高产，而且与舍饲相比，还具有饲养费用低廉的重要意义。据爱沙尼亚 Воннаский 试验站的资料，每 100 kg 牛奶的生产成本放牧期仅为舍饲期的 37%。

但是，放牧对家畜和畜牧生产的良好作用，只有在青饲季节才能得到最充分的发挥。众所周知，如果没有补饲，在终年放牧的草原牧区，牧草枯黄后不久，牲畜的增重和产乳即停止；绵羊的羊毛生长速度下降，密度减小。据青海铁卜加草原试验站资料，绵羊夏秋体重为全年平均体重的 130%，而冬春仅为 50%—70%；羊毛生长速度秋季为冬春的一倍。春乏在青草得到半饱时，开始解除。

培育的放牧地是一些草地畜牧生产比较发达的国家的牲畜暖季饲料的基本来源，它不仅能提供优质高产的饲料，而且能提高单位面积草地畜产品的产量。有人根据大规模的生产性科学试验核算指出，有灌溉的长期的培育放牧地、其放牧饲料的成本最低而经济效益最高。与非灌溉的长期的培育放牧地和短期的培育放牧地，改良的天然放牧地比较，每一个放牧饲料单位的成本比为 1：1. 21：1. 05：1. 05；放牧地的纯收入比相应为 1：0. 63：0. 92：0. 32；而未改良的天然放牧地仅为 0. 21。

加强对放牧地的培育，并充分利用其青绿饲料进行放牧，在生产上已证明

* 作者胡自治。发表于《畜牧学文摘》，1976（1）：1—7.

有很大的好处。根据英国许多农场综合材料，对放牧地进行培育，提前在早春放牧乳牛，每头牛的产奶量每昼夜可达 14.4 kg，即比不放牧的提高 17%，或者说明每头乳牛每昼夜的产奶量可增加 2.5 kg。另据报道，在上述情况下，每昼夜的产乳量可提高 1—3 kg/头。一种最新的牛肉生产系统——结束舍饲后，在培育的放牧地组织肥育，以便减少饲料和劳动消耗——已在充分发挥放牧地作用的条件下产生。

放牧，在当前已从最古老的饲养方式发展为最现代化的饲养方式。因此，利用培育措施，延长放牧地的青饲放牧时期——春季尽可能早地开始放牧和秋季尽可能晚地结束放牧——提高放牧地的生产率，成为当前国内外天然草原和人工草地管理中的一项引人注意的课题。

## 一、延长青饲放牧期的主要措施

（一）在放牧地的利用规划中，选择有利的地形单位并加以培育，作为早春晚秋放牧地

山地的逆温带与相邻地带比较，冷季的气温较高，牧草往往保持青绿状态可供放牧利用。例如，我国伊犁天山山地的逆温带，在相邻地带牧草枯黄后的一个半月，其上的草层在 11 月中旬仍然青绿生长，草高在 15 cm 以上，放牧的牲畜极喜采食，是极为良好的冬季放牧地。

有人建议，可在低温地区的透水性好的地段和南坡上播种多刈黑麦草和生长快、早熟的禾本科牧草以便早春利用。如果利用多刈黑麦草，播种期应在 8 月末，播量为 22 $kg/hm^2$。在法国和意大利利用苇状羊茅、鸡脚草和多年生黑麦草（特别是在施肥的情况下），可使春季放牧提前 5—16 d。

（二）通过草地农业培育措施延长草地的放牧期

1. 施肥

为了延长草地牧草营养期，施肥是当前利用最广泛的培育措施之一。根据资料报道，春季施用氮肥 250 $kg/hm^2$，可使放牧时期从 112 d 延长到 145 d。放牧周期从 4 个增加到 6 个。有人试验证明，施用氮肥有可能把春季开始放牧的日期提前 10—14 d，延长秋季放牧时期，和在整个放牧季（7—9 月）均衡地获得放牧饲料。在施肥较多的情况下，饲料的产量在 4、9 月和 10 月有增加，而在 5 月和 6 月有些减少。绿色物质每昼夜的平均生长量在 59 – 375$kg/hm^2$之间

(取决于施肥量)。在施用少量氮肥时，5 月的生长量最大；而在大量施用时，4 月的生长量最大。南斯拉夫的试验报告指出，在不施氮肥的情况下，人工豆科—禾本科放牧地只利用 2—3 个周期，而在施氮肥 180 kg/hm$^2$时，则增加到 4—5 个周期。

有人研究指出：早春施氮肥 90—115 kg/hm$^2$，对牧草返青生长有良好功效。在施肥后 18—23 d 即可开始放牧而不会使家畜中毒。如果施肥量较大，开始放牧可稍晚些。为了提高放牧地的秋季生产能力，利用氮肥是不合适的，这是因为不良的天气条件影响家畜对饲料利用不充分，同时对混合牧草的春季再生和寿命都有不利影响。建议最晚一次的氮肥施用期最好在 6 月末至 8 月初，8 月末追施的氮肥其功效要降低 50%。

在英国的沿海地区，在集约经营的高产乳牛的放牧地上，9 月份给草层追施氮肥可以使放牧时期延长到 12 月。在此地区，放牧地的一部分种植早熟的多刈黑麦草，而大部分放牧地为猫尾草或草地狐茅与红三叶的混合草地。

在北爱尔兰的试验表明：一年生黑麦草和早熟的多年生黑麦草品种的草层，在冬末施用氮肥 75—100 kg/hm$^2$（此时土壤已经冻结），这样春季就可以比不施肥的地段提前利用 2—3 d。对于晚秋利用的一年生黑麦草，在 8 月施用氮肥 50 kg/hm$^2$。

在波兰的试验：不施肥的草层在 8/V 获得的绿色物质平均为 8000 kg/hm$^2$(这个产量水平在春季足供放牧利用)，而在施用 $N_{40}$时，这一产量出现在 2/V；施用 $N_{80}$（在 $P_{50}K_{80}$基础上）时则提前到 29/IV。在波格涅兹进行的研究也表明：放牧地施用氮肥，可使放牧提前 4—14 d。在春季较寒冷的地区，建议施用较大量的氮肥。

根据在苏格兰的试验，为了延长秋季的放牧时期，建议对放牧地可首先耕松，8 月的后半月割草，然后施用氮肥 150 kg/hm$^2$，这样可使鸡脚草、草地猫尾草和多刈黑麦草获得良好的再生草，以便秋季放牧。

在日本，为了提前开始放牧，通常是在春季尽可能早地施肥。在早春晚期，冻结的土壤开始消融，拖拉机可以作业时即行施肥。但平岛利昭和能代昌雄的试验也还证明：在北海道寒冷地区，鸡脚草和猫尾草对晚秋 10 月施用的肥料还可吸收一部分。与春季施肥相比，秋施肥料有利于牧草早春生长，5 月的牧草产量较前者为多，并且秋施肥料可使牧草的贮藏器官中总有效碳水化合物含量在晚秋增加，保证牧草不被冻死。

甘肃农业大学天祝高山草原试验站1966—1967年在天祝松山滩（海拔2600 m）的山地草原针茅—冷蒿型草地上两次施肥试验的结果证明：6月施用羊粪和氮、磷肥，不仅牧草叶量增加，质量变好，而且秋季的生长期延长10—15 d。1973年在天祝永丰滩（海拔3000 m）的莎草科型草地上，7月份根外喷施氮肥，使牧草的青绿时期延长到10月上旬，较之对照延长15 d以上。1974年在人工的无芒雀麦、垂穗披碱草、扁穗冰草和紫苜蓿的不同组合的混合草地，6月底施用硝酸铵75kg/hm$^2$（无灌溉），混合牧草的生长期较之天然草地延长15—20 d。

在微量元素肥料方面早已证明：铜能促进牧草的再生。铜和铜+硼肥能提高红三叶的抗寒性。锌可促进牧草早春生长。为此，在澳大利亚西部和南威尔士铜肥和锌肥的施用量已确定为4.5—11.25 kg/hm$^2$。

根据我国最近农业生产上的大量资料，施用腐植酸类肥料，不仅可供给植物营养，还可提高土壤温度。此外，我国农业实践上已开始使用的土壤增温剂，都为延长牧草生长期和家畜放牧时期提供了新的途径。

2. 排灌

排水和灌溉也是延长放牧时期的有效措施之一。有人研究指出：及时整修和疏通排水网，有助于土壤迅速变干和牧草在春季提前萌生。创造了这样的条件可使水分过多的放牧地能在春季提前放牧和不损坏草地土壤。

在波兰，经过灌溉的草地10月份的饲料产量可达5月份的94%，而未进行灌溉的则在9月初即停止了放牧。

在法国，一般放牧地放牧时期持续160—180 d，在此时期内进行4次放牧和1次割草（牧草过剩时）或5次放牧，而有灌溉的放牧地段，利用可达9次。

甘肃农业大学高山草原试验站在1971年及以后的几次灌溉试验证明：晚秋和早春的漫灌和喷灌均可使莎草科型的草地牧草提前萌发10—15 d、营养期延长10—15 d。

3. 烧草

焚烧草地的陈草残茬，有利于牧草提前萌发生长。内蒙古锡林郭勒盟查干敖包草原改良试验站的试验证明：干旱草原地区的芨芨草放牧地，在当年早春雪融后烧草能促进植株提早返青，并且也获得较好的产量。

（三）在补充的放牧地段播种能在早春或晚秋利用的饲料作物或牧草

在民主德国为了早春放牧家畜，采用播种饲用黑麦的措施。这样可使放牧季比通常早开始 8d 和保证家畜在舍饲过渡到放牧的这个时期高产。此外，也利用不同时期逐渐成熟的饲用黑麦品种，以延长放牧地的放牧时期。在民主德国的条件下，冬黑麦的绿色物质产量在春季 4 月 10—15 日利用时，可达 4000—5000 $kg/hm^2$，干物质含有丰富的蛋白质。在冬黑麦适宜利用期间，每头牛需要 500 $m^2$的这种高产草地。利用时实行日粮式或带状（植株高度高于 26 cm 时）的放牧方法。牲畜在幼嫩的黑麦放牧地放牧时，建议第一天不要超过 1 h。在牲畜去草地放牧之前和放牧的第一天，应在畜舍给牲畜补饲干草、藁秆或青贮料。在放牧期间为了避免牲畜四肢搐搦，应补饲含有大量镁的混合矿质饲料。

在带状放牧的情况下，把草地划分成长 100—200 m、宽 2—3 m 的放牧带，这样可保证草层的充分利用。在发育的较晚阶段，冬黑麦放牧利用的损失可达 25%，因此建议刈用。根据黑麦绿色物质的产量，每头牛的放牧地可达到 1 $hm^2$。民主德国的实践表明，可利用不同的施肥量来调节黑麦的放牧开始时期。例如，在施氮肥 50 $kg/hm^2$时放牧可提前 5 d，而达 100 kg 可提前 12 d。在苏格兰，与黑麦单播（播量 160 $kg/hm^2$）的同时，也推荐黑麦与多刈黑麦草的混播（黑麦 95，黑麦草 35）。在英格兰，黑麦比多刈黑麦草可保证牲畜提前 2—3 d 进入放牧。如果天气容许，甚至在秋季（11 月）也可利用黑麦。随着黑麦春季放牧的结束，即进行地段的翻耕和再播种冬大麦，而牛群转移到播种的黑麦草地上。播种黑麦比精饲料和粗饲料的成本要低一半。

在苏联的非黑土地带、森林草原和南部草原地带，夏播的冬黑麦或冬黑麦 + 冬箭筈豌豆，一般可比天然放牧地提前 3—15 d 放牧。对于猪来说，在湿润地区，菊芋是最早的放牧饲料，它比冬黑麦还可提前 10—15 d 利用。在南部干旱地带，菊芋更可在 3 或 4 月份放牧猪，比头茬苜蓿可提前 2 个月。

为了早春利用，很多国家还播种冬洋油菜、冬山芥和其他作物，甚至还有半冬性作物。民主德国早春时期放牧利用冬洋油菜和冬山芥获得了良好的效果。

在英国南部，早春时期家畜利用洋油菜和它的混合饲料。混合饲料的成分是洋油菜（0.4 $kg/hm^2$）、饲用甘蓝（0.8）和黄色饲用芜菁（0.4）。9 月初播种可在 3—4 月份供给家畜绿色饲料。

很多国家为了在晚秋饲喂牲畜，还广泛地利用饲用甘蓝，它能忍受 -12C° 的低温。在苏联，饲用甘蓝被认为是最晚的青饲料。饲用甘蓝可单播或和一年生或多刈黑麦草混播（行距 25—35 cm）。有人认为实践中也可在黑麦草生活的第 3 年，在进行了土地处理和施用 грамоксон 5 $kg/hm^2$之后播种饲用甘蓝。

根据在法国的实践，建议在草地饲料供应结束，寒冷的天气来到之后利用饲用甘蓝。一昼夜的饲喂量为刈割后在饲槽中的采食量。如果土壤不过分潮湿，可直接在电牧栏中放牧利用甘蓝的根。饲用甘蓝可在6—7月份播种在大麦或马铃薯的茬地或翻耕了的衰退草地上。比较常用的是40—60 cm的宽行条播，播量为2—5 kg/$hm^2$。施肥量N为100—150 kg/$hm^2$，$P_2O_5$为100—150 kg/$hm^2$，$K_2O$为100—200 kg/$hm^2$。绿色物质产量可达50—80 t/$hm^2$；含有10%—20%的干物质，较丰富的蛋白质、维生素和矿物质（特别是磷）。1 kg茎叶干物质相当于0.9—1.0个饲料单位。

在苏格兰，五月收获黑麦后播种饲用甘蓝，能获得75—100 t/$hm^2$绿色物质，可用在放牧季末直到新年期间饲喂乳牛。为了肥育牛和放牧绵羊，可利用冬性或春性洋油菜。在播种的条件下，它在7月初的绿色物质产量可达50 t/$hm^2$。推荐洋油菜（8—10 kg/$hm^2$）与白芜菁的混播。有时这个混播还可附加11—17 kg/$hm^2$的多刈黑麦草。

对于乳牛业利用饲用甘蓝，有人曾提出注意：大量饲喂饲用甘蓝可使乳脂率降低0.4%—1%，甘蓝、白菜、芜菁、油菜等十字花科饲料均可出现此问题。

我国的一些研究机关，经过多年试验，证明有一批耐寒性强、萌发早、枯黄迟的牧草可以在生产中推广。

吉林省畜牧研究所的公农一号苜蓿和肇东苜蓿，比引进品种早萌发14 d。在引进的国外禾本科牧草中，返青比猫尾草、鸡脚草早1个月的有日本弯穗大麦草，加拿大马格纳雀麦、细直冰草和泊克威冰草。

青海省畜牧兽医研究所的饲用甘蓝产量可达10125 t/$hm^2$，抗霜性强，在-3C°的低温下不被冻死。该所选育出的抗寒性特强的当地牧草有西伯利亚冰草、草地早熟禾和多枝黄芪。白三叶在我国黑龙江地区表现越冬良好，耐寒，在地面冻结时植株仍青绿。意大利黑麦草和多年生黑麦草在黑龙江表现也好，在地面冻结、降霜后，植株仍青绿。在川西高原表现青草期长，比当地野生牧草要长1—1.5个月；无芒雀麦也表现青草期长。

根据内蒙古农牧学院的资料，在呼和浩特地区萌发较早的牧草有该校编号的3-G、G-4无芒雀麦、武功无芒雀麦、$G_3$-4扁穗冰草；苜蓿有亚洲、伊盟、佳木斯，酒泉、府谷、公农一号、0813等紫花品种和黄花种。

甘肃农业大学草试验站的实验证明，在武成地区春季萌发最早的牧草为红豆草和无芒雀麦。

(四)在大田加播或填闲播种牧草

这一措施主要是为了在晚秋放牧利用。可以播种的牧草为放牧地黑麦草，一年生和多年生黑麦草、鸡脚草、禾本科和豆科的混合牧草以及多汁饲料等。

在波兰，将禾本科牧草加播在冬谷类作物和春大麦地里，在施用氮肥的条件下，秋季可获得 13000—20000 kg/hm$^2$ 青草。1967—1971 年在法国的试验证明：加播牧草的产量可达 16500 kg/hm$^2$，获得的粗蛋白达 400 kg/hm$^2$。在英国的条件下，九月在春大麦的地上直接播种多刈黑麦草，可在下年四月初供给牲畜饲料。

据报道，在英国南部冬季温润的条件下，很多农场秋季把肉牛放牧在茬地播种的芜菁地上，而把绵羊放牧在播种的洋油菜和芜菁地上。新的瑞典芜菁和板状叶甘蓝品种在茬地播种的条件下，产量超过 60000 kg/hm$^2$。

## 二、冬季的青饲放牧

在美国、英国和法国的一些地区，某些年份的冬季也可进行青饲放牧。

在美国的路易斯安那州，为了冬季放牧，利用最广泛的是黑麦草。黑麦草有良好的产量和越冬性，耐践踏，但易感病。黑麦草的某些品种 11 月至次年 4 月的产量为 6700—7400 kg/hm$^2$，如与黑麦混播可获更好的效果。冬黑麦和冬燕麦是美国冬季放牧利用的主要谷类作物，根据资料：播种了这些作物的放牧地，在载牧量为 5 头牛/hm$^2$的条件下，11 月中旬可以开始利用。在一个地段的放牧时间，每天不要超过 3—4 h。在美国的俄克拉荷马州，冬季气温较高，可利用播种的高粱作为冬季的放牧地。

## 三、夏季青饲放牧中断的防止措施

青饲放牧的中断不仅因气温低只在冷季发生，而且还可因其他原因在夏季发生。例如，在我国伊犁、塔城地区和苏联中亚细亚地区，夏季干热，天然放牧地植物有夏季休眠（枯焦）现象。为了解决不进行远途转场放牧的牲畜青饲放牧问题，曾采用了一些有效措施。

在有灌溉条件时，天然放牧地进行灌溉可获极好的效果。例如，伊犁地区的天然针茅—棱狐茅（*Stipa capitata— Festuca sulcata*）草原，经灌溉后，可转变为培育的针茅—三叶草（*Stipa capitata*— *Trifolium* spp.）草地。针茅的营养期延长，花期延至8月，高度可达1 m。而无灌溉的针茅，5月中开花，6月中开始枯黄，草高仅20—30 cm。

在苏联的一些植物夏季休眠而又无灌溉的地区，实践上采取土地秋季休闲，蓄水保墒，春季播种玉米、高粱或苏丹草等一年生饲用作物，利用秋冬积蓄的土壤水分和春季的降水生长，在夏季刈割青饲或放牧利用。

在日本，夏季高温高湿和无风的地区，草地管理上的一个重大问题就是禾本科牧草经常发生夏枯。据研究这是由于牧草在刈割后，留茬失去了叶片，蒸腾作用大大降低，因而不能忍受高温而引起枯死的，这种情况以低刈和延迟刈割尤为严重。用鸡脚草做的试验证明，保留10 cm的高茬和控制施肥量是有效的措施。刈后便用赤霉素以促进生长，也可减少枯死。

（参考文献略）

# 半干贮饲料（综述）*

半干贮饲料（haylage，сенаж；我国见于文献者称半干青贮料，低水分青贮料，或半干草青贮料。由于它的贮存原理与青贮饲料不同，因此试译为半干贮饲料似更接近原意与简明）是一种先进的制贮饲料。这类饲料从 20 世纪 60 年代中期开始研究利用，由于它的一系列优点，很快就在苏联、美国、加拿大、日本等冬季舍饲期较长的国家得到了广泛的利用。

## 一、一般意义

半干贮饲料的基本内容就是把经过晾晒的青草切碎后，贮存在特殊的密闭塔中。这样获得的制贮饲料，干物质含量较多，不酸或酸味很淡。不含酪酸，而含有少量其他有机酸，非常芳香，对各种家畜的适口性都很好。它是一种介于青草、干草和青贮饲料之间的一类饲料。

半干贮饲料与干草相比，几乎完全保存了牧草植物的最有价值的部分——叶片和花序。与青贮饲料相比，它含有多一倍的干物质，因而具有较多的营养。与青草相比，它可以久贮。半干贮饲料由于原料只含 45%—55% 的水分，发酵过程较弱，味道不酸或较淡，因此，在适口性和营养价值方面，比其他制贮饲料更接近于原来的原料青草或青饲料。半干贮饲料不仅可以利用易于青贮的饲料牧草来制作，而且还可以利用难以青贮的、传统用作干草的三叶草、苜蓿、鸟足豆、大豆等豆科饲料牧草来制贮，因此扩大了这一类高蛋白的饲料牧草加工调制的范围。最近研究证明：还可以用乳熟—蜡熟期的谷类和豆类饲料作物，直接调制籽粒—秸秆半干贮饲料，这样比分别收籽粒和藁秆饲料更经济。

---

* 作者胡自治。发表于《畜牧学文摘》，1976（4）：1—9.

增加半干贮饲料的生产具有巨大的实质经济意义。100 t 青草如调制为干草，仅能获得 4t 饲料单位（苏联饲料单位，下同），调制为青贮饲料则为 11.2 t 饲料单位，而如果调制为半干贮饲料，则可得到 16 t 饲料单位。这些经过制贮的饲料如果用来饲喂乳牛，可获得的牛奶分别为 7.5、9.4 和 13.6 t。表 1 所示为苏联几个专业研究所的试验材料（1975），这种差异更大。用苜蓿制作干草粉，干草和半干贮饲料的试验也证明，按生产成本计也以半干饲料为最低。

提高每 kg 饲料中的干物质含量，可使家畜日粮的重量降低。这样有助于提高饲料运输和配发工作的机械化和自动化程度。半干贮饲料所具有的上述特性，使它成为牛奶工业化生产组织中的主要饲料形式之一。

**表 1　不同种类的制贮饲料的营养价值及其成本**

| 制贮饲料种类 | 1 $hm^2$ 饲料地可获饲料 | | 100 个饲料单位的成本（卢布—戈比） |
|---|---|---|---|
| | 饲料量（t） | 饲料单位（个） | |
| 多年生牧草的青贮饲料 | 1000 | 20000 | 5—10 |
| 多年生牧草的干草 | 220 | 8800 | 3—60 |
| 多年生牧草的半干贮饲料 | 700 | 28000 | 3—20 |

## 二、营养价值

调制良好的半干贮饲料要在豆科草和豆料—禾本科草发育的早期进行，即豆科草的孕蕾初期，禾本科草的抽穗初期。这样的含水量为 50% 的半干贮饲料，可含蛋白质 8%—10%，脂肪 1.5%—2.0%，无氮浸出物 21%—23%，灰分 4%—5% 和粗纤维 14%—15%。1kg 半干贮饲料含饲料单位 0.3—0.4 个，可消化蛋白质 45—55 g，胡萝卜素 40—50 mg，钙 6—7 g，磷 1.0—2.0 g。也就是说其营养价值接近于质量良好的干草。

利用小黑麦、大麦、燕麦、小麦、豌豆—大麦、箭筈豌豆—燕麦等饲料作物调制籽粒—秸秆半干贮饲料，收贮时期可以是乳熟—蜡熟期或蜡熟期。这时植物整体的含水量为 50%—60%，可以直接切碎装贮而不必晾晒，从而省去了费力的风干工序，并避免营养的损失。据 Коноплев 报道，用乳—腊熟期的燕麦—箭筈豌豆调制的半干贮饲料，含水 53.9%，pH 值 4.54；干物质中含糖 0.6%，淀粉 13%，乳酸和醋酸 3.1%，胡萝卜素 35 mg，粗蛋白 13.0%，粗纤维22.3%，钙0.53%，碘0.30%；每kg含0.35个饲料单位，可消化蛋白质35 g。

由大麦、燕麦、小麦等调制的半干贮饲料，其营养特点大体如上，但糖和淀粉的含量相应提高，分别达3.5%—4%和24%—25%，而粗蛋白的含量有所下降。例如，用大麦制成的籽粒—秸秆半干贮饲料，据Зрнст分析，含水分54%—55%，pH值4.5—4.6，干物质中含糖4%，淀粉25%，粗蛋白13%，粗纤维22%，钙0.5%，磷0.3%，胡萝卜素35—40 mg。每kg含有0.35个饲料单位和35 g可消化蛋白质。

根据粗蛋白的氨基酸成分，籽粒—秸秆半干贮饲料，如蜡熟期的燕麦较之三叶草—猫尾草的半干贮饲料为好。这两种饲料的粗蛋白中各种氨基酸的含量%，据Коноплев的资料分析分别是：赖氨酸3.6和3.1，组氨酸1.7和1.0，精氨酸4.1和2.7，丝氨酸3.5和3.0，麦酰胺酸14.1和8.1，乙氨酸4.2和3.9，胱氨酸3.5和0.7，蛋氨酸1.8和0.9，亮氨酸6.0和5.3，酪氨酸2.5和2.2。

## 三、制贮的基本原理和生物化学损失

制贮半干贮饲料的基本原理就是对微生物造成生理干燥和厌氧环境。

牧草在刈割后，水分被风干到含水量为40%—55%时，风干植物的细胞的渗透压达到55—60个大气压。这样的风干植物对于腐败菌、产生挥发酸类的细菌以至乳酸菌的生命活动来说，接近于生理干燥的状态，其生命活动因受水分的限制而被抑制。因此，饲料在制贮过程中不但不进行蛋白质的腐败分解，而且发酵过程也十分微弱。但是对发霉的真菌来说，问题还没有获得解决。真菌能在含水量为40%—55%，细胞的渗透压为55—60个大气压的风干植物体上大量繁殖。为了限制真菌的活动，需要高达250—300个大气压的渗透压。这种情况就是含水量为17%以下的干草。因此，需寻求另外一种途径来抑制真菌的活动，这就是对它造成厌氧环境。

关于半干贮饲料的微生物学过程，根据用红三叶所做的对比试验：含水分74%的新鲜红三叶（a），和凋萎至含水64%（b）的青贮，与含水50%（c）和40%（d）的半干贮，最初的原料含有乳酸菌分别为（a）009、（b）13.9、（c）19.0和（d）21.0百万/g，发酵至第30天，乳酸菌的增长倍数分别为（a）

132.2、(b) 0.8、(c) 2.9、(d) 0.4 倍。醋酸菌的数量相对很少。成熟的饲料pH 值 (a) 与 (b) 为4.4, (c) 与 (d) 为5.2。乳酸是青贮与半干贮饲料的主要有机酸，可以测得的醋酸数量很少，酪酸不存在，凋萎原料的渗透压在半干贮饲料中表现较高，并且其乳酸以高渗透压的形态存在；它在含有 8%—10% 的氯化钠基质中可以生存，但青贮料中的乳酸菌在含氯化钠为 6% 的条件下即停止生长，而腐败菌的生长范围为 2%—6% 的氯化钠。这种情况正说明了为什么在高渗透压的半干贮饲料中还有相当数量的乳酸的原因。

籽粒—秸秆半干贮饲料在其制贮过程中，除具有生理干燥、厌氧和二氧化碳的积累外，它的含水为 18%—26% 的籽粒还会形成 1% 的乳酸、醋酸和醇。如果籽粒中原有的水分较多，则形成的有机酸也会增多。制贮良好的半干贮饲料营养物质的生物化学损失一般不超过 10%，而籽粒—秸秆半干贮饲料甚至可以减少到 5%。Березовскнй 等人将半干贮饲料密闭于塑料袋中并贮存在地下水泥窖中，其干物质的损失仅为 2.2%。日本吉田等人的试验表明，在三个月的贮存期中，半干贮饲料的干物质保存数为 91%，其中粗蛋白为 93%，粗脂肪为 104%，无氮浸出物为 97%，粗纤维为 110%，灰分为 92%。同样的原料，营养物质的保存率半干贮大于青贮和干草。

## 四、建筑物

制贮半干贮饲料需要密闭条件较高的建筑物，在研制的初期曾采用金属、搪瓷、钢筋混凝土和塑料等高级材料等成表面的建筑物。经过不断的试验与改进，目前已可利用一般的砖制青贮塔、青贮壕和青贮坑来制作，不过需要在装贮之前在内壁仔细地抹一层水泥，青贮塔的取料口还应根据装填的程度用砖和水泥砌住并涂上一层沥青。

苏联曾广泛地利用过许多型式的密闭塔，例如 Харнестор 式、Изолсилос 式，Аскосил 式、以及大容量的拱形建筑物等。1975 年他们的一些研究机关曾联合推荐 БС－9.15 型塔式建筑物来制贮半干贮饲料。这种铁制半球形顶盖的 БС－9.15 塔，高 29 m，水泥部分 24.4 m，容量 1600 $m^3$，可装贮半干贮饲料 900 t，适于饲养 400 头乳牛，为使取料方便，设计有 31 个 520×546 $mm^2$ 的取样口。

用塔制作半干贮饲料在效果上一般地要比混凝土的壕要好一些。据

Ченоклинов 等人的试验，红三叶—猫尾草在孕蕾—孕穗期刈割，分别在塔和壕中制贮半干贮饲料，七个月后取样分析，塔中的半干贮饲料粗蛋白和氨基酸含量较高，而胡萝卜素与醇的含量较低。干物质、粗蛋白和醇的损失塔中的饲料也较少些。每 kg 的饲料单位和可消化蛋白质分别为 0. 4 和 0. 35，34. 8 g 和 30. 6 g。饲喂试验的牛奶日平均产量分别为 19. 7kg 和 18. 1 kg。

## 五、生产工序

(一) 割草

制贮半干贮饲料宜用高营养的豆科—禾本科牧草，刈割时期豆科不迟于孕蕾期，禾本科不迟于抽穗期。过迟则降低营养物质的含量（表2）。

牧草的收割最好在清早进行，这样可以获得最多的胡萝卜素。

牧草刈割的留茬高度以 5—7 cm 为宜，过低虽可提高第一次刈割的产量，但却会影响再生草的产量，留茬过高会严重降低产量，尤其对发育的早期的牧草是如此。据吉田等人的试验，留茬 10 和 25 cm，其产量只为齐地面刈割的 80% 和 57% 。

表 2　牧草在不同发育阶段的半干贮饲料营养价值比较表

| 牧草种类 | 刈割时期 | 每 kg 干物质的营养价值 | |
|---|---|---|---|
| | | 饲料单位 | 可消化蛋白质（g） |
| 三叶草—猫尾草 | 三叶草茎形成 | 1. 0 | 138 |
| 三叶草—猫尾草 | 三叶草孕蕾 | 0. 87 | 85 |
| 三叶草—猫尾草 | 三叶草开花 | 0. 67 | 62 |
| 苜蓿 | 孕蕾 | 0. 85 | 140 |
| 苜蓿 | 开始开花 | 0. 81 | 111 |
| 三叶草 | 开始孕蕾 | 0. 83 | 142 |
| 三叶草 | 孕蕾 | 0. 86 | 123 |
| 三叶草 | 开始开花 | 0. 70 | 104 |

籽粒—秸秆半干贮饲料的适宜刈割时期为乳熟期或乳—蜡熟期，在这个时期饲料作物体的干物质含量为 50%—60% 。

（二）集拢与晾晒（风干）

一系列的研究确定，牧草在草行中干燥，比在草地上倒散干燥为优。在草行中牧草除了可以大大减少因太阳直射而引起的胡萝卜的损失外，还可以均匀地干燥以避免叶片和花序的损失。因此，牧草在割倒后，应在不迟于四小时的时间内，把倒散的牧草集拢成草行。

为了使牧草在不多于30h（包括夜间时间）的时间内迅速而均匀地风干到合适的程度，草行集拢的宽度应为110—125 cm，每m长的草行鲜重在苏联温润地区不超过4—5 kg，干燥地区不超过6—7 kg，Тютюников 等人指出最多不应超过10—12 kg。过宽过厚的草行均影响风干速度。Kjelgaard 等在美国宾夕法尼亚的气候条件下，对苜蓿、三叶草和鸡脚草的试验，也得到草行的适宜宽度不应超过102 m的结果。

制作半干贮饲料的原料的适宜含水量为45%—55%，但是为了减少在捡拾和装运中叶片和花序的损失，豆科草在草行中风干到55%—60%的含水量时即可捡拾装运，禾本科草可以低到40%—45%。

风干物质的含水量可用下列公式计算：

含水量% =100 - 原料重（kg）×原料干物质含量（%）/风干物质重（kg）

含水量也可根据 Маткевич 制定的大田条件下按照外表特征确定风干牧草含水量的办法直接估测。含水为55%—60%时，茎失去鲜绿色译，叶片变柔，但不能折断和捻碎；含水为40%—45%时，茎的表皮可用指甲刮下，叶片干燥，易折断和捻碎。

日本草地研究所曾用含水量低至34%的风干牧草制得良好的半干贮饲料，但它需要在开窖后控制第二次发酵。

（三）捡拾、装运和铡碎

把半干草从草行中捡拾到运输工具上运走，和把铡碎的碎草装到车辆上运到半干贮建筑物，需要大型的（车厢的容积可以大到45 $m^3$）和特别装置的运输工具和车辆。否则很不经济，草料的损失也较大。

制作半干贮饲料的原料，为了便于运输、装填、镇压和取用，一般都应铡碎。铡碎的长度，在装塔时应为2—3 cm，装壕或坑时容许是4—5 cm，在条件不容许时，如果装壕也可以不铡整贮，但需十分仔细地镇压。

半干贮饲料的机械损失首先是由于最富于营养物质的叶片和花序的损失而引起，它导致饲料中蛋白和胡萝卜素含量的大大降低。其次是由于铡草而引起损失，这种损失往往可达机械损失的一半以上，或可达饲料收获总量的15%左右。因此，在使用铡草机、青贮切割机或吹送机时，避免植物的细小部分（叶片、花序）被吹走，尤其是在使用压缩蒸汽机时要注意这一点。

（四）装贮和添加剂

对于一般的半干贮塔、壕和坑等，原料的装贮要求是分层装填、摊匀和仔细地镇压，以便形成最良的密封条件，整个过程要求尽可能地迅速和不间断。

大型的塔，为了便于排出原料中的空气，每天装填的厚度不应超过5 m，全过程不超过4 d。原料和塔的距离5 km左右，在机械化程度高并组织得当的条件下，大型的塔贮可以达到每小时处理15—20 t的效率。

在装填的过程中如发现原料水分含量超过标准，则可添加适当效量的干物质饲料，以使原料的水分含量达到45%—55%。为了提高质量还可用其他添加剂，Waldo氏曾在美国的一次有关会议上提出添加甲酸的三种对比试验报告。

（五）封盖

原料在半干贮壕或坑中装填和镇压好后，应在其上和四周包覆一层塑料薄膜后压土，或边缘压土后，再盖上一层藁秆或锯末（20—10 cm）或泥炭（15—20 cm）和土。半干贮塔一般都有特制的盖板，装填好后，也需包覆上一层塑料薄膜，再盖上盖板，或再加上重物压紧。

## 六、生产技术的现代化

半干饲料的生产工艺较之干草和青贮略为复杂，掌握好和提高各生工序的要点和效率，将大大提高产品的质量和总的生产效率。Тютюников等人于1974年曾在对生产的全过程和各工序进行了仔细的比较研究和经济分析之后，认为下述的半干贮饲料现代化生产技术制度将得到最佳的质量和经济效益（表3）。

表3 半干贮饲料现代化生产技术制度表

| 顺序 | 主要的技术要求 | 采用的机械 |
|---|---|---|
| 割草 | 在牧草营养物质含量最高的时期刈割，播种的禾本科—豆科牧草留茬高度6—7 cm | КДП－4，0 或 КСХ－2.1 割草机 |
| 倒散的牧草集拢为草行 | 刈割后1.5—2.0 h，草行宽1 m，每m长的重量10—12 kg | ГПК－6.0 或 E－247（德国制）集草耙 |
| 半干草的装运与铡碎 | 含水量50%—55% | КС－1，8，КС－2.6，КУФ－1.8КР－1.5 青贮康拜因；SP－152（捷克制）刈割－铡碎机或 E－280（德国制）联合收割机 |
| 运输碎草 | 车厢的容量不少于30 $m^3$，车厢应有防止掉失的装置 | ПСЕ－12.5 拖挂车 |
| 原料的摊平和镇压 | 在装贮的全过程不间断 | 带推土铲的 T－100 推土机 |
| 用聚乙烯薄膜和土封盖 | 薄膜上压土至少10 cm | ПЭ9－0.8 铲土机 |

## 七、品质鉴定

制贮良好的半干贮料，颜色为暗绿色，具有水果的香味，味淡不酸，pH在5.2左右，不含酪酸。它与青贮饲料在品质鉴定上不同的是对营养物质的含量给予了极大的重视。1975年苏联许多有关研究机关联合推荐的一种简明的半干贮饲料品质鉴定方法是：根据对半干贮饲料鉴定的各化学指标的总评分三级，第一级极好，总分为16—20分；第二级良好，10—15分；第三级满意，7—9分（表4）。

表4 半干贮饲料品质鉴定评分表

| 豆科—禾本科牧草（豆科草含量不少于55%） | 评分 | 豆科—禾本科牧草（豆科草含量不少于55%） | 评分 |
|---|---|---|---|
| 粗蛋白含量（占干物质%） | | 胡萝卜素含量（每kg干物质mg数） | |
| >14.5 | 6 | >100 | 3 |
| 14.5—12.0 | 4 | 89—60 | 2 |
| 11.9—10.9 | 2 | ? -1 | 1 |
| 99 -60 | 2 | 59 -20 | 1 |
| 1 -19 | -5 | <1 | -7 |
| 粗纤维含量（占干物质%） | | 酪酸（游离的和结合的酪酸占游离量的%） | |
| <25.0 | 4 | 0—4.0 | 4 |
| 25.1—27.0 | 3 | 4.1—8.0 | 2 |
| 27.1—29 | 2 | 8.1—14.1 | 0 |
| 29.1—31.0 | 1 | >14.1 | -8 |
| >31.0 | 0 | | |

在这之前，苏联秋明农业科学研究所也曾制定了一个类似的鉴定方案。它的鉴定基于许多参数，例如，包括蛋白质含量、pH值、气味、颜色、质地、土壤的污染、有机酸和醋酸的含量、酪酸和氨氮的含量，以及糖类、粗脂肪、粗纤维、钙、磷和胡萝卜素的含量。每个参数给予一定的评分（也可能是负数），最后进行综合评价得出总分。很明显，这种方法也基于半干贮饲料本身的特点，以营养物质和酪酸的含量为主，其特点是包含了许多前一鉴定方案所不作指标的外观品质，但总的来说失之过繁。

## 八、利用

（一）取用方法

半干贮饲料在制贮后一个月即可取用。从建筑物中抽样检查取用，每次打开的深度不少于 20 cm 的一层，但也不要多于一昼夜的用量。如果取出太多，则应装在密闭的容器中备用。

制贮的半干贮饲料如果在取用过程中发现其温度超过 37℃，则应加速取用。

每 $m^3$ 的半干贮饲料的重量常依制贮时期和原料的不同而有较大的差异，一般可以 400—450 kg 来计算取用量。

（二）饲喂

当前，半干贮饲料主要用于喂牛。大量的研究表明：用半干贮饲料代替乳牛、肉牛和幼牛日粮中的青贮料和干草，并不降低其生产能力、产品质量和牛的健康。同时，还有很多试验证明：用半干贮饲料代替乳牛、肉牛日粮中的青贮料和干草，可提高干物质的食入量和消化率，降低产品的成本和饲料消耗。Kercher 等人在美国怀俄明大学农业试验站，用苜蓿制成的半干贮饲料、干草捆和干草块饲喂犊牛，尽管后二者的干物质含量比前者高一倍，但前者的干物质食入量较高。他们的另一试验是用苜蓿半干贮料、干草捆和风干草喂小阉牛，结果也是前者的增重快，饲料消耗少。但是 Челуков 在苏联土尔克明的对比试验表明，用苜蓿半干贮饲料和玉米青贮料混合饲喂乳牛，比单用半干贮饲料或青贮料能在干物质的消化率、产乳量、饲料消耗和代谢状况等方面得到改善。

籽粒—秸秆半干贮饲料的饲喂效果也很好，苏联曾用蜡熟期的小黑麦半干贮饲料和精料（产 3 kg 乳喂 1 kg），取得了平均日产牛奶 21. 4 kg，含脂率 4. 0%，蛋白质 3. 1%，乳糖 4. 8% 的出色成绩。

在饲养实践上，Лемщ 等人 1973 年制定的饲养标准认为：半干贮饲料的饲喂量，牛可以达到 4—5 kg/100 kg 活重。种公牛的冬季饲养，半干贮饲料应是日粮的主要成分。6—15 月龄的幼牛，半干贮饲料可占日粮的 30%；15—18 月龄可占 25%。乳牛的冬季饲养，半干贮饲料应是日粮的基本成分，质量良好的半干贮饲料乳牛每昼夜可以给到 20—25kg。在这种情况下，牛奶的产量和质量可获提高。条件容许时，甚至可以完全用半干贮饲料代替日粮中的干草和青贮料，并不出现什么不良后果。为了具体说明此问题，现引该书所列两个乳牛的日粮配合方案（表 5）以作例证。

**表 5　能保证干乳期怀孕母牛充分发育的完全营养标准的日粮举例(体重 450 kg,计划产乳 3500 kg)**

| 饲料 | 昼夜量(kg) | 饲料单位 | 可消化蛋白质(g) | 糖(g) | 食盐(g) | 钙(g) | 磷(g) | 胡萝卜素(mg) |
|---|---|---|---|---|---|---|---|---|
| 标准需要量 | — | 7.50 | 900 | 750—1350 | 50 | 80.0 | 45.0 | 375 |
| 在单栏饲养期利用干贮饲料的日粮 | | | | | | | | |
| 三叶草半干贮饲料 | 17 | 6.12 | 629 | 870.4 | — | 103.7 | 18.7 | 1003 |
| 乳牛用配合料 | 1.5 | 1.35 | 251 | 90.0 | 12 | 2.1 | 9.5 | — |
| 舐食盐砖 | 不限量 | — | — | — | 标准量 | — | — | — |
| 饲用过磷酸钙 | 100(g) | — | — | — | — | 26.0 | 17.0 | — |
| 日粮中总含量 | — | 7.47 | 880 | 960.4 | 标准量 | 131.8 | 45.2 | 1003 |

半干贮饲料在羊的饲喂实践中的表现也很优异，例 Грачева 用苜蓿半干贮饲料代替细毛羊日粮中的玉米青贮料和干草，饲料利用率从 57% 提高到 94.2%，营养物质的食入量提高 35%，产毛量和毛长相应提高 16% 和 18%，Березовскнй 等和 Kercher 等人的试验都证明牲畜用同样原料的半干贮饲料，其消化率高于青贮料。

（参考文献略）

# 牧草深加工的新途径：叶蛋白及其副产品*

在当前牧草加工的新技术中有一种新产品受到世界各国的普遍重视，这种产品就是叶蛋白（leaf protein）。它是将青草或其他植物经过压榨后，从压榨液中提出的蛋白质浓缩物。

利用牧草和青绿植物制作叶蛋白的研究工作已有60多年的历史。最初的工作是在匈牙利（1924—1925），之后是在英国（1936—1939）。我国在20世纪50年代中期也曾以饲料膏的名称进行过试验（西北畜牧兽医学院畜牧系）。国际生物学大纲在1964—1974年进行的生物学资源考察，其中包括了生产叶蛋白的植物资源。1985年8月在日本京都召开的第15届国际草地会议第9组——牧草加工和贮存收到的54篇论文中，有关叶蛋白的为39篇，占论文总数的72%，作者分属日本、印度、美国、英国、新西兰、意大利、毛里求斯、波兰、澳大利亚、瑞典和韩国鲜等，叶蛋白的研究在世界上所受的重视程度由此可见一斑。

## 一、生产流程及原料

叶蛋白的加工过程是将青绿牧草或其他植物磨碎、压榨出汁液，与含粗纤维很多的固体成分草饼分离，再从汁液中将有用成分（主要是蛋白质）提取出来，供作饲料或食品（佐藤纯一，1980）。加工后的产品除了叶蛋白外，还有糖蜜、草饼等副产品。新西兰 Alex Harvey 工业有限公司商品叶蛋白的生产工艺流程如图1所示。

---

* 作者胡自治。发表于《国外畜牧学——草原与牧草》，1987（4）：1—7.

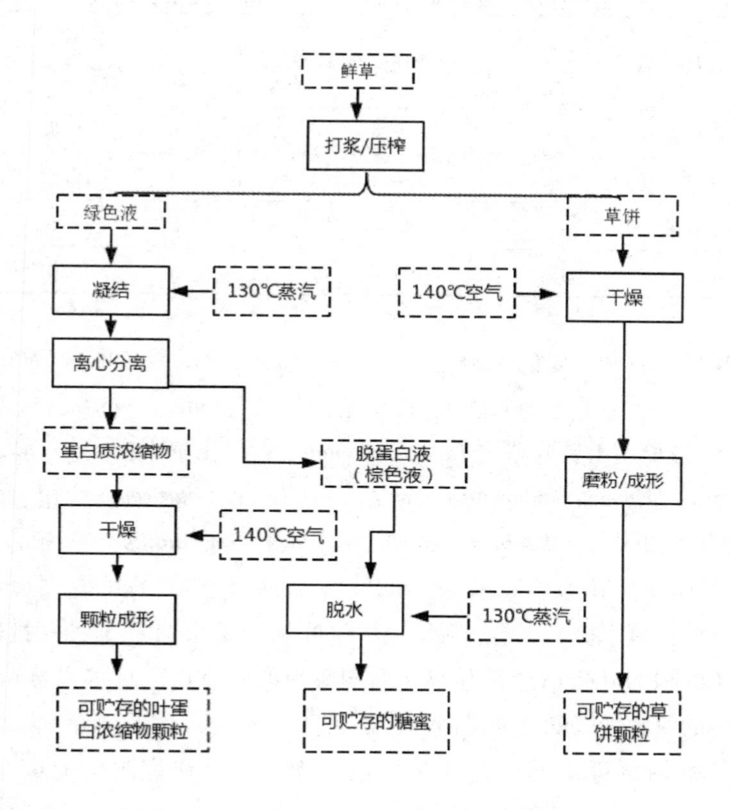


**图1 叶蛋白及其他副产品的生产工艺流程**

从绿色液中提取叶蛋白的方法除图1所示的蒸汽加热法外，还可用加盐酸、氢氧化钠或发酵等方法（M. Ohshima 等，1985）。

通过上述方法生产的叶蛋白量为苜蓿原料干物质的1.4%—14.2%，为原料粗蛋白含量的2.7%—32.9%（R. Kayama 等，1985）。苜蓿原料及其加工的主产品叶蛋白和其他副产品的干物质和粗蛋白的含量如表1（B. Baraniak 等，1985）。

表1 苜蓿原料及其加工的主、副产品的主要成分比较

| 原料及产品 | 干物质（%） | 粗蛋白（干物质的%） |
|---|---|---|
| 鲜苜蓿 | 19.4 | 20.7 |
| 草饼 | 34.1 | 19.5 |
| 绿色液 | 6.4 | 28.6 |
| 叶蛋白 | 94.6 | 46.0 |

生产叶蛋白的最主要的原料是含粗蛋白高而又广泛栽培的苜蓿（*Medicago sativa*）。经过研究的豆科植物有红三叶（*Trifolium pratense*）、白三叶（*T. repens*）、亚历山大三叶草（*T. alexandrenum*）、白花草木樨（*Melilotus alba*）、具角葫芦巴（*Trigonella conrlata*）、葫芦巴（*T. facnumgraceum*）、豇豆（*Vigna sinensis*）、有刺田菁（*Sesbania aculeate*）、木田菁（*S. grandiflora*）、银合欢（*Leucaena leucocephala*）和Tatrakalai等。S. Maita（1985）比较了豇豆、具角葫芦巴、有刺田菁、白花草木樨、苜蓿、亚历山大三叶草和Tatrakalai七种豆科植物，结果表明单位面积的叶蛋白产量和单位面积每天的叶蛋白产量都以苜蓿为最高，但叶蛋白中的氮含量以豇豆为最高，苜蓿次之。

禾本科植物也可用作生产叶蛋白的原料。已经研究过的有紫色狼尾草（*Pannisetum purpurum*）、御谷（*P. glaucum*）、杂种紫色狼尾草（*P. purpurum* × *P. glaucum*）、玉米（*Zea mays*）、甜高粱（*Sorghum vulgare*）、甘蔗（*Saccharum officinarum*）、燕麦（*Avena sativa*）、多花黑麦草（*Lolium multiflorum*）等。

十字花科的萝卜（*Raphanus sativus*）、芸苔（*Brassica napus*）、甘蓝（*B. oleracea*），藜科的甜菜（*Beta valgaris*）、昆诺阿藜（*Chenopodium quinoa*），茄科的马铃薯（*Solanum tuberosum*）、烟草（*Nicotiana tabacum*），桑科的桑（*Morus alba*）等植物的茎叶都曾被用以进行叶蛋白生产的研究。

为了扩大来源，A. Banerjee（1985）对9种水生植物——*Azolla pinnata*、孟加拉鸭跖草（*Commelina bengalensis*）、沼菊（*Enydra fluctuans*）、黑藻（*Hydrilla verticillata*）、*Ipomea reptans*、浮萍（*Lemna minor*）、荇菜（*Limnanthemum cristatum*）、假泽兰（*Mikania scandens*）和水浮莲（*Pistia stratiotes*）生产叶蛋白的特性进行了研究。结果表明，*Azolla piunata*、*Iponea reptans*、荇菜、假泽兰和浮萍的叶蛋白具有高氮（8.14%—93.6%）、低灰分（4.76%—9.85%）、高消化率

（51.88%—57.82%）的特性，是有前途的生产叶蛋白的原料。

## 二、叶蛋白及其副产品的化学成分和利用

（一）叶蛋白

叶蛋白的营养成分依原料种类的不同而有很大的差别。据 J. G. Shearer（1985）报道，用前述 AlexHarvey 工业有限公司的商品生产工艺生产的叶蛋白其营养成分如表 2。

据 T. Horigome 等（1985），苜蓿叶蛋白和意大利黑麦草叶蛋白之间在氮、蛋白质、灰分、甘氨酸、谷氨酸、精氨酸和赖氨酸的含量上无显著差别，表明用豆科和禾本科牧草制作的叶蛋白在蛋白质的含量上无太大差别。

苜蓿叶蛋白的总能为 20.4—23.9 kJ/g（4.87—5.71 kJ/g）。对鸡的代谢能为 10.78—13.31 kJ/g（2.58—3.17 kJ/g）。对小鸡来说，代谢能值的高低与其周龄有很大关系，S. Terapuntuwat（1985）的试验证明，苜蓿叶蛋白的代谢能对 1 周龄的小鸡为 5.84 kJ/g，3 周龄时上升为 11.25 kJ/g，这显然与小鸡消化率的提高有关。

**表 2　苜蓿叶蛋白的营养成分及代谢能含量（干物质基础）**

| 成分 | 含量（%） |
| --- | --- |
| 水分 | 8 |
| 粗蛋白 | 50 |
| 粗脂肪 | 9 |
| 亚油酸 | 0.8 |
| 总矿物质 | 9 |
| 钙 | 3 |
| 磷 | 0.5 |
| 可利用磷 | 0.3 |
| 纤维素 | 2 |
| 赖氨酸 | 3.07 |
| 蛋氨酸 + 胱氨酸 | 1.50 |

续表

| 成分 | 含量（%） |
| --- | --- |
| 色氨酸 | 1.15 |
| 苏氨酸 | 2.50 |
| 异亮氨酸 | 2.29 |
| 亮氨酸 | 4.20 |
| 苯丙氨酸 | 2.90 |
| 酪氨酸 | 2.34 |
| 缬氨酸 | 2.71 |
| 精氨酸 | 3.05 |
| 组氨酸 | 1.30 |
| 天门冬酰胺 | 4.60 |
| 丝氨酸 | 2.45 |
| 谷氨酸 | 4.86 |
| 甘氨酸 | 2.40 |
| 丙氨酸 | 2.71 |
| 脯氨酸 | 1.90 |
| 叶黄素 | 1100[a] |
| 胡萝卜素 | 600[a] |
| 代谢能 | 2900[b] |

注：a——单位为 mg/kg；b——单位为 kCal/kg。

叶蛋白主要用作鸡和猪的精饲料。在单一的试验日粮中，叶蛋白的饲用价值接近于大豆粉，而其色氨酸、异亮氨酸和酪氨酸的含量大于或接近于许多重要的蛋白质饲料（表3），在各种氨基酸中，苜蓿叶蛋白缺乏的是蛋氨酸，但它容易从其他饲料中得到补充。

叶蛋白的另一主要用途是用作人类食品，尤其是用作儿童的食品。人们早就认识到绿叶是最丰富的蛋白源之一，R. Carlsson（1983）指出，绿叶内容物中的粗纤维和水使它作为食品受到了很大的限制，而叶蛋白的生产正好解决了这一问题。A. A. Betschart（1976）指出，人们可能不太喜欢叶蛋白的绿色或香味，这个问题可以通过将绿色叶蛋白进一步加工为白色叶蛋白而得到解决。R. Carllsson（1985）曾成功地将压榨的苜蓿绿色液注入异丙醇（比例为1：2），然后再用1∶1的异丙醇液洗涤叶蛋白而获得脱色的叶蛋白。

表3 三种氨基酸在重要的蛋白质饲料中的含量（全重的%）

| 饲料名称 | 色氨酸 | 亮氨酸 | 酪氨酸 |
|---|---|---|---|
| 叶蛋白 | 1.02 | 2.24 | 2.44 |
| 高粱 | 0.08 | 0.38 | 0.29 |
| 玉米 | 0.06 | 0.32 | 0.32 |
| 大米 | 0.12 | 0.41 | 0.37 |
| 米糠 | 0.11 | 0.44 | 0.44 |
| 大豆粉 | 0.44 | 2.00 | 1.48 |
| 鱼粉（含蛋白50%） | 0.74 | 2.56 | 2.42 |
| 玉米麸粉 | 0.45 | 2.57 | 2.26 |
| 骨肉粉 | 0.22 | 1.72 | 1.63 |

为了将叶蛋白作为儿童的食品，印度曾做过大规模的试验。R. P. Avinashilingam等（1985）的试验资料指出，苜蓿叶蛋白作为食品，每100 g能提供397 kcal热量，60 g蛋白质，800 mg钙，50 mg铁，1.4 μgβ-胡萝卜素，并由于富含赖氨酸而适于作为儿童的蛋白质补充来源。他们将学龄前儿童分为不补充营养的对照、补充牛奶、补充叶蛋白、补充叶蛋白+300 kcal热量5组，经过36个月的试验，证明可以用叶蛋白替代牛奶（表4）。

表4 叶蛋白和其他食品对儿童生长发育和血液指标的影响比较

| 比较的指标 | 牛奶组 | 叶蛋白组 | 叶蛋白+300 kcal热量组 | 300k cal热量组 | 对照组 |
|---|---|---|---|---|---|
| 身长增加（cm） | 19.89 | 18.06 | 18.44 | 16.03 | 15.19 |
| 体重增加（kg） | 6.48 | 5.03 | 5.80 | 3.99 | 3.97 |
| 血清视黄醇增加（μg/100g） | 9.31（20.10） | 10.01（21.43） | 10.06（21.60） | 9.70（18.46） | 9.77（17.79） |

注：印度国家ICNND（1981）规定血清视黄醇水平为20μg/100g。括号中为试验结束时水平。

为了使不懂营养学知识的普通群众改善其营养和鼓励母亲们在她们的食物中利用叶蛋白，印度进行了叶蛋白大众化的营养教育，通过对614个家庭的教育，帮助他们科学地利用叶蛋白，结果他们食入的食品中，能量、蛋白质、钙、铁、维生素A和维生素$B_2$等均接近或超过了印度国家ICMT（1981）规定的水平（G. Kamalanathan等，1985）。为了使第三世界的农村人口能通过叶蛋白而改善营养状况，一些国家制出了多种型号的简易叶蛋白生产机。印度泰米尔邦Nadu农业大学研制的一套供农村家庭使用的叶蛋白生产机，原料处理能力为100 kg/h，动力仅为0.5 kW/h，包括电动机在内的全部设备的价格仅为500卢比。

（二）草饼

草饼（press cake）为鲜草压榨后的剩余物。据G. Anelli（1985），鲜苜蓿草饼的含水率为65%，营养成分（干物质基础）为粗蛋白12.2%，粗脂肪1.8%，粗纤维28.6%，无氮浸出物50.1%，粗灰分7.3%。C. R. Stockdale（1981）报道，压榨过程使多年生黑麦草—白三叶混合牧草的干物质被移去15%，苜蓿为26%，也就是说压榨后的草饼干物质为原料干物质的85%和74%；干草饼与其原料干草相比，营养成分差别很小（表5）。根据英国农业委员会（1965）标准，上述的鲜草及其草饼的各种矿物质成分都能满足家畜的需要（表6），因此许多研究者认为两者的营养价值差别很小。

草饼可以鲜饲反刍家畜及马、兔等，C. R. Stockdale的试验表明，给牛饲喂等量的多年生黑麦草+白三叶混合牧草的草饼代替其鲜草（均以干物质计），奶牛的产奶量降低很少（6%），对苜蓿来说这种影响更小，更不显著。新西兰Ruakura农业中心（1985）报道，在不补饲（食盐例外）的情况下，利用苜蓿鲜草饼肥育一岁肉牛7个星期，肉牛的日食量平均为7.0 kg干物质，日增重0.94 kg，健康状况极佳。

**表5 草饼与其原料的干物质营养成分比较（%）**

| 处理日期 | 牧草成分 | 干物质含量 | | 细胞壁成分 | | 含氮量 | | 体外消化率 | |
|---|---|---|---|---|---|---|---|---|---|
| | | 鲜草 | 草饼 | 鲜草 | 草饼 | 鲜草 | 草饼 | 鲜草 | 草饼 |
| 混合牧草 | | | | | | | | | |
| 25/Ⅻ，1977 | 白三叶88% | 19.7 | 21.5 | 39.3 | 48.7 | 3.26 | 3.04 | 79.9 | 78.4 |
| 7/Ⅰ，1978 | 白三叶70% | 21.7 | 22.1 | 43.7 | 49.2 | 3.03 | 2.80 | 74.3 | 72.1 |

续表

| 处理日期 | 牧草成分 | 干物质含量 | | 细胞壁成分 | | 含氮量 | | 体外消化率 | |
|---|---|---|---|---|---|---|---|---|---|
| | | 鲜草 | 草饼 | 鲜草 | 草饼 | 鲜草 | 草饼 | 鲜草 | 草饼 |
| 11/Ⅱ，1978 | 白三叶 70% | 22.1 | 22.7 | 44.3 | 50.7 | 3.11 | 2.86 | 73.1 | 69.5 |
| 10/Ⅺ，1978 | 白三叶 45% | 20.3 | 20.7 | 50.7 | 58.7 | 2.87 | 2.53 | 70.9 | 69.1 |
| 苜蓿 | | | | | | | | | |
| 8/Ⅻ，1978 | 苜蓿 100% | 21.3 | 22.7 | 39.4 | 49.2 | 3.67 | 3.03 | 67.3 | 62.9 |
| 26/Ⅻ，1978 | 苜蓿 100% | 16.7 | 19.3 | 33.7 | 43.6 | 4.28 | 3.39 | 72.0 | 70.9 |

注：日期为南半球日期，此时正值夏季。

**表 6　苜蓿鲜草及其压榨后的草饼矿物质含量比较（干重的%）**

| 矿物质种类 | 鲜草 | 草饼 |
|---|---|---|
| 磷 | 0.36 | 0.32 |
| 钾 | 3.00 | 2.60 |
| 钙 | 0.90 | 0.92 |
| 镁 | 0.36 | 0.33 |
| 钠 | 0.33 | 0.27 |

鲜草饼可以用普通的方法干燥加工为干草饼以便于贮存。R. Kayama 等（1985）的饲养试验证明，考力代绵羊对苜蓿干草的自由采食量显著高于其草饼，每 100 kg 活重的自由采食量分别为 3.23 kg 和 2.54 kg。干草饼的有机物质和粗蛋白的消化率低于干草，但粗纤维的消化率两者没有差异。可消化氮的利用干草饼（21%）显著低于干草（44%）。绵羊的一些生理参数，如瘤胃的 pH 值、瘤胃中氨、挥发性脂肪酸的浓度、血清葡萄糖、尿氮及氮的含量等没有差异。因此从蛋白质利用的观点看，苜蓿干草饼不如苜蓿干草；从总的营养价值看，前者稍逊于后者。

鲜草饼也可以青贮。许多试验已经证明，由于草饼经过压榨，含水量比较稳定，容易压紧；又因已经提取了一部分粗蛋白，含糖量相对提高，所以鲜草饼能容易地制成优质青贮饲料。G. Anellez（1985）等的试验证明，与加盐酸的对照相比，不加酸的苜蓿草饼青贮其 pH 值在第 3 天就从初始的 5.85，降到

5.28，第20天就达到终值的5.13；可溶于酒精的氮开始时减少到最小值，之后迅速上升，最后达到含氮量的约30%。加入2N的盐酸的对照，虽然可立即使pH值降到5.00，但需在第60天才能降低到终值的4.12；可溶于酒精的氮，开始时并不下降，但缓慢地达到含氮量的约25%。这个试验的化学分析和感官评定证明，苜蓿草饼不必预先酸化处理就能很好地青贮。R. Russell（1978）和C. Du（1978）青贮苜蓿和青贮苜蓿草饼的饲养试验表明，奶牛的产奶量没有显著的差异。

（三）棕色液

鲜草压榨所得的绿色液在分离了叶蛋白后剩余的残液称为棕色液（brown juice）。棕色液以前作为废液而处理。许多科学家发现棕色液中还含有相当多的有用物质（表7），浓缩后的糖蜜可作为动物的饲料，或直接作为肥料，也可作为生产醇类产品的原料。

表7　不同植物棕色液的化学成分（干物质基础）

| 化学成分 | 苜蓿绿色液[1] | 苜蓿棕色液[1] | 红三叶棕色叶[2] | 黑麦草棕色液[2] |
|---|---|---|---|---|
| 干物质（%） | — | — | 4.20 | 3.02 |
| 粗蛋白（%） | 31.56 | 22.81—32.81 | 12.4（0.52） | 9.90（0.30） |
| 碳水化合物（%） | — | — | 38.3（1.61） | 48.0（1.45） |
| 还原糖（%） | — | — | 17.6（0.74） | 16.2（0.49） |
| 粗灰分（%） | — | — | 21.4（0.90） | 31.5（0.95） |
| 未知物质（%） | — | — | 27.9（1.17） | 10.6（0.32） |
| 钙（mg/100g） | 210 | 190 | 62 | 13 |
| 镁（mg/100g） | 80 | 130 | 34 | 7 |
| 钾（mg/100g） | 600 | 800 | 247 | 330 |
| 硫（mg/100g） | 120 | 80 | 14 | 5 |
| 磷（mg/100g） | 90 | 90 | 32 | 46 |

注：1：据 M. Collins（1985）；2：据 Y. S. Cho（1985）；括号内的数据为液体含量的%。

利用棕色液作为肥料，M. Collins（1985）曾做过细致的试验，结果证明苜蓿的棕色液对苜蓿枝条的产量有良好的影响，在最好的情况下可提高产量41%，并能使氮、磷、钾、钙、硫、硼、锌、锰、铜的含量增加，镁的含量降低。

H. Horitsu 等（1985）对利用棕色液制作食品酵母进行过很好的研究。他们的试验表明，禾本科牧草的棕色液可以通过直接培养酵母菌 *Saccharomyces cerevisiae* 而获得产量较高的食品酵母，因而工艺过程较为简单（图2）。豆科牧草因含有皂角苷，需要在绿色液中先通过乳酸杆菌 *Lactobacillus plantarum* 的发酵以分解皂角苷，并由它所产的乳酸是叶蛋白凝固而得到分离，然后在棕色液中接种能利用乳酸的假丝菌 *Cadidautilis*，使液中酵母菌得到生长而获得食用酵母。

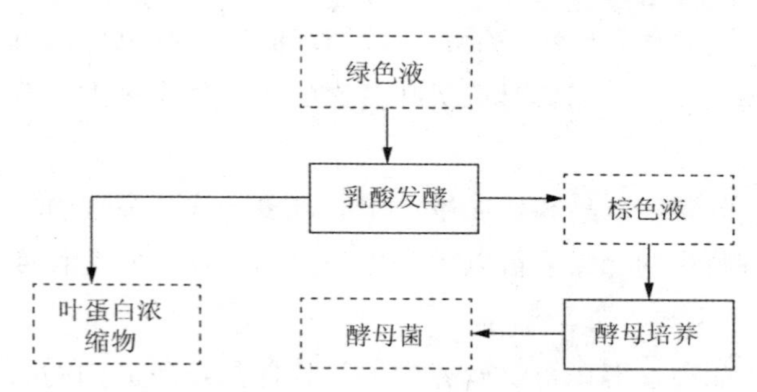


**图2　禾本科牧草原料的叶蛋白及酵母菌生产工艺流程**

## 三、牧草深加工及叶蛋白利用的前景

从新鲜牧草提取叶蛋白使牧草获得了一条新的深加工途径，并在实践上取得了初步成功。但目前生产工艺所达到的水平并不太高，例如从苜蓿中提取的叶蛋白只占原料的1/3—1/2；作为鸡饲料，叶蛋白被利用的只是其中的蛋白质、叶黄素和饲料能，还有一些物质可供分离而不影响其营养价值；草饼和棕色液的进一步加工尚未普遍进行；此外，产品利用的领域还在不断扩大，因此牧草深加工及其产品的开发和市场前景均十分宽广，下面再稍加叙述。

（一）提高叶蛋白的提高率

R. M. McDonald 等（1985）报告，新西兰 Ruakura 农业研究中心的试验表明，鲜苜蓿在研磨压榨过程中的消耗能在50—100 kWh/t 干物质时，叶蛋白的提出率为38%，如相应地提高到101—150、151—200、201—250 kWh，则提出率相应地可达71%、78%和82%，也就是说研磨越细、压榨力越大，叶蛋白的提出率越高，加工能的消耗可通过叶蛋白的高产而得到补偿。

（二）叶蛋白的进一步分馏

早在1954年M. A. Judah就从苜蓿粉中利用溶剂成功地提取了叶绿素、叶黄素和胡萝卜素。苜蓿叶蛋白是较苜蓿粉更为优良的精馏原料，并且色素含量高4.5倍，提取色素可以改善叶蛋白的质量，用酒精浸提叶蛋白还可使其消化率提高。

（三）苜蓿提取物利用的进展

蛋白质。作为鸡的饲料，叶蛋白的特殊价值在于它富含色氨酸、异亮氨酸和苏氨酸。作为鳟鱼和鲤鱼的蛋白质饲料，C. Ogina（1978）指出，它可以代替大豆粉。

叶黄素。苜蓿叶黄素可使鸡蛋的蛋黄和鸡的皮肤颜色变得更为美观而提高其商品价值。现在家禽生产者对苜蓿叶黄素的兴趣越来越大，希望用以代替合成的色素。

叶绿素。叶绿素在食品和药品生产中有许多用途。最近H. Aoe（1985）发现苜蓿叶蛋白饲料中的叶绿素可以大大提高鱼肉口味的鲜美程度，提高鱼的商品价值。

胡萝卜素。胡萝卜素在畜禽营养中的重要性是众所周知的。近年来β-胡萝卜素的防癌作用得到临床上的应用（G. W. Burton等，1984）。T. K. Katayama（1971）等发现对虾可利用β-胡萝卜素并将其转变为虾红素，提高对虾的商品价值。

维生素E。苜蓿是含维生素E最丰富的植物原料，在苜蓿叶蛋白中的含量达600—700 ppm，并且几乎完全是以生育酚的形式存在。

Triacontanol Triacontanol是一种蜡状物质，在苜蓿中的含量较多，它可以使番茄和大米增产（S. K. Ries，1977）。Triacontanol可以同叶蛋白一起提取，并易于和叶蛋白分离。

（四）苜蓿纤维

当叶蛋白的提取水平达到很高时，草饼的基本成分就是纤维。苜蓿纤维除了通过蒸汽（H. G. Walker等，1977）、碱化或真菌消化（T. E. Tautotus等，1984）后作为反刍家畜的饲料外，还可以作为酶作用基质，水解生产包括燃料酒精在内的化学产品。现已发现苜蓿纤维的水解较木材纤维容易（S. R. Vanghan，1984），因此更容易为生产者接受。

（参考文献略）

# 建立草地农业系统保证战略转变实现*

## 一、"有生气的系统"——草地农业系统的概念与特点

草地农业系统是一种农业生产制度。它以草地为主体，结合农田和林地，把土地、植物和家畜联结起来进行土地—植物—动物三位一体的农牧业产品的物质生产。草地农业系统具有下列特点（参看图1、表1）

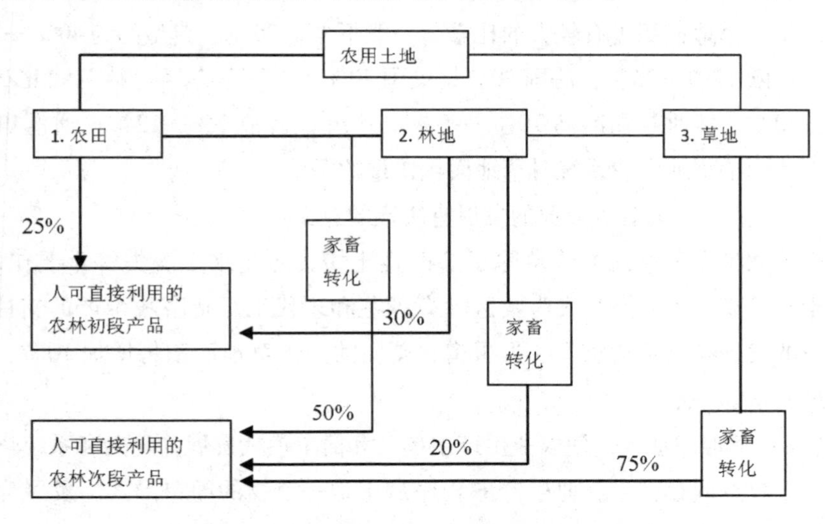


图1　草地农业系统及其能量流通示意图

* 作者胡自治。发表于《甘肃畜牧兽医》，1984（2）：25—28.

**表1 不同农业部门年生产的植物有机物质分配**

| 部门 | 人可直接利用部分（1） | 人不可直接利用部分（2） | 可作饲料（3） | 说明 |
|---|---|---|---|---|
| 农田 | 25% | 75% | >50% | 作物茎、叶、糠、麸、皮壳油渣等可作饲料部分占50%以上 |
| 林地 | 30% | 70% | >20% | 可供采食的嫩枝叶及林下草本占20%以上 |
| 草地 | 0 | 100% | >5% | 草地牧草75%以上可被家畜采食 |
| 总计 | 55% | 245% | 145% | |
| (1) ：(2) ：(3) | 1 | 4.5 | 2.6 | |

（一）牧草与土地结合，牧草 × 土地 = 草地

草地在整个农业生产中构成一项独立的农业土地资源。草地的生产与一般的种植业生产不同，它的初级生产物牧草，需要通过家畜的加工变成畜产品（肉、乳、毛、皮、役畜、役力及其他特种产品等）才能为人所利用。

大农业生产的土地资源分化为农田、林地、草地三种基本类型。在草地农业系统中，草地面积占有较大的比重，一般不少于25%，典型的为40%—50%。例如，东欧15%—25%，法国20%，美国40%，英国爱尔兰、荷兰和北欧各国50%—70%、新西兰和冰岛70%—90%。甘肃省目前7%—12%；通渭中家山40%，达到了草地农业系统对草地面积比重的要求。

（二）人工草地对畜牧业的发展有决定的意义

人工和半人工草地的牧草除了起改良土壤、防止水土流失等重要作用外，还由于产量高、品质好，成为牧区牲畜越冬和现代工厂化畜牧生产的支柱，对畜牧业的发展有决定的意义。据报道，美国的人工草地面积每增加10%，畜牧业生产就增加一倍。

（三）草地的加入，使农业生产由单一和简单模式发展为复杂和系统化

由于牧草的存在，农业生产的程序从土地—植物的简单形式，发展为土地—植物—动物的复杂形式，也就是说，草地农业系统不仅进行第一性的植物生产，而且在此基础上进一步进行第二性的动物生产。家畜在草地农业系统中具有极其重要的作用。没有家畜，农田、林地和草地的生产就联结不在一起，不能形成系统。因此，畜牧业生产在草地农业系统中的位置具有内在的必要性和巩固性，不可以没有，更不可取消。

（四）动物生产可以提高整个大农业的生产效率

把包括草地在内的第一性生产得到的植物有机物进一步转化为动物产品，即进入次级生产，可以大幅度提高整个大农业的生产效率。从表1可以看出，在有机物生产量为1：1：1的农田、林地、草地生产中，人们不可直接利用的部分，约为直接可以利用部分的4.5倍。但在单一作物生产系统中，这一部分就大部流失了。作燃料使用，只是利用其中10%的能量，而丢掉了其中的营养物质和有机物。如通过家畜进一步转化为畜产品，这一部分为可直接利用部分的2.6倍。它不仅大幅度地提高了农业生产效率，同时也使畜牧生产的比重超过了作物。如果相反，不论农田或草地，其生产流程在植物生产以后即停滞不前，它所生产的植物有机物质的绝大部分将付诸东流：这样一个生产和生态系统势必导致生物学效率和经济学效率的严重降低。因此家畜是农业生产的重要杠杆，发展畜牧是在现有条件下提高整个农业生产成效的最有效手段。

草地农业系统由于：①以农田、林地、草地等不同的形式，一定的比例，密切的联系，合理地保护和利用了土地资源。②促使和保证农田、林地、草地三者物质循环和能量转化的渠道畅通，大大提高了生态和生产水平。因此，草地农业系统当前在世界上获得了广泛的应用，连传统的单一稻米生产国日本，也自1950年开始大规模研究利用。如1969年制订的70年代农业发展规划，规定要将3000万亩稻田改建为人工草地和饲料作物地。根据规划规定，目前北海道成为日本最大的草地畜牧业区域。

## 二、草地农业系统可以使农、林、牧三业同步高产

草地农业系统，使农作物、树木、牧草和家畜等第一性和第二性生产者密切结合，形成不可分割的网状结构。在使物质循环、能量转化渠道合理畅通的基础上，同步地提高生产率。在典型的条件下，复杂的草地农业系统的结构如图2所示。

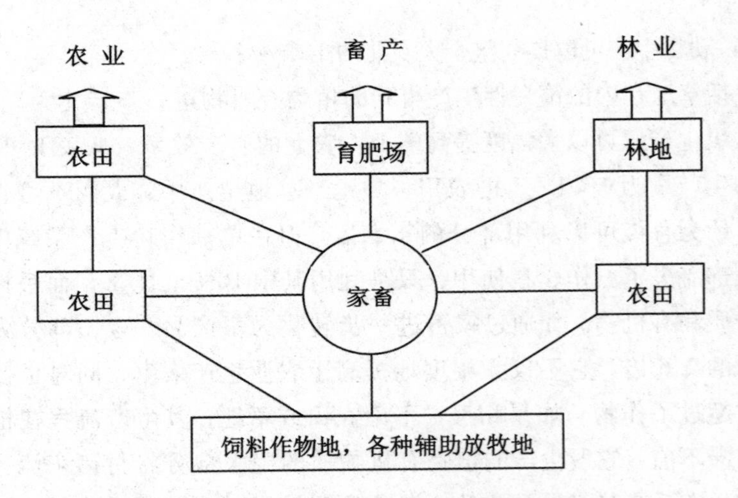


图2 复杂的草地农业系统生产结构示意图

在草地农业系统中，农田可变为草地，草地也可变为农田。草地的作用除了保持水土、改善土地的生态条件外，还通过两个途径不断提高土壤肥力，保证农田高产。第一个途径是直接的，即豆科牧草通过根瘤菌在土壤中固氮，供给禾本科牧草或作物利用。当前地球上生物每年固定的氮，相当于全世界氮肥产量的四倍。例如，美国主要靠苜蓿，西欧、日本、新西兰等靠白三叶和红三叶，澳大利亚靠地三叶和柱花草固氮。高产的豆科或豆科—禾本科人工草地，每亩每年可生产有机氮素15—20 kg，相当于尿素33—44kg，这样的草地不必施用氮肥。法国20世纪30年代实行农田黑休闲（即歇地），粮食不能自给，后来搞草地农业系统，以种植豆科牧草的绿休闲代替黑休闲，做到了粮食自给有余。另一个途径是间接的，即草地饲养家畜，家畜的粪尿供给草地和农田肥料。它的作用与上面的不完全相同，即粪尿给土壤提供的是氮、磷、钾等完全的营养，还有改善土壤结构不可缺少的有机质。种草养田，草多畜多，畜多肥多，肥多粮多，这就是现代化草地农业系统的特点之一。例如，种草和草地数量很多的美国、加拿大、澳大利亚、法国、荷兰、丹麦等国，它们不仅有发达的畜牧业生产，同时也有高水平的种植业生产；不仅畜产品大量出口，粮食也大量出口。我国的一些农区也有不少农田、草地结合，农牧业双丰收的事例。如关中平原以前由于大量种植苜蓿，而成为秦川牛、关中驴和小麦、玉米的著名产区；陇东董志塬苜蓿地比重较大，就有质量良好的早胜牛、庆阳驴和产量丰富的小麦、玉米。

在草地农业系统中，林地可因其生产方向和保护生态平衡的功能而独立存在，同时也可和草地结合存在。林地和草地是相辅相成的。因为不论是日光能的利用，还是土壤水分与养分的摄取，两者可以其不同的特性与分布层次而互相补充、互相结合。森林草原、疏林草地、乔灌草立体草地正是这种互相补充、互相结合的实例。那么林地放牧是否对林地有害？回答是：在不适当的时期、用不适当的牲畜（主要是山羊）对林地进行不适当的放牧时，会造成损害，一般可使10%—20%的树木受损。但适当的放牧，有利于林地管理。研究资料表明，针叶林树龄在9年以上时，放牧牛及绵羊不但不再损毁树木，还有以下益处：①防止林下植物过多，以利幼树生长，②防止野生动物过多，以利幼树抚育；③防止枯枝落叶积累过多而发生火灾；④林场兼营畜牧业，使林地生态结构合理，提高劳动生产率，增加企业收入。因此，在美国林地放牧地占全国草原面积的20%，而日本的混牧林、新西兰的园林草地、芬兰的农牧林等立体生产方式，都是以森林为基础，更高级的林地、草地、农田生产的结合形式。

在草地农业系统中，草地畜牧生产的关系应当比现在的天然草原+家畜要复杂一些，合理一些。从图2可以看出，在多种草地牧草和农田、林地饲料的结合条件下，家畜可以从饲料网中获得各时期良好的、平衡的饲养，可以提高个体畜的生产量和生产效率。它体现了系统生产的优越性，其措施和功能在于：①草地优良牧草（包括青草、青贮、半干贮、干草等）和农田的精料、副产品相结合，实行集约化饲养，可以提高饲料转化效率。例如，以优良牧草+牛、羊的生产效率为1，则牧草+精料+猪的效率为2，牧草+精料+肉牛的效率为2.5，牧草+精料+奶牛的效率7。②草原上的放牧家畜在草地农业系统饲料网的支持，冬春只要能维持不掉膘，生产效率即可提高35%—70%。③草原上的肉用家畜在达屠宰重量的40%—50%时，转移到农区或其他地方的肥育场，经过短期的强度肥育饲养，然后屠宰生产肉品。家畜在肥育期的生产效率比在单纯牧区或单纯农区的饲养高6—10倍。由此可见，为了提高畜牧业的生产效率，家畜不能没有草地，也不能没有农田，还得有其他形式的饲料来源。而要做到这一点，只有实行草地农业系统。

## 三、因地制宜，推行草地农业系统

草在草地农业系统中的作用，国外评价很高，如“一个农民成功的秘诀在于种植苜蓿”，“苜蓿是新西兰农民的秘密所在”，“牧草是（干物质）产量最高的作物”，“柱花草和地三叶是澳大利亚农业成就的基础”，等等。美国在半个世纪以内坚持不懈地大力种草，恢复了西部17个州在20世纪初至30年代，由于滥垦所破坏的美国大草原，这是世界上恢复干旱地区被严重破坏的土地生态平衡，建立高产农业体制的巨大成就。日本目前提高到用草“保全国土”的高度，通过草使国土成为有抵御能力的土地，使土地利用集约化。

甘肃省自然条件错综复杂，农牧业地域差别明显，由于较长时期不合理的垦殖，天然植被遭到破坏，普遍地表现有干旱、水土流失、风沙等现象，因而农、林、牧业生产水平低而不稳。在这种条件下，必须因地制宜，灵活地将农、林、草、畜等第一性和第二性的各个生产部门，纳入一个适当的系统之中。甘肃省可以设想组成如下的一些草地农业系统。

（一）中部黄土地区

在人多地少、垦殖指数高、水土流失严重、农业灾害频繁的中部黄土地区，以人工草地为主，实行长期或短期的草粮轮作，建立小范围内的集约经营的草地农业系统。方法是在现有耕地中，用20%—40%的面积种植多年生的苜蓿、红豆草或混合牧草，草地维持3—5年，人工草地以割草为主，放牧为辅。除青草外，还加工调制干草、半干贮草。家畜舍饲为主，以农田的农副产品及谷物为补充。零星的天然草地轻牧，以利于植被恢复和保持水土。畜牧生产以细毛、裘皮、肉类和奶类为主。大力扩大林地面积。这种小规模的初级的草地农业系统的特点是：农田、草地和家畜生产地理位置集中，就地结合；农田和草地相互转换灵活，周期短，家畜粪肥就地肥田，土壤肥力提高迅速。这样便形成种草起步，种草养畜，促农促林，恢复农、林、牧之间的相互依存，相互促进的良性循环。

（二）陇南地区

陇南地区人多地少、山地森林和草坡资源丰富的地区，可以林间草地、灌丛、人工半人工草地和农田为基础，建立较大范围的草地农业系统。在退耕地建立集约经营的禾本科—豆科人工草地，以割草为主要利用方式。三荒地种植刺槐、酸刺、紫穗槐、柠条、马桑、珍珠杆等速生饲用乔木和灌木，以保持水土和提供饲料。牲畜早出晚归，有计划地利用林间草地、灌丛和零星草地。肉用畜长到成年体重一半时在村舍附近舍饲肥育，然后出售。

（三）陇东黄土高原地区

陇东黄土高原地区，自然条件较好，天然草原、森林和农田都具相当面积，可以粮草轮作和培育的天然草地（半人工草地）为基础，建立较大范围内的农牧结合的草地农业系统。轮作以小麦、玉米、苜蓿和苏丹草为主体，大量生产玉米精料和青贮以及苜蓿类饲料。也可以生产商品苜蓿、草木樨、红豆草、苏丹草等种子。三荒地种植苜蓿、红豆草、沙打旺、柠条、紫穗槐、黑酸刺、狼牙刺等速生饲用草本和灌木。保护现有森林，在宜林地上营造饲用林、护牧林、护田林、水土保持林。家畜放牧和舍饲相结合；天然草地和灌丛都要适当轻牧。注意裘皮羊和耕畜的饲养，肉畜在出栏前应舍饲肥育，耕畜要以优良品种和商品畜为主。

（四）甘南、祁连山地高寒草原地区

甘南、祁连山地的高寒草原地区，可以天然草原为主体，人工草地为保证，建立大地区内的草地农业系统。天然草原要用围栏和饮水系统、封育、补播等可行的有效措施进行培育，确实实行以草定畜的合理放牧，使草地能得到恢复。利用现有退耕地及其他条件较好的土地建立多种形式的人工草地和饲料地，大力生产干草、青贮和多汁饲料。人工草地饲料用以有计划地加强过冬家畜的饲养；多余牲畜秋末淘汰或出售到其他地方肥育，力求避免冬春乏弱、死亡的损失。畜牧生产不仅要注重畜产品的输出，同时也要注意商品幼畜的输出。

（五）河西走廊平原灌区

河西走廊平原可以农田种植短期绿肥或饲料作物的方式，建立以集约化农田为基础的商品粮和商品畜双重基地的草地农业系统。农田夏收前灌溉带种或夏收后播种毛苕子、箭筈豌豆、山黧豆、草木樨等绿肥或饲料作物，收贮干草、半干贮草和多汁饲料，充分利用丰富的玉米精料和青贮、麦类藁秆、甜菜渣等农副饲料资源。家畜自繁和输入相结合，舍饲和放牧相结合，长年饲养和短期肥育相结合，实现高度集约的细毛羊、猪、奶牛、肉牛的商品生产。

（六）大范围的牧区与农区的结合模式

在大范围的牧区与农区之间组成较复杂的高效率的地区间相结合的草地农业系统。这种系统的主要结构就是上述 4 和 5 的结合形式。在牧区，家畜先在大面积的草原上放牧饲养，以繁殖幼畜为主，当到达屠宰重 40%—50% 时，把幼畜运往农区的肥育场。肥育场可以广泛利用人工草地和饲料地青草、青贮、半干贮、块根块茎和农田的谷物、青贮、藁秕副产品以及工业的副产品甜菜渣、油饼、酒糟、糠麸等。人工草地的再生草和饲料地、农田的茬地及林间草地可作辅助放牧地，以充分利用剩余饲用物质。牧区和农区在分工的基础上，各自发挥自己的优势，延伸自己的系统，输出低成本的产品，提高家畜育成期和肥育期的生产效率，使整个草地农业系统的效益比单纯在牧区或农区饲养可以提高6—15倍。

# 发展集约化草地农业，促进农牧业现代化进程*

我国草原面积约4亿 $hm^2$（60亿亩），约占全国土地总面积的42%。保护和利用好我国的草原资源，对改善环境、搞好国土整治、解决动物性食品和其他一些原料，促进农牧业现代化，具有重要的和深远的战略意义。

我国的草原建设在新中国成立后的40年中，政府给予了很大的重视，做了不少工作，取得了很多成绩。但从总体上看，政策性、体制性的工作多、影响大，如自由放牧政策，牧业合作化和公社化运动，制定和实施草原法，实行草畜双承包责任制等；但投资和技术改造的工作相对较少，草原生产力的提高不显著，如新中国成立后国家对草原的投资平均每年每亩只有几分钱，许多技术措施因为没有相应的资金和设备而产生不了经济效益，因而草原的畜产品产量很低，平均每亩年产出只有0.4个畜产品单位①，仅含0.4 kg带骨肉，或30.7 g净毛。长期的低投入、低技术和低产出，使草原生产成为我国经营最粗放、单位面积生产效益最低的农业生产部门。不仅如此，粗放经营下的不合理利用，使我国70%的草原严重退化，并且每年还以数千万亩的速度增加。另外，盲目和错误的开荒，使现存的优质冬春草原迅速减少，加大了牧草供应的季节不平衡。照此下去到21世纪中叶我国天然草原的生产能力将接近消失。

草原是农牧民赖以生活的生产资料，用不让放牧、不让割草的办法去保护

---

* 作者胡自治。发表于《中国草地科学与草业发展》，中国科学院、中国农业科学院主编．北京：科学出版社，1989：32—34.

① 1个畜产品单位规定相当于中等营养状况的放牧肥育肉牛1 kg的增重，其能量消耗约相当于26.5兆卡消化能，或22.5兆卡代谢能，或13.9兆卡增重净能。在统计实践中1 kg牛、羊的胴体折合1个畜产品单位，1 kg标准奶折合0.1，1kg各类净毛折合13，1匹3岁出场役用马折合500，1匹牧区役马工作一年折合200，等等[1]，1卡（ical）=4.1868焦耳（J），下同。

和恢复是不实际的。但如何做到在生产的条件下，达到经济效益和生态效益的并行不悖呢？从国内外的成功经验来看，就是发展集约化的草地农业，或者说用高度重视草地生产及其与其他生产的联系的办法，实现经济和生态的双重目的。

集约化的草地农业就是以草地生产为主体的技术密集型现代化农业体系。在一般情况下，这个体系应有25%—40%的土地面积为草地或饲料地，通过家畜的有效转化，生产多种用途的畜产品，同时也生产相应的谷物及林木产品。草地农业含有四个生产层次的结构，即前初级生产（风景、水土保持、娱乐旅游和狩猎等资源），植物生产（饲用植物、药用植物、作物、林木及其产品），动物生产（动物及动物产品），后动物生产（加工、流通等）[1]。对草地生产进行这样的延伸和丰富，就需要在重视各生产层次本身的同时也要重视各层次之间的联系，要重视科学技术的开发和协作，还要密切注意信息的反馈，及时做出分析，以改善整体的功能。

## 一、集约化经营的草地是高效率的草地农业的基础

集约化经营的草地应以人工草地为主体。人工草地如能集约经营，至少可达2250 kg/hm$^2$的干草产量，即为天然草原的10倍。我国目前已有约0.07亿hm$^2$（1亿亩）的人工草地，如果能将人工草地扩大到0.4亿hm$^2$（6亿亩），也就相当于将我国天然草原的面积扩大了一倍。在牧草充裕的物质条件下，可以提高家畜的饲养管理水平，消除春乏，减少损失；还可以实行不同形式的季节畜牧业，使增产牧草的经济效益继续增大，可使草原畜牧业的生产增加一倍以上。在美国就是人工草地面积每增大10%，畜牧业产值便增加一倍。对于农区来说，积极发展高效率的集约化人工草地也是十分重要的战略大事，是发展农区型的草地农业的基础。据计算，我国农区提供的肉品，其中71%是由粮食转化而来的，约消耗粮食总产量的36%，经济上极不合理[3]。如果将这部分农田改为牧草或饲料地，则可使土地的第一性生产力达到同等经营条件下的最高水平，产肉量至少增加20%。我国农区提供了95%的肉食，如在生产经营上做上述的改进，则相当于全国肉食增产19%，或粮食增产7.2%，这是多么令人惊异的经济效益！因此，对集约化人工草地的重视和研究，至少要像对待农田一样地重视和投入力量。应对不同地区的人工草地研究出一整套规范化的经营管

理制度，如牧草良种、混播组合、施肥制度、利用制度、配套家畜、牧草加工调制贮藏等。要通过人工草地的高产出、高效益，显示人工草地的不可代替性和高技术的必要性，增强农牧民对草地的投入意识，缩小目前越来越大的农田与草地之间的生产差距。此外，通过集约化的人工草地这一核心，还可将天然草原、农田、林地等联结起来，使草地农业的整体形成网络，加大适应弹性和生产弹性，使草地农业系统在外部自然和经济环境发生骤变时能够立于不败之地。

目前，草原上的牛羊很多，但因经营粗放，牧草不足，损失和浪费很大。近几年来草原灾害频繁，春乏、大雪才显草贵。抗灾饲草基地，是当前国家支持草原畜牧业的重要措施之一，集约的人工草地也可以通过这一形式得到群众和政府的支持，起到示范作用。

## 二、实行集约化的草地农业，可促进解决我国的粮食问题

粮食是困扰我国的最大问题之一。我国地少人多，增产粮食的潜力有限，要求通过粮食的增产，达到人均 500 kg 以解决吃饭问题恐怕是很困难的，或者说按照传统的思路，我们可能很难过粮食关。因此，解决粮食问题或更确切地说解决食物问题应另辟新路。集约化的草地农业可更有效地利用土地，还可将人不能利用的各种植物有机物转化为人可利用的动物有机物。也可以这样说，通过草地农业可发挥和调动一切土地资源生产动物食品的潜力，使吃饭问题由各种土地资源分担，减轻对农田的粮食压力。通过扩大和延长的土—草—畜—畜产品—畜产品加工的生产，增加动物性食品及其他加工的产品，可有效地降低对粮食的消费与需求。西欧解决粮食短缺就走的这条道路，北欧寒冷地区更是如此。他们都是在人均占有粮食不足 350 kg 时进入了以畜牧业为主的时代，用高效益的人工草地代替了低效益的农田。法国 20 世纪 50 年代曾平均每年需进口粮食约 1000 万 t，他们在 50—60 年代大力发展草地农业，土地肥力迅速恢复，谷物单产空前提高，畜产品大为增加，人均吃粮逐渐减少，因而缓解了粮食压力，解决了粮食问题，目前年净出口粮食 3000 万 t[4]。1984—1988 年我国人均粮食为 360—390 kg[5]，已可通过进入草地农业的粮食约束。法国用高效率的草地农业解决粮食和其他农牧业原料问题的先进经验——用草地农业推动整体农业全面发展的道路，从我国当前的实际看，不仅值得我们在理论上探讨、

研究，而且也值得结合我国具体实际，创造性地试行以草地为基础的农—林—草—畜四元结构的草地农业（甘肃草原生态研究所在庆阳黄土高原的几个点上已取得显著成效），生产以牧草为联系纽带的粮食、饲草、畜产品、经济作物和林木等多种产品，并进一步将上述产品中人所不能直接利用的部分，再通过家畜最终地转化为人可利用的动物性食品和其他原料，这样，就可以最充分地利用大自然和我们自己生产、创造的各种食物之源，以各种方式解决粮食——吃饭问题。

## 三、草地农业需要投资开发，效益显著

在草地农业的四个生产层中，传统的植物生产和动物生产，方式落后，水平很低。但据甘肃省的统计资料，近几年内在粮食生产徘徊不前的情况下，畜产品的生产却稳步上升，从1979年到1987年，草食家畜牛羊提供的肉品，从肉类总产量的12.19%上升到18.95%，上升幅度达58%[6]。这种情况是怎样取得的呢？主要原因是有一定的投资，在平均每亩草地每年0.1元投资的条件下，可增加0.3个畜产品单位的产出，约合0.4元，这在农业生产中已不算低，在经营粗放的条件下更值得注意。国外先进的草地农业都是以投资为基础的，美国对每头牛的投资为835美元，欧洲共同体为410美元[7]，而上述甘肃的情况仅约为4美元。实际上我国目前的草原生产可以说是只靠利用，而且是不合理地利用草原的自然生产力，这在经营上不能不说是个很大的问题；从长远说，这样的生产方式不仅发展不了生产，而且还可能毁掉草原，毁掉草原畜牧业生产。因此，为了保护资源，永续生产，提高效率，必须走投资开发、综合建设、集约经营的道路。此外草原的前植物生产和后生物生产是草地生产的新的部分或尚未开发的部分，尤其是前植物生产，生态效益和经济效益均好，应给予特别的注意。但这些都需要资金，需要建设。当前国家提出要增加对农业的投资，建议国家拿出一些对集约化草地农业的“启动资金”，使设想变为现实，使停滞的生产活跃起来，就好像用压水机抽水一样，先灌点水进去，把更多的水抽出来。

## 参考文献

[1] 甘肃农业大学．草原调查与规划［M］．北京：农业出版社，1985：

120—124.

[2] 任继周．草地农业系统应为甘肃省农业现代化建设作出贡献［N］．甘肃日报，1988-11-18.

[3] 中国科学院国情分析研究课题小组．生存与发展：4. 潜力、希望与对策［N］．中国科学报，1989-04-14.

[4] 刘振邦．粮食基础说质疑［N］．人民日报，1989-03-23.

[5] 陈俊生．动员各方力量切实加强农业［N］．人民日报，1989-03-26.

[6] 孔照芳，孟宪政．甘肃省发展草食畜的广阔前景［J］．草业科学，1989（2）：4—6.

[7] 发达国家每年为农业补贴一千四百七十亿美元［N］．参考消息，1988-03-14.

# 美国的农场和农业生产*

根据美国农业部发表的最新统计和其他资料，用大量数据较全面地介绍了美国近年的农场和农业生产状况，并简要论述了当年美国的农业危机和今后美国农业发展的趋向。

美国是资本主义世界农业生产规模最大、水平最高的国家，农牧产品的总值占世界第一位，对世界农业经济状况影响很大。20世纪70年代，由于国际市场粮食供求紧张的刺激，美国的农业生产曾得到了一个较长时期的发展，1980—1982年，又在发展到的顶峰维持了三年。但是好景不长，从1983年开始，美国的农业陷入严重的困境，造成这一困境的原因，不是自然灾害、粮食歉收，而是粮食“过剩”，积压的农产品没有销路，大批中、小农场的收入急剧下降，负债累累，濒临破产的边缘或倒闭，各地的农民纷纷集会请愿，游行示威，强烈要求政府提供帮助，解决困难。

为了能从全貌上较深入地了解美国近年，特别是顶峰时期的农场和农业生产状况，作者特别提供本篇基本上还是素材的文章，以便读者分析研究美国当前的农业生产和农业危机时参考。

美国全国面积为936.3万$km^2$，比我国略小，是世界第四大国。不算大陆内部的水面，它的土地利用分配情况如表1所示。

表1　美国1978年土地利用分配状况

| 土地利用类别 | 面积（亿公顷） | 占国土面积的百分比 |
|---|---|---|
| 作物用耕地[1] | 1.49 | 15.95 |

* 作者胡自治。发表于《甘肃农大学报》，1985（1）：81—87.

续表

| 土地利用类别 | 面积（亿 $hm^2$） | 占国土面积的% |
|---|---|---|
| 休耕或撂荒的耕地 | 0.11 | 1.13 |
| 牧草用耕地 | 0.31 | 3.28 |
| 草原和放牧地[2] | 2.37 | 25.37 |
| 林地[3] | 2.84 | 30.39 |
| 特殊用地和其他[4] | 2.04 | 21.74 |
| 总计[5] | 9.16 | 97.86 |

注：1. 包括收获的耕地、失收的耕地和夏季休闲地。

2. 包括草地、非林地放牧地和天然草原。

3. 不包括公园和其他特殊用地中的保留林地，但包括林地放牧地。

4. 包括城市和运输用地以及联邦和州主要用于娱乐、野生动物、军事、农业建筑物、农用道路和小路用地。

5. 不包括大陆上的水面面积。

美国1982年初共有人口23154.1万人，其中农业人口562.0万人，美国农业人口占总人口的百分数随农业机械化程度的提高与农场数的减少而逐渐减少，1968年以来，大致每年以34.5万或以0.2%的速度减少。例如，1968年农业人口为1045.4万人，尚占总人口数的5.2%，1982年减少到562.0万，仅占2.4%。美国近15年的总人口数和农业人口数如表2所示。

**表2　美国1968—1982年总人口及农业人口数**

| 年份总人口（万） | 农业人口数（万） | 农业人口占总人口的百分比 |
|---|---|---|
| [1]196820020.8 | 1045.4 | 5.2 |
| [2]197822199.1 | 650.1 | 2.9 |
| 197922443.1 | 624.1 | 2.8 |
| 198022706.1 | 605.1 | 2.7 |
| 198122932.6 | 579.2 | 2.5 |
| 198223154.1 | 562.0 | 2.4 |

注：1. 农业人口的定义为，具有10英亩（60.7亩）或更多土地，在申报年至少出售

价值50美元的农牧产品，或土地少于10英亩，但在申报年出售价值1000美元或更多农牧产品的农业生产场所的人口。

2. 1987年开始，农业人口定义为：在申报年出售价值1000美元或更多农牧产品的农业生产场所的人口。

美国农业生产的基本单位是国家的或私人的农场，美国农业部对农场的定义是：在6月1日封存的，并在一年中，出售或能出售1000美元或更多农牧产品的固定农业生产场所。按上述的定义，1978年以前的定义参见表2注，美国1880年有农场4008907个，1935年曾增加到6812350个的高峰，到1978年减少为2478642个，大约每年以10万个的数量减少，1981年为2434010个，1982年为2400370个，一年中约减少了3万个。

美国农场拥有的土地在1880年时为21695.23万 $hm^2$，平均每个农场拥有土地54.13 $hm^2$，1950年美国农场拥有的土地达到最高峰，为47002.66万 $hm^2$，平均每个农场为87.20 $hm^2$。1982年农场的土地下降为42173.79万 $hm^2$，但因中、小农场被大农场合并等原因，农场数下降，因而每个农场平均拥有的土地增加到175.66 $hm^2$。

在全美50个州中，1982年，拥有农场数最多的是得克萨斯州，为185000个，这里同时也拥有最多的农场用地，为5601.07万 $hm^2$，占全国农场土地总面积的13.3%。农场最少的州是地处北纬60°—70°的寒带的阿拉斯加州，1982年只有420个农场，61.92万 $hm^2$ 土地。

1978年，在美国的2478642个农场中，属于自耕农场主的为58.6%，属部分自耕农场主的为28.8%，其余属佃农场主，与此同时，在农场的41671.73万 $hm^2$ 土地中，属自耕农场主的为33.1%，属部分自耕农场主的为54.9%，其余属佃农场主。

据1982年7月11—17日调查，美国（阿拉斯加州未调查）共有农业工人（包括自耕农场主）506.18万人，其中受雇工人为249.44万人，平均每个农场有农业工人（劳动力）2.1人，其中包括一个受雇工人。1月份农场的工人人数约为夏季农忙时的60%—70%，他们主要是自耕农场主及其家人和固定工人。调查期间，大田工人的工资每小时为3.83美元，畜牧工人为3.78美元，大田兼畜牧工人为3.82美元。

在农场规模和土地面积不断扩大的同时，由于生产机械化和工人劳动生产率的不断提高，每个农场的工人人数仍呈下降趋势。美国平均每个农场的工人人数指数如以 1977 年 7 月为 100，1978 年为 98，1979 年为 92，1980 年为 90，1981 年为 89，1982 年为 86。

如从年销售总额的大小对农场进行分类，那么年销售总额为 1000—9999 美元的小农场，约占总人口数的一半，并在 1979—1983 年变化不大；销售总额为 10000—99999 美元的中等农场的比率，每年以 1% 的数目减少；销售总额为 100000 美元以上的大农场的比率，每年以 0. 5% 的数目增加。1983 年，上述小、中、大型农场的数目分别占农场总数的 50. 2% 、36. 6% 和 13. 2% 。

经常以低廉的价格并吞大量土地的，是那些能够筹集到资本，并且经营效率较高的农场主。最后产生的一个结果是：在农业危机严重的 1984 年，大约 12% 的大农场主所销售的农牧产品占全国总额的 63% ，销售额超过 25 万美元的规模最大的农场主数，在 1978—1982 年增加 54% 。与此相适应，在同期销售额为 4—10 万美元的较大中等农场成为主要的牺牲对象，因为他们所负债务最多，当在最大限度采用技术和提高效率时，又嫌太小，这类农场正在被挤出农场的行业，今后将更加形成由大农场主控制农业生产和销售的局面。

1982 年美国共有 16177 万户农业家庭（指由两个或两个以上的，具有血缘、婚姻、收养或共同居住关系的人组成的农业家庭），每户平均年收入 19903 美元，其中年收入在 2500 美元以下的最穷户占 7. 5% ，年收入在 15000—19999 美元的中等户，占有最大的比率，为 14. 1% ，年收入在 40000 美元或以上的最富户占 10. 6% 。

1984 年，美国全国农场净收入估计仅为 300 多亿美元，即每个农场大约为 1. 3 万美元，低于 1982 年的水平。但据美国农业部不久前发表的一份研究报告，230 万个农场共负债 2121 亿美元，平均每个农场为 9. 2 万美元，为农场净收入的 7. 1 倍，每年需付利息 210 亿美元，平均每个农场为 9130 美元，为净收入的 70% 。在这样沉重的债务负担下，大批中、小农场无力偿还债务，它们不是破产、倒闭，就是为了维持下去而继续贷款，陷入更大债务负担的恶性循环之中。据美国经济学家估计，1985 年，美国将出现空前的农场大倒闭，有 10 万户农场将被迫弃农，等于 1982—1984 年倒闭农场数的总和。

在化肥、农药、种子和农业机械等价格不断上涨的同时，美国农场的土地价格上涨较少，或者说相对下跌。如 1977 年 2 月的地价指数为 100，从 1968 年 3 月的 133，涨到 1983 年 4 月的 148。地价上涨幅度最多的是加利福尼亚州，

1983 年 3 月指数达 223，上涨最少的是伊利诺伊州，同期指数仅为 117。

1979 年 2 月 1 日美国 48 州（夏威夷州和阿拉斯加州未计入）农场的农田和建筑物总值，总计为 6530. 94 亿美元（其中建设物总值为 993. 82 亿美元），到 1983 年 4 月，增加为 7703. 14 亿美元（其中建筑物总值为 1023. 73 亿美元）。

美国的灌溉地传统地集中在密西西比河以西的干旱地区，近年来湿润的东部地区，由于经济作物和高产人工草地的需要，大规模的喷灌发展很快，但总的来说，美国灌溉地的面积相对减少，从 1944 年的 831. 2 万 $hm^2$ 增加到 1978 年的 2057. 4 万 $hm^2$，34 年期间增加了约 1. 48 倍，1978 年灌溉地面积占农场总土地面积的 4. 87%，占耕地总面积（作物用耕地、休闲或撂荒的耕地、牧草用耕地之和）的 10. 80%。

**表 3　美国 1982 年主要农产品生产状况**

| 种类 | 收获面积（万英亩） | 每英亩产量 | 总产量 | 产值（万美元） |
|---|---|---|---|---|
| 小麦 | 7884. 1 | 35. 6 蒲式耳 | 280873. 7 万蒲式耳 | 951601. 8 |
| 黑麦 | 71. 5 | 29. 1 蒲式耳 | 2081. 7 万蒲式耳 | 5165. 0 |
| 玉米[1] | 7315. 2 | 114. 8 蒲式耳 | 839733. 4 万蒲式耳[2] | 21939742. 1 |
| 燕麦 | 1056. 1 | 58. 4 蒲式耳 | 61698. 1 万蒲式耳 | 89620. 6 |
| 大麦 | 911. 3 | 57. 3 蒲式耳 | 52238. 7 万蒲式耳 | 108878. 8 |
| 高粱[3] | 1424. 7 | 59. 0 蒲式耳 | 84107. 9 万蒲式耳[4] | 185623. 9 |
| 水稻 | 325. 2 | 4742. 0 磅 | 1542160. 0 万磅 | 121367. 9 |
| 干草 | 6067. 9 | 2. 51t | 15242. 4 万 t | 964923. 4 |
| 棉花 | 972. 85 | 590 磅 | 1196. 26 万包[5] | 332885. 7 |
| 甜菜 | 103. 08 | 20. 6t | 2126. 0 万 t[6] | 80356. 9 |
| 甘蔗 | 75. 94 | 39. 6t | 2843. 3 万 t[6] | 65. 072. 1 |
| 烟草 | 90. 78 | 2183 磅 | 198224. 5 万磅 | 349770. 5 |
| 亚麻 | 81. 5 | 14. 3 蒲式耳 | 3163. 5 万蒲式耳 | 6283. 1 |
| 花生 | 127. 54 | 2696 磅 | 343883. 0 万磅 | 85609. 5 |
| 大豆 | 7078. 3 | 32. 2 蒲式耳 | 227697. 6 万蒲式耳 | 1248038. 7 |
| 向日葵 | 492. 4 | 1156 磅 | 569066. 0 万磅 | 49324. 6 |
| 马铃薯 | 127. 35 | 27400 磅 | 3492680. 0 万磅 | 158933. 3 |
| 柑橘[7] | — | — | 17779. 0 万箱 | 122743. 7 |

续表

| 种类 | 收获面积（万英亩） | 每英亩产量 | 总产量 | 产值（万美元） |
| --- | --- | --- | --- | --- |
| 葡萄 | — | — | 583.6 万 t | 134980.8 |
| 草莓 | 3.95 | 22300 磅 | 87790.0 万磅 | 42192.8 |
| 商业苹果 | — | — | 809620.0 万 t | 80372.3 |
| 西红柿 | 41.83 | 20.72t | 866.69 万 t | 114586.3 |
| 莴笋 | 21.88 | 28000 磅 | 612390.0 万磅 | 2208.8 |

注：1. 不包括青饲、青贮玉米及甜玉米的93.69万英亩。2. 不包括青饲、青贮玉米及甜玉米的产值。3. 不包括青饲、青贮高粱的 150.8 万英亩。4. 不包括青饲、青贮高粱产值。5. 不包括棉籽产值，产值为 1983.1 月价值。6. 1981 年产值。7. 1981/1982 产量。8. 1 英亩 =6.07 亩。9. 1 磅 = 0.4536kg。10. 1 蒲式耳小麦 = 14.5 kg。11. 1 蒲式耳黑麦 = 25.4 kg。12. 1 蒲式耳玉米 =25.4 kg。13. 1 蒲式耳燕麦 = 14.5 kg。14. 1 蒲式耳大麦 =21.8 kg。15. 1 蒲式耳高粱 =25.4 kg。16. 1 包棉花 =480 磅净重。17. 1 蒲式耳亚麻 =25.4 kg。18. 1 蒲式耳大豆 =27.2 kg。19. 1 箱柑橘 =34.0—40.8 kg。

农业生产机械化的水平很高，是美国农业生产的一个显著特点。1983 年，全美农场拥有拖拉机（不包括蒸汽机拖拉机和花园用拖拉机）460 万台（其中链轨式 14.5 万台，共计 2.78 亿匹马力，平均每台拖拉机为 60 匹马力）。农用卡车 40.6 万辆，谷物联合收割机 6.75 万台，玉米采收机和采收剥皮机 6.85 万台，捡拾捆压机 7.5 万台，大田青饲料收割机 2.95 万台。

1982 年，美国共消耗各类商品肥料（包括微量元素肥料）4873 t。其中氮肥（纯氮）为 1108 万 t，磷肥（五氧化二磷）481.8 万 t，钾肥（氧化钾）561.4 万 t。

1980—1982 年美国各类作物的收获面积在 70 年代增长的顶峰上大致稳定，而单产有明显提高。1982 年各类作物的收获面积为 1.44 亿 $hm^2$，其中面积（表 3）占前十位的依次是玉米、小麦、大豆、干草、高粱、燕麦、棉花、大麦、向日葵和水稻，产值（表 3）占前十位的是玉米（籽粒，青饲料，青贮料合计）、马铃薯、葡萄和柑橘。在商品水果中产值占前五位的是葡萄、柑橘、草莓、杏和桃。在这里值得注意的是：美国对草地十分重视，干草不仅具有第 4 位的收获面积，而且更具第3位的产值，这说明它的单位面积产值高于小麦，目前我国北方大力推行种草养畜的方针，这个方针的正确性和必要性，可从美国的实践中得到有力的证明。

1983年，美国联邦政府为了缓和大量农产品的“过剩”，采取补偿的办法鼓励农场主休闲了1/3耕地，其中玉米为1214万$hm^2$。由于这一政策受到小农场主的反对，该政策1984年被取消，同年全国的粮食即增加了26%。

下面谈谈畜牧业的情况。美国的畜牧业养牛是主体，养牛业1982年的产值占畜牧业总产值的67.42%。1982年和1983年拥有各类畜禽数及价值（不是产值，作者注）见表4。

**表4　美国1982年和1983年各类畜禽头数及价值**

| 畜禽类别 | 1982年 | | 1983年 | |
|---|---|---|---|---|
| | 头数（万） | 价值（亿美元） | 头数（万） | 价值（亿美元） |
| 牛 | 11，560.4 | 479.66 | 11，520.1 | 467.49 |
| 猪 | 5，868.8 | 41.14 | 5，323.0 | 47.84 |
| 羊 | 1，296.6 | 7.49 | 1，197.4 | 6.16 |
| 小计 | — | 528.20 | — | 521.49 |
| 鸡 | 38，483.8 | 7.27 | 37，850.9 | 7.01 |
| 火鸡 | 351.4 | 0.55 | 342.9 | 0.50 |
| 合计 | — | 536.01 | — | 528.00 |

1982年美国畜牧业的总产值为612.74亿美元，其中，牛的活重增重牛奶和猪的活重增重产值占前3位，鸡和鸡蛋的产值也相当可观（表5）。

**表5　美国1982年畜禽产品产量及产值**

| 畜禽及产品 | 产量（t） | 产值（亿美元） | 附注 |
|---|---|---|---|
| 牛和犊牛 | 18535.6 | 227.11 | 产量为一年内活重的实际净增重 |
| 羊和羊羔 | 351.1 | 3.51 | 同上 |
| 猪 | 8818.2 | 101.80 | 同上 |
| 鸡 | 8137.9 | 46.26 | 包括商业的烤鸡产业 |
| 火鸡 | 1440.5 | 12.54 | |
| 牛奶 | 61595.6 | 185.98 | |

续表

| 畜禽及产品 | 产量（t） | 产值（亿美元） | 附注 |
|---|---|---|---|
| 羊毛 | 47.6 | 0.72 | |
| 马海毛 | 4.4 | 0.25 | 只为得克萨斯州产量 |
| 鸡蛋 | 696.8 亿个 | 34.57 | |
| 总计 | — | 612.74 | |

1982 年，美国 64 种种植业产品总值 768.35 亿美元，9 种畜牧业产品总值 612.74 亿美元（表 5），两项总计 1381.09 亿美元，种植业占 55.63%，畜牧业占 44.37%。

前述的资料已经就美国农场、农业生产及目前形势，提供了一个较完整的概念。现在在上述基础上简单地，展望一下今后美国农业的发展，以作为本文的结束语。

当前美国面临严重的农业危机，它对美国农业的发展有什么影响，这是美国国内外许多人关心的事情。一些农业经济学家分析指出，目前美国的农业危机除表面的问题外，还存在另一趋势，那就是美国的农业经济管理处在剧烈的调整之中，它表现为：在合并中、小农场的基础上，大农场变得更大，在大量装备高级技术设备和电子计算机的基础上，他们的生产水平更高和更具竞争能力，这样不仅导致农场组织结构的巨大变化，而且也使农场的生产方式发生明显的变革。例如，第一，大农场大量采用节能的公共设备，采用加快农作物成熟的塑料薄膜和更好的良种；第二，高级电子计算机进入农业生产，农业软件公司增加，1984 年底 3%—5% 的农场主拥有自己的电子计算机，预计 5 年以后达到 30%；第三，他们通过得到最新信息而获得更大的好处，当前已有 16 万部，即约 7% 的大农场主拥有卫星地面接收器，接受芝加哥天空技术公司每周播放一次一小时的商品信息、天气预报和专题报道，有的公司还通过电话和电子计算机向一些大农场订户提供上述信息。创新的农业杂志也是这一趋势的一种表现，《优良农业》杂志应运而生，并受到大农场主的欢迎，因为它专门为“管理农场主服务”。在新的调整中，农场主由传统的单干土地耕作者或家畜饲养人，在计算机和高级技术的帮助下，将成为或已成为农业经济学家和财务管理人。在农业的调整和变革中，美国今后的农场和农业生产将具有怎样的特征？我们不妨借用美国农业经济学家杰·佐罗斯的话加以概括，他说：现在的美国农业是专业农业管理人员、周游四方的农业计算机推销员时代，并且很快又将成为遥控拖拉机时代，而不再是以家庭为单位的农场主时代。

## 参考资料

[1] United States Department of Agriculture. Agricultural Statistics [M]. Washington, DC: Washington United States Government Printing Office, 1983.

[2] 张亮. 美国农业面临的困难 [N]. 人民日报, 1985-02-19.

[3] 杰弗里·罗佐斯. 美国农业经济进入专业人员的时代 [J]. 世界经济科技, 1985 (1).

# 世界草原畜牧业的不同经营方式及草原生产能力的评定问题*

全世界草原约有29亿$hm^2$，占地球陆地面积的20%。它具有多种多样的类型和生产条件，只要正确认识和利用草原发生和发展的规律，创造性地去开发、改造、利用它，就会获得高效的草原生产力。当前在世界范围内，规模较大，并具经营特色的可以举出下列几个典型地区。

## 一、落基山地带

落基山脉是北美洲西部呈南北走向的高大山系。位于美国境内的落基山南部的山地及其两侧的高原，盆地和平原，约有80% 的土地（约1.2亿$hm^2$，占美国草原面积的35%）是天然放牧地。为了充分发挥落基山地带的草原生产潜力，在草地管理上采用了调节放牧的时间和区域、清除不可食植物、播种和在林地放牧肉牛的一系列综合措施。这里饲养有两岁以上繁殖肉牛约1745万头，占全国北美牛总数的50%，另外还有900万头羊和150万头野畜（鹿、麝、羚羊等）是美国主要的肉牛生产基地。饲养的肉牛为阿伯丁—安格斯和海福特品种。它们主要在以落基山为中心的高原、山麓地带的天然草原上繁殖和育成，但这些地区降水量少，条件较差，育肥是在落基山东侧的玉米带进行，这样使落基山地带丰富的天然草原得到了充分和合理的利用。

---

* 作者胡自治。发表于《四川草原》，1981（1）：1—7.

## 二、澳大利亚

澳大利亚是世界上最大的干燥大陆，西部高原和内陆基本上部是沙漠，干旱和半干旱地区占全国总面积的74%。草原畜牧业生产与降水量密切相关，东南部沿海降水较多的地区，牧草生长旺盛，是奶牛主要饲养地带；进入内陆，降水量逐渐减少，牧草栽培受到限制，质量变劣，主要饲养肉牛；再往内陆，降水量更少，主要是沙漠，用于绵羊的放牧，也是袋鼠的栖息地。在近40年来，由于草原科学的研究解决了一些巨大的困难，才使澳大利亚的畜牧业得到了今天这样发达的程度——绵羊头数和羊毛产量占世界第一位，肉牛得到了显著的发展，出口收入的40%来自畜产品。这些成就的取得主要是解决了全国土壤的普遍养分不足，培育和播种高蛋白含量的牧草。澳大利亚人把这一系列的工作叫作“草原革命”。解决这些问题饶有趣味的是，在南纬30°以南的温带湿润地区几乎完全依靠了地三叶（*Trifolium subterraneum*），而南回归线以北的热带干旱地区则为矮柱花草（*Stylosanthes humilis*）。

## 三、英国

英国是世界上有名的历史悠久的草地农业国。草地改良已有200多年的历史，整个国家可以说是一个大牧场。国土的50%为草地。耕地的1/3种植饲料作物，在英格兰和南威尔士主要是高度集约化的人工草地；苏格兰、北威尔士和北爱尔兰主要是改良了的半天然草原。为了提高牧草产量，大力推广含有多年生草地的轮作体系。家畜的饲养以肉羊为主，肉羊的密度占世界第二位，奶牛相对较少。近年来在干草的调制贮存的研究上取得了很大的成绩，脱水干草（hay flake）调制法可以使干草具有与精料一样多的能量，大大节约了谷类饲料。

## 四、芬兰

芬兰多泥炭地和沼泽地，并多湖泊，广泛栽培耐寒的猫尾草等牧草。天然草地的利用以农牧林的形式，立体地利用当地植被为其特点。其具体方法是林地在树龄大30年以上时进行择伐，从而使阳光照到地面，使林地牧草旺盛生长，放牧善于利用这些牧草的芬兰种奶牛生产牛奶。同时，在由于天然下种而生长出幼树时，则对择伐后所剩的成材树进行皆伐，并扩大放牧充分利用林地杂草。有时候在皆伐后翻耕栽培农作物、这样由于有效地利用作物，牧草和树木，农牧林型的经营得到了很好的开展。芬兰是森林之国，但由于实行了上述农牧林型的立体生产，野生牧草资源成为这个国家的产业和人民生活的支柱。

## 五、挪威

挪威和芬兰一样，地处高纬地区，全境为斯堪的纳维亚山脉盘踞，南部地区较为温暖，人工草地面积很大，主要饲养挪威种的红白花奶牛，饲料以草为主，空气和水都很清洁，并由于低温，奶质极佳。高寒的中部地区，主要放牧饲养山羊，山羊平均每天产奶2kg，生产著名的山羊奶酪，北部高寒山地和冻原地带牧养驯鹿，生产北国特有的驯鹿肉。挪威这样适应地形和家畜特性进行草地生产，是生产和自然保护相结合的良好范例之一。

## 六、阿尔卑斯山地

横亘欧州中南部的阿尔卑斯山地，位于法国、意大利、瑞士和奥地利之间，这里的阿尔卑斯畜牧业以其充分利用、改造山地，经营先进的养牛业和山羊业称著于世（尤以瑞士最为典型）。他们对山地的森林和草地进行了改造，使其带状交互排列，以利于保持水土、涵养水源和进行综合生产。草地的集约利用已有近200年的历史。对人工草地和天然草地都进行了改良和培育，以致很少见到没有人工牧草侵入的纯天然饲用植物群落。阿尔卑斯山地由于受南部平原地中海气候的影响，夏季干燥，但高山地带的地形雨较多，为此，充分利用丰富的水力资源进行发电，以电热加工干草，牧草得到合理的调剂、加工、贮存和利用。家畜饲养以奶牛和奶羊业为主，主要品种是西门塔尔牛和瑞士褐牛两个乳肉役兼用品种，以及高山种的吐根堡山羊。由于山地的牧草生长季节较短，家畜的舍饲期较长。2500 m 以上的高山地带，全年放牧期为70d 左右，在放牧季，牧民在山腰地带建造简易牛舍，进行挤奶和其他管理事宜，奶牛可以早出晚归，在山地的草地上进行放牧。

## 七、中亚细亚

地处欧亚大陆中心的中亚细亚，是世界上著名的大沙漠地区之一，沙漠之间横亘着巨大的天山，帕米尔—阿莱山和兴都库什山，这里夏季干热，植物有夏季休眠现象，冬春比较温暖，短命植物在春季生长茂盛。在这种具体的自然条件下，家畜全年的放牧季带是由从平原的沙漠到山地的高山带共同组成。家畜从冬季放牧地转移到夏季放牧地，往往需要长途跋涉几十到几百千米，中亚细亚的牧民在时间上巧妙地对不同类型的天然草原进行组合，使得家畜在不同的时间里，充分地利用了从沙漠到森林，从平原到高山，从前山到后山的各类型草原，建立了世界上又一个大型的草原畜牧业地区。中亚细亚的畜牧业以养羊为主，羔皮羊、细毛羊、粗毛羊、肉脂羊、毛肉兼用羊等方面的养羊业都很发达，尤以卡拉库尔羔皮养羊业称著于世。

## 八、日本

日本气候润湿，是森林之国，畜牧业生产所用的草地主要有三类，即天然草地、改良的半天然草地和人工草地。天然草地是在森林破坏后，人为地（放牧、割草、烧荒等）维持草本群落，使其得到稳定；半人工草地是在采伐迹地或森林的草本群落阶段，进行粗耕，火烧等，再施肥，播种，形成生产能力较高的草地。上述两类草地的野生牧草以小竹类和小禾本科为主，尤其是具有代表性的小竹类，广泛分布于日本的南北，成为主要的放牧饲料的来源。人工草地在近年来得到了巨大的发展，从南到北广泛地利用着从热带型到寒温带型的各种牧草。日本放牧饲料的另一重要来源是宜牧林。宜牧林是供放牧用的进行综合经营的林地，以 7—15 年生的幼小造林地为好。较之成熟的茂密林地，幼小的造林地有几十倍的牧草可以利用。战前宜牧林以牧马为主，现在用来放牧肉牛和奶牛，采食的主要饲料为小竹类、草类和阔叶树叶等。上述日本式的草地畜牧业典型地区是北海道，以前以乳牛业为核心，当前肉牛业也占有了相当大的比例。

## 九、青藏高原

我国青藏高原的天然草原约有 11.3 亿 $hm^2$，这里地势高寒，牧草低矮而茂密，放牧饲养着特殊的牦牛和藏羊。青藏高原具有独特的地形条件，雨量较多，辐射量很大，水力资源较丰富，家畜全年放牧在国外只用作夏季放牧的高山草原上。牦牛具有对高原的高度适应能力，乳中含脂率高，毛长，尾毛珍贵；藏羊是著名的地毯毛的生产者。如果大力开展科学研究工作，克服不利因素，充分发挥有利因素，我们一定会在祖国的青藏高原的广大天然草原上创造出一个现代化的、世界上独一无二的高原草原畜牧业生产的典型。

# 发展草地农业系统，提高生产生态水平*

## ——对漳县农业战略转变的刍议

本文在调查研究的基础上，分析了漳县自然与生产条件的特点和优势；论证了以草地农业系统的生产组织形式，落实种草种树，发展畜牧的指示，从而推动漳县大农业生产的正确性和可行性，并对在漳县建立草地农业系统的方法，提出了粗线条的分区设想。

漳县位于甘肃东南部，天水地区西北部，自然条件较好。长期以来，由于农业发展方向受“左”的思想影响，强调以粮为纲，没有充分利用和发挥自己在林、牧方面的优势，因此大量垦荒种粮，毁草毁林，生态破坏十分严重。尽管在农业上也取得了一些成绩，但却事倍功半，整个农业生产并没有获得很好的发展；山清水秀的漳县是甘肃省18个穷困县之一，群众生活水平不高，这一现实不能不发人深省。

## 一、自然条件特点

漳县在区域地貌上处于青藏高原的东部边缘（西秦岭山地）与陇西黄土高原的过渡地带，黄上高原占总面积的28.1%，西秦岭山地占71.9%。全县绝大部分地区海拔在2000 m以上。整个地势西南部较高，最高山峰为露骨山，海拔3941 m；东部的漳河、龙川河河谷较低，最低处为1640 m。境内群山起伏，沟壑纵横，地形复杂，立一山之巅，望群山之顶在一水平面上。

大陆性季风气侯。四季气候的特点是：冬季盛行偏北风，寒冷，雨雪稀少。

* 作者胡自治。发表于《甘肃农大学报》，1984（S1）：9—16.

春季回暖较快，但冷暖空气交替多变，多低温晚霜，并常有春旱发生。夏季温热多雨，多雷雨、冰雹，对农业生产危害很大。秋季多连阴雨，降温快，霜冻来得较早。全年太阳总辐射量为 119.0909 kJ/$m^2$。年平均气温 1.7—7.9℃，南北差 3.2℃，东西差 6.2℃。>0℃积温 1670—3200℃，>10℃积温 670—2560℃。年降水量 466—659 mm，南北差 224.6 mm，东西差 110 mm。

漳县植被的主要类型有山地草甸、山地森林草甸、山地针叶—落叶阔叶林、山地针叶林、高山草甸等。以漳县县城为准，从东向西依次是山地草甸（2000—2200 m）→山地森林草甸（2200—2600 m）→山地针叶林（2600—3000 m）→高山草甸；从北向南依次是山地草甸（2000—2400 m）→山地针叶—落叶阔叶林（2400—2600 m）→山地针叶林（2600 m 以上）。

## 二、农林牧生产现状及分析

全县土地总面积为 324.66 万亩，农林牧三项用地分别约占总面积的 23%、25% 和 40%。按人均面积计算，漳县在农田、林地、草地三方面均超全国平均数，在农田、林地两方面超过甘肃平均数（表 1）。

**表 1 全国、甘肃省和漳县农林牧用地分配比较（亩）**

| 地区 | 农林牧用地比例 | 人均农田 | 人均林地 | 人均草地 |
|---|---|---|---|---|
| 全国 | 1:1:3 | 1.5 | 1.8 | 5.9 |
| 甘肃 | 1:1:3.8 | 2.8 | 2.8 | 10.7 |
| 漳县 | 1:1.05:1.7 | 5.5 | 5.8 | 9.4 |

漳县的种植业生产绝大部分地区为一年一熟制。夏粮以小麦为主，其次为蚕豆、青稞、洋麦（黑麦）等，秋粮主要为洋芋、玉米、糜子、荞麦等。但除洋芋外，其余播种面积很小。油料作物主要为油菜、胡麻。经济作物主要为当归、党参。漳县人均耕地数为全省平均数的 186%，但除漳河和龙川河河谷地区，温暖湿润，并具一定灌溉条件，作物产量较高外，绝大部分农田单产很低，近 10 年来粮食作物平均亩产 192 斤，只为全省平均数的 86%，每人拥有粮食也为全省平均数的 86%。油料作物平均亩产 69 斤，仅为全省平均数的 72%。人均耕地较多，气候湿润，很少受干旱之苦，那么为什么人均拥有粮食又较少呢?

这是由于单产较低。但单产低又不在于缺水、干旱，而主要由于热量和肥料不足，其中热量不足又是主要的原因。由于高寒、秋涝（也常出现夏涝）、早霜，作物不成熟或成熟不好是低产的最主要原因之一。

全县森林被覆率16.5%，超过全省平均数一倍以上。但乔木林破坏严重，林地面积中灌木林和疏林地约占72%。现有乔木林中，中、幼林多，成熟、过熟林少。用材林蓄积量小，木材生产能力较低。但林地的潜力较大，立地条件较好，宜林地广，造林难度小。今后继续造林、抚育、保护，森林面积和林业发展会取得较快、较好的效果。

漳县的畜牧生产基础较弱，但新中国成立后有一定的发展，以1949年为基础，1982年大牲畜达175%，猪达216%，羊达370%；牲畜中役畜占的比重很大。家畜品种改良工作有一定的成绩，目前黄牛和绵羊改良是畜牧方面的重点工作之一，但改良畜在畜群中的比例仍很小，改良羊不到绵羊总数的5%。

全县有天然草原141.42万亩。根据综合顺序分类法可分为四类、14亚类、27型。四个类是:（1）微温湿润（黑垆土、暗栗钙土，森林草原）类，（2）冷温潮湿（暗棕壤、淋溶灰褐土，针叶林）类；（3）寒温潮湿（草毡土，高山草甸）类；（4）微温潮湿（灰褐土，针叶—落叶阔叶林）类。

漳县的天然草原具下列生产特点。(1）牧草生产力较高。所有四大类草原，其草原湿润度均在湿润与潮湿之间，亦即水分条件较好。另外，也由于大部分草原未遭受重牧的破坏，因而具有较高的牧草产量，平均亩产青草472.6 kg，干草117.9 kg，是我省这些类别草原保存得较好的地区之一。（2）优良牧草较多。饲用植物总数可达1000种，尤多优良中生牧草和饲用灌木。草层成分中豆科牧草比重较大，一般可达10%以上。（3）割草地较多。由于草原类型的缘故，牧草生长较高，平缓之处皆可供割草。(4）水草结合好。因草原降水较多，水文网较密，水源一般不超过放牧地2—3 km，容易按照标准的要求，规划草地的利用。（5）蚊蝇较少，有利于家畜夏秋放牧卫生和抓膘。（6）草原坡度较大，放牧大畜不便。这里几乎全为山区，除一些高山顶部较平缓外，草坡一般在20°以上，放牧大牲畜有一定困难，但放牧小畜影响不大。

除天然草原外，漳县尚有质量很好的地埂、宜林地等可供割草和放牧。三项合计，载牧量为260457羊单位，如再加上可供利用的农副产品，全县共可养畜324106羊单位，平均每羊单位有草原5.58亩。1982年底全县家畜（不包括猪）折羊单位为29265个，与上述可能载牧量相比，亏载31541羊单位。1982

年全县生产的畜产品合673705个畜产品单位，合每亩草原0.37个，低于应在目前达到的0.7个。

漳县的草原资源丰富，质量也好，但单位面积的草原畜产品生产能力很低，尚不及甘南和祁连山东段的草原。那么草原畜牧业生产落后的原因在哪里？概括地说问题有四方面。（1）长期以来畜牧生产没有受到很大的重视，各处的生产几乎都是一个模式，以种植业为主，即使在海拔很高，气候寒冷，不宜农作的地区也是如此。（2）家畜的饲养管理水平很差。（3）家畜品种不良。畜群构成中，役畜多，产品畜少。（4）部分地区草原资源利用不充分，尤其是高山地带利用不充分，倒伏陈草随地可见。

综前所述，可以将漳县当前大农业生产的特点做如下的概括。从气候、土地资源、农林牧生产的潜力三方面都可证明：漳县具有综合发展农林牧生产的良好条件，但明显的优势是在林牧方面。当前，农业生产经长期的努力已具一定的水平，但由于低温、少肥难以获得更大的提高；森林面积很大，条件也好，但遭受破坏严重，表现的生产能力很低；草原资源丰富，但由于长期重视不够，未发展到应有的水平。所以总的表现是：农业未上去，林业、牧业潜力未发挥，农林牧三者均处于落后状态。

## 三、发展草地农业系统是漳县大农业生产的正确方向

根据漳县高寒阴湿，森林、草原资源丰富，潜力很大的基本条件，如何在不放松粮食生产，又能发挥林草优势，抓好林、牧业生产，并使三者密切结合，使之同步发展，同步高产呢？最好的办法就是实行草地农业系统的生产方针。

什么是草地农业系统？草地农业系统是一种先进的农业生产制度。它是在大农业生产整体中，以草地为主，结合农田和林地，把土地、植物和家畜联结起来，进行土地—植物—动物三位一体的农、林、牧业产品的物质生产（见图1）。在草地农业系统中，草地是一项独立的农用土地资源，因此在系统内部，土地资源分化为农田、林地、草地三种基本类型。其中草地占有较大比重，一般不少于总面积的25%，典型的为40%—50%。

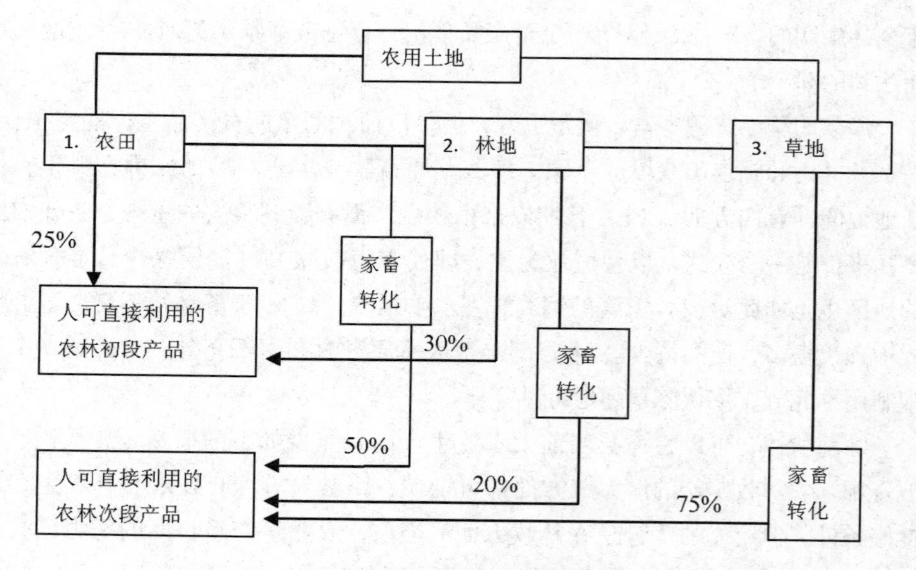


**图 1　草地农业系统及其能量流通示意图**

由于草地和牧草的存在，草地农业系统的生产程序从土地—植物的简单形式，发展为土地—植物—动物的复杂形式。也就是说，草地农业系统不仅进行第一性的植物生产，而且在此基础上进一步进行第二性的动物生产。把包括草地在内的第一性生产所得到的植物有机物进一步转化为动物产品，即次级生产，可以大幅度地提高整个大农业的生产效率。从表 2 可以看出，在植物有机物生产量为 1∶1∶1 的农田、林地、草地的生产中，人们不可直接利用的部分约为直接可以利用部分的 4.5 倍。如通过家畜进一步转化为畜产品，这一部分为可直接利用部分的 2.6 倍，它不仅大幅度地提高了农业生产效率，同时也使畜收生产的比重超过了作物。相反，不论农田或林地，其生产流程如在植物生产以后停滞不前，那么它所生产的植物有机物质的大部分就会浪费，势必导致生物学效率和经济学效率的严重降低。因此，在草地农业系统中家畜起着重要的纽带作用。没有家畜，农田、林地、草地的生产就联系不在一起，不能形成系统而获得高产，因此，可以这样说，家畜是草地农业系统的重要纽带，发展畜牧是在现有条件下提高整个大农业生产效率的最有效手段。

**表2 不同农业生产部门的植物有机物质利用分配（%）**

| 生产部门 | 人可直接利用部分（1） | 人不可直接利用部分（2） | 可作饲料（3） | 说明 |
|---|---|---|---|---|
| 农田 | 25 | 75 | >50 | 作物茎、叶、糠、麸、皮壳油渣等可作饲料部分占75%以上 |
| 林地 | 30 | 70 | >20 | 可供采食的嫩枝叶及林下草本占20%以上 |
| 草地 | 0 | 100 | >75 | 草地牧草75%以上可被家畜采食 |
| 总计 | 55 | 245 | 145 | |
| 1：2：3 | 1 | 4.5 | 2.6 | |

在草地农业系统中，草地除了生产牧草，保持水土，改善生态条件外，还可通过豆科牧草的根瘤菌固氮使土壤肥力大幅度提高。此外也还可通过草地牧养家畜，将家畜粪便归还草地，使土壤获得氮磷钾等的完全营养和改善土壤结构不可缺少的有机质。种草养田，草多畜多，畜多肥多，肥多粮多，这就是现代化草地农业系统中，农业生产关系的特点之一。（见图2）

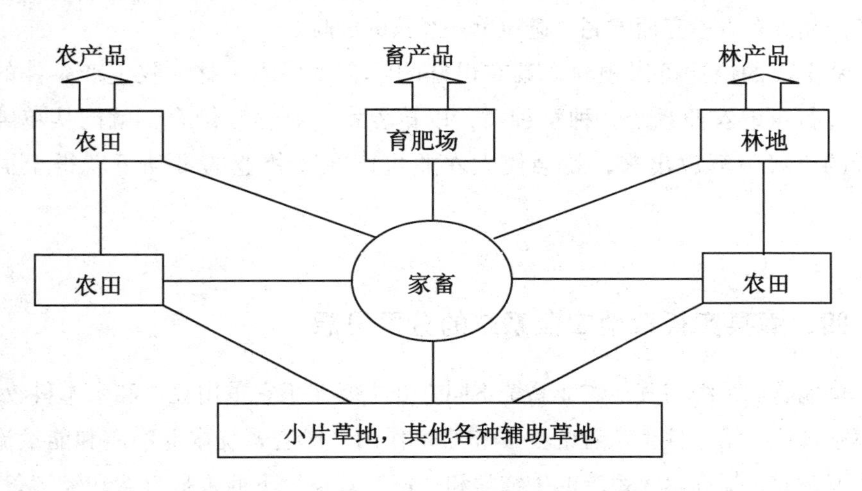


**图2 复杂的草地农业系统生产结构示意图**

林地在草地农业系统中可因其生产的规模、方向和保护生态平衡的功能而独立存在，同时也可和草地结合存在。因为它们在本质上是相辅相成的，疏林草地、森林草原、乔灌草立体草地正是互相结合、互相补充的实例。那么在利用的结合上，即林地放牧是否对林地有害？回答是，不适当的放牧正如对草地可造成损害那样，也会对林地造成损害。例如，一般可使树木的10%—20%受损；但适当的放牧，也像有益于草地那样，有利于林地的抚育。此外，林地兼营畜牧业，使林地生产结构合理，加速资金周转，提高劳动生产率，增加企业收入。因此在生产先进国家，林地放牧已成定论，并无争议。例如，美国的林地放牧地占全国草地面积的20%，这一地带恰是水土保持较好，林牧业生产较稳定的地区。另外，如日本的混牧林、新西兰的园林草地、芬兰的农牧林等立体生产，都是以森林为基础的更高级的林业、畜牧业，乃至农业生产的结合形式。

在草地农业系统中，草地与家畜的关系应当比现在的天然草原+家畜要复杂一些，合理一些。从图2可以看出，在多种草地牧草和农田、林地饲料的结合条件下，家畜可以从饲料网中获得各时期的良好饲养，可以大大提高个体家畜的生产量和生产效率，显示了系统生产的优越性。

草地农业系统中一定数量的草地和家畜的存在，还使整个系统的生产具有弹性，较为稳定，旱涝保收。这是因为草地牧草主要生产茎叶，不怕气候多变，不怕种子成熟不了。有家畜存在，农田可以做到气候好收粮食，气候不好收草、收畜产品。东方不亮西方亮，避免单一经营的危险。

从上面的论述可以预料，具有很好的综合发展农、林、牧生产条件的漳县，实行草地农业系统，种草种树，以草养畜，农林牧结合，就能从单纯抓粮食的束缚中解放出来，就会使大农业生产在畜牧业的带动下获得全面的发展。

## 四、漳县实行草地农业系统的分区设想

草地农业系统与其他农业系统不同之处主要在于它重用豆科和禾本科牧草，发挥家畜这一第二性生产者的生产和纽带作用，促进系统内部物质和能量流转的渠道畅通，提高整个系统的生物学和经济学效益。下面根据自然和经济条件，对漳县种草养畜，建立不同形式的草地农业系统，提出粗线条的分区和设想（图3）。

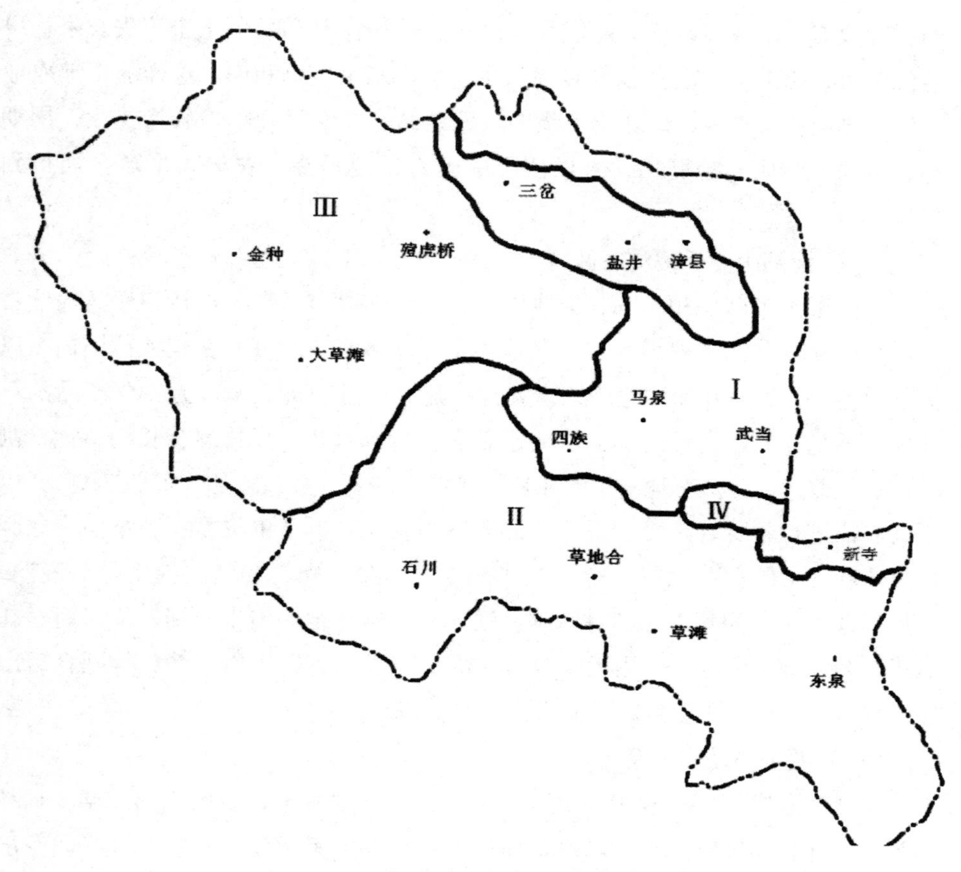


**图3 漳县草地农业系统的分区设想图**

（一）北山黄土梁峁沟壑区

这里是海拔 1700—2400 m 的黄土地区。气候温凉而较干燥。土地坡度较大，垦殖指数高达 83%，水土流失严重，人均耕地多达 7.2 亩。可以建立以人工草地为主，实行长期或短期的粮草轮作，建立小范围内的集约化经营的草地农业系统。具体设想是，在现有耕地中用 30%—40% 的面积种植多年生的苜蓿或红豆草，草地维持 3—5 年。草地和农田都进行较集约的经营，以便提高土壤肥力，提高牧草和粮食单产。坡度在 20°以上的耕地，阳坡种草木樨、柠条，阴坡封育和直播相结合，快速营造水土保持林和薪炭林，以便林草结合，解决水土流失、燃料和牧草问题。人工草地以割草为主，放牧为辅，加工调制干草和半干贮草。家畜舍饲或半舍饲，以人工草地牧草、农副产品和林地牧草、灌木嫩枝叶喂养。阳坡零星草原应轻牧，以促进植被恢复和避免水土流失。家畜以养细毛羊、奶山羊、改良黄牛和猪为主，生产细毛、奶和肉。这样的草地农业系统，草地和家畜生产地理位置集中，就地结合，农田和草地转换灵活，周期短，再加上粪尿就地肥田，可以使土壤肥力迅速提高，农林牧生产全面得到发展。

（二）南部阴湿丘陵沟谷区

本区海拔2200—3000 m，但地形较平坦。潮湿多雨雾。森林和灌丛地约占总面积的40%。人均耕地6亩。草地质量好，多高草。可以在较大范围内，以天然草地、人工草地和林地草地为基础，建立以乳、肉、役畜为主要产品的草地农业系统。具体设想是：退耕地建立多年生禾本科—豆科混合长期草地，割草—放牧兼用。天然草地给予农业培育措施，割草一放牧兼用。海拔2500 m以下的农田进行青稞、黑麦、蚕豆、油菜等的轮作，提高单位面积产量。注意制作牧草和油菜的青贮饲料。主要饲养奶牛、肉牛、骡马和猪。牲畜早出晚归，有计划地利用林间草地、疏林草地、灌丛、天然草地。肉牛长到一岁半时，在农田村舍附近半舍饲，利用人工草地和农副产品、青贮饲料、精料等肥育后出售。发展奶品的加工生产。成品役畜及时出售。

（三）西部高寒山地草原区

本区为海拔2500—3700 m的土、石山地。草地占土地总面积的一半。森林多为云杉林。人口较少。人均耕地面积5.5亩，也相对较少。根据自然和经济条件，本区可在大范围内建立以天然草原为基础、人工草地为保证，细毛和肉为主要产品的草地农业系统。具体设想是：在固定草原使用权的基础上，搞好草原生产设计。规划天然草原的季节牧地，做到季带完整、大致平衡、草畜对口、科学利用。实行以草定畜，按照规定的利用率放牧家畜。注意高山、远处的草原的开发利用。对天然草原重点地进行围栏、封育、补播等简单易行的管理和培育。重点地建立一些高产的人工、半人工草地和饲料地。大力生产干草、青贮和块根块茎饲料。海拔2500 m以下，一些作物可从成熟的地区，实行作物和饲料轮作，种植青稞、燕麦、黑麦、油菜、蚕豆、豌豆、洋芋等。发展畜牧重点户和专业户，使部分农户从农业转向畜牧，提高畜牧生产技术水平，扩大畜群规模和商品畜产品的生产。人工草地和饲料地的饲料、牧草，主要用于加强计划过冬牲畜的饲养，多余牲畜秋末淘汰或转移到本区东部农田较集中的地区或其他地区饲养、肥育，力求避免冬春瘦弱、死亡的损失。畜牧生产管理上不仅要注意细羊毛、肉类、皮张、山羊绒等畜产品的输出，同时也要注意商品幼畜的输出。

（四）漳、龙河谷川道集约农作区

本区海拔1650—2100 m。气候温润。地形平坦。38%的耕地可以灌溉。人多地少，当前是集约经营的农作区。根据今后综合生产的要求，本区可以农田、农田短期饲料地和河谷两侧山地草原为基础，建立以猪、奶牛、鸡等畜禽产品为主的草地农业系统。具体设想是：大田夏收前灌水带种或夏收后直播毛苕子、箭筈豌豆、草木樨等绿肥、牧草。用少量耕地种植饲用甜菜、胡萝卜或莞根。山地退耕地播种苜蓿、红豆草、柠条等，建立多年生人工草地。大力开展饲料加工，利用丰富的农副产品制作猪、鸡用配合饲料。猪、鸡实行集约饲养。山地草原以放牧为主，饲养牛、羊，在河谷农作区肥育。随着经济的发展，逐步增加良种奶牛的饲养量，生产鲜奶及其他奶制品。

# 我国高寒地区草业的发展策略*

我国的高寒地区是西部地区中的“西部地区”，经济发展更为滞后，怎样开发这个地区的资源？新的增长点是什么？根据个人在1996年8—9月对青海、甘肃、四川高寒地区的考察，围绕草业发展问题，提出自己的粗浅认识。

## 一、草原（Rangeland）是高寒地区农业自然资源的主体，草业是资源利用的主体

我国有高寒草原1.29亿$hm^2$，占全部草原面积的32.9%，集中分布在海拔3000m以上的青藏高原和各大山系的高山带，是我国最具代表性的草原畜牧业主体区域之一。这里的草地、灌丛和森林除了放牧利用外，还具有涵养水源，控制水土流失，为下游地区工农业提供生态保障的重要意义。

我国的高寒地区主体——青藏高原地处北纬28°—38°，原本属温暖带和北亚热带，由于地形的极度隆起，平均海拔3000 m以上，成为高原寒带和寒温带。热量不足，降水较多，是我国高寒地区气候资源的特点。在这里400 mm以上的降水只能保证森林在阴坡和半阴坡的存在。热量对农业生产没有保证。发展草业，特别是利用天然牧草和植物营养体的草原畜牧业是最合理、最直接的资源利用方式。

## 二、草业生产是多层次的生产

草业是以草和草地为基础的产业之一，是和农业、林业三足鼎立的第一性

---

* 作者胡自治。发表于《中国草地科学进展：第四届第二次年会暨学术讨论会文集》. 中国草原学会主编. 北京：中国农业大学出版社，1999：27—29.

产业之一。但它和农业、林业相比，它有较长的生产链，除了草的第一性生产外，还有将草转化为畜产品的第二性生产，是一个复合型的产业。

从当前世界草业的发展现状和发展趋势来看，天然草原有二十多种用途。例如、放牧、割草、养育野生动物、狩猎、燃料、药材、野果、纤维原料、菌类、鱼类、种质资源、保护生物多样性、涵养水源、保持水土、固沙、绿化、改善环境（温度、湿度）、消除污染（噪音、粉尘等）、体育运动、游憩、民族文化、民族风情等。

为此，任继周院士指出，草业作为一个特殊的农业生态系统，从它的生产特性来看，它包括了四个生产层[1]。

（一）前植物（初级）生产层

草地在生产初级产品的牧草和次级产品的畜产品之前，以其景观和环境效应产生经济价值。前初级生产包括草坪、风景、旅游、水土保持、水源涵养、固沙、自然保护区、新鲜空气、新鲜水等的生产。它们都可以风景和生态功能表现和计算其经济效益。前初级生产层创造的价值有时并不比植物生产层和动物生产层少。如草坪和草原旅游是很赚钱的产业。社会对前初级生产的投入，主要是监测、保护及少量服务性设施，如道路、观赏设备等。它是草业生产中投入最少的一个生产层，基本属适应性利用。

（二）植物（初级）生产层

植物生产层就是草原的牧草生产。牧草除了可供家畜和野生动物放牧采食外，还可以刈割加工，此外还可以生产牧草种子。过去草产品很少进入流通领域，没有形成大宗商品，影响了草地经济效益。草地通过家畜的放牧收获牧草，形成的畜产品是草地的重要收入，但过去未给予重视，放牧草地不给报酬，使初级生产层受到极大的剥削和损失，难以体现这一生产层的巨大经济价值。

（三）动物（次级）生产层

动物生产就是次级生产。家畜通过采食牧草，将牧草转化为人可以直接利用的畜产品。没有家畜的动物生产，人就不能从草原上获得畜产品，就不能在草原上生活。动物生产不仅生产出畜产品，也是对初级产品牧草的浓缩，以便于和外界交换，向其他生产领域延伸。通过畜产品的交换和延伸，才能提高草业生产的水平和经济效益。如果像过去的自然草原畜牧业经济，产品只能自用，没有多余产品输出，就会使草业生产始终处于低水平。

（四）后生物生产层

后生物生产层就是对植物生产层和动物生产层的草畜产品的加工、流通和分配的全过程生产。从初级生产到次级生产，从生物学效率来说是由大到小的金字塔形，即大量的植物产品能，只能转化为少量的动物产品能，转化率一般为1/10。但社会把牧草转化为草产品、粗畜产品、加工畜产品，可以使经济效益变大。也就是在草、畜产品的加工、流通和交换过程中，都在创造价值，增加财富，草、畜产品的价值逐渐增大，成为由小到大的倒金字塔。对后生物生产层，需要社会科学和经济科学的参与以及草业生产的研究与开发。如不注意后生物生产层，则初级生产和次级生产的效益潜力不能得到很好的发挥。

## 三、完善的草原有偿承包责任制是草业持续发展的经济体制基础

1984年农村实行土地有偿承包责任制以来，我国的农业生产随之发生了巨大的变化，其实质内容就是土地承包到户，农民有权决定承包土地的农业生产，产量迅速增加，农民迅速富裕。与此同时，牧区也随之开展了生产体制改革，其内容主要为草地、家畜双承包。

农业是植物生产，只承包最基本的生产资料——土地，就解决了最基本的问题。草原畜牧业是植物生产+动物生产的复合生产，情况比较复杂。草地家畜双承包的体制改革，难度较大，当前大多只落实了家畜的承包。从生产的角度来看，草地的承包是基础、是长期性的，它比家畜的承包更为重要，并具有深远意义。

缺少草地的承包、只有家畜承包的体制改革是不完全的改革，私人的畜，吃国家和集体的草，比承包前对草地有更大的破坏性。

只有完全的草地家畜双承包，才能调动牧民对草原建设的积极性和不断的有效投入，使草原的初生产有效地支持次级生产，也才能使草原畜牧业有长久的建设规划和落实建设计划。

草地承包可以使牧民每户都有一份最基本的生产资料，可以在一定程度上避免两极分化。

草地承包可以给国家提供对草原管理的法律和生产基础，如有偿使用、根据草原基况（range condition）的奖励和处罚等。

草地承包必须像土地承包一样严谨、有序和规范。它的有效性取决于下列

几点：①草地承包到户，联户承包也要以户为基本单位联合；②四季放牧地全面承包；③承包责任长期不变，最少30年，最好50年或更长；④承包之后，责任草地应允许有限地转让，可以在一定范围和限度内流通，便于规模生产，便于无畜的赤贫户通过草地出租获得一定的收入。

## 四、人工草地是高寒牧区草业建设新阶段的标志和增长点

（一）传统的高寒草原畜牧业是经营最粗放的农业部门之一，生产力低下

传统的高寒草原畜牧业以天然草原为生产基地，以放牧家畜为生产工具，依靠天然草原有限的牧草自然生产力牧养家畜，因而畜产品的产出是有限的。草原自然灾害多，牧草生产季节不平衡，因此生产的波动极大，综合表现为低而不稳。20 世纪 90 年代，我国高寒草原畜牧业的生产水平是草地平均产肉 3. 69 $kg/hm^2$、产毛 0. 79 $kg/hm^2$、产奶 4. 04 $kg/hm^2$，折合在一起为 7. 02 畜产品单位/$hm^2$。折合为单一产品为带骨肉 7. 02 $kg/hm^2$，或净毛 0. 54 $kg/hm^2$，或标准奶 70. 2 $kg/hm^2$。高寒草原的畜产品产出如此之低，主要原因之一是长期以来，次级生产靠有限的并且不断降低的草原自然初级生产力生产，原料不足，庞大的加工系统只能造成草原资源的浪费、破坏，反过来也造成加工系统——动物的空耗和损失。

（二）人工草地是实现两高一优可持续发展的草业的关键物质基础

人工草地可以大幅度提高牧草产量（一般可提高 5—10 倍），同时也可提高饲料质量。因此，它是解决冬春饲料不足，牲畜乏弱，遇灾即死，限制动物生产增长的瓶颈问题的关键所在。正因为如此，世界各国都在发展人工草地，荷兰全国已人工草地化[2]。

（三）人工草地必须集约化经营才能有效

人工草地是技术密集、资金密集、劳动密集、商品密集和流通密集的草业用地。这里的商品密集就是人工草地的牧草产出要比天然草地多，质量也要好，它往往是集中产出，需要加工贮藏，形成商品外销。因此，人工草地需要畅通的流通渠道，通过商品化和流通，使人工草地有力的附加值，高的经济效益，进一步鼓励人们更好地经营，形成良性循环。

（四）人工草地的发展可促进高寒牧区生产的分流，劳动力的分流和定居的提早实现

人工草地面积的扩大和集约化的经营以及草产品的加工流通，必然需要一部分人专门从事这一生产，这样传统的以放牧为主的草原畜牧业必然要有一部分人主要从事植物生产，一部分人主要从事动物生产。当人工草地的规模达到一定程度后，必然会产生一些牧草生产专业户，他们可以将一部分放牧地和牲畜让出，有利于双方的规模生产。一些无畜户也可以种草为业，以草为商品，定居后，夏秋季在定居点上的人可以从事人工草地的劳动，有事可干，有利于定居轮牧的真正实现。

## 参考文献

[1] 任继周. 草地农业生态学 [M]. 北京：中国农业出版社，1995：14—16.

[2] 胡自治. 世界人工草地及其分类现状 [J]. 国外畜牧学——草原与牧草，1995（2）：1—8.

# 草业与青藏高原的经济、环境和社会发展*

## 一、新的历史任务

青藏高原是我国，也是世界上海拔最高、面积最大的高原，草地资源丰富，自古以来就是我国重要的草原畜牧业区域之一。青藏高原还是北半球气候变化的启动区和调节区，它的环境效应不仅超越了青藏高原本身，直接关系到中华民族的未来和根本利益，也关系到南亚和东南亚人民的未来和发展，2001 年 6 月 27 日江泽民在第四次西藏工作座谈会指出，要加快西藏经济发展和社会进步，这为开发西藏自治区青藏高原提出了新的任务。

草原和草原畜牧业是青藏高原的农业自然主体和支柱产业。如何保护和利用好青藏高原的宝贵的草原资源，如何提高和发展传统的但又落后的青藏高原草原畜牧业，如何使青藏高原的经济发展与生态环境建设并行不悖，这是党中央加速青藏高原建设的方针给我们草业工作者提出的历史性任务。

## 二、草业的基本特征

草业是以草原资源为基础的多功能、多层次、多效益、综合开发利用草原资源的现代化产业，天然草原和人工草地具有放牧、割草、养育野生动物、维护生物多样性、涵养水源、保持水土、防止沙漠化、消除污染、游憩、民族文化载体、民族人文景观载体等多种用途和多种功能。因此，草业具有前植物生产层（环境生产层）、植物生产层、动物生产层、后生物生产层（草、畜产品加

---

* 作者胡自治。发表于《青海畜牧兽医杂志》，2001（4）：3—4.

工、流通生产层）四个生产层。与农业和林业相比，植物生产和动物生产的结合，有更长的生产链，更能适应干旱和寒冷的环境，是草业的基本特点和优点。

## 三、草业与青藏高原的资源、产业、环境、富裕与民族发展

根据上述草业的这些特点和优点，结合青藏高原的自然环境、经济特征和民族传统，草业发展是加快青藏高原建设，解决青藏高原资源、人口、环境、富裕和民族问题的重要途径之一，其理论依据可有以下五条。

（一）草业——开发利用青藏高原农业自然资源主体的草原的基本产业

青藏高原草原总面积142.29万$km^2$，约占土地总面积的60.45%，是农业自然经济的主体。青藏高原的草原绝大海拔在3000 m以上，都具有高寒的特点，其中可利用的面积115.35万$km^2$，饲养着具有适应高寒气候和低矮牧草的特殊藏系家畜——牦牛、西藏绵羊、西藏马、西藏山羊等，是我国最具代表性的三大草原畜牧业主体区域之一，也是世界上独一无二、独具特色的巨大高寒草原畜牧业区域。青藏高原地处北纬27°—39°，原本属暖温带和北亚热带，由于地形的极度隆起，平均海拔高度4000 m以上，80%以上的地区成为高原寒带和寒温带，其气候资源的特点是：①辐射强、日照充足，比同纬度的东部高出约50%；②气温低，年均温-2—4℃，日较差大，年较差小，适于牧草的营养体生长；③热量条件差，但有效性高，即在辐射量大、温度日差较大、红外、紫外辐射多的情况下，有利于牧草蛋白质的合成和有机物质的积累；④干湿季分明，水热同期，可供牧草充分利用有限的热量和降水；⑤冰雹、雷暴多，不利于农作物生长；⑥大风日数多，但平均风速不大，对草原畜牧业危害不是太大。

热量不足，降水相对较多，是青藏高原大部分地区的气候特点。热量不足，对以生产籽实为目的的农作物生产没有保证，更难以优质、稳产、高产。400 mm以上的降水，才能保证森林在阴坡和半阴坡的存在，但因温度条件的限制，分布范围受限。只有当地的草不受温度和降水的限制，在任何地区和任何水热条件下，都有适应当地气候条件的牧草植物生长，并与当地的家畜共同组成了草原畜牧业生产。

与农作物和树木相比，在热量较低，降水相对较多的条件下，牧草生产更有其优越之处。牧草生产主要是植物茎、叶等营养体的生产，营养体产量越大，可供家畜采食的部分也就越多。在低湿多雨条件下，植物因热量不足，发育缓

慢而生长迅速，能够充分利用这种雨热组合条件，生产较多的营养体有机物质，并易达到优质、稳产和高产的目的。例如，在青藏高原＞0℃年积温1500℃以下，降水400 mm以下的地区，除了能形成很好的天然草地外，种植燕麦，因积温不足种子不能完全成熟，但因此使营养期延长，植株高达1.5 m以上，青草产量可达30—40 t/hm$^2$。此外，这样的地区都是生态脆弱带，毁草开垦，种植农作物，不但产量低而不稳，并且易造成水土流失，土壤旱化，沙化，把这一地区推向生态崩溃的边缘。而以营养体为目的的牧草生产，则可把发展生产与保护生态结合起来。

（二）草业——治理国土与保护环境的生态伦理产业

随着青藏高原地区人口的不断增加，粮食和畜产品的需求量不断提高，因而造成农田的扩大，草原的滥牧，森林和草原面积不断缩小，野生动物不断减少。而开垦出来的农田，有些又未能得到很好的管理与利用，使土壤旱化、沙化、盐渍化，土壤肥力不断降低，导致土地向荒漠化发展。草原的滥牧、过牧，使草原植被减少，土壤旱化，水土流失，鼠害、虫害严重，也导致草原向荒漠化发展。青藏高原东部湿润地区广泛分布的“黑土滩”，就是优良草地被滥牧和鼠虫害破坏所形成的特殊荒漠化景观。青藏高原有50.1万km$^2$的草原退化，约合草原总面积的35%，许多原来水草丰美的草地变成寸草不生的“黑土滩”，严重阻碍了草原畜牧业的发展，也威胁着高原各民族的生存发展。例如，四川省石渠县宜蒙乡蒙格一、二村95%的草地成为“黑土滩”，牧民无法生存，只好离乡背井，成为生态难民。又例如“黑土滩”的形成，不仅导致水土大量流失，而且严重污染水源，威胁长江、黄河中下游的生态环境和国民经济的发展。因此，当前青藏高原由于不合理农牧业生产引发的环境问题，给青藏高原本身带来了直接的影响。

不论是我国东部的发达地区，还是欠发达的青藏高原地区，经济发展均需依靠自然资源作为原动力，任何消耗资源基础而不能使其得到补充和发展的都是不可持续的。不合理地掠夺性地利用资源，总有一天会把自然资源推至崩溃点，导致成事与愿违的结果。因此，在推动青藏高原经济发展的同时，要对最基本的农业自然资源和重大生态价值的草原很好地加以保护。

青藏高原21世纪的草业就是要在与国际环保工作接轨的基础上，保护和优化美化青藏高原的草原环境，增强青藏高原草业的魅力，扩大青藏高原草业的产业化领域。为此，要保护青藏高原绿色的草业生产环境，维持与美化特殊的高原草原景观，把草业变成治理国土与保护环境的生态伦理产业。

生态伦理产业就是在生态伦理学的基础上，宣传人和环境的正确关系，提高人们的环境意识，发扬人们爱护周围生态环境的道德精神；利用生态学知识去寻求人类与自然界相处更和谐、更富创造性、更少破坏性的途径；提高对生态系统所提供的环境产品和服务的认识，并且建立一种有人性的，按生态学原则和谐共处的经济、技术新模式，对于草原生态系统来说，这种经济、技术新模式就是草业。

青藏高原的藏族同胞自古以来就以草原放牧为主，对草原有着深厚的感情，他们珍视和爱护生灵与自然，对草原很少挖一铁锹，也不随便攀折草原的一草一木，不捕食鱼类，不滥猎野生动物，这些都充分表现了他们天生的与大自然和谐共处的生态伦理道德。宣传和发扬藏族同胞优良的生态伦理道德与优秀品质，并使其成为青藏高原全体人民所共同遵循的治理国土与保护环境的意识和行为规范，是建立和发展草业这一生态伦理产业的思想基础。

发展草业，其物质基础就是可持续发展的草原和草资源。用现代的生态学知识和草业科学技术，保护和培育草原，达到牧草的高产、稳产。合理放牧，在不破坏牧草生机的前提下，生产更多、更好的畜产品，是草业可持续发展的需要，也是环境保护与生产发展的统一，是建立和发展草业这一生态伦理产业的生产基础。

青藏高原的草原资源除了发展以牧草产品和畜产品为主干的草原畜牧业外，还可以其自然景观、民族人文景观和环境效应，发展旅游、水土保持、涵养水源、自然保护区和保护种质资源等草原环境生产和服务，这些草原环境产业即草业的前植物生产，更直接依赖于优良草原环境及其效应的存在、恢复与保护，是生态及其环境效应产生直接经济价值的表现。因此是建立和发展草业这一生态伦理产业的另一重要组成部分和新的生长点。

（三）草业——全面提高藏族人民知识和素质水平的技术密集型产业

从传统的草原畜牧业到现代化的草业，不仅是名称上的改变，而且在内涵、结构、经营方式等各层次、各方面都有质的变化。这里重点就分散的自然游牧的小牧经营方式到现代化的草业经营的改变做一简要说明，以示区别。

1. 组织形式

从发展专业化、社会化、商品化的社会主义草业经济目标出发，发展以家庭牧场为基础、以草地牧业技术服务组织为中心，包括国有牧场经济成分在内的草业经济联合体。通过联合体内相互间的投资合作、技术指导、生产服务、商品联营和经济合同的签订，增强内部经济活力，使联合体成为青藏高原地区新的社会基本组织形式，推动现代化草业经济迅速发展。

2. 生产技术

草业生产建设普遍运用现代科学技术，按草业系统工程的方法实施，实现人工种草、保护和培养草原、科学养畜、草畜产品加工结合；生产建设、科学实验、人才培养结合。草业建设项目的实施，都严格遵照规定的各种管理制度、技术规程和技术经济指标进行，实现管理科学化、技术规范化、产品质量标准化。

3. 经济管理

草业生产和建设都要运用以经济手段管理经济的原则，严格按照基本建设程序办事，严密经济核算，讲求经济效益，实行资金有偿投放，定期收回周转，有严格的财务制度和技术档案制度。不断提高劳动生产率，降低生产成本，充分发挥内在的经济活力。

4、经营流通

草业经营实行生产、服务、流通三结合，产、供、销一体化，通过专业化的生产和社会化的服务，不断增强商品化的产品。通过一体化的加工和流通，使产品发挥多层次的经济效益，既保证服务，又使生产者获得扩大再生产的资金和能力，从而使草业经济不断得到扩大发展。

通过对现代化草业建设和经营的轮廓性叙述可以知道，草业是集机械化、电气化与信息化现代技术于一体的技术密集型产业，是一种在传统的草原畜牧业基础上发展起来的具有新的内容的更高层次的产业，需有相应的教育与科学技术去配合，它不仅需要大量具有现代科学技术和经营水平的高素质的人去经营它，管理它，更需要广大藏族人民提高知识水平和经营素质，去适应和从事现代化草业的发展。社会生产发展的推动力是无穷的，我们将会看到，随着青藏高原现代化草业的发展与需要，藏族人民的科学知识和文化素养水平将得到很大的提高。

（四）草业——全民推动青藏高原牧区现代化的商品经济产业

草业是专业化、社会化和商品化的多层次生产的产业，它的前植物生产层即环境生产层有草坪、旅游等高度商业化、服务化的生产及产品。在植物生产层，除了放牧、青饲的鲜草外，还可以有草种的生产，这些都可以形成大宗的商品。在动物生产层，可以获得乳、肉、皮、毛、役畜、役力、种畜、幼畜等上市产品。在后生物生产层除了可对草、乳、肉、皮、毛等进一步加工为更多种类和品种的商品，交换和流通更可提高这些产品的商品经济意义。因此，从本质来说，草业是推动草原地区整个经济走向专业化、社会化和商品化的特殊产业，并且可同时带动一系列其他产业的发展。

马克思和恩格斯指出："一个民族的生产力发展水平，最明显地表现在民族分工的发展程度上。任何新的生产力都会引起分工的进一步发展"。青藏高原现代化草业的发展将促进高原牧区藏族人民单一牧业生产的分工和建立其他相关的产业。例如，高产、稳产、优质人工草地的建立，将使牧民有牧业和饲料生产的分工，这也是牧业和农业分工的雏形。草原牧业中草畜产品加工的兴起，将使牧民有草原畜牧业原料生产和加工业的分工。草原加工产品的流通和交换业的发展，将会产生草原畜牧业和商业的分工。草原旅游业的兴起，更会使牧民参与许多服务业的工作，产生草原畜牧业第一产业和旅游、饭店、饮食、交通等第三产业的分工。草原的面积是有限的，而人口增长的压力会不断加大，有限的草原面积和有限的草原畜牧业产品不能支持青藏高原草原牧区的人口发展已经是一个现实的紧迫问题。因此，发展草原的多用途、多层次生产的特点，建立多功能、多产品的草业，将是推动青藏高原商品经济，逐步实现现代化的最佳途径之一。

（五）草业——弘扬藏族传统文明，提高人民生活质量的文化—环境产业

青藏高原是藏族人民世代繁衍生息的地方，他们在高寒的草原环境下，在佛教长期传播的过程中，形成了淳朴善良、乐天吃苦的民族性格，珍视和爱护生灵与自然的生态伦理，创造了独具特色的包括建筑、雕塑、绘画等在内的高原草原藏族人文景观。这种自然景观—人—人文景观的特殊结合，成为灿烂的藏文化的主体，为发展以草原为载体的文化—环境产业，奠定了极好的基础。

## 四、结语

大力发展草业是西部大开发、加快青藏高原建设速度的历史任务的主要内容之一。从本质上说，草业是开发利用青藏高原农业自然资源主体——草原的基本产业，是治理国土与保护环境的生态伦理产业，是全面提高藏族人民知识和素质水平的技术密集型产业，是全面推动青藏高原牧业现代化的商品经济产

业，还是弘扬藏族传统文明，提高人民生活质量的文化—环境产业。

## 参考文献

［1］洛桑·灵智多杰. 青藏高原与环境发展概论［M］. 北京：中国藏学出版社，1996.

［2］胡自治. 我国高寒地区草业的发展策略［M］//中国草原学会. 中国草地科学进展：第四届第二次年会暨学术讨论会文集. 北京：中国农业出版社，1998.

［3］李毓堂. 草业——富国强民的新兴产业［M］. 银川：宁夏人民出版社，1994.

［4］任继周. 草地农业生态学［M］. 北京：农业出版社，1995.

［5］张可云. 青藏高原产业布局［M］. 北京：中国藏学出版社，1997.

［6］多嘎. 加速川西北牧区畜牧业产业化进程的思考［J］. 四川草原，1998（2）：1—5.

# 高寒地区多年生禾草混播草地生产——生态效益评价*

甘肃省东祁连山高寒地区建植的旱作多年生禾草混播草地生产—生态效益分析表明：多年生禾草混播草地可使草地饲用植物的状况明显得到改善，草地的水土流失减少，土壤肥力增加，草地鼠害发生率下降，生态效益非常明显；多年生禾草混播草地的产投比和劳动生产率都明显高于一年生燕麦地、封育天然草地和未封育天然草地，经济效益十分显著：多年生禾草混播草地的建设可以促高寒进牧区生产分化，牧民生产观念的更新，家庭劳动力的合理分流及民族地区社区经济、科技、文化的丰富和发展，社会效益广泛。生产—生态效益总体评价可以得出，多年生禾草人工草地在青藏高原高寒牧区的推广和发展前景十分广阔，是该区未来高效畜牧业的必经之路。

## 一、前言

人工草地是草地农业生态系统中集约化程度最高的草地类型之一。高产人工草地+高效草地畜牧业+高技术草畜产品加工是现代化可持续草地畜牧业的根本途径和基本模式。当前在青藏高原的草业系统中，人工草地的主要类型是燕麦单播草地。一年生豆科牧草（如豌豆）和燕麦的混播草地虽有种植，但面积不广。与天然草地相比，燕麦草地产草量较高，但是牧草生长期短，每年都

* 作者胡自治、董世魁、龙瑞军。发表于《中国农学通报》特刊，21世纪草业科学展望，2001：455—459

需翻耕，土地裸露期长达 8 月之久，土壤水土流失严重，风蚀和沙化现象得不到遏制，不利于生态环境的建设和保护。因此，多年生人工草地是解决青藏高原高寒草地高效生产和持续发展矛盾的一条重要途径。

多年生人工草地建植和管理中，无论从产量、质量，还是从稳定性角度讲，豆科 + 禾本科牧草混播是多年生人工草地最理想的组合，然而青藏高原多年生豆科栽培牧草的缺乏是此类草地的主要限制因子。优良多年生禾草单播草地虽然可以达到高产的目的，但群落稳定性差，草地衰退快，利用年限一般 3—5 年，不利于草地的持续高产。相对而言，建植适于青藏高原高寒气候条件、生产力高、草地质量与豆科 + 禾本科牧草混播草地相近的优质多年混播草地是该区人工草地建设的最佳选择。

多年生禾草混播草地的大面积建植和推广立足于其生产—生态效益。因此，为了高效评价高寒地区多年生禾草混播草地的生产—生态效益，充分说明多年生禾草混播草地在该区草地农业生态系统中的重要性，本文以东祁连山高寒地区——金强河地区（海拔高度 2960 m）建植的多年禾草混播草地为材料，通过 3 年（1998—2000 年）的试验分析和调查总结，详细阐明高寒地区多年生禾草混播草地的生态（环境）效益、经济效益和社会效益，为当前国家实施的西部大开发战略中“退耕还林还草，加强生态环境建设”项目的全面实施和推广提供材料依据。

## 二、材料和方法

（一）试验材料

多年生禾草混播草地建植于天祝县甘肃农业大学高山草原试验站内（N37° 40′，E180°32′）。封育天然草地和未封育天然草地等对照样地与多年生禾草混播草地相邻。

（二）测定方法

分别在多年生禾草混播草地和对照样地上进行下列项目的测定和调查。

1. 草地植被状况

植被盖度：用针刺法测定（任继周，1998）。草群高度：草群伸展高度（陈宝书，1991）。可食牧草比例：可食牧草产量与全群落产量比（陈宝书，1991）。草群蛋白含量：凯氏半微量定氮法（吴自立，1984）。

2. 土壤肥力状况（吴自立，1984）

土壤有机质（OM）：返滴定法。土壤全氮含量（TN）：凯氏半微量定氮法。土壤全磷含量（TP）：钼锑抗显色法。土壤速效氮含量（AN）：锌—硫酸亚铁还原法。

3. 土壤侵蚀状况

1999 年 5 月在封育天然草地、放牧地、多年生人工草地、燕麦地和弃荒地上各插入三根带刻度的钢钎，保持刻度线与地表相齐，2000 年 11 月测定钢钎露出地表或伸入地下的长度（三个样点的平均值），即可得到 1. 5 a 内各草地土壤的侵蚀程度。

4. 草地鼠害状况

调查鼠害分布和危害情况。

5. 经济效益指标

详细调查当地牧草种子收购价（售出价）和市场价（购入价）、化肥和农药零售价、临工工资、草地基本建设费和干草收购价（售出价）等。在此基础上，测算下列项目。

总产投比：草地总收入（折算为资金）与总投入（折算为资金）之比。

成本利润率（总收入与物化劳动投入比）：草地总收入与实物投入之比。

劳动生产率（总收入与活劳动投入比）：草地总收入与劳力投入之比。

草地生产率：草地总收入与草地面积之比。

6、社会效益分析

通过“开放日”“短培班”等系列活动，在试验站开展牧户科技培训、生产示范和信息交流服务。以“示范户”为中心、以“专业户”为辐射，对社区牧户进行抽样调查、访问，得到社会效益的信息反馈。

## 三、结果与分析

（一）生态效益

对高寒牧区动物生产和生态环境建设兼用的多年生禾草人工草地，其生态效益主要体现在草地植被状况、土壤肥力和水土保持等几个方面。

1. 草地植被状况

多年生人工草地建植的第 2 年，草地植被盖度达 95% 以上，和封育天然草地相近；草群高度明显超过封育天然草地和未封育天然草地；可食牧草比例达99%，比天然草地提高23个百分点；草群产量为封育天然草地和未封育天然草地的2.3和3.1倍，初级生产力分别比二者提高5.21和6.23 t/hm$^2$；粗蛋白产量为二者的2.6和3.5倍，每hm$^2$草地面积的粗蛋白净增量分别为721.9kg和842 kg（表1）。可见，建植多年生禾草混播草地后，高寒地区的饲用植物状况明显得到改善。

**表1　二年龄人工草地和天然草地植被状况比较**

| 草地类别 | 草群盖度（%） | 草群产量（t/hm$^2$） | 可食牧草比例（%） | 粗蛋白产量（kg/hm$^2$） |
|---|---|---|---|---|
| 人工草地 | 95以上 | 9.14 | 99 | 1184.5 |
| 封育天然草地 | 96 | 3.93 | 76.7 | 462.6 |
| 未封育天然草地 | 69 | 2.91 | 74.1 | 342.5 |

注：1. 天然草地类型为线叶嵩草草地，与试验人工草地相邻；2. 盖度测定日期为2000年7月15日，高度、产量测定日期为2000年8月25日；3. 天然草地牧草粗蛋白含量引自严学兵（2000）。

2. 土壤肥力状况

从草地土壤养分含量来看，多年生人工草地有增进土壤肥力的功能（表2），与燕麦地和弃荒地比，多年生禾草混播草地（3年龄）有机质的增量最大，增幅分别为26%和22.6%，这与王栋（1999）报道的多年生牧草种植两三年后，每hm$^2$田里增积的有机物质相当于施用20—30 t的厩肥的论点相一致。另外，土壤的含氮量（全氮和速氮）明显增加，接近放牧天然草地。因此，从土壤养分角度讲，多年生禾草混播草地比1年生燕麦地或弃荒地有较强的保肥、增肥能力。

表2 不同草地的土壤养分含量

| 草地类别 | 1999年4月草地建植时测 | | | | 2000年11月牧草枯黄时测 | | | |
|---|---|---|---|---|---|---|---|---|
| | 有机质（%） | 全氮（%） | 全磷（%） | 速氮（ppm） | 有机质（%） | 全氮（%） | 全磷（%） | 速氮（ppm） |
| 封育天然草地 | 12.96 | 1.12 | 0.056 | 100 | 12.28 | 1.11 | 0.069 | 88 |
| 未封育天然草地 | 11.22 | 1.01 | 0.074 | 98.7 | 11.79 | 0.99 | 0.073 | 78 |
| 3年龄人工草地 | — | — | — | — | 10.65 | 0.92 | 0.057 | 57 |
| 2年龄人工草地 | 9.21 | 0.94 | 0.074 | 87 | 10.07 | 0.89 | 0.054 | 49 |
| 1年生燕麦草地 | 8.75 | 0.85 | 0.072 | 44 | 8.45 | 0.84 | 0.060 | 33 |
| 弃荒地 | 9.51 | 0.85 | 0.10 | 97 | 8.69 | 0.87 | 0.090 | 100 |

3. 水土保持状况

土壤侵蚀测定结果为封育天然草地土壤沉积0.2 mm，未封育天然草地土壤侵蚀0.1 mm，多年生人工草地（2年龄）土壤侵蚀0.3 mm，1年生人工草地土壤侵蚀 1.1 mm，弃荒地土壤侵蚀 3.6 mm。如果亚高山草甸土的容重按 1.35 g/cm$^3$（张茂康等，1991）计，则可以得到一年内1 hm$^2$草地面积上的土壤侵蚀量（表3）为封育天然草地沉积外来土壤1.8 t DM/hm$^2$·a；未封育天然草地、多年生人工草地、1年生燕麦地和弃荒地的土壤侵蚀量分别为0.9、2.7、10.3、33.6 t DM/hm$^2$·a。可见，与1年生人工草地和弃荒地相比，多年生人工草地可以有效遏止土壤侵蚀，其作用效果几乎与未封育天然草地相当。

表3 不同草地上的土壤侵蚀量及土壤养分的损失量（1999年5月—2000年11月）

| 草地类别 | 土壤侵蚀量（t DM/hm$^2$） | 土壤养分的损失量（kg/hm$^2$） | | | | | | |
|---|---|---|---|---|---|---|---|---|
| | | 有机质 | 全氮 | 全磷 | 全钾 | 速效氮 | 速效磷 | 速效钾 |
| 封育天然草地 | 2.7 | 331.6 | 26.7 | 1.9 | 50.0 | 0.2 | 0.040 | 0.5 |
| 未封育天然草地 | 1.4 | 171.9 | 14.1 | 1.0 | 25.9 | 0.1 | 0.002 | 0.3 |
| 多年生人工草地 | 4.1 | 412.9 | 36.5 | 2.5 | 75.9 | 0.3 | 0.006 | 0.8 |
| 1年生燕麦草地 | 15.4 | 13013 | 129.4 | 9.2 | 284.9 | 0.8 | 0.020 | 2.8 |
| 弃荒地 | 50.4 | 5892 | 188.9 | 45.3 | 932.4 | 4.9 | 0.080 | 9.3 |

从土壤养分的侵蚀损失量来看，弃荒地和燕麦地十分严重，其全氮的年损

失量相当于185和708.5 kg尿素/$hm^2$·a；全磷损失量相当于108和532.9 kg/$hm^2$·a磷肥（$O_2P_5$含量14%—20%）；全钾损失量相当于694.8和2274.1 kg/$hm^2$·a钾肥（$K_20$含量50%）。而多年生人工草地的建植可使这些土地的全氮损失量减少71.7%和92.5%；全磷损失量减少72.8%和94.5%；全钾损失量减少73.4%和91.9%；土壤肥力得到有效维护。

4. 鼠害状况

1999年8月调查发现，多年生人工草地上的鼢鼠密度较低，为6只/$hm^2$；而与其相邻的天然草地——线叶嵩草草地的鼢鼠密度高达17—22只/$hm^2$。可见，多年生禾草人工草地建成后，鼢鼠喜食的鹅绒萎陵菜（*Potentilla anserine*）等一些根系较发达的杂类草消失，鼢鼠固有的食物谱系被打破，鼠粮断绝，种群密度下降（刘荣堂，1997）。

综上所述，多年生禾草人工草地的建植和发展有利于植被状况改善、土现肥力增加、水土流失减少和鼠害发生率降低，可在高原退化生态环境（“黑土滩”）恢复建设和草地资源改良中发挥巨大的生态效益。

（二）经济效益

多年生人工草地建成3年后，其经济效益的比较分析表明（表4），多年生人工草地的总产投比、成本利润率（总收入与物化劳动投入比）、劳动生产率（总收入与活劳动投入比）和草地生产率（总收入/草地面积）都明显高于1年生燕麦地（草地生产率除外）、封育天然草地和未封育天然草地（后二者的成本利润率除外），经济效益明显十分显著。其原因在于以下几个方面：

**表4　多年生禾草人工草地建成前三年（1998—2000年）各类草地投入产出比较**

| 投入及产出（1 $hm^2$ 草地） | | 多年生人工草地 | 燕麦草地 | 封育天然草地 | 未封育天然草地 |
|---|---|---|---|---|---|
| 物化劳动投入（元） | 草种 | 1800 | 2700 | 0 | 0 |
| | 化肥 | 1500 | 1500 | 0 | 0 |
| | 农药 | 405 | 405 | 405 | 405 |
| | 草地基本建设费 | 150 | 150 | 600 | 600 |
| 总计 | | 3855 | 4755 | 1005 | 1005 |

续表

| 投入及产出（1 $hm^2$ 草地） | | 多年生人工草地 | 燕麦草地 | 封育天然草地 | 未封育天然草地 |
|---|---|---|---|---|---|
| 活动投入工日 | 畜力、机械耕种 | 30 | 90 | 0 | 0 |
| | 除草（农药）、施肥 | 18 | 12 | 0 | 0 |
| | 灌水 | 15 | 15 | 15 | 15 |
| | 割草、打种 | 45 | 23 | 23 | 0 |
| | 放牧 | 0 | 0 | 0 | 270 |
| 总计（工日） | | 108 | 140 | 38 | 285 |
| 资金折算（元） | | 1620 | 2100 | 570 | 4275 |
| 收入（kg 干草/$hm^2$） | 干草 | 20250 | 4200 | 11790 | 8730 |
| | 籽实 | 21000 | 0 | 0 | 0 |
| | 收获畜产品 | 0 | 0 | 0 | 4320 |
| 总收入 | | 41250 | 42000 | 11790 | 13050 |
| 资金折算（元） | | 20625 | 21000 | 5895 | 6525 |
| 总产投比（元/元） | | 3. 8 | 3. 1 | 3. 7 | 1. 2 |
| 成本利润率（元/工时） | | 5. 4 | 4. 4 | 5. 9 | 6. 5 |
| 劳动生产率（元/工时） | | 12. 7 | 10 | 10. 3 | 1. 4 |
| 年总收入/草地面积（元/$hm^2$·a） | | 6875 | 7000 | 1965 | 2535 |
| 年净收入/草地面积（元/$hm^2$·a） | | 5050 | 4715 | 1440 | 775 |

注：表中所列项目主要参考李新文（1992）；蔺海明（1992）。

*人工草地主要是土壤围栏，所需维护费用较少；

**各种活劳动投入工均折算为人工（月/日）；

***多种生草籽实和脱粒后的秸秆产量按价格比折算为燕麦青干草，未封育放牧天然草地的畜产品收获量按放牧季内家畜的牧草食量折算为燕麦青干草收获量。

第一，与燕麦地相比，3 年内，多年生牧草只播种一次，其种子需要量减少、物化劳动投入下降；多年生草地不需要翻耕、耕地费用减少、活劳动投入降低；同时，建植第 2—3 年多年生牧草返青早、种子完全能成熟，种子价格优势使多年生草地的总收入加大。这种总投入的降低和总收入的增加使多年生禾草人工草地的经济效益超出1年生燕麦地，每$hm^2$草地面积的净收益比后者高出335元/年。

第二，与封育天然草地相比，多年生人工草地所需的农业管理措施（如化肥、农药、除杂等）较多，与此相对应的物化劳动投入和活劳动投入增加，但由这些“精管理、细生产”措施所产生的倒金字塔效益放大规律（任继周，1992），可使草地产品的增加值明显放大，每$hm^2$草地面积的净收益比封育天然草地提高3610元/年。

第三，与未封育天然草地相比，多年生混播草地未放牧家畜，其价值未在次级生产层中直接体现出来，但是牧草刈割后，草产品和种子的后加工和高效利用会使草地的效益再次放大，甚至高于表4的水平（每$hm^2$草地面积的净收益比未封育天然草地提高4275元/年）。

不难看出，多年生混播草地的经济效益是1年生燕麦地、封育天然草地和未封育天然草地所不及的，倒金字塔经济效益放大规律使多年生禾草混播草地的牧业经济地位更加突现出来。

表5　草地经济效益主要参数

| | |
|---|---|
| 种子市场价 | 20元/kg（多年生牧草）、2元/kg（燕麦） |
| 化肥（尿素）价格 | 1元/kg |
| 农药投入 | 150元/$hm^2$·a |
| 围栏建设费 | 200元/$hm^2$·a（天然草地） |
| 零工工资 | 15元/人·d |
| 籽实产量 | 750kg/$hm^2$（多年生人工草地） |
| 籽实收购价 | 14元/kg |
| 燕麦青干草收购价 | 0.5元/kg |
| 脱粒后的秸秆收购价 | 0.25元/kg |
| 未封育草地的载畜量 | 2头牦牛/$hm^2$ |
| 牦牛日采食量 | 4 kg干草/d |

（三）社会效益

本课题以理论研究为指导，以应用研究为基础，紧密结合当地草地农业生产实际，全面展开了多年生禾草人工草地建植、培育、管理和利用等多方位、多层次的系统研究。通过“试验站—培训班—示范户—样板田—专业户”的科技服务体系对该科技成果进行了大面积推广，取得了明显的社会效益。

1. 生产经营模式的分化

通过牧草高产、丰产技术和家畜高效饲养管理等知识技术培训，当地牧民认识到种植业（人工草地）在牧业生产中的重要性。高产优质人工草地+高效草地畜牧业+高技术草畜产品是现代草地农业生产的必由之路；示范户的草地生产经营从原先极粗放的低投入、低产出的天然草原放牧家畜，“靠天养畜”的管理模式变为人工草地建设、天然草原培育、家畜品种改良和饲养管理分化、补饲和放牧结合的集约化经营模式。

2. 牧民生产观念的更新

通过试验、示范和推广，牧民从根本上改变了“家畜头数”观念（饲养的家畜越多越好），逐步意识到优质的人工草地牧草、高产的家畜品种（适应性强）、合理的畜群结构和理想的存栏头数是提高牧业生产能力的根本途径。

3. 劳动力的合理分流

“种养结合、草畜并举”的生产方针使劳动力合理分流，实现了人尽其才、各显其能。原先以牧为主时，牧民全家所有的劳动力几乎都投入到放牧活动中，严重造成了劳动力资源的浪费，劳动效率低、劳动报酬少。实行种养结合后，牧业生产规模较大的家庭把善于种植的劳动力分配到人工草地建设中、善于养殖的劳动力分配到动物生产中；规模较小的家庭实行联户经营（共同经营草地和家畜生产）或专项经营（承包草地或家畜），扩大生产规模，提高劳动效率和劳动报酬。

4. 社区的科技、信息、经济和文化的发展

几年来，随着科研工作的开展和科研成果的推广，政府部门、科研部门、推广部门和牧户间已形成了强大的科技信息网。政府部门的引导和宣传促进了科技成果的转化力度；推广部门的示范和试验保证了科技成果的转化效率；牧户的意见从推广部门反馈到科研部门，促使科研部门不断改进和完善科研成果的内容。

牧业生产水平的提高，活跃了当地的市场经济，试验示范点已成为社区一个有科技力最为依托的“经济增长点”，为周边地区和相同经济生态类型的草地生产区的经济发展起到了“领头羊”的作用。

## 四、小结

（一）建植多年生混播草地后，草地饲用植物的状况明显得到改善

草地建植第二年，植被盖度达95%以上，接近封育天然草地；草群高度明显超过封育天然草地和未封育天然草地；可食牧草比例达99%，比天然草地提高23个百分点；草群初级生产力比封育天然草地和未封育天然草地提高5.21和6.23t/hm$^2$；蛋白产量为天然草原放牧地和封育地的2.6和3.5倍，每hm$^2$草地面积的粗蛋白净增量分别为721.9和842kg。

（二）多年生禾草混播草地的水土保持功能与未封育天然草地相当

草地建成后，可以使弃荒地和燕麦地的全氮损失量分别减少71.7%和92.5%、全磷损失量分别减少72.8%和94.5%、全钾损失量分别减少73.4%和91.9%；土壤肥力得到有效维护。

（三）多年生禾草混播草地具有保肥、增肥的功能

与燕麦地和弃荒地比，多年生禾草草地（三年龄）的有机质含量增量最大，增幅分别为26%和22.6%，另外，土壤的含氮量（全氮和速氮）明显增加，接近未封育天然草地。

（四）多年生禾草混播草地可以有效遏止鼢鼠危害

鼢鼠密度由天然草地的17—22只/hm$^2$降为6只/hm$^2$，草地的健康状况得到改善。

（五）多年生混播草地的经济效益十分显著

草地建成三年后，其产投比和劳动生产率明显高于一年生燕麦地、封育天然草地和未封育天然草地；每hm$^2$草地面积的净收益比燕麦草地高出335元/年、比封育天然草地提高3610元/年，比未封育天然草地提高4275元/年。

（六）多年生禾草混播草地的建设可以促进生产和管理的分化

高寒牧区多年生禾草混播草地的建设使生产管理的内容复杂，促进牧民生产观念的更新，经营模式的合理分化，家庭劳动力的合理分流及民族地区社区经济、科技、文化的丰富和发展，具有极为重要的社会效益。

## 五、建议

从试验站的资料分析结果可知，青藏高原高寒地区，多年生禾草混播草地

具有极为重要的生态、经济和社会效益，其推广前景较为广阔。在实际推广评价体系中，人工草地的经济和社会效益分析应立足于大量的牧户调查资料。但由于多年生人工草地的效益在草地建成后的两三年才能逐渐发挥出来，而课题推广工作于2000年5月才刚刚展开，至论文撰稿时，尚未能得到牧户调查资料。因此，本文仅对试验示范站的资料进行了详细分析。将来在多年生人工草地的效益分析中，进一步将牧户（示范户）的调查作为研究重点。

参考文献（略）

# 人工草地在我国21世纪草业发展和环境治理中的重要意义*

论述了人工草地在世界农牧业生产和发展中的重要性，在环境保护与环境产业中的重要意义。通过对我国和世界人工草地现状的分析，指出人工草地是我国21世纪草业建设和环境治理中的最重要的内容之一，它将在创造新的草地生产力，推动牧区生产分化、劳动力分流，促进牧民定居，迅速改善退化草地的生态环境，优化我国农牧业的生产结构，加速实现现代化的草地农业系统等方面起到十分重要的作用。

## 一、人工草地的概念

人工草地（tame grassland，sown grassland，seeding grassland）是利用综合农业技术，在完全破坏原有植被的基础上，通过人为播种建植的新的人工草本群落。对于以饲用为目的播种的灌木、乔木或与草本混播的人工群落，也应包含在人工草地的范畴。在不破坏或少破坏天然植被的条件下，通过补播、施肥、排灌等措施培育的高产优质草地称为半人工草地，其经济和环境意义相当于人工草地，但由于其植被未发生根本改变，所以在草地分类上仍作为天然草地对待[1]。

除以牧用为主要目的的人工草地外，还有以净化空气、保护生态、美化环境和体育运动等为主要目的的其他类型的人工草地（草坪、绿地等），这类草地的比重随社会经济的发展，环保意识的增强日益增大。

---

* 作者胡自治。发表于《草原与草坪》，2000（1）：12—15.

## 二、人工草地在农牧业生产中的重要性

人工草地是特殊的农业用地，它是农业文明和牧业文明结合的产物。

苜蓿人工草地主要是东方农牧业文明的产物，中国是最早引种紫花苜蓿（*Medicago sativa*），建植苜蓿人工草地的国家之一。公元前115年汉武帝时期，张骞出使西域将苜蓿带到长安，从此在我国西北和华北广泛栽培，成为我国最古老、最重要的人工草地类型。自古以来，我国黄河流域的苜蓿人工草地和农田实行轮作，对提高土壤肥力和作物产量，对育成秦川牛、晋南牛、早胜牛、南阳牛、关中驴、早胜驴等著名家畜品种起到了直接的、十分重要的作用。

栽培和建植大面积的三叶草—黑麦草（*Trifolium* spp. —*Lolium perenne*）人工草地，主要是西方农牧业文明的产物[2]。19—20世纪是欧洲和北美人工草地的大发展时期，他们使人工草地和作物轮换，并进一步把这种轮换制度发展成为现代的草田轮作制（ley farming）。与此同时，许多著名的家畜品种在欧洲育成，如奥尔洛夫马、贝尔修伦马、黑白花牛、瑞士褐牛、海福特牛、短角牛、西门塔尔牛和许多细毛羊和半细毛羊的品种等。

当前世界范围内的人工草地逐年增加，扩大的面积由农田、森林和天然草地转变而来。欧洲的人工草地占全部草地面积的50%以上，草地牧草占全部饲料生产的49%。西欧人工草地的牧草每年生产水平可达10—12 t/hm$^2$干物质，西欧和北欧的人工草地每年可以获得9000 L/hm$^2$奶或950 kg/hm$^2$牛肉。在北美洲，美国有永久人工草地3150万hm$^2$，约占全部草地的13%，包括轮作的草地，则占有29%的面积；以苜蓿为主体的干草产值在所有农产品中，仅次于玉米而居第二位。大洋洲的澳大利亚有人工和半人工草地2670万hm$^2$，占全部草地的4.7%。20世纪40年代开始的“草地革命”，其基本内容就是在南方温带地区发展以地三叶（*Trifolium subterraneum*）为主的人工草地，在北方热带、亚热带地区发展以矮柱花草（*Stylosanthes humilis*）为主的人工草地。新西兰有人工草地946万hm$^2$，约占全部草地面积的69.1%，饲养家畜几乎全部依靠牧草，是低成本、高效益的种草养畜典范。拉丁美洲自20世纪60年代以来人工草地不断扩大，南美洲的潘帕斯草原一半以上的面积已改建为人工、半人工草地，进入现代化经营时期；70年代以来南美洲有约2000万hm$^2$的热带森林，特别是亚马孙河流域的热带雨林被改变为草地，热带雨林的土壤理化性质不适于种植

谷物，因此，开垦后都建成人工草地[3—5]。

人工草地对牧业生产的推动力，据任继周院士等的分析，在世界范围内人工草地占天然草地的比例每增加1%，草地动物生产水平就增加4%，而美国更增加10%（未发表资料）。

## 三、人工草地在环境保护和环境产业中的意义

森林和草地是保护世界环境的两大生态系统，它们都具有调节气候、吸收$CO_2$、释放$O_2$、涵养水源、保持水土、防风固沙、改良土壤、培育肥力、土地复垦、美化环境的能力，而草地在保持水土、改良土壤、培育肥力、土地复垦和美化环境的功能比森林更好，如果两者相互结合，互为补充，则会发挥最好的功能。但树木和森林并不能在干旱和寒冷的环境条件下存在，草本植物和草地却可以，这就是草本植物和草地在保护环境中的最独特和最重要的意义之一。人工草地在群落的盖度、密度、高度和生物量等方面一般优于天然草地，因此它保护环境的能力，尤其在快速恢复水土流失区、严重退化的草地、撂荒地、矿业废弃地和矿渣地的植被方面具有特别优异的能力。

草坪和绿地是在建植和管护方面有特殊要求，并具特殊功能的另一类人工草地，它们除具有很强的保护环境的功能外，还能美化、优化城市环境，创造和提供生态旅游条件，提供现代体育运动场地等，高尔夫球场草坪是体育运动与环境美化、优化相结合的最高级形式之一。如果说牧用的天然草原和人工草地在提高人们衣食物质文明上起到了重要作用的话，那么草坪和绿地在提高人们的生活质量和精神文明上起到了同样重要的作用。今天，我国的草坪业以每年20%的速度发展，它是草业中极具发展潜力的产业部门之一[6]。

由于环保意识的不断增强和牧草单位面积产量的不断提高，从20世纪80年代起，欧洲不断将人工草地转用于环境保护。仅80年代，欧洲用于畜牧业的人工草地面积减少了2.8%，耕地也减少了2.9%，它们被用于环境保护的人工草地和林地。荷兰在须德海填海造陆，为了防止盐渍化和沼泽化，新造的陆地全部建成了环保用人工草地；英国著名的Hurley草地研究所在1990年更名为草地与环境研究所（IGE），将草地的生产与环境保护作为同等重要的问题进行研究。

## 四、我国人工草地的现状

我国具有悠久的人工草地栽培的历史，中华人民共和国成立以后，人工草地有了全面的发展，除了面积有迅速的增加外，人工草地的类型也达到了多样化。我国人工草地的建设，在天然草原生产力不断退化的情况下，对畜牧业生产的不断增长起到了重要的支撑作用[7—8]。我国北方有灌溉的人工草地大幅度提高了牧草产量，并改善了牧草质量。青藏高原气温低，有一定的降水，建植的旱作人工草地亦可大幅度提高牧草产量，燕麦草地在较长的营养期中，青草年产量可高达37.5 $t/hm^2$。南方岩溶地区天然草地植被以禾草、蕨类和柳属灌木等占优势，牧草可利用的时间短，质量差，饲用价值很低，但这里有建植人工草地的得天独厚的水热条件，例如，云贵高原的禾本科—豆科人工草地，产量提高5—8倍，粗蛋白提高8—10倍，0.13 $hm^2$人工草地可养1头细毛羊，年产毛5 kg/只，或1 $hm^2$可养奶牛1头，年产奶3000—3500 kg，或0.66 $hm^2$可养肉牛1头，18个月出栏，胴体重可达400—500 kg，这些指标已接近或达到了发达国家新西兰人工草地的生产水平。地处广西桂北的溶岩山区，近年来用温带豆科和禾本科牧草建立了较大面积的人工、半人工草地，形成了特殊的地带性亚热带山地温性常绿草甸，牧草产量和质量都有很大的提高。广东和四川的水稻—黑麦草系统，在11月至次年3月的水田冬闲期种植一年生黑麦，可刈割嫩鲜草8—10次，鲜草产量达7.5$t/hm^2$（1万斤/亩），粗蛋白含量高达22%—26%，不仅是草食家畜的优质饲草，也是猪、禽、鱼的好饲料，它促进了传统鱼米之乡的农牧结合，提高了经济效益，是南方水稻区农业结构优化的一次飞跃。

我国人工草地在实践中发挥了极好的经济效益和生态效益，但在总体上看，发展还很缓慢。例如1984年中共中央、国务院在“关于深入扎实地开展绿化祖国运动的指标”中规定，到20世纪末要种草5亿亩。1995年年底我国人工草地面积1380万 $hm^2$，占天然草地面积的3.4%[9]。1997年年底人工草地面积为1548万 $hm^2$，占天然草地面积的3.4%。“九五”期间人工草地计划达到2000—2300万 $hm^2$，但仍离5亿亩的指标有很大距离[9]。草地生态建设是再造祖国秀美山川工程和发展草业经济的重要内容，而人工草地的建设在其中具有特殊的作用；1999年11月朱镕基总理在视察甘肃时曾指示 >25°的山坡地要全部退耕种树种草。这些情况和指示都对我国的人工草地建设提出了新的要求。

## 五、人工草地是我国 21 世纪草业建设和环境治理的重要内容

当前，在我国农业生产出现粮食、棉花、植物油、水果等相对剩余的同时，城乡和牧区畜牧业却都严重缺乏优良饲草；牧区畜牧业仍是经营最粗放的农牧业部门之一，生产力低下。在人口压力、资源压力和放牧压力之下，草地健康状况日趋恶化，草地不断退化和消失，生态灾难日益严重，草原牧区的生态难民事件已非个例，这些情况已严重影响广大牧区、半牧区和少数民族地区社会经济的发展。中华人民共和国成立 50 年来国家在草原建设上做了大量的工作，也取得了很大的成绩，但并未遏制住草地普遍和持续地退化与生产力的下降。传统的利用天然草地自然生产力的靠天养畜生产方式已走到尽头，必须找到新的途径，使 21 世纪的草原生态环境治理和草地牧业生产，进入新的水平和新的阶段。

新的途径是什么？新的水平和新的阶段的标志是什么？通过前面的论述，不难看出最重要的应该是在全面实行草原家庭长期有偿承包经营，搞好面上草原建设工作的基础上，重点抓人工草地的建设。高速度、高质量地发展人工草地，对开发建设中西部地区的草业经济和生态建设，推动少数民族地区的社会经济发展具有诸多方面的积极意义[10]。

（一）人工草地可以创造新的草地生产力，可以促进草地的集约经营

和天然草地相比，人工草地是技术密集、资金密集、劳动密集、商品密集和流通密集的草业用地，它可以大幅度提高草地的植物生产水平和草产品的多样化（青草、干草捆、干草块、脱水嫩干草、草粉、草种等）与商品化程度。能够较方便地解决草地牧草营养供给与家畜营养需求之间的时间、空间和种间的不平衡。

（二）人工草地的发展可以促进牧区生产的分化和劳动力的分流，推动牧区社会经济进步

人工草地面积的扩大，集约化的经营以及草产品的加工和流通，必然需要一部分人专门从事这一生产，这样，草原畜牧业以放牧为主的单一生产，必然分化为植物生产和动物生产两部分，劳动力也必然会随之分流。当人工草地的规模达到一定程度后，就会使以长期有偿承包经营为基础的家庭牧场，一些以

牧草生产为主，一些以家畜生产为主，他们可以相互让出一部分家畜或人工草地，使双方的经营规模扩大，效益提高，这样，也就必然会推动牧区社会经济的进步与发展。

（三）人工草地的建设可促进牧民定居

人工草地需要常年的田间管理和多次刈割以及加工调制，因此它需要长年的劳动者，这种需要可以促进牧民的定居。在夏秋暖季，部分劳力和半劳力可以在人工草地进行劳动，部分牧民可随畜进入夏秋放牧地，既有利于定居轮牧的真正实现，也有利于提高牧民生活质量。

（四）人工草地可以迅速改善退化草原的生态环境

当前牧区、半牧区草原退化最严重的地段是冷季草地，这里地势较为低平，温度条件较好，是建植人工草地的良好地段，用以围建人工草地，可迅速获得良好的植被覆盖，恢复生态环境。与此同时，生产的人工牧草，使家畜有可能冷季舍饲、半舍饲，可以降低放牧家畜对天然草地，尤其是冷季草地的压力，也有助于退化草地的自然恢复。

（五）人工草地的发展有助于优化我国农牧业的生产结构

在北方农业地区，人工草地可以促进形成农业的农、经、饲三元结构，改善农业和产品的结构性缺陷；在南方水稻区，冬闲田建植超短期人工草地，可以使传统的热带、亚热带水稻生产与牧草和草食家畜生产相结合，进一步提高复种指数、光能转化率、产品多样性和经济效益；在云贵高原光照不足地区和青藏高原热量不足地区，人工草地可以充分利用这些地区独特的气候资源和土地潜力，发展以茎叶产品为目的的营养体农业，达到草业持续发展，生态环境优化，农牧民脱贫致富。

（六）人工草地是现代化草地农业系统的必需条件，是草地经营的高级形式，是草地牧业现代化的质量指标

发达国家都有很大比例的人工草地。因此，扩大人工草地也是草地牧业向更高级的草地农业系统发展的必需条件。我国加入世界贸易组织已为期不远，为了与国际先进草地农业系统接轨和融为一体，加快我国人工草地的建设更是进入新时代的要求。

## 参考文献

［1］胡自治．草原分类学概论［M］．北京：中国农业出版社，1997：247.

［2］HEATH M E，METCALFE D S，BARNES R F. Forages：The Science of Grassland Agriculture［M］. 3rd ed. Iowa：The Iowa State University Press，1974：3—4.

［3］国际环境与发展研究所，世界资源研究所．世界资源：1987［M］．中国科学院自然资源综合考察委员会，译．北京：能源出版社，1989：92—102.

［4］世界资源研究所．世界资源：1990—1991［M］．中国科学院自然资源综合考察委员会，译．北京：北京大学出版社，1992：15—187.

［5］世界资源研究所，联合国环境规划署，联合国开发计划署．世界资源报告：1992—1993［M］．张崇贤，柯金良，程伟雪，等译．北京：中国环境科学出版社，1993：146—158.

［6］曲冠杰．我国草坪业发展迅猛［N］．光明日报，1999-10-18.

［7］李毓堂．草业——富国强民的新兴产业［M］．银川：宁夏人民出版社，1994：186—255.

［8］中华人民共和国农业部畜牧兽医司，中国农业科学院草原研究所，中国科学院自然资源综合考察委员会．中国草地资源数据［M］．北京：中国农业科技出版社，1994：17—50.

［9］李守德．浅论草业发展现状与对策［C］//中国草原学会．中国草地科学进展：第四届第二次年会暨学术讨论会文集．北京：中国农业大学出版社，1998：19—22.

［10］胡自治．我国高寒地区草业的发展策略［C］//中国草原学会．中国草地科学进展：第四届第二次年会暨学术讨论会文集．北京：中国农业大学出版社，1998：27—29.

# 地膜覆盖对高寒人工草地和饲料地的生态—生产效应*

在青藏高原北部的甘肃天祝县海拔2950m的高寒草甸地区进行了地膜覆盖对燕麦、燕麦+豌豆、饲用芜菁和饲用甜菜地的生态—生产效应试验。结果表明，地膜覆盖具有显著的提高地温、保蓄土壤水分、增加土壤肥力、降低蒸腾速度和提高水分利用率的作用，因而显著地提高了上述牧草和饲料作物的产量。

## 一、引言

地膜覆盖栽培是随着化学工业的发展而产生的现代化农业生产技术之一[1]，我国1979年从国外引进此项技术，经过消化提高，至今我国已经是地膜栽培技术先进的国家，地膜栽培面积超过1000 $hm^2$，位居世界第一。当前，我国地膜覆盖栽培技术已从蔬菜作物、经济作物发展到粮食作物，取得了极好的效果，但在牧草和饲料作物方面应用甚少。从理论上说，地膜的保温、保墒作用对高寒地区块根类多汁饲料更具有针对性和实用价值[2-4]，为此，作者们在高寒地区进行了本试验，旨在探讨地膜覆盖对高寒地区牧草和饲料作物的生产和生态效应，为生产提供科学依据。

---

* 作者胡自治、刘千枝、李春鸣、吴序卉。发表于《草业科学技术创新》——中国草学会六届二次会议暨国际学术研讨会论文集．《草业科学》增刊．2004：269—273.

## 二、材料与方法

（一）试验地

试验地位于甘肃省天祝县祁连山河谷抓喜秀龙草原的甘肃农业大学高山草原试验站，海拔2950 m。年均温 -0.1℃，≥0℃积温1300℃，无绝对无霜期，7月也可能有霜；年平均降水量416 mm，多集中在7、8、9三个月。土壤为高山草甸土，有机质含量8%—10%。试验的人工草地和饲料地前茬为燕麦草地。

（二）试验材料

当地燕麦，当地麻豌豆，甘南饲用芜菁，饲用甜菜LC -1，饲用甜菜Beta -R。燕麦、豌豆条播，芜菁、甜菜垅作穴播。

（三）测定内容

地膜覆盖对地温的影响：测定5、10、15、20、25 cm深处的土壤温度，1日4次。

地膜覆盖对土壤水分的影响：覆膜后每隔10日测定土壤水分一次，测定深度为0—10、10—20、20—30 cm。

地膜覆盖对土壤养分的影响：芜菁收获后取0—30 cm处土壤，测定有机质、全氮、速效氮、速效磷的含量。

地膜覆盖对植物的生长发育和光合生理特性的影响：定期观测各种牧草和饲料作物的物候进程，光合生理指标用BAU光合测定系统测定。

地膜覆盖对产量的影响：测定地膜覆盖及不同厚度地膜覆盖对试验草地和饲料地产量的影响。

## 三、结果与讨论

（一）地膜覆盖对地温的影响

由表1可以看出，地膜覆盖可以明显提高地温。在厚度为0.006 mm的超薄地膜覆盖下，燕麦+豌豆地和饲用芜菁地在5—9月的5—25 cm土层平均土壤温度可提高1.7—1.9℃（气候较湿润的1998年）；饲用甜菜地0—25 cm土层的平均土壤温度随薄膜厚度的增加而显著提高，在0.006、0.008和0.014 mm的地膜覆盖下分别提高2.6、3.2和3.8℃（气候干热的2000年）。5月和6月辐射量较大，地膜增温更显著一些。>0℃地积温分别增加290.7、260.1、397.8、489.6、581.4℃。这里需要指出，0.014 mm的地膜增温虽多，但成本也相应提高较多，因此，生产上仍以0.006或0.008 mm的地膜为宜。

**表1 高寒地区地膜覆盖对人工草地和饲料地5—9月土壤增温的效应（℃）**

| 饲料地类别 | 5月 | 6月 | 7月 | 8月 | 9月 | 平均 |
| --- | --- | --- | --- | --- | --- | --- |
| 燕麦+豌豆草地 | 2.7 | 3.6 | 1.5 | 0.4 | 1.1 | 1.9 |
| 饲用芜菁地 | 2.2 | 2.7 | 1.8 | 0.8 | 1.1 | 1.7 |
| 饲用甜菜地* | 3.2 | 3.8 | 3.1 | 1.6 | 1.2 | 2.6 |
| 饲用甜菜地** | 3.5 | 4.2 | 3.4 | 3.0 | 2.0 | 3.2 |
| 饲用甜菜地*** | 3.5 | 5.3 | 3.0 | 3.6 | 1.5 | 3.8 |

注：1. 燕麦+豌豆草地和饲用芜菁地为1998年5—25 cm的平均温度，当年为湿润年。

2. 饲用甜菜地为2000年0—25 cm土地的平均温度，当年为干热年；

3. *膜厚0.006 mm，**膜厚0.008 mm，***膜厚0.014 mm。

（二）地膜覆盖对土壤含水量的影响

地膜覆盖对土壤含水量的效应比较复杂，因为在非灌溉的条件下，覆膜既能保墒，又能阻隔降水渗入土中。本试验的结果显示了较湿润的1998年5—9月生长季，覆膜的燕麦+豌豆人工草地和饲用芜菁地与对照0—25 cm深度土层的含水量差异不大，而干旱的2000年覆膜保墒作用明显（表2）。

**表2 高寒地区地膜覆盖对人工草地和饲料地5—9月土壤水分含量的效应（%）**

| 饲料地类别 | 处理 | 5月 | 6月 | 7月 | 8月 | 9月 | 平均 | 增减 |
| --- | --- | --- | --- | --- | --- | --- | --- | --- |
| 燕麦+豌豆* | 覆膜 | 31.47 | 26.93 | 25.67 | 20.92 | 24.06 | 25.81 | +0.51 |
|  | 对照 | 31.61 | 24.81 | 24.48 | 22.54 | 23.05 | 25.30 |  |
| 饲用芜菁* | 覆膜 | 27.66 | 26.89 | 26.38 | 26.03 | 27.00 | 26.79 | +1.33 |
|  | 对照 | 25.44 | 24.80 | 25.70 | 25.35 | 26.01 | 25.46 |  |
| 饲用甜菜** | 覆膜 | 26.87 | 25.34 | 25.86 | — | 27.23 | 26.33 | +2.99 |
|  | 对照 | 24.11 | 22.39 | 21.31 | — | 25.54 | 23.34 |  |

注：1. 覆膜厚度均为0.006 mm；

2. ＊为1998年试验，湿润年；

3. ＊＊位2000年试验，干旱年。

（三）地膜覆盖对土壤肥力的影响

高山草甸上有机质含量为8%—14%，覆膜后由于土壤温度明显提高，微生物活动增强，动植物的遗体分解加快，土壤腐殖质、全氮、速效氮、全磷的含量都有明显的增加，从而提高了土壤肥力。表3所列为0.006 mm地膜的试验结果，0.008 mm和0.014 mm的地膜提高土壤肥力的效应更为显著。

**表3　高寒地区地覆膜盖对饲用甜菜地土壤养分含量的效应（%）**

| 处理 | 腐殖质 | 全氮 | 速效氮 | 速效磷 |
|---|---|---|---|---|
| 覆膜 | 8.383 | 0.895 | 0.049 | 0.067 |
| 对照 | 7.943 | 0.846 | 0.044 | 0.062 |
| 增减 | +0.440 | +0.049 | +0.005 | +0.005 |

（四）地膜覆盖对植物生长发育的影响

地膜覆盖对燕麦的地上和地下部分的生长发育都有明显的影响。由于覆膜使土壤温度和湿度状况变好，燕麦的地下部分生长发育有很大的变化，分蘖增多，整个生育期根量均小于对照，第110 d时为对照根量的64.5%；与此同时，地上部分由于未受到保护，因而影响较小，像燕麦的地上部分在扬花期前生长节律略有提前，而乳熟期和蜡熟期覆膜和对照没有差异，并且都不能进入完熟期，未能使生育期延长（表4），因此，覆膜主要影响的是地下部分，相反，饲用芜菁和饲用甜菜的根量大大增加。

**表4　高寒地区膜覆盖对燕麦生长发育的影响（月-日）**

| 处理 | 播种 | 出苗 | 分蘖 | 拔节 | 抽穗 | 扬花 | 乳熟 | 蜡熟 | 完熟 |
|---|---|---|---|---|---|---|---|---|---|
| 覆膜 | 05-01 | 05-13 | 06-25 | 07-01 | 07-21 | 08-03 | 08-31 | 09-07 | 未进入 |
| 对照 | 05-01 | 05-18 | 06-20 | 06-27 | 07-18 | 08-01 | 08-31 | 09-07 | 未进入 |

（五）地膜覆盖对植物光合生理指标的影响

地膜覆盖对植物光合生理指标的影响十分明显，对饲用芜菁不同生育期生理指标的测定结果（表5）表明，在生育期内覆膜饲用芜菁的光合速率均比对照为大，但只在块根膨大期的差异显著；蒸腾速度均比对照为小，在幼苗期的差异极显著，块根膨大期差异性变小；水分利用率均高于对照，从叶丛迅速生长期开始差异达到极显著。对饲用甜菜的测定表明，地膜厚度对光合速率有明显的影响，同一时期测定的光合速率随地膜厚度的增加而增大。

**表5 高寒地区地膜覆盖对饲用芜菁光合生理指标的影响**

| 测定日期 | 处理 | 光合速率（$CO_2$ mg/dm$^2$·h） | 蒸腾速度（$H_2O$·mg/dm$^2$·s） | 水分利用率（mg/g） |
|---|---|---|---|---|
| 幼苗期（07－20） | 覆膜 | 15. 2a | 1133b | 11. 9a |
| | 对照 | 14. 9a | 1640a | 9. 4b |
| 叶丛迅速生长期（08－10） | 覆膜 | 24. 2a | 111b | 67. 7a |
| | 对照 | 24. 1a | 486a | 32. 7b |
| 块根迅速生长期（09－16） | 覆膜 | 21. 7a | 441b | 44. 7a |
| | 对照 | 15. 6b | 625a | 25. 9b |

（六）地膜覆盖对人工草地和饲料地干物质产量的影响

地膜覆盖对高寒地区人工草地和饲料地的干物质产量有极显著的影响，燕麦、豌豆，饲用芜菁增产55%—74%，燕麦＋豌豆混播增产24%，饲用甜菜的增产幅度达到5—44倍，由几乎没有产量而提高到有经济意义的产量（表6）。不同厚度的覆膜对饲用甜菜有极为显著的影响。饲用甜菜LC－1在覆膜0. 008 mm条件下，比0. 006 mm的增产23. 05%；在覆膜0. 014 mm条件下，比0. 006 mm的增产51. 30%。

饲用芜菁在地膜覆盖下，整个生育期的蒸腾速率显著降低，水分利用效率显著提高，但光合速率只在生长后期才显著提高。地膜厚度对光合速率有明显的影响，同一时期饲用甜菜的光合速率随地膜厚度的增加而增大。

地膜覆盖对高寒地区人工草地和饲料地的干物质产量有极显著的影响。燕麦、豌豆、饲用芜菁增产55%—74%，燕麦＋豌豆混播增产24%，饲用甜菜由几乎没有产量提高到有栽培意义的产量。

**表6　高寒地区地膜覆盖对人工草地和饲料地干物质产量的影响（干物质，t/hm²）**

| 牧草和饲料作物类别 | 覆膜 | 对照 | 增产量 | 增产倍数 |
| --- | --- | --- | --- | --- |
| 燕麦 | 11.80 | 7.60 | 4.20 | 0.55 |
| 豌豆 | 14.50 | 9.20 | 5.30 | 0.57 |
| 燕麦 + 豌豆 | 17.00 | 13.70 | 3.30 | 0.24 |
| 饲用芜菁 | 13.48 | 7.73 | 5.75 | 0.74 |
| 饲用甜菜 LC－1 * | 3.84 | 0.63 | 3.21 | 5.14 |
| 饲用甜菜 LC－1 * * | 4.99 | 0.63 | 4.36 | 6.98 |
| 饲用甜菜 LC－1 * * * | 7.88 | 0.63 | 7.25 | 11.60 |
| 饲用甜菜 Beta－R * | 5.00 | 0.19 | 4.81 | 15.67 |
| 饲用甜菜 Beta－R * * | 5.06 | 0.19 | 4.88 | 26.00 |
| 饲用甜菜 Beta－R * * * | 8.44 | 0.19 | 8.25 | 44.00 |

注：* 膜厚0.006 mm，* * 膜厚0.008 mm，* * * 膜厚0.014 mm，对照不覆膜。

## 四、结论

高寒地区人工草地和饲料地用0.006 mm、0.008 mm和0.014 mm的地膜覆盖后，5—9月0—25 cm土层的日平均土壤温度可提高1.7—3.8℃，>0℃积温增加290—580℃。

在非灌溉的条件下，覆膜在生长期对土壤水分的影响在干旱年表现明显，在湿润年表现不明显，覆膜提高土壤水分的幅度约为2%—4%。

土壤腐殖质、全氮、速效氮、全磷的含量在地膜覆盖下显著增加，并随覆膜厚度的增加相应提高。

地膜覆盖对燕麦的地下部分影响大于地下部分，表现为分蘖增多，根量减少，地上部分由于未受到保护，物候期进程与对照相近。覆膜对块根型的饲用芜菁和饲用甜菜的块根有极显著的增产效应。

## 参考文献

[1] 中国农用塑料应用技术学会．新编地膜覆盖栽培技术大全［M］．北

京：中国农业出版社，2000：375—395.

[2] 胡自治．我国高寒地区草业发展的策略［C］//中国草原学会：中国草地科学进展：第四届第二次年会暨学术讨论会文集．北京：中国农业大学出版社，1998：27—29.

[3] 胡自治．人工草地在我国21世纪草业发展和环境治理中的重要意义［J］．草原与草坪，2000（1）：12—15.

[4] 曲文章，祖伟，高妙真，等．甜菜覆膜栽培高产生育规律的研究[J]．甜菜糖业，1987（4）：10—16，31.

# 译文

## 放牧研究中的术语及其定义*

J. Hodgson 著　胡自治译　任继周校

### 一、草层

1. sward——草层：草本植物群体地上和地下部分的总称。它的特点是具有相对较矮的生长习性和相对连续的地面覆盖。

2. sward canopy——草层植冠：草本植物群体的地上部分，已含有植物各部分的排列和分布的意义。

3. herbage——牧草：草本植物群体的地上部分，是一种具有数量和营养价值特征的植物物质的积累，但不含植物学组成和结构的意义。

4. pasture——放牧地：草本植物群体的地上部分，通常有围栏为界，是放牧的一种功能单位。

5. herbage mass——牧草量：单位土地面积的牧草总量，通常指地上的水平。但需指出，地上的水平只具一定的参考意义。

6. herbage growth——牧草生长：牧草新叶和茎组织的发育以及大小和重量的增加。

---

* 发表于《国外畜牧学——草原》，1981（1）：65—66.
原载 Grass and Forage Science，1979，34，（1）：16 — 17.
本文系英国草地学会为统一草地科学术语概念而委托英国著名草地学家 J. Hodgson 所写。

7. herbage accumulation——牧草积累（精确些说应是牧草净积累）：它是在连续瞬时测定的牧草量的变化，适宜的用法是指牧草量在全部时间的总的变化。

8. herbage consumed——采食的牧草：在某一简单的放牧或系列的放牧中，单位面积上动物采食的牧草量。

9. herbage harvested——收获的牧草：在一简单的收获或系列的收获中，单位面积上机械采收的牧草量。

## 二、放牧过程

10. defoliation——采摘：放牧动物或收获机械对植物活的或死的地上部分全部或部分的采食和收割。

11. grazing——牧食：动物对植被中生于土中的有根植物地上部分的采摘。

12. browsing——摘食：动物对灌木或乔木的地上部分的采摘。

13. palatable——适口的：味觉反应愉快。

14. preference——嗜食性：一个一般性的术语，用以表现动物在草层的不同区域之间，或草层植冠的各成分之间，以及刈割牧草的样品中与样品之间选食上的差别。

15. preference ranking——嗜食性分级：如果可能的话，指在随机试验中，以相对食入量为根据，对一系列草层中的牧草取样或形态学单位的等级排列。

16. selection——选食：动物对一个草层中的某些成分或牧草的一个样品——而不是另外的什么——的取食，这是嗜食性对选食机会进行限定的一种机能。

17. selection ratio——选食率：采食的牧草中某种成分的比率与草层植冠中同一成分的比率之比。

18. ease of prehension——易食性：这是一个性质术语，用以描述放牧期间动物对草层植冠中某一特定的成分能够接近和吃进嘴里的容易程度（用以取代可利用牧草和牧草可利用性这两个术语）。

19. degree of defoliation——采摘的程度：采食牧草对原有牧草物质的比率。

20. residual herbage——剩余收草：采摘后剩余的牧草。

21. rate of defoliation——采摘速度：某一采摘期内单位时间采摘的牧草。

22. frequency of defoliation——采摘频率：草层的某一范围或个体植物单位在单位时间内被采摘的次数。

23. defoliation interval——采摘间隔：草层的某一范围或个体植物单位在连续采摘之间的时间间隔。

24. uniformity of defoliation——采摘匀整度：描述草层的邻近范围或个体植物单位之间剩余牧草物质的分布状况的性质术语。

25. efficiency of grazing——放牧效率：把上次采摘以来采食的牧草用积累牧草的百分率来表示。如有必要可以是一个采摘系列的总计（在刈草经营的条件下是收获效率）。

26. gross efficiency of conversion——（采食牧草对动物产品的）总转化效率：动物产品对采食牧草的比率。

27. efficiency of utilization——（动物生产的牧草）利用效率：单位土地面积的动物产品对积累的牧草之比（=放牧效率×转化效率）。

## 三、动物和草层的平衡

28. grazing pressure——放牧压：在某一指定的时间内每单位重量牧草（干物质或有机物质）的特定种类动物的数目。

29. herbage allowance——牧草给量：在某一指定的时间内给动物每单位活重的牧草（干物质或有机物质）重量。

30. daily herbage allowance——日牧草给量：在各个放牧期仅为1—2天的轮牧系统中，每天给动物每单位活重配给的牧草重量。

## 四、放牧系统中的动物生产

31. stocking rate——放牧率：特定时期内单位面积所承担的特定放牧动物的头数。

32. stocking density——放牧密度：在某一时期内，实际用于放牧的土地单位面积的某种家畜的头数。

## 五、放牧管理

33. forage feeding——饲草饲养：从某一草层刈割牧草（或用其他饲料作物

的茎叶）以鲜饲动物的措施（而不是常规的零牧制）。

34. continuous stocking——连牧：在全部或相当长的放牧时期内，容许动物无限制地停留在某一土地面积上的措施（它不是 Continuous grazing 的含义）。

35. set stocking——定牧：在相当长的放牧时期内，容许一个固定数目的动物无限制地停留在一块固定土地面积上的措施。

36. rotational grazing——轮牧：在放牧地块系列中，按一定顺序安排放牧和休闲的措施。

37. creep grazing——隔栏放牧：容许幼畜（犊牛或羔羊）通过隔栏空隙进入另一地块牧食，而其母畜不能进入的放牧方法。

38. mixed grazing——混牧：在一个普通的放牧系统中利用牛和羊共同放牧，而不管这两种家畜是否在同一时期放牧在同一区域内。

39. grazing period——放牧时期：某一特定土地面积用于放牧的时间长度。

40. rest period——休闲时期：某一特定土地面积，某次放牧结束与下次放牧开始的间隔的时间长度。

41. grazing cycle——放牧周期：某次开始放牧到下次开始放牧的间隔的时间长度（ = 放牧时期 + 休闲时期）。

# 草地植物研究中的术语及其定义*

1. anthesis——（单花）开花：在实际中开花盛期（date of peak anthesis）是指一个花序、植株或枝条上最大数量的小花散放花粉的日期。

2. binder ripeness——割捆机成熟度：见 seed ripeness。

3. biomass——生物量：活的植物和/或动物物质的重量。

4. burn——灼伤：参见 leaf burn，winter burn。

5. canopy——植冠：草层截光或吸光的植冠称为草层植冠（sward canopy）。

6. canopy geometry——冠形：植冠已知数量和面积的吸光表面部分其空间和角度的分布。

7. canopy structure——植冠结构：植冠不同成分的分布、排列以及相互关系。

8. closed canopy——郁闭植冠：表现为达到完全的覆盖或能截取95%可见光的植冠。

9. combine ripeness——联合收割机成熟度：参见 seed ripeness。

10. cover（ = ground cover）——盖度：植冠对地面投影覆盖的比率。

11. critical LAI——临界叶面积指数：参见 leaf area index。

12. crop growth rate（CGR）——作物生长率：部分或全部草层单位面积干重的增加速度。Gross CGR——总作物生长率：上述条件下新的物质生产的速度。Net crop growth rate——净作物生长率：总作物生长率减去由于枯死、分解、

---

* 作者 Henry Thomas 著、胡自治译、任继周校。发表于《国外畜牧学——草原》，1981（2）：70—72 和（3）：56—58.

原载 Grass and Forage Science，1980，35（1）：20—23.

本文系英国草地学会为统一草地科学术语概念而委托英国著名草地学家 Henry Thomas 所写。

虫害和病害而导致的物质损失之差。单位：g/m$^2$. d，kg/hm$^2$. d。

13. crown——根颈：在三叶草属和其它地面芽植物是轴根的顶部，其上的芽可以发育成莲座丛的基生叶或长成枝条。本术语在禾草上不使用。

14. culm——（空心）秆：牧草含有花序的分集枝抽出的茎。

15. date of heading，date of ear（inflorescence）emergence——抽穗期：见 inflorescence emergence。

16. defoliation——采摘：牧草的全部或部分被放牧的动物采食或收割机械采收。

17. defoliation——采摘高度：见 stubble height。

18. density——密度：单位面积上某个抽样项目（如植株、分蘖枝等）的数目。

19. ear emergence——抽穗：见 inflorescence emergence。

20. establishment——建植、定植：参见 sward establishment，seedling establishment。

21. flag leaf——旗叶：禾草（结实一次的）生殖枝上最后长出的那个叶。

22. flowering date——平均开花日期：对三叶草属来说，它是具代表性的植株第一个花序开放，并具有授粉能力的平均日期。

23. foliage——叶子，叶簇：一株植物或一个群落的所有叶片的集合术语。

24. foliage angle——叶簇角：在一个植冠或植冠的一个层中，叶成分（foliage elements）的长轴在水平方向上的角度。

25. foliage elements——叶成分：被测量的叶片、叶鞘、叶柄或它们的一部分。

26. forage——饲草：用作家养草食动物饲料的任何植物物质，包括牧草，但不包括浓厚（精）饲料。

27. grassland——草地：植物群落的类型，可以是天然的或人工的，草本植物种占优势，大部分为地面芽植物，例如禾草或豆草；也可以存在某些灌木或乔木。

28. grazing——牧食：动物的采摘（defoliation）。

29. ground cover——盖度：见 cover。

30. harvesting——收割：刈割机械的采摘（defoliation）。

31. harvesting year——收割年：播种之后可以收割的年份；first full——第一

次成熟之年：播种之后的历年

32. heading date——抽穗期：见 inflorescence emergence。

33. herbage——牧草：草层的地上部分，它是具有数量和营养价值特征的植物物质积累。参见 sward canopy。

34. herbage accumulation——牧草积累：在一定的时间间隔内测定的牧草量（herbage mass）的增加数；亦即作物生长率（CGR）的时间积分。

35. herbage consumed——消费的牧草：牧草量被放牧家畜采食了的部分。

36. herbage cut——刈割的牧草：牧草刈割高度以上的物质层。

37. herbage growth——牧草生长：在一定时间间隔内，单位面积的牧草由于新物质的生产而增加的重量，亦即总作物生长率（gross CGR）的时间积分。参见 herbage accumulation。

38. herbage harvested——收获的牧草：牧草被刈割了的部分。

39. herbage mass——牧草量：采摘高度之上的单位面积的牧草现存量。

40. herbage residual——剩余的牧草：放牧后残留的牧草。

41. inflorescence emergence（= ear emergence）——花序出现：牧草花序从旗叶叶鞘腔中的最初出现。

42. inflorescence emergence, mean date of（= mean heading date, mean date of ear emergence）——花序平均出现期：对于一定种类的宽行植物样区来说，它是各个植株的第三个花序从旗叶叶鞘腔中最初出现的平均日期，对于一块草地来说，是生殖枝 50% 的花序出现的日期。

43. leaf——叶：禾草的叶由叶片 + 叶舌 + 叶鞘构成；三叶草属的叶由叶片 + 叶柄 + 托叶构成，叶和叶片不是同义语。

44. leaf angle——叶片角：对禾草来说，它是叶片近轴的表面和分蘖枝轴的夹角。

45. leaf appearance——叶出现：叶尖从包裹着的叶鞘中（禾草）或托叶中（三叶草属）的最初出现。参见 leaf emergence。

46. leaf appearance interval（= phyllochron, auxochron）——叶出现间隔，叶周期：在同一茎轴上，不断生出的叶达到相同发育阶段所需要的日数。单位：天/叶/轴（轴 = 分蘖枝轴或枝条轴）。

47. leaf appearance rate——叶出现率：在单位时间内在一个轴上达到某一规定的发育阶段（见 leaf appearance, leaf emergence）的叶数，也就是叶出现间隔的倒数。单位：叶/轴/天。

48. leaf area index（LAI）——叶面积指数：单位地面面积的绿叶面积（只计绿叶一面的面积）；绿叶面积仅指叶片或叶片面积 + 暴露的叶鞘表面积和叶柄表面积的一半。非面积的有 critical LAI——临界叶面积指数：95% 的可见光被截取时的叶面积；maximum LAI——最大叶面积指数：在一个生长季期间，草丛生长出的最大叶面积；optimum LAI——最适叶面积指数：达到最大作物生长率时的叶面积。

49. leaf area ratio——叶面积比：叶片总面积被植物总重量除。

50. leaf area，specific（SLA）——比叶面积：叶片总面积被叶片总重量除。

51. leaf burn（ = scorch）——叶灼伤（ = 灼焦）：由于恶劣的天气条件、除莠剂等使叶片受到损伤，如明显的枯萎、变褐等。参看 leaf senescence（叶衰老）。

52. leaf curvature——叶弯曲：当从叶片的一侧审视时，牧草叶片对一条直线的偏离程度。

53. leaf dead——枯叶：实际上是指叶片中所有的叶绿素已经分解。

54. leaf death rate——叶枯黄率：在一个分蘖枝或枝条上，叶或叶的一部分变枯的速度。单位：叶/轴/天。

55. leaf，dying——濒死的叶：叶片的一部分尚具绿色的叶。

56. leaf emergence，full——叶完全露出：对禾草的叶来说，当叶舌可见或叶片对叶鞘的角度达到规定的度数时，都可认为是叶完全露出；对三叶草属来说，当小叶沿中脉露出并几乎展平（通常不在同一平面）时。参见 leaf appearance。

57. leaf expansion rate——叶展开率：单位分蘖枝、枝条、植株、面积的叶片面积增加的速度。

58. leaf extension——叶伸长，或 elongation rate——伸长率：单个的伸长中的牧草叶片长度增加的速度。

59. leaf extension rate Per tiller——单位分蘖枝叶伸长率：在测定的时期内，平均每天从包裹的叶鞘中伸出的叶片长度。单位：mm/分蘖枝/天。

60. leaf，fully emerged——完全露出的叶：见 leaf emergence。

61. leaf，live 或 living——活叶或活的叶：叶片具充分绿色的叶。

62. Leaf rigidity——叶的刚度：一个牧草的叶从其叶面审视时，其形状接近于一条直线的程度。

63. Leaf scorch——叶焦：见 leaf burn。

64. leaf senescence——叶衰老：遗传学上的天生过程，表现为使叶成熟和死亡，通常包含叶绿素的消褪。

65. leaf senescence rate——叶衰老率：在一个分蘖枝或枝条轴上，枯叶长度增加的速度。单位：mm/分蘖枝/天。

66. Leaf weight to length ratio——叶重与叶长比：叶片重量被其长度除（禾草）。

67. Leaf weight，specific（SLW）——比叶重：叶片重量被其叶面积除（比叶面积的倒数）。

68. live leaves，number Per tiller——单位分蘖枝的活叶数：通常每一露出的叶或完全露出的叶算一个单位，濒死的叶可以在0—1之间分为10等级统计。

69. maximum LAI——最大叶面积指数：参见leaf area index。

70. mean date of inflorescence（ear）emergence——平均花序（穗）出现日期，mean heading date——平均抽穗期：见inflorescence emergence，mean date of。

71. mean flowering date——平均开花日期：参见flowing date，mean。

72. net assimilation rate（NAR = unit leaf rate）——净同化率（=单位叶率）：定义为1/A * dw/dt，A=总叶面积，w= 总植物重量，t=时间。单位：g/$m^2$. d。

73. Number of live leaves per tiller——单位分蘖枝的活叶数：参见leaves，1ive。

74. optimum LAI——最适叶面积指数：参见leaf area index。

75. parts，total above - ground——总地上部分：生长的植物地上的所有部分。参看shoot，total。

76. petiole extension rate——叶柄伸长率：叶柄长度增加的速度。

77. plants，spaced——宽行植物：生长在宽播种行中的植物，为的是它的植冠不接触或不影响其他任一植物。

78. plastochron——间隔期：在一个茎轴上两个连续的叶原基发育开始的间隔时间。参见leaf appearance interval。

79. primary sward——初生草层。参见sward。

80. pseudostem——假茎：牧草分蘖枝的同轴叶鞘，执行茎的支持作用。

81. regrowth——再生：采摘之后在采摘高度之上新的物质的生产。再生的初期，消耗的是留茬中的贮藏的营养物质。

82. regrowth rate——再生率：再生的植物生长率。

83. relative growth rate（RGR）——相对生产率：定义为 1/w ＊dw/dt，w = 总植物干重，t = 时间。

84. seed ripeness——种子成熟度：种子的发育阶段，在此阶段能很好地收获种子。在割捆机成熟度和联合收割机成熟度时的种子水分含量分别为 430 g/kg 和 390 g/kg。

85. seeding year——播种年：种子播种的历年。参见 harvesting year，first fully。在南半球应做适当的修正。

86. seedling emergence——幼苗露出：枝条在地面上首次出现时。

87. Seedling establishment——幼苗建植：这是对幼苗从发芽到能进行正的碳平衡，或不依赖种子中的贮藏物质而生活的早期阶段的一个含糊的术语。参见 sward establishment。

88. senescence——衰老：参见 leaf senescence。

89. shoot bases——枝条基部：草层的低于预期采摘高度的部分；采摘之后成为留茬。

90. shoot，total——总枝条：意指地上的枝条，包括它们之中的很低的部分，如土表的枝条和匍匐枝。参看 parts，total above - ground。

91. simulated sward——模拟草层：见 sward，simulated。

92. sod——草皮块：人挖出的或动物采食拔下的一块草皮。

93. spaced plant——宽行植物。见 plant，spaced。

94. specific leaf area，specific leaf weight——比叶面积，比叶重：分别参见见 leaf area 和 leaf weight。

95. standing crop——现存量：收割前在草地中生长的绿色牧草量。

96. stem——茎：一个枝条的主要茎轴含有叶；在营养期的禾草和三叶草属（根颈上）的茎，通常很短。

97. stratified clip——分层刈割：为了测定牧草量和叶面积的垂直分布，对草层植冠分数层进行的刈割。

98. stub——茬：参见 tiller stub。

99. stubble——留茬：采摘之后剩余的植冠部分。

100. stubble height——留茬高度：地面和留茬末端之间的平均垂直距离，即留茬自然高度。

101. stubble length——留茬长度：沿被刈割的分蘖枝真正的基部到其末端的平均间距，即留茬伸直长度。

102. sward——草层：具有矮草（小于 1 m）而叶丛连续覆盖的草地区域，它包括植物的地上和地下两部分，但不包括任何木本植物。

103. sward canopy——草层植冠：具有“不同植物部分的分布和排列内涵”意义的草层的地上部分。参见 herbage。

104. sward establishment——草层建植：在播种年草层的生长和发育。

105. sward mixed——混合草层：播种有多于一种或一个品种牧草的草层。

106. sward，primary——初生草层：从未采摘过的草层。参见 sward，undefoliaton。

I07. sward，pure——单一草层：单播一种或一个品种牧草的草层（口语）。

108. sward，simulated——模拟草层：在准确测定了间距，或在容器中按一定的种子率播种的生长中的植物集合体；目的是让它们以合适的格式表现一种“标准的”草层。

109. sward structure——草层结构：表示草层中植物各部分的构成、分布、排列和相对比率的一个普通术语，包括植冠结构。

110. sward，undefoliatad——未采摘的草层：在一定的日期或超过考虑中的时期未被采摘的草层。

111. tiller——分蘖枝：牧草植物发自叶腋的地上茎，通常位于较老的分蘖枝的基部。

112. tiller，aerial——地上分蘖枝：发自伸长的茎节的分蘖枝。

113. tiller angle——分蘖角：分蘖枝下部水平地面之间的角度。

114. tiller appearance rate（TAR）——分蘖枝出现率：在未经植物解剖的条件下，肉眼能明显看出来的分蘖枝出现的速度。

在下列的各公式中，$t_1$ 和 $t_2$ = 分蘖枝计数的时间，$N_1$ = 在 $t_1$ 时活的分蘖枝数。当把分蘖枝出现率描述为总分蘖枝出现率（gross TAR）时，$N_2 = N_1$ + 在 $t_1$ 与 $t_2$ 之间出现的分蘖枝数，而描述为净分蘖枝出现率（net TAR）时，$N_2 = t_2$ 时的活分蘖枝数。下列公式可计算不同的分蘖枝出现率值：

Absolute TAR——绝对分蘖枝出现率 = $(N_2 - N_1) / (t_2 - t_1)$，单位：分蘖枝数/天。

Proportional TAR——均衡分蘖枝出现率 = $(N_2 - N_1) / N(t_2 - t_1)$，单位：

分蘖枝数/分蘖枝/天。

Relative TAR——相对分蘖枝出现率 = （$\ln N_2 - \ln N_1$）/（$t_2 - t_1$），单位：分蘖枝数/分蘖枝/天。

115. tiller base——分蘖枝基部：生长的分蘖枝低于预定采摘高度的部分。参看 tiller stub。

116. tiller death rate——分蘖枝死亡率：小于 0 时的分蘖枝出现率。

117. tiller，extravaginal——穿叶鞘分蘖枝：①从紧裹着的叶鞘基部穿出的，或②从非紧裹着的现存叶鞘内的芽形成的分蘖枝。

118. tiller，intravaginal——叶鞘内分蘖枝：从现存叶的叶腋中的芽形成的分蘖枝，通常从紧裹着的叶鞘中长出。

119. tiller site filling，rate of——分蘖枝位置补充率：叶腋的芽发育成肉眼可见的分蘖枝芽的速度与叶腋形成的速度之比，即相对分蘖枝出现率 ÷ 叶出现率。

120. tiller stub——分蘖枝茬：分蘖枝被采摘后留下的部分。

121. tillering——分蘖：一般性的术语，即分蘖枝的产生。

122. total above - ground parts——总地上部分，见 parts，total above - ground。

123. turf——草皮：由枝条系统加根系和土壤最上层（大约 10cm）构成的草层部分。参见 sod。

124. unit leaf rate（ULR）——单位叶率：参见 net assimilation rate。

125. winter burn——冻伤：冬季叶的冻伤。

126. winter damage——冻害：包括冬季冻伤、冻死和病害在内的一般性术语。

127. winter hardiness——抗寒性：一种或一个品种的植物对寒冷的总的抵抗能力。

128. winter kill——冻死：植株或分蘖枝在冬季的死亡。

第二部分 02

# 草业科学教学研究论文

# 草业教学改革

## 坚持改革开放，为四化建设培养全面发展的高层次人才*

### ——草原科学硕士点的硕士研究生培养

甘肃农业大学草原科学硕士点1981年经国务院学位委员会批准正式成立，硕士点的导师有1名教授、3名副教授；有草原生态、草原培育和草原保护三个研究方向。目前的导师规模发展到4名教授和4名副教授。已培养过毕业研究生的有任继周、胡自治、宋恺、刘若4名教授和符义坤副教授。在上级领导的关怀和导师们的努力下，指导力量不断壮大，招生人数迅速增加，教学质量稳步上升，为国家输送了一批硕士学位的高级草原人才，受到了用人单位的好评和上级领导的信任。在培养研究生方面我们有下列的一些改革措施。

### 一、制定草原科学硕士研究生培养方案，保证培养工作规范化

我校1953年开始培养草原科学研究生，积累有一定经验。1983年受农业部教宣司委托，我点牵头制订了“全国高等农业院校草原科学攻读硕士学位研究生培养方案”，此后，我校的草原科学硕士研究生的培养工作即以此方案为基础进行，对保证硕士生的教学计划、论文水平和培养规格起到了积极的保证作用。

---

* 作者胡自治。发表于《高等农业教育》，1989（6）：53—54.

## 二、重视学位课程教学，积极和努力进行教材建设

学位专业课是研究生的业务水平基础。各位导师对所讲的专业课程，每年都做到准备有新的讲授提纲，增加有新的内容，跟上和反映当前科学水平。任继周教授主讲的“草地农业生态学”，以草原生态系统的生产层次为重点，在传统的植物（牧草等）生产和动物（家畜等）生产的基础上，增加了前植物生产、后生物生产和生产效益的放大等新概念和新内容，使教材内容独树一帜，颇具特色。胡自治教授主讲的“草原分类学概论”，在详细介绍当前草原分类新进展的基础上，启发研究生独立、客观地评价不同学派的特点，有的研究生还提出了自己的分类思想，增加了学习的创造性。符义坤副教授主讲的“草原培育学进展”，就是以介绍当前世界上草原培育方面的最新成就为主，使研究生的学习内容接近本学科的国际前缘。由于各位导师在教学上的努力，任继周教授主编的《草地农业生态学》、胡自治教授主编的《草原分类学概论》和牟新待副教授主讲的“草原系统工程”都已被批准列入全国农业院校教材“八五”规划，作为研究生和本科生的参考教材出版。

## 三、不断更新选修课，跟上和适应学科新发展

近三年来根据草原科学和草原建设事业的发展和需要，硕士点创造条件为研究生新开了草坪学、草原系统工程、放射性核素在农牧业中的应用和草原生态生理学四门选修课，对夯实基础、拓宽知识面、提高研究能力起了很好的作用。例如草原生态生理学是最新学科，聘请了刚回国的万长贵博士用英语讲授，研究生们既学到了最新知识，了解了新进展，也提高了英语听课能力，效果很好。

## 四、适时增设新的研究方向，拓宽专业培养面

过去的 9 年，硕士点为国家培养了原有三个研究方向的 24 名硕士生，考虑到学科的发展和社会对草原高级科技人才需求的变化，近两年来根据硕士培养力量的发展，又增加了草原资源管理、草原生态化学、草坪培育和草坪草病害

四个新的研究方向。1990年我校第一个也是全国第一个草坪培育硕士研究生获得学位。

## 五、开放硕士培养工作，中外导师联合指导研究生

中外导师合作指导研究生，对加强学术交流，提高培养质量很有意义。1986年以来已有5名研究生在中外导师合作下在国内培养。外籍导师主要负责毕业论文的指导工作，并在经费和设备上给予了帮助；他们对待工作热情、负责，要求研究生大量占有资料，注重调查研究和操作能力，充分利用计算机，用英文写作论文，这些对提高研究生工作能力和论文质量都有十分重要的意义。在合作培养的过程中，中国导师也了解和吸收了外籍导师培养硕士研究生的好方法和好经验，改进了自己的工作。英国专家哈德曼和澳大利亚专家斯威宁也认为合作培养对加强两国人民友好很有意义，并对中国导师培养硕士研究生的方法和水平表示钦佩。

## 六、论文研究和科研项目相结合，保证论文项目双丰收

将研究生毕业论文纳入导师的科研项目，可以解决论文研究的选题、场地和经费等问题，同时也对保证科研项目的完成有积极作用。例如，有研究生参加的4个已完成的科研项目，有3个获奖。1980年以来研究生共参加了7个科研项目的研究，发表了14篇论文，其中4篇收入国际会议论文集。王辉珠的论文《高山禾本科—嵩草型草地土—草—畜的氮转化》，是我国此研究领域中的第一篇文献，有较高科学价值；刘荣堂的论文《子午沙鼠（*Meriones medianus* Pallas）生态的研究》，水平较高，发表在《兽类学报》上；雷耀平的《毛乌素沙地南缘以牧为主的家庭农场系统结构的研究》，解决了当地沙丘区域农户的农林牧生产结构及经济效益问题，得到了盐池县畜牧部门的采纳和推广；杨慕义的论文《庆阳黄土高原农业系统的生态—经济模型》（原文为英文）也在当地获得了应用。兰州大学张鹏云教授、中国农业科学院兰州畜牧研究所吴仁润研究员、甘肃畜牧厅王无怠总畜牧师在多次答辩会上，不止一次地称赞绝大多数硕士研究生的论文选题在学术上处于本学科发展的前缘，在实践上对当前生产需要有针对性，研究思路也比较新颖。

## 七、重视政治思想教育，研究生政治表现较好

教书育人是研究生培养工作的基本内容。对研究生的思想教育，导师们从录取前的面试、复试即开始进行，告诉他们考研究生不是逃避草原艰苦工作的途径，要求他们树立为祖国草原事业而学的远大理想。入学后不断通过各种方式和各种教学环节灵活地进行思想教育，鼓励他们树立正确的人生观。在学习规划中将政治进步也作为一个重要项目列入并落实具体措施。

草原科学硕士点在过去的教学工作中做了一些工作，取得了一定的成绩，但还存在不少问题，我们决心以“三个面向”为目标，在有关上级领导下，争取和创造条件，根据国家草原科技发展和建设的要求，更好地培养德智体全面发展的硕士层次专门人才。

# 草业科学研究生教学用书建设的实践与思考*

从教材是硕士研究生教学任务的一个层次，是完成课程学习的必要条件和通过教材可以避免教学的随意性三个方面论述了研究生教材建设的重要意义。以《草地农业生态学》和《草原分类学概论》教材，简要说明了研究生教学用书对这两门课程教和学所起的积极作用。

课程是教学活动中最具实质性意义的因素，它不仅对本科教学如此，对硕士研究生教学也同样如此，这是因为课程与论文并重是培养硕士研究生的基本方法[1,2]。要深入进行教学改革，一个很重要的落脚点是构建高质量的课程与课程体系，这是整个教学工作中具有基石性和源本性的问题。

高等学校教材是体现课程教学内容和教学方法的知识载体，是启发学生智能、跟踪现代科学知识的媒体，也是反映教学、科研水平及其成果的重要标志。为了改进和加强研究生培养工作，改革教学内容和教学方法，充实高层次人才培养的基本条件和手段，促进全国研究生教育整体水平的提高，教育部从1998年开始进行“研究生教学用书”的遴选、审定、出版和推荐工作。1998年首批审定通过的12部研究生用书已正式列入出版规划。1999年又进行了一级学科内培养方案中确定的通用性较强，一般能够跨二级学科开设的专业基础理论课程。

甘肃农业大学草业科学硕士点1981年正式建立以来，曾于1983年和1991年两次受农业部委托，牵头讨论制订了草业科学硕士研究生培养方案。根据方案中的课程设置，有关教师根据方案规定的课程基本内容和自身教学的特点和需要，开展了教材建设工作。1984年草地农业生态学首先编写出了油印讲义。此后大部分硕士研究生课程有了自编讲义或讲授大纲。在不断试用、不断修改、

---

* 作者胡自治。发表于《甘肃农业大学学报》，2000，35（1）：97—99.

不断提高的基础上，从 1995 年开始《草地农业生态学》（任继周主编，胡自治副主编）《草原分类学概论》（胡自治主编）《草原系统工程学》（牟新待主编）《草地分析与生产设计》（王辉珠主编）《草原野生动物学》（刘荣堂主编）等配套的研究生教学用书陆续由中国农业出版社出版。这些教材的出版对落实培养方案，方便教师的教学和研究生的学习，完成课程教学任务和保证教学质量都起到了积极的作用。《草地农业生态学》和《草原分类学概论》是规定学位课，由于内容新颖、资料丰富，不仅受到本校研究生的欢迎，还被内蒙古农业大学、新疆农业大学、宁夏农学院等兄弟院校的草业科学硕士点用作教材或主要参考教材。在上述情况的基础上，本文旨在就甘肃农业大学草业科学研究生教学用书在教学中的意义及其对课程教学的积极作用进行分析与讨论。

## 一、编写研究生教学用书的必要性

教材建设是本专科教学工作的基本条件之一，这是大家公认的道理。研究生的教学要不要教材，则是一个颇具争议的问题。一种意见认为研究生教育是高层次的教育，要着重于科学思维能力和科学技术创造性能力的培养，应善于引导研究生广泛阅读，从众多的参考书中汲取科学营养，因而认为不必要为研究生编写专用教材。另外一种意见认为为了全面保证研究生的培养过程和培养质量，在条件具备的情况下，应该为研究生编写必要的教材或基本教学参考书。我们同意后一种意见，认为编写教学用书是必要的，有了教材和科学思维能力与科学技术创造性的培养并不矛盾，其理由如下。

（一）教材是硕士研究生教学任务的一个层次

教学计划、课程、教学大纲、教材是研究生教学任务的不同层次，是教学任务这一系统工程的基本部件。这里的教材可以是教师的讲授大纲、讲义或指定的参考书，但不论怎样都得有具体的、成形的东西，不能只是教师的口头语言，否则前三个层次都不能落实。在讲授大纲、讲义或指定参考书的基础上，教师对有关先进科学知识进一步丰富与条理化，并加以解释与评说，成为更高级的教材，将对教学任务的完成起到更积极的作用。

（二）课程学习是硕士研究生培养的重要内容之一，教材是完成研究生课程学习的必要条件

硕士研究生教育既是研究生教育中独立的一级教育，又是本科教育和博士

研究生教育的过渡层次，因此，它的培养在内容和方法中也具有明显的过渡性。这个过渡性就表现为硕士研究生的教育以课程学习和创新能力的培养并重，而本科教育以课程学习为主，博士研究生教育以创新能力的培养为主。课程学习需要有必要的教材是理所当然的事，当前，由于多方面的主客观原因，研究生课程，尤其是新开课程的教学质量不高，其中一个原因就是教学用书相对滞后，使教师在教学上没有强有力的支持手段，例如使用的教学参考书内容和水平不能满足研究生教学的需要，或者和本科教材在内容上重复，在水平上没有提高等[3,4]。

（三）借助研究生教学用书可以避免教学的随意性，有助于培养方案的落实

硕士研究生培养方案是规范研究生培养的必要手段，它规定了少量的必修课（或学位课），列出了较多的选修课和专题讲座课。由于研究生教育的特殊性，并没有对开出课程的内容和水平提出严格的规范，但不等于研究生的课程可以随意讲，讲多少算多少。为了解决这个问题，可以从教材上着手和规范，例如，对必修课和学位课应在一定时期内要求形成讲义或出版的教材，对选修课要求有较详细的讲授提纲，对专题讲座则不必有这些要求。只要教师在教材上下了功夫，教学质量就会有一定的保证，这样也就会在课程教学方面保证培养方案的落实。

## 二、研究生教学用书在教学实践中的积极作用

本学位点的草地农业生态学和草原类型学在多次教学的基础上，分别在1984年和1990年有了油印讲义，后来又分别在1995年和1997年由中国农业出版社出版。有了正式出版的教材后，在长期的教学实践中，感到教材在课程教学中有下列的一些积极作用。

（一）研究生借助教材可以了解本课程整体轮廓，使学习的知识完整化、系统化

草地农业生态学和草原分类学概论都是理论性较强的课程，涵盖的内容较多。教材集中、浓缩了课程的基本内容，学生拿到教材后，就可以了解本课程的基本轮廓和内容，因而教师可以在有限的课时内有选择的重点，深入讲授的自由度变大，配合以较大范围的自学，就能使学生的知识学习在深入化的同时又能达到完整化和系统化，不必担心讲不完或讲不系统。例如，草地农业生态

学共10章，讲授的内容只有全书的1/3，而学生对课程的其他内容的系统学习和轮廓的了解都通过对教材的自学、阅读来获得。

（二）教师通过教材可以充分阐述对一些问题的认识和观点，有助于启发研究生独立思考

在教材中充分吸纳教师的最新研究成果，阐述对一些问题的独特认识和观点，这是可以容许的，也是研究生教材和本专科教材不同之处。例如在《草地农业生态学》中，有1/3以上的内容是作者的研究成果，具有独特的见解，使教材在思想性、学术性、创新性和实用价值等方面，都达到了90年代的科学水平。《草原分类学概论》用了1/3的篇幅介绍了作者对草原类型和草原分类的认识，以及对草原综合顺序分类法的研究成果，此外还全面、系统地介绍了全世界草原分类各学派的不同学术观点，在有些问题上给予了一定的评价和解说，这样使研究生能在较大的知识视野内，在开放和比较的条件下，独立学习、研究和发展草原分类学。这种在叙述上起伏较大的教材，在形式和内容上对研究生的独立思考和创造性的培养有积极意义。

（三）教材有助于研究生开展专题讨论和提高自主学习的效果

专题讨论或研究生班讨论是硕士研究生的一种有效学习方法。专题讨论的目的在于通过研究生的交流、讨论使对认识某一问题的广度和深度得到进一步的提高。为了使专题讨论获得好的效果，一方面要求研究生围绕主题进行交流，不要离题太远，抓不住要领；另一方面要求他们能大量阅读参考资料，其中包括一些经典著作。一本好的研究生教材应能在这方面给予他们帮助，教材中引用的资料越多，引述或阐明的经典著作的基本理论越多，越能给他们提供更多的搜索科技资料的初始点，越能解决难以找到经典著作原本的困难，也就越能使研究生在自学的过程中，达到自我选择、自我识别、自我评价和自我提高的效果。

## 参考文献

[1] 李其生．读研究生培养之管理（三）——关于构建面向21世纪的先进课程体系［M］．学位与研究生教育，1998（4）：43—46.

[2] 谢桂华．中国学位与研究生教育制度的发展与特色［J］．学位与研究生教育，1998（3）：1—3.

［3］许卉艳，王红梅．非英语专业硕士研究生英语学位课当进行全国统一考试［J］．学位与研究生教育，1998（5）：67—68.

［4］张元修．建设适应跨世纪发展的研究生教育——纪念恢复研究生教育20周年［J］．学位与研究生教育，1998（5）：16—19.

# 草业科学研究生教育可持续发展的道路*

回顾了我国草业科学研究生教育发展的历史。引述了国家对发展专业学位研究生的定位及高度重视。草业科学专业学位研究生当前起步较晚，并且发展较缓慢，主要是在认识不足和政策不落实。学术性研究生和专业学位研究生培养质量不高，专业学位研究生发展缓慢是影响草业科学研究生教育可持续发展的两个重要问题，为此，作者针对性地提出了改进意见和措施。

草业科学是大农学的重要组成部分之一。草业科学是由传统的草原学（也称草原管理学或草地经营学）和牧草学发展而成的综合科学，它的研究对象包含了前植物生产层（环境生产层）、植物生产层、动物生产层、后生物生产层（工贸生产层）四个生产层。草业科学的研究生教育已有半个多世纪，2000 年以来发展迅速，已为国家培养了数百名高层次人才，他们在草业生产、教育、科研和管理等部门做出了很大的成绩。与此同时，草业科学研究生的培养也存在与当前社会发展不相适应的系列问题，本文主要就积极促进草业科学专业学位研究生教育和优化培养条件，进一步提高学术性学位研究生培养质量的问题提出自己的认识。

## 一、我国草业科学研究生教育简史

（一）王栋教授是我国草业科学研究生教育的一代宗师[1,2]

王栋教授 1951 年开始招收牧草学研究生，开创了我国草业科学研究生教育

---

* 作者胡自治。发表于《草原与草坪》，2007（2）：6—11.
本文 2006 年 10 月在南京农业大学召开的“第三届全国畜牧学科高峰论坛”上宣读过。

的先河。随后，他陆续出版了《牧草学通论》（1952）、《草原管理学》（1955）、《牧草学各论》（1956）三本研究生教材，奠定了我国草业科学研究生教学的教材基础。

（二）“文革”前研究生培养情况[2]

1951 年南京大学农学院（现南京农业大学，王栋）最早招收草业科学研究生。随后，1953 年华中农学院（现华中农业大学，叶培中）、西北畜牧兽医学院（现甘肃农业大学，卢得仁、任继周）、广西农学院（现广西大学，孙仲逸），1959 年北京农业大学（现中国农业大学，贾慎修），1960 年河北农学院（现河北农业大学，孙醒东教授）等校也开始培养草业科学研究生。“文革”前没有统一的培养制度，也没有实行学位制度，毕业的研究生不授学位，培养的层次相当于硕士研究生。

我国在“文革”前共毕业了牧草学、草原学研究生 26 名。

（三）“文革”后草业科学研究生教育发展情况

1981 年我国建立了与国际接轨的学位制度，与其他专业一样，草业科学研究生教育获得了巨大发展。

1981 年国务院学位委员会批准甘肃农业大学、内蒙古农牧学院（现内蒙古农业大学）和中国农业大学在第一批建立草原科学（1987 年草原科学改称草业科学）硕士点。1984 年甘肃农业大学获准在第四批建立草原科学博士点。

2006 年 10 月，我国有硕士点 19 个，博士点 10 个，博士后流动站 8 个；在校硕士研究生约 650 名，博士研究生约 200 名。

## 二、两种类型的研究生培养

（一）学术性学位研究生

这是传统的培养类型，目前各培养单位培养的研究生大多属于这一类型，数量发展很快。培养的特点以基础科学理论研究为主，培养目的是高层次的科教人才，服务对象主要为研究院所和高等学校。

（二）专业学位研究生

1991 年我国开始引入试办。最早的专业是工商管理硕士。培养的特点是以工程技术研究为主，培养目的是高层次的应用型人才，服务对象为工程技术和生产单位。

发达国家十分重视专业学位研究生教育。美国当前专业学位获得者占全部硕士学位人数的55%。著名大学都重视专业学位教育。工商管理硕士是哈佛大学的品牌学位，公共管理硕士是肯尼迪学院的品牌学位。

农业推广专业硕士草业领域1999年开始试办，2006年批准16个草业科学硕士点有授予权，但目前发展较缓慢。

草业科学是应用性学科，草业生产实践需要大量的应用型高层次人才。培养资源丰富，大量的草业工程技术人员，有提高层次的要求，希望也有学位。

（三）国家要求更加重视专业学位研究生的培养

国务委员陈至立在第22次国务院学位委员会上指出：努力构建符合社会需求的，结构合理的研究生教育体系[3]。教育部副部长、国务院学位委员会副主任吴启迪2006年3月22日在"全国专业学位教育指导委员会"上，发表了"抓住机遇，深化改革，提高质量，积极促进专业学位教育较快发展"的讲话，要求积极发展专业学位教育[4]。

## 三、影响草业科学研究生教育可持续发展的两个主要问题

（一）学术性和专业学位两类研究生的培养比例失调

长期以来，我国草业科学培养的基本上是为科教服务的全日制学术性学位研究生，数量已颇具规模。

为生产实践和工程技术服务的非全日制草业科学专业学位研究生教育1999年起步，2005年以前只有个别单位培养，2006年培养单位数量扩展较大，全国已有16个农业推广草业领域专业硕士学位授权点。但整体上发展缓慢，培养的数量相对很少。例如，目前学术性硕士研究生与专业学位研究生两者的比例约为5∶1。

草业科学学术性研究生招生量占本科毕业生数不足15%，理论上有85%的学士学位获得者在不同的岗位工作，可以不脱岗报考专业学位研究生，因而生源较丰富。

当前，虽然国家鼓励报考专业学位研究生，并规定了同等对待获得学位的两类研究生的政策，但实际上许多地方并未很好执行，由于政策没有很好落实，报考专业学位研究生的考生逐渐减少。为什么一些地方没有很好地落实这项政策呢？据调查其说法有："专业学位研究生只有学位证，但没有学历和毕业证"；

"在校学习时间很短，没有什么提高"；有的甚至说"是用钱买的学位"等。

在个人方面，一些人觉得获得专业学位的研究生在职称、工资、晋升等方面得不到应有的待遇，就认为读不读都一样，报考的积极性不高，人数逐渐减少。

全日制学术性学位研究生和非全日制专业学位研究生的培养比例失调，在职人员报考专业学位的积极性不高，这就影响了草业科学硕士研究生培养工作的两条腿走路的发展的道路。

（二）两类研究生的培养质量有待提高

专业型学位研究生培养质量不高的集中表现是生源和用人单位对培养有怀疑和不够重视。

学术性学位研究生培养质量不高的表现有：①博士研究生学位论文的创新能力不足，没有产生优秀博士论文。②没有教育部批准出版的研究生教材（与草业科学不是一级学科有关）。③硕士研究生的学位论文写作粗糙，存在问题较多。

## 四、加宽培养领域，积极促进专业学位研究生教育

（一）从政策上明确专业学位研究生教育的地位

从政策上明确学术性学位研究生和专业学位研究生教育和培养工作的同等重要和不可替代性，逐渐使两者的培养比例达到1:1。

从政策上明确专业硕士学位证与学术性硕士学位证在学历、晋升职称和工资待遇等方面的同等价值，提高报考的积极性。

（二）切实提高专业学位研究生的培养质量

1. 研究专业学位研究生教学和培养的规律

专业学位研究生的培养模式在诸多方面与学术性研究生有很大的不同[5]。因此在培养目标、课程设置、指导方法和学位论文的平均标准等方面有所不同。总的来说，培养专业学位研究生以研究问题、研究方法、研究实际、研究操作为目标，以培养具有思维和知识应用能力的人才为目的，在教师资格、教学方法、教材、案例、教学手段、学习方法、知识与能力要求、学位论文等方面有特殊规律和要求，应当给予重视和研究。

2. 建立教学质量标准和保证体系

教育主管部门与学校要和草业行业部门协商制定培养质量标准，监督、评估条例，共同发挥指导作用。

3. 克服一些错误倾向

思想上要克服轻视专业学位教育，不将其作为研究生教育主体的一部分去办的认识。管理上要克服将专业学位研究生教育作为创收手段，只重视经济效益，不重视社会效益。教学上要克服将专业学位研究生教学工作作为培训班运作，没有完整的教学计划，不能按照专业学位研究生培养的目标、特点和要求安排课程和进行教学，在校教学时间安排过短，理论教学与实践教学脱节和不配套等。

## 五、优化培养条件，进一步提高学术性学位研究生质量

(一) 加强学位论文的创新性或原创性

学位论文的创新性或原创性是指：发现了重要的新信息；完成了一种新的综合；发展了新理论或新方法；把已有的方法应用于新的研究材料之中。为此要针对性地避免几个简单：①简单移植——只对他人方法的应用和重复；②简单揭示表面现象——没有深入研究事物发生、发展的内在联系；③简单延伸——只是进一步证实了他人的工作；④简单推理——只是采用一定的试验证实已知的结论。

(二) 加强研究生科研素质培养

研究生科研素质的培养是全方位的，应当包括下列 4 个方面素质的培养和要求。

科研道德：尊重科学，试验和测试数据不能篡改。尊重前人的劳动成果，参考、引用他人论著必须在参考文献中列出，坚决杜绝抄袭。

科研热情：科研热情是搞好科研工作的原动力，是探求科学真理的激情和良好的科研习惯，是创新的主观条件。要培养研究生为民族、为国家、为人类而献身科学研究工作的激情和精神。

创新意识：要培养研究生在科研工作上力争上游的精神，要具有敢于国际领先、国内领先、行业领先的胆量、勇气和洞察力。创新意识要在开题报告中充分体现和崭露锋芒，以便获得指导导师、同学和其他人的指点和帮助。

科研能力：主要通过导师指点、读书报告会、课堂讨论、现场实践等方式得到综合提高。

（三）提升导师的指导功能

研究生培养的质量与导师的指导具有最直接的关系，“名师出高徒”的俗语道出了导师的功能。提升导师的指导功能，一方面要求导师具有指导研究生的高度责任心，另一方面也要求导师不断提高自身的科学和实践水平。具体说来，提升指导功能主要是要求导师在下列 3 个方面进行不断的努力。

指导教师要积极主动地将自己从教师的角色变为导师的角色。导师的主要任务是导，包括了引导、指导、辅导等意义，这样才能强化指导教师的引领和帮助作用。

导师要具有战略眼光，高瞻远瞩，及时了解学科前缘，能为研究生把握正确方向，研究前缘的问题，使研究生的学位论文具有更高的科学水平。

导师要有很强的创新意识，这一点并不一定要求导师自己要在科研上做出创新的成绩，而是能给研究生在科研上提出新颖的问题和更高的目标，以便获得更好的成绩，就像体育教练员一样，自己可以因种种原因做不到，但应想得到，使运动员做到。

（四）建立研究生创新项目基金，优化研究生的科学研究条件

研究生经费不足，是当前研究生培养中的一个普遍问题，严重影响着导师的积极性和研究生培养质量的提高。建议学校及其主管部门要为研究生特别是博士生设立创新项目基金，为有特别创意的研究生创造研究条件，发挥研究生的积极性和自主性。

## 参考文献

[1] 任继周．继往开来，发展我国草业科学——纪念我国草业科学奠基人王栋先生［J］．草原与草坪，2002（4）：51.

[2] 胡自治．中国高等草业教育的历史、现状与发展［J］．草原与草坪，2002（4）：57—61.

[3] 陈至立．在国务院学位委员会第二十二次会议上的讲话［J］．学位与研究生教育，2006（3）：1—5.

[4] 吴启迪．抓住机遇，深化改革，提高质量，积极促进专业学位教育较快发展［J］．学位与研究生教育，2006（5）：1—4.

[5] 胡玲琳．学术性学位与专业学位研究生培养模式的特性比较［J］．学位与研究生教育，2006（4）：22—26.

# 草业科学学术论文和学位论文的写作格式和方法*

草业科学的研究工作从性质和方法上说可以分为试验研究、调查研究、理论研究三大类型。不论何种类型的研究，在工作完成之后都要以学术论文的形式进行总结，不属于保密范围的内容要尽快发表，以便尽快转化，服务社会，同时也可获得各方面的反映，进一步改进研究工作。论文是整体研究工作不可缺少的一部分，是具体研究成果的载体，是最普遍的表达与交流方式。因此，写出高质量的草业科学论文与做出高质量的研究同等重要，要给予同样的重视。

怎样写好论文？它的写作格式是什么？这是初次从事草业科学研究工作的人必然碰到的一个问题。

为了写好学术论文和学位论文，著名学者王德胜总结并提出了写好学位论文的“四句诗”：“科研论著寻选题，窄小精深新特奇，信达雅畅齐清定，文章传道解惑迷”。[2] 诗的第一、第二句说的是选题，第三句是讲对学位论文写作的要求，第四句是讲学位论文的宗旨。

关于写作的结构与格式，通过长期的演变与筛选，当前全世界已经形成了学术论文和学位论文写作的基本格式与基本要求。为此，本文主要以农业科学范畴的学术论文和学位论文，特别是试验研究论文为对象，对写作规范和应注意的问题做全面的介绍。

## 一、论文的组成和结构

论文的组成就是论文的基本要素，它可以分为正文和辅文两大部分。正文

* 作者胡自治。本文为笔者2005年任甘肃农业大学学位与研究生督导委员会主任时向学校所写的工作总结之一。

是论文的基础和主体，包括材料与方法、结果和讨论、结论三大部分。辅文是论文的附加部分，包括题目、摘要（中、英文）、关键词（中、英文）、作者简介、引言、参考文献、附录、致谢、后记等；辅文能使论文更为完整，帮助读者更全面、更深入地了解和理解论文的内容，虽不是主体部分，但却不能完全没有。

论文的结构就是论文要素的科学排列，形成合理的结构，展现出强大的逻辑力量，以使论文做到提出问题、分析问题和解决问题的目的，把文章的中心思想印烙在读者的脑海中。学术论文和学位论文的基本结构是由头（题目、引言、文献综述等）、材料和方法、结果和讨论、结论、尾（参考文献、附录、致谢、后记等）5 部分构成的 2 +3 模式，2 是头和尾，3 是体现写作论文要提出问题、分析问题和解决问题的基本目的。

根据上述对组成和结构的说明，一篇学术论文典型的组成要素和结构是：题目（中、英文）、作者（姓名、所属单位和地址）、摘要（中、英文）、关键词（中、英文）、第一作者简介（也可再注明通讯作者姓名）、基金项目及编号、引言、材料和方法、结果和讨论、结论、参考文献、致谢等部分。

硕士和博士学位论文由于内容较多，有时候不便用这种结构时（主要是文献综述很大和研究内容较多），可以分章写。分章的写法实质上是对上述结构的分解，每一部分成为一章甚至几章，例如，引言分解为引言和文献回顾，结果和讨论需要分为两章或更多。在这种情况下，基本的结构就变成摘要、引言、文献回顾、材料和方法、具体试验 1、具体试验 2、具体试验 3 等，总的结论、参考文献等。对于具体的试验 1、2、3 等，仍然可以用引言、材料和方法，结果和讨论，结论的结构。

## 二、论文各要素的主要内容及要求

### （一）题目

#### 1. 题目的重要性和立题的要领

题目是论文重要内容恰当而又简明的概括，通过题目要使读者对论文的研究性质、内容、重点、起点和重要性都有所了解。题目是论文的旗帜，要确切、新颖和引人注目，通过题目能知道论述的是什么问题。学术论文和学位论文的题目要新、精、深，要实事求是，避免泛、广、空；要“小题大做”，忌“大题小作”。

2. 题目的形式和大小

学术期刊论文的题目要言简意赅，简明扼要，中文题目的字数最好不要超过25个汉字。使用单一题目，不用复合题目或副题；如为系列论文，可以在总的题目之下，用带序号的不同题目的子论文连续刊出。举例如下。

胡自治. 草原的生态系统服务：Ⅰ、生态系统服务概述［J］. 草原与草坪，2004（4）：3—6.

胡自治. 草原的生态系统服务：Ⅱ、草原生态系统服务的项目［J］. 草原与草坪，2005（1）：3—10.

3. 题目中研究对象的限定

题目要实事求是，要确切。在确定题目时需要特别注意到，论文研究的对象是题目不可缺省的要素，它不是独立的或普遍的，因而需要用一些词语加以限定和说明使题目既全面，又准确[1]。对研究对象的限定，一般可以使用下列几种方式。

（1）状态限定

研究对象往往可以在多种状态下存在，并且在不同的状态下具有不同的性状，科学依据需要对多种状态下的研究对象的属性进行研究和比较，以确定它们之间的差异和相关性。例如，牧草和草地有不同的生长发育阶段，对不同阶段牧草和草地所具有的特殊性状研究和比较，是经常要做的重要研究工作，在这种情况下，就要对题目进行状态限定，使读者更为准确地理解和使用研究工作的成果和结论。例如，下面两例中的“初建”和“不同扰动生境”就是对状态的限定，对研究结果的理解应限于“初建”和“不同扰动生境”的状态，否则就会产生错误。举例如下。

姚拓，胡自治，徐长林. 高寒牧区初建多年生禾草人工草地杂草群落特性的研究［J］. 草原与草坪，2000（2）：18—21.

马丽萍，张德罡，姚拓. 高寒草地不同扰动生境纤维素分解菌数量动态研究［J］. 草原与草坪，2005（1）：29—33.

（2）时间限定

我们研究的草、草地和草坪等对象都是具有时间属性的事物，往往需要采用一些表示时间的词语对其进行限定，如果缺省，则会使题目过大或题目表述不准确。例如，下列两例中，例1限定的是乌珠穆沁草原从过去到现在很长时段的“今昔”历史，而不是过去或当前某一段的历史；例 2 限定了研究的是草坪“夏季”而非其他时期的施肥，因而使题目的大小恰当，内涵准确。举例如下。

景爱．内蒙古乌珠穆沁草原的今昔［J］．草原与草坪，2004（3）：3—5.

白淑媛，李鸿祥，李少臣．草地早熟禾草坪的夏季施肥［J］．草原与草坪，2001（2）：43—45.

（3）空间限定

地球各地由于其地理坐标和海拔高度的不同，水热和其他生态、经济条件差异很大，当研究的为区域性的草地、牧草或其他对象时，在题目中表明其具体所在，给予空间限定，对正确理解研究结果和推广研究成果具有十分重要的意义。例如，下列两例中“香港”和“盐渍地区”限定了研究对象的适用空间，避免了题目过大和题目的确限性。举例如下。

胡玉佳，管东生．香港草地群落类型及生物量的研究［J］．草原与草坪，2000（1）：19—22.

王高琦，张秀云，张惠农，等．盐渍地区草坪草品种及其混播组合筛选的研究［J］．草原与草坪，2002（2）：39—43.

（4）数量限定

当研究对象可计量或能计数时，为了表明研究对象的范围和大小，需要添加表示数量的量词，对研究对象加以限定。研究对象的数量限定一般不能缺省，否则会造成题目过大，影响研究的精度和结论的可信度。例如：下列两例中的“四种”和“十四种”就是数量限定，使题目的研究对象数量内涵十分明确，也比“几种”和“多种”的模糊限定更为科学。举例如下。

周兴元，曹福亮，陈国庆．四种暖季型草坪草几种生理指标与抗旱性的相关研究［J］．草原与草坪，2003（4）：29—32.

戚志强，胡跃高，曾昭海，等．十四种化学除草剂对沧州地区苜蓿地杂草防效试验［J］．草原与草坪，2005（6）：41—44.

（5）条件限定

许多论文的研究是在特定条件下完成的，离开了特定的条件，研究的事物就可能产生另外的过程和结果，这样就会产生在特定条件下获得的正确结论，在另外的条件下就可能是谬误结论，因此，对这种特定条件应该加以限定，使题目具有最大的确限性是十分必要的。举例如下。

王静，魏小红，龙瑞军．单宁酸溶液对低温胁迫下紫花苜蓿膜透性的影响［J］．草原与草坪，2005（2）：43—45.

韩德梁，王彦荣，余玲，等．离体干旱胁迫下三种紫花苜蓿相关生理指标的测定［J］．草原与草坪，2005（2）：38—42.

（6）多种条件并列限定

有些时候情况复杂，作为研究的对象可能既具空间的属性，又具时间的属性；既有数量特征，又有质量特征；既有多种状态，又存在多种可适用的条件。为了全面确定研究对象的状态，就要对其具有的多种状态进行并列的限定。举例如下。

卢辉，张泽华，龙瑞军．蝗虫重度干扰下草地恢复演替过程中生物群落的变化［J］．草原与草坪，2005（3）：59—60.

刘迎春，李有福，来德珍，等．青藏高原人工草地暖季不同放牧方式对牦牛增重的影响［J］．草原与草坪，2005（1）：53—57.

多种条件并列限定只能列出必不可缺的限定，不要过多限定，否则使题目啰唆，烦冗。

此外，为了让读者了解论文研究的立项背景，要在第1页的脚注处注明基金项目或资助项目及其编号，没有基金项目的可以不注。

（二）作者

题目之下要列出作者的姓名和所在单位名称、地址和邮政编码。作者可以是一人至多人（英国 Nature 杂志曾有一篇论文列出了13位作者），排名顺序一般体现了工作多少和贡献大小，如果课题主持人或本文负责人不排在第一位，则可作为通讯作者用＊注明，以示对论文负责。

为了使读者了解作者的概况，论文还要提供第一作者的简历，内容包括姓名（出生年月—）、性别、籍贯（某省区市某县市人）、学位、职称、社会兼职、从事科研教学和生产管理工作的经历及成绩等，文字应在20字左右。作者简介也放在第1页的脚注。

（三）摘要

摘要是对论文的缩写，目的是全面、扼要地反映论文全貌。我国一般规定摘要为300—500字，有的权威学报要求800—1000字，学位论文可以是1000—2000字。摘要的篇幅虽小，但它是论文的缩影，通过它可以展现论文的全部内容概要，引起读者对全文的阅读兴趣，为文献数据库和检索类刊物提供文本。

例如，读者可以快速地从摘要中发现具有创意的研究目的，使用的新的材料、新的或创新的试验方法，创新的试验结果，特殊的现象与过程，重要的参数和数据，新颖的观点与论点，新的科学规律，独创的产品、模型、公式等；文献数据库和检索类刊物的工作人员，可以通过摘要确认论文的水平和价值，确定是否在引文索引或引文数据库收录，以扩大论文的影响。

摘要是全文的缩写，因此，摘要一般应包括论文的引言、材料和方法、结果和讨论以及结论等四部分，也可以只是其中的两三部分，但不能仅仅只是结论。

根据上述，摘要和结论是有明显区别的，功能不能混同，但是还有不少作者对两者的区别不太清楚，视结论为摘要，简单地把结论充作摘要。

英文摘要应按照中文摘要的基本内容译出。

（四）关键词

关键词是统领一篇论文要点的几个词语，一般规定为3—8个，其目的主要是为文献数据库和检索类刊物的工作人员作检索索引使用。通过关键词可以使检索者在文献数据库和检索类刊物中快速、方便地查到本篇论文，并能从中获得与关键词有密切关系的重要科学信息。为此，在选定关键词时要注意关键词的重要性、准确性和特殊性，以便引起检索者的注意。特殊的试验地点、材料、方法、物种、名词等都是选定关键词时优先考虑的对象。

关键词和摘要一样要中、英文对照列出。

（五）引言

引言位于论文正文的开头，起开宗明义的作用。学术论文的精髓是新，因此，引言的目的是体现本文的科学性、继承性和创新性。引言的内容主要包括研究的目的、研究的理论基础以及有关研究领域里国内外学者对这一科学领域的研究历史和现状。作者在引言中提出自己的研究题目，通过文献回顾，对他人所做的与此有关的研究成果进行系统介绍，并进一步分析和指明前人在相关问题的研究中取得的重要成果和存在的不足或问题，这就成为作者进行该项研究的目的、依据和起点。引言写得如何能反映出作者的知识面和对该领域知识掌握的深度和广度，并能提示或暗示作者所取得的成果可能具有的学术价值和创新性。

（六）文献回顾

科学论文的文献回顾是引言的一部分，要求简短扼要。学位论文尤其是博士学位论文由于篇幅较大，允许较详细地评述，文献回顾可作为独立的一章撰写。

文献回顾中的文献一般应是与论文所研究的问题密切相关的重要文献。在撰写时应对文献阅读、消化后，按照自己所研究的问题的需要，顺序地、系统地、扼要地进行介绍。回顾不只是客观地介绍，也要进行评论，重点指明前人在这方面取得了哪些重要成果，还存在哪些不足、问题甚至错误，这些不足、问题和错误就是作者为什么要提出论文研究主题的科学依据。

文献回顾可以只对文献资料进行客观的叙述，也可以在叙述的基础上进行评论，评论较多的文献回顾也称为文献述评，其科学价值高于综述。文献回顾是新的提法，包括了综述和述评。

读者通过文献回顾可以获得与该论文研究主题有关的较全面、系统的信息；通过与前人研究成果的比较，还可以对该论文的创新性或学术价值做出相应的评价。科学知识的继承性和创新性在引言或文献回顾中都能得到体现，因此，论文的作者应高度重视引言或文献回顾。

（七）材料和方法

材料和方法是说明论文的科学试验（或实验）是用什么具体材料和用什么具体方法做的。材料和方法除了让读者和评阅者了解试验是怎样做的外，另外，还要让读者能根据作者提供的材料和方法重复和验证这个试验的可靠性和真实性，以及移植和扩大这个试验方法的应用范围等重要意义，因此，其正面或负面的影响和后果都很大，需要认真对待。

利用了好材料和先进方法，并且叙述得清楚，能显著提高论文科学性和价值。例如，在空白的地理区域，用别人没有研究过的物种做自己的试验材料，用自己创新的试验方法和最先进的仪器设备进行研究等，都可在相同的研究水平上，显著地提高自己论文的科学价值和水平。

材料和方法的写作还有一点很重要，即在这一节要顺序地提出研究的各试验项目和设计，前后和因果关系不能有误，为结果和讨论搭好框架。

（八）结果和讨论

结果与讨论也可写成结果与分析，它是论文的主体和核心。

结果就是对自己在材料和方法中设计的试验项目所得到的试验数据、图像和模型等，经过归纳、综合与统计后，逐一用文字、表、图等形式展示出来，它们是作者的第一手科学资料。论文的结果能用表表示时尽量用表，因为表可以为读者提供准确的数据。图主要用于比较结果的趋势、变化和过程的模拟和预测，在说明复杂的问题和过程时，图比表更为有用。模型是对结果的高度抽象，提供的信息量更大，表达的是科学规律性。

讨论是对结果的加工，一般有三个层次的加工内容。首先是“就事论事”，就自己试验所获的结果做进一步的扩展和推理性的说明。其次是就自己的试验结果与前人相似或近似的工作进行比较和分析，如果得出与前人相近或相似结果，则要重点讨论存在哪些细微的差异，自己的试验有什么新的进展；如果得出不同或相反结果，则要深入地分析和探究原因，并做出合乎逻辑的解释或说明。最后，在前两个层次的讨论基础上，对讨论的认识和观点进行概括，为提出结论打好基础。讨论时要用商榷的语气，进行结论的孕育，但并不在这里直接写出结论，结论“分娩”的地方是在后面的结论一节。

有的作者在写论文时既有结果和分析一节，又有讨论一节，以便对一些问题进行重点讨论，这样做不是不可以，但这样进行隔山讨论，由于和所讨论的问题与结果隔了一节，读者往往记不得或不知道讨论问题的试验结果是什么，往往有不知所云和脱节之感。因此，结果和讨论最好放在一起，以便趁热打铁，紧密联系。

（九）结论

结论是作者对试验结果进行了充分加工（即讨论）之后，概括出来的最有价值的科学规律，是论文的总结和精华，论文的科学性、创新性主要在这里体现。结论是本研究获得的科学规律，因此要抽象、上升到理论的高度。结论的语言要十分精炼；条数不要过多，一篇论文以3—5条为宜，不必要对每一个试验都抽象出一条结论，尤其是对一般性的试验，以免出现木桶定律的效应。学位论文由于试验多，可能抽象出更多的结论。

有些论文不提供结论，也就是论文结束于结果与讨论，这种做法也是允许的，在试验没有获得或论文不能提供确切的结论时，可以采用这种方式。但是这种写法往往给人以文章没有完和戛然而止的感觉。重要的论文，篇幅较大的论文，一定要提出结论。

（十）参考文献

参考文献是指学术论文和学位论文中在引言、文献回顾、结果与讨论等部分引用的平面或电子媒体的期刊论文、图书资料和图片等。参考文献记录了科学的渊源，体现了科学研究的进程，是反映作者科研创新性的基础和背景，因此，在论文中列出参考文献是必不可少的。参考文献引用与否和多少，反映了作者的论文的起点、深度以及科学态度，因此，参考文献的质量与数量，也是评价论文质量和水平的重要指标。

参考文献的引用要注意以下几点。

引用文献的准确性。为了帮助读者更好地理解论文的内容，列入参考文献应是与研究主题高度相关的那些论文和论著，因而不是要罗列所有阅读过的文章和书籍，与论文主题关系不大的文献不必列入。

转引文献要慎重。这是在引用他人的研究成果时，没有查找和阅读原文，而是照抄他人论文中的引文，即间接引用，这样往往会造成以讹传讹的错误。引用权威论著一定要对照原文，准确引用，如果一定要采用转引的形式，则应在文中或脚注注明出处。

文献的数量要适宜。由于不同研究领域的历史和发表的文献数量的不同，因此不应对引用的参考文献数量做硬性的规定，但应鼓励作者根据需要列出引用文献。一般的学术论文应在 15 篇左右，学位论文应在 100 篇左右。

注意引用最新文献。一篇论文是否位于本学科研究的前缘，在论文中的直接表现之一就是是否和近两年的最新文献有直接联系，因此，参考文献应以近两年的最新文献为主，文献最新文献是必须注意的问题之一。引用文献也要注意早期的重要文献，以免给读者造成早期无人涉猎本研究领域的感觉。

参考文献要完整著录。列入的参考文献要完整地著录各项内容，论文包括：著者、文章名、杂志名、发表年、卷、期、起止页等；专著包括：著者、著作名、版次（第一版不写）、出版地、出版者、出版年、起止页等；专著中析出的文献包括：著者、题名、见：原文献责任者、著作名、版次（第一版不写）、出版地、出版者、出版年、起止页等。

期刊论文的参考文献目录一般采用引用顺序编码制著录，在正文引用处按出现的先后顺序，用带方括号的阿拉伯数字上角标连续排序；学位论文参考文献较多，为了查询方便，可先按中外文种顺序，再按汉语拼音和字母顺序编码制著录，正文引用处的上角标按参考文献的编码列出。未经公开发表的文献和资料不能列入参考文献，重要的可作脚注列出。

## 三、论文的写作应注意的一些技术性问题

（一）章条序码

论文正文的章条序码即层次标题序号有两种形式。

一种是阶梯式阿拉伯数字序码，这是全世界通用也是当前我国采用的国际标准规定的，自然科学的学术论文和学位论文多采用这种形式。采用这种章条序码时应注意下列几点。①章条序码的使用一般不超过4级，章条层次各级序码之间加圆点，末位一级不加圆点，例如，第一级1、2、3……第二级1.1、1.2、1.3……第三级1.1.1、1.1.2、1.1.3……第四级1.1.1.1、1.1.1.2、1.1.1.3……。阿拉伯数字之间用小圆点隔开，末位数后不加小圆点或逗号。②各级序码均左顶格排列，前面不要留空格。③序码后空1格接写本级序码的标题，注意序码和标题应配套出现，如果没有标题，就不要列出序码。④引言前不加序码。⑤超过第四级序码或自然段内还需要使用序码时，可使用其他数字序号，例⑴，⑵，⑶……或①、②、③……。学位论文由于内容较多，也可在分章的条件下使用阶梯式阿拉伯数字序码。

社会科学的学术论文和学位论文多采用一、（一）、1、（1）四级式序码，使用这种形式章条序码一般不超过4级，超过第四级序码或自然段内还需要使用序码时，可使用其他数字序号，例①，②，③……等。

阶梯式阿拉伯数字序码的好处是全文的序码不重复，而四级式序码会有重复。

（二）计量单位

文中一律使用中华人民共和国法定计量单位，并以符号表示，已废弃的非法定单位不要使用（引用的文献可以保留）。

（三）生物名称

文中的生物名称在第一次出现时应注明拉丁文学名，属、种、变种名用斜体，科、定名人、品种名等用正体。非分类学的论文，生物名称后可不加定名人。

## 参考文献

[1] 陈道斌，吴红光．科技论文题名的对象限定方式论析［J］．编辑学报，2004，16（1）：24—25.

[2] 王德胜．浅谈学位论文的撰写［J］．学位与研究生教育，2005（11）：1—4.

# 加强草原法制教育，实现人与草原和谐发展*

草原是我国面积最大的生物—土地资源，草原和草业的可持续发展是我国建设小康社会的必不可少的和十分重要的条件和前提之一。

为了达到此目的，针对我国草原资源和生态环境的实际，加强草原环境伦理教育和法制教育，实现人与草原和谐，是培养全面发展的草业人才的全国各院校草业科学专业的重要任务。为此，本人想以“加强草原法制教育，实现人与草原和谐发展”为题，畅谈对这一问题的认识。

## 一、生态文明与环境伦理

（一）生态文明的概念及其意义

生态文明，是指人类遵循人、自然、社会和谐发展这一客观规律而取得的物质与精神成果的整体；也就是人与自然、人与人、人与社会和谐共生、良性循环、全面发展、持续繁荣为基本宗旨的文化伦理形态。

生态文明认为，社会发展到当前的时代，在地球上，不仅人是主体，自然也是主体；不仅人有主动性，自然也有主动性；不仅人依靠自然，所有生命都依靠自然。因而人类要尊重生命和自然界，人与其他生命共享一个世界。

生态文明的重要性在于它为中国未来发展提供了最佳的发展选择和道路。它为我们创造了文明的理念——尊重自然，谋求和谐，营造健康的精神世界。它为我们指明了文明的方式——坚持以人为本和科学发展观，依据资源环境承载力确定生产方式和生产规模，追求社会、经济和环境的全面发展。它为我们

* 作者胡自治。本文为2008年10月在农业部草原监理中心于云南农业大学召开的“高校草业科学专业草原法制教育讨论会”上的专题发言。

提供了文明的手段：坚持走科技含量高，资源消耗低，经济效益好，环境污染少，人为资源优势充分发展的生产方式。

（二）生态文明是环境伦理教育的基础

伦理是人与人的道德关系。为了人类的生存和持续繁荣，确定和实现正确的人际伦理关系是必需的。传统的伦理学教育就是人与人之间的伦理教育。

环境伦理是人对于自然界中万物生灵的态度和人与自然界的道德关系。它的道德基础就是生态文明。

当前世界在发展中产生的威胁人类生存和繁荣的生态环境问题、资源问题等，都需要人们具有尊重生命和尊重自然的道德伦理，那就是环境伦理。

生态环境保护工作离不开人们的意识、政府的法律支持和民间组织的参与。人们的生态文明和环境伦理意识就是一个国家环境保护的思想基础。法律反映了国家的思想观念，而民间组织的环境伦理观念和活动是一个国家在生态文明和环境保护实践的先进榜样。

（三）我国古代的生态环境伦理观

我国古代典籍有许多环境伦理的记载，道、儒、法诸家对此都有不同的表述。

《周书》：“春三月，山林不登斧，以成草木之长。”

儒家主张“天人合一”，即人与自然界的统一。

《老子》：“人法地，地法天，天法道，道法自然。”著名思想史学家侯外庐对此解释说：“所谓天、地、人、自然诸观念虽然蒙混，但是人的社会秩序适应物的自然秩序，这种关系却表示得十分明白。”

《庄子》：“天地与我并生，而万物与我同一。”表述了老庄哲学对人类和自然之间的平等和同一关系的理解。

《朱熹集》：“天人合一。”人与自然和谐统一，并把追求人和自然的和谐统一作为人的最高目标。

中国优秀的传统环境伦理思想使世界钦佩，例如，1988 年 75 位诺贝尔奖得主集会巴黎，会后得出了这样的结论：“如果人类要在 21 世纪生存下去，必须吸取 2500 年前孔子的智慧。”

（四）我国的生态文明和环境伦理实践

近年来随着社会对生态环境危机和人与自然和谐认识的提高，人们的生态环境伦理意识不断提高，具体活动日益增多，如成立了许多绿色组织，举办

“世界环境日”活动，“爱鸟日”活动，倡导“不吃野生动物，提倡文明生活”，个人和家庭承包荒山、沙漠治理等。

政府在这方面的政策和行动不断提出，主要表现在：提出《全国生态环境保护纲要》（2000）等规划；开展了植树造林、水土保持、草原建设和国土整治等重点生态工程；全面实施了长江、黄河上中游水土保持重点防治工程；启动了重点地区天然林资源保护和退耕还林还草工程；建立了一批不同类型的自然保护区、风景名胜区和森林公园；生态农业试点示范、生态示范区建设稳步发展；逐步加快完善环境保护法制建设；今年农业部发布了《全国草原保护建设利用总体规划》等。

最近，中国共产党第 17 次全国代表大会，党中央首次把生态文明写进党代会政治报告，将建设生态文明作为实现全面建设小康社会目标的 5 条新要求之一，要求“生态文明观念在全社会牢固树立”，使我国的生态环境伦理建设达到了新的高度。

## 二、法与草原立法

（一）法的概念和特征

“法”或“法律”一词有广义和狭义两种含义。

广义的“法（法律）”是一种泛称，指一个国家的全部法律法规，在我国则为宪法、法律、行政法律、地方性法规、部门规章和地方政府规章。

狭义的“法（法律）”一词是一种专指或特指，在我国特指全国人民代表大会及其常委会制定的除宪法以外的规范性法律文件，用以区别于宪法和法规。

法是一类特殊的社会规范，专门用于调整人们之间的社会行为关系，它与政策、道德规范、礼仪、风俗等既有联系，又以下列的特征与其有所区别：法是国家制定或认可的行为规则；法是以规定权利、义务为主要任务的社会行为规则；法由国家强制力保证执行的社会行为规则；法具有明确的规范性和普遍的约束力。

（二）国外的草原立法

1. 美国的草原立法

美国的草原立法从 20 世纪初开始进行，由于草原破坏的不断加重和退化，严重影响到全国乃至北美和中美的生态环境和生产生活，其草原立法内容和数量不断扩展和增加。

1905 年联邦政府制定了《国有林放牧管理条例》

1934 年国会通过了《放牧管理法案》(《泰勒放牧法》)

1936 年联邦政府制定了《草原保护计划》

1953 年农业部制定了《土地利用最佳方案》

1969 年国会通过了《国家环境政策法》

1976 年国会通过了《联邦土地政策管理法》

1978 年国会通过了《森林和草原可更新资源研究法》

1978 年国会通过了《公有草原改良法》

1994 年国会通过了《1994 草原革新法》

通过 70 余年的不断努力，美国已在草原立法和依法管理草原，保护草原生态环境方面取得了显著的成绩。

美国对自然资源和生态环境的保护范围和项目日益扩大和细致，1965—1987 年联邦政府和州政府制定和发布了 140 部相关的法案，值得注意的是其中有《国家资源保护教育法》；还有“荒野区”（Wilderness，未用于草原、森林、公园、游憩、自然保护区及国家不掌控的土地以外的未利用陆地）保护法特别多，计有 68 项。

2. 苏联的草原立法

前苏联在 1947 年制定了有关林间放牧的法律。20 世纪 50 年代在中亚大量开垦草原重蹈美国 30 年代“黑风暴”的覆辙，60 年代各加盟共和国（现中亚各国）分别制定了各自的自然保护法，恢复和保护草原。

3. 西欧、北欧的草原立法

德国 1929 年制定了《草地控制法规》。挪威 1939 年制定了《草地放牧控制法规》。英国 1949 年制定的《森林法》中对林间草地的放牧管理做了专门的规定。丹麦、荷兰等国对牧草生长和草种生产都有法律的规定。

4. 澳大利亚的草原立法

澳大利亚在 20 世纪 50 年代各州陆续制定了《草地法》和《土地法》，详细规定了国有草地的租赁制度、草地的载牧量和放牧强度、租赁人造成草地退化的处罚办法等。

5. 日本的草原立法

日本在 20 世纪 30 年代颁布了《日本国草地法》，1950 年修订后重新颁布，规定各都、道、府、县都要制定当地的草地管理法规。1962年颁布《草地建设实施纲要》，规定北海道为草地畜牧业区，规划了北海道稻田退耕改建为人工草地，1972年该规划已完成。此外还颁布了林间放牧法令等，对林间草地放牧管理做了规定。

6. 蒙古国的草原立法

蒙古国部长会议在1963年颁布过有关草原水井登记、保护和使用条例。新世纪前后颁布过数部有关草原的法律法规。

## 三、我国的草原立法

我国在历史上就有草原法规的形成。

《唐律·杂律》有“诸失火及非时烧田野者笞五十”。

元朝对草原保护颁布有严格的禁令，对“草生而掘地者、遗火而烧草者”施以“诛其家”的严惩。元太宗实行的几项有名的新政中，就有加强牧场管理和开辟新牧场的内容，他指令在各千户内选派嫩秃赤（管理牧场的人），专司牧场的分配管理。

“中华民国”时期曾发布过《森林法》，但没有发布过有关草原的法律。

中华人民共和国成立后重视草原，制定和颁布了一系列有关草原建设和草原保护的法律法规和规章，据有关方面统计，1979—2005年期间国家各部门发布的有关生态环境和资源的主要法律法规文件有：法律32部，行政法规49部，部门规章102部，其中与草原有关的分别有15、47、8部。

（一）完全针对草原的立法

1.《中华人民共和国草原法》

1985年6月18日第六届全国人民代表大会常务委员会第11次会议通过；2002年12月28日第九届全国人民代表大会常务委员会第31次会议修订颁布，2003年3月1日起施行。这是我国第一部关于草原保护的专门法律，是保护、建设和合理利用草原，改善生态环境，维护生物多样性，发展现代畜牧业，促进经济和社会的可持续发展的根本大法。《草原法》分总则、草原权属、规划、建设、利用、保护、监督检查、法律责任、附则9章，共75条。新《草原法》总结了我国原草原法颁布实施17年的实践经验，新增并完善了一系列制度和措施，加大了对草原违法行为的处罚力度，内容更加全面，层次更加清晰，可操作性更强。它的颁布实施是我国草原法制建设的一个重要突破，为全面保护、重点建设、合理利用草原提供了良好的法治环境和有力的法律保证。

2003 年以来，各牧区半牧区省区人大常委会陆续发布了各自省区的《中华人民共和国草原法》实施办法，据不完全统计，有甘肃、内蒙古、黑龙江、宁夏、贵州、陕西、西藏、四川等省区。

2.《中华人民共和国草原防火条例》

1993 年 10 月 5 日国务院颁布实施。为了加强草原防火工作，积极预防和扑救草原火灾，保障人民生命财产安全，保护草地资源，根据《中华人民共和国草原法》有关条款制定。规定了“草原防火工作实行预防为主、防消结合的方针”。对草原防火的措施做出了全面和具体的规定。

3.《草畜平衡管理办法》

2005 年 1 月 19 日农业部颁布实施。第一次以法规的形式要求在草原上从事畜牧业生产经营活动的单位和个人，实行以草定畜，草畜平衡，坚决遏制超载过牧现象，保持草原生态系统良性循环。

4.《草种管理办法》

2006 年 1 月 12 日农业部颁布实施。规范和加强了草种管理工作，切实提高了草种质量，维护了草品种选育者和草种生产者、经营者、使用者的合法权益，促进了草业的健康发展。

5.《草原征占用审核审批管理办法》

2006 年 1 月 27 日农业部颁布实施。为加强草原征占用的监督管理，规范草原征占用的审核审批，保护草原资源和环境，维护农牧民的合法权益提供了法律依据。

6.《全国草原生态环境治理建设规划》

中华人民共和国农业部 2007 年 4 月 4 日颁布。为加强草原保护建设，实现草原合理永续利用，改善草原生态环境，保护草原生物多样性，维护国家生态安全，建设资源节约型、环境友好型社会，促进我国经济社会全面协调可持续发展，农业部根据《中华人民共和国草原法》要求，编制了该《规划》，它是指导今后我国草原保护建设工作的总体规划。《规划》包括（1）草原的战略地位和重要作用，（2）草原保护建设利用成就及主要问题，（3）草原保护建设利用的指导思想和目标任务，（4）草原保护建设利用的区域布局，（5）草原保护建设利用重点工程，（6）保障措施。

（二）其他与草原有关的立法

1.《关于内蒙古自治区、绥远、青海、新疆等地若干牧区畜牧业生产的基本总结》

1953 年政务院公布。规定要“保护培育草原，划分与合理使用牧场、草场”，“采取保护牧场，禁止开荒的政策”。

2.《中华人民共和国 1956 到 1967 年全国农业发展纲要》

1960 年全国人大通过颁布。其中提到“在牧区要保护草原，改良和培植牧草，特别注意开辟水源”的要求。

3.《关于保护和改善环境的若干规定》

1973 年国务院批转。第七部分作出了“加强草原保护，不得任意破坏”的规定。

4.《中华人民共和国环境保护法》（试行）

1979 年第五届人大第一次常委会颁布。第十四条作出了“保护和发展牧草资源，积极规划和进行草原建设，合理放牧，保护和改善草原的再生能力，防止草原退化，严禁开垦草原，防止草原火灾”的规定。

5.《关于深入扎实地开展绿化祖国运动的指示》

1984 年中共中央、国务院发布。规定“对破坏森林、草原的行为，必须严加制止。对破坏林草植被的犯罪分子，要坚决打击”。“对现有草场要加强管理，更新改良，合理放牧，防止草原退化”。

6.《中华人民共和国水土保持法》

1991 年第七届全国人大常委会第 20 次会议通过实施。第十三条规定各级地方人民政府应当组织有关部门“种植薪炭林和饲草、绿肥植物，有计划地进行封山育林育草、轮封轮牧，防风固沙，保护植被。禁止毁林开荒、烧山开荒和在陡坡地、干旱地区铲草皮、挖树兜”。第十四条规定“根据实际情况，逐步退耕，植树种草，恢复植被，或者修建梯田”。

7.《中华人民共和国自然保护区条例》

1994 年国务院颁布实施。目的是加强对包括特定区域草原的自然保护区的建设和管理，保护自然环境和自然资源。

8.《中华人民共和国野生植物保护条例》

1996 年国务院颁布实施。目的是保护发展和合理利用包括草原地区的野生植物资源，保护生物多样性，维护生态平衡。

9.《全国生态环境保护纲要》

2000 年 12 月 21 日国务院颁布实施。目的是全面实施可持续发展战略，落实环境保护基本国策，巩固生态建设成果，努力实现祖国秀美山川的宏伟目标。《纲要》在“12、土地资源开发利用的生态环境保护”部分规定：“依据土地利用总体规划，冻结征用具有重要生态功能的草地、林地、湿地。”“有计划、分步骤地实行退耕还林还草，并加强对退耕地的管理，防止复耕。”在“森林、草原资源开发利用的生态环境保护”部分规定：“对具有重要生态功能的林区、草原，应划为禁垦区、禁伐区或禁牧区，严格管护；已经开发利用的，要退耕退牧，育林育草，使其休养生息。”“对毁林、毁草开垦的耕地和造成的废弃地，要按照‘谁批准谁负责，谁破坏谁恢复’的原则，限期退耕还林还草。加强森林、草原防火和病虫鼠害防治工作，努力减少林草资源灾害性损失；加大火烧迹地、采伐迹地的封山育林育草力度，加速林区、草原生态环境的恢复和生态功能的提高。”“发展牧业要坚持以草定畜，防止超载过牧。严重超载过牧的，应核定载畜量，限期压减牲畜头数。采取保护和利用相结合的方针，严格实行草场禁牧期、禁牧区和轮牧制度，积极开发秸秆饲料，逐步推行舍饲圈养办法，加快退化草场的恢复。在干旱、半干旱地区要因地制宜调整粮畜生产比重，大力实施种草养畜富民工程。在农牧交错区进行农业开发，不得造成新的草场破坏；发展绿洲农业，不得破坏天然植被。对牧区的已垦草场，应限期退耕还草，恢复植被。”

10.《中华人民共和国种子法》

2000 年全国人大颁布，2004 年第十届全国人大常务委员会第 11 次会议修订和颁布实施。该法对草种进行了定义，指出草种是农作物种子的一部分，是人工种草、改良草地、退化草地治理和生态建设的物质基础。

11.《中华人民共和国防沙治沙法》

2001 年全国人大常委会颁布实施。规定了草原地区的地方各级人民政府，应当加强草原的管理和建设，组织农牧民建设人工草场，控制载畜量，调整牲畜结构，改良牲畜品种，推行牲畜圈养和草原轮牧，消灭草原鼠害、虫害，保护草原植被，防止草原退化和沙化，草原实行以产草量确定载畜量的制度等。

12.《中华人民共和国农村土地承包法》

2002 年第九届全国人大常委会发布实施。规定了“农村土地也包括集体所有和国家所有的草地，草地要实行承包经营制度，国家依法保护承包关系的长期稳定”。

13.《中华人民共和国畜牧法》

2005 年第十届人大会常务会第 19 次会议通过实施。其中第四章第十五条规定“国家支持草原牧区开展草原围栏、草原水利、草原改良、饲草饲料基地等草原基本建设，优化畜群结构，改良牲畜品种，转变生产方式，发展舍饲圈养、划区轮牧，逐步实现畜草平衡，改善草原生态环境”。

## 四、学校的草原法制教育

（一）学校是草原法治教育的重要阵地之一

各级草业院校是草原法治教育的重要阵地之一，有义务和能够培养德智体全面发展，既掌握草业科学、技术、管理基本技能，又懂得草原法治基本知识的草业人才。

（二）《中华人民共和国草原法》是草原法制教育的基本内容

《中华人民共和国草原法》是基本大法，具有最高的权威性，对其他法律法规起着指导作用，其他的草原法律法规由此而衍生。整体的草原法律法规内容全面、文件丰富，是进行草原法制教育的基本内容。

（三）学校草原法制教育的模式

1. 多学科渗透教育模式

将草原法制教育内容根据其性质和重点，分别渗透到各门课程之中，化整为零地实现法制教育的目的与目标，这样简单易行，无须专门安排。

2. 单一学科课程模式

草原法制教育的内容全面、丰富，完全可以成为一门独立的课程，在教学计划中可以作为专业基础课安排。这样，可以使法制教育更富针对性和系统性，能更好地提高教学质量。

# 草业教育史

## 中国高等草业教育的历史、现状与发展*

中国草业本科教育经历了单门课程教学、本科专业体系初步形成和教育体系完善三个发展阶段。1958 年建立了第一个本科专业。目前全国约有本科专业 23 个。研究生教育开始于 1951 年。现在已形成专科、本科、硕士、博士、博士后五个完整的高等教育层次。在中国当前新的历史条件下，高等草业教育的特点是，专业发展十分迅速，空间布局均匀、合理，在具有中国特色的先进草业科学理论指导下，教学内容获得明显的扩大提升。存在的主要问题是，随着草业和生态环境建设的发展，在草业科学本科一级学科之下，需要考虑建立二级专业；明确各教育层次的培养目标和服务对象，有区别地培养配套人才；加强师资建设，保证教学质量；加强国际草业教育交流，迅速在整体上达到世界草业教育先进水平。

### 一、中国草业本科教育发展的历史阶段

中国现代意义上的高等草业教育开始于 20 世纪 30 年代末，是由牧草学、草原学和饲料生产学等单门课程逐步发展为完整的专业。从草业本科教育体系形成的进程与轨迹来看，可以划分为 3 个历史阶段。

（一）单门课程教学阶段（1938—1957）

这一阶段的主要特征是在高等学校开设了牧草学、草原学和饲料生产学。

---

* 作者胡自治。发表于《草原与草坪》，2002（4）：57—61.

从单一课程看，我国的草业教育只比美国或苏联晚10余年。中国最早开设牧草学的是棉花学家孙逢吉教授，他在30年代末于浙江大学开设了牧草学，并在《棉作学》一书附有牧草章节。此后，1942年王栋教授开始在西北农学院（现西北农林科技大学）开设牧草学并进行了牧草栽培和牧草青贮等教学实习；1946年以后，王栋教授多次在中央大学和南京农学院（现南京农业大学）讲授牧草学和草原学。1944年贾慎修教授在西北技术专科学校（1952年院系调整时撤销）开设牧草概论课，1947年在北京大学农学院开设牧草学。与此同时，1946年蒋彦士教授在北京大学开设牧草学课程，孙醒东教授在河北农学院（现河北农业大学）开设牧草学与绿肥学课程。

1949年中华人民共和国成立以后，政府重视草原畜牧业，草业教育得到迅速发展。1952年全国高等学校院系调整后，各农业院校的畜牧专业根据国家统一的教学计划，普遍开设饲料生产学和草原学。早期主要有王栋教授在南京农学院开设牧草学和草原管理学（1949—1957），任继周教授在西北畜牧兽医学院（现甘肃农业大学）开设草原学（1950），叶培忠教授、吴仁润教授在武汉大学分别开设牧草栽培学和牧草分类学（1952），贾慎修教授和胡兴宗教授在北京农业大学（现中国农业大学）开设草原学（1952）。为配合课程教学，高等教育部还组织翻译出版了一些苏联教材，例 A. M. Дмитриев 著《草地经营》（1954；蔡元定、章祖同译），И. В. Якушкин 主编《饲料生产学》（1956；李静涵译），Н. Г. Андреев 著《饲料生产及植物学基础》（1957；汪玢译）等，以供教学参考使用。与此同时，我国也相应出版了一些专业教材，如王栋教授编写了配套的《牧草学通论》（1952）、《草原管理学》（1955）、《牧草学各论》（1956）等教材。此外还有孙醒东著《重要牧草栽培》（1954），胡先骕、孙醒东著《国产牧草植物》（1955），陈布圣编《牧草栽培》（1959），朱懋顺编《新疆牧草》（1959）等参考书。1959年任继周主编的《草原学》出版；随后《草原学》被农业部审定为全国高等农业院校试用教材于1961年修订再版。此外，有关各校的教师也自编了多种草地经营和饲料生产学油印讲义，以供教学需要。

（二）本、专科专业教学体系初步形成阶段（1958—1976）

随着我国草原畜牧业的迅速发展，国家对草原科学专门人才的需求不断扩大。1958年内蒙古农牧学院（现内蒙古农业大学）在畜牧系内成立了我国第一个草原本科专业，但不久因三年国民经济困难而暂停招生。1963年全国科学技术发展规划会议决定，要求在北京、南京、甘肃和新疆的有关院校成立草原专业。1964年甘肃农业大学（原西北畜牧兽医学院）在畜牧系内成立草原本科专业，1965年新疆八一农学院（现新疆农业大学）在畜牧系内成立草原专科专业。各校都制订了较完整的专业教学计划，基本的专业课程为草原调查与规划、草原利用与改良、牧草栽培学、牧草育种学、草原保护学和畜牧学等。

1966年“文化大革命”开始，全国高校停止招生。1971年各校开始招收工农兵学员，但学制被缩短为两年，课程被精减，实质上是专科教育。

1972年，甘肃农业大学的草原专业由畜牧系分出，成立了我国第一个草原系，并在全国招生。

（三）本科专业教育体系完善阶段（1977—今）

1977年恢复正常的高考制度之后，甘肃农业大学、内蒙古农牧学院招收的“文革”后第一届本科生于1978年春季入学。

为了尽快使高等教育走上正轨，提高教学质量，根据农业部的指示，1979年在甘肃农业大学召开了制订全国草原专业教学计划与教材建设会议。参加会议的有甘肃农业大学、内蒙古农牧学院和新疆八一农学院三校代表。会议制订了全国草原科学本科专业教学计划，并确定了草原调查与规划、草原培育学、牧草栽培学、牧草育种学、草原啮齿动物学、牧草昆虫学、牧草病理学、畜牧学、草原生态化学、植物分类学、土壤学附地貌等11门教材的主编单位和主编人。1981年上述教材陆续出版。这样，我国草业本科教育有了统一的教学计划，并有了基本配套的统编教材，是我国草业教育史上具有里程碑意义的大事。

1987年农业部成立了教材指导委员会（1992年第二届委员会扩大为教学指导委员会），在农业部教育司和教学指导委员会的领导下，加大了草业科学本科教材建设的力度，连续制定了“七五”“八五”和“九五”教材建设规划，至今草业科学本科教育学的教材已基本齐备，除教学计划中规定的必修课和选修课基本教材外，还编写出版了多种参考教材，共计22种28个版本，基本满足了本科生教学用书的需要。

（四）草业教育本科专业名称的演变和学科地位的提高

在完整的草业本科教育体系建立之后，本科教育的名称也随学科和草业的发展而有阶段性的变化。1958年在内蒙古农牧学院成立的第一个专业名称叫草原专业，随后甘肃农业大学和新疆八一农学院成立的专业也叫草原专业。1972年甘肃农业大学成立的系称为草原系。1979年全国草原专业教学计划和教材建设会议又确认了这一名称。此后，各校新成立的系和专业都使用这一名称。教育部公布的全国本科教育学科和专业名称中，草原专业为畜牧一级学科之下的二级专业。

1992 年教育部调整全国本科专业名称，根据当时我国草业蓬勃发展的实际情况，甘肃农业大学提出将草原专业改称为草学（草业科学）专业，以便名实相符并与农学和林学并列、鼎立。教育部同意改称草学专业，但去掉了括号内的全称，仍为畜牧学科下的二级学科。此后，各校的系名为草学系或草业工程系，专业名称为草学专业。

1997 年教育部调整全国本科专业目录，主要目的是扩大专业面，压缩专业数量，整顿规范专业设置。在公布的专业目录第一稿中取消了草学专业，但经甘肃农业大学草业学院联合各校有关的系和专业联名积极向教育部和农业部陈述理由，在任继周、洪绂曾等的奔走争取，农业部和毛达如、路明等领导的大力支持下，1998 年教育部公布的全国本科专业目录中，草学专业被保留并被升格为本科一级学科，学科名称为草业科学，学科之下只设一个专业——草业科学专业。新的专业名称和学科级别，更完整、更全面和更科学地反映了专业的属性以及在当前大农业范围内草业的地位。

## 二、中国草业研究生教育的发展简史

与本科教育相比，中国的草业研究生教育更早一些。1951 年王栋教授在南京农学院（现南京农业大学），1953 年叶培忠教授在华中农学院（现华中农业大学）、孙醒东教授在河北农学院（现河北农业大学）、卢得仁教授和任继周教授在西北畜牧兽医学院（现甘肃农业大学）开始培养牧草学或草原学研究生，1960 年贾慎修教授在北京农业大学也开始培养草原学研究生。“文革”前我国共培养牧草学和草原学研究生 26 名。

1978 年我国恢复研究生招生，1981 年正式建立学位制度，甘肃农业大学、内蒙古农牧学院、北京农业大学等获首批草原科学硕士学位授予权。1984 年甘肃农业大学获草原科学博士学位授予权，此后，北京农业大学、内蒙古农业大学、新疆农业大学和中国农业科学院于 90 年代陆续获得草业科学博士学位授予权。1987 年李洋成为我国自己培养的第一个草业科学博士。到 2002 年 10 月，我国已培养出草业科学硕士约 430 人，博士约 80 人。

1983 年受农业部委托，由甘肃农业大学任继周教授牵头，在内蒙古农牧学院召开了制订全国草原科学硕士研究生培养方案的会议，甘肃农业大学、内蒙古农牧学院和北京农业大学的代表出席了会议，讨论制订了草原科学硕士研究生培养方案（试行），经农业部批准后在全国执行。1991 年受农业部委托，再次由甘肃农业大学任继周教授牵头，在西北农业大学召开了制订全国草原科学硕士学位研究生培养方案和博士学位研究生培养的基本要求的审定会议，甘肃农业大学、内蒙古农业大学、新疆农业大学、北京农业大学、中国农业科学院和西北农业大学（现西北农林科技大学）的代表出席了会议，经过学习文件、交流经验和充分讨论，制订了《草原科学专业硕士学位研究生培养方案》、《草原科学专业硕士学位论文要求》《草原科学博士学位研究生培养的基本要求》三个文件，1992 年由农业部教育司公布在全国执行①。1983 年和 1992 年两次制订的研究生培养方案，在不同时期对规范培养要求，提高培养质量起到了重要的作用。

1989 年甘肃农业大学草原系和甘肃草原生态研究所联合申请的国家草原科学重点学科点得到教育部批准，批文中规定高层次人才培养和科学研究是重点学科的主要任务。

2001 年甘肃农业大学、内蒙古农业大学、新疆农业大学的草业科学博士点，均在畜牧一级学科的范围内建立了博士后流动站（在研究生教育层次，草业科学仍属畜牧一级学科下的二级专业，博士后流动站规定建立在一级学科的基础上）。至此，我国高等教育具有了专科、本科、硕士、博士和博士后 5 个完整的教育层次，进入了新的历史阶段。

2002 年 2 月，甘肃农业大学和内蒙古农业大学的草业科学专业，在教育部第二次国家重点学科申报、遴选中得到批准，这意味着我国高校的草业科学教育和科研水平与实力有了新的重大进步。

## 三、当前中国草业高等教育的现状与特点

### （一）新时期下草业高等教育发展迅速

随着我国草业（尤其是其中的草坪业）的迅速发展，高等教育体制改革和

① 中华人民共和国农业部・农学科硕士学位研究生培养方案，博士学位研究生培养基本要求：汇编㈡［M］. 北京：中华人民共和国农业部，1992：102—121.

扩大招生，特别是西部大开发战略计划的实施以及开展了大规模的生态环境建设，极大地推动了草业高等教育的发展。本科专业设置和招生规模增长迅猛，据2002年9月统计，目前我国在农业和综合院校已招收草业科学本、专科学生的专业有23个，较1998年增加16个，增长了约2.3倍；在校大学生约3 400名，增加约3倍。现有硕士点12个，博士点5个，学位授予单位增加虽不是很多，但在读硕士生（含推广硕士研究生）约300名，博士生约90名，均比1998年增加了3倍多。有些学校虽然尚未建立草业科学硕士点或博士点，但在动物营养与饲料科学等相近专业或畜牧一级学科内招收草业科学方向的硕士和博士研究生。在2001年，博士后流动站实现了零的突破，一举被批准建立三个站。这样，我国成为世界上草业科学专业数量最多，培养层次最完整的国家之一。

（二）专业空间分布均匀，布局趋向合理

由于草地资源和草原畜牧业的地域分布特点，再加上认识上的问题，直到1998年，我国草业科学本、专科教育单位均分布在西部。当前，草业由畜牧业的一个组成部分，成长为独立的产业；草业不仅存在于牧区，也存在于农区和城市，尤其是草产品业和草坪业的迅速发展，使草业成为全国性的产业，受到全国各地区的重视。产业的需要是教育发展的最大推动力。草产业的发展推动各省市几乎都建立了草业科学专业，使我国不仅成为草业科学专业最多，而且是空间分布均匀、布局合理的国家。

（三）在先进的草业科学理论指导下，教学内容得到了扩大和提升

近20年来，我国的草业科学理论有了突破性的进展。

1982年郎业广先生在陕西临潼召开的第二次全国草原学会学术讨论会上，提交了《论中国草业科学》的论文，最早提出了草业一词[1]。

1984年钱学森院士创造性地提出了知识密集型草产业的问题（内蒙古日报，1984-06-28，第4版）；1985年进一步诠释了知识密集型草产业的含义，并提到了农区和林区的草业，奠定了完整的草业科学和草业生产范畴（1985-06-24在北京民族文化宫座谈会上的发言），并在1987年给草业创造了Prataculture这一国际名称。在这一科学认知的基础上，草原科学发展为草业科学。就在这一年我国有了《中国草业科学》（现《草业科学》）学术刊物。

与此同时，任继周院士提出了“草地农业系统”（1983）和草地农业生态系统（1984）的概念[2,3]，论证了草业发生与发展（1985）[4]。1990年提出草业生产的四个生产层的论点[5]，并在《草地农业生态学》（1995）和其他论著

中完整地论述草地农业生态系统的基本概念、结构、功能、效益评价等问题[6]；在基本结构问题上，详细地论证了草业的前植物（景观、环境、游憩）生产、植物（牧草、作物、林木等）生产、动物（家畜、野生动物及动物产品）生产、后生物（草畜产品加工、流通）生产四个生产层的产业系统。

此外，祝廷成、洪绂曾、李毓堂、许鹏等老一辈科学家也对草业科学的理论做出了重要贡献[7-12]。

在上述有关草业科学理论的指导下，草业教育适应草业的发展要求，教学内容已从传统的土—草—畜系统，扩大、提升到草业生态系统，专业面在四个生产层的基础上得到扩大，培养的人才能适应牧区、农区、城市草业各子系统的要求。

根据以上可以认为，与北美的草原管理（Range management）和英联邦国家的草地科学（Grassland science）高等教育相比，我国草业科学的教学指导思想，具有更丰富、更系统的科学内涵，也具有更强的产业概括性。

（四）重视教学研究工作，定期举行全国草业科学专业教学工作研讨会

为了提高教学水平和培养质量，各校都重视草业科学专业教学研究工作，有不少教学研究论文发表，一些研究成果获优秀教学奖，其中内蒙古农牧学院和甘肃农业大学曾先后获国家优秀教学奖。

20 世纪 90 年代初，我国转入社会主义市场经济，草业科学专业如何适应新的社会经济形势，改进教学方法，培养符合市场所需人才，曾是各校共同面临的严峻问题。为此，在许鹏、胡自治、刘德福等的提议下，继续定期举行全国高校草业科学教学工作研讨会，交流、研讨有关教学指导思想、专业设置、培养目标、教学计划、教学方法等教学领域的问题。现已举行了七次，分别是在甘肃农业大学（1979、1991）、内蒙古农牧学院（1993）、新疆农业大学（1995）、青海畜牧兽医学院（现青海大学，1998）、四川农业大学（2000）和南京农业大学（2002）举行，效果良好。

为了加强草业教育的研究与交流，在全社会普及和推广草业科学知识，中国草原学会于 2000 年批准在草业科学专业教学工作研讨会的基础上，设立中国草原学会草业教育专业委员会筹备委员会，胡自治为主任委员，孙吉雄和戎郁萍为正、副秘书长。

## 四、中国高等草业教育发展中的几个重要问题

我国的高等草业教育在近20年内获得了突破性的发展，并且势头正盛。从教育为社会生产实践服务的观点，以及从国家长远的教育发展规划和提高教育质量的角度审视，下列的一些重要问题需要我们现在就去思考和运作。

（一）适应草业的扩展和提升趋势，在草业科学本科一级学科下增设新的专业

草业有较农业、林业更长的生产链，有前植物（环境）—植物—动物—后生物（草畜产品加工、流通）四个生产层，学科领域涉及农学、畜牧学、园林学、资源环境科学等，因而，专业教学计划中课程繁多。由于教育部规定的总学时的限制，一些重要专业课程学时很少，甚至难以安排，影响教学质量和人才培养。拓宽专业面，让学生多掌握一些知识和本领，以适应市场的需求是很对的。但拓宽也应有一定的限度，不应影响教学和学习深度以及培养质量。从教育要适度超前发展，要充分体现时代特征，主动适应经济、社会发展和西部大开发战略实施的要求出发，实应参考农学和林学一级学科下的二级专业设置，考虑增设草业科学一级学科下的二级专业。建议考虑增设草坪与高尔夫专业、牧草学专业、草原资源及管理专业、草原保护及野生动物专业等。在新专业设立以前，要加强分组选修课程的建设，强化专业训练，进一步活化专业，形成不同地区的专业特色。

（二）明确各教育层次的培养目标，适应草业人才市场的不同需求

我国高等草业教育已有专科、本科、硕士、博士和博士后五个完整的层次。从高等教育本身来说，本科教育是基础。从人才市场需求来看各有不同，大专院校和科研单位重点需要研究生层次的人才；产业单位和管理部门需要从专科到研究生的配套人才，以便能用最经济的人力投资完成不同技术水平的生产、管理和研发任务。产业是吸纳专门人才的最大市场，当前又以草坪业的吸纳能力最强。今后牧草生产和加工业也是需求大量人才的地方。为此，应根据不同层次的培养目标制订出相应的有明显特点的培养计划，避免不同层次专业教育内容趋同，有区别地培养专科、本科、研究生等具有不同能力特点的高级草业专门人才，以便有效利用教育资源，满足市场对配套人才的需求，提高办学水平和效益。

（三）重视师资建设，加强校际协作，提高教学质量

1998年以来草业科学本科专业增加迅速，但大多数新开办专业的基础课教师十分不足，据2002年在南京农业大学召开的“全国第七届高校草业科学专业教学工作研讨会”上的统计，大多数新办专业的教师在5～7人。师资不足是新办专业的最大困难之一，尤其是一些有了二、三年级学生的新专业，专业课师资更感紧迫。解决的办法除了内部挖潜和外部招聘硕士以上的专业人才外，还可通过加强校际交流协作，共享教师资源；通过教育主管部门或中国草原学会，举办专业师资培训班；充分发挥离退休高水平教师的作用，聘请条件允许的离退休名师承担一定的教学任务，以便从数量和质量上迅速解决师资问题，高质量地培养专业人才。

（四）加强国际草业教育交流，迅速赶上世界教育水平

近年来我国草业的国际交流日益频繁，但真正的教育方面的交流极少。我国的草业教育在科学指导思想上虽处于先进水平，但在必要的校内外教学科研基地、仪器设备等硬件建设；草业工程设计、经济管理、草原资源和生态监测、生物技术、实习实验等课程和教学环节的软件建设，都与国外的同类专业有相当大的差距。为此，我们应加强国际草业教育交流，借鉴和吸收国外先进的办学思想、办学模式和教学方法；引入和试开一些新课程；研究生课程鼓励双语教学；增强社会实践性的教学环节，提高学生的实际动手能力；利用信息技术和分子生物技术，改造、提升传统的课程和专业科学水平等，以便在教学的整体上迅速赶上世界先进水平。

## 参考文献

[1] 郎业广．中国草业及其科学［J］．中国草业科学，1988（4）：1—4.

[2] 任继周．草原科学技术发展预测研究［M］//中国农业科学院科技情报研究所．2000年我国畜牧兽医科学发展趋势（四）．北京：中国农业科学院科技情报研究所，1983：1—17.

[3] 任继周．南方草山是建立草地农业系统发展畜牧业的重要基地［J］．中国草原与牧草，1984（1）：8—12.

[4] 任继周．从农业生态系统的理论来看草业的发生与发展［J］．中国草原与牧草，1985（4）：5—7.

[5] 任继周．发刊词［J］．草业学报，1990（1）：1—2.

[6] 任继周．草地农业生态学［M］．北京：中国农业出版社，1995：9—18.

[7] 祝廷成，李建东，郭继勋，等．兴办草业［J］．中国草业科学，1987（1）：9—12.

[8] 洪绂曾．面向新世纪的中国草业［M］// 洪绂曾，任继周．草业与西部大开发．北京：中国农业出版社，2001：3—4.

[9] 洪绂曾．中国草业发展与草业科学［J］．草业学报，2001，10（专辑）：20—26.

[10] 李毓堂．论建立中国草业的三大根据［J］．中国草原，1986（5）：1—6.

[11] 李毓堂．草业——富国强民的新兴产业［M］．银川：宁夏人民出版社，1994：57—166.

[12] 许鹏．论草业产业化［J］．中国草地，1997（2）：63—66.

# 中国草业教育发展史：Ⅰ、本科教育*

中国现代意义上的草业教育是从高等教育开始的，是由20世纪30年代在大学陆续开设的牧草学、草原学、饲料生产学等单门课程逐步发展、扩大为完整、系统的草业科学专业的。70多年来，通过单门课程教学，本、专科专业教学体系初步形成，本、专科专业教学体系恢复和完善，本科专业教学体系快速发展和提高4个阶段的不断发展，草业教育由畜牧专业的单门课程发展为独立的二级专业，继由二级专业提升为草业科学一级学科。草业本科教育在内涵提高的同时，其外延也取得了巨大的发展与成就，专业的数量和培养的草业人才大幅度增加，2010年全国共有草业科学本科专业30个，截至2008年年底，有专业教师486人，已毕业本专科生14225名，有在读本科生5107名，中国成为世界上草业科学专业和学生的数量最多、培养层次最完整、教学指导思想最先进的国家之一，而且甘肃农业大学的草业科学本科专业是世界上规模最大的本学科本科专业。

中国现代意义上的草业教育是从高等教育开始的，是由20世纪30年代在大学开设的牧草学、草原学、饲料生产学等单门课程逐步发展成为完整的草业科学专业的。通过70多年的不断发展，特别是改革开放以来的30年的发展，中国高等草业教育在内涵和外延上都取得了巨大的进步与成就，形成了学科内容丰富，具有明显中国特色的草业科学本科一级学科。

普通高等院校的专科专业是本科专业的精简和初级形式，在草业教育发展的早期，本科和专科专业常同时存在，但由于专科的招生与否随意性较大，到20世纪90年代，随着本科专业数量的发展，草业教育的专科逐渐被取消，故本

---

* 作者胡自治、师尚礼、孙吉雄、张德罡。发表于《草原与草坪》，2010（1）：74—83.

文不对专科专业的情况进行专门的叙述。

本科是高等教育的主体和基础，具有特殊的承上启下的作用，本文通过四个历史发展阶段，对草业科学本科教育做全面的回顾与论述。

## 一、单门课程教学阶段（1938—1957 年）

这一阶段的主要特征是草业科学的教学在高等学校尚处于萌芽阶段，没有建立独立的学科，只是在农学或畜牧本科开设了属于草业科学范畴的牧草学、草原学和饲料生产学等课程。从单一课程看，我国的草业教育只比美国或苏联/俄罗斯晚 20—30 年。

中国最早开设牧草学的是棉花学家孙逢吉，他在 30 年代末于浙江大学开设了牧草学，并在《棉作学》一书附有牧草章节。此后，1942 年王栋开始在西北农学院（现西北农林科技大学）开设牧草学并进行了牧草栽培和玉米 + 苜蓿的混合青贮等教学实习；1946 年以后，王栋多次在中央大学农学院和南京农学院（现南京农业大学）讲授牧草学和草原学。1945 年贾慎修在西北技艺专科学校（1945 年该校改名为西北农业专科学校，1950 年学校建制撤销，畜牧兽医学科并入西北畜牧兽医学院，其他学科并入西北农学院）开设牧草概论课，1947 年设立牧草科，由路葆青讲授牧草学。与此同时，1946 年蒋彦士在北京大学开设牧草学课程。

1949 年中华人民共和国成立以后，草业科学教育得到迅速发展。1952 年全国高等学校院系调整后，各农业院校的畜牧专业根据国家统一的教学计划，普遍开设牧草学和草原学。在这个时期全国主要有王栋在中央大学农学院（现南京农业大学）开设牧草学（1950）；孙凤舞、黄兆华和董玉臣在东北农学院（现东北农业大学）分别开设饲料作物学（1950）、牧场管理（1950）和牧草学（1951）；何敬真在四川大学（现四川农业大学）开设牧草学（1951），1952 年由杜逸接任讲授；任继周在西北畜牧兽医学院（现甘肃农业大学）开设草原学（1951）；朱茂顺在八一农学院（现新疆农业大学）开设牧草饲料作物生产学（1952）；叶培忠、吴仁润在武汉大学农学院（现华中农业大学），分别开设牧草栽培学和牧草分类学（1952）；贾慎修和胡兴宗在北京农业大学（现中国农业大学）开设草原学（1952）；孙醒东在河北农学院（现河北农业大学）开设牧草栽培学（1953）。

1953年毛泽东主席号召学习苏联，1954年我国高等学校的教学计划根据苏联的相同专业进行了全面的修订，畜牧专业的教学计划中规定开设耕作学及植物栽培学和草原学（专业补充课）；1955年6月在高等教育部的主持下，由王栋、卢得仁和贾慎修制订了《草原及草地经营学教学大纲》，规定了详细的课堂教学内容及实验和教学实习纲要。

## 二、本、专科专业教学体系初步形成阶段（1958—1976年）

随着我国草原畜牧业的迅速发展，国家对草原生产和草原管理工作加大了力度，例如，1956年中共中央提出的《1956年到1967年全国农业发展纲要》要求“在牧区要保护草原，改良和培植牧草，特别注意开辟水源，牧业合作社应当逐步建立自己的饲料和饲草的基地。推广青贮饲料”；同年，农业部发文要求在内蒙古、东北、华北、西北和西南省区的牧业和半农半牧业县建立草原工作站。客观上出现了国家对草原专门人才的需求不断增大和紧迫，而教育部门没有培养相应人才的草原专业的矛盾，为此，农业部先采取了通过高级讲习班培养草原专门人才的措施，例如，1957年举办了为期半年的“农业部干部学校草原工作人员讲习班”，从16个省区抽调了44名业务干部进行培训；1958年和1959年农业部又邀请苏联专家A. Φ. 伊万诺夫（Иванов）在呼和浩特举办了为期一年的“草地经营学讲习班”，参加学习的主要是高校、研究所和草原工作站的专业人员。上述情况在一定程度上反映了在高等学校开办草原专业的必要性，在这样的客观条件下，我国独立的高等草业教育的基础层次——本科专业应运而生。

（一）我国第一个草原本科专业的建立

1952年农业部组织了一次“内蒙古锡林郭勒盟牧民经济、生产与牧业情况调查团”，团长由时任自治区主席的乌兰夫担任，农业部聘请南京农学院王栋教授担任副团长，参加调查工作的还有农业部草原处处长杨鸿春及南京农学院讲师梁祖铎和研究生许令妊等。1956年内蒙古自治区又组织了一次草原调查，在工作总结中提出了要培养草原专门人才的问题。1957年夏，由内蒙古畜牧兽医学院（现内蒙古农业大学）提出了建立草原专业的报告，内蒙古自治区核准，上报农业部后得到批准。1958年春，由内蒙古畜牧兽医学院贡嘎·丹儒布院长和畜牧系副主任兼牧草与饲料作物教研室主任许令妊负责，在该教研室的基础上于畜牧系内建立了我国第一个草原本科专业。当年 8 月招收了首批 4 年制本科生 3 个班共 100 余人，1962 年我国第一批 73 名草业科学专业本科生毕业走上工作岗位。第一个草原本科专业的建立，标志着草原科学教育不再依附于其他专业而走向独立发展的道路，是我国草原科学教育发展的新的里程碑，具有开创性的历史意义。

（二）“文革”前我国草原本科专业的发展及教学情况

1963 年，在中共中央和国务院召开的“全国农业科学技术工作会议”上制订的《一九六三至一九七二年农业科学技术发展规划》决定，要求在北京、南京、甘肃和新疆的有关农业院校成立草原专业，并由国家科学技术委员会发文正式通知有关院校。遵照上述指示，1964 年甘肃农业大学在畜牧系内成立草原本科专业并于当年招生 37 人，同年，新疆八一农学院（现新疆农业大学）也在畜牧系内成立草原专科专业，1965 年开始招生，这样，我国的草原专业增加到 3 个。

上述三校的草原科学专业都根据所处的位置特点和师资条件，制定有自己的专业教学计划，由于校际的交流和研讨不多，三校草原专业的教学计划和专业课的设置、名称和内容存在着一定的差异，但专业课基本上都是草原调查与规划、草原利用与改良、牧草栽培学、牧草育种学和畜牧学等。对于教学计划的实践，除内蒙古农牧学院入学较早的年级得以学完课程毕业外，甘肃农业大学和新疆八一农学院的草原专业 1964 和 1965 年入学的学生，由于 1966 年 6 月开始了“文化大革命”，教学工作被迫停止，分别只学习了一年和两年，因此教学计划未能得到完整的实践检验。

（三）“文革”中我国草原本科专业的发展及教学情况

1966 年“文化大革命”开始，全国高校“停课闹革命”，同时也停止招生，高等教育受到全面的冲击与批判，在“极左”思潮的影响下，草原专业也受到根本的否定，教学内容被批判为“封资修”的东西，是“仿抄爬”（模仿、抄袭外国和爬行主义）的样板，要“坚决砍掉草原专业”。由于停课全力搞“大批判”，1964 和 1965 年入学的学生都没有学习过专业课，直到毕业前夕，学生们提出“复课闹革命”，才补习了一点专业知识。

1971 全国的大学开始恢复招生，招收推荐的工农兵学员，并提出了“工农兵学员上大学、管大学和改造大学”口号。当年，在专业停办 5 年之后，甘肃农业大学在 1971 年恢复招生，内蒙古农牧学院和新疆八一农学院分别在 1972 和

1973年恢复招生，但学制缩短为2—3年，课程特别是基础课被精减，实质上是专科教育。1971—1976年，甘肃农业大学在甘肃、新疆、陕西、青海、宁夏、山西、内蒙古、四川、贵州、云南、西藏、黑龙江、吉林等省区招收和毕业工农兵学员195人；内蒙古农牧学院在内蒙古地区招收和毕业138人；新疆八一农学院在新疆地区招收和毕业近100人。

1972年，甘肃农业大学的草原专业由畜牧系分出，成立了我国第一个草原系，并在全国招生，它是我国草原专业朝向独立发展和壮大的又一新的标志。

## 三、本、专科专业教学体系恢复和完善阶段（1977—1997年）

（一）全国草原专业统一教学计划和专业教材编写规划的制订

1977年全国恢复了正常的高考制度。甘肃农业大学招收的“文革”后第一届（1977级）草原专业本科生和全国的情况一样，延后于1978年春季入学；内蒙古农牧学院和新疆八一农学院1978年开始招收的新生在秋季正常入学。

为了尽快使高等教育走上正轨，改善教学条件，提高教学和培养质量，农林部委托任继周牵头于1977年11月16—25日在甘肃农业大学召开了“全国草原专业教材会议”，参加会议的有甘肃农业大学的任继周（草原系系主任）、宋恺、郭博、李逸民、金巨和、刘若、胡自治、符义坤、牟新待、陈宝书、邬世英、冯光翰，内蒙古农牧学院的许令妊（草原专业主任）、彭启乾、章祖同、李鹏年、王朝品、许志信、刘德福、陈世璜、王比德，和新疆八一农学院三校的许鹏（草原专业主任）、朱懋顺、石定燧共24名代表。会议的目的和任务是制订全国统一的草原专业本科教学计划，确定全国高等农业院校草原专业的专业基础课和专业课试用教材（又称统编教材）。会议在回顾和总结我国草原教育事业发展历程的基础上，对草原专业的方向、内容、范围和培养目标进行了深入的讨论，认为在制定教学计划时要处理好，基础理论与专业实践，体系完整与课程精简，赶超世界先进水平与紧密联系我国草原实际，教学、科研、生产三结合，统一性与灵活性等关系；此外，会议还对师资培养、仪器设备更新和教学基地建设等问题进行了讨论，提出了要求和解决办法。

1. 高等农林院校草原专业教学计划

会议制订了《高等农林院校草原专业教学计划》，并报农业部获得批准在全国执行，其主要内容包括以下几个方面。

培养目标。培养具有一定现代化草业科学先进理论和技能，了解我国草原生产实际，有初步独立进行一般草原工作和科学试验的能力，热爱祖国草原事业，又红又专的高等草原技术人才。

学制及时间。分配学制 4 年。非专业教学时间共 45 周，占总周数的 21.15%；专业教学时间共 163 周，占总周数的 78.85%，其中考试及答辩 15 周，教学实习 5 周，课堂教学、毕业实践、现场教学共 143 周。

课程设置。设置必修课 24—25 门，总学时 2310—2390。其中政治课 4 门，公共课及基础课 6 门，专业基础课 9—10 门，专业课 5 门。另外计划中还列有补充课 4 门，选修课 1 门（表 1）。

另外还对教学方法、成绩考核和政治思想工作的内容和要求做出了规定。

**表 1　草原专业教学计划表**

| 序号 | 课程名称 | 总学时 | 学年学期分配及周学时数 | | | | | | | |
|---|---|---|---|---|---|---|---|---|---|---|
| | | | 第一学年 | | 第二学年 | | 第三学年 | | 第四学年 | |
| | | | 第一学期 | 第二学期 | 第三学期 | 第四学期 | 第五学期 | 第六学期 | 第七学期 | 第八学期 |
| 1 | 中共党史 | 70 | 4 | – | – | – | – | – | – | – |
| 2 | 政治经济学 | 70 | – | 4 | – | – | – | – | – | – |
| 3 | 哲学 | 70 | – | – | –4 | – | – | – | – | – |
| 4 | 国际共运史 | 70 | – | – | – | 4 | – | – | – | – |
| 5 | 体育 | 100 | 2 | 2 | 2 | – | – | – | – | – |
| 6 | 外语 | 220 | 3 | 2 | 2 | 2 | 2 | 2 | 2 | – |
| 7 | 高等数学及数理统计 | 110 | 4 | 2 | – | – | – | – | – | – |
| 8 | 物理学 | 80 | 5 | – | – | – | – | – | – | – |
| 9 | 无机化学及分析化学 | 140 | 4 | 4 | – | – | – | – | – | – |
| 10 | 有机化学 | 80 | – | 5 | – | – | – | – | – | – |
| 11 | 草原生态化学（或家畜饲养学） | 150 | – | – | – | – | 6 | 3 | – | – |

续表

| 序号 | 课程名称 | 总学时 | 学年学期分配及周学时数 | | | | | | | |
|---|---|---|---|---|---|---|---|---|---|---|
| | | | 第一学年 | | 第二学年 | | 第三学年 | | 第四学年 | |
| | | | 第一学期 | 第二学期 | 第三学期 | 第四学期 | 第五学期 | 第六学期 | 第七学期 | 第八学期 |
| 12 | 草原植物学 | 230 | 3 | 6 | – | – | – | – | – | – |
| 13 | 植物生理学附植物生物化学 | 100 | – | – | 5 | – | – | – | – | – |
| 14 | 农业气象学 | 50 | – | – | – | 3 | – | – | – | – |
| 15 | 农业测量学 | 50 | – | – | – | – | 3 | – | – | – |
| 16 | 土壤学附地貌学 | 100 | – | – | 5 | – | – | – | – | – |
| 17 | 遗传学 | 70 | – | – | 4 | – | – | – | – | – |
| 18 | 畜牧学 | 70 | – | – | – | – | 4 | – | – | – |
| 19 | 牧草育种学 | 90 | – | – | – | 5 | – | – | – | – |
| 20 | 牧草及饲料作物栽培学 | 90 | – | – | – | 5 | – | – | – | – |
| 21 | 草原培育学 | 90 | – | – | – | – | – | 5 | – | – |
| 22 | 草原调查与规划 | 90 | – | – | – | – | – | 5 | 3 | – |
| 23 | 草原保护学[3] | 120 | – | – | – | – | – | 4 | 3 | – |
| 24 | 草原生产机械化 | 80 | – | – | – | 5 | – | – | – | – |
| 总学时数 | | 2390 | 25 | 25 | 25 | 20 | 24 | 19 | 8 | – |
| 专业补充课：饲料加工学，牧区水利学，草原造林学，牧业经营管理学；学时数不做规定，开课时间主要在第七学期 | | | | | | | | | | |
| 选修课：第二外语，学时数和开课时间视具体情况而定 | | | | | | | | | | |

注：1. 据《关于全国草原专业教材会议的报告》，对原表中没有具体规定和数据的栏目做了精简。

2. 草原植物学也可分为（1）植物学及植物分类学和（2）植物生态学及植物群落学

两门课程开设。

3. 草原调查与规划也可以草业生态与生产设计课代替。

4. 草原生态化学、草原植物学和土壤学附地貌学在课程结束后的假期分别有 2 周、2 周和 1 周的教学实习。学时数和开课时间视具体情况而定。

5. 第八学期为毕业实习。

2. 专业教材编写规划

根据教学计划，讨论和制定了 9 门课程的教学大纲，确定了 9 门课程的 11 本教材的主编单位（封面规定只列主编单位）和主编人。教材从 1979 年开始统一由农业出版社出版，直到 1985 年完全出齐。这些教材的名称、主编单位和主编人如下。

《草原调查与规划》（甘肃农业大学，任继周）；

《草原培育学》（内蒙古农牧学院，章祖同；出版时书名改为《草原管理学》）；

《牧草栽培学》（内蒙古农牧学院，许令妊；出版时书名改为《牧草及饲料作物栽培学》）；

《牧草育种学》（甘肃农业大学，李逸民）；

《草原保护学第一分册：草原啮齿动物学》（甘肃农业大学，宋恺）；

《草原保护学第二分册：牧草昆虫学》（甘肃农业大学，邬世英）；

《草原保护学第三分册：牧草病理学》（甘肃农业大学，刘若）

《草原生态化学》（甘肃农业大学，任继周）；

《植物分类学》（八一农学院，崔乃然）；

《土壤学附地貌学》（八一农学院，钟骏平）；

《畜牧学》（甘肃农业大学，汶汉）。

3. “全国草原专业教材会议”的历史意义

1977 年的“全国草原专业教材会议”，制订了我国草业本科教学的第一个统一的教学计划，组织编写基本配套的专业基础课和专业课全国试用教材，规范了教学的基本内容和教学方法，规定了基本的教学条件，从而使草原专业的教学工作在教学计划和教材方面走向了统一和规范化的道路，在一定程度上保证了专业的教学质量和整体培养水平，因此，它是我国草原专业教育史上具有重大意义的事件。

（二）草原专业的发展和草原专业更名为草学专业

“全国草原专业教材会议”之后不久，我国开始实行改革开放政策，随着全国草业生产的迅速发展，我国草原专业的建设也进入了新的发展阶段。1978 年哲里木畜牧学院（现内蒙古民族大学）成立草原专业，它是我国第四个草原专业；随后青海畜牧兽医学院（现青海大学，1980）、四川农学院（现四川农业大学，1985）、西藏农牧学院（现西藏大学，1994）也陆续成立了草原本科或专科专业。这一时期我国共有 7 个草原专业。

20 世纪 90 年代初，我国的草业产业和草业科学得到快速发展，草业的内涵因而有了很大的扩展，为了适应草业生产和草业科学的发展，服务于生产需要，一些学校对草原专业的名称做了适应性的变动，例如，甘肃农业大学将草原专业改为草原与草坪专业，四川农业大学改为草地与城镇绿化专业，青海大学改为草原与饲料加工专业等，这对招生和就业都产生了积极的作用。1992 年教育部向甘肃农业大学询问对专业名称改动的意见，时任草业学院院长的胡自治基于草原专业内容的不断扩大和草业是大农业中与农业、林业三足鼎立的第一性产业的认识，提出将草原专业改为草学专业，以适应内涵的扩大以及与农学、林学并列的意义，此意见获得了院务会议的同意，经上报教育部获得同意，在 1993 年教育部公布的《普通高等学校本科专业目录》中，草原专业改称草学专业，草学专业成为教育部对本专业确定的第一个法定名称，但仍为畜牧一级学科之下的二级专业。

## 四、本科专业教学体系快速发展和提高阶段（1998 年至今）

这一阶段是本科专业经过了 20 年的恢复与发展后，获得西部大开发、全国生态环境恢复与建设、产业结构调整、草业进一步产业化以及高等学校扩招等历史机遇，从而进入了新的数量快速发展和质量全面提高的新的阶段，它具体表现在下列几个方面。

（一）专业名称改为草业科学并升格为一级学科

改革开放之后，随着高等教育的快速发展，高等学校出现了许多新的专业，本科专业数量不断增加，但同时也出现了专业划分过细，范围过窄，不利于学科发展和人才培养的弊端。为改变这种情况，教育部根据《关于进行普通高等学校本科专业目录修订工作的通知》的精神，按照科学、规范、拓宽的工作原则，在1993年原国家教委颁布的《普通高等学校本科专业目录》及原设目录外专业的基础上，经过高等教育面向21世纪教学内容和课程体系改革计划立项研究、分科类进行专家调查论证、总体优化配置、反复征求意见等步骤，在1997年3月提出了调整后的专业目录草案，并提交普通高等学校本科专业目录专家审定会审议通过。草案将原来的504个专业压缩了一半，调整为249个，规模小数量少的草学专业被列入撤销专业的目录之中。

专业要取消，这是个爆炸性的信息，对各校的草学专业师生震动很大，它一旦成为定论，相当于草业教育后退40年，它不仅对草业教育，而且也将对草业生产和草业科学的发展产生极大的不利影响。当时，作为中国草学会教育委员会（筹备组）联系中心的甘肃农业大学草业学院闻讯后，筹备组负责人胡自治立即与各校联系，商讨应对的办法，新疆八一农学院许鹏也同时与胡自治联系，建议进行联合行动，力保专业不被取消。在共同协商、全面评估调整政策和草学专业设置的历史、现状及存在的必要性基础上，由甘肃农业大学草业学院代表全国7个草学专业撰写了向教育部陈述保留专业的意见书。意见书要求保留专业的主要根据是：（1）草学专业是世界性的成熟专业，在美国等国已有60多年的历史，在我国也已有40年的历史，有其存在的国际国内的历史合理性；（2）草学专业是服务于有四个生产层、生产链很长的草业的专业面很宽的专业，而非专业面很窄的专业，调整意见书中提出将撤消后的草学专业，分别划归畜牧、农学、园艺、植物保护、林学和资源环境等专业，就证明草学专业是一个专业面很宽的专业；（3）草学专业是我国4亿 $hm^2$ 草原所必需，相较于1.2亿 $hm^2$ 耕地有四五个专业，0.86亿 $hm^2$ 森林有三四个专业，4亿 $hm^2$ 草原保留一个专业是必需的，也是最低限度的要求；（4）草学专业是为边疆少数民族地区主体产业草原畜牧业服务的专业，对促进边疆少数民族草原地区经济发展和社会进步具有极为重要和不可替代的作用。

1997年3月中旬，甘肃农业大学副校长王蒂、草业学院副院长孙吉雄，内蒙古农牧学院草原系主任李青丰，新疆农业大学草原系主任朱进忠赶赴北京，与中国农业大学草地研究所所长王培一同向农业部副部长路明进行了汇报，获得了农业部的肯定与支持，随后又向教育部主管高等农业教育的部门进行了汇报。与此同时，中国草原学会理事长洪绂曾教授和任继周院士也向教育部和其他相关部门积极反映保留专业的理由和意见。教育部专业调整工作的农学领域学科组组长、时任中国农业大学校长毛达如和以他为代表的学科组专家，明察草业科学专业发展的动向及存在的必要性，给予了力挽狂澜的支持，并在1997年10月“普通高等学校本科专业目录专家审定会”上，同意了要求保留专业并将专业名称改称草业科学专业的意见。1998年7月教育部公布了《普通高等学校本科专业目录》，草学专业被保留并升格为本科一级学科，学科名称为草业科学，学科之下设一个二级学科——草业科学专业。

专业被保留，并且升级为本科一级学科，这是我国草业教育史上又一个重大事件和新的里程碑。新的专业名称和学科级别，更完整、更全面和更科学地反映了专业的属性以及在当前大农业教育范围内草业教育的地位（参见表2），也为专业的进一步发展开创了极为有利的条件。

**表2　本科农学学科门类所属一级学科和二级学科（教育部，1998，2004）**

| 一级学科 | 二级学科 |
| --- | --- |
| 0901 植物生产类 | 090101 农学，090102 园艺，090103 植物保护，090104 茶学，090105 烟草*，090106 植物科学与技术*，090107 种子科学与工程*，090108 应用生物科学*，090109 设施农业科学与工程* |
| 0902 草业科学类 | 090201 草业科学 |
| 0903 森林资源类 | 090301 林学，090302 森林资源保护与游憩，090303 野生动物与自然保护区管理 |
| 0904 环境生态类 | 090401 园林，090402 水土保持与荒漠化防治，090403 农业资源与环境 |
| 0905 动物生产类 | 090501 动物科学，090502 蚕学，090503 蜂学* |
| 0906 动物医学类 | 090601 动物医学，090602 动物药学* |
| 0907 水产类 | 090701 水产养殖学，090702 海洋渔业科学与技术，090703 水族科学与技术* |

注：带＊号的是2004年教育部颁布新增的专业。

（二）教学指导思想得到创造性的提升

教学指导思想是指引领本专业教学工作的科学思想，通过它可以科学地设计和安排专业的教学体系，以达到更高水平的教学和培养质量。我国草业科学专业的教学指导思想历经了“草地经营是饲料生产的一个部门”“土—草—畜三位一体”和“草业生态系统”三个发展阶段，而后一指导思想是我国科学家提出的理论与实践，达到了当前世界领先水平。

1. “草地经营是饲料生产的一个部门”的认识阶段

这是苏联/俄罗斯科学界的传统认识，它们的几本权威教科书都认为“草地经营是饲料获得的一个组成部分，是农业的一个部门，其目的在保证畜牧业能得到足够的干草和青饲料。草地经营学包括关于草地、草地植被，关于它们的利用方法及栽培方法的全部知识”[1,2]。“苏联/俄罗斯草地经营学的教学任务首先是培养饲料生产专业的农学家”[3]，培养学生掌握“合理利用和改良天然草地，生产干草、青贮草、放牧饲料、草粉以及其他饲料”的知识和技能[4]，。

这一时期我国著名的学者也认同或基本认同上述的认识，例如，任继周（1961）在《草原学》教材中指出[5]：“草原学是农业生产科学整体的一部分，其主要目的在于以草原为对象，保证畜牧业能够得到数量足够、品质良好的青草与干草，并相应生产其他类型的饲料和作物。”但他也同时强调，“草原学的任务从根本上看来，是如何掌握植物有机物转化为动物有机物的规律，并运用这一规律达到饲料丰产的目的，以促进动物生产”，这一认识已较“草地经营学是饲料生产的一个组成部分”的观点有很大的进步。此外，贾慎修（1965）在其“草场经营学”讲义中写道[6]：“草场经营是饲料生产的一个组成部分，也是农业生产的一个重要部门，主要目的是保证畜牧业发展所需要的青饲料和干草，草场经营学的任务是研究关于草场、草场植被的利用方法和栽培方法的全部知识。”

20 世纪 50 年代，我国的高等教育全面学习苏联，按照苏联的模式办学办专业，草原专业也不例外。我国草原专业的教学指导思想，沿袭了苏联“草地经营学是饲料生产的一个组成部分”的认识，课程体系也按照上述认识进行设计和安排，例如，在各校的教学计划中，主干课程是植物学、草地改良与利用、牧草栽培学、牧草育种学等，专业范围较狭窄，培养的人才主要是为草原畜牧业服务。

“草地经营是饲料生产的一个组成部分”这一认识，是欧洲早期以人工草地牧草生产为基础的农业生产实践的反映，它重视草地农业生产或草地植物生产，目的是保证家畜的植物性饲料，但同时也不可避免地将草地科学置于畜牧学科的附属学科的地位，在一定程度上限制或阻碍了草地科学独立地向更广阔的领域发展。

2. “土—草—畜三位一体”理论阶段

“土—草—畜三位一体”理论是英国草地学家和思想家 W. 戴维斯（William Davies）1954 年提出的有关草地科学研究的重要理论。他认为草地科学研究的基本问题是草地土壤、牧草、家畜这些组分之间的相互关系；土、草、畜相互联系、相互影响，成为一个不可分割的整体；衡量草地生产力的唯一尺度就是畜产品[7, 8]。这一理论不仅长期指导着英国的草地科学研究和生产的发展，而且对世界草地科学也有深远的影响。我国草业科学奠基人王栋在 20 世纪 50 年代也有类似的表述，他在《牧草学通论》上册的扉页上题词“肉皆是草”，下册题词“无草，无牛；无牛，无粪；无粪，无农作”。

但是，我国在草原专业建立后的 20 年中，没有将先进的“土—草—畜三位一体”理论作为教学指导思想，尽管任继周在 20 世纪 60—70 年代曾多次强调过“草原学的全部内容，就是要探讨植物生产与动物生产相关联的特殊规律。这也就是草原学的基本矛盾”[9]。出现这种情况的主要原因，一是从 20 世纪 50 年代到 60 年代初，照搬苏联模式办草原专业，并且苏联的东西不容怀疑；二是 10 年的“文革”，隔绝了与世界的文化与科学的交流，没有及时学习和接受国外先进的科学理论和思想。

“文革”结束后，生态系统理论在我国得到大力的宣传和普及，许多学科和部门都将生态系统理论与自己的实际相联系、相结合。由于“土—草—畜三位一体”理论既是生态系统理论在草原科学的具体化，又是对草地牧业简明而又深刻的表述，因而长期存在于我国草原学界的科学指导思想的“草地经营是饲料生产的一个组成部分”与“土—草—畜三位一体”的争论得以结束，后一认识获得普遍认可，并成为草原科学研究和教学的指导思想。

这一变化在教学实践上的体现，就是在 1977 年召开的“全国草原专业教材会议”上，与会代表经过充分讨论一致同意，“草原科学包括了从植物生产到动物生产的转化过程”；在制订的草原专业教学计划（见表 1）中，在课程设计和组成上，专业基础课和专业课为土壤学附地貌学，草原植物学，草原生态化学或家畜饲养学，牧草育种学，牧草及饲料植物栽培学，草原培育学，草原调查与规划，草原保护学等。这不仅在很大程度上体现了土—草—畜三位一体理论的精神，同时也体现了草原科学的进步和内含的完整性和科学性。

3. 草业生态系统理论阶段

1982 年郎业广在陕西临潼召开的第二次全国草原学会学术讨论会上，提交和宣读了“立草为业”的论文，最早提出了草业一词。

钱学森院士 1984 年创造性地提出了“知识密集型草产业的问题”[10]。1985 年进一步诠释了知识密集型草产业的含意，并提到了农区和林区的草业，奠定了完整的草业科学和草业生产范畴。1987 年给草业创造了 Prataculture 这一国际名称。1990 年更具体地指出：草产业的概念不仅是开发草原，种草，还包括饲料加工、养畜、畜产品加工。最后一项也含毛纺织工业。他先后多次指出：草业除草畜统一经营之外，还有种植、营林、饲料、加工、开矿、狩猎、旅游、运输等经营活动。草业也是一个庞大复杂的生产经营体系，也要用系统工程来管理。[11]钱学森院士的草业系统工程思想，将草业的各具独立、特定功能的资源系统、生产系统和管理系统，运用系统工程理论整合为有机、有序的整体，从而达到草业系统生产、生态和经济优化。

与此同时，任继周院士（1984）提出了草地农业生态系统（简称“草业生态系统”）的概念[12]，论证了草业发生与发展（1985）[13]。1990 年提出草业生产的四个生产层的论点[14]，并在《草地农业生态学》（1995）一书中完整地论述草地农业生态系统的基本概念、结构、功能、效益评价等问题；在基本结构问题上，将草业生产划分为四个生产层。（1）前植物生产层（初级生产层）：以草地景观和环境效应展现其生产意义，也可称景观环境生产层，包括草坪、绿地、游憩、水土保持、防风固沙、自然保护区等；（2）植物生产层（初级生产层）：以草类植物为主的产品表现其生产意义，包括植物营养体、籽实、纤维、脂肪、分泌物等产品的生产和经营；（3）动物生产层（次级生产层）：以动物产品表现其生产意义，包括家养畜禽及野生动物的活体和肉、奶、毛、皮、役力及其他产品的生产和经营；④后生物生产层（加工贸易层）：对以上植物和动物生产层的草、畜产品进行加工、储藏和流通过程所体现的生产意义[15]。任继周（2004）在“草业科学框架纲要”一文中更明确地指出[16]：草业科学主要研究的对象是 3 个要素群、3 个主要界面和四个生产层；草业生态系统的生物因子群、非生物因子群和社会因子群及其关系是设立基础课的依据；草丛/地境、草地/动物、草畜系统/人类活动 3 个界面的功能特异性和必要性是设立专业基础课的依据；前植物生产、植物生产、动物生产和后生物生产 4 个生产层的生产需要是设立专业课的依据；在 4 个生产层的基础上，进一步将相关的基础课和专业基础课加以重组，就可以形成不同的二级学科或专业。

钱学森的草业系统工程思想和任继周的草业生态系统理论，适时地将我国20世纪80—90年代以草地为基础的多种多样的生产和产业命名为草业，用现代系统科学的方法和生态系统理论进行了科学的分类和聚类，明确了草业的结构和功能，丰富了草业的内涵和外延，确定了草业名称的合理性和生产的特殊性，从而表明草业是与农业、林业并列的一个生产部门，并构成了现代大农业第一性生产层中三足鼎立的格局。

草业生态系统理论是世界领先水平的创新性的理论，我国的草业科学和草业教育在此理论的基础上获得了划时代的发展。在科学方面，使传统的一畜牧科学范畴的土－草－畜系统的草原学，扩展、提升到更为现代、独立和系统的草业科学，它不仅具有更丰富、更系统的科学内涵，也具有更强的产业概括性。在教学方面，草业生态系统理论作为教学指导思想，在四个生产层的基础上，设立专业和专业方向并确定专业课程的组成，从而扩大了专业和专业方向的设置，增加了专业课的门类，丰富了专业课程的教学内容，使专业面得到很大扩展，为我国的草业教学开辟了新的天地，培养的人才能够适应牧区、农区、林区、城市草业各子系统的要求。同时，草业科学专业的级别也由二级专业提升到了与植物生产类、森林资源类、动物生产类等并列的一级学科（参见表2），使我国草业教育的发展进入了新的历史阶段。

（三）本科专业建设得到快速发展，数量迅速增加，空间分布均匀

过去的很长时期，由于草原资源和草原畜牧业的地域分布特点，再加上认识上的局限，1958年建立了第一个草原专业，20年后的1978年才增加到4个，并且都分布在西部草原牧业省区，内蒙古两个，甘肃、新疆各一个。直到1998年，又经过10年的缓慢发展，草原（草学）本科专业数量依然很少，虽然增加到7个，内蒙古2个，甘肃、新疆、青海、西藏和四川各一个，但仍未突破西部草原牧区的界线。在以后的时期中，我国的草业教育获得了前所未有的发展机遇，2000年开始实施的西部大开发和生态环境建设以及全国草业的持续发展，极大地推动了我国草业教育的发展，2002年本科专业增加到15个。2004年达到23个。2008年更增加到30个，较1998年增加了3倍多（见表3）。

表 3　全国高等学校草业科学本专科专业情况表（按专业成立时间排序）

| 学校名称 | 成立时间 | 教师人数 | 毕业本、专科人数 | 在读本科生人数 |
|---|---|---|---|---|
| 1. 内蒙古农业大学 | 1958 | 35 | 2379 | 573 |
| 2. 甘肃农业大学 | 1964 | 40 | 3394 | 581 |
| 3. 新疆农业大学 | 1965 | 26 | 2111 | 277 |
| 4. 内蒙古民族大学 | 1978 | 13 | 1007 | 138 |
| 5. 青海大学 | 1980 | 38 | 1177 | 162 |
| 6. 四川农业大学 | 1985 | 17 | 904 | 124 |
| 7. 贵州大学 | 1986 | 6 | 417 | 180 |
| 8. 西藏大学 | 1994 | 7 | 238 | 129 |
| 9. 云南农业大学 | 1998 | 13 | 296 | 120 |
| 10. 山西农业大学 | 1999 | 10 | 172 | 126 |
| 11. 宁夏大学 | 2000 | 34 | 129 | 62 |
| 12. 西北农林科技大学 | 2000 | 11 | 279 | 229 |
| 13. 广东仲凯农业工程学院 | 2000 | 9 | 82 | 163 |
| 14. 南京农业大学 | 2000 | 7 | 150 | 120 |
| 15. 中国农业大学 | 2001 | 23 | 132 | 120 |
| 16. 北京林业大学 | 2001 | 8 | 252 | 264 |
| 17. 河北农业大学 | 2001 | 10 | 75 | 175 |
| 18. 黑龙江八一农垦大学 | 2001 | 7 | 100 | 46 |
| 19. 湖南农业大学 | 2001 | 14 | 150 | 182 |
| 20. 海南大学 | 2001 | 13 | 197 | 161 |
| 21. 兰州大学 | 2002 | 64 | 189 | 268 |
| 22. 新疆塔里木大学 | 2002 | 9 | 0 | 90 |
| 23. 沈阳农业大学 | 2002 | 6 | 74 | 103 |
| 24. 华南农业大学 | 2002 | 9 | 0 | 120 |
| 25. 青岛农业大学 | 2002 | 4 | 45 | 0 |

续表

| 学校名称 | 成立时间 | 教师人数 | 毕业本、专科人数 | 在读本科生人数 |
|---|---|---|---|---|
| 26. 山东农业大学 | 2003 | 7 | 52 | 52 |
| 27. 西南大学 | 2003 | 18 | 110 | 86 |
| 28、河南农业大学 | 2003 | 10 | 114 | 231 |
| 29、东北农业大学 | 2005 | 11 | 0 | 75 |
| 30、安徽农业大学 | 2006 | 7 | 0 | 150 |
| 合计 | — | 486 | 14225 | 5107 |

注：1. 只有研究生专业没有本科专业的院校、职业技术学院和科研单位未列入。

2. 表中数据为2008年年底的数据。西北农林科技大学为2009年年底的学生数据。

3. 江西农业大学未建立草业科学本科专业，但2003年在农学院园艺专业招收绿地建植与养护方向本科生，截至2009年已毕业本科生41名，在读170名，有专业教师10人。

截至2009年年底，我国草业科学30个本科专业分布在北京、河北、山西、内蒙古、辽宁、黑龙江、陕西、甘肃、宁夏、青海、新疆、云南、贵州、四川、西藏、重庆、江苏、安徽、山东、河南、湖南、广东、海南23个省市自治区。在空间分布上，从牧区到农区，从南方到北方，从西部到东部，各个地区都有了草业科学本科专业，其中，北京、内蒙古、甘肃、新疆、广东、黑龙江和山东各省（市、自治区）都有两个，我国不仅成为世界上草业科学专业最多，而且也是空间分布均匀、布局合理的国家。

各院校草业科学专业的师生规模差异比较明显（表3），总的情况是历史较长的专业规模较大。

兰州大学的草业科学专业由于前身是甘肃省草原生态研究所，已有30年历史，所以教学科研人员最多，有64人，甘肃农业大学有40人，内蒙古农业大学、青海大学和宁夏大学均为35人左右，新疆农业大学和中国农业大学为25人左右，其余均在20人以下，有11个专业的教师不足10人。

1962—2008年的47年期间，我国共毕业草业科学本专科生14225名。其中，甘肃农业大学培养量最大，共毕业3394名；内蒙古农业大学和新疆农业大学的培养量也很大，分别为2379名和2111名；其次为青海大学和内蒙古民族大学，分别为1177和1007名。2009年6月的全国在读本科生数为4886名，其中甘肃农业大学和内蒙古农业大学最多，分别为581名和573名；新疆农业大学、兰州大学、北京林业大学、河南农业大学和西北农林科技大学都在250名左右，其余院校均不足200名。

本科专业得到如此快速的发展，绝不是偶然的，而是得益于内因和外因的良好配合。从内部因素来说，是新的教学指导思想——草业系统工程理论和草业生态系统理论，将草业科学教学的内容从草原畜牧业扩大到草原的景观环境生产、植物生产、动物生产、加工贸易以及它们之间的界面领域，特别是草坪业、种草养畜业、草产品加工业的发展，使草业成为全国性的产业，受到全国各个地区的重视，使草业科学专业成为新型的广谱专业，能更好地适应不同地区、不同草业生产类型的需要，在牧区、农区、林区、城市都有服务对象的产业，为专业的迅速发展奠定了科学技术的基础。从外部因素来说，一是草业的各个领域在改革开放的政策引导之下发展迅速，对草业各领域的人才有了更大的需求，而产业的需求是教育市场发展的最大推动力；二是国家实施西部大开发战略，其中的加强生态环境保护和建设，调整产业结构等重要任务对草业紧密相关，对草业科学专业人才的需求增加；三是国家对高等教育施行开放和扩招的政策，为以前没有草业科学专业的省区建立专业提供了新的机遇和空间[17]。

（四）专业方向多种多样，丰富多彩

1998年教育部虽然将草业科学专业提升为本科一级学科，并规定在一级学科之下只设一个二级学科——草业科学专业，但由于草业和草业科学专业内容丰富，因而专业课程很多，一个二级专业越来越不能适应我国草业教育发展的实际。为了适应这种情况，在这一阶段的初期，各院校在专业方向做了一些调整，例如，内蒙古农业大学、新疆农业大学、青海大学和西藏大学等的草业科学专业，以草原畜牧业为主要服务对象，以土—草—畜系统为主干内容安排教学内容，专业方向没有发生大的变化；甘肃农业大学、四川农业大学等为了适应城市草坪绿化业市场的要求，增加了草坪学的内容，专业方向分别为草原与草坪和草业与城市绿化；南京农业大学的草业科学专业为适应南方草业的特点，以饲料生产与草坪和为专业方向；北京林业大学和仲恺农业工程学院的专业方向为草坪管理[17]。

2001年以后，随着社会各界对草业的普遍认识和接受，教学改革的进一步深化，各校根据所处地域特点、自身的办学条件以及人才市场的需求，对草业科学专业培养的方法采取了突出重点、积极开放的态度，具体的运行方式有两种类型。第一种类型是实行模块化的培养，即在草业科学专业的基础上，在学习的后期分班按不同的草业科学和生产方向进行培养。第二种类型是实行准专业的培养，即直接按草业科学次一级的不同专业方向招生，在更专的条件下进行培养。根据对各院校所设模块和方向的统计，约有10多个，名称多种多样，内容丰富多彩，这种情况体现了草业生产和草业科学专业教学的发展和繁荣。如果对这些模块和方向根据草业的四个生产层进行分类，属于前植物生产层的有草坪科学、草坪与城乡绿化、草坪与花卉、高尔夫球场管理等，属于植物生产层的有草地农学、草地遗传资源与生态、药用植物等，属于植物生产层和动物生产层界面上的有草原畜牧业、草地资源与管理、草地生态与环境、草原保护等，属于后生物生产层的有牧草及饲料加工、草业经济等。这种情况一方面体现了草业生产的多样化需要培养多样的专门人才；另一方面也表明，作为一级学科的草业科学只有一个二级专业是不够的，生产的基础变化了，作为上层建筑的教学也应该进行调整，而上述的专业或专业方向的设置，为这种调整提供了实践基础。

（五）专业所在院校各有不同，所属学院各有所异

在新的发展时期，草业科学本科专业不仅设立在传统的高等农业院校，而且也设立在综合院校，例如，兰州大学2002建立了草业科学专业；还有一些相关的农业院校进行合并和调整后，草业科学专业也被带到综合院校，例如，塔里木大学、贵州大学、内蒙古民族大学、宁夏大学、青海大学、西藏大学、海南大学等。另外，在林业院校也设立了草业科学专业，例如北京林业大学设立了草业科学本科专业，并且将草坪与高尔夫球场管理作为专业方向的重点。

由于草业科学的学科面较广，与较多的学科密切相关，另外也由于成立时间和自身实力的不同，因此各个草业科学专业在所在院校有不同的地位和不同的所属。有3个专业独立建院，它们是甘肃农业大学草业学院、兰州大学草地农业科技学院、新疆农业大学草业与环境科学学院。其余的专业分别归属6类学院，其中以动物科技学院最多，如中国农业大学、东北农业大学、黑龙江八一农垦大学、河北农业大学、山西农业大学、西北农林科技大学、

塔里木大学、四川农业大学、西南大学、云南农业大学、山东农业大学、青岛农业大学、南京农业大学的草业科学专业隶属动物科技学院；内蒙古民族大学、宁夏大学、西藏大学、河北农业大学（该校在动物科技学院和农学院分别设立了以牧草饲料学和草坪学为方向的草业科学专业）、湖南农业大学、华南农业大学、海南大学、安徽农业大学、仲恺农业工程学院的草业科学专业隶属农学院；内蒙古农业大学和山东农业大学的草业科学专业分别隶属生态环境学院和资源环境学院；沈阳农业大学和河北农业大学的草业科学专业隶属园艺学院；河南农业大学的草业科学专业隶属牧医工程学院；北京林业大学的草业科学专业隶属林学院。

## 参考文献

[1] 德米特里耶夫 A M. 草地经营（附草地学基础）[M]. 蔡元定，章祖同，译. 北京：财政经济出版社，1954：4.

[4] 张自和. 俄罗斯草地经营学的形成与发展 [J]. 国外畜牧学——草原与牧草，1997（2）：14—16.

[5] 甘肃农业大学. 草原学 [M]. 北京：农业出版社，1964：1，20.

[6] 贾慎修. 草地经营学及其发展 [M] //贾慎修文集. 北京：中国农业大学出版社，2002：46.

[7] 万长贵. 英国草地研究所 [J]. 国外畜牧学——草原，1981（1）：67—69.

[8] 任继周. 草业大词典 [M]. 北京：中国农业出版社，2008：164.

[9] 任继周. 草原的农学范畴及其类型问题 [J]. 甘肃农业大学学报，1965（2）：41—47.

[10] 钱学森. 草原、草业和新技术革命 [N]. 内蒙古日报，1984-06-29.

[11] 中国草业协会，中国系统工程学会草业学组. 国家杰出贡献科学家钱学森关于草业的论述 [J]. 草业科学，1992，9（4）：11—19.

[12] 任继周. 南方草山是建立草地农业系统发展畜牧业的重要基地 [J]. 中国草原与牧草，1984（1）：8—12.

[13] 任继周. 从农业生态系统的理论来看草业的发生与发展 [J]. 中国草原与牧草，1985（4）：5—7.

[14] 任继周. 发刊词 [J]. 草业学报，1990（1）：1—2.

[15] 任继周．草地农业生态学［M］．北京：中国农业出版社，1995：9—18.

[16] 任继周，侯扶江．草业科学框架纲要［J］．草业学报，2004，13（4）：1—6.

[17] 胡自治．中国高等草业教育的历史、现状和发展［J］．草原与草坪，2002（4）：57—61.

# 中国草业教育发展史：Ⅱ、研究生教育*

中国的草业科学研究生教育开始于1951年，较本科专业早7年，也是较早启动研究生教育的学科之一。近60年来，历经了非学位研究生教育（1951—1976）和学位研究生教育（1978至今）两个阶段的发展，培养和研究的方向从牧草学和草原学，扩展和覆盖到环境生产、植物生产、动物生产、工贸生产4个生产层的诸多方面；专业的名称也由草原科学改为草业科学。研究生教育在内涵提高的同时，外延也得到了很大的扩展，学科点的数量和培养规模大幅度增加，2010年全国共有草业科学硕士点38个，博士点19个，覆盖全国27个省市自治区；有硕士生导师232人，博士生导师107人。已毕业硕士生1643名，博士生328名；在读硕士生1114名，博士生319名。我国已成为世界上同类专业中教学指导思想先进，培养层次完整、学科点和学生数量最多的国家。

## 一、前言

研究生教育是高等教育中本科教育之上的更高层次，并分为两种类型，即学术（或科学）学位（academic degree）研究生和专业学位（professional degree）研究生。两者的主要不同之处是，前者按学科设立，以学术研究为导向，偏重理论和研究，主要培养大学教师和科研机构的研究人员；后者以专业实践为导向，重视实践和应用，主要培养在专业和专门技术上受到正规的、高水平训练的高层次人才。它们是处于同一层次，但培养目标不同的两个平行系列，有硕士和博士两个层次，博士为最高的一个层次。

中国的研究生教育萌芽于20世纪初，1902年在学制上开始出现独立的具有

---

* 作者胡自治、师尚礼、孙吉雄、张德罡、姚拓。发表于《草原与草坪》，2010（2）：1—7.

研究生教育性质的高等教育层次。1935 年国民政府颁布了《学位授予法》，标志着中国的研究生教育进入了正规化阶段，1935—1949 年全国有 232 名研究生被授予硕士学位。中华人民共和国成立后政府重视研究生的培养，1950—1965 年共招收研究生 22700 多人，但未实行学位制度，毕业的研究生都没有授予相应的学位[1,2]。1966 年后，由于“文化大革命”，研究生教育中断了 12 年之久。1978 年实行改革开放政策以后，立即恢复了招收培养研究生制度。1980 年 2 月 12 日，中华人民共和国第五届全国人民代表大会常务委员会第十三次会议审议通过了《中华人民共和国学位条例》，并于 1981 年 1 月 1 日起施行。1981 年 5 月 20 日，国务院批准了《中华人民共和国学位条例暂行实施办法》，制定了学士、硕士、博士三级学位的学术标准，中国学位制度从此建立，中国学位与研究生教育自此有了长足发展[3]。

王栋教授（1906—1957）

草业科学是我国研究生教育起步较早的学科之一，是从中华人民共和国成立后开始的，1951 年南京大学（现南京农业大学）王栋招收了我国第一批牧草学研究生，开创了我国草业科学研究生教育的先河，至今已有 60 年。研究生学科名称历经了牧草学、草原学（1951—1983），草原科学（1983—1998）和草业科学（1998 至今）3 个时期。培养制度也经历了“文革”前的非学位教育和“文革”后的学位教育两个阶段。

## 二、“文革”前的非学位研究生教育阶段（1951—1976 年）

我国的草业科学研究生培养实践比本科早 7 年，1951 年即开始招收和培养研究生。“文革”前我国有 6 所高等农业院校曾招收和培养牧草学和草原学研究生[4]。

（一）培养制度和培养方法

这一阶段我国研究生培养的总的特征是没有与国际接轨，其主要表现为与西方和苏联的培养方法都不一样，即没有实行学位制度，没有博士研究生和硕士研究生层次的区分，研究生毕业后也不授予学位。1956 年高等教育部曾计划实行苏联的研究生培养制度，招收副博士学位研究生，但因反右派运动的开展而未付诸执行。

这一时期的研究生培养工作，由于国家没有统一的培养制度和规范，因此各校在培养目标、研究方向、课程设置、培养方式和培养方法等方面都有很大的差异，也没有实行学分制。研究生导师由所在院校遴选具有教授、副教授和其他职称或学术水平的教师担任。研究生的招收，50 年代末以前在本科毕业生中按计划实行分配的方式，60 年代实行分配与考试相结合的方式。没有统一的专业目录，一般按专业课程培养研究生。研究生的课程设置由指导教师确定，课程门数较少，一般为 4—5 门，课程学习时间 1 年。论文研究时间 1—2 年，论文完成后进行毕业论文答辩，但没有规范的答辩程序。

（二）培养规模和指导教师

1951 年王栋在南京大学农学院招收了我国第一批也是第一个牧草学研究生许令妊；1952 年招收了 6 名，这是“文革”前一年一位导师招收的最大批量研究生；1953 年招收了 3 名。1953 年叶培忠在华中农学院（现华中农业大学）、卢得仁和任继周在西北畜牧兽医学院（现甘肃农业大学）也开始培养牧草学或草原学研究生。1956 年以后全国只有任继周在甘肃农业大学（1959、1960 和 1961 年）、贾慎修在北京农业大学（现中国农业大学；1960 年）、孙醒东在河北农学院（现河北农业大学）招收和培养草原学或牧草学研究生。1966 年“文革”开始，研究生招生被迫停止。

在 1951—1966 的 16 年期间，我国共招收和培养牧草学和草原学研究生 29 名，他们是许令妊、许鹏、刘建修、廖世俊、徐龙珠、罗春梅、缪龙森、陈清硕、周策群、袁恩祥（导师王栋）；黄文惠（1954 年秋转为攻读苏联草地经营学副博士研究生，获农业科学副博士学位）、彭启乾、肖贻茂、余毓君（导师叶培忠）；郭博、李逸民、李琪（导师卢得仁和任继周）；胡自治、邢锦珊、杜文忠、韩学俊、苏连登、王宁、刘奉贤（导师任继周）；耿华珠，谢尚明（导师孙醒东）；许志信、刘庆棣、史德宽（导师贾慎修）。这些毕业生中的大部分后来成为本学科的科研和教学骨干，为学科的发展做出了贡献。

## 三、“文革”后的学位研究生教育阶段（1978 年至今）

《中华人民共和国学位条例》和《中华人民共和国学位条例暂行实施办法》对硕士学位、博士学位的授予机构、考试课程和要求、学位论文的答辩、学位评定委员会等都做出了具体的规定，从此，我国开始了规范的与国际接轨的研究生培养制度。

表 1　我国草业科学专业设置和建立时间表（按本专科和研究生专业招生时间排序）

| 学校名称 | 本专科 | 硕士点（或“文革”前招生） | 博士点 | 重点学科 | 博士后流动站 |
|---|---|---|---|---|---|
| 1. 南京农业大学 | 2000 | 2001（1951） | 2000 | – | – |
| 2. 河北农业大学 | 2001 | 2005（1953） | – | – | – |
| 3. 华中农业大学 | – | 2006（1953） | 2006 | – | – |
| 4. 甘肃农业大学 | 1964 | 1981（1953） | 1984 | 1989 | 2001 |
| 5. 内蒙古农业大学 | 1958 | 1981 | 1993 | 2002 | 2001 |
| 6. 中国农业大学 | 2001 | 1981（1960） | 1986 | 2007 | 1986 |
| 7. 新疆农业大学 | 1964 | 1983 | 1998 | 2007 | 2001 |
| 8. 内蒙古民族大学 | 1978 | 2006 | – | – | – |
| 9. 青海大学 | 1980 | 2005 | – | – | – |
| 10. 四川农业大学 | 1985 | 1986 | 2000 | – | – |
| 11. 中国农业科学院 | – | 1990 | 2006 | – | – |
| 12. 宁夏大学 | 2000 | 1993 | 2003 | – | – |
| 13. 西藏大学 | 1994 | – | – | – | – |
| 14. 贵州大学 | 1998 | 2006（1986） | – | – | – |
| 15. 北京林业大学 | 2001 | 1999 | 2001 | – | – |
| 16. 云南农业大学 | 1999 | 2002 | – | – | – |
| 17. 山西农业大学 | 1999 | 2003 | 2008 | – | – |
| 18. 东北师范大学 | – | 1999 | 2006 | – | 2006 |

续表

| 学校名称 | 本专科 | 硕士点（或“文革”前招生） | 博士点 | 重点学科 | 博士后流动站 |
|---|---|---|---|---|---|
| 19. 中山大学 | – | 1999 | – | – | – |
| 20. 西北农林科技大学 | 2000 | 2006 | 2006 | – | – |
| 21. 广东仲凯农业工程学院 | 2000 | – | – | – | – |
| 22. 湖南农业大学 | 2001 | 2003 | 2005 | – | – |
| 23. 海南大学 | 2001 | 2005 | – | – | – |
| 24. 黑龙江八一农垦大学 | 2001 | – | – | – | – |
| 25. 兰州大学 | 2002 | 2002 | 2006 | – | 2009 |
| 26. 青岛农业大学 | 2002 | 2006 | – | – | – |
| 27. 华南农业大学 | 2002 | 2007 | 2007 | – | – |
| 28. 沈阳农业大学 | 2002 | 2007 | – | – | – |
| 29. 新疆塔里木大学 | 2002 | – | – | – | – |
| 30. 河南农业大学 | 2003 | 2006 | 2005 | – | – |
| 31. 西南大学 | 2003 | 2003 | – | – | – |
| 32. 山东农业大学 | 2003 | 2003 | – | – | – |
| 33. 吉林农业大学 | – | 2003 | – | – | – |
| 34. 吉林大学 | – | 2004 | – | – | – |
| 35. 东北农业大学 | 2006 | 2006 | 2006 | – | – |
| 36. 安徽农业大学 | 2006 | 2006 | – | – | – |
| 37. 扬州大学 | 2010 | 2006 | 2006 | – | – |
| 38. 延边大学 | – | 2006 | – | – | – |
| 39. 江西农业大学 | – | 2006 | – | – | – |
| 40. 上海交通大学 | – | 2006 | – | – | – |
| 41. 福建农业大学 | – | 2007 | – | – | – |
| 42. 内蒙古大学 | – | 2008 | – | – | – |

注：博士后流动站指草业科学为支撑学科之一的畜牧一级学科博士后流动站。

（一）学科名称的确定

1978 年恢复研究生的招生工作后，专业名称依“文革”前的惯例，有草原学和牧草学两个学科。1983 年“草原科学硕士学位研究生培养方案审定会”将草原学和牧草学两个学科合并为草原科学学科，为畜牧一级学科的二级学科（专业）。1998 年教育部调整全国本科专业目录，本科的草学专业改称为草业科学专业，并由二级学科提升为一级学科，据此，研究生的草原科学学科也改称为草业科学，但级别未变，仍为研究生畜牧一级学科的二级学科。

（二）学位授权点的审定

1981 年颁布的《中华人民共和国学位条例暂行实施办法》规定，研究生学位授予单位、硕士点与博士点以及博士研究生指导教师由国务院学位委员会组织审核和批准。1995 年进行了改革，规定新增博士学位授予单位和博士学科点仍由国务院学位委员会组织审核和批准，学位授予单位在自行审核招收培养博士生计划的同时，遴选确定博士生指导教师；硕士学科点由地方、部门或学位授予单位根据统一规定的办法组织审核、批准。

1981 年国务院学位委员会第一次学位授予权单位审定会议批准甘肃农业大学、内蒙古农牧学院（现内蒙古农业大学）、中国农业大学为我国第一批具有草原科学硕士学位授予权单位。随后，八一农学院（现新疆农业大学）和四川农业大学分别在 1984 年和 1986 年的第二批和第三批审定会议上获得草原科学硕士学位授予权。从 1995 年开始，逐步实行新的学位授权审核办法：新增硕士学位授予单位由国务院学位委员会组织审核和批准；在一定的学科范围内和一定的总量控制下，硕士点审批权下放给成立了省级学位委员会的省市和一部分条件较好的高等学校。硕士点由地方、部门或学位授予单位根据统一规定的办法组织审核、批准。

1984 年国务院学位委员会第二次学位授予权单位审定会议批准甘肃农业大学为第二批具有草原科学博士学位授予权单位。此后，中国农业大学在 1986 年在第三批，内蒙古农业大学在 1993 年在第七批审定会议上获得草原科学博士学位授予权。另外，东北师范大学在 1986 年第三批，内蒙古大学在 1990 年第四批相继获得生态学（草原生态方向）博士学位授予权。

由于学位授权审核办法的改革和草业科学教育的不断发展，我国草业科学硕士和博士学位授予单位在此后有了很大的发展（详见后文“研究生的培养规模及成绩”）。

（三）研究生导师的遴选

1981年国家建立学位制度后，研究生指导教师开始实行遴选制。硕士研究生导师遴选办法是，本人申请，院系审查，校学位评定委员会审议并批准。博士研究生导师的遴选则较为严格，1981—1995年的遴选办法是，个人和单位申请，农业部初审，国务院学位委员会学科评议组专家复审，报国务院学位委员会批准。

1993年以前由国务院学位委员会批准的草业科学博士研究生指导教师有：甘肃农业大学任继周在1984年国务院学位委员会第二批导师遴选会议上被批准为草业科学博士研究生指导教师；此后，北京农业大学贾慎修、东北师范大学祝廷成在1986年第四批，新疆八一农学院许鹏、甘肃农业大学胡自治和内蒙古大学李博教授在1990年第六批，甘肃农业大学符义坤和内蒙古农牧学院刘德福在1993年第七批导师遴选会议上被批准为博士研究生指导教师。1995年以后改由省级学位委员会或一级学科博士授予权的学科点审批和备案，由于数量较多，不再详细叙述。

（四）草业科学学术学位研究生培养方案和培养方法的改革

为了加强农科研究生的培养工作，提高研究生培养质量，教育部和农业部等有关领导部门曾多次指令或指导对研究生培养方案的制订和改革，其中，农业部在1983年和1991年两次组织会议对草业科学研究生培养方案或培养要求进行了审定，对规范培养方法和提高培养质量起到了历史的重要作用。

1. 1983年全国《草原科学专业硕士学位研究生培养方案》的制订

1983年受农业部委托，由甘肃农业大学任继周教授牵头，在内蒙古农牧学院召开了全国“草原科学硕士学位研究生培养方案审定会”，出席会议的有甘肃农业大学任继周、宋恺、胡自治和孙吉雄，内蒙古农牧学院彭启乾和章祖同6位代表。与会代表对培养目标、研究方向、学习年限、课程设置与学时分配、培养方式和方法、学位课和必修课内容简要说明、选修课名称以及专业名称进行了充分讨论并取得了一致意见。其中最重要的是：（1）确定了本专业的名称为草原科学；（2）草原科学专业设立草原资源与生态、牧草栽培与育种、草原保护三个研究方向，除了学位课（也称公共课）各研究方向均必修外，各研究方向还规定了自己的2—3门必修课，选修课则可根据研究方向和导师意见选学；（3）形成了《草原科学专业硕士研究生培养方案（试行）》，上报农业部后得到批准并在全国施行。北京农业大学贾慎修代表因故在会议临结束时才到会，未能参加培养方案的讨论。

2. 1991 年全国《草原科学专业硕士研究生培养方案》的修订和草原科学专业博士学位研究生培养基本要求的审定

为了进一步总结提高研究生培养质量的经验，农业部在 1990—1991 的两年期间，集中力量组织修订和制订了农学学科 42 个学科的硕士学位研究生培养方案和 33 个学科的博士研究生培养的基本要求，其中包括草原科学学科。

草原科学研究生培养方案审定会 1991 年 10 月 8—10 日在西北农业大学（现西北农林科技大学）召开，出席会议的代表有甘肃农业大学任继周、胡自治，北京农业大学王培，新疆八一农学院许鹏，中国农业科学院蒋尤泉以及会议工作人员西北农业大学呼天明共 6 人，会议由培养方案的主编任继周主持。在 1983 年《草原科学专业硕士研究生方案（试行）》的基础上，通过充分的讨论和协商，会议修订和审定了下列三个文件。

（1）《草原科学专业硕士研究生培养方案》。主要内容摘录如下。

培养目标：培养适应我国社会主义现代化建设需要的，德、智、体全面发展草原科学高级专门人才。

研究方向：根据本专业学科的发展和国家“四化”的需要，设立①草原资源、生态、培育和环境，②牧草种质资源、育种、栽培和人工草地，③草原保护和野生动物 3 个研究方向，各院校（所）可根据本单位的特点和导师专长选定。

学习年限：3 年。

课程设置与学时分配：课程学习采用学分制。课程分为必修课（包括学位课和研究方向必修课）和选修课（包括指定选修课和一般选修课）。

学位课（也称公共课，各研究方向必修）：①马克思主义理论课（4 学分），②外国语（6 学分），③高级生态学（4 学分），④草原类型学（2 学分），⑤研究生班讨论课（1 学分）。

指定必修课（根据研究方向分设，每个方向 2 门）：草原资源、生态、培育和环境方向有①高级动物营养学（2 学分），②放牧管理学（2 学分）；牧草种质资源、育种、栽培和人工草地方向有①高级动物营养学或数量遗传学（2 学分），②高级植物生理学（2 学分）；草原保护和野生动物方向有①普通植物病理学或昆虫分类学或草原动物综合管理学（3 学分），②牧草病理学研究方法或植物化学保护或脊椎动物学原理（2 学分）。

指定选修课（根据研究方向分设，每个方向2—3门）：除计算机技术及其应用（3学分）为各研究方向共选外，草原资源、生态、培育和环境方向有①农业系统工程学（3学分），②植物生理生态学或土壤地理学及土壤调查制图（2学分）；牧草种质资源、育种、栽培和人工草地方向有①细胞遗传学或牧草营养与施肥（3学分），②牧草育种技术或牧草高产栽培理论与实践（2学分）；草原保护和野生动物方向有①农业系统工程学（3学分），②高级牧草病理学或植物化学保护或草原野生动物与害兽防治（2学分）。

一般选修课：根据研究生本人需要，取得导师同意后自选2—4门课程，计算学分，每门不超过2学分。

培养方式和方法：共有思想政治工作、课程学习、科研工作学位论文、教学实践、社会实践和劳动、身心健康、中期考核等7部分内容。

学位课和必修课内容简要说明与选修课名称：对学位课、指定必修课的教学内容做了简要说明，并列出了36门选修课的名称。

（2）《草原科学专业硕士学位论文的要求》。根据《中华人民共和国学位条例》第五条和《中华人民共和国学位条例暂行实施办法》第八条对授予硕士学位人员的学术水平和学位论文水平要求的规定，从论文的选题、文献综述、研究工作要求、论文写作的规范、论文的创新等方面提出了具体的要求。

（3）《草原科学专业博士学位研究生培养的基本要求》。鉴于博士研究生培养要求的特殊性和我国培养实践的历史较短，经验较少，因此制订的文件名称不叫培养方案而叫培养的基本要求。其主要内容摘录如下。

培养目标：培养目标博士研究生的培养必须坚持正确的方向，贯彻“面向现代化，面向世界，面向未来”的指导思想，树立质量第一的观点，坚持德、智、体全面发展的方针，使博士生在政治思想、道德品质、学术水平和独立工作能力诸方面均达到高标准，成为从事学术活动、科学研究、教学工作和社会活动的高级专门人才。

学习年限和学习方式：一般为3年。学习方式是在导师指导下以自学为主，独立地开展科学研究工作和撰写学位论文。在开展研究论文前，要有针对性地修读15—20学分的学位课。

招生：主要从有实践经验的具有硕士学位的在职人员中招收，也可从应届硕士毕业生中招考，还可实行硕博连读。

培养方式：博士生的培养采取导师负责制。注意发挥导师在选拔研究生、选修课程、确定论文题目以及科学道德培养等方面的主导作用。

博士学位课程：共设马克思主义理论课、外国语、基础理论课和专业课4门。后两门的具体课程由导师根据研究方向和研究生的情况确定。

学位论文：博士学位论文应具有较高的科学水平和创造性。田间或野外试验应具有两年以上的重复结果。应做出学术贡献，在国家级学术刊物发表或以专著形式出版。

3. 培养方案的自主改革

1998年以后，在扩大培养单位自主权的改革精神下，草业科学研究生培养方案的修订在国家学位委员会的统一安排和指导下，由各校自己自行进行，未再制订全国统一的培养方案。

2006年在南京农业大学召开的“第三届全国畜牧学科高峰论坛”上，有5所大学交流了自主制订的草业科学博士研究生培养方案及课程设置；16所高校交流了自主制订的草业科学硕士研究生培养方案及课程设置。各校的研究生培养方案除了具有相近的培养目标和学位课外，研究方向和专业课设置基本上集中于草原学、牧草学和草坪学三大学科领域，但由于各学科点学术发展和积累、师资力量，以及所在地区的自然条件和经济发展等的不同，在具体的研究方向和课程设置上也反映了各自的区域特点、学术特色和研究重点，下面选列一些具有代表性的草业科学研究生培养方案中的研究方向，以体现和比较各校研究生培养的异同。

（1）博士研究生的研究方向

中国农业大学：①草地管理、草地生态与草地资源②牧草栽培、草产品加工与利用③牧草种子、牧草育种与生物技术，④草坪与城市绿化。

甘肃农业大学：①草业生态②草地资源与环境③牧草与草坪草种质资源与育种④草坪与园林⑤草原与草坪保护⑥草原牧区发展⑦放牧营养生态。

兰州大学：①作物栽培学与耕作学②植物病理学③草业信息学④草地营养学⑤草坪学。

四川农业大学：①牧草及草坪草种质资源与育种②草地资源与生态。

福建农业大学：①草坪草的栽培与管理②草坪草的生理与分子生物学③牧草的栽培与管理④中草药的种质资源开发与管理。

（2）硕士研究生的研究方向：

东北师范大学：①草地管理学②牧草与饲料作物生产学③草地植物遗传多

样性与进化。

内蒙古农业大学：①水保草类植物资源②牧草饲料作物高产栽培及利用理论与实践。

新疆农业大学：①草地资源与生态②牧草生产与育种③草坪。

甘肃农业大学：①草业生态学②草地资源与环境③放牧家畜生态与管理④草原牧区发展⑤草原生态旅游⑥牧草栽培与草产品加工⑦牧草与草坪草种质资源与育种⑧草原与草坪保护⑨草坪与园林设计⑩草原土壤微生物生态。

云南农业大学：①云贵高原草地畜牧业持续发展②草地农学与种质资源③草地生态与环境。

河南农业大学：①牧草育种②牧草栽培生理③牧草营养。

南京农业大学：①牧草生理生态及其栽培高产技术②牧草资源开发及利用③饲草调制及加工④草坪生态与管理⑤牧草及草坪草育种。

北京林业大学：①草坪管理②草坪草（牧草）育种③高尔夫球场与运动场草坪④牧草栽培与饲料生产⑤草地资源与生态。

（五）专业学位研究生教育的发展

1. 专业学位研究生的意义

专业学位研究生是我国研究生教育的另一种形式。根据国务院学位委员会的定位，专业学位为具有职业背景的学位，培养特定职业高层次专门人才。专业学位研究生的培养目标是具有扎实理论基础，并适应特定行业或职业实际工作需要的应用型高层次专门人才，服务对象为工程技术和生产单位。它与相应学科的学术学位研究生处于同一层次，但培养目标不同的两个平行系列，都可以设硕士学位和博士学位两个层次，但重点培养的是硕士层次[5,6]。

欧美发达国家很早就实行了专业学位研究生的教育工作，美国当前专业学位获得者占全部获得硕士学位人数的55%，著名大学都重视专业学位研究生教育，例如，工商管理硕士就是哈佛大学的品牌专业学位。

1991年我国开始引入和试办专业学位研究生教育，国务院学位委员会先后批准设置了农业推广硕士专业学位等19个专业学位。专业学位的设置，是我国学位制度改革的一项重要内容，它改变了我国学位类型、规格单一的状况，推动了复合型、应用型高层次专门人才的培养工作，丰富和发展了我国的学位制度。经过多年的试点和发展，专业学位教育正在成为高层次专业人才成长的重要途径[5,6]。

2. 草业科学专业学位研究生教育的建立与发展

我国在农学范围内只设有农业推广硕士专业学位、兽医硕士专业学位和风景园林硕士3种专业学位。当前还没有设立草业科学专业，但可以在农业推广专业学位硕士研究生的名称下招生。农业推广专业硕士学位研究生的草业科学领域2000年开始试办，当时只有甘肃农业大学、内蒙古农业大学等少数学校招生。此后，中国农业大学、新疆农业大学和兰州大学等也开始招收，甘肃农业大学还与贵州大学、青海大学合作在贵州和青海招生，各校每年的招生量在5—15名。2004年在华南热带农业大学举行的“全国高校第八届草业科学专业教学工作研讨会”上，与会代表要求中国草学会向教育部和国务院学位委员会提交设立农业推广硕士专业学位草业领域的建议，经过中国草学会的申请，2005年国务院学位委员会批准16个草业科学硕士点有专业硕士学位授予权，可以招收专业学位研究生，培养专业硕士学位研究生的单位得到很大的增加。

3. 草业科学专业学位研究生培养现状及存在的主要问题

草业科学专业学位研究生的培养单位虽然有了大幅度的增加，但培养工作并没有得到相应的发展，主要表现在两个方面[7]。

一是培养的数量相对很少。草业科学是应用科学，根据教育学理论草业科学的专业学位研究生与学术学位研究生的培养比例应该是1∶1，甚或前者应该大于后者，但当前的实际却相反，两者的比例约为1∶10。出现这种情况的一个重要原因是一些地方没有很好地执行和落实好国家规定的专业学位研究生的相关政策，导致考生的报考意愿不高，报考人数逐渐减少。为什么会出现这种情况呢？据调查其原因和说法有：“专业学位研究生只有学位证，但没有学历和毕业证”；“在学校学习时间很短，没有什么提高”；有的甚至说“是用钱买的学位”等。另外，一些人觉得获得专业学位的研究生在职称、工资、晋升等方面得不到应有的待遇，就认为读不读都一样。全日制学术性学位研究生和非全日制专业学位研究生的培养比例失调，在职人员报考专业学位的积极性不高，从长远来说影响了草业科学硕士研究生培养工作的两条腿走路的可持续发展的道路。

二是培养质量有待提高。专业学位研究生培养质量不高的情况集中表现在培养单位对专业学位研究生的培养工作重视不够，研究生在三年的学习期间学习时间不足，理论和实践方面的提高不很明显，学位论文内容能解决生产实践问题的不多，写作大多很粗糙，培养质量与学术性研究生相比不够理想，用人单位对培养的认可度不高，有的培养单位规定学习年限只有两年，培养质量问题显得更为突出。

4. 国家出台了以培养应用型人才为主的战略性转变的政策

草业科学专业学位研究生在招生和培养工作中存在的问题在其他学科领域普遍存在，为此国家十分重视，也积极地从政策的层面上进行了强有力的改革。2009 年 9 月 29 日教育部发出了《关于做好 2010 年招收攻读硕士学位研究生工作的通知》，要求全国有关部门“调整优化研究生教育结构，扩大全日制专业学位研究生招生范围。要求积极稳妥地推动我国硕士研究生教育从以培养学术型人才为主，向以培养应用型人才为主的战略性转变。规定 2010 年凡经国务院学位委员会批准设立的专业学位类别和领域均可安排招生；分别确定招生单位招收学术型和专业学位研究生的规模；新增招生计划主要用于全日制专业学位研究生招生；各具有专业学位授权的招生单位应以 2009 年为基数按 5%—10% 减少学术型招生人数，调减出的部分全部用于增加专业学位研究生招生”。国家的这一决策为草业科学今后积极和大力培养复合型、应用型高层次专门人才提供了方针和政策面的依据。

（六）研究生的培养规模及成绩

1. 1978—1986 年研究生教育实行学位制度初期阶段的规模

1978 年春甘肃农业大学招收了“文革”后第一批（1977 级）草原科学硕士学位研究生 8 名，1982 年春首批 7 名“文革”后硕士研究生毕业，并获得农学硕士学位证书。随后中国农业大学、内蒙古农业大学、中国农业科学院和新疆农业大学也陆续授予了我国最早一批的草业科学硕士研究生学位。

1984 年甘肃农业大学被批准获得草原科学博士学位授予权后，当年导师任继周招收李洋为博士研究生，随后在 1985 年和 1987 年分别招收姜润潇和蒋文兰为博士研究生。1987 年李洋毕业并获农学博士学位证书，成为我国培养的第一个草原科学博士。1987 年北京农业大学贾慎修招收周禾为博士研究生，同年，祝廷成招收祖元刚为草原生态方向的博士研究生，他们在 1990 年毕业分别获得农学和理学博士学位。

在此期间各校的招生规模较小，每年招收的硕士研究生一般不超过 6 名，各位导师招收的博士生大多只有 1 名。

2. 1987—1999 年研究生教育稳定发展阶段的规模

1986—1998 年我国研究生教育处于稳定发展阶段，在此期间宁夏大学、北京林业大学、东北师范大学和中山大学获得草业科学硕士学位授予权，中国农业科学院、内蒙古农业大学和新疆农业大学获得草业科学博士学位授予权。这一时期虽然学位授权点建立不多，但招生规模有明显增加，各校每年招收的硕士研究生在2—8名，博士研究生为1—3名。

3. 2000年至今的研究生教育快速发展阶段的规模

与本科专业的发展情况一样，2000年至今我国草业科学的研究生教育得到了快速的发展，其表现为授权点、导师数量和招生数量猛增，空间分布均匀（表2）。

**表2　我国草业科学研究生学科点教师和人才培养规模表（2008年底数据）**

| 学校名称 | 博士生导师 | 硕士生导师 | 毕业硕士生 | 毕业博士生 | 在读硕士生 | 在读博士生 |
|---|---|---|---|---|---|---|
| 南京农业大学 | 2 | 4 | 20 | 8 | 10 | 5 |
| 河北农业大学* | 1 | 4 | 19 | 0 | 10 | 1 |
| 华中农业大学 | 0 | 0 | 0 | 0 | 0 | 0 |
| 甘肃农业大学 | 11 | 24 | 391 | 96 | 156 | 52 |
| 中国农业大学 | 4 | 14 | 73 | 25 | 76 | 54 |
| 内蒙古农业大学 | 10 | 15 | 285 | 72 | 117 | 32 |
| 新疆农业大学 | 4 | 16 | 98 | 8 | 24 | 19 |
| 四川农业大学 | 2 | 10 | 83 | 9 | 40 | 12 |
| 中国农业科学院 | 11 | 10 | 120 | 30 | 30 | 20 |
| 宁夏大学 | 5 | 5 | 68 | 11 | 19 | 13 |
| 北京林业大学 | 2 | 3 | 52 | 27 | 56 | 24 |
| 兰州大学 | 11 | 14 | 111 | 19 | 159 | 29 |
| 云南农业大学 | 1 | 4 | 56 | 0 | 49 | 5 |
| 西北农林科技大学* | 3 | 4 | 45 | 3 | 34 | 9 |
| 中山大学 | 4 | 3 | 14 | 2 | 17 | 2 |
| 华南农业大学 | 2 | 5 | 9 | 0 | 10 | 4 |
| 山西农业大学 | 2 | 3 | 14 | 9 | 25 | 9 |

续表

| 学校名称 | 博士生导师 | 硕士生导师 | 毕业硕士生 | 毕业博士生 | 在读硕士生 | 在读博士生 |
|---|---|---|---|---|---|---|
| 西南大学 | 0 | 2 | 8 | 0 | 11 | 0 |
| 湖南农业大学 | 4 | 3 | 10 | 0 | 14 | 2 |
| 吉林农业大学 | 0 | 8 | 12 | 0 | 10 | 0 |
| 东北师范大学 | 9 | 12 | 61 | 7 | 27 | 10 |
| 青海大学 | 0 | 11 | 10 | 0 | 36 | 0 |
| 海南大学* | 4 | 4 | 14 | 1 | 16 | 0 |
| 内蒙古民族大学 | 0 | 4 | 0 | 0 | 4 | 0 |
| 山东农业大学 | 0 | 4 | 0 | 0 | 2 | 0 |
| 河南农业大学 | 1 | 5 | 14 | 1 | 20 | 2 |
| 青岛农业大学 | 0 | 2 | 0 | 0 | 5 | 0 |
| 东北农业大学 | 2 | 3 | 0 | 0 | 12 | 5 |
| 沈阳农业大学 | 2 | 3 | 0 | 0 | 5 | 0 |
| 上海交通大学 | 3 | 3 | 20 | 0 | 15 | 8 |
| 扬州大学 | 4 | 4 | 0 | 0 | 15 | 2 |
| 贵州大学 | 0 | 3 | 5 | 0 | 4 | 0 |
| 吉林大学 | 1 | 1 | 12 | 0 | 4 | 0 |
| 延边大学* | 2 | 6 | 3 | 0 | 2 | 0 |
| 福建农林大学 | 0 | 0 | 0 | 0 | 50 | 0 |
| 安徽农业大学 | 0 | 5 | 3 | 0 | 7 | 0 |
| 江西农业大学 | 0 | 6 | 3 | 0 | 9 | 0 |
| 内蒙古大学 | 0 | 5 | 10 | 0 | 14 | 0 |
| 合计 | 107 | 232 | 1643 | 328 | 1114 | 319 |

注：1. 河北农业大学、云南农业大学、中山大学、海南大学、吉林大学和延边大学等校尚未建立博士点，挂靠其他学科招收草业科学博士研究生。

2. 华中农业大学的博士点和硕士点暂未招生。

3. 仲恺农业工程学院、西藏大学、八一农垦大学、新疆塔里木大学、石河子大学等院校尚未建立硕士点，挂靠其他学科招收草业科学硕士研究生。

4. *2009 年年底的研究生数。

2010 年我国的草业科学硕士点和博士点分别为 38 个和 19 个，其中 2000 年以后新增的硕士点和博士点分别为 28 个和 15 个。38 个硕士点分布在北京（3）、河北、山西、内蒙古（3）、辽宁、吉林（4）、黑龙江、陕西、甘肃（2）、宁夏、青海、新疆、云南、贵州、四川、重庆、山东（2）、江苏（2）、安徽、福建、上海、江西、河南、湖北、湖南、广东（2）、海南 27 个省市自治区（括号内的数字为该省市自治区的硕士点数，没有数字的为只有 1 个点；博士点同此）。19 个博士点分布在北京（3）、山西、内蒙古、黑龙江、吉林、陕西、甘肃（2）、宁夏、新疆、四川、江苏（2）、河南、湖北、湖南、广东 15 个省市自治区。

随着研究生授权点和招生数量的增加，研究生导师数量也有很大的增加，2008 年全国有草业科学博士生导师 107 人，硕士生导师 232 人。

在此期间一个硕士点一年的招生数量增加到了数十名，例如 2003 年甘肃农业大学的草业科学硕士生招生量曾达到 80 名，内蒙古农业大学和兰州大学的招生量也达到数十名；博士生的招生量甘肃农业大学 2003 年曾达到 28 名，兰州大学也接近此数。在招生数量增加的情况下，2008 年全国在读硕士生达到 1114 名，在读博士生达到 319 名。

4. 1981 年以来我国授予的草业科学硕士和博士学位的总量

自 1981 年我国实行学位制度以来，到 2008 年，草业科学学科共授予硕士 1643 名，博士 328 名。其中，甘肃农业大学培养量最大，共授予硕士学位 391 名，博士学位 96 名；内蒙古农业大学分别为 285 名和 72 名；兰州大学分别为 111 名和 19 名；新疆农业大学分别为 98 名和 8 名；中国农业大学分别为 73 和 25 名。此外东北师范大学、四川农业大学、北京林业大学和山西农业大学的培养量也较大（表 2）。

## 四、博士后制度和培养

博士后是指一些新近获得博士学位的人，在他成为正式的专职教学、研究或其他工作人员之前，在水平较高的大学、研究机构或企业的博士后流动站做一段研究工作，以取得科研经验，一般称这些人为博士后研究人员，简称“博士后”。博士后只是获得博士学位后的一段经历，它不是学位也不是职称。自我国1985年实行博士后制度以来，它已经成为我国高层次人才使用和培养的一项重要制度，也是许多国家造就拔尖人才的一条重要途径。目前我国在大学和科研院所约有1500个博士后流动站。

由于博士后流动站一般在研究生一级学科的基础上设立，与草业科学本科专业为一级学科的情况不同，草业科学研究生学科属于畜牧一级学科的二级学科，因此，草业科学的博士后工作是在畜牧一级学科博士后流动站内进行的。2001年甘肃农业大学、内蒙古农业大学、新疆农业大学均以草业科学博士点为主在畜牧一级学科的范围内建立了博士后流动站，开始了博士后的研究和培养工作。当前，我国约有16个可以接受草业科学博士后人员的流动站，每年进站的草业科学博士不是很多，平均每站约在1名左右。

## 五、国家重点学科的建立与发展

国家重点学科是中华人民共和国教育部门在中国大陆地区的高等院校中，对有博士学位授予权的二级学科进行详细考核后，择优确定并计划安排重点建设的学科；是评定二级学科的最高等级。国家重点学科应具备下列3个基本条件：①在学科方向方面对推动学科发展、科技进步，促进我国经济、社会、文化发展和国防建设具有重要意义；②在学术队伍方面有学术造诣高、有一定国际影响或国内公认的学术带头人，有结构合理的高水平学术梯队；③在人才培养方面培养的博士生数量和质量居于全国同类博士点前列。

1986—1988年原国家教委开展了首轮国家重点学科评选工作。1989年甘肃农业大学草原系和甘肃省草原生态研究所联合申请的国家草原科学重点学科点得到教育部批准，它是第一批被批准的畜牧学科4个国家重点学科之一。

2001—2002年，教育部开展了第二轮国家重点学科评选工作，甘肃农业大学和内蒙古农业大学的草业科学被批准为国家重点学科。第二轮共评选出323个二级学科的964个国家重点学科，平均每个二级学科有2.98个国家重点学科，草业科学只有2个，只达到二级学科平均数的2/3。

2006—2007年，国家重点学科在定期考核的基础上，对符合条件的由教育部按有关程序经过考核重新确定为国家重点学科，甘肃农业大学和内蒙古农业大学被重新确定为国家重点学科；新申请的国家重点学科，根据基本条件与国家和区域发展的重大需求相结合，经选优推荐并通过专家评审后增补，中国农业大学和新疆农业大学被批准增补为国家重点学科。至此，我国有4个草业科学国家重点学科，它表明草业科学专业不仅在学科建设上得到快速发展，教学和科研的水平与实力有了新的重大进步，而在国家和区域发展方面起到了重要作用。

## 参考文献

[1] 教育部．中国的学位制度［EB/OL］．中国教育和科研计算机网，2010-01-15.

[2] 吴镇柔，陆叔云，汪太辅．中华人民共和国研究生教育和学位制度史［M］．北京：北京理工大学出版社，2001：4—20.

[3] 王景龙．对中国当代学位制度的探讨［J］．科教文汇（上旬刊），2007（1）：14—15.

[4] 胡自治．中国高等草业教育的历史、现状和发展［J］．草原与草坪，2002（4）：57—61.

[5] 陈至立．在国务院学位委员会第二十二次会议上的讲话［J］．学位与研究生教育，2006（3）：1—5.

[6] 吴启迪．抓住机遇，深化改革，提高质量积极促进专业学位教育较快发展［J］．学位与研究生教育，2006（5）：1—4.

# 中国草业教育发展史：Ⅲ、教材出版*

我国普通高等院校草业科学专业教材的出版最早始于1950年。此后，教材的出版主要有两个渠道，一个是相关政府部门组织出版的全国试用教材与翻译教材，另一个是出版社组织和作者自编和翻译教材。“文革”前我国共出版6本草业（牧草学、草原学、饲料生产学）中文教材。1977年“全国草原专业教材会议”规划、出版了12本教材。1987年农业部成立教材指导委员会畜牧学科组，连续制订了“七五”“八五”和“九五”草原（草业科学）专业教材建设规划；2003年教育部成立了高等学校农林科类教学指导委员会植物生产与草业科学类教学指导委员会，规划了“十五”和“十一五”的新编教材和已出版教材的修订任务。至今，草业科学本科教学的教材已基本齐备，除教学计划中规定的必修课和选修课基本教材外，还编写出版了多种参考教材，共计32种39个版本，在很大程度上满足了本科生教学用书的需要。出版研究生教材6本。为了草业科学专业少数民族班教学需要，还出版了14本蒙古文和1本维吾尔文的教材。此外，为畜牧专业和水产专业编写出版了5个版本的《饲料生产学》、4个版本的《草地学》和《水产饲料生产学》。

## 一、引言

教材与师资和校舍一样，是进行教学活动的必备条件。创造性人才的培养是一个多因素矛盾运动的产物，其中离不开教材建设。教材是反映教学内容和课程体系的重要标志，教学内容和课程体系改革的最终成果必须落实到教材的

* 作者胡自治、孙吉雄、师尚礼、张德罡。发表于《草原与草坪》，2010（3）：1—6.

编写上，创新性人才的培养不仅要求教材建设与教育教学改革同步，还要求采用、引进和吸收国外的先进教材，因此，教材建设是提高教学质量的重要保证[1]。我国高等学校草业科学专业教材的出版主要有两个渠道，一个是相关政府部门组织出版的全国试用教材与翻译教材，另一个是出版社组织和作者自编及翻译教材。由于中等草业科学专业出版的教材很少，本文主要叙述高等学校草业科学专业的教材建设情况和历史。

## 二、"文革"前草业科学专业的教材建设

"文革"前最早出版的自编教材有王栋主编、畜牧兽医出版社出版的配套教材《牧草学通论》(1950)、《草原管理学》(1955)和《牧草学各论》(1956)，主要供畜牧专业本科或牧草学和草原学研究生使用[2]。另外还有甘肃农业大学畜牧系饲料生产学教研组编《草原学》(任继周主编，1959，农垦出版社)，该书1961年被农业部选为高等农业院校试用教材，修订后出版。

1952—1954年全国高校实行教学改革，教育部规定按照苏联模式设置专业，采用苏联教学计划和教学大纲，为供教学急需，组织翻译出版苏联教材，从1952年至1957年，全国共出版了58门苏联的农科教材，其中有供畜牧专业用的A. M. 德米特里也夫（Дмитриев）著《草地经营附草地学基础》(蔡元定、章祖同译；1954)，Н. Г. 安德烈夫（Андреев）著《饲料生产及植物学基础》(上下册；汪玢、许振中译；1957)。另外，还翻译出版了中专教材И. В. 雅库什金著（Якушкин）《饲料生产学》(李静涵译；1956)。

1949—1966年，教育部和农业部共组织了三轮高等农业院校的全国试用教材的出版工作。1959年农业部组织出版了172门全国高等农业院校试用教材，其中有供畜牧专业用的甘肃农业大学编《草原学》(1961，任继周主编，农业出版社)和华中农学院编《饲料生产学》(1962，农业出版社)。1963年农业部又组织了290门教材的编写，但由于"文化大革命"的到来，只出版了128种①，也没有草原专业类的教材。此外，1959年吉林人民出版社还出版了吉林省农业厅教材编辑委员会编的中等专业学校教材《饲料生产学》。

① 农业部教育司金佩瑜处长1989年8月9日在乌鲁木齐农业部教材指导委员会畜牧组第二次会议上的讲话。

1966 年以前，由于草原专业尚在初级发展阶段，为本专业教学服务的专业基础课和专业课教材都在初步建设，各校只有自编自用的讲义，而无正式出版发行的教材。

1966—1976“文化大革命”期间没有草原专业的教材出版。

## 三、“文化大革命”后的教材建设

1976 年“文化大革命”结束后，邓小平以高瞻远瞩的战略眼光，首先紧抓了教育战线的拨乱反正，并自告奋勇地要为教育工作当“后勤部长”。他一开始就敏锐地抓住了教育改革的核心——课程教材问题。他在 1977 年 8 月召开的科学和教育工作座谈会上就强调指出：“关键是教材。教材要反映出现代科学文化的先进水平，同时要符合我国的实际情况。”[3] 1987 年 3 月国家教委发布了《关于加强高等学校教材建设工作的几点意见》，提出了积极扩大教材种类，大力提高教材质量，努力搞活教材管理的方针。农业部随即在 6 月成立了全国高等农业院校教材指导委员会（1992 年第二届委员会扩大改名为教学指导委员会），负责加强教材建设的宏观指导。

在农业部教育司和教学指导委员会的领导下，教材指导委员会的畜牧学科组连续制订了“七五”“八五”和“九五”草原（草业科学）专业教材建设规划。2003 年 9 月教育部成立了高等学校农林科类教学指导委员会，第二学科级委员会是植物生产与草业科学类教学指导委员会，取代农业部教学指导委员会畜牧学科组的工作。在农业部和教育部及其相应的教学指导委员会的指导和规划下，至今草业科学本科教学所需的教材已基本齐备，除教学计划中规定的必修课和选修课基本教材外，还编写出版了多种参考教材，共计 32 种 39 个版本，此外，还有相关学校和出版社组织出版的地方教材和少数民族文教材 15 本，在很大程度上满足了本科生教学用书的需要。

（一）1977 年“全国草原专业教材会议”规划的教材[4,5]

在邓小平同志 1977 年 8 月的指示精神下，教育部和农业部加大了本科教材建设的领导和工作力度。1977 年农业部委托任继周牵头，于 11 月 16—25 日在甘肃农业大学召开了“全国草原专业教材会议”，确定了全国高等农业院校草原专业的专业基础课和专业课试用教材共 9 门 12 本（其中《草原保护学》为一门，分为三个分册出版；《草原生态化学实习试验指导》单独出版）的编写计划任务，这些教材由农业出版社在1979—1985年陆续出版（表1）。

表1 1977年“全国草原专业教材会议”规划的草原专业教材出版情况表

| 教材名称 | 主编单位 | 主编人 | 出版时间 |
| --- | --- | --- | --- |
| 《植物分类学》 | 八一农学院 | 崔乃然 | 1980 |
| 《土壤学附地貌》 | 八一农学院 | 钟骏平 | 1983 |
| 《牧草及饲料作物栽培学》 | 内蒙古农农牧学院 | 许令妊 | 1981 |
| 《草原管理学》 | 内蒙古农牧学院 | 章祖同 | 1981 |
| 《牧草育种学》 | 甘肃农业大学 | 李逸民 | 1980 |
| 《草原调查与规划》 | 甘肃农业大学 | 任继周 | 1985 |
| 《草原保护学——第一分册：草原啮齿动物学》 | 甘肃农业大学 | 宋恺 | 1984 |
| 《草原保护学——第二分册：草地昆虫学》 | 甘肃农业大学 | 邬世英 | 1984 |
| 《草原保护学——第三分册：牧草病理学》 | 甘肃农业大学 | 刘若 | 1984 |
| 《草原生态化学》 | 甘肃农业大学 | 任继周 | 1985 |
| 《畜牧学》 | 甘肃农业大学 | 汶汉 | 1983 |
| 《草原生态化学实习试验指导》 | 甘肃农业大学 | 吴自立 | 1985 |

注：农业部教育司规定教材封面只标识主编单位名称。

（二）第一届全国高等农业院校教材指导委员会规划的“七五”草原专业教材

农业部高等农业院校教材指导委员会下设畜牧学科组，草原专业归属畜牧学科组，时任八一农学院院长许鹏为学科组副组长，甘肃农业大学胡自治、内蒙古农牧学院吴渠来为学科组成员。

1987年10月畜牧学科组在重庆西南农学院召开了第一次会议，会上讨论审定了“七五”草原专业的13门必修课和选修课教材以及教学参考书的建设规划，这些教材在1992—1997年陆续出版了12门（表2），其中《中国草地分类学》因主编人贾慎修在1988年去世而未能出版。

1989年8月9—11日在新疆八一农学院召开了第二次会议，会议在草原专业方面的主要任务，一是交流教材编写经验，二是规划已出版的1977年“全国草原专业教材会议”教材的修订任务，会议确定，《植物分类学》和《牧草及饲料作物栽培学》改由富象乾和吴渠来修订外，其他教材的修订仍由原主编负责进行。

1991 年 5 月 11—13 日在西安召开了第二次会议。会议规划的草原专业“八五”教材有韩建国主编的《牧草种子学》、张秀芬主编的《饲草饲料加工与贮藏》和暴纯武主编的《草原生产机械化》，并对他们提出的教材编写大纲进行了讨论，提出了修改意见。

畜牧学科组此后在 1993 年和 1996 年召开了两次会议，但没有规划草原专业新的教材。

1991 年甘肃科学技术出版社出版了陈宝书主编的《草原学与牧草学实习试验指导书》，这是供草业科学本科实习试验的教学用书。

**表 2　草原专业“七五”“八五”规划教材出版情况表**

| 教材名称 | 主编人 | 主编单位 | 出版时间 |
|---|---|---|---|
| 《草地生态学》 | 周寿荣 | 四川农业大学 | 1996 |
| 《草原生产机械化》 | 暴纯武 | 八一农学院 | 1993 |
| 《草地调查规划学》 | 许鹏 | 八一农学院 | 1994 |
| 《草原毒害杂草及其防除》 | 石定燧 | 八一农学院 | 1995 |
| 《草地调查规划学实习指导》 | 刘德福 | 内蒙古农牧学院 | 1995 |
| 《饲草饲料加工与贮藏》 | 张秀芬 | 内蒙古农牧学院 | 1992 |
| 《草坪学》 | 孙吉雄 | 甘肃农业大学 | 1995 |
| 《草地农业生态学》 | 任继周 | 甘肃农业大学 | 1995 |
| 《草原系统工程》 | 牟新待 | 甘肃农业大学 | 1997 |
| 《草原分类学概论》 | 胡自治 | 甘肃农业大学 | 1997 |
| 《草地分析与生产设计》 | 王辉珠 | 甘肃农业大学 | 1997 |
| 《草原野生动物学》 | 刘荣堂 | 甘肃农业大学 | 1997 |

（三）第二届全国高等农业院校教学指导委员会规划的“九五”草原专业教材

1997 年第二届全国高等农业院校教学指导委员会成立，畜牧学科组中的草原专业的委员有甘肃农业大学孙吉雄、内蒙古农牧学院李青丰和新疆八一农学院安沙舟。第二届委员会没有规划新的草原专业教材，在 1997 年的南京会议上规划了对已出版的草原专业教材的修订或重编任务，《牧草及饲料作物栽培学》改名为《牧草饲料作物栽培学》，由陈宝书主持修订；《草原管理学》改名为《草地培育学》，由孙吉雄主持修订；《牧草育种学》改名为《牧草及饲料作物育种学》，由云锦凤主持修订；《草地资源调查规划学》由许鹏主持重编，这些教材在2000年由中国农业出版社出版。

此外，韩建国主编的全国高等农业院校教材《牧草种子学》作为中华农业科教基金资助图书由中国农业大学在2000年出版。

（四）教育部高等学校草业科学专业教学指导分委员会规划的“十五”草业科学专业教材

2003年9月教育部成立了高等学校农林科类教学指导委员会，下设11个学科级委员会，第二学科级委员会是植物生产与草业科学类教学指导委员会，甘肃农业大学龙瑞军为委员。委员会下设3个分委员会，草业科学专业教学指导分委员会为第三分委员会，龙瑞军为主任委员，华北大学赵秀海为副主任委员，新疆农业大学阿不来提·阿不都热依木、内蒙古农业大学李青丰、南京农业大学沈益新、中国农业大学韩建国、北京林业大学韩烈保为委员，甘肃农业大学姚拓为秘书。

1. 草坪科学本科系列教材规划

为了适应草业科学专业草坪方向的教学需要，由中国农业出版社主持，邀请了22所高校的代表于2003年3月10—11日在甘肃农业大学召开了“草坪科学本科系列教材”编写会议，会议规划了11门有关草坪科学的系列教材及主编人。这个规划报送草业科学专业教学指导分委员会审定获得同意，教材以全国高等农业院校教材和全国高等农业院校教学指导委员会审定的双重名义出版（表3）。

**表3　草业科学专业“十五”规划的草坪科学本科系列教材出版情况表**

| 教材名称 | 主编人 | 主编单位 | 出版时间 |
|---|---|---|---|
| 《草坪有害生物及其防治》 | 刘荣堂 | 甘肃农业大学 | 2004 |
| 《草坪灌溉与排水工程学》 | 苏德荣 | 北京林业大学 | 2004 |
| 《草坪养护机械》 | 俞国胜 | 北京林业大学 | 2004 |
| 《草坪学》 | 孙吉雄 | 甘肃农业大学 | 2003 |
| 《草坪工程学》 | 孙吉雄 | 甘肃农业大学 | 2004 |

续表

| 教材名称 | 主编人 | 主编单位 | 出版时间 |
| --- | --- | --- | --- |
| 《草坪营养与施肥》 | 张志国 | 山东农业大学 | 2004 |
| 《草坪经营学》 | 周禾 | 中国农业大学 | 尚未出版 |
| 《运动场草坪》 | 韩烈保 | 北京林业大学 | 2004 |
| 《高尔夫球场草坪》 | 韩烈保 | 北京林业大学 | 2004 |
| 《草坪草育种学》 | 张新全 | 四川农业大学 | 2004 |
| 《草坪科学实习试验指导》 | 龙瑞军，姚拓 | 兰州大学，甘肃农业大学 | 2004 |

2. 草业科学专业“十一五”教材修订规划

草业科学专业教学指导分委员会在2005年制订了“十一五”新编教材和已出版教材的修订规划，这一规划目前正在进行之中，尚未完成出版任务。

**表4　草业科学专业“十一五”规划的草坪科学本科系列教材出版情况表**

| 教材名称 | 主编人 | 主编单位 | 出版时间 |
| --- | --- | --- | --- |
| 《草地资源调查与规划》 | 任继周，侯扶江 | 兰州大学 | 尚未出版 |
| 《草地培育学》（第三版） | 龙瑞军 | 兰州大学 | 尚未出版 |
| 《草业科学试验方法》 | 龙瑞军 | 兰州大学 | 尚未出版 |
| 《草地保护学》 | 南志标 | 兰州大学 | 尚未出版 |
| 《草坪学》（第三版） | 孙吉雄 | 甘肃农业大学 | 2008 |
| 《草原啮齿动物学》（第三版） | 刘荣堂 | 甘肃农业大学 | 2009 |
| 《草原啮齿动物学实习试验指导》 | 刘荣堂 | 甘肃农业大学 | 2009 |
| 《草地昆虫学》（第三版） | 刘长仲 | 甘肃农业大学 | 2009 |
| 《牧草病理学》（第三版） | 薛福祥 | 甘肃农业大学 | 2009 |
| 《草地资源学》 | 朱进忠 | 新疆农业大学 | 2010 |
| 《草业科学实践教学指导》 | 朱进忠 | 新疆农业大学 | 2009 |
| 《草业科学专业英语》 | 李青丰 | 内蒙古农业大学 | 2009 |
| 《牧草及饲料作物栽培学》（第三版） | 王建光 | 内蒙古农业大学 | 尚未出版 |
| 《牧草及饲料作物育种学》（第三版） | 云锦凤 | 内蒙古农业大学 | 尚未出版 |
| 《草业科学专业英语》 | 李青丰 | 内蒙古农业大学 | 2009 |
| 《草地经营与饲料生产学》 | 卫智军 | 内蒙古农业大学 | 尚未出版 |

（五）研究生教材

在教学用书的建设上，本科和研究生教学用书的出版存在着很大的差距，特别是时间差距，这种情况也表现在教育部对两类教材出版的要求和出版工作安排上，例如，从中华人民共和国建立之初，教育部就开始遴选、规划和出版大量本科教学用书，但直到1998年教育部才首次发出了有关编写、出版研究生教学用书的指示。接着在1999年又发出了教研办，〔1999〕7号文《关于遴选和出版1999—2000年度研究生教学用书的通知》，要求和鼓励编写研究生教学用书，特别是一级学科学位课的教材。从1998—2006年教育部共遴选和立项600部研究生教材，但尚无草业科学专业研究生教材在教育部立项。

关于是否需要出版研究生用书的问题，社会上也有不同的认识，一些研究生导师认为，由于研究生和本科教学方法、特点和要求存在一定的差异，研究生学习的重点是学科前缘知识，而当前知识更新非常快，因此不必也不需要为研究生出版专用教材。但也有关于研究生教学用书问题专门讨论的综合报道认为，不同的教育目标需要不同的教材，一本新的教材出版可以推动一门课程的建立，出版研究生教材是必要的，因而给予肯定[6]。

草业科学是我国研究生教育起步较早的学科之一，1951年南京大学（现南京农业大学）王栋招收了我国第一批牧草学研究生[7]。我国老一代的草业教育家都十分重视研究生教材的编写和出版，例如，王栋在20世纪50年代出版的《牧草学通论》（1950）、《草原管理学》（1955）和《牧草学通论》就是研究生教材；贾慎修和任继周等都在70年代末恢复研究生招生后，积极编写研究生教材。此外，一些教师也积极研究研究生用书的编写方法[8-10]。

在1987年农业部教学指导委员会畜牧学科组“七五”草原专业教材建设规划审定会议上，根据1983年全国《草原科学专业硕士学位研究生培养方案》的学位课、专业课和选修课名录，中国农业大学提出的《中国草地分类学》（贾慎修主编）和甘肃农业大学提出的《草地农业生态学》（任继周主编）、《草原分类学概论》（胡自治主编）、《草原野生动物学》（刘荣堂主编）、《草原系统工程》（牟新待主编）、《草地分析与生产设计》（王辉珠主编）6门研究生教学用书兼本科教学参考书被列入规划，除因贾慎修逝世《中国草地分类学》未能出版外，其余5本在1995—1997年陆续出齐。此外，符义坤、孟宪政、沈景林主编的《草地农学》（1996，甘肃民族出版社）也属于研究生教学用书。

为了保证不断提高研究生的教学质量，兰州大学在2009年建立了以任继周为顾问，南志标为主编的“草业科学研究生创新教育系列教材”总编委会，规划出版14部研究生教学用书（表5），其中《草坪学通论》（张自和，柴琦主编）已经在2009年由科学出版社出版。

表5　兰州大学“草业科学研究生创新教育系列教材”规划目录

| 教材名称 | 教材名称 |
|---|---|
| 《草坪学通论》（已出版） | 《放牧家畜营养生态学》 |
| 《草类植物种子生理生态学》 | 《草业信息学》 |
| 《草地培育利用——原则与实践》 | 《草类植物病理学》 |
| 《草地植物生活史的进化》 | 《草类植物病理学研究方法》 |
| 《草地植物种群生态学》 | 《草地生态系统营养元素循环》 |
| 《草地类型学》 | 《草地恢复生态学》 |
| 《草地植物抗逆生理学》 | 《草业科学概论》 |

为配合全国农业推广硕士专业学位研究生教材建设工作和满足草业领域专业硕士学位研究生教学需要，2009年教育部教学指导委员会草业科学分委员会批准《草类种子学》（甘肃农业大学师尚礼主编）和《草地资源与管理》（内蒙古农业大学韩国栋主编）立项。

（六）少数民族文字教材

从20世纪80年代中期，在一些高校的草业科学专业民族班的双语教学实践中，根据教学需要出版了一些蒙古文、维吾尔文等文字的专业教材，对全面提高民族班的教学效果和质量，和在少数民族中推广和提高草业科学知识起到了很好的作用（表6）。

表6　草业科学专业少数民族文字教材出版情况表

| 教材名称 | 主编人 | 出版年份 | 主编单位 | 出版社 |
|---|---|---|---|---|
| 蒙古文教材 | | | | |
| 《植物学》 | 王六英、额尔敦达来、敖特根 | 1984 | 内蒙古农业大学 | 内蒙古教育出版社 |
| 《农业试验技术与统计分析》 | 乌恩、占布拉 | 1989 | 内蒙古农业大学 | 内蒙古文化出版社 |
| 《植物生态学》（上） | 占布拉、昭和斯图 | 1989 | 内蒙古农业大学 | 中央民族学院出版社 |

续表

| 教材名称 | 主编人 | 出版年份 | 主编单位 | 出版社 |
| --- | --- | --- | --- | --- |
| 《植物生态学》(下) | 昭和斯图、占布拉 | 1990 | 内蒙古农业大学 | 中央民族学院出版社 |
| 《草地资源调查规划》 | 乌力吉巴雅尔、额尔敦达来、敖特根 | 1990 | 内蒙古农业大学 | 内蒙古人民出版社 |
| 《草原管理学》 | 额尔敦达来 | 1990 | 内蒙古农业大学 | 内蒙古科技出版社 |
| 《饲草料加工与贮藏》 | 额尔敦达来 | 1996 | 内蒙古农业大学 | 辽宁民族出版社 |
| 《饲草育种学》 | 海棠、特木尔布和 | 1996 | 内蒙古农业大学 | 辽宁民族出版社 |
| 《作物栽培学》 | 海棠 | 1998 | 内蒙古农业大学 | 内蒙古少儿出版社 |
| 《动物学》 | 乌日图 | 2007 | 内蒙古农业大学 | 内蒙古教育出版社 |
| 《植物学》 | 李红、嘎尔迪、赵金花、那日苏 | 2008 | 内蒙古农业大学 | 内蒙古大学出版社 |
| 《饲草与饲料加工贮藏》 | 格根图 | 2008 | 内蒙古农业大学 | 内蒙古人民出版社 |
| 《牧草育种学》 | 海棠 | 2010 | 内蒙古农业大学 | 内蒙古大学出版社 |
| 《牧草栽培学》 | 特木尔布和 | 2010 | 内蒙古农业大学 | 内蒙古大学出版社 |
| 维吾尔文教材 | | | | |
| 《草地学》 | 阿不来提·阿布都热依木 | 2000 | 新疆农业大学 | 新疆科学技术出版社 |

（七）畜牧/动物科学专业用饲料生产学与草地学教材

1954年教育部规定畜牧专业（1998年改称动物科学专业）开设两门有关牧草与草原方面的课程，一门是专业课耕作学与植物栽培学，另一门是专业补充课草原学，同时规定兽医专业（1998年改称动物医学专业）开设饲料生产学。1958年以后，畜牧专业的耕作学与植物栽培学改为饲料生产学，兽医专业的饲料生产学取消。

1977年“全国畜牧专业教材会议”规划的畜牧专业用教材中有《饲料生产学》和《草地学》。

《饲料生产学》由南京农业大学编（梁祖铎主编），1980年由农业出版社出版。此后，《饲料生产学》还有一些新的版本，例如，中国农业科技出版社出版的缪应庭主编的《饲料生产学》（北方本；1993），中国农业出版社出版的董宽虎和沈益新主编的作为“面向21世纪课程教材”《饲料生产学》（2003）。中国农业出版社出版的过世东编的作为“普通高等教育十五国家级规划教材”的《水产饲料生产学》（2004）。此外，《饲料生产学》教材还有一些地方版本，其作者和出版社分别有：朱成校编著，湖南教育出版社1990年出版；王成章主编，河南科学技术出版社1998年出版；罗富成主编，云南科技出版社2004年出版。

《草地学》由北京农业大学编（贾慎修主编），1982年由农业出版社出版。1995《草地学》由北京农业大学修订再版，2007年作为全国高等农林院校“十一五”规划教材由韩建国主持修订再版。1996年中国农业出版社还出版了王槐三主编的《草地学》（南方本）。此外，许志信主编的《草地经营》（1989，内蒙古大学出版社），张普金主编的《草原学》（1992，甘肃科学技术出版社），阿不来提·阿布都热依木主编的维吾尔文版《草地学》（1996，新疆科学技术出版社）等地方教材，也属于畜牧专业用书。

## 参考文献

[1] 吴平．创造性人才培养与教材建设［J］．高等理科教育，2001（4）：65—67.

[2] 任继周．王栋——中国现代草原科学的奠基人［N/OL］．光明日报—光明网，2006-06-24.

[3] 人民教育出版社课程教材研究所．邓小平旗帜指引教材改革和发展［BE/OL］．中国高等教育学会网，2002-04-01.

[4] 胡自治．中国草业教育的历史、现状和发展［J］草原与草坪，2002（4）：57—61.

[5] 胡自治，师尚礼，孙吉雄，等．中国草业教育发展史：1. 本科教育［J］．草原与草坪，2010（1）：74—83.

[6] 王东．研究生教材出版之惑何解［N］．中国图书商报，2007-04-23.

[7] 胡自治，师尚礼，孙吉雄，等．中国草业教育发展史：2. 研究生教育［J］．草原与草坪，2010（2）：1—7.

[8] 胡自治. 草业科学研究生教学用书建设的实践与思考 [J]. 甘肃农业大学学报, 2000 (1): 97—99.

[9] 王辉珠.《草地分析与生产设计》编写的指导思想与方法 [J]. 甘肃农业大学学报, 2000 (3): 351—354.

[10] 刘荣堂, 蒋红梅. 以教学设计为基础, 编写研究生教学用书——《草原野生动物学》[J]. 甘肃农业大学学报, 2000 (4): 470—473.

# 中国草业教育发展史：Ⅳ、少数民族草业教育*

中国少数民族草业教育在“中华民国”时期有了萌芽，1939 年国立青海初级实用职业学校在青海贵德县成立，主要培养藏族学生，设有垦牧科，开设了牧草课。中华人民共和国建立以后民族草业教育有了巨大的发展，全国各地的30 个高等院校草业科学专业大部分都曾培养过少数民族的学生。根据培养少数民族学生较多的西部 7 所普通高等学校以及北京林业大学（只包含博士研究生）和两所职业技术学院（含中专生）的统计，截至 2008 年，已培养出 31 个少数民族草业科学本专科毕业生 2985 名，高职和中职毕业生 1143 名；授予了 13 个少数民族的 98 名研究生草业科学硕士学位和蒙古、回、朝鲜、哈萨克、达斡尔、仡佬 6 个少数民族的 20 名研究生草业科学博士学位；此外，还通过短训班培训了 2027 名草业专业人员。民族草业教育取得这些巨大成绩的主要原因是党和国家关心和重视发展少数民族教育，贯彻执行了党的优惠和特殊的民族教育政策，根据少数民族特点，采取灵活多样的教学制度和教学方法等。

少数民族教育也称为民族教育，它是国家教育事业的重要组成部分[1,2]。

我国少数民族众多，其中蒙古族、藏族、哈萨克族、柯尔克孜族、裕固族、塔吉克族等民族生活在草原地区，主要以草原畜牧业为生，草原畜牧业也是他们的传统产业。由于草原地区社会经济结构较单一，社会、经济、文化、教育发展相对滞后。因此，发展草原地区少数民族草业教育，培养少数民族的草业生产、管理和科技人才，对促进草原地区的经济发展、提高人民生活水平、保护生态环境、维护边境安全等具有全面的重要意义。21 世纪中国少数民族社会巨变的一个重要方面，就是各方面的教育事业都取得了举世公认的成就[2]。

---

* 作者汪玺、胡自治、师尚礼、张德罡。发表于《草原与草坪》，2010（4）：1—7.

民族职业教育又是民族教育的重要组成部分，国家十分重视和支持中西部民族地区发展职业教育[3]。中国的民族职业教育诞生于清朝末年，“中华民国”时期民族草业教育有了萌芽，中华人民共和国建立以后有了巨大的发展[4]。

## 一、“中华民国”时期的民族草业教育

在 1949 年中华人民共和国成立以前，民族地区的现代学校教育虽然已经产生，但数量很少，时办时废，职业教育更是凤毛麟角。1927 年南京国民政府成立后，制定了一些有关民族教育的政策，将民族教育视为边疆教育，民族教育得到一定的发展。1930 年 2 月国民政府教育部成立了蒙藏教育司，专门负责管理边疆民族教育。在少数民族职业教育方面，截至 1946 年，共筹设了国立边疆职业学校 8 所，其中包括国立青海初级实用职业学校，培养边疆少数民族生产技术人才[4]。

1939 年 5 月国民政府教育部委托中央政治学校西宁分校筹建国立青海初级实用职业学校，主要培养少数民族（主要是藏族）学生。开始在青海贵德县佘乃亥筹建，1940 年 9 月招收了预科班 15 名新生。1941 年和 1942 年分别设置了畜产制造科和垦牧科，学制 4 年。垦牧科的专业课程有牧草、垦殖、畜牧大意等，这是我国少数民族地区最早开设的牧草课程的学校。1947 年学校迁至湟源县，至 1949 年 9 月，国立青海初级实用职业学校共毕业了垦牧科和畜产制造科学生 142 名[5]。1949 年中华人民共和国成立后改名为湟源县职业学校，2002 年升格为青海畜牧兽医职业技术学院。

## 二、中华人民共和国时期的民族草业教育

中华人民共和国成立后，将民族教育看作全国教育事业的重要组成部分，根据民族教育的实际情况，制定了一系列的发展民族教育的政策和措施，民族基础教育得到了很大的发展。目前已经基本形成了包括初中、高中阶段、普通本科、研究生教育在内的民族教育办学格局[3]。

与基础教育同步，民族草业教育也达到了很大的发展。随着草原牧区社会经济的发展和文化教育水平的不断提高，许多少数民族不仅有了自己的草业科学专业本专科生，还有了草业科学硕士和博士。全国各地的 30 个高等院校草业

科学专业大部分曾培养过少数民族的学生[6,7]，另外，还有7所高等职业技术学院、3所中等职业技术学校的草业科学专业培养少数民族学生。根据培养少数民族学生较多的西部7所普通高等学校和北京林业大学（只包含博士研究生）、青海畜牧兽医职业技术学院（含中专生）的统计，截至2008年，已培养出了蒙古、藏、哈萨克、柯尔克孜、裕固、塔吉克、乌兹别克、羌、锡伯、达斡尔、鄂温克、鄂伦春、维吾尔、回、满、朝鲜、土、东乡、撒拉、保安、壮、苗、土家、布依、彝、侗、瑶、白、纳西、畲、侗等31个少数民族草业科学本专科毕业生2985名，高职和中职毕业生573名；授予了蒙古、藏、哈萨克、柯尔克孜、裕固、乌兹别克、羌、维吾尔、回、满、朝鲜、彝、土家等13个少数民族的98名研究生草业科学硕士学位，授予了蒙古、回、朝鲜、哈萨克、达斡尔、仡佬6个少数民族的20名研究生草业科学博士学位；此外，还通过短训班培训了2027名草业专业人员。

中国少数民族草业教育取得巨大成绩的主要原因是党和国家关心和重视发展少数民族教育，贯彻执行了党的优惠和特殊的民族教育政策[8]，根据少数民族特点，采取灵活多样的教学制度和教学方法。

（一）优惠与特殊的招生政策与多种招生形式

与汉族考生一样，少数民族学生进入高校学习也要通过高校入学考试，但国家对少数民族考生的录取有优惠和特殊的政策，并有多种招生形式让少数民族考生进入高校接受高等草业教育。

1. 降低录取分数线的普通招生形式

在录取时少数民族考生的最低分数线比汉族学生低5—20分，进校后与汉族学生同班上课学习。这种情况最为普遍，各个招收草业科学专业的学校都在采用。

2. 设立少数民族预科班

在高考招生时降低录取分数线，招收少数民族预科班。预科班从少数民族学生的学习需求出发，开展预科教育，提高学生的汉语和数理化等文化课水平，为进入本科学习做好准备。预科班实行预科结业制度，以学生为中心，教师为主导，坚持分级教学，巩固分级教学成果，提高预科结业标准，保证达到预科教育目的。预科班学习时间一般为一年，预科学习结束后进入普通班学习，这种制度内蒙古农业大学、新疆农业大学、青海大学、四川农业大学和西藏大学的草业科学专业都有采用。

3. 举办民族班

民族班的一种形式是教育部或省（市、自治区）委托知名普通高校专为少数民族设立的教学班级。甘肃农业大学1986年受新疆畜牧厅委托，举办了一届四年制草原本科新疆民族班，学生由新疆畜牧厅录取，学习由甘肃农业大学按照普通草原本科专业的教学计划执行和管理，学生毕业后由新疆畜牧厅分配工作。

另外一种形式是由本省（市、自治区）的教育主管部门安排民族班招生计划，在省内相关高校招生和培养，例如，内蒙古农业大学在1981—2004年，招收了用蒙古语授课的草业科学本科民族班20届23个班；新疆农业大学在1977—2008年共招收了4年制草业科学本科民族班22个；青海大学在1984—1991年招收了3届4年制草原本科民族班；四川农业大学1985年招收了一届4年制草原专业本科民族班，甘肃农业大学在1983—1992年期间在省内招收了3年制草原专科民族班4届4个班。

（二）科学安排教学计划和主要课程

根据少数民族学生的文化水平的实际情况和提高专业科学技术水平和技能的需求，各相关院校的草业科学专业少数民族班的教学计划，基本上都与相应的草业科学专业普通班的教学计划相似，设有公共课、基础课、专业基础课和专业课四大类课程，以使学生在进一步提高数理化和外语水平，夯实专业基础上，达到掌握现代草业科学先进科学技术的目的。

根据少数民族学生的实际情况，各院校对教学内容“因材施教”，对上述4大类课程提出不同的要求，适当减轻负担。基础课如高等数学、物理学、无机及分析化学等把握适度、够用的原则；计算机课程强化实践教学环节；专业主干课实行课程优化，理论联系实际，加强实践教学的安排。学习成绩采取多种方式的考核，加大过程考核或操作考核比重的方法。

（三）实行双语教学

双语教学政策是我国民族教育中的一贯政策[8]。多年来少数民族学生和家长对学习汉语有很高的期望，希望民族班实行双语教学，民族地区政府对此也做出了积极回应，双语教学已成为民族班教学的重要形式。内蒙古农业大学和新疆农业大学的草业科学专业重视双语教学，基础建设较好，成绩卓著。前者从1981年开始对民族班实行双语教学，当前的蒙古族教师约占教师总数的28%（退休的蒙古族教师占退休教师总数的33%，说明以前的蒙古族教师所占比例更大)，出版配套的专业基础课和专业课教材 14 本[9]，为双语教学创造了良好的条件。后者在 1984 年有少数民族教师 7 人，现有 6 人，约占教师总数的 23%，其中维吾尔族 3 人，哈萨克族、乌孜别克族、柯尔克孜族各 1 人，3 人具有博士学位，2 人具有硕士学位，1 人为博士生导师，3 人为硕士生导师，教师的学位和职称都很高。出版维吾尔文教材一本。

（四）积极举办少数民族草业短训班

草业短训班是正轨草业教育的补充，它可以在短期内有目的地为某个具体地区或某个特殊项目批量地培训专业人员，从事草业工作。例如，针对甘孜、阿坝及凉山三州的资源调查专项工作需要，四川农业大学通过两届为期一个月的草地资源调查培训班的形式，培训了 100 名藏族、彝族和羌族专业人员，他们为三州的资源调查工作做出了很大的贡献。其他相关院校也通过不同形式的短训班，培养了大批基层草业专业人员。

（五）开展丰富多彩的校园文化活动

各校鼓励和支持少数民族学生参加课外科学研究活动，培养热爱科学的情趣，扩大专业知识面，以提高科技创新能力。此外，通过开展双语的演讲竞赛、歌咏比赛、知识竞赛，以及体育比赛、书法比赛、民族班和汉族班的班级联谊等多种丰富多彩的校园文化活动，加深各民族学生之间的友谊和团结，培养中华民族大家庭的崇高意识和爱国主义的精神，使学生在德、智、体、美各方面得到全面的教育和发展。

## 三、开展民族草业教育的主要院校及其人才培养业绩

我国开展民族草业教育的主要是西部有广大草原的内蒙古、甘肃、新疆、西藏、青海、四川、宁夏、云南、贵州等省（市、自治区），开展民族草业教育的主要有内蒙古农业大学、甘肃农业大学、新疆农业大学、西藏大学、内蒙古民族大学、青海大学、四川农业大学、宁夏大学、云南农业大学、贵州大学等普通高等院校，此外还有青海畜牧兽医职业技术学院、新疆伊犁职业技术学院、内蒙古扎兰屯农业职业技术学院、云南农业职业技术学院等职业技术学校，下面对其中的一些院校的民族草业教育工作概况和人才培养业绩进行介绍。

（一）内蒙古农业大学

内蒙古农业大学草业科学专业在1958年成立草原专业之初，就招收了少数民族学生；1975年草原专业开始招收用蒙古语和汉语双语授课的学生；从1981年开始招收用蒙古语授课的蒙文班至今。在1958—2008年的半个世纪中，通过不同学制和培养方式共毕业了11个少数民族的本专科生1033人，授予硕士学位76人，博士学位14人。

1. 培养类型

（1）普通本科。毕业少数民族学生319人，其中蒙古族258人、回族16人、达斡尔族12人、满族20人、鄂温克族2人、藏族2人、土族1人、朝鲜族6人、壮族1人、纳西族1人。

（2）蒙语授课本科。从1981年开始招收用蒙古语授课的本科班23个，毕业少数民族学生642人，其中蒙古族634人、达斡尔族5人、鄂温克族2人、鄂伦春族1人。

（3）普通大专。招收3年制专科班3个班，毕业少数民族学生22人，其中蒙古族19人、达斡尔族3人。

（4）成人本科。招收和毕业成人少数民族本科生50人，其中蒙古族46人、满族4人。

（5）研究生招收和授予少数民族科学硕士学位52人，其中蒙古族50人、回族2人；招收少数民族专业学位草业领域硕士学位24人，全部为蒙古族。共招收和授予少数民族博士学位14人，其中蒙古族13人、回族1人。

（6）西藏培训班受西藏自治区委托，培养藏族学员24人。

2. 编写和出版蒙古文教材

为了配合用蒙古语授课班的需要，有关教师积极编写蒙古文的教材，其中正式出版的有下列14本，《植物学》（王六英、额尔敦达，1984）、《农业试验技术与统计分析》《植物生态学》（上、下册）、《草地资源调查规划》《草原管理学》《饲草料加工与贮藏》（额尔敦达来，1996）、《饲草育种学》《作物栽培学》《植物学》（李红、嘎尔迪等，2008）《饲草与饲料加工贮藏》（格根图，2008）、《动物学》《牧草育种学》《牧草栽培学》。这些教材的出版，不仅提高了用蒙古语教学的质量，同时对提高和普及蒙古族的科学技术知识起到了积极的作用。

3. 优秀毕业生举例

云锦凤，女，蒙古族，1963 年草原专业毕业。内蒙古农业大学教授，博士生导师。中国草学会理事长，中国草学会牧草育种专业委员会主任委员，第 22 届国际草地大会（IGC）常务委员会委员，第四、第五届国务院学位委员会畜牧学科评议组专家，享受国务院特殊津贴。获“全国优秀科技工作者”、“全国模范教师”和“全国教育系统巾帼建功标兵”等荣誉称号。

邢旗，女，蒙古族，1976 年草原专业毕业。现任草原勘察设计所首席专家、研究员，内蒙古自治区草原学会副理事长，曾任内蒙古自治区农牧业科学院草原勘察设计所所长。内蒙古自治区有突出贡献的中青年专家、内蒙古自治区优秀专业技术人员、全国三八红旗手、全国劳动模范。

邓月楼，男，蒙古族，1984 年草原系毕业。内蒙古自治区锡林郭勒盟委委员、二连浩特市委书记。

色音图，男，鄂温克族，1987 年草原系毕业，1992—1993 年赴日本北海道研修。鄂温克族自治旗旗委常委、副书记，鄂温克族自治旗人民政府旗长，全国人大代表。

（二）甘肃农业大学

甘肃农业大学从 1964 年草原专业成立之时就开始了少数民族学生的培养工作。在专业不断发展的过程中，民族草业教育也得到相应发展，主要表现在采用各种形式发展少数民族草业教育，例如，除了国家统一招生 4 年制本科班、3 年制普通班和专科班的教育外，还采取分散录取、集中培养和走出去的办学模式，开展非学历民族草业教育，举办短训班，接受全国各有关部门和单位委托不定期的少数民族进修生，先后培养了 28 个民族的 758 名学生和学员，其中毕业本、专科生 440 人，授予硕士学位 3 人，授予博士学位 5 人，其余为短训班学员。

1. 培养类型

（1）4 年制本科 。1964—2008 年在全国招收的 31 届 4 年制本科专业中共培养少数民族学员 151 名，其中回族 36 名、满族 31 名、藏族 21 名、壮族 15 名、苗族 9 名、蒙古族 8 名、土家族 6 名、布依族 5 名、彝族 5 名、侗族 4 名、裕固族 3 名、瑶族 3 名、土族 2 名、白族 1 名、朝鲜族 1 名、纳西族 1 名。

（2）4 年制民族本科。1986 年受新疆畜牧厅委托培养 4 年制本科生 40 人，其中维吾尔族 20 名、蒙古族 8 名、哈萨克族 11 名、柯尔克孜族 1 名。

(3) 3 年制普通本科。1971—1976 年，在全国招收了 6 届 3 年制普通班（工农兵学员班），其中有少数民族学员 62 名，其中藏族 21 名、蒙古族 13 名、哈萨克族 12 名、维吾尔族 2 名、回族 9 名、裕固族 3 名、朝鲜族 1 名、柯尔克孜族 1 名。

(4) 3 年制民族专科。1983 年—1992 年根据甘肃省教委安排，计划内招收了 4 届 3 年制少数民族班，共毕业学生 118 名，其中回族 58 名、藏族 22 名、土族 18 名、哈萨克族 2 名、蒙古族 1 名、东乡族 3 名、裕固族 5 名、满族 2 名、维吾尔族 2 名、朝鲜族 1 名、柯尔克孜族 1 名。

(5) 研究生。至 2008 年共招收和授予少数民族硕士学位 3 人，其中蒙古族 1 人、回族 2 人；招收和授予博士学位 5 人，其中回族 3 人、蒙古族 1 人、朝鲜族 1 人。

(6) 短训班。1977—2008 年接受全国各有关部门和省区委托，通过非学历教育的短训班形式为西藏、新疆、四川、青海和农业部有关司局委托，共培训了 311 名少数民族草业技术人员。

2. 少数民族优秀毕业生举例

维纳汉，男，1975 年草原普通本科班毕业。曾任新疆畜牧科学院草原研究所所长、副院长。

韩志然（斯棱），男，蒙古族，1976 年草原普通本科班毕业。曾任包头市市长、呼和浩特市市长，现为内蒙古自治区党委常委、呼和浩特市委书记。

杨树清，男，回族，1976 年草原普通本科班毕业，高级畜牧师。曾任宁夏固原市和吴忠市副市长，现任宁夏回族自治区政协民族与宗教委专职副主任。

杜国祯，男，藏族，1978 年草原普通本科毕业，1992 年获兰州大学理学博士学位。兰州大学生命科学院教授，博士生导师，任兰州大学干旱与草地生态教育部重点实验室生态研究所所长，兼任甘肃省生态学会副理事长。

吴素琴，女，回族，1983 年草原本科毕业，2003 年获草业科学博士学位。宁夏回族自治区种子管理站副站长，推广研究员。国家农作物种子质量检验员，国家农作物种子检验机构考评员。

曹永林，男，藏族，1986 年草原本科毕业，高级畜牧师。现任天祝县畜牧局副局长。2005 年获农业部全国农业技术推广先进工作者，2006 年获中国科协、财政部科普惠农兴村带头人称号。

才老，男，藏族，1986年草原专科民族班毕业。现任甘南藏族自治州畜牧学校校长。2009年获甘南州优秀教育工作者称号。

兰永武，男，裕固族，1987年兽医专科民族班毕业，2009年获草业科学领域专业硕士学位。肃南县农牧局局长，甘肃省“全省先进工作者奖章”获得者。

王树茂，男，藏族，1989年草原系专科民族班毕业。现任甘南藏族自治州草原工作站站长，高级畜牧师。获省级各类奖4项，2000年获“甘南藏族自治州科教兴州先进工作者”称号，甘肃省优秀专家。

毕玉芬，女，蒙古族，1993年获草业科学硕士学位，1998年获草业科学博士学位。云南农业大学教授，博士生导师，兼任《云南农业大学学报》主编。

马晖玲，女，回族，2004年获草业科学博士学位。甘肃农业大学教授，博士生导师。

（三）新疆农业大学

新疆农业大学自1965年草原专业成立后，学校和专业领导就非常重视民族草业教育和少数民族专业教师的培养，1984年有少数民族教职工11人。2010年从事草业科学专业教学的少数民族教师有6人，其中维吾尔族3人、哈萨克族1人、乌孜别克族1人、柯尔克孜族1人；3人具有博士学位，2人具有硕士学位；教授2人，副教授4人，均承担本科教育；博士生导师1人，硕士生导师3人。有4人次出国攻读硕、博士学位，多人多次出国访问、学术交流。2000年以前民族班为汉语和维吾尔语双语教学，2000年以后随着少数民族学生汉语能力的提高，逐渐以汉语言授课为主。

1. 培养类型

（1）4年制民族本科。1977—2008年共招收22个4年制民族本科班，850人毕业，其中维吾尔族629人、哈萨克族199人、柯尔克孜族16人、塔吉克族1人、蒙古族1人、乌孜别克族3人；女生较男生多，男女比例为1∶1.15。

（2）4年制普通本科。1982—2009年共招收汉族和少数民族混合的普通班25个，共毕业少数民族本科生55人。其中回族29人、满族7人、哈萨克族9人、畲族1人、苗族1人、蒙古族3人、东乡族1人、土家族1人、朝鲜族1人、侗族1人、锡伯族1人。

（3）研究生。共招收和培养少数民族硕士研究生4名、博士研究生1名。

（4）短训班。1989—2003年举办短训班3个，共培训少数民族学员49人，其中维吾尔族30人、哈萨克族14人、蒙古族3人、乌兹别克族1人、回族1

人。1999—2002 年举办非学历研修证书班 3 个，共培养少数民族学员 17 人，其中维吾尔族 13 人、哈萨克族 7 人、蒙古族 3 人。

2. 少数民族毕业生就业情况

草业科学专业少数民族学生就业情况良好，就业范围较广，主要在各地方的草原站、草原监理中心、畜牧局从事专业工作，也有一定数量的学生改行在事业单位和企业做其他工作。例如，1996 级草业科学专业少数民族毕业生就业率为 94.2%，其中从事本专业工作的占 57.1%，改行的占 37.1%，考研率为 7.9%。近年来，从事非专业的毕业生比例逐年升高，例如 2000 级就升至 73.47%。

3. 少数民族优秀毕业生举例

阿不来提·阿不都热依木，男，维吾尔族，1977 年草原专业毕业，新疆农业大学副校长（1996 至今），教授，博士生导师。兼任中国草原学会副理事长，教育部农林科类教学指导委员会草业科学专业教学指导分委员会委员、新疆草原学会副理事长。获“新疆维吾尔自治区优秀专业技术工作者”“新疆维吾尔自治区有突出贡献的优秀专家”称号，享受国务院特殊津贴。

热合木都拉·阿迪拉，男，维吾尔族，1977 年 7 月草原系毕业，中国科学院新疆生态与地理研究所副所长，研究员，硕士生导师。新疆草原学会副理事长，新疆维吾尔自治区政协第九届委员。

阿斯娅·曼力克，女，维吾尔族，1993 年草原专业毕业，现在新疆畜牧科学院草业研究所工作。自参加工作以来 6 次被评为“先进工作者”、4 次被荣获“优秀党员”称号。

（四）四川农业大学

四川农业大学草业科学专业的建立和人才培养，可以说是从培养少数民族学生开始的，1985 年开办草原专业，第一班的学生是从 60 名少数民族预科班学生中挑选了 30 名进入 4 年制本科本科班学习的，此后还培养了少数民族的研究生和大量短训班学员。

1. 培养类型

（1）4 年制本科。1985 年招收了草原专业本科民族班学生 30 名，但在此后招收的少数民族学生较少，至 2008 年共毕业少数民族草业科学本科生 37 人，其中藏族 9 人、羌族 9 人、彝族 6 人、土家族 6 人、回族 5 人、满族 1 人、壮族 1 人。

（2）研究生。招收和授予硕士学位 3 人，其中彝族 2 人、土家族 1 人。

（3）短训班。在 1983—1984 年，为甘孜、阿坝及凉山州办过两届为期一个月的草业短训班，其中有约 100 人是藏族、彝族和羌族。

2. 少数民族毕业生就业情况

所有毕业的少数民族学生均由国家分配就业，大部分在国家事业单位，少数在企业和公司。据 2008 年调查，1985 级民族班毕业学生在省级单位工作的有 7 人，地市级单位有 4 人，县局级有 16 人，大学和中专教师有 2 人。

3. 少数民族优秀毕业生举例

白史且，男，彝族，博士。四川省草原科学研究院党委书记兼副院长，研究员，博士生导师。四川省学术和技术带头人，中国草学会草坪专业委员会副主任。

何光武，男，藏族。四川省草原总站副站长，研究员。

马君华，男，彝族。西昌学院生化系主任，副教授。

肖飚，男，藏族。四川燎原草坪公司总经理，高级畜牧师。

（五）西藏大学

西藏大学的草业科学专业建立于 1994 年，没有常设的少数民族班，教学主要使用汉语，但民族教师在上民族班级的课程时，使用汉语和藏语双语教学，汉语为主，藏语主要起到辅助解释的作用。至 2008 年已毕业藏族本专科学生 85 人。

1. 培养类型

（1）3 年制专科。1994—1999 年共招收 4 届专科班，毕业藏族学生 65 人。

（2）4 年制本科。2000 年起开始招收普通本科班，除 2000 级汉族学生多于藏族学生外，其余各级学生都是藏族多于汉族，其中 2008 级全为藏族学生。至 2008 年已毕业藏族学生 85 人。

（3）短训班。1998－2008 年期间，举办短期培训班 6 期，为西藏各地培训乡镇干部和农牧民 232。

2. 少数民族毕业生就业情况

1994—2007 年毕业的草业科学专业学生实行国家分配制度，就业率 100%。50% 的毕业生分配到那曲、阿里、昌都等草原牧区就业。2008 年西藏开始实行双向选择就业，学生主要以报考公务员和三支一扶（到乡镇从事支教、支农、支医和扶贫工作）等形式就业，就业率 98% 以上。

（六）宁夏大学

宁夏大学自1995年开始招收草业科学硕士研究生，2000年设立草业科学本科专业。招收本科生和专科生以来，到2008年年底毕业少数民族学生34人。在学历教育招生中，草业科学专业逐步扩大少数民族学生招生规模，认真落实党和国家对少数民族学生倾斜的各项政策，在实践中逐步形成了既与本科教育“无缝对接”，又兼顾其特殊性的民族预科教育体系，培养了一批少数民族骨干人才。近年来，民族学生的招生规模逐步扩大，比例由2002年的22%提升至2008年的37.13%，提高了5.13个百分点，超过了自治区少数民族人口34.53%的自然比例，成为全国少数民族省区地方大学中，民族学生比例超过本省区少数民族人口自然比例的少数专业之一。

培养类型有下列3类。

一是本、专科。从2000年开始到2008年共招收和毕业4届97名本科生，32名专科生，其中少数民族学生34人，均为回族；2008年在读62人，其中少数民族22人，均为回族。

二是研究生。1995年开始招收硕士研究生，截至2008年共招收和授予少数民族硕士学位6人，其中回族4人，蒙古族1人，满族1人；在读少数民族硕士生1人（回族）。2004年开始招收博士研究生，2008年有在读少数民族博士生1人（回族）。

三是短训班。除办好民族生的学历教育外，积极为基层农业技术人员进行业务培训，先后承办了7期8个班的“宁夏基层农业技术人员继续教育培训”活动，共培训草业方面的少数民族学员213人，其中绝大多数为回族。

（七）青海大学

青海大学草业科学本科专业从1984年开始招收少数民族平行班，为五年制本科，第一年为预科。除1984、1987、1991年外，后来再没有举办民族班，而是在普通班中招收一定比例的少数民族学生，并按照国家招生政策适当降低招生分数。截至2008年共毕业少数民族本专科学生360人，其中土族99人、回族90人、藏族72人、蒙古族36人、撒拉族27人、满族18人、壮族9人、达斡尔族9人。这些毕业生被分配到青海省各地草原畜牧技术工作站，从事草业技术或管理工作，是青海省草业技术工作的中坚力量，为青海省草业科学做出了重要贡献，少数人转做行政管理工作，如藏族学生曹永寿，1991年本科毕业后，曾先后担任青海德令哈市副市长、青海省海西州发展改革局副主任等职。

（八）青海畜牧兽医职业技术学院

青海畜牧兽医职业技术学院的前身是青海省湟源畜牧学校。学院自中专时期就重视少数民族学生的职业技术教育，在校的草原专业学生中40%—60%是以藏族和蒙古族为主的少数民族学生，1965—2004年共毕业藏、蒙古、回、土、保安、撒拉、东乡、哈萨克等少数民族中专生573人。这些少数民族毕业生绝大多数被分配到青海省各地草原站，从事草原管理、保护技术工作，为青海省草业建设事业做出了重要贡献。

（九）新疆伊犁职业技术学院

新疆伊犁职业技术学院的前身是成立于1956年的伊犁畜牧兽医学校，2002年与另外2所中等专业学校合并成立伊犁职业技术学院。1981年设置草原专业，到2002年共招收草原专业19班次，毕业760人，其中民族学生330人。自1989年开始招收草原监理专业学生，截至2010年共招收11班次，毕业440人，其中民族学生240人。

## 参考文献

[1] 教育部民族教育司．蓬勃发展的中国少数民族教育——纪念党的十一届三中全会召开二十周年［J］．中国民族教育，1998（6）：3—8.

[2] 肖方．空前发展的中国少数民族教育［J］．民族团结，1999（9）：2—3.

[3] 张强．我国现在已基本形成比较完整少数民族教育体系［EB/OL］．新华网，2009－07－28.

[4] 周泓．民国时期的边疆教育制度［J］．民族教育研究，2000（4）：31—38.

[5] 青海省湟源畜牧学校．青海省湟源畜牧学校校史［M］．西宁：青海人民出版社，1990：1—3.

[6] 胡自治，师尚礼，孙吉雄，等．中国草业教育发展史：1. 本科教育［J］．草原与草坪，2010（1）：74—83.

[7] 胡自治，师尚礼，孙吉雄，等．中国草业教育发展史：2. 研究生教育［J］．草原与草坪，2010（2）：1—7.

[8] 王鉴. 试论我国少数民族教育政策重心的转移问题 [J]. 民族教育研究, 2009 (3): 18—25.

[9] 胡自治, 孙吉雄, 师尚礼, 等. 中国草业教育发展史: 3. 教材出版 [J]. 草原与草坪, 2010 (3): 1—6.

# 我国高等草业教育在世界的地位

## 我国高等草业科学教育发展的道路及其在世界的地位*

世界上存在着不同特色的高等草业教育和教学指导思想。俄罗斯的草地经营学高等教育始于19世纪末20世纪初，由于认为草地经营是饲料生产的一个组成部分，它的任务是在合理利用和改良天然草地的基础上，生产干草、半干贮草、青贮草、放牧饲料、草粉以及其他饲料，因此，俄罗斯的草地经营学教育至今仍是畜牧学教学的一部分。英国的草地科学史悠久，草地科学教学以土—草—畜系统理论为指导，形成了以草地科学为主要内容的农业教育，没有建立独立的草地科学专业。美国的草原管理学教育始于20世纪初，在利用草原的多种功能，把草原的流域水土保持、野外游憩与放牧饲养家畜结合在一起，全面发挥草原的重要生态价值和经济价值的科学思想指导下，建立了独立和庞大的草原管理学专业教育体系。我国的草业科学教育始于20世纪30年代，50年代建立了独立的草原专业。80年代以来，在草业系统工程思想和草业生态系统理论的指导下，草业教育有了极大的发展。与俄罗斯、英国和美国的草业教学思想相比，我国草业科学的教学指导思想具有更丰富、更系统的科学内涵，也具有更强的产业概括性，为我国的草业教育奠定了科学思想基础，在草业生产的推动下，实现了草业教育的高质量、健康和快速发展。

* 作者胡自治、龙瑞军、张德罡、师尚礼。发表于《草原与草坪》，2005（5）：3—8.

草业是以草原/草地为生产基础的综合产业，是世界大农业中规模最大的一个部门，它占有全部农、林、草业用地的37.67%，是农业用地的2.3倍[1]。世界上草业生产和草业科学发达的国家有美国、中国、日本 、英国、爱尔兰、法国、德国、荷兰、丹麦、俄罗斯、波罗的海三国、新西兰、澳大利亚、南非、阿根廷等国。19世纪末20世纪初，世界开始有了草原科学教育。当前在高等院校建立了草业科学专业的国家有中国、美国、日本、伊朗、肯尼亚等国。

20世纪30年代，我国草业教育开始萌芽，1958年建立了草原专业，但发展缓慢。在1958—1977年的20年的时期，我国仅在内蒙古、甘肃和新疆有3个草原本科专业。近20年来，我国高等草业科学教育发展迅速，它不仅表现在草业科学本、专科专业的数量由1998年的7个增加到2005年的29个，增长了3倍多，而且还表现在以下实质性的内容：由属于畜牧一级学科的二级专业草原科学，发展为独立的草业科学一级学科；草业科学教学指导思想与过去的草原学相比，提升到新的更高的层次，具有更丰富、更系统的科学内涵，也具有更强的产业概括性。这种数量、质量共同提高的情况，其根本的原因就在于我国独创的草业系统工程思想和草业生态系统理论为草业教育开辟了一条新路，使其在迅速发展的草业带动下得以快速发展[2]。本文的目的是在与国外的草业教育指导思想及其草业教育比较的基础上，从更深的层次上，说明我国草业教育在数量和质量同时得到迅速发展的机制和原因。

## 一、国外主要国家草业科学教学指导思想及其教育发展

（一）俄罗斯的草地经营学（Луговодство）教学指导思想及其教育发展

俄罗斯的草地资源丰富（苏联时期尤其如此），草地面积居世界第二位。19世纪中叶俄罗斯的草地经营学开始萌芽。1895年威廉斯（В. Р. Вильямс）院士开始向大学生讲授草地经营学。俄罗斯早期的草地经营学科学思想受德国和法国的草地经营学和作物栽培学思想影响很深，但到20世纪20年代便建立了自己的草地经营科学思想体系[3]，其主要标志就是威廉斯院士的经典名著《草地经营或草地学的自然—历史基础》（Естественно ИсторискиеОсновы Луговодства или Луговедения，1922）。俄罗斯具有发展草地经营学的良好自然与历史条件，但是，俄罗斯长期（包括苏联时代）对草地经营的传统认识是

“草地经营是饲料生产的一个组成部分，是农业的一个生产部门；它的任务是在合理利用和改良天然草地的基础上，生产干草、半干贮草、青贮草、放牧饲料、草粉以及其他饲料” （А. М. Дмитриев，1948；И. В. Ларин，1964；И. В. Ларин，А. Ф. Иванов，Л. П. Беручев，1990；Н. Г. Андреев，1995）[4-7]，这一认识使俄罗斯的草地经营学无法脱离畜牧学的附属地位，限制了草地经营学向更广阔的领域发展。例如，当前俄罗斯未设立独立的国家草地研究所，草地经营学研究部门是放在俄罗斯国立饲料研究所内（实际上威廉斯院士于1922年创建了全苏草地研究所，后被改建为全苏饲料研究所，现为俄罗斯国立饲料研究所）；俄罗斯的高校未建立草地经营系，却有饲料生产系[7]。当前，俄罗斯的一些学者对这一认识提出了批评，例如，萨夫琴科教授（Н. В. Савченко，1997）指出，天然草地是饲用、药用、食品、经济、观赏以及其他多种用途的自然资源，要多方面开发利用[8]；俄罗斯农业科学院通讯院士久里纠科夫（В. А. Тюльдюков，1995）提出，“草地经营学现在必须从土壤—植物—饲料质量—畜产品产量系统向综合方向发展，寻求草地自然生态与社会协调共同发展的有效途径[9]”。他们强烈期望将草地经营学发展、提升为学术领域更为广阔的独立的科学。

（二）英国草地科学（Grassland Science）教学指导思想及其教育发展

英国的草地科学研究已有300多年的历史，是世界上草地科学史最长的国家之一，在草地科学思想及科学技术方面对世界做出了重要的贡献。半个世纪前，杰出的草地科学家和思想家戴维斯（W. Davies）根据英国草地的形成和发展实际，在坦斯莱（A. G. Tansley）的生态系统理论的影响下，提出了草地是在土—草—畜相互联系、相互影响，并成为一个不可分割的整体的基础上形成和发展的著名学说[10]。他认为草地科学研究的基本问题是土壤对牧草的营养供给，家畜对牧草的利用和牧草、家畜对土壤的影响，以及这些组分之间的相互关系；衡量草地生产力的唯一尺度就是畜产品[11]。这一学说是生态系统理论在草地科学研究的具体化，土—草—畜三位一体论是草地牧业简明而又深刻的表述。

英国所处纬度较高，位于N50—60°，夏季温度不高，由于受墨西哥湾暖流的影响，冬季也不太冷，是典型的温带海洋性气候，非常适合牧草生长。在种植业中牧草和饲料作物的比重很大；在土地划分的方案中，将草地与耕地统一划分，可耕地的概念是耕地和轮作草地；牧草—作物轮作制度使农业与牧业结合得非常紧密。因此，英国的农业传统上是以草地牧业为主的大农业形式存在，大学的农学专业实际上是以草地牧业教育为主，没有单独设立草业科学专业。英国的这种草业教育模式对英联邦草地牧业发达国家如爱尔兰、新西兰、澳大利亚、南非等以及西欧、北欧各国影响很大，它们的高等草业教育和英国十分相似。

20 世纪 80 年代以来，由于环保意识的不断增强，草地单位面积产草量的不断提高和畜产品过剩，以及在欧盟农业和环境政策的导向下，英国（西欧、北欧各国也如此）不断将人工草地用于环境保护，环保用人工草地增加，牧业用人工草地减少。1990 年，英国著名的国家赫尔利（Hurley）草地研究所在建所 41 年后改组为草地与环境研究所（IGE），将草地的物质生产与环境保护作为同等重要的问题进行研究[12]。上述的变化代表了英国草地科学和教学发展的新方向。

（三）美国的草原管理学（Rangeland Management）指导思想及其教育发展

美国中部和西部分布着大面积的天然草原（Range，Rangeland），在开发的早期，它具有面积广大、地形复杂、类型繁多、饲用植物都是当地的野生种、无围栏、大群放牧等特点，草原的管理工作主要是通过控制放牧强度达到维持和恢复草原生产的目的。这些特点与英国和欧洲其他各国的草地特征及集约化的管理有很大的差异。在这样的背景基础上，美国人感到英语的富有人工草地含意的 Grassland（草地）一词，不能概括美国天然草原的特征，20 世纪 20 年代，用于放牧的美国中部和西部大草原便被称作 Range；50 年代，为了体现草原的土地资源特性和在文字上与 Grassland 相对应，Range 一词也被写作 Rangeland[13,14]。在美国，草原（Range）作为土壤—植被单位（soil - vegetation unit）或生态系统，与森林（forest）相对应而有同等的资源分类学地位[15]。Range 和 Rangeland 作为同义语，与我国传统的草原一词含义十分接近，我国草业科学奠基人王栋教授将其译为草原[16]，当前也译为天然草地。

美国 19 世纪末至 20 世纪初的西部大开发，促进了草原管理科学和教育的发展。1916 年美国在蒙塔那州立大学最早开设了草原管理学，此后西部几个州的一些大学也陆续开设了这一课程，并出版了不少教材。1923 年桑普孙（A. W. Sampson）教授出版了美国第一本大学草原管理学教材—Range and Pasture Management（《草原与人工草地管理学》），1951 年版改名为 Range Management——Principles and Practices[17]（《草原管理学—原理与实践》），并很快相继出版了另外两本教材：Native American Forage Plant（1924；《美国天然饲用植物》）和 Livestock Husbandry on Range and Pasture（1928；《草原和人工草地畜牧业》）。桑普孙教授是美国草原管理科学和教育的奠基人，美国森林学会为表彰他对草原管理学教育做出的巨大贡献，1958 年授予他“世界草原管理学教育先驱”的荣誉称号[18]。30 年代后期，美国开始在高等院校建立草原管理专业，20 世纪 80 年代美国的大学有 15 个草原管理系，目前约有 20 余个（2002 年 9 月作者在美国犹他、怀俄明、科罗拉多各州立大学访问时，询问有关学者所获信息）。当前，美国是世界上具有最发达和庞大的草原管理教育体系的国家。

20 世纪 30 年代以前，美国的草原管理学的科学思想主要是提高草原生产力，生产畜产品。30 年代中期，美国的大草原由于过牧和滥垦，植被和生态环境受到了严重的破坏，草原黑风暴不断肆虐全国。此后，国会和国家制定了一系列保护草原的法律和法规，草原管理学的科学指导思想相应地突出了草原资源保护和生态环境恢复。60 年代以来，注重草原的多种功能的研究，从保护草原和开发草原的多种用途方面获取经济、环境和社会全方位的效益。国际环境与发展研究所、世界资源研究所（1987）曾对此做了如下的总结：美国将流域水土保持、野外游憩、放牧规定为草原的三大用途，在草原利用的实践上，把水土保持、游憩与放牧饲养家畜结合了起来，从而全面发挥了草原的重要生态价值和经济价值[19]。美国著名草原学家黑迪和查尔德（H. F. Heady，R. D. Child；1994）也指出，草原有多种用途，当草原只用于一种用途时容易造成草原退化的损失；而用于多种用途、发挥其多种有益功能时，这种损失可能不发生[20]。由此可以看出，美国的草原管理科学内容已从放牧家畜、生产畜产品，推进和发展到了一个新的和更为综合的领域，它同时也拓展和提升了草原管理教育的专业面和内涵。

## 二、中国草业科学教育的发展及其科学指导思想

### （一）中国草业教育的发展简史

中国现代意义上的高等草业教育是由草坪学、牧草学、草原学和饲料生产学等单门课程逐步发展为综合的专业教育。1929 年郭厚庵在中央大学最早开设了草坪学，20 世纪 30 年代末孙逢吉在浙江大学开设了牧草学。40 年代，王栋、

贾慎修、蒋彦士和孙醒东等相继在有关院校开设了牧草学与草原学。从单一课程看，我国的草业教育比美国或俄罗斯晚 20—30 年。

1949 年中华人民共和国成立以后，政府重视草原畜牧业，草业教育得到迅速发展。根据国家统一的教学计划，各农业院校的畜牧专业普遍开设饲料生产学和草原学。受苏联草地经营学教学思想的影响，饲料生产学和草原学的主要任务是解决家畜的饲料问题。

随着我国草原畜牧业的迅速发展，国家对草原科学专门人才的需求不断扩大。1958 年内蒙古农牧学院（现内蒙古农业大学）在畜牧系内成立了我国第一个草原本科专业。根据 1963 年全国科学技术发展规划会议决定，1964 年甘肃农业大学在畜牧系内成立草原本科专业，1965 年八一农学院（现新疆农业大学）在畜牧系内成立草原专科专业。

与本科教育相比，我国的研究生教育更早一些。1951 年王栋在南京大学农学院（现南京农业大学）招收了牧草学研究生，开创了我国草业科学研究生教育的先河。

上述历史说明，我国的草业教育是以草原畜牧业为基础和主干发展起来的，但最早开设的课程是草坪学和牧草学，这与此两门课程主要适应城市和农村的需要，形成和发展较早有关。

“文革”使我国的高等教育停滞了 11 年。改革开放之后，我国的高等草业教育发展迅速。1998 年全国共有 7 个高等院校设有草业科学本科专业，2000 年达 13 个；2005 年，我国共有 29 个草业科学本、专科专业，19 个硕士学位授权点，7 个博士学位授权点，5 个博士后流动站，其中，甘肃农业大学草业学院已发展为我国最大的草业科学专业教育基地，现有在读本科生 905 名，硕士生 213 名（含专业学位硕士生 101 名），博士生 51 名，由此可见我国高等草业教育快速发展之一斑。当前，我国已成为世界上草业科学专业数量和学生数量最多，培养层次最完整，具有最大的草业学院和草业科学专业的国家。

（二）本科专业名称的演变和学科地位的提高

专业名称的变化反映了我国草业教育指导思想和教学内容的发展。1958 年在内蒙古农牧学院成立的第一个专业名称叫草原专业。1972 年甘肃农业大学成立草原系。1979 年全国草原专业教学计划和教材建设会议又确认了这一名称。此后，教育部公布的全国本科教育学科和专业名称中，草原专业为畜牧一级学科之下的二级专业。

1992 年教育部调整全国本科专业名称时，根据当时我国草业发展和专业性质的实际情况，甘肃农业大学提出将草原专业改称为草学（草业科学）专业，以便名实相符并与农学（农业科学）和林学（林业科学）并列、鼎立。教育部同意改称草学专业，但仍为畜牧学科下的二级学科。

1997 年教育部调整全国本科专业目录，主要目的是扩大专业面，压缩专业数量，整顿规范专业设置。1998 年教育部公布的全国本科专业目录中，草学专业被保留并被升格为本科一级学科，学科名称为草业科学，学科之下只设一个专业——草业科学专业。新的专业名称和学科级别，更完整、更全面和更科学地反映了专业的属性以及在当前大农业范围内草业的地位[2]。

（三）草业系统工程思想和草业生态系统理论开辟了我国草业教育的新天地

最近的 20 年，我国的草业科学理论有了突破性的进展，它为发展和提升我国草业教育空间和水平提供了科学思想基础。

1982 年郎业广先生最早提出了草业一词[21]。

1984 年钱学森院士创造性地提出了知识密集型草产业的问题。1985 年进一步诠释了知识密集型草产业的含义，并提到了农区和林区的草业，奠定了完整的草业科学和草业生产范畴。1987 年钱学森院士给草业创造了 Prataculture 这一国际名称。1990 年更具体地指出：草产业的概念不仅是开发草原，种草，还包括饲料加工、养畜、畜产品加工。最后一项也含毛纺织工业。他先后多次指出：草业除草畜统一经营之外，还有种植、营林、饲料、加工、开矿、狩猎、旅游、运输等经营活动。草业也是一个庞大复杂的生产经营体系，也要用系统工程来管理[22]。钱学森院士的草业系统工程思想，将草业的各具独立、特定功能的资源系统、生产系统和管理系统联合成有机、有序的草业系统工程整体。在这一创造性的科学理论和认知的基础上，我国的草原科学发展、升华为草业科学。

与此同时，任继周院士（1984）提出了草地农业生态系统（简称“草业生态系统”）的概念[23]，论证了草业发生与发展（1985）[24]。1990 年提出草业生产的四个生产层的论点[25]，并在《草地农业生态学》（1995）一书中完整地论述了草地农业生态系统的基本概念、结构、功能、效益评价等问题[26]；在基本结构问题上，详细地论证了草业的前植物生产（景观、环境、游憩）、植物生产（牧草、作物、林木等）、动物生产（家畜、野生动物及动物产品）、后生物生产（草、畜产品加工，流通）四个生产层的产业系统。这样，任继周院士建立了完整的草业生态系统理论。

此外，贾慎修、祝廷成、洪绂曾、李毓堂、许鹏等老一辈科学家也对草业科学新的理论和草业教育的发展做出了重要的贡献[27—32]。

20世纪80年代以来，由钱学森院士提出的草业系统工程思想和任继周院士建立的草业生态系统理论，使我国的草业科学思想达到了世界领先水平。在新的科学思想的指导下，草业科学的教学内容已从传统的，畜牧科学范畴的土—草—畜系统，扩大、提升到独立的、完整的草业系统工程的水平；专业面在草业生态系统四个生产层的基础上得到扩大；培养的人才能适应牧区、农区、林区、城市草业各子系统的要求 。

（四）草业的产业化和西部大开发推动了我国草业教育的持续发展

近20年我国的草业获得了前所未有的高速发展。1984年草业概念的提出和定位，国家整体经济的高速成长，以及2000年开始实施的西部大开发和生态环境恢复和治理，使草业在环境前植物生产、植物生产、动物生产、后生物生产四个层面上得到了全面的快速发展。草原畜牧业，牧草生产及加工业，草种业，种草养畜业，草坪及城镇绿化业，草原生态环境保护，受损草原恢复与治理工程等，是草业产业化的几个主体，是社会对草业人才需求的几个主要部门。恩格斯说过：社会需求对教育的发展，比10所大学所起的作用更大，因此，草业生产的发展是推动我国草业教育发展最强有力的动力。

## 三、结语

世界上存在着不同特色的草业教学指导思想。俄罗斯的草地经营学（Луговодство）教学是畜牧学教学的一部分，不具独立性。英国的草地科学（Grassland science）教学在土—草—畜系统理论的指导下，与作物科学结合紧密并构成一体，没有单独成立草地科学专业。美国的草原管理学（Range management）教学指导思想是利用草原的多种功能，把草原的流域水土保持、野外游憩、放牧饲养家畜结合在一起，全面发挥草原的重要生态价值和经济价值，建立了独立的草原管理专业。我国草业教育起步较晚，但在草业系统工程思想和草业生态系统理论的指导下，将草业生产的基本结构由土—草—畜系统，扩展和提升为环境—植物—动物—工贸四个生产层，使草业具有了更多的生产内涵，同时也使草业教育具有更为丰富的教学内容。与俄罗斯的草地经营学、英国的草地科学和美国的草原管理学教学思想相比，我国草业科学的教育指导思想和教学实践，具有更丰富、更系统的科学内涵，也具有更强的产业概括性，它不仅为我国的草业教育开辟了新的道路和新的天地，在我国草业生产的推动下，也使我国草业教育的发展在数量和质量上全面达到了世界先进水平。

## 参考文献

[1] 世界资源研究所，联合国环境规划署，联合国开发计划署，等．世界资源报告：1998—1999 [M]．国家环保总局国际司，译．北京：中国环境科学出版社，1999：300—301.

[2] 胡自治．中国高等草业教育的历史、现状和发展 [J]．草原与草坪，2002 (4)：57—61.

[3] 张自和．俄罗斯草地经营学的形成与发展 [J]．国外畜牧学——草原与牧草，1997 (2)：14—16.

[4] 德米特里耶夫 A M. 草地经营（附草地学基础）[M]．蔡元定，章祖同，译．北京：政治经济出版社，1954.

[5] 张自和．苏联著名的草地学家——Н. Г. 安得列也夫 [J]．国外畜牧学——草原，1981 (3)：54—55.

[6] Савченкон Н В. 俄罗斯的天然饲料地及其潜力 [J]．张自和，译．国外畜牧学——草原与牧草，1998 (2)：17—20.

[7] 中国农业百科全书编辑委员会．中国农业百科全书：畜牧业卷 [M]．北京：农业出版社，1996：130.

[8] 万长贵．英国草地研究所 [J]．国外畜牧学——草原，1981 (1)：67—69.

[9] 胡自治．人工草地在我国 21 世纪草业发展和环境治理中的重要意义 [J]．草原与草坪，2000 (1)：12—15..

[10] BROWN D. Method of surveying and measuring vegetation [M]. Farnham Royal Bucks, England: Commonwealth Agricultural Bureau, 1954: 203.

[11] HEATH M E, BARNES R F, METCALFE D S. Forages— the science of grassland agriculture [M]. 4th ed. Ames, Iowa, USA: The Iowa State University

Press, 1985: 3—4.

[12] GARRISON G A, BJUGSTAD A J, DUNCAN D A, et al. Vegetation and environmental features of forest and rang e ecosystems [M]. Washington, DC: U S Government Printing Office, 1977: 1.

[13] 王栋. 草原管理学 [M]. 南京: 畜牧兽医图书出版社, 1955: 1.

[14] 许志信. 美国的草原管理 [J]. 国外畜牧学——草原与牧草, 1986 (3): 1—6.

[15] CORNELIUS D R, BISWELL H H. Arthur W. Sampson — pioneer range scientist: professor Emeritus Years (1951—967) [J]. Journal of Range Management, 1967, 20 (6): 351.

[16] 国际环境与发展研究所, 世界资源研究所. 世界资源: 1987 [M]. 中国科学院自然资源综合考察委员会, 译. 北京: 能源出版社, 1989: 92.

[17] HEADY H F, CHILD R D. Rangeland ecology and management [M]. Boulder, San, Francisco, Oxford: Westview Press, 1994: 466—468.

[18] 郎业广, 赵惠琴. 中国草业及其科学 [J]. 中国草业科学, 1988 (4): 1—4.

[19] 中国草业协会, 中国系统工程学会草业学组. 国家杰出贡献科学家钱学森关于草业的论述 [J]. 草业科学, 1992 (4): 13—19..

[20] 任继周. 南方草山是建立草地农业系统发展畜牧业的重要基地 [J]. 中国草原与牧草, 1984 (1): 8—12.

[21] 任继周. 从农业生态系统的理论来看草业的发生与发展 [J]. 中国草原与牧草, 1985 (4): 5—7.

[22] 任继周. 发刊词 [J]. 草业学报, 1990 (1): 1—2.

[23] 任继周. 草地农业生态学 [M]. 北京: 中国农业出版社, 1995: 9—18.

[24] 祝廷成, 李建东, 郭继勋, 等. 兴办草业 [J]. 中国草业科学, 1987 (1): 9—12.

[25] 洪绂曾. 面向新世纪的中国草业 [M] //洪绂曾, 任继周. 草业与西部大开发. 北京: 中国农业出版社, 2001: 3—4.

[26] 洪绂曾. 中国草业发展与草业科学 [J]. 草业学报, 2001, 10 (专辑): 20—26.

［27］李毓堂．论建立中国草业的三大根据［J］．中国草原，1986（5）：1—6.

［28］李毓堂．草业——富国强民的新兴产业［M］．银川：宁夏人民出版社，1994：57—166.

［29］许鹏．论草业产业化［J］．中国草地，1997（2）：63—66.

# 美国的草原科学本科教育*

## 一、规模和课程设置

美国是当前世界第二草业科学教育大国，具有仅次于中国的本科和研究生教育规模，其学科名称叫草原科学（Range Science）或草原管理学（Range Management，Rangeland Management）。

美国的草原管理课程开始于20世纪20年代[1]，蒙大拿州立大学和爱达荷大学分别于1916和1919年开始开设草原课程[2,3]。1925年有28所大学或学院建立了草原管理系开展草原管理本科教育，1964年发展到31个。2001年减少为28个[3]（见下表）。

**美国设有四年制草原管理本科教育的学校一览表**

| 大平原区 | 西部区 |
|---|---|
| 1. 安吉洛州立大学 | 1. 杨百翰大学 |
| 2. 查德隆州立学院 | 2. 加利福尼亚州立大学 |
| 3. 海斯堡州立大学 | 3. 科罗拉多州立大学 |
| 4. 堪萨斯州立大学 | 4. 洪堡州立大学 |
| 5. 林肯大学 | 5. 蒙大拿州立大学 |
| 6. 北达科他州立大学 | 6. 新墨西哥州立大学 |
| 7. 俄克拉荷马州立大学 | 7. 俄勒冈州立大学 |

* 作者胡自治，本文是2013年为尚未出版的《草业大百科全书》撰写的词条。未发表。

续表

| 大平原区 | 西部区 |
| --- | --- |
| 8. 南达科塔州立大学 | 8. 亚利桑那大学 |
| 9. 苏尔罗斯州立大学 | 9. 加利福尼亚州立大学戴维斯分校 |
| 10. 州立塔尔顿大学 | 10. 爱达荷大学 |
| 11. 得克萨斯州立农工大学 | 11. 蒙大拿大学 |
| 12. 得克萨斯理工大学 | 12. 内华达大学 |
| 13. 内布拉斯加大学 | 13. 怀俄明大学 |
| 14. 犹他州立大学 | 14. 华盛顿州立大学 |

美国草原管理本科是有关草原资源研究及保护利用的综合教育。在设有草原管理本科的院校中，课程设置都是相似的，教学计划中的六大核心课程是草原管理、草原改良、草原植物、草原监测、草原生态、草原资源规划。这是因为课程设置是基于美国人事管理办公室关于联邦草原管理职位的就业需求，并且经过美国草原管理协会认定。此外，还有其他一些跟自然资源相关的课程，如野生动植物管理、动物科学等。在上述六大核心课程基础上，大多数的草原管理系都设有重点专业方向，比如草原畜牧业生产，环境科学，生态恢复等。

## 二、就业方向和毕业生数量[2]

草原管理本科的学生在美国各地区的环境资源管理、土地管理等方面的就业都富有竞争力。联邦土地管理机构（包括土地管理局、林业局、自然资源保护局）曾是毕业生的主要工作单位。据统计，在1997年到2001年期间，在西部区的11个州的草原管理系大概有50%的毕业生被政府机构所雇用；但同时大平原区只有6个系的25%的毕业生被政府机构所雇用，而55%的毕业生都进入有关环境咨询、教育和私企农牧场工作。

自20世纪60年代开始，美国已经有11个院校的草原管理系或专业停办；与此同时，草原管理本科毕业生数量也明显下降，但进入21世纪后又表现为上升的趋势。其具体情况是，1960—1964年毕业的草原管理本科生大概为190名/年，1968—1972年为120名/年，1986—1999年为150名/年，1998—2001年为143名/年，2002年为151名/年，2003年平均为173名/年。1998—2003年，毕业生最多的院校是得克萨斯州立农工大学、蒙大拿州立大学、怀俄明大学、科罗拉多州立大学，其中得克萨斯州立农工大学年平均毕业生约为20名，后3校年平均为12—18名，其他大多数院校毕业生的数量年平均只有个位数。

学习草原管理专业的学生数量降低有两个主要原因，一个原因是学生们对于草原管理科学有一个不准确的看法，认为草原管理本科专业只不过就是另外一种农业生产专业，在当今充满竞争的学术环境中，本科生的出路仅限于草原生产和行政岗位；另外一个原因是，其他自然资源科学专业与草原管理专业的竞争，使大学中草原科学本科专业的可行性受到挑战。

## 三、改革与发展概况

由于草原利用的多样性以及人们对草原管理意识的转变，传统的草原管理专业处在一个不稳定的状态，还有社会对草原本科教育关注度、认可度和毕业生数量降低的情况，使得一些草原教育家感到忧虑。他们认为美国大学的草原管理系或专业需要确保最少每年有10个毕业生才能开设和可持续发展。为此，有关各校对草原管理本科的教育和教学做了一定的改革。例如，得克萨斯州立农工大学草原生态与管理系的教学大纲提供了适合国家发展所需的草原专业和相关专业方向的多样化选择，他们提供了两个草原专业选择，其中之一有8个相关专业方向；犹他州立大学修订了草原管理系的课程，使其有4种专业选择，目的是为了吸引其他自然资源相关领域的学生；内布拉斯加州的查德龙州立大学和南达科他州立大学都提供草原畜牧业生产专业，这一专业非常切合实行以放牧为主要用途的私人草原土地制的州。这些改革已经在吸引学生并增加对于本科草原教育的认知度方面取得了效果。此外，犹他州立大学、科罗拉多州立大学和俄勒冈州立大学的草原教学机构从单一的草原管理系扩大为大型和综合的系或学院，因而草原管理科学本科教育的目标和方向越来越模糊。为了适应未来草原资源管理者的发展需要，草原管理本科教育正在逐渐被重视和修订为更高层次的教育。

基于对于草原资源认知和未来工作机会的改变，美国草原管理协会和草原科学教育委员会都努力重新定义草原管理专业。一些草原管理学家和草原生态学家认为：草原管理专业只有在自然资源和畜牧业生产跨学科交叉的教育中才能得以生存；草原管理是不同寻常的专业，因为它是一个管理方向以自然资源科学为基础的综合学科，它能使毕业生很快适应大范围的一系列自然资源管理和农牧业生产工作。

## 参考文献

[1] 任继周，符义坤．美国草原教育的现状与剖析［G］//任继周文集：第一卷．北京：中国农业出版社，2004：476—485.

[2] 许志信．美国的草原管理［J］．国外畜牧学——草原与牧草，1986（3）：1—6.

[3] SCHACH W H，M L MCINNIS. Status of Undergraduate Education in Range Science in the USA［J］. Journal of Natural Resource&Life Science Education，2003（1）：57—60.

# 我国已成为世界草业高等教育大国*

## ——改革开放四十年草业教育发展的巨大成就

### 一、我国高等草业教育的发展轨迹和里程碑

高等草业教育是我国草业教育的主体。我国的现代高等草业科学教育发轫于20世纪30年代末，1938年孙逢吉教授在浙江大学开设了牧草学课程；1951年王栋教授在南京大学农学院（现南京农业大学）招收了中国第一个牧草学研究生；1958年我国第一个草原专业在内蒙古畜牧兽医学院（现内蒙古农业大学）成立；1972年甘肃农业大学成立第一个草原系；1992年甘肃农业大学成立第一个草业学院；1993年教育部公布的《普通高等学校本科专业目录》中，草原专业改称草学专业，草学专业成为教育部对本专业确定的第一个法定名称，但仍为畜牧一级学科之下的二级专业；1998年草原本科专业从畜牧学科的二级专业晋升和改名为草业科学本科一级学科；2011年草业科学研究生专业由二级学科晋升和改名为草学研究生一级学科，这个历史进程就是我国高等草业教育的发展轨迹和里程碑。

改革开放以来，我国的草业教育取得了巨大的进步与成就，近20年来数量和质量的同步快速发展尤其令人瞩目。最近，使人倍感高兴的是2018年4月国家林业和草原局成立，党和国家从更高的层面重视草原和草业，草业教育又迎来了新的春天，2018年11和12月我国农林学科的领军高校，教育部直属、国家“985工程”和“211工程”重点建设高校的西北农林科技大学、中国农业大学和北京林业大学陆续成立了草业与草原学院（或草业科学与技术学院）。至

---

* 作者胡自治。本文以访谈形式发表于《中国绿色时报》2019—02—15头版头条。

此，全国拥有32个草业科学本科专业（其中8个为学院建制），30个研究生学科点，它标志着在中华人民共和国初建时期萌芽的草业教育，已经从无到有并发展壮大为农科教育的支柱学科。

今天，从世界的角度审视，我国已成为世界草业高等教育大国甚或强国：拥有最多的草业科学专业的院系、具有国际先进的草业科学教学指导思想、建有世界最大的草业教育基地——甘肃农业大学草业学院的本科教育和兰州大学草地农业科技学院的研究生教育。

## 二、草业科学本科教育

我国的草业科学本科专业是从畜牧或农学本科的牧草学课程发展起来的，从单门课程看，只比美国和俄罗斯晚二、三十年。

1958年我国第一个草原本科专业的建立，标志着草原学教育不再依附于其它专业而走向独立发展的道路。

由于草业生产规模和认识上的局限，到1965年全国仅在内蒙古、甘肃、新疆设有3个草原专业，当时被称为“稀有专业”。1978年，改革开放的第一年，哲里木畜牧学院（现内蒙古民族大学）成立草原专业，他是我国第四个草原专业。

1993年教育部公布的《普通高等学校本科专业目录》，将草原专业改称草学专业，这是教育部为本专业确定的第一个法定名称，但仍为畜牧一级学科之下的二级专业。

1998年，草学本科专业虽然增加到7个（内蒙古两个、甘肃、新疆、青海、西藏和四川各一个），但仍未突破西部草原牧区的界线。进入21世纪，我国的草业本科数量获得了前所未有的快速发展，2002年本科专业增加到15个，2004年达到23个，2008年更增加到30个，2010年增加到32个，为改革开放之初的8倍。我国草业科学32个本科专业分布在北京、河北、山西、内蒙古、辽宁、吉林、黑龙江、陕西、甘肃、宁夏、青海、新疆、云南、贵州、四川、西藏、重庆、江苏、安徽、山东、河南、湖南、广东、海南24个省市自治区。在空间分布上，从牧区到农区，从南方到北方，从西部到东部，各个地区都有了草业科学本科专业，其中，北京、内蒙古、甘肃、新疆、广东、黑龙江、山东和江苏各省（市、自治区）都有两个，我国不仅成为世界上草业科学专业最多，而且也是空间分布均匀、布局合理的国家。

与数量快速发展的同时，草学专业的重要性得到了国家和社会的认可，学科级别获得提高，它表现在1998年教育部调整本科专业目录，在对原来的504个专业压缩一半，调整为249个的情况下，草学专业被保留并升格为本科一级学科，学科名称更名为草业科学，学科之下设一个二级学科——草业科学专业。新的专业名称和学科级别，更完整、更全面和更科学地反映了专业的属性以及在当前大农业教育范围内草业教育的地位，也为专业的进一步发展开创了极为有利的条件。

## 三、草业科学研究生教育

草学研究生教育是我国农科研究生教育中起步较早的学科之一，也比其本科教育早7年。1951年王栋招收培养牧草学研究生，不仅开创了我国草学研究生教育的先河，也开创了草学系统教育的先河，至今已有68年。在1951—1965的15年期间，我国有5所高等农业院校，即南京农业大学、华中农业大学、甘肃农业大学、河北农业大学和中国农业大学曾招收和培养了牧草学和草原学研究生29名。

草学研究生教育的学科名称历经了牧草学、草原学（1951—1983年），草原科学（1983—1998年）、草业科学（1998—2010年）和草学（2011—至今）4个时期。

1981年国务院批准和颁布《中华人民共和国学位条例暂行实施办法》，草原学被第一批获批为硕士学位学科，1984年草原学被第二批获批为博士学位学科。2011年前，草业科学研究生学科属于畜牧一级学科的二级学科。由于草业科学研究生教育的发展壮大，2011年2月国务院学位委员会颁布了《学位授予和人才培养学科目录》，草业科学学科升格成为农学学科门类的9个一级学科之一，学科名称更名为草学。

1981年甘肃农业大学、内蒙古农业大学和中国农业大学3所高校获批草原科学硕士学位授权点。经过将近10年，到1990年硕士学位授权点增加到6个，又经过10年，到2000年才增加到10个，在第3个10年即2001—2011年，快速增加到峰值的38个。

1984年我国突破了没有草原科学博士学位授权点的历史，甘肃农业大学建立了我国第一个草原科学博士学位授权点。此后新的授权点增加缓慢，一直到2004年的20年期间，新增了6个，总数达到7个，2005年以后增速较快，其中2006年一年增加的数量就是2004年以前全部的7个，到2011年达到峰值的21个。

2015年实施国务院学位委员会《关于开展博士、硕士学位授权学科和专业学位授权类别动态调整试点工作的意见》，高校自行调整学科点政策以来，草学研究生学科点经过调整有所减少，2017年全国有草学硕士点30个，博士点15个。

我国草学研究生学科点在全国的空间分布情况是：30个硕士点分布在全国21个省（市、自治区），其中北京、内蒙古各3个，甘肃、江苏、山东、吉林、广东各2个，山西、新疆、青海、宁夏、陕西、河南、安徽、湖南、重庆、四川、云南、贵州、黑龙江、辽宁各1个；15个博士点分布在全国11个省（市、自治区），其中北京3个，甘肃、江苏各2个，内蒙古、新疆、宁夏、陕西、四川、云南、黑龙江、吉林各1个。从上述可以看出，与本科学科点的分布情况相似，我国从牧区到农区，从南方到北方，从西部到东部，各个地区都有草学研究生学科点的分布，是分布比较均匀、布局合理的国家。

## 四、教学的科学指导思想得到创造性的提升

改革开放以来，我国草业教育的快速和高质量发展，除了表现为本科专业和研究生学科点的成倍增加外，还体现在草业科学专业教学的科学指导思想得到创造性的提升。教学的科学指导思想是指引领本专业教学工作的科学思想，通过它可以科学地指导、设计和安排专业的教学体系，以达到更高水平的教学质量。我国草业科学专业的教学科学指导思想历经了苏联“草地经营是饲料生产的一个部门”、英国“土—草—畜三位一体”和“草业生态系统”三个发展阶段，而后一指导思想是我国科学家提出的理论与实践，达到了当前世界领先水平。

20世纪80年代初，随着生产的发展，我国出现了“草业”一词。1984年钱学森院士创造性地提出了“知识密集型草产业”的问题。1985年进一步诠释了知识密集型草产业的含义，并提到了农区和林区的草业，奠定了完整的草业科学和草业生产范畴。1990年更具体地指出：草业除草畜统一经营之外，还有

种植、营林、饲料、加工、开矿、狩猎、旅游、运输等经营活动。草业也是一个庞大复杂的生产经营体系，也要用系统工程来管理。钱学森院士的草业系统工程思想，将草业的各具独立、特定功能的资源系统、生产系统和管理系统，运用系统工程理论整合为有机、有序的整体，从而达到草业系统生产、生态和经济优化。

与此同时，任继周院士提出了“草地农业系统”（1983）和草地农业生态系统（1984）的概念，1990 年又提出草业生产的四个生产层的理论，并在《草地农业生态学》（1995）一书中完整地论述了草地农业生态系统的基本概念、结构、功能、效益评价等问题。在基本结构问题上，将草业生产划分为四个生产层：①前植物生产层：以草地景观和环境效应展现其生产意义，包括草坪、绿地、草原游憩等；②植物生产层：以草类植物为主的产品表现其生产意义，包括饲用植物营养体、籽实、纤维等产品的生产和经营；③动物生产层：以动物产品表现其生产意义，包括家养畜禽及野生动物的活体及其产品的生产和经营；④后生物生产层：对以上植物和动物生产层的草、畜产品进行加工、储藏和流通过程所体现的生产意义。

在对草业教育的专业、学科和课程体系的设计和构架方面，任继周院士（2004）还在《草业科学框架纲要》一文中明确地指出：草业科学主要研究的对象是 3 个要素群、3 个主要界面和 4 个生产层；草业生态系统的生物因子群、非生物因子群和社会因子群及其关系是设立基础课的依据；草丛/地境、草地/动物、草畜系统/人类活动 3 个界面的功能特异性和必要性是设立专业基础课的依据；前植物生产、植物生产、动物生产和后生物生产 4 个生产层的生产需要是设立专业课的依据；在 4 个生产层的基础上，进一步将相关的基础课和专业基础课加以重组，就可以形成不同的二级专业或学科。

钱学森的草业系统工程思想和任继周的草业生态系统理论，适时地将我国 20 世纪八九十年代以草地为基础的多种多样的生产和产业整合并命名为草业，用现代系统科学的方法和生态系统理论进行了科学的分类和聚类，明确了草业的结构和功能，丰富了草业的内涵和外延，确定了草业名称的合理性和生产的特殊性，从而表明草业是与农业、林业并列的一个综合生产部门，并构成了现代大农业第一性生产层中三足鼎立的格局。

草业生态系统理论是具有世界领先水平的创新性的理论，我国的草业科学和草业教育在此理论的基础上获得了划时代的发展。在科学方面，使传统的，畜牧科学范畴的土—草—畜系统的草原学，扩展、提升到更为现代、独立和系统的草业科学，它不仅具有更丰富、更系统的科学内涵，也具有更强的产业概括性。在教学方面，草业生态系统理论作为教学指导思想，在四个生产层的基础上，设立专业和专业方向并确定专业课程的组成，从而扩大了专业和专业方向的设置，增加了专业课的门类，丰富了专业课程的教学内容，使专业面得到很大扩展，为我国的草业教学开辟了新的天地，培养的人才能够适应牧区、农区、林区、城市草业各子系统的要求，使我国草业教育的发展进入了新的历史阶段。

# 附件

## 附件1：胡自治培养（含合作培养）的研究生名单

**硕士生48人（以毕业时间为序）**

万长贵、刘存琦、姜润潇、李向林、毛玉林、杨慕义、何胜江、张巨明、雷跃平、高青山、罗富成、贠建民、杨发林、沈禹颖、张宏、龙瑞军、王国强、丁文广、陈功、郭孝、郝志刚、张柏森、蒋建生、张永亮、高彩霞、江玉林、徐安凯、刘金祥、袁庆华、朱宇旌、孙学松、董世魁、于应文、张德罡、魏宝祥、马玉寿、蒲小朋、刘千枝、李春鸣、寇建村、马金星、徐敏云、董全民、何军、高凯、朱铁霞、李德锋、王照霞

**博士生29人（以毕业时间为序）**

姜润潇、蒋文兰、李建龙、李镇清、龙瑞军、闫顺国、王兰州、孟林、毕玉芬、卢欣石、王锁民、刘金祥、吴序卉、赵桂琴、侯扶江、张德罡、刘自学、贠旭疆、刘学录、董世魁、姚拓、李毅、李唯、何胜江、魏臻武、孙学刚、张永亮、蒲小鹏、赵军

# 附件 2：胡自治的专著和译著名录

## 一、主编的专著、教材和工具书

1. 胡自治，牟新待．中国草原资源及其培育利用．北京：农业出版社．1982.

2. 胡自治主编；刘德福，张德罡参编．草原分类学概论．北京：中国农业出版社．1997.

3. 胡自治编著．英汉植物群落名称词典．兰州：甘肃科学技术出版社．2000.

4. 胡自治等编著．青藏高原的草业发展与生态环境．北京：藏学出版社．2000.

5. 洛桑·灵智多杰，张志良，胡自治等主编．青藏高原甘南生态经济示范区研究，兰州：甘肃科学技术出版社．2005.

6. 胡自治编著．中国草业教育史．南京：江苏凤凰科学技术出版社．2016.

7. 董世魁，蒲小鹏，胡自治等著．青藏高原高寒人工草地生产——生态范式．北京：科学出版社，2013.

## 二、副主编的专著、教材和工具书

1. 任继周主编；胡自治副主编． 草地农业生态学．北京：中国农业出版社．1985 .

2. 任继周主编；胡自治，张喜武，南志标副主编．草业大辞典．北京：中国农业出版社，2008.

3. 丁连生主编；胡自治等副主编．甘肃草业可持续发展战略研究．北京：科学出版社，2008.

4. 洪绂曾主编；胡自治，韩建国，周禾副主编．中国草业史．北京：中国农业出版社，2011.

三、参编的专著、教材和工具书

1. 任继周主编．草原学．北京：农业出版社．1961.（编写了第272—308页草原调查提纲部分）

2. 甘肃农业大学草原系编．草原工作手册．兰州：甘肃人民出版社．1978.（编写了第1—132页草原调查与规划，第453—475页草原牧草营养成分部分）

3. 吴征镒主编．中国植被．北京：科学出版社．1980．（参加了第20和第27章的编写）

4. 任继周主编．草原调查与规划．北京：农业出版社．1985.（编写了第4、5章）

5. 张自和盖钧镒主编，卢欣石、沈益新、胡自治副主编，中国草业发展保障体系研究（中国工程院重大咨询项目—中国草地生态保障与食物安全战略研究丛书之一）．北京：科学出版社，2017.（参加了有关草业教育部分的编写与资料提供）

6. 任继周主编．英汉农业词典·草原学分册．北京：农业出版社．1985.（草原科学部分负责人）

7. 中国大百科全书总编辑委员会．中国大百科全书·农业卷．上海：中国大百科全书出版社．1990.（编写了草原管理，草原利用，放牧，割草，牧草加工等条目）

8. 中华人民共和国农业部畜牧局主编．中国畜牧名词标准．北京：中国农业出版社．1992.（编写了畜产品单位词条）

9. 陈宝书主编．草原学与牧草学实习试验指导书．兰州：甘肃科学技术出版社．1993．（ 参与了第1部分的编写）

10. 中国农业百科全书编辑出版领导小组．中国农业百科全书·畜牧业卷．北京：农业出版社．1996.（编写了天然草原等26个词条）

11. 英汉农业大词典编辑委员会．英汉农业大词典．北京：中国农业出版社．1998．（与任继周教授共同编写了草原学词条）

12. 任继周主编；张自和，符义坤副主编．草业科学研究方法．北京：中国农业出版社．1998.（编写了第一、第十章）

13. 许鹏主编．草地资源调查规划学．北京：中国农业出版社．2000.（编写了第四、五、六、七、八章）

14. 任继周主编．草地农业生存系统通论．合肥：安徽教育出版社．2004.（编写了第五章，参与第十一章编写）

15. 任继周主编．草业科学概论．北京：中国农业出版社．2004.（编写了第四、第八和第三十章）